U0929709

中国国家标准汇编

2007年修订-13

中国标准出版社　编

中国标准出版社

北京

图书在版编目（CIP）数据

中国国家标准汇编：2007年修订.13/中国标准出版社编.—北京：中国标准出版社，2008

ISBN 978-7-5066-4959-9

Ⅰ.中… Ⅱ.中… Ⅲ.国家标准-汇编-中国-2007 Ⅳ.T-652.1

中国版本图书馆CIP数据核字（2008）第100961号

中国标准出版社出版发行
北京复兴门外三里河北街16号
邮政编码:100045
网址 www.spc.net.cn
电话:68523946 68517548
中国标准出版社秦皇岛印刷厂印刷
各地新华书店经销

*

开本 880×1230 1/16 印张 39.25 字数 1 171 千字
2008年8月第一版 2008年8月第一次印刷

*

定价 202.00 元

出 版 说 明

1.《中国国家标准汇编》是一部大型综合性国家标准全集，自1983年起，按国家标准顺序号以精装本、平装本两种装帧形式陆续分册汇编出版。《汇编》在一定程度上反映了我国建国以来标准化事业发展的基本情况和主要成就，是各级标准化管理机构，工矿企事业单位，农林牧副渔系统，科研、设计、教学等部门必不可少的工具书。

2. 由于标准的动态性，每年有相当数量的国家标准被修订，这些国家标准的修订信息无法在已出版的《汇编》中得到反映。为此，自1995年起，新增出版在上一年度被修订的国家标准的汇编本。

3. 修订的国家标准汇编本的正书名、版本形式、装帧形式与《中国国家标准汇编》相同，视篇幅分设若干册，但不占总的分册号，仅在封面和书脊上注明"2007年修订-1,-2,-3,……"等字样，作为对《中国国家标准汇编》的补充。读者配套购买则可收齐前一年新制定和修订的全部国家标准。

4. 修订的国家标准汇编本的各分册中的标准，仍按顺序号由小到大排列(不连续)；如有遗漏的，均在当年最后一分册中补齐。

5. 2007年制修订国家标准1 410项，全部收入在《中国国家标准汇编》第352～367分册和2007年修订-1～修订-23分册中。本分册为"2007年修订-13"，收入新制修订的国家标准38项。

中国标准出版社

2008年6月

目　录

GB/T 11414—2007　实验室玻璃仪器　瓶 …… 1
GB 11602—2007　集装箱港口装卸作业安全规程 …… 11
GB/T 11606—2007　分析仪器环境试验方法 …… 22
GB/T 11787—2007　聚酯复丝绳索 …… 51
GB/T 11789—2007　绳索和绳索制品　系船用的天然纤维绳索与化学纤维绳索之间的等效性 …… 61
GB/T 11835—2007　绝热用岩棉、矿渣棉及其制品 …… 65
GB/T 11869—2007　远洋船用拖曳绞车 …… 85
GB/T 11876—2007　船用随动操舵仪通用技术条件 …… 99
GB/T 12105—2007　电子琴通用技术条件 …… 111
GB/T 12106—2007　电子琴的环境试验要求和试验方法 …… 121
GB/T 12140—2007　糕点术语 …… 127
GB 12142—2007　便携式金属梯安全要求 …… 151
GB/T 12149—2007　工业循环冷却水和锅炉用水中硅的测定 …… 181
GB/T 12152—2007　锅炉用水和冷却水中油含量的测定 …… 189
GB/T 12157—2007　工业循环冷却水和锅炉用水中溶解氧的测定 …… 195
GB/T 12184—2007　信息处理　磁墨字符识别　印制规范 …… 203
GB/T 12234—2007　石油、天然气工业用螺柱连接阀盖的钢制闸阀 …… 247
GB/T 12235—2007　石油、石化及相关工业用钢制截止阀和升降式止回阀 …… 267
GB/T 12237—2007　石油、石化及相关工业用的钢制球阀 …… 289
GB 12352—2007　客运架空索道安全规范 …… 304
GB/T 12364—2007　国内卫星通信系统进网技术要求 …… 349
GB/T 12412—2007　牦牛绒 …… 387
GB/T 12443—2007　金属材料　扭应力疲劳试验方法 …… 395
GB/T 12465—2007　管路补偿接头 …… 405
GB 12476.3—2007　可燃性粉尘环境用电气设备　第3部分:存在或可能存在可燃性粉尘的场所分类 …… 448
GB/T 12490—2007　纺织品　色牢度试验　耐家庭和商业洗涤色牢度 …… 467
GB/T 12535—2007　汽车起动性能试验方法 …… 475
GB/T 12546—2007　汽车隔热通风试验方法 …… 481
GB/T 12589—2007　化学试剂　乙酸乙酯 …… 487
GB 12593—2007　工作基准试剂　乙二胺四乙酸二钠 …… 493
GB 12641—2007　教学视听设备及系统维护与操作的安全要求 …… 499
GB/T 12655—2007　卷烟纸 …… 509
GB/T 12717—2007　工业用乙酸酯类试验方法 …… 517
GB/T 12721—2007　橡胶软管　外覆层耐磨耗性能的测定 …… 533
GB/T 12745—2007　土工试验仪器　触探仪 …… 539
GB/T 12746—2007　土工试验仪器　贯入仪 …… 553
GB/T 12763.1—2007　海洋调查规范　第1部分:总则 …… 560
GB/T 12763.2—2007　海洋调查规范　第2部分:海洋水文观测 …… 583

ICS 81.040.01
N 64

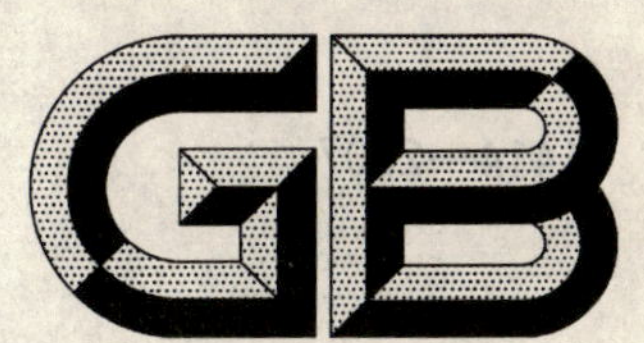

中华人民共和国国家标准

GB/T 11414—2007
代替 GB/T 11414—1989

实验室玻璃仪器 瓶

Laboratory glassware—Bottles

(ISO 4796:2000,MOD)

2007-12-05 发布　　　　2008-09-01 实施

中华人民共和国国家质量监督检验检疫总局
中国国家标准化管理委员会　发布

前　言

本标准修改采用ISO 4796-1:2000《实验室玻璃仪器　瓶　第1部分:螺纹口瓶》、ISO 4796-2:2000《实验室玻璃仪器　瓶　第2部分:锥形口瓶》、ISO 4796-3:2000《实验室玻璃仪器　瓶　第3部分:放水瓶》。本标准与ISO 4796:2000的主要差异如下:

——未采用国际标准中的有关封口材料方面的要求;

——增加了玻璃内应力、耐水等级指标;

——增加了试验方法、检验规则、标志、包装、运输和贮存。

本标准代替GB 11414—1989《实验室玻璃仪器　瓶》。

本标准在原标准的基础上增加了锥形口瓶、放水瓶等,耐水等级全部规定为3级。

本标准由中国轻工业联合会提出。

本标准由全国玻璃仪器标准化技术委员会归口。

本标准起草单位:盐城市玻璃仪器二厂、国家轻工业玻璃产品质量监督检测中心。

本标准主要起草人:陈汝祝、许文华、李美英、杜玉海。

实验室玻璃仪器 瓶

1 范围

本标准规定了一般实验室用的玻璃瓶的分类、容量、尺寸、技术要求、试验方法、检验规则、标志、包装、运输和贮存。

本标准适用于贮放化学试剂和化学品的玻璃瓶。

2 规范性引用文件

下列文件中的条款通过本标准的引用而成为本标准的条款。凡是注日期的引用文件，其随后所有的修改单(不包括勘误的内容)或修订版均不适用于本标准，然而，鼓励根据本标准达成协议的各方研究是否可使用这些文件的最新版本。凡是不注日期的引用文件，其最新版本适用于本标准。

GB/T 191 包装储运图示标志(GB/T 191—2000,eqv ISO 780:1997)

GB/T 2828.1 计数抽样检验程序 第1部分:按接收质量限(AQL)检索的逐批检验抽样计划(GB/T 2828.1—2003,ISO 2859-1:1999,IDT)

GB/T 6543 瓦楞纸箱

GB/T 6582 玻璃在98℃耐水性的颗粒试验方法和分级(GB/T 6582—1997,eqv ISO 719:1985)

GB/T 15726 玻璃仪器内应力检验方法

QB 1504 实验室玻璃仪器 互换锥形磨砂接头

3 分类和容量

3.1 分类

根据瓶的不同使用要求，分为放水瓶和试剂瓶。

放水瓶可分为螺纹口放水瓶、锥形口放水瓶。锥形口放水瓶根据不同的磨口要求，还可分为普通口和标准口放水瓶。

试剂瓶从瓶颈结构分为螺纹口、锥形口两种，从色泽上分为白色、棕色两种，棕色适用于各种需要避光物质的存放。

锥形口瓶可分为广口瓶和小口瓶，锥形口瓶根据不同的磨口要求还可分为标准口瓶和普通口瓶。

3.2 容量

3.2.1 瓶的公称容量一般指正常壁厚的瓶子充液到肩部转弯处所能容纳的液体量。

3.2.2 瓶的总容量指到瓶颈部基线所容纳的液体量，一般比公称容量多大约15%。

4 规格尺寸

4.1 螺纹口瓶的尺寸见表1和图1、图2。

4.2 锥形口瓶的尺寸见表2和图3、图4。

4.3 放水瓶的尺寸见表3、表4和图5。

表 1 螺纹口试剂瓶尺寸

公称容积 V/ mL	全高 h_1/ mm ≈	至肩高 h_2/ mm ≈	外径 d_1/mm ≈	壁厚 s/mm ⩾	内口径 d_2/mm ⩾
25	70	41	36	1.0	12.5
50	87	50	46	1.0	15
100	100	60	56	1.5	27
250	138	90	70	1.5	27
500	176	110	86	1.5	27
1 000	225	153	101	1.7	27
2 000	260	170	136	2.0	27
5 000	330	208	181	2.0	27
10 000	410	265	227	2.7	27
15 000	445	285	268	2.7	27
20 000	505	330	288	3.0	27

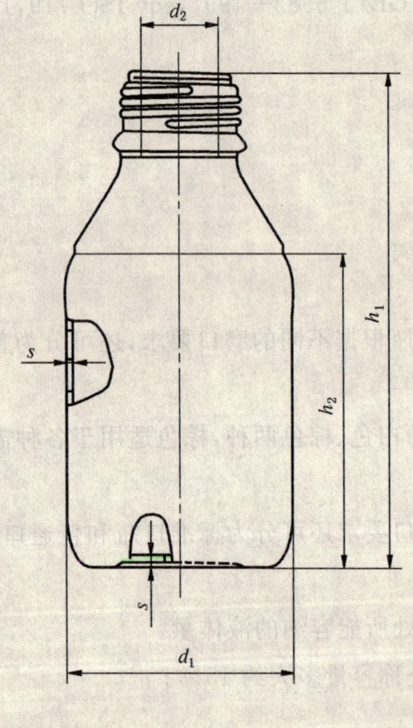

图 1 容积 25 mL～2 000 mL 螺纹口试剂瓶

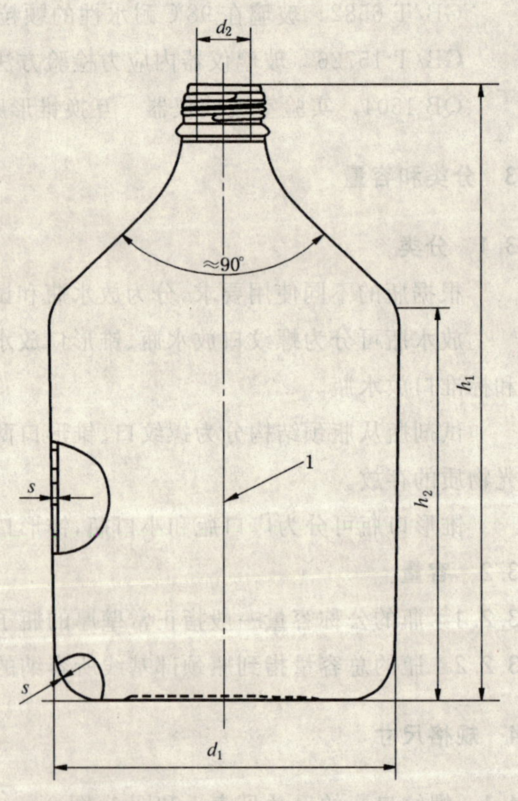

1——锥度为 1∶30。

图 2 容积 5 L～20 L 螺纹口试剂瓶

表 2 锥形口试剂瓶尺寸

公称容积 V/mL	全高 h/mm ≈	外径 d/mm ≈	壁厚 s/mm ⩾	建议标准磨口尺寸/mm	
				广口瓶	小口瓶
25	64	36	1.0	—	12/21
30	78	36	1.0	—	16/16
50	78	42	1.0	24/20	14/15
100	95	52	1.2	29/22	14/15、14/23
250	128	70	1.3	34/35	19/22、19/26
500	162	86	1.3	45/40	24/29
1 000	198	107	1.7	60/46	29/32
2 000	246	133	2.0	60/46	29/32
2 500	295	140	2.0	—	24/20
5 000	318	181	2.0	—	45/40
10 000	398	227	2.7	—	60/46
20 000	492	288	3.0	—	60/46

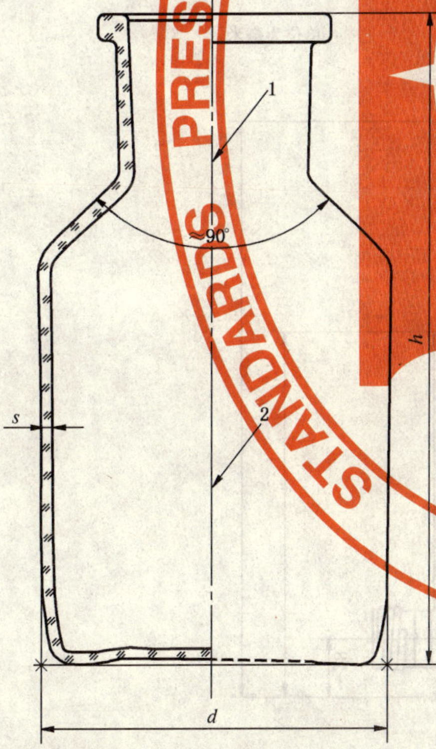

1——锥度为 1∶10；
2——锥度为 1∶30。

图 3 广口瓶

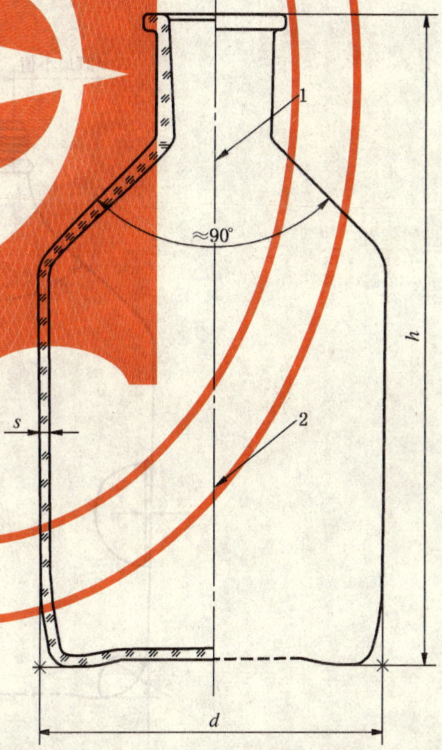

1——锥度为 1∶10；
2——锥度为 1∶30。

图 4 小口瓶

表 3 螺纹口放水瓶尺寸

公称容积 V/L	全高 h_1/mm ≈	至肩高 h_2/mm ≈	外径 d/mm ≈	壁厚 s/mm ≥
1	225	153	100	2.0
2	260	170	136	2.0
5	330	208	181	2.0
10	410	265	227	2.7
20	505	330	288	3.0

表 4 锥形口及标准口放水瓶尺寸

公称容积 V/L	全高 h_1/mm ≈	外径 d/mm ≈	壁厚 s/mm ≥	建议颈部标准口尺寸/mm	建议外接嘴标准口尺寸/mm
0.5	162	86	1.3	24/29	19/26
1	198	107	1.7	29/32	19/26
2	246	133	2.0	29/32	19/26
5	318	181	2.0	45/40	29/32
10	398	227	2.7	60/46	29/32
20	492	288	3.0	60/46	29/32

单位为毫米

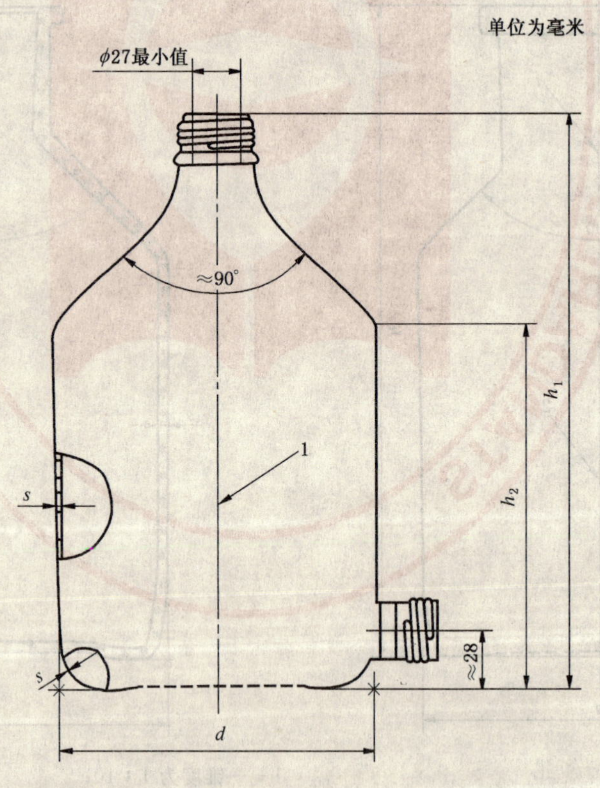

1——锥度为 1∶30。

图 5 螺纹口放水瓶

5 技术要求

5.1 材质

瓶在一般情况下用无色或棕色的钠钙硅玻璃制造，根据用户的需求，瓶也可用硼硅玻璃制造。

5.2 外观要求

5.2.1 瓶底应平整，放置在平台上不摇晃。

5.2.2 瓶底与瓶身连接处应有一个适当半径的圆角，使其自然连续，瓶身应有稍许的锥度，肩部稍小。

5.2.3 瓶肩与瓶身的连接处也要有一个适当半径的圆角，使其衔接自然平滑。

5.2.4 瓶口应圆整，不允许有碰口以及严重的偏斜、缩颈和烘口搭毛存在。

5.2.5 锥形口瓶和锥形口放水瓶的瓶塞可以是橡胶或其他塑料材料，也可配玻璃塞，配橡胶塞的瓶口内侧要光滑，配玻璃塞的如是非标准口的，磨砂面应细腻光滑，标准口应符合标准口要求。

5.2.6 玻璃塞的膨胀系数要和瓶子的膨胀系数相当，橡胶材料要稳定，尺寸要适合瓶口。各种塞子的顶部要基本平整，上部抓手处要大于下面的颈部，以便于使用。

5.2.7 玻璃瓶的可见缺陷应足以使因热冲击或材料震动引起的破裂的可能性减到最少。

5.3 理化指标

5.3.1 内应力

瓶的双折射光程差≤180 nm/cm。

5.3.2 耐水性能

耐水性能达到 GB/T 6582 的 HGB 3 级。

6 试验方法

6.1 外观结构及规格尺寸

用目测或用 0.02 mm 精度的游标卡尺测量。

6.2 内应力

按 GB/T 15726 测定。

6.3 耐水性

按 GB/T 6582 测定。

6.4 标准口试剂瓶或标准口放水瓶按 QB 1504 测定。

7 检验规则

7.1 检验分类

产品检验分为出厂检验和型式检验，检验项目见表 5。

表 5 检验分类

检验项目	技术要求、试验方法	出厂检验	型式检验
耐水性	见第 5、6 章	—	抽检
外观要求		抽检	
规格尺寸			
内应力			

7.2 出厂检验

7.2.1 抽样方案

采用 GB/T 2828.1 的正常检验一次抽样方案，其检验水平、接收质量限(AQL)见表 6。

表 6 检验项目、检验水平及接收质量限

检验项目	特殊检验水平	接收质量限
内表面耐水性	S-3	0.65
规格尺寸	Ⅱ	6.5
外观要求		
内应力		

7.2.2 组批规则

厂内以班产量为一批；向用户交货时，以同一时间交付的同一品种、同一规格产品为一批。

7.2.3 检验实施和检验结果

由生产厂质量检验部门按表5的出厂检验项目进行抽样检验。经检验合格的批产品方可出厂，出厂时应附有合格证。经检验不合格的批，全数退回生产部门进行全数检验，剔除不合格品后允许再次提交出厂检验。

7.3 型式检验

7.3.1 抽样方案：采用GB/T 2828.1正常检验一次抽样方案，其检验水平，接收质量限(AQL)见表6。

7.3.2 检验实施和检验结果：由生产厂质量检验部门按表5的型式检验项目进行抽样检验。型式检验合格，其代表的产品经出厂检验合格的批，可整批交付使用方。型式检验不合格，应停产分析原因并采取有效措施，直至型式检验合格后方可恢复生产。型式检验不合格周期生产的产品不得出厂，已出厂的产品应追回。

7.3.3 有下列情况之一时，进行型式检验：

a) 新产品试制定型鉴定；

b) 正式生产后，如结构、工艺有较大改变，可能影响产品性能时；

c) 出厂检验结果与上次型式检验有较大差异时；

d) 正常生产时，应定期进行，每年至少进行一次；

e) 国家质量监督机构提出型式检验要求时。

7.4 判定规则

凡出厂检验或型式检验中的所有各项检验合格时，则判出厂检验或型式检验合格；凡出厂检验或型式检验中有一项检验不合格时，即判出厂检验或型式检验不合格。

8 标志、包装、运输和贮存

8.1 标志

8.1.1 产品标志

a) 必要时，产品上应有清晰易见的永久性的规格尺寸标志，在使用中需要消毒的，应标识最高消毒温度；

b) 注册商标或经销商专用标识。

8.1.2 包装箱标志

外包装箱标志应符合GB/T 191的有关规定，并标明以下各项：

a) 产品名称、规格、数量；

b) 制造厂名、注册商标或经销商专用标识；

c) 厂址、电话；

d) 采用本标准的编号。

8.2 包装

8.2.1 内包装用纸盒，并附上合格证，合格证上应有产品名称、规格、数量、生产日期、检验员工号。

8.2.2 外包装用纸箱应符合 GB/T 6543 有关要求。

8.3 运输

本产品可用任何工具运输,装卸时不得抛掷,运输时要有防雨、雪措施。

8.4 贮存

包装后的产品应在室内贮存,严禁与强酸、强碱、氟化物接触。

ICS 03.220.40
R 43

中华人民共和国国家标准

GB 11602—2007
代替 GB 11602—1989

集装箱港口装卸作业安全规程

The safe rules for handing in container port

2007-05-15 发布　　　　2007-12-01 实施

中华人民共和国国家质量监督检验检疫总局
中国国家标准化管理委员会　发布

前　言

本标准的全部技术内容为强制性。

本标准代替 GB 11602—1989《集装箱港口装卸作业安全规程》。

本标准与 GB 11602—1989 相比主要变化如下：

——增加了第 2 章规范性引用文件和第 3 章术语和定义，其他章号后推；

——第 4 章　一般要求：

a) 增加了相应的集装箱箱型、载重和所载货物特性应采取的措施(见 4.4)；

b) 将原标准 2.8 和 2.9 合并，增加了箱顶作业安全措施的具体要求(见 4.6)；

c) 增加了安全指示装置的基本要求(见 4.7)；

d) 修改及增加了运输车辆在港区内转弯及箱区、主干道的最高行驶速度要求(见 4.8)；

e) 修改及增加了大风天气装卸作业要求，并对防风装置的配置、风速警报仪的配置提出了具体要求(见 4.9、4.10)。

——第 5 章　船舶装卸作业：

a) 增加了船舶集装箱栓固的基本要求(见 5.1)；

b) 增加了小船型可采取海陆侧交替装卸载的方法(见 5.3)。

——第 6 章　吊运：

a) 增加了微起稳钩制动，集装箱在下降过程中不能突然停止，平稳着落等要求(见 6.1)；

b) 修改并明确了集装箱吊运作业应专人指挥的场合(见 6.3)；

c) 增加了舱内吊运作业安全操作要求[见 6.4c)]；

d) 分别提出吊具吊顶、吊索吊顶、吊索吊底的要求，并对吊索吊顶和吊索吊底提出了更详细的安全作业要求(见 6.5)；

e) 删除了原标准中 4.11.2 有关安全吊钩允许由外向里勾挂的内容；

f) 删除了原标准 4.14 中抓臂起吊的作业方式。

——第 7 章　叉运：

a) 叉运要求按顶举、侧举和叉举分别提出要求(见 7.1)；

b) 删除了各种叉运方式的受力图。

——原标准“第 6 章拖运”和“第 7 章货场堆码”的内容进行了交换；

——第 8 章　货场堆码，增加了不同尺寸的集装箱一起堆码时的要求(见 8.6)；

——第 9 章　拖运，修正了 40ft 集装箱卡车装一只 20ft 集装箱的装车位置要求(见 9.3)。

本标准由中华人民共和国交通部提出并归口。

本标准起草单位：上海国际港务(集团)股份有限公司、交通部科学研究院。

本标准主要起草人：包起帆、倪志平、朱祖福、闻君、葛中雄、冯惠、张敬轩、李仁源。

本标准所代替标准的历次版本发布情况为：

——GB 11602—1989。

集装箱港口装卸作业安全规程

1 范围

本标准规定了集装箱港口装卸作业的一般要求，以及集装箱在船舶装卸、吊运、货场堆码、拖运和拆装箱作业的安全要求。

本标准适用于集装箱专用码头的装卸作业，非专用码头和集装箱中转站亦可参照使用。

2 规范性引用文件

下列文件中的条款通过本标准的引用而成为本标准的条款。凡是注日期的引用文件，其随后所有的修改单(不包括勘误的内容)或修订版均不适用于本标准，然而，鼓励根据本标准达成协议的各方研究是否可使用这些文件的最新版本。凡是不注日期的引用文件，其最新版本适用于本标准。

GB/T 1992 集装箱术语(GB/T 1992—2006,ISO 830:1999,MOD)

GB/T 3220 集装箱吊具的尺寸和起重量系列

GB/T 6067 起重机械安全规程(GB/T 6067—1985,neq NF E52-122:1975)

GB/T 8487 港口装卸术语

GB/T 11577 船用集装箱紧固件

GB/T 13145 机械式冷藏集装箱 堆场技术管理要求

GB 14735 港口装卸用吊钩使用技术条件

GB 14737 港口装卸用链式吊索使用技术条件

GB 14738 港口装卸用钢丝绳吊索使用技术条件

GB/T 14783 轮胎式集装箱门式起重机技术条件

GB/T 15361 岸边集装箱起重机技术条件

GB/T 16956 船用集装箱绑扎件

GB/T 17382 系列1集装箱 装卸和拴固(GB/T 17382—1998,eqv ISO 3874:1988)

GB 17992 集装箱正面吊运起重机安全规程(GB 17992—1999,neq ISO 3691:1980 FEM sect. 1:1987)

JT 397 港口危险货物集装箱安全管理规程

JT/T 557 港口装卸区域照明照度及其测量方法

JT/T 566 轨道式集装箱门式起重机安全规程

3 术语和定义

GB/T 1992、GB/T 8487 和 GB/T 17382 中所确立的和下列术语和定义适用于本标准。

3.1

栓固装置 securing device

用于栓固集装箱的直接与集装箱角件连接或连接于运输工具的装置。

4 一般要求

4.1 从事集装箱装卸作业的人员应接受专业技术培训，特别是安全操作规程和技能的培训，并应经考核合格。

4.2 作业前应检查所用集装箱装卸机械及其工属具，确保其装卸能力与所装卸的集装箱的状态(箱型、重量)及装卸载的船型相适应,并应满足GB/T 6067、GB/T 3220 、GB/T 14783、GB/T 15361规定的相关要求。

4.3 在作业前和作业中,应对所装卸的集装箱外形结构、可活动的零部件和箱上货物的栓固情况等进行检查,避免集装箱在移动时由于箱结构损坏、零部件移动或跌落、货物栓固不牢引发各种意外。

4.4 作业前应明确集装箱的类型、载重和所载货物特性,并采取以下相关措施:

a) 区分空箱和重箱,如无法查明,则应按重箱处理,并通过称重等手段对货载超过箱体允许载荷的情况进行限制;

b) 对箱上货物超长、超宽、超高的平台式或台架式集装箱以及其他有特殊装卸要求的集装箱,应制定相应的装卸作业方案;

c) 危险货物集装箱应按JT 397和其他有关危险货物运输、保管等规则进行装卸和储存。

4.5 集装箱装卸作业时,照明照度应符合JT/T 557的要求。

4.6 作业人员应注意作业时的人身安全,根据作业环境采取安全措施:

a) 在指挥和配合机械作业时,应注意作业机械的动态,站位应选择安全的位置,发现异常情况应及时避让。

b) 与作业无关的人员和车辆不准进入作业区域。

c) 应采取适当措施,尽量避免在箱顶和船舶船舷、船艉等危险位置上进行栓固件装拆作业,可采用连接于起重机吊具下的作业吊篮,使作业人员能在篮内对危险位置上的栓固件进行装拆。

受作业条件限制,需在箱顶和船舶船舷、船艉等危险位置上作业时,应采取有效的防跌落措施和设施,其包括:

1) 上下箱顶时,不应徒手攀爬登高,应使用符合载人安全的吊具、吊笼和其他登高设施;

2) 在箱顶使用敲杆拨动转锁,或/和在船舷、船艉进行装拆作业时,应使用安全带,并符合"上挂低用或平挂平用"安全系挂的要求,箱顶作业安全带系挂可使用"箱顶作业安全带系杆"等装置。

d) 人员和车辆不应在吊起的集装箱下方作业、停留和穿行。

e) 不应从高处摔抛各种栓固件。

f) 应严格按安全指示和警示运作。

g) 雨雪天作业时,应注意防滑。

4.7 作业现场应标设和配置安全运作的指示和装置,其包括:

a) 码头和箱区应设定安全合理的车、人行走路线,标划明显的车道线、人道线和行车方向、车速、禁停等标记,设置分隔箱区与通道的隔离设施(隔离条石、隔离栏等);

b) 装卸机械应设置行车声光警示装置,如各类集装箱起重机整机行走蜂鸣警示、水平机械倒车语音警示等;

c) 相关装卸机械上推荐设置显示安全操作指示的装置和标设相关的警示标记,如集装箱装卸桥明显位置处安装集卡通行指示装置,在无人箱区作业的轮胎式集装箱门式起重机上安装行走方向指示装置,在叉车上标贴安全作业区域标记等;

d) 事故多发点和立体交叉作业处设置警示标牌;

e) 在司机驾驶室张贴安全操作等提示。

4.8 集卡等运输车辆应在车道线内按规定的行车方向行驶,按规定的位置停车,出入大门按规定的通道通过检查口。运输车辆出入大门、过铁路道口时的速度不大于5 km/h,在转弯、箱区、主干道最高行驶速度分别为15 km/h,20 km/h,35 km/h。司机在驾驶过程中应严格遵守交通规则。

4.9 大型集装箱起重机械应设置有效的防风装置。工作状态下的防风装置,其整机的抗风能力应不小于35 m/s;锚定装置、系缆装置等非工作状态下的防风装置,其整机的抗风能力应不小于55 m/s。应定期和适时检查、维护防风装置,确保其有效性和可靠性。

4.10 在集装箱起重机械受到风的影响时,应根据风速采取相应的防御和报警措施:

a) 在风速达到 15 m/s 时,起重机械可有条件地作业,但应做好停止作业或移机锚定的准备。

b) 在气象部门发出风速大于 17 m/s,或根据起重机械抗风能力,并经相关设计和安全机构验证,确定的停止作业风速警报时,集装箱起重机械应停止作业,行至锚定位置,并按机械锚定要求进行锚定。

c) 遇大于 20m/s 突风时,应立即停止作业,并就地锚定。

d) 应配备具有显示瞬间风速和平均风速(可调)功能的风速警报仪,且应至少具有两级报警功能:

1) 在风速达到 15m/s 时,能用灯光显示提示司机;

2) 在风速大于 17.1m/s,或根据起重机械抗风能力所确定的停止作业风速时,能同时用灯光和声响警示司机停止作业。

5 船舶装卸作业

5.1 卸船前,应按卸载顺序或区域拆除集装箱栓固装置,被拆除的装置应汇集于船方所提供的容器或指定的堆放处,并检查所有对集装箱栓固的装置是否被解除,包括拉杆的拆除、箱间转锁的打开等;装船后,所有集装箱应固定牢靠,特别是甲板上或舱内无格槽堆装的集装箱应予栓固,其方法及采用栓固装置的种类和质量要求,应符合 GB/T 17382、GB/T 11577 和 GB/T 16956 的有关要求。

5.2 应根据船舶作业方式,按下列顺序进行船舶装卸作业:

a) 使用码头前沿集装箱装卸机械进行"吊上—吊下"船舶装卸作业时,装船作业一般应由海侧向陆侧逐位逐层(即一箱高度)进行,卸船作业一般应由陆侧向海侧逐位逐层进行;

b) 使用集装箱拖挂车、叉车等装卸机械进行"滚上—滚下",即经滚装式集装箱船的跳板的装卸通道,船舶装卸作业时,应逐位逐层进行,装船作业时主拖甲板、近跳板处和通往上甲板坡道处的集装箱应后装;卸船作业应先卸主拖甲板、近跳板处和通往上甲板坡道处的集装箱。

5.3 船舶装卸作业过程中,应保持船体平衡,船舶纵倾和横倾的角度应不大于船舶的允许倾角 3°。遇到船型较小(如驳船等)或局部位(BAY)需单边装卸,按 5.2 装卸船顺序可能会导致船舶横倾时,可酌情采用陆、海侧交替装卸船的方法,以保持船体的平衡。

5.4 装卸机械在船舱内作业时,应有足够的作业通道。

5.5 滚装式集装箱船的跳板坡度大于机械的爬坡能力时,不得作业。

6 吊运

6.1 每工班作业前,起重机械应经空载运转、重载微起吊运和制动试验,确认机具处于良好的技术状态后,方可进行作业。

6.2 起重机械各运行机构的工作速度,应根据其机械性能和所吊集装箱的类型以及操作环境等情况确定。

6.3 集装箱吊运作业遇视线不清(如吊运船舱内集装箱),或吊具与集装箱的连接需人工配合操作(如使用手控集装箱吊具)时,应有专人指挥。吊运机械司机应按指挥员的指令进行操作。

6.4 在集装箱吊运过程中,各操作环节应按下列要求进行:

a) 应垂直起吊集装箱,起吊时不应出现在地面或下层箱顶上拖曳现象。

b) 集装箱被吊离支撑面 300 mm 后应暂停,对吊具与集装箱连接情况进行检查,在自动化指示装置或目视确认连接牢固后,方可起吊(见图 1)。

c) 船舶舱内吊运集装箱,应了解集装箱在舱内的积载和船舱格槽等情况,操作时应注意:

1) 吊具或集装箱出入船舱时速度应缓慢;

2) 遇船舱格槽变形,不应强行吊运;

3) 遇船舶倾斜,应合理地使用吊具倾侧功能;

4) 遇 40 ft 船舱格槽内装卸 20 ft 集装箱时,应谨慎操作。

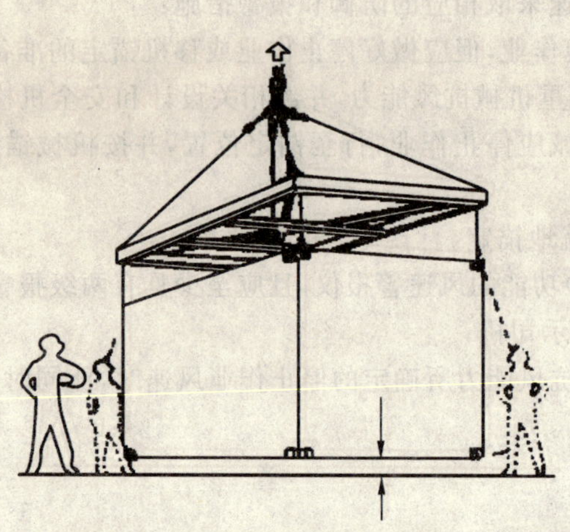

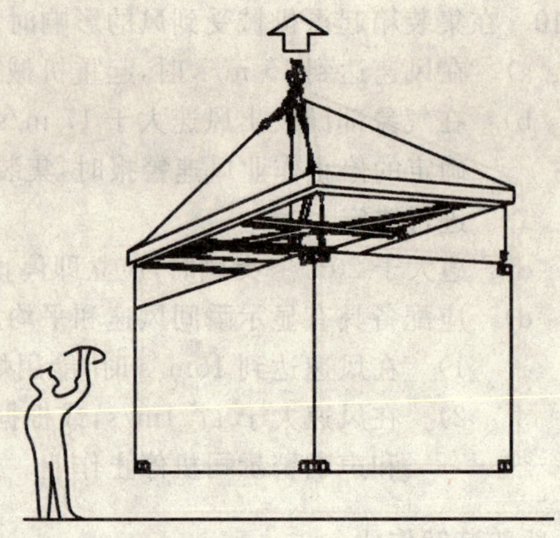

图 1

d) 起重机械在小车运行或整机行驶时，吊具或集装箱应提升到足够的高度，并注意周围操作环境，严防碰撞下层或邻位的集装箱和其他障碍物。

e) 运输车辆在未进入装卸作业位置前，起重机械不应把吊具或集装箱移至该位置的上方，不应把吊起的集装箱悬空等待，宜将集装箱松落或接近运输车辆作业位置外的支承面。

f) 集装箱到位时应轻放，平稳着落，不应采用通过甩动吊具把集装箱放置在垂直着落外的地方。

6.5 集装箱各种方式的起吊，应严格按照 GB/T 17382 相应的规定，并应满足如下作业要求：

a) 使用带转锁的集装箱吊具吊顶作业：

1) 作用于 4 个顶角件上的起吊力应保持竖直(见图 2)；

2) 吊具的转锁应与集装箱 4 角的顶角件紧密连接；

3) 应避免在吊具与集装箱尺码不相符合的状态下误操作，如吊具在 40 ft 连接状态下误吊两只 20 ft 的集装箱。

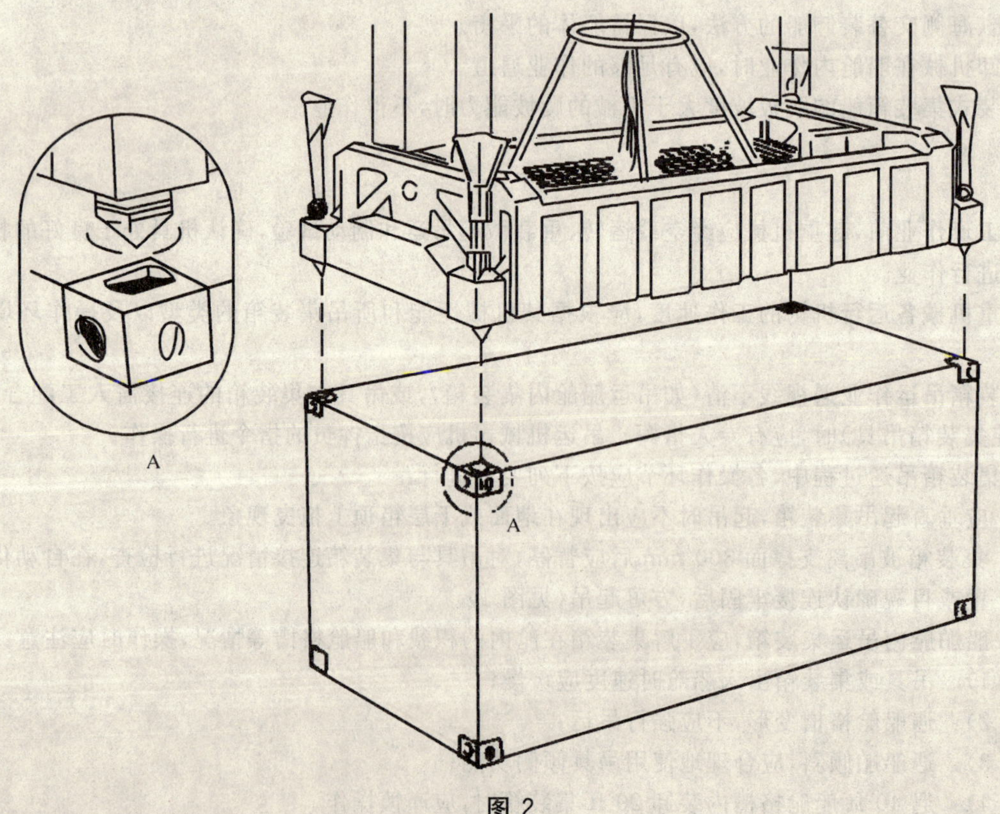

图 2

b) 使用带有手动转锁、吊钩、U 型环的吊索吊顶作业：

1) 吊索所带的手动转锁、吊钩、U 型环应与顶角件应连接牢固；手动旋锁应具有保证集装箱起吊后转锁不转动的装置(见图 3)；吊钩应由里向外勾挂(见图 4)，不允许由外向里勾；U 型钩的横销应拧紧(见图 5)；吊钩、吊索的使用应满足 GB 14735、GB 14737 和 GB 14738 等规定；

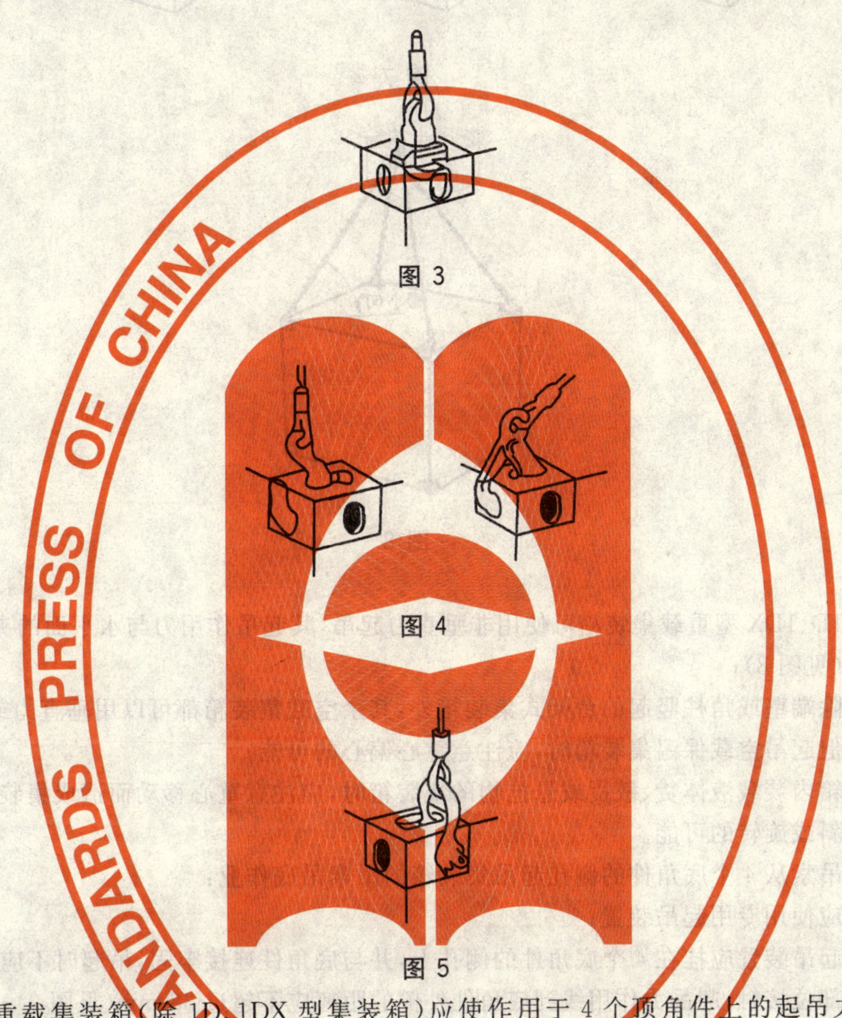

图 3

图 4

图 5

2) 重载集装箱(除 1D、1DX 型集装箱)应使作用于 4 个顶角件上的起吊力保持竖直(见图 6)，不应采用图 7 所示的方法起吊；

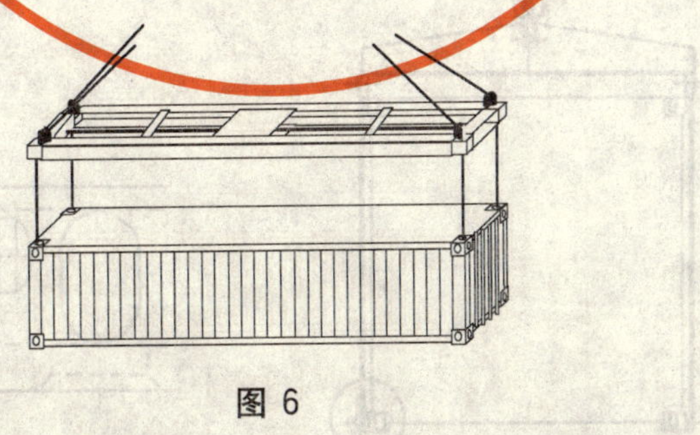

图 6

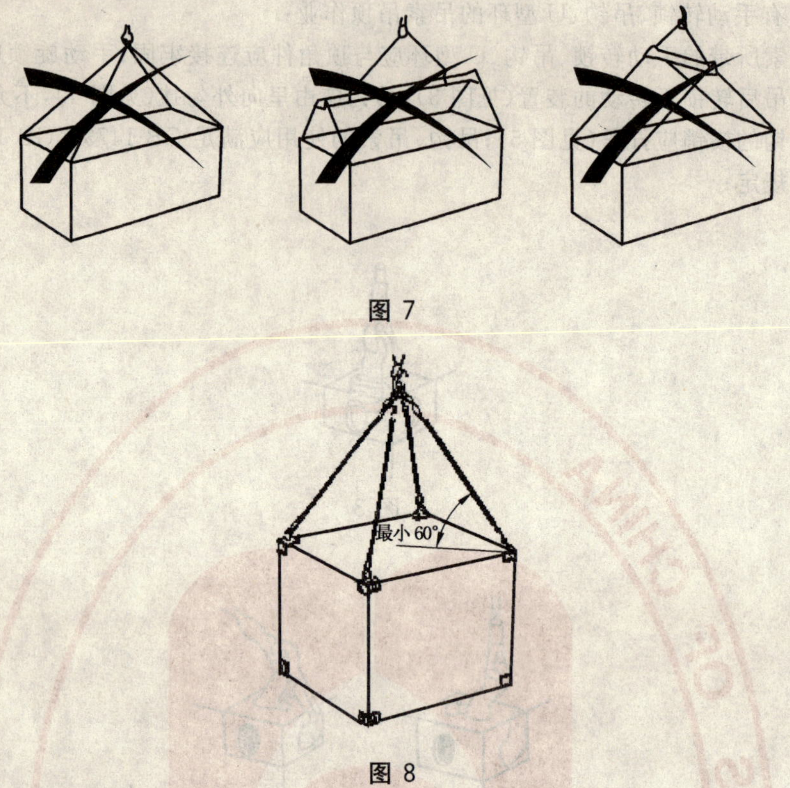

图 7

图 8

3） 1D、1DX 型重载集装箱可使用非垂直力起吊，其起吊作用力与水平面的夹角应不小于 60°（见图 8）；

4） 除端壁或角柱竖起的台架式集装箱外，其余空载集装箱都可以用垂直力或非垂直力起吊，但起吊空载保温集装箱时，应注意重心偏心的可能；

5） 箱内装载液体货、散货或悬挂物的集装箱时，应注意重心移动而造成集装箱吊起后发生倾斜或旋转的可能。

c） 使用吊索从 4 个底角件的侧孔起吊集装箱的吊索吊底作业：

1） 应使用专用起吊装置；

2） 起吊装置应挂在 4 个底角件的侧孔上，并与底角件连接牢固，吊起时不应与集装箱的其他部位接触，起吊力作用线到底角件外侧的距离应不超过 38 mm（见图 9）；

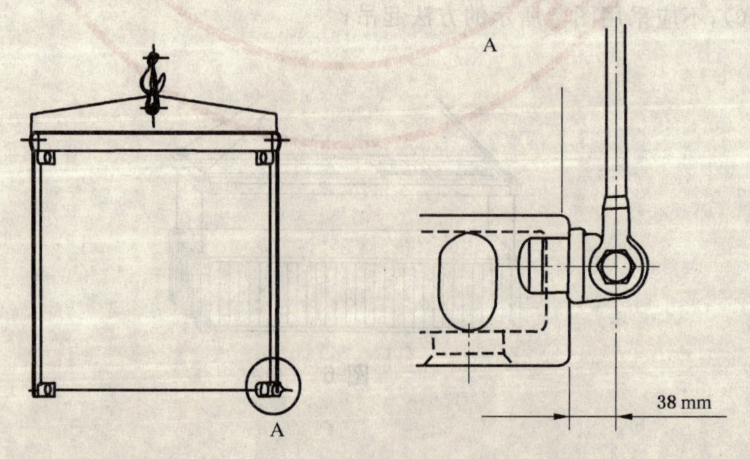

图 9

3) 对于端壁或角柱折叠时的台架式重载集装箱，不应用此方式起吊；起吊保温集装箱时，应注意重心的偏心，起吊内装液体货、散货或悬挂物的集装箱时，应注意重心移动而造成集装箱吊起后发生倾斜或旋转的可能；

4) 起吊作用力与集装箱底平面的夹角：1AAA 型、1AA 型、1A 型、1AX 型集装箱应不小于 30°，1BBB 型、1BB 型、1B 型、1BX 型集装箱应不小于 37°，1CC 型、1C 型、1CX 型集装箱应不小于 45°，1D 型、1DX 型集装箱应不小于 60°；在吊具使用时，在符合上述夹角选取的前提下，并应符合制造商对夹角选取的范围要求，以满足吊具的强度要求和使吊具与底角件处于良好的啮合状态。

7 叉运

7.1 集装箱各种方式的叉运，应严格按照 GB/T 17382 相应的规定，并应满足如下作业要求：

a) 采用叉车上配有顶吊框架顶举集装箱作业：
   1) 适用范围及技术要求应符合 6.5 a)的要求；
   2) 装卸机械的安全应满足 GB 17992 有关规定。

b) 采用叉车上配有侧升框架侧举集装箱作业：
   1) 侧升框架与集装箱的连结应牢靠；
   2) 应避免因动态效应而导致箱体变形或受损。

c) 采用叉车货叉叉举集装箱作业：
   1) 货叉应插入叉槽的全部深度或至少插入集装箱叉槽内 1 825 mm 以上；
   2) 不应从集装箱底部插入货叉叉运；
   3) 不允许两台叉车联合叉运集装箱(见图 10)；

图 10

   4) 不允许使用叉运空箱的叉槽叉运重箱。

7.2 叉车行驶时，起重门架不可前倾，且应保持周围有足够的作业空间。

7.3 叉车叉运(跨运车吊运)集装箱水平行驶时，集装箱应处于环境允许的最低高度，并按规定的速度行驶。

8 货场堆码

8.1 集装箱货场的场地应坚固、平坦，不得倾斜，排水应良好，不应有可能损伤集装箱的石块等坚硬突出物或其他障碍物。

8.2 集装箱应按箱位线堆码，空箱、重箱和结构类型不同的集装箱应分别堆码。

8.3 货场内应设置冷藏集装箱和危险货物集装箱专用箱区。冷藏集装箱箱区应设置电源装置，并有专人负责，其货场管理应符合 GB/T 13145 的有关要求；危险货物集装箱箱区应与其他箱区隔离，箱内货物性质或施救互抵的危险货物集装箱应分类和分隔堆放，并应配备符合国家有关危险品堆存规范的安全设备设施和设置相关的标识。

8.4 集装箱堆码的垛型应与机械能力、集装箱类型、箱内货物的特性以及货场设计要求相适应。货场机械的安全应符合 JT/T 566 的要求。

8.5 集装箱堆码时只允许由集装箱的 4 个底角件支承。上下层集装箱的角件应充分接触且要对齐，上面各层与最底层角件间的最大偏离量纵向不大于 38.0 mm，横向应不大于 25.4 mm(见图 11)。

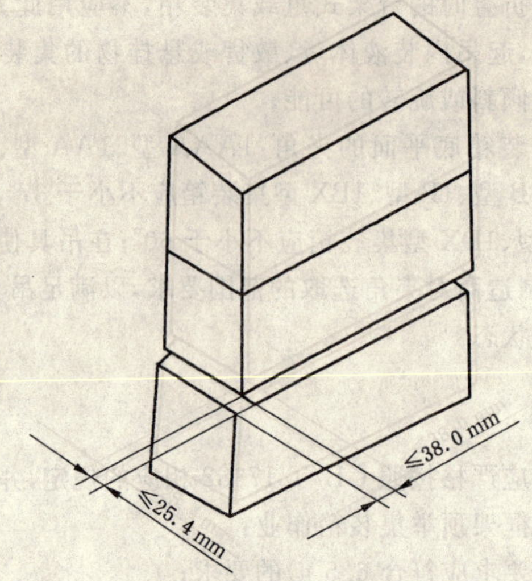

图 11

8.6 上下堆码的集装箱，其长度尺寸一般应相同。如长度尺寸不同，堆码时应按下列要求：

a) 集装箱上不应堆放小于其长度尺寸的任何集装箱，如 40 ft 的集装箱上堆放两个 20 ft 的集装箱(见图 12)；

b) 单只集装箱上不应堆放大于其长度尺寸的任何集装箱；

c) 两只集装箱上堆放 1 只集装箱时，下面两箱高度应一致，不同不应堆放(见图 13)；堆放时，上面集装箱 4 个角件应与下面集装箱外端的角件对齐；为避免上下箱的箱间位置发生移动，可采取上下箱箱间转锁连接，或由连接件对下箱组合成与上箱一致的长度尺寸等措施(见图 14)；

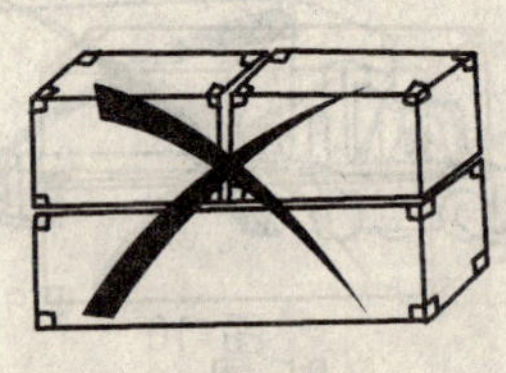

图 12

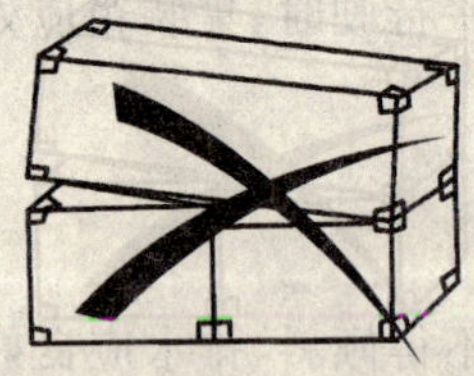

图 13

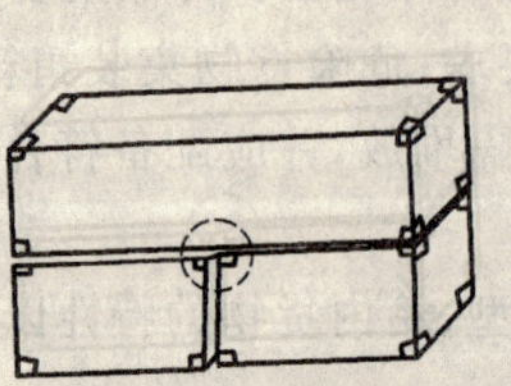

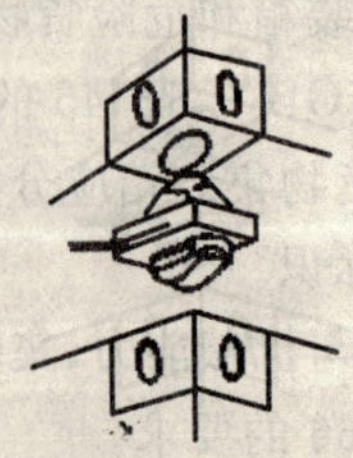

图 14

d) 严禁图 15 所示的各种堆码状态。

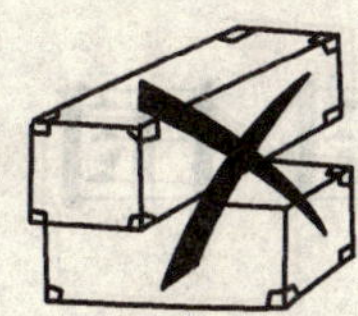
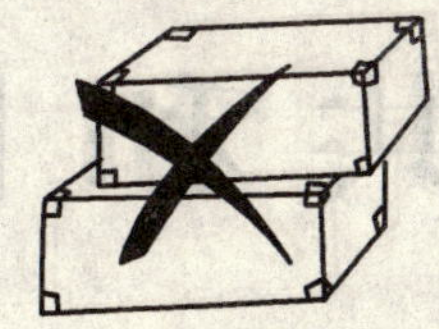

图 15

8.7 在风速大于 15 m/s 时，应根据箱重和风速的大小对堆垛的集装箱，采取降低箱堆高层数、紧密堆装、合理安排轻重箱的位置，或使用栓固装置等有效的防护、加固措施。

9 拖运

9.1 集装箱装载在运输车辆上，应由集装箱 4 个底角件或箱底结构中间的载荷传递区支承。

9.2 设有转锁装置的运输车辆在拖运时，转锁应与集装箱固定牢靠；不设转锁装置的运输车辆在拖运时，应使用导向装置或其他类同装置对集装箱予以固定。无任何固定装置的运输车辆不准拖运。

9.3 40 ft 集装箱拖挂车装一个 20 ft 集装箱时，应装在靠车尾的一端或载箱面的中间位置。在拖挂车上拆装箱时，要对牵引部分采取固定措施。

10 拆装箱作业的安全要求

10.1 拆装箱作业前，作业人员应了解货物的重量、外形尺寸，对笨重长大物件还应确认其重心、起吊及叉运位置。作业人员在开启箱门和箱内作业时，应选择合适的站立位置，防止货物倒塌致伤。开启箱门一般不宜两扇同时开启，应先开右半扇。箱门一经开启应使其固定于全开位置。箱内货物如用固货件栓固，拆除固货件时应保持货物的稳定性。

10.2 以干冰或液态氮等挥发性物质为致冷剂的冷藏集装箱、熏蒸过的集装箱、装有易燃易爆及有毒有害气体货物的集装箱应先开门通风，必要时应强制通风，经测试确认无有害气体聚集并符合要求后，方可作业。危险货物拆装箱的作业人员应穿戴、使用符合规范要求的劳动防护用品。装卸易燃易爆危险货物所使用的机械和工属具应符合规范，同时具有相应的防护装置和采取相应的措施。

10.3 用于箱内作业的机械对集装箱底板的集中动载荷，不应超过箱底板允许承受的最大负荷。箱内作业所使用的工属具应满足各类货物拆码垛、水平移位的作业需要，并应无损于集装箱箱顶、壁、底、门等各种结构和装置。箱内作业的叉车，其自由起升高度、门架高度等，应限止在作业环境高度内。叉车进出集装箱时，应在箱门口设置坡道板等过渡跳板。

10.4 装卸结束后，应对箱内货物采用有效的固货手段。

10.5 在集装箱拖挂车上拆、装箱时，应采取有效措施，防止集装箱拖挂车移动。

10.6 货物装集装箱应根据货物物理和化学特性，选择相适应的集装箱，应避免超集装箱箱体额定载荷(包括集中载荷、吸潮引起的超载)、偏载、尺码超限和与货物特性要求不符造成的意外。

ICS 19.040
N 50

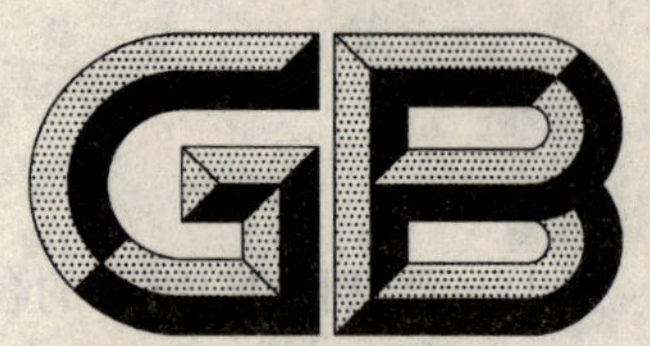

中华人民共和国国家标准

GB/T 11606—2007
代替 GB/T 11606.1～11606.17—1989

分析仪器环境试验方法

Methods of environmental test for analytical instruments

2007-10-11 发布　　　　　　2007-12-01 实施

中华人民共和国国家质量监督检验检疫总局
中国国家标准化管理委员会　发布

前言

本标准代替 GB/T 11606.1～11606.17—1989《分析仪器环境试验方法》总则、电源频率与电压试验、低温试验、高温试验、温度变化试验、恒定湿热试验、交变湿热试验、振动试验、磁场试验、气压试验、沙尘试验、长霉试验、盐雾试验、低温贮存试验、高温贮存试验、跌落试验、碰撞试验各部分内容。

本标准与 GB/T 11606.1～11606.17—1989 相比主要变化如下：

——将原 GB/T 11606 中“试验”改为“条件试验”；“试验方法”改为“试验程序”。

——将原 GB/T 11606.1 中“主题内容和适用范围”改为“范围”，取消原“不适用”部分；修改了表 1 中规定的温度、相对湿度、振动、电源频率的允差和运输贮存等有关值。

——修改了原 GB/T 11606.2 中电源频率的允差为额定值的±2%；增加“试验程序 2”电压与频率组合。

——原 GB/T 11606.3～11606.8、GB/T 11606.14～11606.15 中第 2 章标题改为“试验分组”及表中内容与总则中规定一致。

——修改了原 GB/T 11606.3～11606.4 中“试验持续时间”，取消 1 h 挡，增加 8 h、16 h 两挡；原第 4 章取消，其内容归入第 3 章中；修改了原 5.3 中“将仪器放入试验箱(室)内并通电，……”改为“将经预处理的仪器，在不通电……”。

——将原 GB/T 11606.5 中“试验持续时间”由原来的 2 h、4 h、8 h 改为 1 h、2 h、3 h。

——将原 GB/T 11606.6 中 3.14 电阻率改为电导率，原电阻率在电导率后加括号；增加了“仪器不应受到来自试验箱(室)内加热元件的直接辐射”及对试验箱(室)容积的要求。

——在原 GB/T 11606.7 中增加 3.1.2、3.1.3、3.1.4 的内容；删除原 3.1.6 内容，增加“仪器不应受到来自试验箱(室)内加热元件的直接辐射”的内容；增加了对恢复时间的规定，一般为 12 h(或 24 h)以上。

——在原 GB/T 11606.8 中增加了对试验设备的要求。

——将原 GB/T 11606.9 中“磁场强度”改为“磁场强度要求”。

——原 GB/T 11606.10 中 2.2 内容改用“表”表示，将括号内 mmHg 改为 mbar，并增加了海拔高度；增加“预处理”条款；修改条件试验中仪器启动时间，改在气压达到规定值后启动；增加“气压变化试验方法”。

——调整了原 GB/T 11606.11 中第 2 章试验条件，将 3 种条件按程序排列；试验用沙尘除 Lc 与原标准材料相同，但比例有差异外，其余均作了修改。3 种沙尘试验的温度和相对湿度一致，修改了 Lc 的温度、湿度，温度由原来 55℃±2℃改为 15℃～35℃，相对湿度小于 50%改为 45%～75%；试验持续时间仅对 Lb 作了调整，分为 6 h、12 h、24 h 3 挡；对试验箱(室)的要求，根据 3 种不同的试验提出不同的条件。

——在原 GB/T 11606.12 的范围中增加了适用于评定零、部件在霉菌生长条件下的长霉程度；增加了宛氏拟青梅和绳状青梅两菌种；在试验程序中增加了小试样的试验和检查；取消 4.3.4 有关试样规定和长霉等级评定的规定；取消附录 A 培养霉菌用的各种培养剂。

——在原 GB/T 11606.13 的范围中增加“适用部分”；将“盐溶液”改为“试验溶液”；增加“预处理”；考虑到对仪器做试验，在恢复中增加了“按有关标准规定的其他恢复条件和恢复时间”的内容。

——在原 GB/T 11606.14～11606.15 中增加了“对试验设备要求”内容；在预处理中增加了“对初始检测的要求”；修改了“恢复条件”，明确了“待温度稳定后将包装件取出，在正常环境条件下恢复 24 h 以上”。

——对原 GB/T 11606.16 中表 1 作了修改，条件已包括其内，原 3.2.2 取消；增加“初始检测”和“倾斜跌落次数”；增加“条件试验”和“相关标准应给出的信息”。

——对原 GB/T 11606.17 中“试验等级”改为“严酷等级”。

本标准由中国机械工业联合会提出。

本标准由全国工业过程测量和控制标准化技术委员会分析仪器分技术委员会归口。

本标准起草单位：北京分析仪器研究所、北京北分瑞利分析仪器(集团)有限责任公司、上海精密科学仪器有限公司分析仪器总厂、上海精密科学仪器有限公司雷磁仪器厂、重庆川仪九厂、南京分析仪器厂有限公司、成都仪器厂。

本标准主要起草人：张心怡、马雅娟、刘沛华、张海波、王巧梅、胡体宝、郑文萍、余永惠。

本标准所代替标准的历次版本发布情况为：

——GB/T 11606.1～11606.17—1989。

分析仪器环境试验方法

1 范围

本标准规定了分析仪器环境试验方法的总则及方法。

本标准适用于所有分析仪器(以下简称仪器)在研究、开发、设计、制造、销售过程中,为保证产品质量和制定产品标准时,所需仪器环境试验的选择。

2 总则

2.1 适用性

本总则适用于所有仪器,规定了仪器的环境条件分组、参比工作条件、试验项目、环境条件分组的选择、试验步骤和试验顺序。

2.2 环境条件分组

仪器按使用条件和运输流通条件分为以下 4 个基本组别(详见表 1):

Ⅰ组:环境温度和湿度控制在规定的范围内,通常指具有空调设备的可控环境。本组适用于精密仪器。

Ⅱ组:仅将环境温度控制在规定的范围内,通常指具有一般保温供暖及通风的室内环境。本组适用于实验室仪器。

Ⅲ组:环境温度和湿度都不受控制,通常指无保温供暖及通风的室内环境。本组适用于工业过程仪器。

Ⅳ组:环境温度和湿度都不受控制的较恶劣环境,通常指有遮蔽或无遮蔽的室外环境。本组适用于室外使用仪器。

2.3 参比工作条件

参比工作条件的参比值、范围和允差见表 2。

在不产生异议的情况下,允许在温度为 15℃～25℃、相对湿度为 45%～75%、大气压力为 86 kPa～106 kPa、电源电压为 220 V±22 V、电源频率为 50 Hz±0.5 Hz 的条件下试验。

2.4 试验项目

试验项目有:电源电压与频率试验、低温试验、高温试验、温度变化试验、恒定湿热试验、交变湿热试验、振动试验、磁场试验、气压试验、沙尘试验、长霉试验、盐雾试验、低温贮存试验、高温贮存试验、跌落试验和碰撞试验共 16 项。

2.5 环境条件分组的选择

2.5.1 产品标准应按 2.2 选择环境条件分组,若某一影响量(一般仅为一个)与规定组别的环境条件不完全一致时,应在产品标准中另行规定。

2.5.2 当对大型产品进行整机试验不可行时,有关标准要规定对那些关键部分或部件进行试验。

2.5.3 表 1 中所列试验项目是仪器应做项目。特殊情况,按有关标准规定或由供需双方商定。

2.6 试验步骤

每一项试验通常包括下列内容(特殊项目例外):

a) 预处理(必要时);

b) 初始检测(必要时);

c) 条件试验；

d) 中间检测(必要时)；

e) 恢复；

f) 最后检测。

2.7 试验顺序

当对同一仪器依次进行两种以上的试验项目时，一般不规定顺序；如试验顺序有影响时，由有关标准规定。

表 1 环境条件分组

<table>
<tr><td colspan="4">环境条件</td><td colspan="5">组 别</td></tr>
<tr><td>试验项目</td><td colspan="2">试验条件</td><td>单位</td><td>Ⅰ</td><td>Ⅱ</td><td colspan="2">Ⅲ</td><td>Ⅳ</td></tr>
<tr><td rowspan="3">温度</td><td colspan="2">温度下限</td><td rowspan="3">℃</td><td>20</td><td>5</td><td>5</td><td>0</td><td>−10</td></tr>
<tr><td colspan="2">温度上限</td><td>25</td><td>35</td><td colspan="2">40</td><td>55</td></tr>
<tr><td colspan="2">温度变化</td><td>—</td><td>—</td><td>5～40</td><td>0～40</td><td>−10～55</td></tr>
<tr><td rowspan="2">相对湿度</td><td colspan="2">恒定湿热</td><td rowspan="2">%,℃</td><td>75,(25)</td><td>80,(25)</td><td colspan="3">93,40</td></tr>
<tr><td colspan="2">交变湿热</td><td colspan="2">95,55</td><td colspan="3">95,40</td></tr>
<tr><td rowspan="5">振动</td><td colspan="2">频率范围</td><td>Hz</td><td colspan="2">—</td><td colspan="3">10～55</td></tr>
<tr><td colspan="2">振幅值(位移)</td><td>mm</td><td colspan="2">—</td><td colspan="3">0.15</td></tr>
<tr><td colspan="2">扫频速率</td><td>oct/min</td><td colspan="2">—</td><td colspan="3">1</td></tr>
<tr><td colspan="2">保持时间</td><td>min</td><td colspan="2">—</td><td colspan="3">10</td></tr>
<tr><td colspan="2">振动方向</td><td></td><td colspan="2">—</td><td colspan="3">X、Y、Z</td></tr>
<tr><td rowspan="2">电源电压及频率</td><td colspan="2">电压</td><td>V</td><td colspan="5">220±22(β≤0.05)</td></tr>
<tr><td colspan="2">频率</td><td>Hz</td><td colspan="5">50±1 或 60±1.2(β≤0.05)</td></tr>
<tr><td rowspan="8">运输、运输贮存</td><td colspan="2">低温</td><td>℃</td><td colspan="5">−40,(−20)</td></tr>
<tr><td colspan="2">高温</td><td>℃</td><td colspan="5">55,70</td></tr>
<tr><td colspan="2" rowspan="3">碰撞</td><td>m/s²(g_n)</td><td colspan="5">加速度:100(10)</td></tr>
<tr><td>ms,次/min</td><td colspan="5">脉冲持续时间:16,脉冲重复频率:60～100</td></tr>
<tr><td>次</td><td colspan="5">碰撞次数:1 000,脉冲波形:近似半正弦波</td></tr>
<tr><td rowspan="3">跌落</td><td>自由跌落</td><td>mm</td><td colspan="5">包装件质量≤100 kg时,跌落高度:250</td></tr>
<tr><td rowspan="2">倾斜跌落</td><td>°</td><td colspan="2" rowspan="2">包装件质量>100 kg,<200 kg时</td><td colspan="3">底面棱边长度<500 mm时,倾角:30</td></tr>
<tr><td>mm</td><td colspan="3">底面棱边长度≥500 mm时,底面离地面的最高距离:250</td></tr>
</table>

注1：温度的极限值与额定值相同。

注2：Ⅲ组中温度又分两种，其中5℃～40℃主要考虑电化学分析器中部分传感器的使用条件。

注3：恒定湿热Ⅰ、Ⅱ组给出的是此温度下的湿度。交变湿热Ⅰ、Ⅱ组给出的是贮运条件。

注4：运输贮存条件不按组别进行，同一组产品应根据不同的流通条件分别采取相适应的贮运包装。

注5：运输贮存条件中的低温(−20℃)一挡不推荐使用，仅用于带液晶显示器类的仪器(当其贮存运输温度为−20℃时)。

表 2 参比工作条件

影响量	参比值或范围	单位	允差	单位
环境温度	23	℃	±2	℃
相对湿度	45～75	%	—	—
大气压	86～106	kPa	—	—
空气流速	0～0.2	m/s	—	—
太阳辐射	避免直射	—	—	—
有害气体	忽略不计	—	—	—
尘埃	忽略不计	—	—	—
交流供电电压	额定值	V	±1	%
交流供电频率	额定值	Hz	±1	%
交流供电电源失真	$\beta=0$	—	$\beta=0.05$	—
外电磁场干扰	应避免	—	—	—
机械振动	忽略不计	—	—	—
工作位置	按产品标准规定	—	±1	°
通风	良好	—	—	—

注 1：相对湿度、大气压在此范围内任一值。

注 2：β 为失真因子，即交流供电电压的波形的失真应保持在 $(1+\beta)A\sin\omega t$ 与 $(1-\beta)A\sin\omega t$ 所形成的包络之间。

3 电源电压与频率试验

3.1 适用性

本方法适用于评定仪器对电源电压与频率变化时使用的适应性。也适用于对电源电压与频率有特殊要求的仪器(见试验程序 2)。

3.2 试验条件

3.2.1 由电网电源供电的仪器规定如下：

电源电压为 220 V±22 V($\beta \leqslant 0.05$)；

电源频率为 50 Hz±1 Hz 或 60 Hz±1.2 Hz($\beta \leqslant 0.05$)。

3.2.2 对电源电压和频率有特殊要求的仪器，其电压与频率的工作条件应在有关标准中另行规定。

3.3 试验程序

3.3.1 试验程序 1

3.3.1.1 将仪器的电源线连接到电压与频率可调的电源上。

3.3.1.2 可调电源输出电压置于 220 V±2.2 V，频率置于 50 Hz±0.5 Hz，检查仪器性能。

3.3.1.3 将电源频率保持在 50 Hz±0.5 Hz，电压分别置于 198 V、220 V、242 V，并在这些电压上各自至少保持 15 min，分别检查仪器性能。

3.3.1.4 将电源电压保持在 220 V±2.2 V，频率分别置于 49 Hz、50 Hz、51 Hz 或 58.8 Hz、60 Hz、61.2 Hz，并在这些频率上各自至少保持 15 min，分别检查仪器性能。

3.3.2 试验程序 2

3.3.2.1 将仪器的电源线连接到电压与频率可调的电源上。

3.3.2.2 可调电源电压置于 220 V±2.2 V，频率置于 50 Hz±0.5 Hz，检查仪器性能。

3.3.2.3 将电源电压与频率按表 3 规定的 4 种组合变化，每种组合各保持 15 min，分别检查仪器性能。

表 3 电压与频率组合

组　合	电压变化/V	频率变化/Hz
1	+22	+1
2	+22	−1
3	−22	−1
4	−22	+1

4 低温试验

4.1 适用性

本方法适用于评定仪器在低温环境条件下使用的适应性。

4.2 试验分组

试验分组见表 4。

表 4 低温分组

单位为摄氏度

试验温度	组　别			
	Ⅱ组	Ⅲ组		Ⅳ组
低　温	5	5	0	−10

4.3 试验条件

4.3.1 对试验设备的要求

4.3.1.1 试验箱(室)工作空间内,应能提供 4.2 中表 4 所规定的温度条件,允许误差为±2℃,可以用强迫空气循环来保持温度均匀。

4.3.1.2 为限制辐射影响,试验箱(室)内壁各部分温度与规定试验温度之差不应超过 8%(按开尔文(K)温度计算),仪器不应受到不符合上述要求的任何加热与冷却元件的直接辐射。

4.3.1.3 试验箱(室)的容积应大于仪器体积的 3 倍。

4.3.2 对仪器要求

在试验箱(室)的工作空间不足以做整机试验时,若仪器允许,可按分机形式分别进行试验。

4.3.3 试验持续时间

仪器温度试验的持续时间应从下列时间中选取:

2 h、4 h、8 h、16 h。

4.4 试验程序

4.4.1 预处理

将仪器放置在正常(或参比)的环境条件下,使之达到温度平衡。

4.4.2 初始检测

按有关标准规定对仪器进行检测。

4.4.3 条件试验

4.4.3.1 将经预处理的仪器,在不通电、"准备使用"状态,按正常位置放入试验箱(室)内,此时,该试验箱(室)的温度与仪器温度一致。

4.4.3.2 将试验箱(室)的温度以不大于 1℃/min 的变化速率(不超过 5 min 的平均值)降温至规定值。此时,仪器接通电源,并保持到规定的试验持续时间。

4.4.4 中间检测

在试验持续时间到达后,立即按有关标准规定进行性能检测。

4.4.5 恢复

检测结束后，仪器断开电源，停止工作，试验箱(室)的温度以不大于1℃/min的变化速率升温至预处理时的仪器环境条件，达到温度后，恢复1 h～2 h。

4.4.6 最后检测

按有关标准规定对仪器进行检测。

4.5 相关标准应给出的信息

当相关标准采用本方法时，应给出下列尽可能适用的细则：

a) 预处理；

b) 初始检测的项目与要求；

c) 试验持续时间；

d) 中间检测的项目与要求；

e) 最后检测的项目与要求；

f) 供需双方同意的对试验程序的任何更改。

5 高温试验

5.1 适用性

本方法适用于评定仪器在高温环境条件下使用的适应性。

5.2 试验分组

试验分组见表5。

表5 高温分组

单位为摄氏度

试验温度	组别		
	Ⅱ组	Ⅲ组	Ⅳ组
高温	35	40	55

5.3 试验条件

5.3.1 对试验设备的要求

5.3.1.1 试验箱(室)工作空间内，应能提供5.2中表5所规定的温度条件，允许误差为±2℃，可以用强迫空气循环来保持温度均匀。

5.3.1.2 为限制辐射影响，试验箱(室)内壁各部分温度与规定试验温度之差不应超过3%(按开尔文(K)温度计算)，仪器不应受到不符合上述要求的任何加热与冷却元件的直接辐射。

5.3.1.3 绝对湿度不应超过20 g/m³ 水气(相当于35℃时50%的相对湿度)，当试验温度低于35℃时，相对湿度不应超过50%。

5.3.1.4 试验箱(室)的容积应大于仪器体积的3倍。

5.3.2 对仪器要求

在试验箱(室)的工作空间不足以做整机试验时，若仪器允许，可按分机形式分别进行试验。

5.3.3 试验持续时间

仪器温度试验的持续时间应从下列时间中选取：

2 h、4 h、8 h、16 h。

5.4 试验程序

5.4.1 预处理

将仪器放置在正常(或参比)的环境条件下，使之达到温度平衡。

5.4.2 初始检测

按有关标准规定对仪器进行检测。

5.4.3 条件试验

5.4.3.1 将经预处理的仪器，在不通电、“准备使用”状态，按正常位置放入试验箱(室)内，此时，该试验箱(室)的温度与仪器温度一致。

5.4.3.2 将试验箱(室)的温度以不大于1℃/min的变化速率(不超过5 min的平均值)升温至规定值。此时，仪器接通电源，并保持到规定的试验持续时间。

5.4.4 中间检测

在试验持续时间到达后立即按有关标准规定进行性能检测。

5.4.5 恢复

检测结束后，仪器断开电源，停止工作，试验箱(室)的温度以不大于1℃/min的变化速率降温至预处理时的仪器环境条件，达到温度后，恢复1 h～2 h。

5.4.6 最后检测

按有关标准规定对仪器进行检测。

5.5 相关标准应给出的信息

当相关标准采用本方法时，应给出下列尽可能适用的细则：

a) 预处理；

b) 初始检测的项目与要求；

c) 试验持续时间；

d) 中间检测的项目与要求；

e) 最后检测的项目与要求；

f) 供需双方同意的对试验程序的任何更改。

6 温度变化试验

6.1 适用性

本方法适用于评定工业过程仪器和在恶劣环境条件下工作的仪器，在环境温度变化期间使用的适应性。

6.2 试验分组

试验分组见表6。

表6 温度变化分组

单位为摄氏度

试验温度	组别		
	Ⅲ组		Ⅳ组
低温	5	0	−10
高温	40		55

6.3 试验条件

6.3.1 对试验设备的要求

6.3.1.1 试验箱(室)工作空间内，应能提供6.2中表6所规定的温度条件，允许误差为±2℃，且能进行温度循环，即由低温到高温或由高温到低温的变化过程，能按试验所要求的变化速率进行。

6.3.1.2 箱(室)内空气的绝对湿度应不超过20 g/m^{3}水气。

6.3.1.3 为限制辐射影响，试验箱(室)内壁各部分温度与规定试验温度之差不应超过下列值：高温时3%，低温时8%(按开尔文(K)温度计算)，仪器不应受到不符合上述要求的任何加热与冷却元件的直接辐射。

6.3.1.4 试验箱(室)内空气应充分流通。可以用强迫空气循环来保持温度均匀。

6.3.1.5 试验箱(室)的容积应大于仪器体积的3倍。

6.3.2 对仪器要求

在试验箱(室)的工作空间不足以做整机试验时,若仪器允许,可按分机形式分别进行试验。

6.3.3 试验持续时间

仪器两个温度的持续时间(t_1)应从下列时间中选取:

1 h、2 h、3 h。

6.4 试验程序

6.4.1 预处理

将仪器放置在正常(或参比)的环境条件下,使之达到温度平衡。

6.4.2 初始检测

按有关标准规定对仪器进行检测。

6.4.3 条件试验

6.4.3.1 将经预处理的仪器按正常位置放入试验箱(室)内,此时,该试验箱(室)的温度与仪器温度一致。

6.4.3.2 启动仪器,待正常工作后,将试验箱(室)的温度以不大于 1℃/min 的变化速率(不超过 5 min 的平均值)降温至规定值 T_A,温度达到稳定后,保持试验持续时间 t_1,立即在该温度下按有关标准规定对仪器进行检测。

6.4.3.3 然后将试验温度按上述变化速率升温至规定值 T_B,温度达到稳定后,保持试验持续时间 t_1,立即在该温度下按有关标准规定对仪器进行检测。

6.4.3.4 然后将试验箱(室)的温度按规定变化速率降至预处理温度,并达到稳定,同时关闭仪器。这个程序构成一个循环(见图 1)。

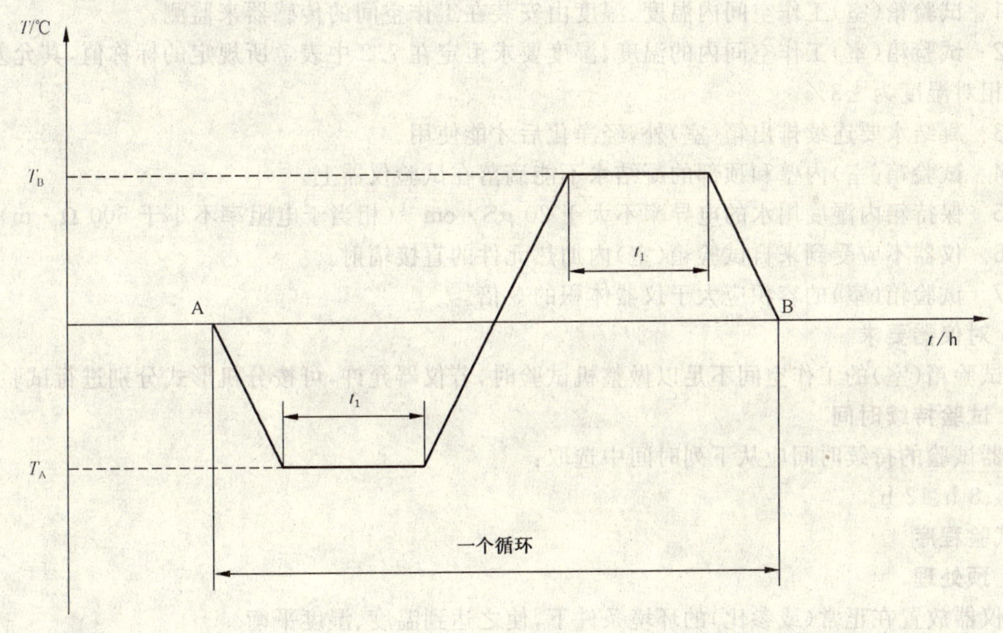

A——循环开始;

B——循环结束。

图 1 温度变化循环

6.4.4 恢复

在试验箱(室)内恢复 1 h~2 h 后取出。

6.4.5 最后检测

按有关标准规定对仪器进行检测。

6.5 相关标准应给出的信息

当相关标准采用本方法时,应给出下列尽可能适用的细则:

a） 预处理；

b） 初始检测的项目与要求；

c） 试验持续时间；

d） 条件试验期间检测的项目与要求；

e） 最后检测的项目与要求。

7 恒定湿热试验

7.1 适用性

本方法适用于评定仪器在恒定湿热条件下使用和贮存的适应性。

7.2 试验分组

试验分组见表7。

表7 恒定湿热分组

试验温度	组别	
	Ⅲ组	Ⅳ组
相对湿度/%	93	
温度/℃	40	

7.3 试验条件

7.3.1 对试验设备的要求

7.3.1.1 试验箱（室）工作空间内温度、湿度由安装在工作空间的传感器来监测。

7.3.1.2 试验箱（室）工作空间内的温度、湿度要求恒定在7.2中表7所规定的标称值，其允差：温度为±2℃，相对湿度为±3%。

7.3.1.3 凝结水要连续排出箱（室）外，经净化后才能使用。

7.3.1.4 试验箱（室）内壁和顶部的凝结水不能滴落在试验仪器上。

7.3.1.5 保持箱内湿度用水的电导率不大于20 $\mu S \cdot cm^{-1}$（相当于电阻率不小于500 $\Omega \cdot m$）。

7.3.1.6 仪器不应受到来自试验箱（室）内加热元件的直接辐射。

7.3.1.7 试验箱（室）的容积应大于仪器体积的3倍。

7.3.2 对仪器要求

在试验箱（室）的工作空间不足以做整机试验时，若仪器允许，可按分机形式分别进行试验。

7.3.3 试验持续时间

仪器试验的持续时间应从下列时间中选取：

4 h、8 h、12 h。

7.4 试验程序

7.4.1 预处理

将仪器放置在正常（或参比）的环境条件下，使之达到温度、湿度平衡。

7.4.2 初始检测

按有关标准规定对仪器进行检测。

7.4.3 条件试验

7.4.3.1 将经预处理的仪器，在不通电、"准备使用"状态，按正常位置放入试验箱（室）内，此时，该试验箱（室）的温度、湿度与仪器温度、湿度一致。

7.4.3.2 试验箱（室）的温度以不大于1℃/min的变化速率（不超过5 min的平均值）升温至规定值，以对仪器进行预热，待温度稳定后，再加湿，在2 h内至规定值，以免仪器产生凝露。待温度、湿度稳定后，保持试验持续时间。

注：若有关标准规定仪器在条件试验开始通电工作，则按此进行。其他方法不变。

7.4.4 中间检测

在试验持续时间到达后，启动仪器，按有关标准规定检测。

7.4.5 恢复

检测结束后，关闭仪器，将试验箱(室)的湿度在 2 h 内降至初始值。再按上述温度变化速率降至初始值。试验结束，仪器应留在试验箱(室)内恢复 1 h～2 h 后取出。

7.4.6 最后检测

按有关标准规定对仪器进行检测。

7.5 相关标准应给出的信息

当相关标准采用本方法时，应给出下列尽可能适用的细则：

a) 预处理；

b) 初始检测的项目与要求；

c) 试验持续时间；

d) 中间检测的项目与要求；

e) 恢复条件；

f) 最后检测的项目与要求。

8 交变湿热试验

8.1 适用性

本方法适用于评定仪器在高湿并伴有温度循环变化的湿热条件下使用和贮存的适应性。

8.2 试验分组

试验分组见表 8。

表 8 交变湿热分组

试验温度	组别			
	Ⅰ组	Ⅱ组	Ⅲ组	Ⅳ组
相对湿度/%	95		95	
温度/℃	55		40	
注：Ⅰ组、Ⅱ组的温度、相对湿度为贮运条件，即带包装。				

8.3 试验条件

8.3.1 对试验设备的要求

8.3.1.1 试验箱(室)工作空间内温度、湿度由安装在工作空间的传感器来监测。要求工作空间内温度、湿度均匀。

8.3.1.2 试验箱(室)的工作空间内的温度、湿度要求按 8.2 中表 8 所规定的高温、高湿及图 2 的说明，在 25℃±3℃与选定的高温之间循环变化；温度变化速率和温度、湿度允差应满足 8.4 和图 2 的要求。

8.3.1.3 保持箱(室)内湿度用水的电导率不大于 20 $\mu S \cdot cm^{-1}$(相当于电阻率不小于 500 $\Omega \cdot m$)。

8.3.1.4 凝结水要连续排出箱(室)外，经净化后才能使用。

8.3.1.5 试验箱(室)内壁和顶部的凝结水不能滴落在试验仪器上。

8.3.1.6 仪器不应受到来自试验箱(室)内加热元件的直接辐射。

8.3.1.7 试验箱(室)的容积应大于仪器体积的 3 倍。

8.3.2 对仪器要求

在试验箱(室)的工作空间不足以做整机试验时，若仪器允许，可按分机形式分别进行试验。

8.3.3 试验持续时间

仪器试验持续时间为每周期 24 h，试验两周期。

8.4 试验程序

8.4.1 预处理

将仪器放置在正常(或参比)的环境条件下,使之达到温度、湿度平衡。

8.4.2 初始检测

按有关标准规定对仪器进行检测。

8.4.3 条件试验

8.4.3.1 将经预处理的仪器,在不通电、“准备使用”状态,按正常位置放入试验箱(室)内。

8.4.3.2 在温度 25℃±3℃、相对湿度为 45%~75% 的条件下,使试验仪器达到温度稳定。之后,在 1 h 内将工作空间内的湿度升高到不小于 95%。

8.4.3.3 按图 2 规定,使工作空间内温度在 24 h 内循环变化。

a) 升温阶段:在 3 h±0.5 h 内,将温度连续升至 40℃(或 55℃),升温速率应限定在图 2 的阴影范围内。在该阶段,除最后 15 min 相对湿度不低于 90% 外,其余时间的相对湿度都应不低于 95%,以便使试验仪器产生凝露(对大型试验仪器不得产生过量凝露);

b) 高温高湿恒定阶段:将工作空间的温度维持在 40℃±2℃(或 55℃±2℃)的范围内,从升温阶段开始算起直到 12 h±0.5 h 为止。在该阶段,除最初和最后 15 min 相对湿度不低于 99% 外,其余时间均为 93%±3%;

c) 降温阶段:将工作空间的温度在 3 h~6 h 内由 40℃±2℃(或 55℃±2℃)降至 25℃±3℃。降温速率应限定在图 2 规定的阴影范围内。应注意的是,在降温开始后的 1.5 h 内的降温速率是在 3 h±15 min 内,温度由 40℃±2℃(或 55℃±2℃)降至 25℃±3℃ 的降温速率。在该阶段相对湿度除最初 15 min 应不低于 90% 外,其余时间均应不低于 95%;

d) 低温高湿恒定阶段:将工作空间的温度维持在 25℃±3℃,相对湿度应不低于 95%,从升温阶段开始算起直至 24 h 止。

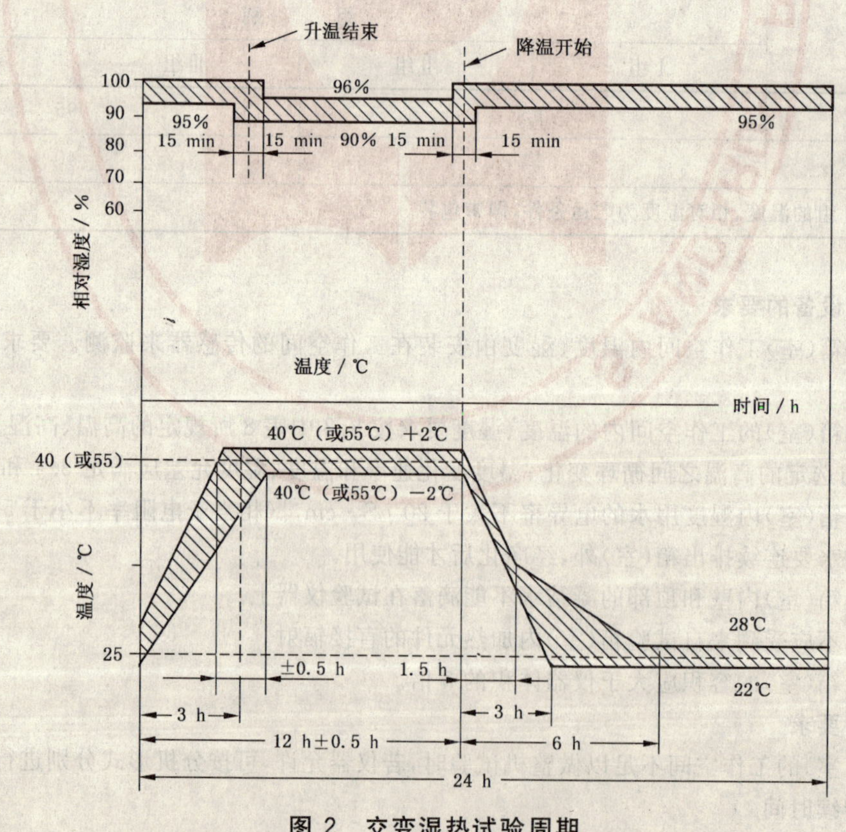

图 2 交变湿热试验周期

8.4.4 恢复

8.4.4.1 仪器经两周期试验后,应将试验箱(室)工作空间内的相对湿度在0.5 h内降至75%±3%,然后将温度在0.5 h内降至仪器预处理温度,允差为±2℃。

8.4.4.2 恢复时间应从达到规定的恢复条件时算起。保证试验仪器达到温度稳定,一般为12 h(或24 h)以上。

8.4.5 最后检测

按有关标准规定对仪器进行检测。

8.5 相关标准应给出的信息

当相关标准采用本方法时,应给出下列尽可能适用的细则:

a) 预处理;

b) 初始检测的项目与要求;

c) 试验持续时间;

d) 恢复条件;

e) 最后检测的项目与要求。

9 振动试验

9.1 适用性

本方法适用于评定仪器经受振动的适应性及结构的完好性。

9.2 试验分组

试验分组见表9。

表9 振动分组

振动试验	单位	组别	
		Ⅲ	Ⅳ
频率范围	Hz	10～55	
振幅值(位移)	mm	0.15	
扫描频率	oct/min	1	
持续时间	min	10	
振动方向		X、Y、Z	

9.3 试验条件

9.3.1 对试验设备要求

9.3.1.1 特性要求

振动台应能提供9.2中表9所规定的条件。

当振动台按所规定的方法装上负荷时,振动台和夹具的特性要求如下:

a) 基本运动应为时间的正弦函数,试样的各固定点应基本上同相沿平行直线运动;

b) 横向运动,对于小试样,允许振幅不大于25%,对于大试样,当达不到时,横向运动不监控;

c) 失真度不应超过25%,特殊情况记入试验报告中;

d) 振幅允差在所要求轴线上的检测点和基准点上的实际振幅应等于规定值,并应在允差范围内。基准点上控制信号允差为±15%。检测点上当频率低于或等于500 Hz时为±25%,超过500 Hz时±50%。当低频或大试样的某些频率达不到时,应在标准中另外规定评价方法;

e) 频率允差低于或等于0.25 Hz时为±0.05 Hz。从0.25 Hz～5 Hz时为±20%,从5 Hz～50 Hz时为±1%;超过50 Hz时为±2%;

在振动响应检查期间,应采用下列允差低于或等于 0.5 Hz 时为 0.05 Hz;从 0.5 Hz~5 Hz 时为±10%,从 5 Hz~100 Hz 时为±0.5 Hz,超过 100 Hz 时为±0.5%;

f) 扫频应是连续的,其频率应随时间按指数规律变化。扫频的速率应为每分钟一个倍频程,其允差为±10%。

9.3.1.2 安装

9.3.1.2.1 固定试样(仪器)时,应按正常工作时的安装方向紧固在振动台上(重心位于振动台的中心区域)。应使激振力直接传给试样而不允许通过减振器、把手或其他缓冲装置。

9.3.1.2.2 应避免紧固仪器的夹具在振动试验中产生自身共振。

9.3.1.2.3 试样应在 3 个互相垂直的轴上依次经受振动(X、Y、Z)。

9.3.2 严酷等级

频率范围:10 Hz~55 Hz;

振幅值:0.15 mm;

试验持续时间:10 min。

9.4 试验程序

9.4.1 预处理

按有关标准要求进行。

9.4.2 初始检测

按有关标准规定检测。

9.4.3 条件试验

9.4.3.1 振动响应检查

当有关标准有要求时,为研究试样在振动条件下的特性,应对整个频率范围进行响应检查。通常应按耐久试验相同的条件在一个扫频循环上进行。如果采用低于规定值的振幅值和扫描频率能更正确地确定响应特性,则该方法就可采用,但应避免过度延长时间。

在振动响应检查期间应检查试样以便确定下列现象的危险频率:

a) 由于振动而使试样出现故障和性能下降;

b) 出现机械共振及其他的响应现象,例如抖动。

应记录上述出现的现象:所有频率、施加的幅值、试样性能的变化,以及采取措施。

9.4.3.2 耐久试验

9.4.3.2.1 扫频耐久试验

应优先选用这种耐久程序。

应按有关标准所选择的频率范围、幅值、持续时间进行扫频。必要时可将频率范围分成几段进行,但不能因此而减少样品所受的应力。

9.4.3.2.2 定频耐久试验

用下列两种频率之一进行耐久试验:

a) 按 9.4.3.1 进行振动响应检查所获得的那些危险频率;

b) 按有关标准规定的预定频率。

试验时其频率应始终保持在实际的危险频率上。

9.4.4 恢复

在条件试验后,试样恢复 1 h~2 h,以便使试样处于与初始检测时相同的条件。

9.4.5 最后检测

按有关标准规定对仪器进行检测。

9.5 相关标准应给出的信息

当相关标准采用本方法时,应给出下列尽可能适用的细则:

a) 预处理；

b) 初始检测的项目与要求；

c) 振动响应检查后采取的措施；

d) 耐久试验的类型与持续时间；

e) 最后检测的项目与要求。

10 磁场试验

10.1 适用性

本方法适用于评定仪器对外磁场干扰的抵抗能力。

10.2 试验条件

10.2.1 对试验设备的要求

10.2.1.1 试验设备产生的磁场强度按公式(1)计算：

$$H=\frac{1.44In}{D} \tag{1}$$

式中：

H——磁场强度，单位为安培每米(A/m)；

I——经过圆环线圈的电流，单位为安培(A)；

n——圆环线圈的匝数；

D——圆环线圈的平均直径，单位为米(m)。

10.2.1.2 试验设备至少能产生 400 A/m 的磁场。

10.2.1.3 试验设备的支架及固定线圈的材料均为非磁性材料。

10.2.2 对试验仪器的要求

试验设备的工作空间不足以做整机试验时，若仪器允许，可按分机形式单独做试验。

10.2.3 磁场强度要求

磁场强度为 400 A/m。也可根据制造厂规定。

10.3 试验程序

10.3.1 初始检测

按有关标准规定对仪器进行检测。

10.3.2 条件试验

10.3.2.1 将仪器放在匀强磁场中，启动仪器工作。

10.3.2.2 改变线圈与仪器相对位置，使磁场对仪器的影响最大，稳定在此条件下对仪器检测，试验持续时间由制造厂规定。

10.3.3 最后检测

断开线圈电流，按有关标准规定对仪器进行检测。

10.4 相关标准应给出的信息

当相关标准采用本方法时，应给出下列尽可能适用的细则：

a) 初始检测的项目与要求；

b) 试验持续时间；

c) 中间检测的项目与要求；

d) 最后检测的项目与要求。

11 气压试验

11.1 适用性

本方法适用于评定仪器在高海拔低气压和气压变化环境条件下使用的适应性。

11.2 试验条件

11.2.1 对试验设备的要求

11.2.1.1 试验箱(室)应能提供表10给出的气压条件。

11.2.1.2 在恢复气压至正常时,应避免由于辅助装置导入不清洁的空气而使箱(室)内空气发生污染。

11.2.2 低气压试验的气压条件

低气压条件见表10。

表10 气压条件

气压		试验气压允差		近似海拔高度/m
kPa	mbar	kPa	mbar	
55	550	±2	±20	4 850
70	700			3 000
84	840			—
注:84 kPa 适用于仪器要求在标准气压值较低的试验。				

11.2.3 气压变化试验的条件

按产品标准规定。

11.2.4 试验持续时间

从下列时间中选取:

10 min、2 h、4 h。

在无规定时,恒定低气压试验持续时间为2 h。气压变化试验持续时间为10 min。

11.3 试验程序

11.3.1 预处理

将仪器放置在正常(或按有关标准规定)的环境条件下,使之达到温度平衡。

11.3.2 初始检测

按有关标准规定对仪器进行检测。

11.3.3 条件试验

11.3.3.1 将经预处理的仪器,在不通电、"准备使用"状态,按正常位置放入试验箱(室)内,此时,该试验箱(室)的温度与仪器温度一致。

11.3.3.2 将试验箱(室)的气压降低到规定值,压力平均变化速率应不大于10 kPa/min。气压达到规定值后,启动仪器并保持规定的试验持续时间。

11.3.3.3 做气压变化试验时,仪器放入试验箱(室)后立即启动,气压上升(下降)到规定值后,分别保持规定的试验持续时间,再按有关要求检测。

11.3.4 中间检测

在试验持续时间到达后,立即按有关标准规定进行性能检测。

11.3.5 恢复

检测结束后,关闭仪器,停止工作,试验箱(室)的压力平均变化速率以不大于10 kPa/min恢复至正常气压,恢复时间为1 h～2 h。

11.3.6 最后检测

按有关标准规定对仪器进行检测。

11.4 相关标准应给出的信息

当相关标准采用本方法时，应给出下列尽可能适用的细则：

a) 预处理；

b) 初始检测的项目与要求；

c) 试验持续时间；

d) 中间检测的项目与要求；

e) 最后检测的项目与要求。

12 沙尘试验

12.1 适用性

本方法适用于评定仪器在沙尘环境中使用和贮存的适应性。

12.2 试验条件

12.2.1 La:外壳防尘试验

12.2.1.1 目的

用于检测仪器外壳的密封性能。

12.2.1.2 对试验箱(室)的要求

a) 能提供非层流状载灰尘的垂直循环气流；

b) 应具有循环使用灰尘的功能；

c) 应具有良好的密封性；

d) 试验时应能观察灰尘的循环状况；

e) 内壁应平滑、防静电；

f) 试验箱(室)的容积应大于仪器体积的 3 倍。

12.2.1.3 试验用尘

能通过筛孔为 75 μm、金属丝直径为 50 μm 的方孔筛的干燥滑石粉。

12.2.1.4 灰尘浓度

试验箱(室)内(工作室和管通道)灰尘浓度为 2 kg/m^3。

12.2.1.5 气流速度

能保证试验用灰尘均匀缓慢沉降在试验样品上，但最大值应不大于 2 m/s。

12.2.1.6 温度和相对湿度

试验过程中，试验箱(室)内温度：15℃～35℃；相对湿度：45%～75%。

12.2.1.7 持续时间

试验持续时间为 8 h。

12.2.2 Lb:自由降尘试验

12.2.2.1 目的

用于检测仪器在灰尘自由沉降，无明显空气流动环境中的使用能力。

12.2.2.2 对试验箱(室)的要求

a) 应能使仪器暴露在充满灰尘的空气中，使灰尘自由沉降在仪器上；

b) 应具有将灰尘间歇吹入的能力；

c) 试验用尘应在距试验箱(室)内靠近顶部的五分之一工作高度处吹入；

d) 应具有良好的密封性；

e) 内壁应平滑、防静电；

f) 有效空间应不少于 8 m^3,高与边长之比 2∶5∶1。

12.2.2.3 **试验用尘**

按质量计,由 100%的无机矿物质组成。

其矿物质含量:

二氧化硅(SiO_2):34%~40%;

三氧化二铁(Fe_2O_3):17%~23%;

三氧化二铝(Al_2O_3):26%~32%;

其余为天然杂质。

粒度分布为:

10 μm 以下:约 68%;

10 μm~20 μm:约 12%;

20 μm~50 μm:约 14%;

50 μm~100 μm:约 6%。

12.2.2.4 **灰尘浓度**

在 24 h 内为 6 g/m^3±1 g/m^3。

12.2.2.5 **吹风时间与气流速度**

试验时,从第 1 次吹尘开始,每间隔 59 min 吹尘一次,时间 1 min。其入口处的气流速度约 2 m/s。

12.2.2.6 **温度和相对湿度**

试验过程中,试验箱(室)内温度:15℃~35℃;相对湿度:45%~75%。

12.2.2.7 **持续时间**

试验持续时间从下列时间中选取:

6 h、12 h、24 h。

12.2.3 **Lc:吹沙尘试验**

12.2.3.1 **目的**

用于检测户外有强气流和大量沙尘的场所及类似的场所中仪器的使用能力。

12.2.3.2 **对试验箱(室)的要求**

a) 能提供近似层流的循环气流;

b) 应具有循环监测、控制沙尘浓度的装置;

c) 循环气流用风机不应受沙尘的冲击;

d) 应具有良好的密封性;

e) 仪器安装板平面与气流方向平行,旋转速度约为 2 r/min。

12.2.3.3 **试验用尘**

按质量计,由 70%二氧化硅(含量为 90%以上的石英)、15%石灰石和 15%高岭土组成。

混合后,按质量计,粒度分布为:

<250 μm:100%;

<200 μm:93%。

12.2.3.4 **沙尘浓度**

试验箱(室)内(工作室和通道)沙尘浓度为 150 g/m^3±15 g/m^3。

12.2.3.5 **气流速度**

不超过 12.5 m/s±2.5 m/s。

12.2.3.6 **温度和相对湿度**

试验过程中,试验箱(室)内温度:15℃~35℃;相对湿度:45%~75%。

12.2.3.7 **持续时间**

试验持续时间从下列时间中选取：

0.5 h、1 h、2 h。

12.3 **试验程序**

12.3.1 **预处理**

将仪器在正常环境条件下放置不小于 2 h。

12.3.2 **初始检测**

按有关标准规定对仪器进行检测。

12.3.3 **条件试验**

12.3.3.1 仪器按有关标准规定的状态放入试验箱(室)内。仪器的底面积总和不应超过试验箱(室)有效水平面积的二分之一，仪器之间、仪器与试验箱(室)内壁的距离不小于 100 mm。

12.3.3.2 对 Lc 种试验，按 12.3.3.1 放入试验箱(室)内。其体积总和不得超过试验箱(室)有效容积的三分之一，垂直于风向的试验仪器横截面积之和不得超过此有效面积的二分之一，其余同 12.3.3.1。

12.3.3.3 启动试验箱(室)，按规定要求工作。

12.3.3.4 停止吹风后，待灰尘完全沉降，方可取出试验仪器。

12.3.4 **中间检测**

根据有关标准要求而定。凡需在试验期间对仪器进行检测的，则检测时不得取出仪器。

12.3.5 **恢复**

试验仪器取出后，一般应置于正常环境条件下 1 h～2 h。

12.3.6 **最后检测**

按有关标准规定对仪器进行检测。

12.4 **相关标准应给出的信息**

当相关标准采用本方法时，应给出下列尽可能适用的细则：

a) 试验条件及持续时间；

b) 预处理；

c) 初始检测的项目与要求；

d) 条件试验；

e) 中间检测的项目与要求；

f) 恢复；

g) 最后检测的项目与要求。

13 长霉试验

13.1 **适用性**

本方法适用于评定仪器或零、部件在霉菌生长的条件下的长霉程度、由于长霉所引起的表面变化和由此可能产生的性能影响。

本方法适用于在霉菌生长场所使用的仪器。

13.2 **试剂和材料**

13.2.1 **菌种或孢子**

13.2.1.1 试验应使用表 11 中列出的菌种。每种菌种预期的侵蚀性列出作为参考。无论试样的性质如何，所有的菌种、孢子应混合在一起使用。

为本试验提供菌种的研究中心应证明提供物符合本标准规定。

表 11　试验菌种名称及侵蚀性

序号	名　称	菌株定名人	典型菌种(仅供参考)	性　质
1	黑曲霉 (Aspergillus niger)	V. Tieghem	ATCC,6275	在多数材料上大量生长，对铜盐有抵抗性
2	土曲霉 (Aspergillus terreus)	Thom	PQMD,82j	侵蚀塑料
3	出芽短梗霉 (Aureobasidium pullulans)	(De Barry) Arnaud	ATCC,9348	侵蚀涂料和蜡克漆
4	宛氏拟青梅 (Paecilomyces Varioti)	Bainier	IAM,5001	侵蚀塑料与皮革
5	绳状青梅 (Penicillium funiculosum)	Thom	IAM,7013	侵蚀许多材料，尤其是纺织品
6	赭色青梅 (Penicillium ochrochloron)	Biourge	ATCC,9112	对铜盐有抵抗性，侵入塑料与纺织品
7	光孢短柄帚霉 (Scopulariopsis brevicaulis)	(Sacc.)Bain Var. Glabra Thom	IAM,5146	侵蚀橡胶
8	绿色木霉 (Trichoderma viride)	Pers. Ex. Fr	IAM,5061	侵蚀纤维织物与塑料

13.2.1.2　经真菌研究中心认可的菌种应放在适当的容器内，并注明接种日期。

13.2.1.3　菌种和冷冻干孢子应按提供者的建议进行操作和贮存，用户应在接种容器上标明由冷冻干孢子制备成菌种的接种日期。

13.2.1.4　制备孢子悬浮液的菌种，从接种日期算起，应在室温存放不少于 14 d，但不超过 28 d。

13.2.1.5　不立即使用的菌种应保存在 5℃～10℃的冰箱中，连续保存时间不超过 6 周。用于保存的菌种从接种日期算起，接种后培养时间应在室温存放不少于 14 d，但不超过 28 d。

13.2.1.6　在制备孢子悬浮液前，不应取下装有菌种的容器塞子。每打开一个菌种容器应只制备一次孢子悬浮液。

13.2.2　孢子悬浮液的制备

13.2.2.1　应使用加入 0.05%润湿剂的蒸馏水制备孢子悬浮液。可选用 N-甲基牛磺酸或二辛基硫代丁二酸钠作为润湿剂。它不应含有支持或抑制霉菌生长的物质。

13.2.2.2　向每个菌管缓缓加入含有润湿剂的水 10 mL。将一根接种铂丝或镍铬丝在火焰上加热至赤红以灭菌并冷却，然后用这根丝轻刮菌种表面以释放出孢子。将液体轻微摇动以分散孢子而不分离菌丝碎片，然后将孢子悬浮液缓缓倒入到锥形瓶内，并用此锥形瓶收集所有孢子悬浮液。

13.2.2.3　用力振荡锥形瓶以充分混匀 8 种孢子提取物，使成团的孢子分散。放置至少 30 min，然后用质量好、滤速快的纤维滤纸过滤，除去菌丝碎片、琼脂块和孢子团。

13.2.2.4　经离心已过滤的孢子悬浮液，去掉上层清液。用 50 mL 蒸馏水使沉淀物悬浮，再离心。用此方法清洗孢子 3 次，然后用 100 mL 蒸馏水稀释最后沉淀物。

13.2.2.5　孢子悬浮液可用蒸馏水或营养液稀释至最大体积 500 mL，应在制备的当天使用。

13.2.3　对照条

13.2.3.1　试验要求的对照条应由纯净白滤纸条或不防水的棉布条制成。

13.2.3.2　用于制备对照条的营养液应由下列试剂的蒸馏水溶液制成，并应在制备的当天使用。下列试剂的用量为每升蒸馏水的用量。

磷酸二氢钾(KH_2PO_4)　　0.7 g

磷酸氢二钾(K_2HPO_4) 0.3 g
硫酸镁($MgSO_4 \cdot 7H_2O$) 0.5 g
硝酸钠($NaNO_3$) 2.0 g
氯化钾(KCl) 0.5 g
硫酸亚铁($FeSO_4 \cdot 7H_2O$) 0.01 g
蔗糖 30.00 g

13.2.3.3 对照条应放入小器皿内，并用营养液浸泡。使用前才将对照条从营养液中取出并滴干。

13.2.3.4 应在做试验的当天制备新鲜的对照条。

13.3 试验条件

13.3.1 试验设备要求

13.3.1.1 用于小试样的设备

13.3.1.1.1 应使用带紧密盖子的、能安置试样的玻璃或塑料容器。容器的大小与形状应使得在其内部空间的底部具有足够敞露的水表面积，以保持容器内相对湿度大于90%。安置方式应确保试样不被水触及或溅到。

13.3.1.1.2 试验箱内整个工作空间的温度应均匀保持在28℃～30℃范围内。温度变化不应大于1℃/h。

13.3.1.2 用于大试样的设备

13.3.1.2.1 用潮湿箱来培养大试样。潮湿箱门要密封，以防止箱内与实验室之间的空气交换。

13.3.1.2.2 箱内相对湿度应保持在90%以上，不允许有凝露从箱壁或箱顶滴落在试样上。

13.3.1.2.3 箱内整个工作空间的温度应均匀保持在28℃～30℃范围内。温度变化不应大于1℃/h。

13.3.1.2.4 为使箱内温度、湿度达到均匀，可在箱内强迫空气循环，空气流速在试样表面不应超过1 m/s。

13.3.2 试验持续时间

试验的持续时间为28 d、84 d。

13.4 试验程序

13.4.1 初始检测

按有关标准规定对试样进行检测。

13.4.2 预处理

如果有关标准规定对试样要进行预处理，则允许在试验前对试样的一半用乙醇或含洗涤剂的水清洗，然后用清水冲洗。

13.4.3 条件试验

13.4.3.1 应用

对于有关标准只规定试样做霉菌生长的外观检测，只需一组试样，仅做28 d。若作性能检测试验需84 d，则需两组试样。一组用霉菌孢子接种，然后进行培养(试样)；另一组应暴露在潮湿条件下，不接种，然后进行培养。后者试样称为“负对照试样”。

13.4.3.2 接种

根据试样的大小和性质，试样和对照条应用孢子悬浮液(见13.2.2)以喷雾、涂覆或浸渍方式接种。

在接种前要学习有关的安全预防措施。使用的喷枪应具有足够大的喷嘴以免被菌丝碎片堵塞。在每次使用前容器和喷嘴均应灭菌。

对于小试样，将其浸渍在霉菌孢子悬浮液中是快速和有效的方法。

建议所有的接种方法都应在微生物安全箱(MSC)中进行。当将培养容器从MSC中转移到干湿箱进行培养前，用70%的乙醇擦拭培养容器的外表面。

为了去除最后污染和去除试样表面生长的霉菌，用70%的乙醇进行擦拭或清洗试样。

负对照试样应用蒸馏水喷雾、涂覆或浸渍，并防止被污染。

13.4.3.3 培养

13.4.3.3.1 按13.4.3.2在15 min内接种。小试样应分组，每组含3个能安置于容器内的对照条。试样和对照条应间隔排列良好，容器应放在培养箱内。

13.4.3.3.2 负对照试样应放在与试样相似的单独容器内，然后将容器放在培养箱内。

13.4.3.3.3 对于大试样，3个对照条应和试样一起放在潮湿箱内。负对照试样最好放在单独的潮湿箱内。如果是同一个箱，则应在霉菌试验结束经去污后立即放入负对照试样。

13.4.3.3.4 除在第一个7 d检查对照条以确定接种菌的活力，以及补充氧气的几分钟外，容器盖不应打开或有其他干扰。这种操作每7 d重复一次，直到规定的试验时间结束为止。

13.4.3.3.5 如果在接种后7 d第一次打开检查时，在任何一条对照条上肉眼都看不到霉菌生长，则试验应被认为无效，应重新进行试验。

13.4.4 最后检查

13.4.4.1 外观检查

13.4.4.1.1 试样取出后应立即进行检查、检测和照相(按有关标准要求)。

13.4.4.1.2 试样经外观检查和评定霉菌的实际生长后，应小心地把表面菌丝洗去，然后用显微镜进行检查，以评定试样上造成物理损害(如蚀刻)的程度和性质。

13.4.4.2 长霉影响

13.4.4.2.1 当有关标准要求在潮湿状态下进行检测时，试样周围的相对湿度在检测完成之前不允许过分降低。因此，对于小试样的检测应仍然在水面敞露的带盖容器内进行；对大试样的检测应仍在潮湿箱内进行。

13.4.4.2.2 当有关标准规定在试样恢复后进行检测时，则试样应从容器或箱内取出，按13.4.4.1的规定进行外观检查，然后暴露于规定的条件下恢复24 h。恢复结束后进行检测。

13.4.4.2.3 对接种孢子悬浮液的试样和仅接种蒸馏水的试样应进行相同检测。在两组试样之间存在的任何显著差异被认为是由于霉菌生长以及高湿度附加造成的。

13.4.4.2.4 检测后试样应取出并按13.4.4.1进行外观检查。

13.4.4.3 长霉程度

经试验的样品应首先用肉眼检查，如有必要再用显微镜(标称放大倍数约50倍)进行检查。

应按以下等级评定及表述长霉程度：

0——在标称放大约50倍下无明显长霉；

1——肉眼看不到或很难看到长霉，但在显微镜下可见明显长霉；

2——肉眼明显看到长霉，但在试样表面的覆盖面积小于25%；

3——肉眼明显看到长霉，在试样表面的覆盖面积大于25%。

13.5 相关标准给出的信息

当相关标准采用本方法时，应给出下列尽可能适用的细则：

a) 试验持续时间；

b) 初始检测的项目与要求；

c) 预处理；

d) 条件试验；

e) 外观检查，是否还要检测和照相；

f) 最后检测是在潮湿条件下，还是恢复后，或两种条件下都进行检测。

14 盐雾试验

14.1 适用性

本方法适用于考核仪器用材料及其防护层和某些仪器抗盐雾腐蚀的能力。

本方法不适用于作为通用的腐蚀试验方法和在含盐分大气中工作的仪器。

14.2 试验条件

14.2.1 对试验设备的要求

14.2.1.1 用于制造试验设备的材料必须耐盐雾腐蚀和不影响试验结果。

14.2.1.2 试验设备的有效工作空间内的温度为35℃±2℃。

14.2.1.3 有足够大的容积，并能提供均匀的试验条件，且试验时这些条件不受试样影响。

14.2.1.4 盐雾不得直接喷射到试样上。

14.2.1.5 试验设备工作空间内的顶部和壁、以及其他部位的冷凝液不得滴落在试样上。

14.2.1.6 试验设备内外气压必须平衡。

14.2.2 试验溶液

14.2.2.1 试验溶液采用氯化钠(化学纯)和蒸馏水或去离子水制备，其浓度为5%±0.1%(质量分数)。雾化后的收集液，除挡板挡回部分外，不得重复使用。

14.2.2.2 雾化前试验溶液的pH值在6.5～7.2(35℃±2℃)之间。制备试验溶液时，可采用化学纯的稀盐酸或氢氧化钠溶液调节pH值，但浓度仍须符合14.2.2.1规定。

14.2.2.3 在工作空间内任一位置，用面积为8.0 cm^2 的漏斗收集连续雾化16 h的盐雾沉降量，平均每小时收集到1.0 mL～2.0 mL的溶液。

14.2.3 试验持续时间

试验采用连续雾化，试验持续时间为16 h、24 h、48 h。

14.3 试验程序

14.3.1 预处理

按有关标准规定，对即将试验的试样进行清洁处理，其方法应不影响盐雾对试样的作用，应尽量避免用手直接触摸试样表面。

14.3.2 初始检测

试验前，试样必须进行外观检查，试样为仪器时，还需按有关标准进行其他项目的性能检测。试样表面必须干净，无油污，无临时性保护层。

14.3.3 条件试验

14.3.3.1 试样一般按正常使用状态放置；平板试样需使受试面与垂直方向成30°角。

14.3.3.2 试样不能相互接触，间隔距离应使盐雾能自由降落在试样上，以及一个试样上的试验溶液不得滴落在其他试样上。

14.3.3.3 试验持续时间由有关标准按本标准14.2.3选取。

14.3.4 恢复

试验结束后，用流动水轻轻洗去试样表面盐沉积物，再在蒸馏水中漂洗，洗涤水温不得超过35℃，然后在正常环境下恢复1 h～2 h。或按有关标准规定的其他恢复条件和恢复时间。

14.3.5 最后检测

按有关标准规定进行检测。

14.4 相关标准应给出的信息

当相关标准采用本方法时，应给出下列尽可能适用的细则：

a) 初始检测的项目与要求；

b) 试验持续时间；

c) 恢复条件和恢复时间；

d) 最后检测的项目与要求。

15 低温贮存试验

15.1 适用性

本方法适用于评定完整包装的仪器在低温环境条件下运输、运输贮存的适应性。

15.2 试验分组

试验分组见表 12。

表 12 低温贮存分组

单位为摄氏度

试验温度	组别			
	Ⅰ组	Ⅱ组	Ⅲ组	Ⅳ组
低　温	—40,(—20)			
注：(—20℃)一挡不推荐使用，仅用于带液晶显示器类的仪器(当他的贮存、运输温度为—20℃时)。				

15.3 试验条件

15.3.1 对试验设备的要求

15.3.1.1 试验箱(室)工作空间内，应能提供 15.2 中表 12 所规定的温度条件，允许误差为±2℃，可以用强迫空气循环来保持温度均匀。

15.3.1.2 为限制辐射影响，试验箱(室)内壁各部分温度与规定试验温度之差不应超过 8%(按开尔文温度计算)，仪器不应受到不符合上述要求的任何加热与冷却元件的直接辐射。

15.3.1.3 试验箱(室)的容积应大于仪器体积的 3 倍。

15.3.2 试验持续时间

仪器贮存试验的持续时间为 8 h。

15.4 试验程序

15.4.1 预处理

将经初始检测合格的仪器按包装设计要求进行包装后，放在正常的环境条件下，使之达到温度平衡。

15.4.2 条件试验

15.4.2.1 将经预处理的带包装仪器，按正常位置放入试验箱(室)内，此时，该试验箱(室)的温度与仪器温度一致。

15.4.2.2 将试验箱(室)的温度以不大于 1℃/min 的变化速率(不超过 5 min 的平均值)降温至规定值，并保持到规定的试验持续时间。

15.4.3 恢复

试验结束后，试验箱(室)的温度以不大于 1℃/min 的变化速率升温至预处理时的温度，待稳定后将包装件取出，在正常环境条件下恢复 24 h 以上。

15.4.4 最后检测

按有关标准对仪器进行检测。

15.5 相关标准应给出的信息

当相关标准采用本方法时，应给出下列尽可能适用的细则：

a) 预处理；

b) 试验持续时间；

c) 最后检测的项目与要求。

16 高温贮存试验

16.1 适用性

本方法适用于评定完整包装的仪器在高温环境条件下运输、运输贮存的适应性。

16.2 试验分组

试验分组见表 13。

表 13 高温贮存分组

单位为摄氏度

试验温度	组别			
	Ⅰ组	Ⅱ组	Ⅲ组	Ⅳ组
高　温	55,70			

16.3 试验条件

16.3.1 对试验设备的要求

16.3.1.1 试验箱(室)工作空间内,应能提供 16.2 中表 13 所规定的温度条件,允许误差为±2℃,可以用强迫空气循环来保持温度均匀。

16.3.1.2 为限制辐射影响,试验箱(室)内壁各部分温度与规定试验温度之差不应超过 3%(按开尔文(K)温度计算),仪器不应受到不符合上述要求的任何加热与冷却元件的直接辐射。

16.3.1.3 绝对湿度不应超过 20 g/m³ 水气(相当于 35℃时 50%的相对湿度)。

16.3.1.4 试验箱(室)的容积应大于仪器体积的 3 倍。

16.3.2 试验持续时间

仪器贮存试验的持续时间为 8 h。

16.4 试验程序

16.4.1 预处理

将经初始检测合格的仪器按包装设计要求进行包装后,放在正常的环境条件下,使之达到温度平衡。

16.4.2 条件试验

16.4.2.1 将经预处理的带包装仪器,按正常位置放入试验箱(室)内,此时,该试验箱(室)的温度与仪器温度一致。

16.4.2.2 将试验箱(室)的温度以不大于 1℃/min 的变化速率(不超过 5 min 的平均值)升温至规定值,并保持到规定的试验持续时间。

16.4.3 恢复

试验结束后,试验箱(室)的温度以不大于 1℃/min 的变化速率降温至预处理时的温度,待稳定后将包装件取出,在正常环境条件下恢复 24 h 以上。

16.4.4 最后检测

按有关标准对仪器进行检测。

16.5 相关标准应给出的信息

当相关标准采用本方法时,应给出下列尽可能适用的细则:

a) 预处理;

b) 试验持续时间;

c) 最后检测的项目与要求。

17 跌落试验

17.1 适用性

本方法适用于评定包装件在运输过程中对仪器的保护能力。

17.2 试验条件

按仪器包装后的重量，规定跌落方式和要求，见表 14。

表 14 跌落方式和要求

包装件重量/kg	跌落方式	跌落高度，角度
≤100	自由跌落	250 mm
>100	倾斜跌落	底面棱边长度<500 mm 时，倾角为 30°
<200		底面棱边长度≥500 mm 时，底面离地面高度距离为 250 mm

17.3 试验程序

17.3.1 初始检测

按有关标准规定对仪器进行检测。

17.3.2 条件试验

17.3.2.1 自由跌落

17.3.2.1.1 试验台面

应为平整坚硬的水泥地面或钢板台面。

17.3.2.1.2 跌落方式

按表 14 规定，包装件底面呈水平状以自由落体方式跌落。

17.3.2.1.3 跌落次数

四次。

17.3.2.2 倾斜跌落

17.3.2.2.1 试验台面

应为平整坚硬的水泥地面或钢板台面。

17.3.2.2.2 跌落方式

按表 14 规定，一棱边贴地，底面呈倾斜状后释放跌落。

17.3.2.2.3 跌落次数

包装件底面的每一棱边按 17.3.2.2.2 规定各试验一次。

17.3.3 最后检测

凡自由跌落或倾斜跌落试验完后均按有关标准规定对仪器进行检测。

17.4 相关标准应给出的信息

当相关标准采用本方法时，应给出下列尽可能适用的细则：

a) 初始检测的项目与要求；

b) 最后检测的项目与要求。

18 碰撞试验

18.1 适用性

本方法适用于评定包装件在运输过程中对可能受到的重复冲击的适应性和仪器结构的完好性。

18.2 试验条件

18.2.1 对试验设备要求

18.2.1.1 碰撞试验机的台面应有足够刚性。基本脉冲波形为近似半正弦波，脉冲的真值应在图 3 实线的允差范围内。

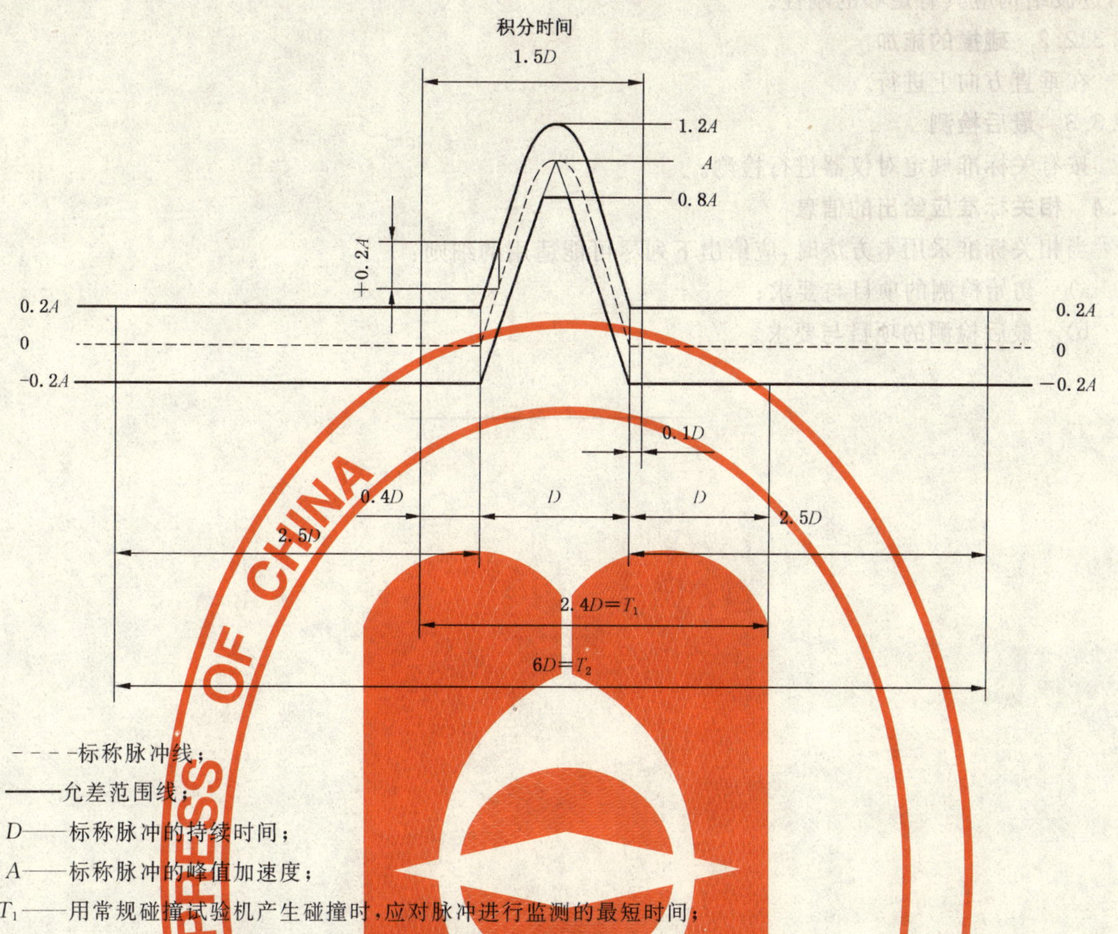

----标称脉冲线；

——允差范围线；

D——标称脉冲的持续时间；

A——标称脉冲的峰值加速度；

T_1——用常规碰撞试验机产生碰撞时，应对脉冲进行监测的最短时间；

T_2——用电动振动台产生碰撞时，应对脉冲进行监测的最短时间。

图3 碰撞试验的脉冲波形(半正弦)

18.2.1.2 试验时，实际碰撞脉冲速度变化的允许误差限应为标准脉冲值的±20%以内。脉冲速度变化量用实际脉冲积分来确定时，应从脉冲前的 $0.4D$ 积分到脉冲后的 $0.1D$(见图3)。

18.2.1.3 碰撞脉冲用安装在检测点上的加速度传感器测量。检测点尽量接近距碰撞台的台面中心最近的受试仪器的固定点。加速度传感器要与该固定点刚性连接。

在检测点上，垂直于碰撞方向的正负加速度值，不应超过标称脉冲加速度值的30%。

18.2.2 严酷等级

a) 加速度：$100\ m/s^2 \pm 10\ m/s^2$ ($10\ g_n \pm 1\ g_n$)；

b) 脉冲持续时间：16 ms±2 ms；

c) 碰撞次数：1 000 次±10 次；

d) 脉冲重复频率：60 次/min～100 次/min。

18.2.3 对仪器的要求

当整台仪器由几个包装件组成时，几个包装件分别进行试验。

18.3 试验程序

18.3.1 初始检测

按有关标准规定对仪器进行检测。

18.3.2 条件试验

18.3.2.1 安装

仪器经包装后构成包装件，直接固定安装在碰撞台上，不能直接安装时，可采用过渡结构的安装方法，过渡结构应具有足够的刚性。

18.3.2.2 碰撞的施加

在垂直方向上进行。

18.3.3 最后检测

按有关标准规定对仪器进行检测。

18.4 相关标准应给出的信息

当相关标准采用本方法时，应给出下列尽可能适用的细则：

a) 初始检测的项目与要求；

b) 最后检测的项目与要求。

ICS 59.080.50
W 58

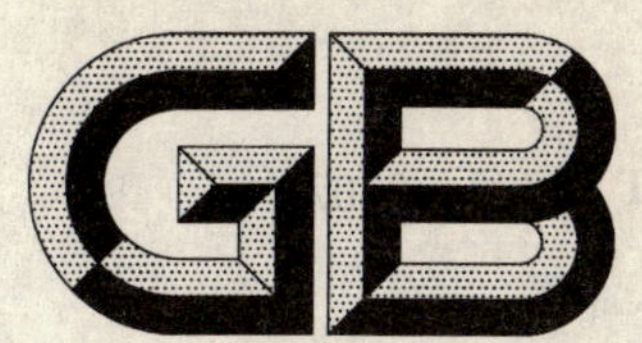

中华人民共和国国家标准

GB/T 11787—2007
代替 GB/T 11787—1989

聚酯复丝绳索

Polyester multiflament ropes

(ISO 1141:1990,Ropes—Polyester—Specification,NEQ)

2007-09-05 发布　　2008-02-01 实施

中华人民共和国国家质量监督检验检疫总局
中国国家标准化管理委员会　发布

前　言

本标准与 ISO 1141:1990《聚酯绳索　规范》的一致性程度为非等效。本标准中的线密度指标、最低断裂强力的优等品指标采用 ISO 1141。抽样方法和试验方法采用 ISO 2307:1990《绳索　有关物理和机械性能的测定》。

本标准代替 GB/T 11787—1989《三股聚酯复丝绳索》。

本标准与 GB/T 11787—1989 相比主要修改了以下内容：

——修改了标准名称；

——扩大了标准适用范围；

——将“绳索标志”与“绳索类型”合并为“分类与标记”；

——将“特性与允许偏差”改为“要求”。

——最低断裂强力除优等品指标外，增加一等品、合格品指标；

——将原附录 C 的内容改为“其他特性”；

——将原附录 A 的内容改为“试验方法”，并将“预加张力”归入该章；

——增加检验规则的内容；

——包装、运输及贮存并为一章。

本标准的附录 A、附录 B 是资料性附录。

本标准由中国纺织工业协会提出。

本标准由上海市纺织工业技术监督所归口。

本标准由上海市纺织工业技术监督所负责起草，江苏宝应县九力绳缆有限公司参加起草。

本标准由上海市纺织工业技术监督所负责解释。

本标准所替代标准的历次版本发布情况为：

——GB/T 11787—1989。

聚酯复丝绳索

1 范围

本标准规定了三股、四股、八股聚酯复丝绳索的主要特性及标志。

本标准适用于鉴定线密度 11.8 ktex～19 400 ktex，参考直径为 4 mm～160 mm 的绳索品质。

2 规范性引用文件

下列文件中的条款通过本标准的引用而成为本标准的条款。凡是注日期的引用文件，其随后所有的修改单(不包括勘误的内容)或修订版均不适用于本标准，然而，鼓励根据本标准达成协议的各方研究是否可使用这些文件的最新版本。凡是不注日期的引用文件，其最新版本适用于本标准。

GB/T 8834 绳索 有关物理和机械性能的测定

3 分类与标记

3.1 分类

聚酯复丝绳索分为三种类型。

A 型：三股绳索，见图 1。

图 1 三股绳索(A 型)的形态图

B 型：四股绳索，见图 2。

图 2 四股绳索(B 型)的形态图

E 型：八股绳索，见图 3。

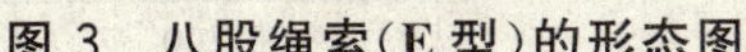

图 3 八股绳索(E 型)的形态图

3.2 标记

聚酯复丝绳索的规格型号表示方法如下：

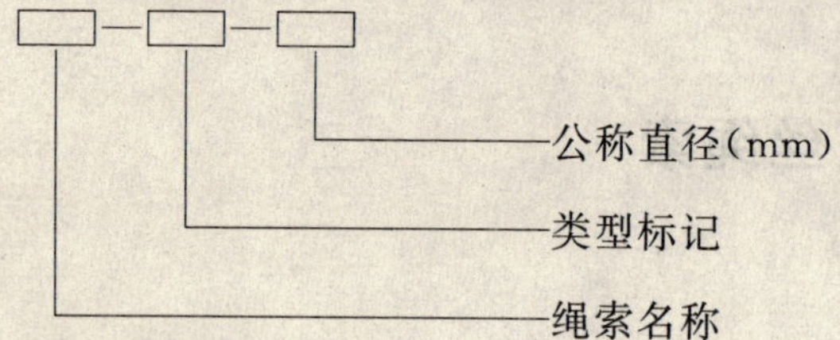

标记示例：

公称直径为 30 mm 的三股聚酯复丝绳索的标记为：聚酯 A30

4 要求

4.1 主要特性

4.1.1 三股、四股聚酯复丝绳索的主要特性应符合表 1 的规定。

表 1

公称直径/mm	线密度/ktex		最低断裂强力/daN		
	公称值	允许偏差	优等品	一等品	合格品
4	11.8	±10%	290	265	255
6	27		554	500	460
8	48		1 000	950	850
10	76	±8%	1 560	1 400	1 250
12	110		2 230	2 000	1 780
14	148		3 120	2 800	2 500
16	195	±5%	3 980	3 500	3 100
18	245		4 980	4 400	3 900
20	303		6 230	5 500	4 860
22	367		7 470	6 600	5 850
24	437		8 960	7 900	7 000
26	512		10 500	9 250	8 200
28	594		12 000	10 600	9 400
30	682		13 400	12 000	10 500
32	778		15 400	13 600	12 200
36	982		19 000	16 800	15 000
40	1 215		23 500	21 000	18 500
44	1 468		27 900	24 800	22 000
48	1 750		32 900	29 000	26 000
52	2 050		38 400	34 000	30 500
56	2 380		43 900	39 000	34 500
60	2 730		48 900	43 500	38 500
64	3 110		56 800	50 000	45 000
72	3 930		70 700	62 500	55 500
80	4 850		86 700	76 500	69 000
88	5 870		104 000	92 000	81 500
96	6 990		123 000	110 000	98 000

表 1 中未表示规格的绳索的线密度 ρ_x 和最低断裂强力 F_d 可用插值法按附录 A 求得。

4.1.2　八股聚酯复丝绳索的主要特性应符合表 2 的规定。

表 2

公称直径/mm	线密度/ktex		最低断裂强力/daN		
	公称值	允许偏差	优等品	一等品	合格品
8	48	±10%	1 000	950	850
12	110	±8%	2 230	2 000	1 780
16	195	±5%	3 980	3 500	3 100
20	303		6 230	5 500	4 860
24	437		8 960	7 900	7 000
28	594		12 000	10 600	9 400
32	778		15 400	13 600	12 200
36	982		19 000	16 800	15 000
40	1 215		23 500	21 000	18 500
44	1 468		27 900	24 800	22 000
48	1 750		32 900	29 000	26 000
52	2 050		38 400	34 000	30 500
56	2 380		43 900	39 000	34 500
60	2 730		48 900	43 500	38 500
64	3 110		56 800	50 000	45 000
72	3 930		70 700	62 500	55 500
80	4 850		86 700	76 500	69 000
88	5 870		104 000	92 000	81 500
96	6 990		123 000	110 000	98 000
104	8 200		142 000	127 000	113 000
112	9 500		162 000	145 000	129 000
120	10 900		186 500	167 000	134 000
128	12 400		211 000	189 000	168 000
136	14 000		240 000	215 000	191 000
144	15 700		265 000	237 000	211 000
160	19 400		327 000	292 000	260 000

4.1.3　表 2 中未表示规格的绳索的线密度 ρ_x 和最低断裂强力 F_d 可用插值法按附录 A 求得。

4.2　其他特性

4.2.1　绳索应该是由新的原料制成的绳股所组成，绳索和绳股应是连续而无捻接的。

4.2.2　公称直径为 36 mm 及 36 mm 以上的绳索，每股中绳纱数允许有微小的差异，其差异为一股内绳纱数平均值的±2.5%。

4.2.3　除非双方之间另有协议规定，三股、四股绳索应该是由"Z"捻加捻制成，而其绳股本身是用"S"捻制成。八股(编绞)绳索应由四对绳股所组成，即由两对"S"捻与两对"Z"捻的绳股依次编绞而成。绳索在参考张力(与测定线密度时所用张力相同)下的最大捻距为绳索公称直径的3.5倍。

4.2.4 组成绳索的聚酯纤维密度约为1.38 kg/dm^3,纤维内二氧化钛的含量不大于0.05%。

4.2.5 绳索应保证结构稳定性,通常以自然状态供货,即不予浸渍或涂层处理。在买方要求下,绳索可以涂层或浸渍处理以得到特殊的性能。涂层或浸渍物质的特性,应由生产厂说明,对绳索所作的处理,不应降低绳索的断裂强力,除非买卖双方协议同意。绳索涂层或浸渍后所增加的质量应不超过绳索在自然状态时质量的5%。

5 试验方法

5.1 取样和调湿

试验前的取样和调湿,按GB/T 8834所规定的要求进行。

5.2 直径(或周长)

按GB/T 8834的规定进行检验。

5.3 线密度

按GB/T 8834的规定进行检验。

5.4 最低断裂强力

按GB/T 8834的规定进行检验。

5.5 预加张力

在进行绳索的直径、捻距和线密度等项目测试时所需施加的预加张力按表3的规定执行。

表3

绳索公称直径/mm	预加张力/daN		绳索公称直径/mm	预加张力/daN	
	公称值	允许偏差		公称值	允许偏差
4	2	±5%	48	290	±5%
6	4		52	340	
8	8		56	390	
10	12		60	440	
12	18		64	500	
14	24		72	650	
16	32		80	800	
18	40		88	950	
20	50		96	1 100	
22	60		104	1 300	
24	70		112	1 500	
26	85		120	1 800	
28	100		128	2 000	
30	115		136	2 300	
32	130		144	2 600	
36	160		152	2 900	
40	200		160	3 800	
44	240				

表3中未表示规格的绳索的预加张力 f_0 可按附录B求得。

6 检验规则

6.1 出厂检验

6.1.1 每批产品需经厂检验部门进行出厂检验，检验合格并附有合格证明方可出厂。

6.1.2 出厂检验项目为线密度和最低断裂强力。

6.2 型式检验

6.2.1 有下列情况之一时应进行型式检验：

——新产品试制定型鉴定或老产品转换生产时；

——原材料和工艺有重大改变，可能影响产品性能时；

——质量技术监督部门提出型式检验要求时。

6.2.2 型式检验项目为本标准第 4 章的全部项目。

6.3 抽样及判定

6.3.1 以相同工序相同材料制造的同一类型、相同规格的产品为一批。

6.3.2 除另有协议外，在同一批产品中随机取样的样品数量 S 按式(1)计算：

$$S = 0.4\sqrt{N} \quad \cdots\cdots\cdots\cdots (1)$$

式中：

S——样品数量，单位为卷；

N——同一批产品的数量，单位为卷。

S 的计算结果应按数值修约规则修约成不小于 1 的整数。

6.3.3 $S=1$ 时，在该样品绳卷中取一个试样；$S\geqslant 2$ 时，在每个样品绳卷中取一个试样。

6.3.4 抽样时，可从样品绳卷的任意一端截取，也可在样品准备割断时从样品的中部截取。取样时应采取必要的措施，以避免试样的退捻。如有必要，可舍弃已经稍微退捻的端部。

6.3.5 判定规则：

——在检验结果中，若全部检验项目符合本标准第 4 章要求，则判该批产品合格；

——在检验结果中，若线密度、最低断裂强力其中一项不符合本标准第 4 章要求，则判该批产品不合格。

7 标识

7.1 标志

绳索应采用一根容易识别的深蓝色绳索编入绳股内(另有协议除外)，以标明该聚酯绳索的材料、性质和来源与本标准相符合。该标记在使用中应能保持可以识别。

7.2 标签

每卷绳索应附有产品合格证明作为标签，合格证明上应标明产品的标记、商标、组成材料、公称直径、交货长度、生产企业名称和地址、生产日期、检验标志和执行标准编号、产品等级。

8 包装、运输及贮存

8.1 包装

8.1.1 绳索应卷绕整齐，并用化学纤维绳索捆扎牢固，绳索的包装应使产品在储运中不受损伤。

当绳索以毛重交货时，包装材料的质量不得超过绳索毛重的 1.5%。

8.1.2 交货长度

除非另有规定，交货长度应是零张力下测得的长度。

正常交货长度为 100 m、200 m 或 220 m。

绳索交货长度的允许偏差：

——绳索公称直径≤8 mm 时为±8%；

——绳索公称直径≤14 mm 时为±5%；

——绳索公称直径>14 mm 时为±3%。

其条件为相应于交货长度的绳索总质量不小于线密度最低值与理论交货长度的乘积。

其他长度可根据特殊要求，由买卖双方予以协议规定。

8.2 运输

产品运输时应避免拖曳摩擦，切勿用锋利工具钩挂。

8.3 贮存

产品应贮存在远离热源、无阳光直射、通风干燥、无腐蚀性化学物质的场所。产品贮存期超过一年，应经复验后方可出厂。

附 录 A
（资料性附录）
绳索线密度、最低断裂强力计算公式

不同规格绳索的线密度 ρ_x 和最低断裂强力 F_d 可用插值法按式(A.1)、式(A.2)进行计算（计算值保留三位有效数字）。

$$\rho_x = \rho_{x1} + (\rho_{x2} - \rho_{x1}) \frac{d^2 - d_1^2}{d_2^2 - d_1^2} \qquad \cdots\cdots\cdots\cdots(A.1)$$

$$F_d = F_{d1} + (F_{d2} - F_{d1}) \frac{d^2 - d_1^2}{d_2^2 - d_1^2} \qquad \cdots\cdots\cdots\cdots(A.2)$$

式中：

ρ_{x1}，ρ_{x2}——分别为相邻两个规格绳索的线密度（$\rho_{x1} < \rho_{x2}$），单位为千特(ktex)；

F_{d1}，F_{d2}——分别为相邻两个规格绳索的最低断裂强力（$F_{d1} < F_{d2}$），单位为十牛(daN)；

d_1，d_2——分别为相邻两个规格绳索的公称直径（$d_1 < d_2$），单位为毫米(mm)；

d——所求线密度和最低强力的规格绳索的公称直径，单位为毫米(mm)。

附　录　B
（资料性附录）
绳索预加张力计算公式

不同规格绳索的预加张力 f_0 可用插值法按式(B.1)进行计算。

$$f_0 = f_{01} + (f_{02} - f_{01}) \frac{d^2 - d_1^2}{d_2^2 - d_1^2} \qquad \text{(B.1)}$$

式中：

f_{01}，f_{02}——分别为相邻两个规格绳索的预加张力（$f_{01} < f_{02}$），单位为十牛(daN)；

d_1，d_2——分别为相邻两个规格绳索的公称直径（$d_1 < d_2$），单位为毫米(mm)；

d——所求预加张力的规格绳索的公称直径，单位为毫米(mm)。

ICS 59.080.50
W 58

中华人民共和国国家标准

GB/T 11789—2007
代替 GB/T 11789—1989

绳索和绳索制品 系船用的天然纤维绳索与化学纤维绳索之间的等效性

Ropes and cordage—Equivalence between natural fibre ropes and man-made fibre ropes for use in the mooring of vessels

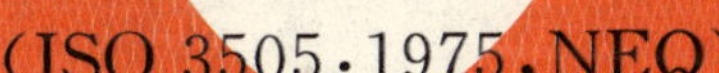
(ISO 3505:1975,NEQ)

2007-09-05 发布　　　　2008-02-01 实施

中华人民共和国国家质量监督检验检疫总局
中国国家标准化管理委员会　发布

前　言

本标准与 ISO 3505:1975《绳索和绳索制品　系船用的天然纤维绳索与化学纤维绳索之间的等效性》的一致性程度为非等效。本标准中天然纤维绳索与化学纤维绳索的规格具体对应的国际标准如下:

——马尼拉麻绳产品对应 ISO 1181:1990《马尼拉麻绳规范》;

——聚酰胺绳索产品对应 ISO 1140:1990《聚酰胺绳索规范》;

——聚酯绳索产品对应 ISO 1141:1990《聚酯绳索规范》;

——聚丙烯绳索产品对应 ISO 1346:1990《聚丙烯绳索规范》。

本标准代替 GB/T 11789—1989《绳索和绳索制品　系船用的天然纤维绳索与化学纤维绳索之间的等效性》。

本标准与 GB/T 11789—1989 相比主要修改了以下内容:

——取消白棕绳特级品的规格;

——增加圆周规格;

——对应国际标准年代号更新。

本标准的附录 A 是规范性附录。

本标准由中国纺织工业协会提出。

本标准由上海市纺织工业技术监督所归口。

本标准由上海市纺织工业技术监督所负责起草,江苏宝应县九力绳缆有限公司参加起草。

本标准由上海市纺织工业技术监督所负责解释。

本标准所替代标准的历次版本发布情况为:

——GB/T 11789—1989。

绳索和绳索制品 系船用的天然纤维绳索与化学纤维绳索之间的等效性

1 范围

本标准提供了供系船用的某些天然纤维绳索和化学纤维绳索之间的等效表。该等效表可以作为绳索用户的指导。

本标准适用于第2章所列标准中规定的化学纤维绳索。

2 规范性引用文件

下列文件中的条款通过本标准的引用而成为本标准的条款。凡是注日期的引用文件,其随后所有的修改单(不包括勘误的内容)或修订版均不适用于本标准,然而,鼓励根据本标准达成协议的各方研究是否可使用这些文件的最新版本。凡是不注日期的引用文件,其最新版本适用于本标准。

GB/T 8050—2007 聚丙烯单丝或薄膜绳索特性

GB/T 11787—2007 聚酯复丝绳索

GB/T 18674—2002 渔用绳索通用技术条件

ISO 1140:1990 聚酰胺绳索规范

ISO 1141:1990 聚酯绳索规范

ISO 1181:1990 马尼拉麻绳规范

ISO 1346:1990 聚丙烯绳索规范

3 天然纤维绳索与化学纤维绳索之间的等效表(推荐的最小值)

见表1。

在列出天然纤维绳索与化学纤维绳索之间的等效表时应注意的因素见附录A。

表 1

马尼拉麻绳 ISO 1181		聚酰胺绳 GB/T 18674 ISO 1140		聚酯绳 GB/T 11787 ISO 1141		聚丙烯绳 GB/T 8050 ISO 1346	
直径/mm	圆周/mm(in)	直径/mm	圆周/mm(in)	直径/mm	圆周/mm(in)	直径/mm	圆周/mm(in)
48	152.4(6)	48	152.4(6)	48	152.4(6)	48	152.4(6)
56	177.8(7)	48	152.4(6)	48	152.4(6)	52	165.1($6\frac{1}{2}$)
64	203.2(8)	52	165.1($6\frac{1}{2}$)	52	165.1($6\frac{1}{2}$)	56	177.8(7)
72	228.6(9)	60	190.5($7\frac{1}{2}$)	60	190.5($7\frac{1}{2}$)	64	203.2(8)
80	254.0(10)	64	203.2(8)	64	203.2(8)	72	228.6(9)
88	279.4(11)	72	228.6(9)	72	228.6(9)	80	254.0(10)
96	304.8(12)	80	254.0(10)	80	254.0(10)	88	279.4(11)
112[a]	355.6(14)[a]	88	279.4(11)	88	279.4(11)	96	304.8(12)

a 在ISO 1181中没有这档绳索,保留这个数据是为了方便与其他类型纤维制造的绳索进行比较。

附 录 A
（规范性附录）
天然纤维绳索与化学纤维绳索之间的等效表应注意的因素

化学纤维绳索目前广泛用于船只的系船和拖引。化学纤维绳索与天然纤维绳索相比具有优越的性能，它具有高强度以及在冲击负荷下吸收能量的巨大能力。简单地提供用同样断裂强力的化学纤维绳索去代替天然纤维绳索是不能满意的。在列出天然纤维和化学纤维绳索之间等效表时需要考虑以下主要因素：

a） 如果以同样强度的化学纤维绳代替天然纤维绳，绳索直径就很小，因为截面积较小，在使用期间绳索由于与外界物体摩擦产生的磨损、擦伤、切断和其他形式的表面损伤会使其强度损失较高的一部分；

b） 使用的舱面设备不是为化学纤维绳索特殊设计时，就可能引起过分的磨损而断裂；

c） 化学纤维绳索在负荷作用下特有的高伸长与回复性会引起绳索的绳股之间内部磨损；

d） 某些化学纤维绳索由于摩擦生热熔化而受损；

e） 大多数化学纤维在受热情况下损失强度，特别是本标准中涉及的聚烯烃绳索，大多是取决于工作温度与材料熔点之间的关系；

f） 就聚酰胺绳索而论，在潮湿时强度有些损失；

g） 所有纺织纤维暴露在日光下均会损失强度，这种影响取决于纤维种类、绳索的截面积、使用的地理位置、暴露的时间以及所用稳定剂的数量和种类；

h） 万一绳索断裂，释放的能量引起高速重新卷绕，对人造成危险；

i） 由于滞后效应，所有绳索一旦使用均会降低其能量吸收能力。

ICS 91.120.10
Q 25

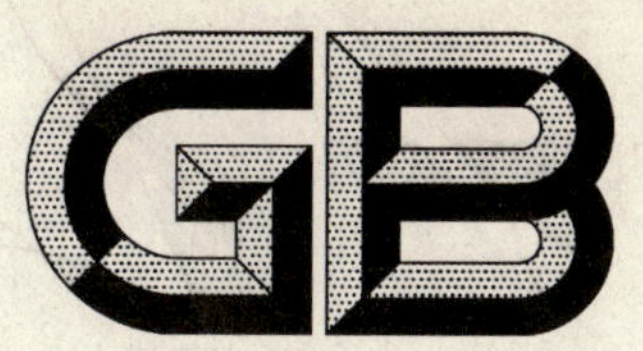

中华人民共和国国家标准

GB/T 11835—2007
代替 GB/T 11835—1998

绝热用岩棉、矿渣棉及其制品

Rock wool, slag wool and it's products for thermal insulation

2007-06-22 发布　　　　2008-01-01 实施

中华人民共和国国家质量监督检验检疫总局
中国国家标准化管理委员会　发布

前　言

本标准与 JIS A 9504—2003《人造矿物纤维保温材料》的一致性程度为非等效。本标准代替 GB/T 11835—1998《绝热用岩棉、矿渣棉及其制品》。

本标准与 GB/T 11835—1998 相比较，主要做了如下修改：

——提高渣球含量指标要求；

——拓宽制品的密度范围，增列制品密度单值允差；

——提高毡及部分板制品的导热系数要求，并将导热系数试验温度的允差修改为$^{+5}_{0}$℃；

——增列毡制品燃烧性能要求；

——将憎水率从管壳的必做性能中删去，改为选做性能；

——增加选做性能：最高使用温度、腐蚀性；

——增加附录 E“矿物棉制品对金属的腐蚀性测定”；

——增加附录 G“不同温度下的导热系数方程”，以便使用方选用。

请注意本标准的某些内容可能涉及专利，本标准发布机构不应承担识别这些专利的责任。

本标准的附录 A～附录 F 为规范性附录，附录 G 为资料性附录。

本标准由中国建筑材料工业协会提出。

本标准由全国绝热材料标准化技术委员会(SAC/TC 191)归口。

本标准负责起草单位：南京玻璃纤维研究设计院、西斯尔(广东)岩棉制品有限公司。

本标准参加起草单位：北新集团建材股份有限公司、佛山市南海区大沥正荣保温材料有限公司、上海凡凡新型建材有限公司、南京康美达新型绝热材料制品厂、宁波环宇耐火材料有限公司、西安合力保温材料制品公司(西安市岩棉涂料厂)。

本标准主要起草人：曾乃全、葛敦世、伍立新、武发德、郭耀荣、张勇、谢永明、张家章、张敏、张游、崔军、张剑红。

本标准于 1989 年 11 月首次发布，1998 年 7 月第一次修订，本次为第二次修订。

绝热用岩棉、矿渣棉及其制品

1 范围

本标准规定了绝热用岩棉、矿渣棉及其制品的分类及标记、要求、试验方法、检验规则、标志、包装、运输和贮存。

本标准适用于以岩石、矿渣等为主要原料,经高温熔融,用离心等方法制成的棉及以热固型树脂为粘结剂生产的绝热制品。

2 规范性引用文件

下列文件中的条款通过本标准的引用而成为本标准的条款。凡是注日期的引用文件,其随后所有的修改单(不包括勘误的内容)或修改版均不适用于本标准,然而,鼓励根据本标准达成协议的各方研究是否可使用这些文件的最新版本。凡是不注日期的引用文件,其最新版本适用于本标准。

GB/T 191 包装储运图示标志

GB/T 2059—2000 铜及铜合金带材

GB/T 3880—1997 铝及铝合金轧制板材

GB/T 4132 绝热材料及相关术语

GB/T 5464—1999 建筑材料不燃性试验方法(idt ISO 1182:1990)

GB/T 5480.1 矿物棉及其制品试验方法 第1部分:总则

GB/T 5480.3 矿物棉及其制品试验方法 第3部分:尺寸和密度

GB/T 5480.4 矿物棉及其制品试验方法 第4部分:纤维平均直径

GB/T 5480.5 矿物棉及其制品试验方法 第5部分:渣球含量

GB/T 5480.7 矿物棉及其制品试验方法 第7部分:吸湿性

GB/T 10294 绝热材料稳态热阻及有关特性的测定 防护热板法

GB/T 10295 绝热材料稳态热阻及有关特性的测定 热流计法

GB/T 10296 绝热层稳态热传递特性的测定 圆管法

GB/T 10299 保温材料憎水性试验方法

GB/T 16401 矿物棉制品吸水性试验方法

GB/T 17393 覆盖奥氏体不锈钢用绝热材料规范

GB/T 17430 绝热材料最高使用温度的评估方法

JC/T 618 绝热材料中可溶出氯化物、氟化物、硅酸盐及钠离子的化学分析方法

YB/T 5059—1993 低碳冷轧钢带

3 术语和定义

GB/T 4132 和 GB/T 5480.1 确立的以及下列术语和定义适用于本标准。

3.1 岩棉带、矿渣棉带 rock wool lamella mat, slag wool lamella mat

将岩棉板、矿渣棉板切成一定的宽度,使其纤维层垂直排列并粘贴在适宜的贴面上的制品。

3.2 岩棉贴面毡、矿渣棉贴面毡 faced rock wool blanket, faced slag wool blanket

用纸、布或金属网等做贴面材料的岩棉毡、矿渣棉毡制品。

3.3 热荷重收缩温度 heat shrinkage temperature under load

在规定的升温条件下,试样承受恒定载荷,厚度收缩率为10%时所对应的温度。

3.4 管壳偏心度 pipe section eccentricity

表征管壳横截面内外圆的偏心程度,用厚度的极差相对于标称厚度的百分率表示。

3.5 有机物含量 organic matter content

在规定的条件下,从干燥产品中除去的有机物质量相对于原质量之比值,以百分数表示。

4 分类和标记

4.1 分类

产品按制品形式分为:岩棉、矿渣棉;岩棉扳、矿渣棉板;岩棉带、矿渣棉带;岩棉毡、矿渣棉毡;岩棉缝毡、矿渣棉缝毡;岩棉贴面毡、矿渣棉贴面毡和岩棉管壳、矿渣棉管壳(以下简称棉、板、带、毡、缝毡、贴面毡和管壳)。

4.2 产品标记

产品标记由三部分组成:产品名称、产品技术特征(密度、尺寸)、标准号,商业代号也可列于其后。

4.3 标记示例

示例 1:矿渣棉

矿渣棉 GB/T 11835(商业代号)

示例 2:密度为 150 kg/m³,长度×宽度×厚度为 1 000 mm×800 mm×60 mm 的岩棉板

岩棉板 150-1 000×800×60 GB/T 11835(商业代号)

示例 3:密度为 130 kg/m³,内径×长度×壁厚为 ϕ89 mm×910 mm×50 mm 的矿渣棉管壳

矿渣棉管壳 130-ϕ89×910×50 GB/T 11835(商业代号)

5 要求

5.1 基本要求

5.1.1 棉及制品的纤维平均直径应不大于 7.0 μm。

5.1.2 棉及制品的渣球含量(粒径大于 0.25 mm)应不大于 10.0%(质量分数)。

5.2 棉

棉的物理性能应符合表 1 的规定。

表 1 棉的物理性能指标

性能		指标
密度/(kg/m³)		≤150
导热系数(平均温度 70^{+5}_{0}℃,试验密度 150 kg/m³)/[W/(m·K)]	≤	0.044
热荷重收缩温度/℃	≥	650
注:密度系指表观密度,压缩包装密度不适用。		

5.3 板

5.3.1 板的外观质量要求,表面平整,不得有妨碍使用的伤痕、污迹、破损。

5.3.2 板的尺寸及允许偏差,应符合表 2 的规定。其他尺寸可由供需双方商定,但允许偏差应符合表 2 的规定。

表 2 板的尺寸及允许偏差

单位为毫米

长度	长度允许偏差	宽度	宽度允许偏差	厚度	厚度允许偏差
910 1 000 1 200 1 500	+15 −3	600 630 910	+5 −3	30~150	+5 −3

5.3.3 板的物理性能应符合表3的规定。

表3 板的物理性能指标

密度/(kg/m³)	密度允许偏差/%		导热系数/[W/(m·K)] (平均温度 70^{+5}_{0}℃)	有机物含量/%	燃烧性能	热荷重收缩温度/℃
	平均值与标称值	单值与平均值				
40～80	±15	±15	≤0.044	≤4.0	不燃材料	≥500
81～100						≥600
101～160			≤0.043			
161～300			≤0.044			
注：其他密度产品，其指标由供需双方商定。						

5.4 带

5.4.1 带的外观质量要求，表面平整，不得有妨碍使用的伤痕、污迹、破损，板条间隙均匀，无脱落。

5.4.2 带的尺寸及允许偏差，应符合表4的规定。其他尺寸可由供需双方商定，但允许偏差应符合表4的规定。

表4 带的尺寸及允许偏差

单位为毫米

长度	宽度	宽度允许偏差	厚度	厚度允许偏差
1 200 2 400	910	+10 −5	30 50 75 100 150	+4 −2
注：长度允许偏差由供需双方商定。				

5.4.3 带的物理性能应符合表5的规定。

表5 带的物理性能指标

密度/(kg/m³)	密度允许偏差/%		导热系数/[W/(m·K)] (平均温度 70^{+5}_{0}℃)	有机物含量[a]/%	燃烧性能[a]	热荷重收缩温度[a]/℃
	平均值与标称值	单值与平均值				
40～100	±15	±15	≤0.052	≤4.0	不燃材料	≥600
101～160			≤0.049			
[a] 系指基材。						

5.5 毡、缝毡和贴面毡

5.5.1 毡、缝毡和贴面毡的外观质量要求，表面平整，不得有妨碍使用的伤痕、污迹、破损，贴面毡的贴面与基材的粘贴应平整、牢固。

5.5.2 毡、缝毡和贴面毡的尺寸及允许偏差，应符合表6的规定。其他尺寸可由供需双方商定，但允许偏差应符合表6的规定。

表 6 毡、缝毡和贴面毡的尺寸及允许偏差

长度/mm	长度允许偏差/%	宽度/mm	宽度允许偏差/mm	厚度/mm	厚度允许偏差/mm
910 3 000 4 000 5 000 6 000	±2	600 630 910	+5 −3	30～150	正偏差不限 −3

5.5.3 毡、缝毡和贴面毡基材的物理性能应符合表 7 的规定。

表 7 毡、缝毡和贴面毡基材的物理性能指标

密度[a]/(kg/m³)	密度允许偏差/%		导热系数/[W/(m·K)] (平均温度 70^{+5}_{0}℃)	有机物含量/%	燃烧性能	热荷重收缩温度/℃
	平均值与标称值	单值与平均值				
40～100	±15	±15	≤0.044	≤1.5	不燃材料	≥400
101～160			≤0.043			≥600

a 厚度为正偏差时，密度用标称厚度计算。

5.5.4 缝毡用基材应铺放均匀，其缝合质量应符合表 8 的规定。

表 8 缝毡的缝合质量指标

项　　目	指　　标
边线与边缘距离/mm	≤75
缝线行距/mm	≤100
开线长度/mm	≤240
开线根数(开线长度不小于 160 mm)/根	≤3
针脚间距/mm	≤80

根据缝毡贴面的不同，缝合质量也可由供需双方商定。

5.6 管壳

5.6.1 管壳的外观质量要求，表面平整，不得有妨碍使用的伤痕、污迹、破损，轴向无翘曲且与端面垂直。

5.6.2 管壳的尺寸及允许偏差，应符合表 9 的规定。其他尺寸可由供需双方商定，但允许偏差应符合表 9 的规定。

表 9 管壳的尺寸及允许偏差

单位为毫米

长　度	长度允许偏差	厚　度	厚度允许偏差	内　径	内径允许偏差
910 1 000 1 200	+5 −3	30 40	+4 −2	22～89	+3 −1
		50 60 80 100	+5 −3	102～325	+4 −1

5.6.3 管壳的偏心度应不大于 10%。

5.6.4 管壳的物理性能应符合表 10 的规定。

表 10 管壳的物理性能指标

密度/(kg/m³)	密度允许偏差/%		导热系数/[W/(m·K)](平均温度 70^{+5}_{0}℃)	有机物含量/%	燃烧性能	热荷重收缩温度/℃
	平均值与标称值	单值与平均值				
40～200	±15	±15	≤0.044	≤5.0	不燃材料	≥600

5.7 选做性能

5.7.1 腐蚀性

5.7.1.1 用于覆盖铝、铜、钢材时，采用90%置信度的秩和检验法，对照样的秩和应不小于21。

5.7.1.2 用于覆盖奥氏体不锈钢时，其浸出液离子含量应符合 GB/T 17393 的要求。

5.7.2 有防水要求时，其质量吸湿率应不大于5.0%，憎水率应不小于98.0%，吸水性能指标由供需双方协商决定。

5.7.3 用户有要求时，应进行最高使用温度的评估。制品的最高使用温度宜不低于600℃。在给定的热面温度下，任何时刻试样内部温度不应超过热面温度，且试验后，质量、厚度及导热系数的变化应不大于5.0%，外观无显著变化。

6 试验方法

6.1 试验环境和试验状态的调节，按 GB/T 5480.1 的规定。

6.2 棉及其制品物理性能试验方法，按表11的规定。

表 11 物理性能试验方法

项　　目	试 验 方 法
外观、管壳偏心度	附录 A
尺寸、密度	GB/T 5480.3
纤维平均直径	GB/T 5480.4
渣球含量	GB/T 5480.5
导热系数	GB/T 10294(仲裁试验方法) GB/T 10295 GB/T 10296
有机物含量	附录 B
燃烧性能	GB/T 5464—1999
热荷重收缩温度	附录 C
缝毡缝合质量	附录 D
腐蚀性	附录 E(铝、铜、钢材)、JC/T 618(不锈钢)
吸湿性	GB/T 5480.7
憎水性	GB/T 10299
吸水性	GB/T 16401
最高使用温度	GB/T 17430
注 1：管壳的导热系数及最高使用温度允许采用同质、同密度、同粘结剂含量的板材进行测定。 注 2：密度试验的样本数不少于4。	

7 检验规则

7.1 检验分类

检验分为出厂检验和型式检验。

7.1.1 出厂检验

产品出厂时，必须进行出厂检验。

7.1.2 型式检验

有下列情况之一时，应进行型式检验。

a) 新产品定型鉴定；

b) 正式生产后，原材料，工艺有较大的改变，可能影响产品性能时；

c) 正常生产时，每年至少进行一次；

d) 出厂检验结果与上次型式检验有较大差异时；

e) 国家质量监督机构提出进行型式检验要求时。

7.2 组批与抽样

7.2.1 以同一原料，同一生产工艺，同一品种，稳定连续生产的产品为一个检查批。同一批被检产品的生产时限不得超过一周。

7.2.2 出厂检验、型式检验的抽样方案按附录 F 中 F.1 的规定进行。

7.3 检查项目与判定规则

出厂检验和型式检查的检查项目和判定规则按附录 F 中的 F.2 和 F.3 进行。

8 标志

在标志、标签上应标明：

a) 产品标记及商标；

b) 净重或数量；

c) 生产日期或批号；

d) 制造厂商的名称、详细地址；

e) 按 GB/T 191，注明"怕雨"等标志；

f) 注明指导安全使用的警语。例如：使用本产品，热面温度通常应小于×××℃，超出此温度使用时，请与制造厂商联系。

9 包装、运输及贮存

9.1 包装

包装材料应具有防潮性能，每一包装中应放入同一规格的产品，特殊包装由供需双方商定。

9.2 运输

应用干燥防雨的工具运输，运输时应轻拿轻放。

9.3 贮存

应在干燥通风的库房里贮存，并按品种分别在室内垫高堆放，避免重压。

附 录 A
（规范性附录）
外观及管壳偏心度试验方法

A.1 外观质量的检验

在光照明亮的条件下，距试样 1 m 处对其逐个进行目测检查，记录观察到的缺陷。

A.2 管壳偏心度试验方法

用分度值为 1 mm 的金属直尺在管壳的端面测量管壳的厚度，每个端面测 4 点，位置均布，各端面的管壳偏心度按式(A.1)计算。

$$C=\frac{h_1-h_2}{h_0}\times 100 \qquad \cdots\cdots\cdots\cdots\cdots\cdots\cdots\cdots\cdots\cdots(A.1)$$

式中：

C——管壳的偏心度，%；

h_1——管壳的最大厚度，单位为毫米(mm)；

h_2——管壳的最小厚度，单位为毫米(mm)；

h_0——管壳的标称厚度，单位为毫米(mm)。

整管的管壳偏心度取两个端面管壳偏心度的平均值，结果取至整数。

附 录 B
（规范性附录）
矿物棉及其制品的有机物含量试验方法

B.1 范围

本附录规定了矿物棉及其制品有机物含量的试验方法。

本附录适用于岩棉、矿渣棉和玻璃棉和硅酸铝棉及其制品。

B.2 原理

在规定的条件下，干燥试样在标准温度下灼烧，测出试样质量的变化，失重占原质量的百分数，即为有机物含量。

B.3 设备

B.3.1 天平：分度值不大于 0.001 g。

B.3.2 鼓风干燥箱：50℃～250℃。

B.3.3 马弗炉：使用温度 900℃以上，精度±20℃。

B.3.4 干燥器：内盛合适的干燥剂。

B.3.5 蒸发皿或坩埚。

B.4 试样

试样由取样器在样本上随机钻取 10 g 以上。

B.5 试验程序

B.5.1 称蒸发皿或坩埚的质量

将蒸发皿或坩埚放入马弗炉中灼烧至恒重（称量间隔 2 h，质量变化率＜0.1%），灼烧温度见表 B.1。使蒸发皿或坩埚在干燥器内冷却 30 min 以上，称其质量 m_0。

表 B.1 灼烧的标准温度

产品名称	灼烧标准温度/℃
玻璃棉	500±20
岩棉、矿渣棉	550±20
硅酸铝棉	700±20

B.5.2 称取干燥试样和蒸发皿或坩埚的质量

将试样放入已灼烧后的蒸发皿或坩埚内，再将盛有试样的蒸发皿或坩埚放入 105℃～110℃的鼓风干燥箱内，烘干至恒重。将试样连同蒸发皿或坩埚一起从鼓风干燥箱内取出，放在干燥器中冷却至室温，称其质量 m_1。

B.5.3 称取灼烧后的试样加蒸发皿或坩埚的质量

将试样连同蒸发皿或坩埚放入通风的马弗炉内，在表 B.1 所示的标准温度下，灼烧 30 min 以上，取出放入干燥器中冷却至室温，称取灼烧过的试样加蒸发皿或坩埚的质量 m_2。

B.6 结果的计算

试样有机物含量按式（B.1）计算，结果保留至小数点后一位：

$$S=\frac{m_1-m_2}{m_1-m_0}\times 100 \qquad \cdots\cdots(B.1)$$

式中：

S——试样的有机物含量，%；

m_0——蒸发皿或坩埚恒重后的质量，单位为克(g)；

m_1——干燥试样连同蒸发皿或坩埚的质量，单位为克(g)；

m_2——灼烧后试样连同蒸发皿或坩埚的质量，单位为克(g)。

B.7 试验报告

试验报告应包括下列内容：

a) 说明按本附录进行试验；

b) 试样的名称或标记；

c) 采用的抽样方法；

d) 试样数量；

e) 试验结果。

附　录　C
（规范性附录）
矿物棉及其制品热荷重收缩温度试验方法

C.1　范围

本附录规定了矿物棉及其制品热荷重收缩温度的试验原理、设备、试样和试验程序。

本附录适用于岩棉、矿渣棉和玻璃棉及其制品。

本附录不适用于硅酸铝棉及其制品。

C.2　原理

在固定的载荷作用下，以一定的升温速率加热试样，达到规定的厚度收缩率，通过计算，用内插法求出热荷重收缩温度。

C.3　设备

热荷重试验装置由加热炉、加热容器和热电偶等组成。如图 C.1 所示。

C.4　试样

C.4.1　岩棉、矿渣棉取密度为 150 kg/m^3 的试样，玻璃棉取密度为 64 kg/m^3 的试样。

C.4.2　岩棉、矿渣棉和玻璃棉制品取实际密度的试样。

C.4.3　岩棉管壳、矿渣棉管壳和玻璃棉管壳可取和管壳相同密度的板材作试样。

C.4.4　有贴面的制品，应去除贴面材料。

C.4.5　试样为直径 47 mm～50 mm，厚度 50 mm～80 mm 的圆柱体。

C.5　试验程序

C.5.1　将试样放入加热容器，其上加荷重板和荷重棒，使试样上达到 490 Pa 的压力。

C.5.2　检查热电偶热端的位置，使其在垂直方向位于加热容器中心部位，在水平方向距加热容器外表面 20 mm 处。记下炉内温度和试样厚度的初始值。

C.5.3　开始加热时，升温速率为 5℃/min，每隔 10 min 测量一次炉内温度和荷重棒[1)]顶端的高度。当温度升到比预定的热荷重收缩温度低约 200℃时，升温速率为 3℃/min，每隔 3 min 测量一次，直至试样厚度收缩率超过 10%。停止升温，记录有无冒烟、颜色变化以及气味等现象。

C.6　结果的计算

温度为 t 时试样厚度的收缩率按式(C.1)计算：

$$d = \frac{A-B}{A} \times 100 \qquad \text{(C.1)}$$

式中：

d——试样厚度的收缩率，%；

A——在室温加荷重时的试样厚度，单位为毫米(mm)；

B——温度为 t 时的试样厚度，单位为毫米(mm)。

1) 为补偿热膨胀引起荷重棒的伸长，应预先对荷重棒进行标定。

由试样厚度收缩率与温度关系的计算，以内插法求出试样厚度收缩率为10%的炉内温度，取2次测量的算术平均值，精确到10℃，作为试样的热荷重收缩温度。

C.7 试验报告

试验报告应包括下列内容：

a) 说明按本附录进行试验；

b) 试样的名称或标记；

c) 试验时升温速率；

d) 热荷重收缩温度；

e) 说明在试验过程中可见的变化，如冒烟、试样颜色以及气味等。

单位为毫米

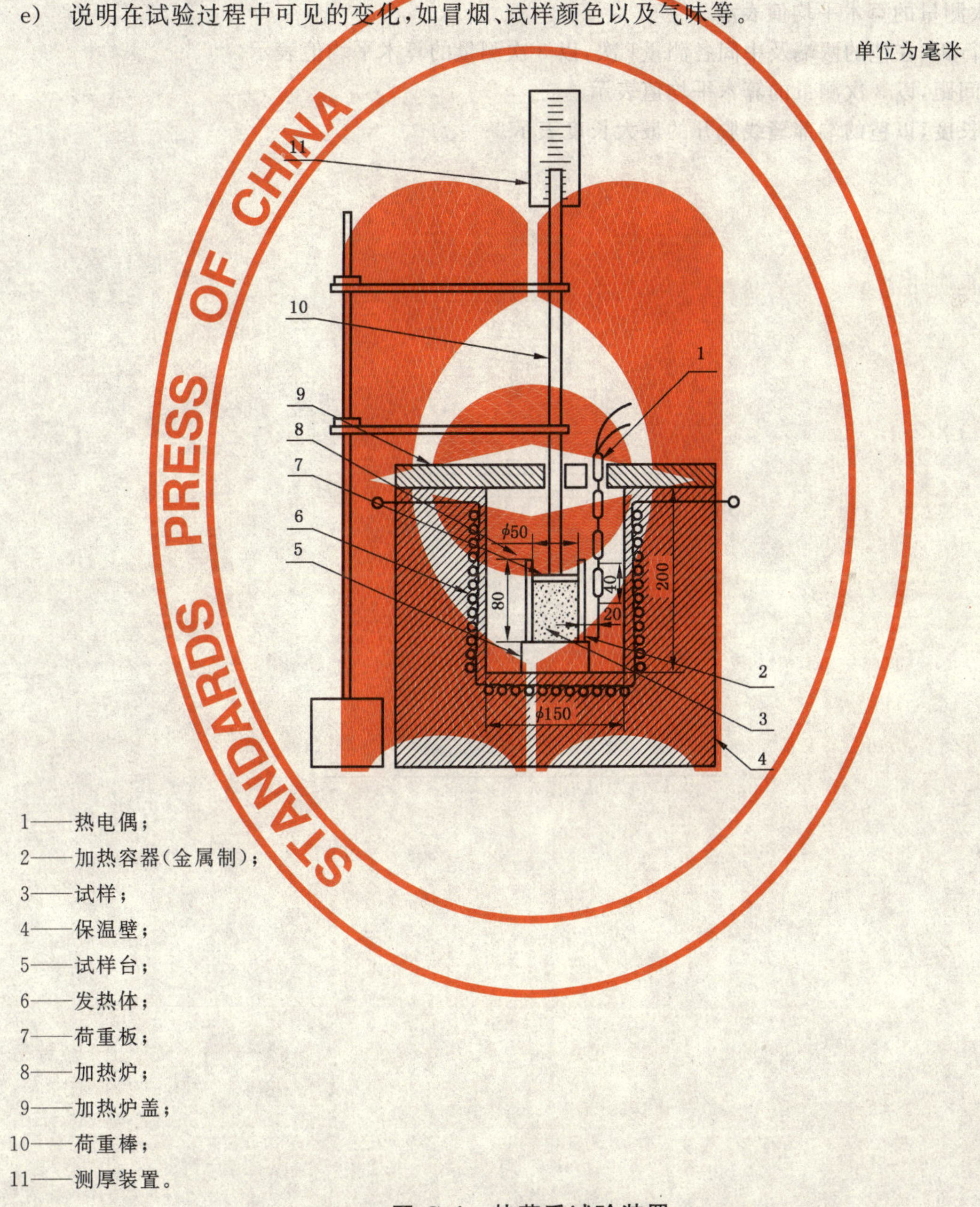

1——热电偶；

2——加热容器（金属制）；

3——试样；

4——保温壁；

5——试样台；

6——发热体；

7——荷重板；

8——加热炉；

9——加热炉盖；

10——荷重棒；

11——测厚装置。

图 C.1 热荷重试验装置

附 录 D
（规范性附录）
缝毡缝合质量试验方法

D.1 缝毡缝合质量包括边线（与边缘最靠近的缝线）与边缘（与缝线平行的两边）距离、缝线行距（相邻缝线的间距）、开线长度（端部全部缝线中缝线没有缝合的最大长度）和针脚间距，其测量用分度值为1 mm的金属尺。

D.2 边线边缘距离，在被测毡上离两端部100 mm以上取4个测量位置，两边各2个，每个位置测量1次，以4次测量的算术平均值表示。

D.3 缝线行距，在毡的两端及中间各测量1次，以3次测量的算术平均值表示。

D.4 针脚间距，以3次测量的算术平均值表示。

D.5 开线长度，以毡的端部缝线脱开的最大长度表示。

附　录　E
（规范性附录）
矿物棉及其制品对金属的腐蚀性测定

E.1　范围

提供了利用对照样本来定性测量矿物棉制品对特定金属的腐蚀性测定方法。

E.2　方法提要

矿物棉制品中的纤维及其粘结剂在有水或水蒸气存在时会对金属产生潜在的腐蚀作用。本试验方法用于测定在高湿度条件下，矿物棉制品对特定金属的相对腐蚀潜力。

在矿物棉制品中夹入钢、铜和铝等金属试板，在消毒棉之间亦夹入相同的金属试板，将两者同时置于一定温度的试验箱内，保持一试验周期。以消毒棉内夹入的金属试板为对照样，比较夹入矿物棉制品中金属试板的腐蚀程度，并通过90%的置信度的秩和检验法确定验收判据，从而可使矿物棉对金属的腐蚀性做出定性判别。

E.3　材料及仪器

E.3.1　试板

所有金属试板的尺寸都为100 mm×25 mm，每种金属试板各10块。

a)　铜板：厚为(0.8±0.13)mm，型号为GB/T 2059—2000中的紫铜带；

b)　铝板：厚为(0.6±0.13)mm，型号为GB/T 3880—1997中的3003-0型铝板材；

c)　钢板：厚为(0.5±0.13)mm，型号为YB/T 5059—1993中的低硬度、经热处理的低碳冷轧钢带。

E.3.2　橡皮筋

E.3.3　金属丝筛网

由不锈钢制成，筛网尺寸为114 mm×38 mm，丝粗(1.60±0.13)mm，筛孔尺寸为(11±1.6)mm。

E.3.4　试验箱

温度为(49±2)℃，相对湿度为(95±3)%。

E.4　试件

每个试件的尺寸为114 mm×38 mm。通常，板状材料厚度为(12.7±1.6)mm，毡状材料厚度为(25.4±1.6)mm。对每种金属试板，矿物棉材料及洗后的消毒棉对照样应分别制成上述尺寸的试件10个。

E.5　试验程序

E.5.1　清洗金属试板，直到表面无水膜残迹为止。注意避免过度地擦洗金属表面。一旦清洗完毕，应避免再去触摸金属板表面。建议在组装试板及试件时戴上外科用塑胶手套。对每种金属的清洗说明如下：

a)　钢：首先用1,1,1-三氯乙烷或氯丁乙烯对试板进行蒸汽脱脂5 min，用实验室纸巾擦去试板两面的残留物，然后浸于质量分数为15%的KOH热碱溶液中15 min，之后在蒸馏水中彻底漂洗，再用实验室纸巾擦干。

b)　铜：以与钢板相同方式对试板进行脱脂。然后溶于体积分数为10%的热硝酸溶液15 min，再按 a)中所述方式对试样进行清洗和擦干。

c) 铝:以 5%含量的实验室洗涤剂和水溶液清洗试板。然后在蒸馏水中漂洗,再用实验室纸巾擦干。

d) 金属丝筛网:清洗方法同铝板。

E.5.2 制备 5 个组合试件

将每块金属试板置于两片绝热材料试件之间,再将其夹在金属丝筛网之间,用橡皮筋捆扎端部。保证压缩后每个组合试件的厚度为(25±3)mm。

E.5.3 制备 5 个对照组合试件

将每块金属试板置于两片消毒棉之间,消毒棉事先应用试剂级丙酮进行溶剂提取 48 h,然后在低温下真空干燥。在放置时应辨清棉的外表面,使其面向金属试板。用与绝热材料试件完全相同的方式,用金属丝筛网的橡皮筋固定试件并保持一定厚度。

将 5 个组合试件及 5 个对照组合试件垂直挂在相对湿度为(95±3)%,温度为(49±2)℃试验箱内,持续一定的试验周期(钢为 96 h±2 h,铜和铝为 720 h±5 h)。在整个试验周期内应关闭试验箱,如果必须打开,应确保不至因相对湿度变化而引起箱内冷凝。

试验周期结束时,从箱内取下试件,拆开,并对每块试板及对照试板仔细检查表面的如下特征:

a) 钢:红色锈迹、点蚀的存在及严重程度。表面变红没有重大影响。

b) 铝:点蚀、锈皮或其他浸蚀的存在及严重程度。生成氧化物是铝的保护机理,应予忽略。该氧化物可在流水下用非磨削性橡皮擦去或浸于 10%硝酸溶液中除去。

c) 铜:锈皮、点蚀、沉积或结垢、严重变色或一般均匀的侵蚀存在及相对严重程度。表面发红或轻微变色应予以忽略。它们可以在流水下用非磨削性橡皮擦去或浸于 10%的硫酸溶液中除去。

E.6 试验结果判定

采用 90%置信度的秩和检验法,若对照样的秩和不小于 21,则判试件合格,否则应判不合格。

附 录 F
（规范性附录）
抽样方案、检验项目和判定规则

F.1 抽样

F.1.1 样本的抽取

单位产品应从检查批中随机抽取。样本可以由一个或几个单位产品构成。所有的单位产品被认为是质量相同的，必须的试样可随机地从单位产品中切取。

F.1.2 抽样方案

型式检验和出厂检验的批量大小和样本大小的二次抽样方案见表 F.1。对于出厂检验，批量大小可根据生产量或生产时限确定，取较大者。

表 F.1 二次抽样方案

型式检验					出厂检验					
批量大小			样本量		批量大小				样本量	
管壳/包	棉/包	板、带、毡/m²	第一样本	总样本	管壳/包	棉/包	板、带、毡/m²	生产天数	第一样本	总样本
15	150	1 500	2	4	30	300	3 000	1	2	4
25	250	2 500	3	6	50	500	5 000	2	3	6
50	500	5 000	5	10	100	1 000	10 000	3	5	10
90	900	9 000	8	16	180	1 800	18 000	7	8	16
150	1 500	15 000	13	26						
280	2 800	28 000	20	40						
>280	>2 800	>28 000	32	64						

F.2 检验项目

出厂检验和型式检验的检查项目见表 F.2。

表 F.2 检查项目

项目		棉		板		带		毡		管壳	
		出厂	型式	出厂	型式	出厂	型式	出厂	型式	出厂	型式
尺寸	长度			√	√	√	√	√	√	√	√
	宽度			√	√	√	√	√	√		
	厚度			√	√	√	√	√	√	√	√
	内径									√	√
外观				√	√	√	√	√	√	√	√
密度		√	√	√	√	√	√	√	√	√	√
管壳偏心度										√	√
缝合质量(缝毡)								√	√		
纤维平均直径		√	√	√	√	√	√	√	√	√	√
渣球含量		√	√	√	√	√	√	√	√	√	√
导热系数			√		√		√		√		√
有机物含量				√	√	√	√	√	√	√	√
燃烧性能级别					√		√		√		√
热荷重收缩温度			√		√		√		√		√
注：“√”表示应检项目。											

F.3 判定规则

F.3.1 所有的性能应看作独立的。品质要求以测定结果的修约值进行判定。

F.3.2 外观、尺寸、管壳偏心度及缝合质量(缝毡)等性能采用计数判定。一项性能不符合技术要求，计一个缺陷。合格质量水平(AQL)为15。其判定规则见表F.3。

表 F.3 计数检查的判定规则

样本大小		第一样本		总样本	
第一样本	总样本	Ac	Re	Ac	Re
Ⅰ	Ⅱ	Ⅲ	Ⅳ	Ⅴ	Ⅵ
2	4	0	2	1	2
3	6	0	3	3	4
5	10	1	4	4	5
8	16	2	5	6	7
13	26	3	7	8	9
20	40	5	9	12	13
32	64	7	11	18	19
注：Ac——接收数，Re——拒收数。					

根据样本检查结果，若第一样本中相关性能的缺陷数小于或等于第一接收数Ac(表F.3中第Ⅲ栏)，则该批的计数检查可接收。若第一样本中的缺陷数大于或等于第一拒收数Re(表F.3中第Ⅳ栏)，则判该批不合格。

若第一样本中相关性能的缺陷数在第一接收数(Ac)和拒收数(Re)之间，则样本数应增至总样本数，并以总样本检查结果去判定。

若总样本中的缺陷数小于或等于总样本接收数Ac(表F.3中第Ⅴ栏)，则判该批计数检查可接收。若总样本中的缺陷数大于或等于总样本拒收数Re(表F.3中第Ⅵ栏)，则判该批不合格。

F.3.3 密度、纤维平均直径、渣球含量、有机物含量、导热系数、燃烧性能、热荷重收缩温度、腐蚀性、吸湿率、憎水率、吸水性、最高使用温度等性能按测定结果的平均值或单值进行单项判定。

F.3.4 批质量的综合判定规则是：合格批的所有品质指标，必须同时符合F.3.2和F.3.3规定的可接收的合格要求，否则判该批产品不合格。

附 录 G
（资料性附录）
不同温度下的导热系数方程

本附录提供了制品在不同温度下的导热系数方程，供使用方参比选用。

表 G.1 导热系数参考方程

序号	名称	密度范围/(kg/m^3)	导热系数/[W/(m·K)]（平均温度 70℃）	导热系数参考方程/[W/(m·K)] t:温度(℃)
1	板	40～100	0.044	$0.0337+0.000151t\ (-20\leq t\leq 100)$ $0.0395+4.71\times10^{-5}t+5.03\times10^{-7}t^2\ (100<t\leq 600)$
		101～160	0.043	$0.0337+0.000128t\ (-20\leq t\leq 100)$ $0.0407+2.52\times10^{-5}t+3.34\times10^{-7}t^2\ (100<t\leq 600)$
		161～300	0.044	$0.0360+0.000116t\ (-20\leq t\leq 100)$ $0.0419+3.28\times10^{-5}t+2.63\times10^{-7}t^2\ (100<t\leq 600)$
2	毡	40～100	0.044	与同密度板相同
		101～160	0.043	与同密度板相同
3	带	40～100	0.052	$0.0349+0.000244t\ (-20\leq t\leq 100)$ $0.0407+1.16\times10^{-4}t+7.67\times10^{-7}t^2\ (100<t\leq 600)$
		101～160	0.049	$0.0360+0.000174t\ (-20\leq t\leq 100)$ $0.0453+3.58\times10^{-5}t+4.15\times10^{-7}t^2\ (100<t\leq 600)$
4	管壳	40～200	0.044	$0.0314+0.000174t\ (-20\leq t\leq 100)$ $0.0384+7.13\times10^{-5}t+3.51\times10^{-7}t^2\ (100<t\leq 600)$

参 考 文 献

［1］ JIS A 9501—2006　保温保冷工程施工标准
［2］ JIS A 9504—2006　人造矿物纤维保温材料

ICS 47.020.40
U 22

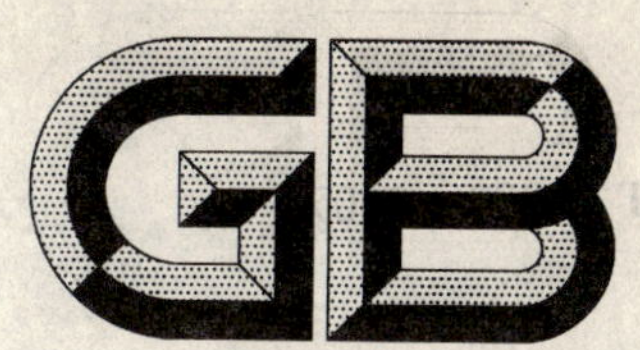

中华人民共和国国家标准

GB/T 11869—2007
代替 GB/T 11869—1989

远洋船用拖曳绞车

Towing winches for deep sea use

(ISO 7365:1983 Shipbuilding and marine structures—Deck machinery—Towing winches for deep sea use, MOD)

2007-07-17 发布　　2008-01-01 实施

中华人民共和国国家质量监督检验检疫总局
中国国家标准化管理委员会　发布

前　言

本标准修改采用ISO 7365:1983《造船和海上结构物　甲板机械　远洋拖曳绞车》。

本标准与ISO 7365:1983有关的技术性差异已编入正文中，并在他们所涉及的条款的页边空白处用垂直单线标示。在附录B中列出了本标准章条编号与ISO 7365:1983章条编号的对照一览表。在附录C中给出了这些技术性差异及其原因的一览表。

本标准代替GB/T 11869—1989《远洋船用拖曳绞车》。

本标准与GB/T 11869—1989相比主要有下列技术变化：

——修改了部分术语；

——增加了卷筒负载为2 000 kN绞车的基本参数；

——删除了卷筒负载为100 kN、200 kN、320 kN、560 kN、1 400 kN绞车的基本参数；

——增加了对负载限制装置和制动装置的要求；

——修改了钢丝绳的连接件要求及对排绳装置和负载测量装置的要求；

——修改了钢丝绳的设计基础及最大系柱拉力与钢丝绳最小破断负荷之间的关系；

——将原标准中负载运行试验检查项目中的"功率消耗"改为"主要参数"。

本标准的附录A、附录B、附录C均为资料性附录。

本标准由中国船舶工业集团公司提出。

本标准由全国船用机械标准化技术委员会(SAC/TC 137)归口。

本标准起草单位：中国船舶工业综合技术经济研究院、南京中船绿洲机器有限公司、上海船舶研究设计院。

本标准主要起草人：汪远、陈建锋、陈浩松、施礼军、郑滋蔚、常仲明、蔡振仲。

本标准所代替标准的历次版本发布情况为：

——GB/T 11869—1989。

远洋船用拖曳绞车

1 范围

本标准规定了能在卷筒上收绳、放绳、支持和贮存钢丝绳的电动、液压、柴油机驱动的远洋船用拖曳绞车(以下简称绞车)的分类、技术要求和验收试验等。

本标准适用于绞车的设计、生产和验收,不适用于纤维绳绞车。

2 规范性引用文件

下列文件中的条款通过本标准的引用而成为本标准的条款。凡是注日期的引用文件,其随后所有的修改单(不包括勘误的内容)或修订版均不适用于本标准,然而,鼓励根据本标准达成协议的各方研究是否可使用这些文件的最新版本。凡是不注日期的引用文件,其最新版本适用于本标准。

GB/T 3893 造船及海上结构物 甲板机械 术语(GB/T 3893—1998,neq ISO 3828:1984)

GB/T 20118—2006 一般用途钢丝绳(ISO/DIS 2408:2002,MOD)

CB/T 3827 绞缆筒(CB/T 3827—1998,neq ISO 6482:1980)

3 术语

GB/T 3893 确立的以及下列术语和定义适用于本标准。

3.1

公称规格 nominal size

公称规格相应于表 1 中的卷筒负载。

3.2

最大系柱拖力 maximum bollard pull

拖船主机最大持续输出功率时产生的拖力。

3.3

右式绞车 right-hand winch

当观察者位于原动机或控制器一边时,减速齿轮箱或卷筒驱动装置在卷筒右侧的绞车。

3.4

左式绞车 left-hand winch

当观察者位于原动机或控制器一边时,减速齿轮箱或卷筒驱动装置在卷筒左侧的绞车。

4 产品分类

4.1 型号

绞车按卷筒数量分为下列三种型式:

a) 单卷筒式绞车(A 型):只有一个卷筒,见图 1;

b) 双卷筒式绞车(B 型):有两个卷筒,卷筒水平布置或垂直布置,见图 2;

c) 三卷筒式绞车(C 型):有三个卷筒,见图 3。

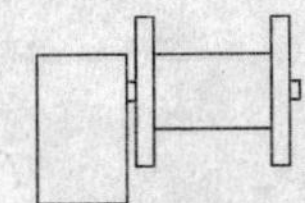

a) 单卷筒左式绞车

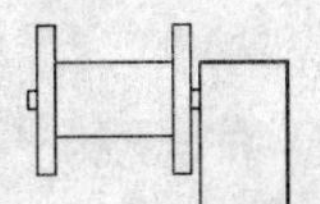

b) 单卷筒右式绞车

图 1 A 型示意图

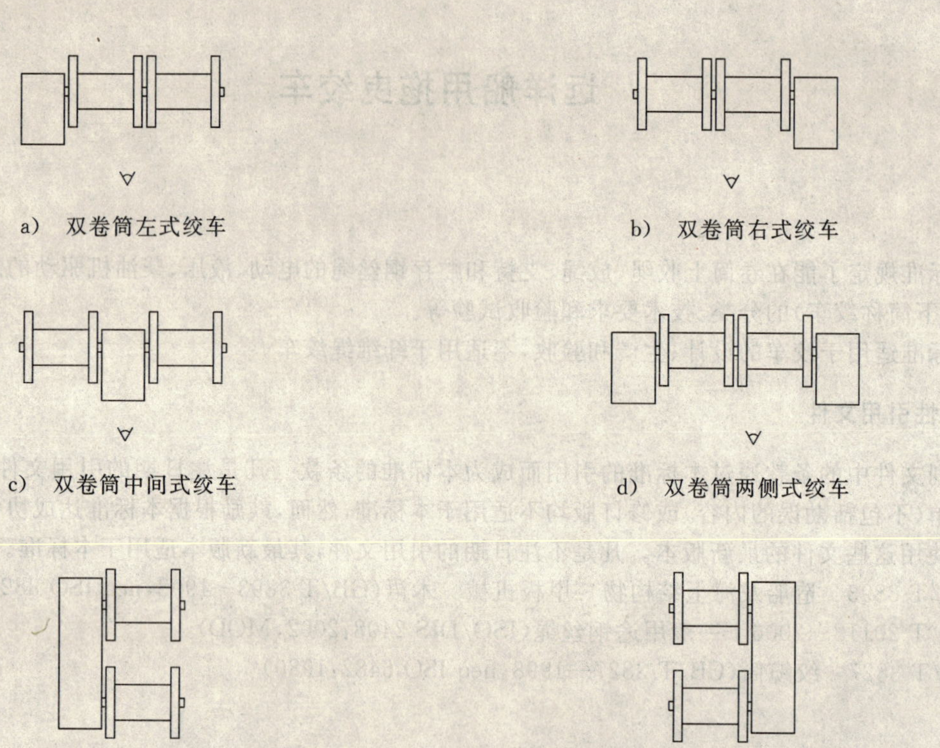

图 2 B 型示意图

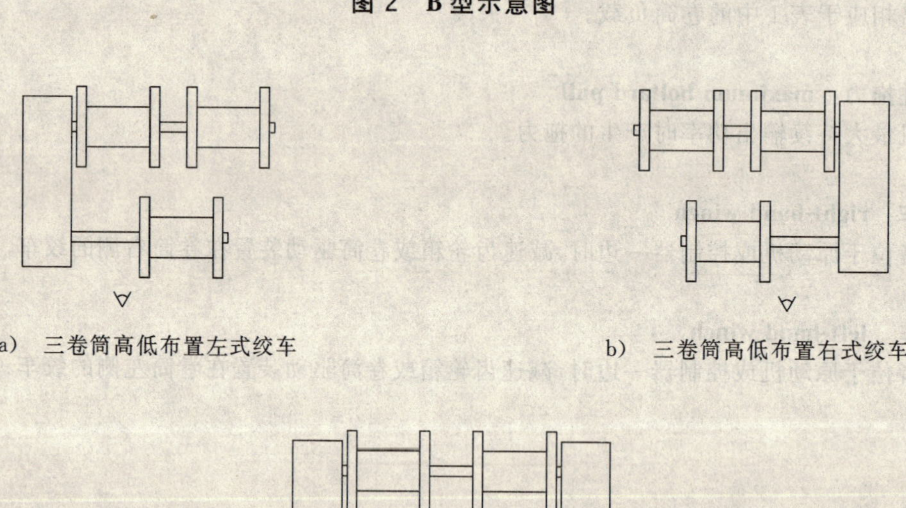

c) 三卷筒高低布置两侧驱动式绞车

图 3 C 型示意图

4.2 基本参数

绞车的基本参数见表 1,绞车卷筒负载与拖船最大系柱拉力间对应关系参见附录 A。

表 1　绞车基本参数

公称规格	卷筒负载 kN	公称速度（最小值）m/s	空载速度（最小值）m/s	爬行速度（最大值）m/s	设计基准钢丝绳直径 mm	钢丝绳破断负荷（最小值）kN	支持负载（最小值）kN	卷筒直径（最小值）mm	卷筒容绳量 m
16	160	0.125	0.25	0.25 (0.05)	26	425	470	416	500
25	250				32	645	710	512	600
40	400				40	1 010	1 111	640	750
63	630				48	1 450	1 595	768	850
80	800	0.08	0.16	0.08 (0.04)	52	1 700	1 870	832	1 000
100	1 000				54	1 840	2 024	864	
125	1 250				58	2 120	2 332	928	1 200
160	1 600				64	2 720	3 000	1 024	
200	2 000				70	3 483	3 840	1 120	1 500
注：括号内的数值为电动驱动拖曳绞车的最大爬行速度。									

4.3　**产品标记**

4.3.1　绞车的型号规定如下：

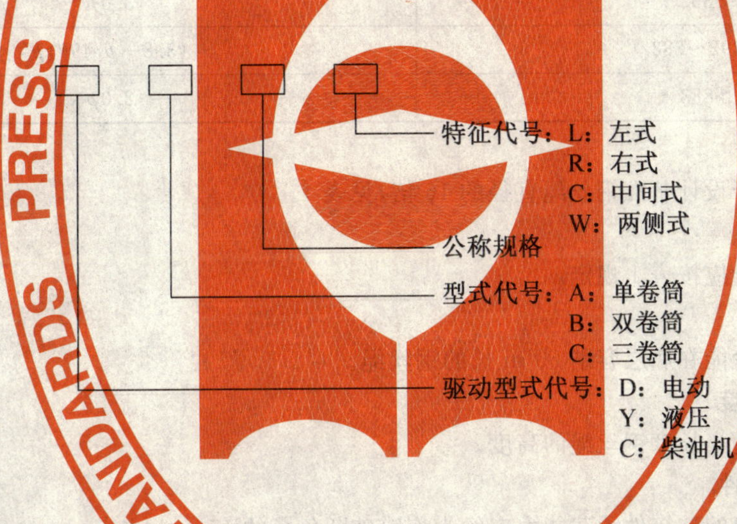

4.3.2　标记示例：

液压驱动、卷筒负载为 250 kN、双卷筒高低布置右式绞车标记为：

绞车　GB/T 11869—2007　YB25R

5　设计和操作

5.1　材料

绞车零部件材料的强度应能承受表 1 中规定的各公称规格的所有负载。

5.2　基本计算

5.2.1　根据简单的弹性理论，绞车在原动机产生的最大力矩下任何零件的许用应力不应大于材料屈服强度的 0.55 倍。

5.2.2　在放出负载下，受力零件的许用应力不应大于材料屈服强度的 0.85 倍。

5.2.3　在支持负载下，受力零件的许用应力不应大于材料屈服强度的 0.90 倍。

5.3　负载限制装置

绞车应设置负载限制装置。负载限制装置调定值最大为所用钢丝绳破断负荷的 50%。

5.4　制动装置

5.4.1　电动绞车应设有自动制动装置，它在控制器调到“停止”或“制动”位置时工作，而且在绞车上无张力时也工作。制动器应能支持 1.25 倍的卷筒负载，并应能停止卷筒最高转速的转动而不会受到破坏。电动绞车以外的其他驱动方式的绞车，其适合的制动装置也应能支持 1.25 倍卷筒负载。

5.4.2　所有绞车应装备卷筒制动器（即拖缆制动器）。卷筒制动器应具备正常制动和应急制动两种功能。在原动机无力矩的情况下，应急制动负载应不小于 2 倍的最大系柱拉力。如果制动器是以动力操作的，则它还应能用手动操作。

5.4.3　在应急释放拖缆或失去电源时，均不能导致制动器完全脱开。

5.5　卷筒设计

5.5.1　钢丝绳的设计基础

5.5.1.1　根据 GB/T 20118—2006，以公称抗拉强度为 1 770 MPa 的 6×41WS+IWR(warington-seale 型）钢芯缆绳制作为设计卷筒的基础。

5.5.1.2　钢丝绳的最小破断负荷与最大系柱拉力之间的关系见表 2。

表 2　钢丝绳的最小破断负荷与最大系柱拉力　　单位为千牛

最大系柱拉力 p	最小破断负荷
<392	$3.0p$
≥392～883	$(3.8-p/491)p$
>883	$2.0p$

5.5.2　卷筒直径

卷筒直径不应小于设计基准钢丝绳直径的 16 倍，见表 1。

5.5.3　卷筒容绳量

卷筒的正常容绳量应按表 1 规定。

5.5.4　卷筒的长度

卷筒应设计成至少能在底层容纳 50 m 长的钢丝绳。

5.5.5　卷筒的法兰高度

法兰应具有卷绕适当长度钢丝绳的高度。

5.5.6　钢丝绳的连接件

钢丝绳末端与卷筒的连接件承载能力应约为拖缆破断负荷的 15%。

5.5.7　卷筒的离合器

绞车应能与驱动装置脱开。动力操纵的离合器也应可用手操纵离合。

5.6　辅助设备

5.6.1　排绳装置

绞车应配有在卷筒上能有效地排缆的装置。

5.6.2　绞缆筒

绞车可以设有绞缆筒，如果设置的绞缆筒用手动来操作钢丝绳，则绞缆筒上的拉力不应超过 100 kN，其直径按 CB/T 3827 的规定。

5.6.3　锚链轮

绞车可以设有锚链轮。

5.6.4　负载测量装置

对于新造拖船，绞车应设置负载测量装置。该装置应能在任何时间测出收绳、放绳或制动时从卷筒引出的钢丝绳上的负载并记录最大拉力，同时有超负荷报警器及拖缆放出长度的指示器，并应在驾驶室内显示上述数据。

5.7 速度控制

5.7.1 绞车速度

绞车的速度应能在停止到最大速度之间逐级调整，并应能在绞车工作过程中进行调节。

5.7.2 操纵设备的动作方向

当手轮按顺时针方向或手柄朝着操作者的方向动作时，则应收进钢丝绳。所有控制手柄的操纵方向应有永久标志。

5.7.3 回复到停止位置

无论采用何种动力源，若操纵装置为手动操纵时，则应设计成当操纵者松开控制器，能自动地回复到停止的位置。

5.8 应急释放

5.8.1 绞车应设计成当收、放钢丝绳或卷筒被制动时，使卷筒能应急释放。从释放动作开始到卷筒脱开允许最大延迟时间为 10 s。

5.8.2 驾驶室应设置应急释放卷筒的装置。其他绞车控制面板也可设置应急释放装置。如果船上的驾驶室很宽，则应既可以从左舷，也可以从右舷进行应急释放。

5.8.3 在任何情况下，即使在常用动力源失效时，在不同的位置只要操纵一个功能相同的控制器，就应能进行应急释放。在断电期间，也应能进行应急释放程序(制动/应急释放)。

5.8.4 应急释放后，绞车制动器应能立刻再进行正常的功能，绞车原动机不应在应急释放后自动地再运行。

5.8.5 应急释放用的控制手柄和按钮等应有保护措施，以防止误动作。

6 性能

6.1 负载

绞车应能按表 1 和 6.1.1、6.1.2 规定的极限范围内承受卷筒拖缆、支持、自动制动和放出等负载。

6.1.1 绞车的支持负载应不小于钢丝绳破断负荷的 110 %。

6.1.2 放出负载不应超过所用钢丝绳的破断负载的 0.5 倍。

6.2 速度

绞车的速度不应低于表 1 中的规定值。

7 验收试验

绞车出厂之前，应作下列工厂试验。

注：本试验可在工厂内进行，也可在船上进行。

7.1 卷筒制动器制动

当卷筒上转矩等于规定的制动器支持转矩时，卷筒不应转动。

卷筒制动器的支持负载和应急制动负载可以由计算或工厂台架试验来验证。

7.2 负载运行

以绞车卷筒负载连续 15 min 收、放钢丝绳。

在试验期间应进行下列检查：

a) 测量实际速度；

b) 轴承温度；

c) 主要参数；

d) 控制器的工作情况；

e) 有无异常噪声和振动；

f) 排绳装置的工作情况(没有带载运转的条件，可用空运转代替)。

7.3 控制装置

应检查控制装置、自动制动装置、应急释放装置和测量装置(若设置的话)等的工作情况。

附 录 A
（资料性附录）
绞车卷筒负载与最大系柱拉力间对应关系

A.1 表 A.1 给出了绞车卷筒负载与最大系柱拉力间的对应关系。

表 A.1 绞车卷筒负载与拖船最大系柱拉力 单位为千牛

公称规格	卷筒负载	系柱拉力(最大值)
16	160	130
25	250	200
40	400	325
63	630	510
80	800	650
100	1 000	810
125	1 250	1 012
160	1 600	1 300
200	2 000	1 620

附 录 B
（资料性附录）
本标准与 ISO 7365：1983 章条编号对照

B.1 本标准与 ISO 7365：1983 章条编号对照见表 B.1。

表 B.1 本标准与 ISO 7365：1983 章条编号对照

本标准章条号	国际标准中对应的章条号
1	1
2	2
3.1	3.1
—	3.2.1
3.2	3.2.2
3.3	3.3.1
3.4	3.3.2
4.1	3.3.3
4.2	表 2 的部分内容
4.3.1	7 的部分内容
4.3.2	7 的部分内容
5.1	4.1
5.2	4.2
5.3	4.3
5.4.1	4.4.1
5.4.2	4.4.2
5.4.3	—
5.5	4.5
5.6.1	4.6.1
5.6.2	4.6.2
5.6.3	—
5.6.4	4.6.3
5.7	4.7
5.8	4.8
6	5
7.1	6.1
7.2	6.2
7.3	6.3
—	6.4
附录 A	表 2 的部分内容
附录 B	—
附录 C	—

附 录 C
（资料性附录）
本标准与 ISO 7365:1983 的主要技术性差异及其原因

C.1 本标准与 ISO 7365:1983 的主要技术性差异及其原因见表 C.1。

表 C.1 本标准与 ISO 7365:1983 的主要技术性差异及其原因一览表

序号	本标准的章条编号	主要技术性差异	原 因
1	1	适用范围去掉“蒸汽驱动”的型式	我国目前已不再设计、生产蒸汽驱动的绞车，所以本标准不再包括该种形式的绞车
2	3	a) 将“放出负载”的定义删除； b) 将“最大系柱拖力”的定义改为“拖船主机最大持续输出功率时产生的拖力。”	a) GB/T 3893 中包含了该条定义，且该定义与 ISO 3828:1984 中的定义相同； b) 修改后的定义便于对绞车制动器的支持负载进行计算
3	4.1	增加了双卷筒两侧式绞车示意图	根据我国当前设计、生产情况，增加了该种型式的绞车
4	4.2	a) 修改了表 1 中的爬行速度（最大值）、设计基准钢丝绳直径、钢丝绳破断负荷（最小值）、支持负载（最小值）、卷筒直径（最小值）、卷筒容绳量等基本参数； b) 增加了公称规格为 200 的产品基本参数； c) 删除了卷筒负载为 100 kN、200 kN、320 kN、560 kN、1 400 kN 绞车的基本参数	a) 根据我国国情对表 1 中的部分参数进行了调整； b) 国际标准制定的时间较早，目前在我国很多拖曳绞车的公称规格已经超出了国际标准所给的范围，所以本标准根据国内实际情况增加了公称规格较大的产品的基本参数； c) 考虑到国际标准和原国家标准公称规格划分过密，如果还这样划分的话有些公称规格对设计工作的指导意义不是很大，所以在本次修订过程中，删除了这些规格拖曳绞车的基本参数
5	4.3	修改了标记	为了满足国产设备长期以来的标记习惯，对标记的顺序进行了调整
6	5.2	删除注解内容	因为放出工况和制动工况不会同时出现，所以本标准未采用国际标准中的注解内容
7	5.2.1	增加了“在原动机产生的最大力矩下”的限定条件	因为国际标准此条要求是针对电动机驱动绞车的，不适用于液压驱动和柴油机驱动的绞车。现在增加该条限制条件使本条要求适用于各种驱动型式的绞车，增强了本条要求的适用性
8	5.2.3	将“受力零件的许用应力不应大于材料屈服强度的 0.70 倍”改为“受力零件的许用应力不应大于材料屈服强度的 0.90 倍”	符合我国当前设计、生产的现状

表 C.1(续)

序号	本标准的章条编号	主要技术性差异	原　因
9	5.3	增加"负载限制装置调定值最大为所用钢丝绳破断负荷的50%"	根据《船舶与海上设施法定检验规则　海上拖航法定检验技术规则》第5章5.3.1中第2款的要求,增加本条内容
10	5.4.2	a) 增加了在失去常规动力源时,对应急制动负载大小的要求; b) 删除"制动器应能支持2.5倍最大系柱拉力的负载"的要求	a) 根据中国船级社1997年出版的《海上拖航指南》第5章5.2.4的要求,在标准中增加相应的内容; b) 因为在满足5.5.1.2和6.1.1后半条要求的同时不可能满足该要求,所以取消了本条要求
11	5.4.3	增加对制动器在应急释放和失去电源时的要求	根据《船舶与海上设施法定检验规则　海上拖航法定检验技术规则》第5章5.2.6的要求,在标准中增加相应的内容
12	5.5.1.2	修改了钢丝绳最小破断负荷与最大系柱拉力之间的计算公式	为了满足《船舶与海上设施法定检验规则　海上拖航法定检验技术规则》第5章5.3.1中第1款的要求,对原公式进行了修改
13	5.5.4	删除"这样,进行拖曳作业过程中,如果制动器意外滑移,则有足够的钢丝绳摩擦力使有足够长度的钢丝绳被放出。"	根据GB/T 1.1、GB/T 1.2要求标准中不对要求条款进行解释的原则,删除该内容
14	5.5.6	修改了对钢丝绳连接件承载能力的要求	根据中国船级社1997年版《海上拖航指南》中第5章5.2.10的要求,本标准中明确了钢丝绳连接件的承载能力
15	5.5.7	改为"绞车应能与驱动装置脱开。动力操纵的离合器也应可用手操纵离合。"	原国际标准中的条款过于简单,不能满足我国企业设计、生产的需要
16	5.6.3	增加对锚链轮的要求	为了满足我国绞车发展的需要,特增加本条内容
17	5.6.4	在国际标准的基础上,增加了对负载测量装置的要求	为了满足中国船级社1997年版《海上拖航指南》第5章5.2.8的要求,在国际标准基础上增加相应的要求
18	5.7.2	增加对控制手柄操作方向标志的要求	为了适应我国国情,增加该条内容
19	6.1.1	a) 修改了对支持负载下限的要求; b) 删除"支持负载不应小于2.5倍的最大系柱拉力"的要求	a) 为了适应《船舶与海上设施法定检验规则　海上拖航法定检验技术规则》第5章5.2.2的要求,修改了该条内容; b) 因为在满足5.5.1.2和6.1.1后半条要求的同时不可能满足该要求,所以取消了本条要求

表 C.1(续)

序号	本标准的章条编号	主要技术性差异	原　因
20	7	删除了对应急释放控制试验的要求,在7.3中增加对"应急释放装置"的检查内容	原国际标准中对该试验的描述无法在工厂中实现。将对应急释放控制的检查改为对应急释放装置的检查,使该试验的试验地点更加灵活,企业可以根据需要在厂内进行,也可在船上进行
21	7.1	增加了对试验方法的要求	为了满足我国国情的需要,增加了该条内容
22	7.2	a) 增加对异常噪声、振动的检验; b) 将"功率消耗"改为"主要参数"	a) 为了满足我国产品检验时的需要,增加了相应的检验内容; b) "功率消耗"主要针对的是电机驱动绞车,目前拖曳绞车的驱动型式更多地采用液压驱动,所以根据国内拖曳绞车的发展趋势,用"主要参数"代替"功率消耗"

ICS 47.020.70
U 65

中华人民共和国国家标准

GB/T 11876—2007
代替 GB/T 11876—1989

船用随动操舵仪通用技术条件

General specification for follow-up pilot of ship

2007-03-05 发布 2007-07-01 实施

中华人民共和国国家质量监督检验检疫总局
中国国家标准化管理委员会 发布

前　言

本标准代替 GB/T 11876—1989《船用随动操舵仪通用技术条件》。

本标准与 GB/T 11876—1989 相比有下列主要技术差异：

——增加了第 3 章“术语和定义”；

——增加了“操舵灵敏度”的要求；

——增加了“液压油温过高”和“液压油滤油器压力差过大”的报警功能；

——增加了交流冷态绝缘电阻值“不小于 20 MΩ”的规定；

——增加了电源瞬态变化和电源故障的要求和试验方法；

——“无线电干扰”改称为“电磁兼容性”，相应的引用标准、要求和试验方法也作出了修改；

——开敞甲板的环境温度由原来“－25℃～＋60℃”修改为“－25℃～＋70℃”；

——环境试验改按 GB/T 2423 规定的方法进行。

本标准由中国船舶工业集团公司提出。

本标准由全国海洋船标准化技术委员会航海仪器分技术委员会归口。

本标准起草单位：广州航海仪器厂。

本标准主要起草人：关妙英、汤思遥。

本标准于 1984 年 2 月首次发布。1989 年 12 月第一次修订。

船用随动操舵仪通用技术条件

1 范围

本标准规定了船用随动操舵仪的要求、检验方法和检验规则等。

本标准适用于各种船舶随动操舵仪(以下简称操舵仪)的设计、生产和验收。

2 规范性引用文件

下列文件中的条款通过本标准的引用而成为本标准的条款。凡是注日期的引用文件,其随后所有的修改单(不包括勘误的内容)或修订版均不适用于本标准,然而,鼓励根据本标准达成协议的各方研究是否可使用这些文件的最新版本。凡是不注日期的引用文件,其最新版本适用于本标准。

GB/T 191 包装储运图示标志

GB/T 2423.1 电工电子产品环境试验 第2部分:试验方法 试验A:低温

GB/T 2423.2 电工电子产品环境试验 第2部分:试验方法 试验B:高温

GB/T 2423.4—1993 电工电子产品基本环境试验规程 试验Db:交变湿热试验方法

GB/T 2423.10—1995 电工电子产品环境试验 第二部分:试验方法 试验Fc和导则:振动(正弦)

GB/T 2423.16—1999 电工电子产品环境试验 第2部分:试验方法 试验J和导则:长霉

GB/T 2423.17—1993 电工电子产品基本环境试验规程 试验Ka:盐雾试验方法

GB/T 2423.31—1985 电工电子产品基本环境试验规程 倾斜和摇摆试验方法

GB/T 3768 声学 声压法测定噪声源声功率级 反射面上方采用包络测量表面的简易法

GB 4208 外壳防护等级(IP代码)

GB/T 6113.2—1998 无线电骚扰和抗扰度测量方法

GB/T 17626.4 电磁兼容 试验和测量技术 电快速瞬变脉冲群抗扰度试验

GB/T 17626.5 电磁兼容 试验和测量技术 浪涌(冲击)抗扰度试验

GB/T 17626.6 电磁兼容 试验和测量技术 射频场感应的传导骚扰抗扰度

CB/T 3246—1994 船舶专用低压电器基本技术要求

3 术语和定义

下列术语和定义适用于本标准。

3.1

操舵误差 steering error

在规定的操舵角度范围内,舵叶实际位置与操舵仪给定舵角值之间的偏差。

3.2

舵角复示误差 rudder angle feed back error

在规定的操舵角度范围内,操舵仪的舵角复示值与舵叶实际位置之间的偏差。

3.3

操舵灵敏度 steering sensitivity

操舵仪工作时,使操舵仪末级元件动作的最小给定舵角。

3.4

不灵敏性　no sensitivity

操舵仪工作时,操舵仪末级元件不动作的舵角范围(即操舵灵敏度的可调范围)。

3.5

动力设备　power equipments

操舵仪中电动机及其辅助的电气设备,以及与电动机相连的液压泵的统称。

4　要求

4.1　外观

4.1.1　涂覆件的涂覆层应附着力强,不应有脱落、裂缝和锈蚀等现象。

4.1.2　电镀件的镀层不应有斑点、气泡和锈蚀等现象。

4.1.3　零部件不应有机械损伤,紧固件不应有松动和脱落。

4.2　安全性

4.2.1　操舵仪内部的连接导线应成束敷设,活动部分应有保护措施,不应使用单股硬线。导线端头应套上标有与接线图相符的耐久性标记。

4.2.2　操舵仪及其设备的外壳应设有专用的铜质接地装置,并有耐久标记。

4.3　指示灯

4.3.1　操舵仪的指示灯应有表示功能或用途的标牌。指示灯的颜色要求见表1。

表1　指示灯颜色

颜　　色	含　　义
绿色	安全、正常运转、正常工作状态、在右舷位置
红色	报警、在左舷位置
黄色	注意
白色	无具体含义
蓝色	根据需要给予特定的含义

4.3.2　安装在驾驶室和桥楼的操舵仪,其常亮指示灯应能调光。

4.4　性能

4.4.1　操舵范围

用于海洋船舶的操舵仪的操舵范围应为±35°;用于内河船舶的操舵仪的操舵范围应为±40°。

4.4.2　操舵误差

操舵仪的操舵误差不应大于1°,零位误差不应大于0.5°。

4.4.3　舵角复示误差

操舵仪的舵角复示误差不应大于1°。

4.4.4　操舵灵敏度

操舵仪的操舵灵敏度不应大于1°。

4.4.5　不灵敏性

操舵仪内应设有灵敏度调节器,使操舵仪在不灵敏区0.5°~2°之间可调。在操舵角度范围内,舵叶不应有振荡现象。

4.5　功能

4.5.1　动力设备

4.5.1.1　操舵仪应设置动力设备起动装置。该装置应满足:

a)　若具有两个(或两个以上)的动力设备起动装置,应能转换;

b) 能从驾驶室控制,并有相应的指示;

c) 当动力源发生故障失电后又恢复供电时,能自动再起动。

4.5.1.2 用于内河船舶的操舵仪应设置应急油泵起动装置。

4.5.2 操舵控制系统

操舵仪应设置两套独立的控制系统(除操舵手轮或手柄外),且每套系统均能在驾驶室控制。当一套系统发生故障时,应能在 3 s 内转入另一系统工作。

4.5.3 操舵控制装置

4.5.3.1 在驾驶室和舵机舱等部位操舵仪应设置操舵控制装置。该装置应满足:

a) 舵机舱应有能选择操舵控制装置投入运行的措施,并有明显的标记;

b) 应有防止同时操舵的措施;

c) 操舵方向应一致。

4.5.3.2 当主电源中断后再接通时,操舵仪应能自动恢复工作。

4.5.4 操舵方式

操舵仪应有“随动”和“手动”两种操舵方式,并应有相应的文字显示。操舵方式转换时间应不超过 3 s。

4.5.5 报警装置

4.5.5.1 当操舵仪收到下列信号之一时应能发出声、光报警:

a) 操舵装置动力设备的供电故障;

b) 舵机电路或电动机断相及过载;

c) 操舵装置液压油柜油位过低;

d) 液压油温过高;

e) 当安装滤油器时,液压油滤油器压力差过大。

4.5.5.2 报警装置由单独电源供电,并应有相应指示。

4.5.5.3 报警装置应具有消音功能和自检功能,且消音后应不影响下一次报警。

4.5.5.4 红色报警灯信号在故障排除之前不应熄灭。

4.5.5.5 报警装置应安装在驾驶室的主仪上或主仪附近。

4.6 绝缘电阻

在正常大气条件下,操舵仪各仪器的绝缘电阻应符合下列要求:

a) 交流回路(≥65 V):

——冷态时不小于 20 MΩ;

——热态时不小于 10 MΩ;

——湿热下不小于 2 MΩ。

b) 直流回路(≤65 V):

——冷态时不小于 5 MΩ;

——热态时不小于 1 MΩ;

——湿热下不小于 1 MΩ。

4.7 介电强度

在正常大气条件下,操舵仪各仪器应具有下列介电强度:

a) 额定电压不大于 65 V,耐受电压 500 V;

b) 额定电压大于 65 V,小于(或等于)250 V,耐受电压为 1 500 V;

c) 额定电压大于 250 V,小于(或等于)500 V,耐受电压为 2 000 V。

额定电压频率为 45 Hz～62 Hz,历时 1 mim,应无击穿或闪烁现象。耐受电压后绝缘电阻应不小于 1 MΩ。

4.8 电源

4.8.1 操舵仪在下列电压和频率波动的情况下应能正常工作：

a) 交流电源供电：额定电压的±10%，额定频率的±5%；

b) 直流电源供电：额定电压的±10%；

c) 蓄电池供电：

当蓄电池充电时，连接在蓄电池上的仪器，额定电压的－25%～＋30%；

当蓄电池充电时，不连接在蓄电池上的仪器，额定电压的－25%～＋20%。

4.8.2 交流电源供电时，操舵仪应能承受额定电压的＋20%或－20%、恢复时间 1.5 s 的电压瞬态变化和额定频率的＋10%或－10%、恢复时间 5 s 的频率瞬态变化。

4.8.3 直流电源供电时，操舵仪应能承受在额定电压的＋20%和－20%(恢复时间 3 s)的瞬态变化。

4.8.4 操舵仪在工作情况下，突然断电时，设备不应损坏。恢复供电后，操舵仪应能自行恢复工作。

4.9 环境适应性

4.9.1 高低温

操舵仪在舱室内－15℃～＋55℃和在开敞甲板上－25℃～＋70℃的环境条件下，应能正常工作。不应出现涂层龟裂、脱落或零件变形等缺陷，其绝缘电阻应符合 4.7 要求。

4.9.2 湿热

操舵仪在高温(40±2)℃，相对湿度不低于 95%和常温(25±3)℃，相对湿度 45%～75%的环境条件下，应能正常工作，其绝缘电阻应符合 4.7 要求。

4.9.3 倾斜和摇摆

操舵仪在横倾 22.5°，纵倾 10°；横摇 30°，周期 10 s，纵摇 10°，周期 7 s 的环境条件下，应能正常工作。

4.9.4 振动

操舵仪在频率 1 Hz～150 Hz，最大加速度为 20 m/s^2 的三向振动环境条件下，应能正常工作，无机械损伤，接触不良和紧固件松动等现象。

4.9.5 霉菌

操舵仪的绝缘零部件和油漆件防霉能力在 GB/T 2423.16—1999 中规定的方法 2 和 28 d 的条件下，应不低于 2 级要求。

4.9.6 盐雾

操舵仪的涂、镀零件的防盐雾能力应能承受 GB/T 2423.17 规定的盐雾条件 48 h，而无明显锈蚀和镀层脱落等现象。

4.10 外壳防护

安装在驾驶室、舵机舱内的操舵仪外壳防护等级应不低于 IP 22；安装在开敞甲板上的操舵仪外壳防护等级应不低于 IP 56。

4.11 噪声

操舵仪及其设备工作时的噪声 A 声功率级应不大于 65 dB。

4.12 电磁兼容性

4.12.1 操舵仪工作时所产生的骚扰应不超过下列限值：

a) 传导骚扰：

频率 10 kHz～150 kHz，射频端子电压限值 96 dBμV～50 dBμV；

频率 150 kHz～350 kHz，射频端子电压限值 60 dBμV～50 dBμV；

频率 350 kHz～30 MHz，射频端子电压限值 50 dBμV。

b) 外壳端口辐射骚扰：

频率 150 kHz～300 kHz，电场强度限值 80 dBμV/m～52 dBμV/m；

频率 300 kHz～30 MHz,电场强度限值 52 dBμV/m～34 dBμV/m;

频率 30 MHz～2 GHz,电场强度限值 54 dBμV/m;

其中:频率 156 MHz～165 MHz,电场强度限值 24 dBμV/m。

4.12.2 操舵仪在下列干扰条件下应能正常工作:

a) 电快速瞬变脉冲群;

b) 浪涌;

c) 低频传导;

d) 射频场感应的传导骚扰。

5 检验方法

5.1 外观

目测检查操舵仪的外观、接地装置、指示灯和标牌等。结果应符合 4.1、4.2 和 4.3 的要求。

5.2 性能

5.2.1 操舵范围

将舵机模拟装置与操舵仪连接,分别用随动和手动方式检查操舵仪的操舵范围。结果应符合4.4.1的要求。

5.2.2 操舵误差

将舵机模拟装置与操舵仪连接,操舵仪处于随动或手动操舵状态,向左或向右转动舵轮或旋钮,分别给出舵角值 0°、±10°、±20°、±30°、±35°(用于内河船舶的操舵仪±40°),记录在上述位置时的操舵误差。结果应符合 4.4.2 的要求。

5.2.3 舵角复示误差

将舵机模拟装置与操舵仪连接,操舵仪处于随动或手动操舵状态,向左或向右转动舵轮或旋钮,使舵叶位置在 0°、±10°、±20°、±30°、±35°(用于内河船舶的操舵仪±40°),记录在上述位置时的舵角复示误差。结果应符合 4.4.3 的要求。

5.2.4 操舵灵敏度

将舵机模拟装置与操舵仪连接,操舵仪处于随动或手动操舵状态,向左或向右转动舵轮或旋钮,使操舵仪末级元件动作,记录这时的给定舵角,然后反向转动舵轮或旋钮,使操舵仪末级元件动作,记录这时的给定舵角,取上述两给定舵角间隔值的一半。结果应符合 4.4.4 的要求。

5.2.5 不灵敏性

将舵机模拟装置与操舵仪连接,操舵仪处于随动或手动操舵状态,检查灵敏度调节器的可调范围,结果应符合 4.4.5 的要求。

5.3 功能

5.3.1 起动动力设备

操舵仪按配套要求连接成系统,起动舵机模拟装置,分别检查两套动力设备起动装置起动或停止,以及起动装置之间转换的情况。结果应符合 4.5.1 的要求。

5.3.2 操舵控制系统

检查两套操舵控制系统的工作情况。结果应符合 4.5.2 要求。

5.3.3 控制操舵

在舵机舱的操舵控制装置中选择驾驶室或舵机舱,检查其工作情况,操舵方向是否一致。当主电源中断后再接通时,操舵仪能否自动恢复工作。结果应符合 4.5.3 的要求。

5.3.4 操舵方式

将操舵仪的操舵方式处于“随动”位置,检查随动操舵功能;操舵方式处于“手动”位置,检查手动操舵功能。结果符合 4.5.4 的要求。

5.3.5 报警装置

用人为设置所需要的报警状态，检查操舵仪的各项报警功能。结果应符合 4.5.5 的要求。

5.4 绝缘电阻

断开半导体器件、电容器等低压元器件。用 500 V 高阻计测量交流回路所有电路对外壳的绝缘电阻；用 250V 兆欧表测量直流回路所有电路对外壳的绝缘电阻。结果应符合 4.6 的要求。

5.5 介电强度

断开半导体器件、电容器等低压元器件。试验设备的频率为 45 Hz～62 Hz，功率不小于 2.5 kW。

把所有相同等级的载流部件用裸导线连接起来，在载流部件与壳体之间施电加压，起始时小于 1/2 试验电压，然后以 100 V/s 速度升至要求值，保持 1 min，再以同样速度降到 0 V，断开试验电源。结果应符合 4.7 的要求。

5.6 电源

5.6.1 电源稳态波动试验

操舵仪在工作状态下，按表 2 要求各运行 15 min。结果应符合 4.8.1 的要求。

表 2 电源稳态波动

电源类别	电压		频率	
	额定值/V	电压变化/%	额定值/Hz	频率变化/%
交流	220 380	+10	50 60	+5
		+10		−5
		−10		−5
		−10		+5
直流	24 220	+10	—	—
		−10	—	—
蓄电池	24 220	+30	—	—
		−25	—	—

5.6.2 电源瞬态波动试验

5.6.2.1 交流电源供电时，按表 3 要求 2 个组合各进行 3 次试验。结果应符合 4.8.2 的要求。

5.6.2.2 直流电源供电时，在额定电压的+20%和−20%，进行恢复时间 3 s 的瞬态波动 3 次。结果应符合 4.8.3 的要求。

表 3 电源瞬态波动

组　合	电压波动/% 恢复时间 1.5 s	频率波动/% 恢复时间 5 s
1	+20	+10
2	−20	−10

5.6.3 电源故障试验

操舵仪在额定电压工作情况下，切断电源 3 次，每次断电时间 60 s。结果应符合 4.8.4 的要求。

5.7 环境适应性

5.7.1 高温

按 GB/T 2423.2 规定的方法进行试验。安装在舱室内设备的试验温度为 55℃；安装在开敞甲板设备的试验温度为 70℃。结果应符合 4.9.1 的要求。

5.7.2 低温

按 GB/T 2423.1 规定的方法进行试验。安装在舱室内设备的试验温度为−15℃；安装在开畅甲板设备的试验温度为－25℃。结果应符合4.9.1的要求。

5.7.3 湿热

按GB/T 2423.4规定的方法进行试验2周期。结果应符合4.9.2的要求。

5.7.4 倾斜和摇摆

操舵仪按正常工作状态紧固在摇摆台上，并通电工作。按GB/T 2423.31规定的方法进行试验。结果应符合4.9.3的要求。

5.7.5 振动

操舵仪按工作状态紧固在振动台上，并通电工作。按GB/T 2423.10规定的方法进行试验。结果应符合4.9.4的要求。

5.7.6 霉菌

将操舵仪所用的绝缘材料和涂覆件按GB/T 2423.16—1999规定的方法进行试验，试验周期为28 d。结果应符合4.9.5的要求。

5.7.7 盐雾

选取操舵仪中金属电镀和涂覆件按GB/T 2423.17规定的方法进行试验，试验时间为48 h。结果应符合4.9.6的要求。

5.8 外壳防护

按GB 4208规定的方法进行试验。结果应符合4.10的要求。

5.9 噪声

按GB/T 3768规定的方法进行试验。结果应符合4.11的要求。

5.10 电磁兼容性

5.10.1 骚扰

按GB/T 6113.2—1998中2.4和2.6规定的方法进行试验。结果应符合4.12.1的规定。

5.10.2 抗扰度

按GB/T 17626.4～17626.6规定的方法进行试验。结果应符合4.12.2的规定。

6 检验规则

6.1 检验分类

本标准规定检验分类如下：

a) 型式检验；

b) 出厂检验。

6.2 检验条件

检验的大气条件：

a) 温度：15℃～35℃；

b) 相对湿度：30%～90%；

c) 气压：86 kPa～106 kPa。

6.3 型式检验

6.3.1 检验项目和顺序

除另有规定外，一般按表4规定进行。

6.3.2 样品数量

提交型式检验的样品一套。

6.3.3 判定规则

在检验过程中若发现某一项不符合要求，应查明原因，排除故障后重新进行该项检验及与该项有关的项目检验，检验符合要求后再继续进行其余项目的检验。若故障不能排除，则加倍取样，重新进行该项检验及与该项有关的项目检验，并对加倍取样中的一台仪器做其余项目的检验，如果仍有不符合要求项目，则判为型式检验不合格。所有项目全部符合要求时，判定型式检验合格。

在同一系列产品中，允许挑选其中有代表性的一个型号的产品做型式检验，合格后就认为该系列产品的型式检验合格。

6.4 出厂检验

6.4.1 检验项目和顺序

出厂检验的项目分为 A 组和 C 组，检验项目和顺序见表 4。

6.4.2 抽样方案

6.4.2.1 A 组项目检验

所有产品都应进行 A 组项目检验。

6.4.2.2 C 组项目检验

C 组项目检验的周期和样品数量按合同规定。提交进行 C 组检验的样品应从 A 组项目检验符合要求的样品中抽取。

6.4.3 判定规则

A 组项目检验有任一项不符合要求时，则判该产品 A 组项目检验不合格。

C 组项目检验中，如果有不符合要求的项目，应查明原因，采取纠正措施后，加倍抽样检验相应项目。如果仍有不符合要求的项目，则判 C 组项目检验不合格。

表 4 检验项目

序号	检验项目	技术要求章条号	检验方法章条号	型式检验	出厂检验	
					A 组	C 组
1	外观	4.1、4.2、4.3	5.1	●	●	—
2	性能	4.4	5.2	●	●	—
3	功能	4.5	5.3	●	●	—
4	绝缘电阻	4.6	5.4	●	●	—
5	介电强度	4.7	5.5	●	●	—
6	电源	4.8	5.6	●	—	●
7	高温	4.9.1	5.7.1	●	—	△
8	低温	4.9.1	5.7.2	●	—	△
9	湿热	4.9.2	5.7.3	●	—	△
10	倾斜和摇摆	4.9.3	5.7.4	●	—	—
11	振动	4.9.4	5.7.5	●	—	—
12	霉菌	4.9.5	5.7.6	●	—	—
13	盐雾	4.9.6	5.7.7	●	—	—
14	外壳防护	4.10	5.8	●	—	●
15	噪声	4.11	5.9	●	—	●
16	电磁兼容性	4.12	5.10	●	—	△

注：“●”表示必做项目；“△”表示制造厂和订购方协商确定的项目；“—”表示不做项目。

7 标志、包装、贮存

7.1 标志

7.1.1 产品标志

在操舵仪上应固定有耐久、滞燃的铭牌，并标明下列内容：

a) 制造厂名称；

b) 产品型号及名称；

c) 产品质量；

d) 电源参数；

e) 产品编号和出厂日期；

f) 船检标志。

7.1.2 包装标志

操舵仪外包装应标明下列内容：

a) 制造厂名称；

b) 产品型号及名称；

c) 包装箱外形尺寸和毛质量；

d) 收发货单位名称、地址；

e) “防潮”、“小心轻放”、“不可倒置”等警语或图形，且应符合 GB/T 191 的规定。

7.2 包装

包装箱内应附有装箱清单、随机文件和产品合格证等。

7.3 贮存

操舵仪的贮存应符合 CB/T 3246 的规定。

ICS 97.200.20
Y 58

中华人民共和国国家标准

GB/T 12105—2007
代替 GB/T 12105—1998

电子琴通用技术条件

General technical requirements of electronic keyboards

2007-12-05 发布　　　　2008-09-01 实施

中华人民共和国国家质量监督检验检疫总局
中国国家标准化管理委员会　发布

前　言

本标准是对GB/T 12105—1998《电子琴通用技术条件》的修订。

本标准代替GB/T 12105—1998。

本次修订的主要内容和变化为：

——引用了GB 8898—2001、GB 13837—2003和GB 17625.1—2003三项国家标准，目的在于确保产品的安全性能和电磁兼容性能；

——在产品分类中增加了与产品特性有关的内容，并为此规范了与产品特性有关的用语；

——修改了出厂检验要求；

——增加和修改了产品演奏性能的要求，并确定了相应的测试方法；

——对产品的标志，在内容上做了补充。

本标准由中国轻工业联合会提出。

本标准由全国乐器标准化中心归口。

本标准由得理电子(深圳)有限公司负责起草。

本标准主要起草人：盛子斐、浣湘群、缪雨生。

本标准所代替标准的历次版本发布情况为：

——GB/T 12105—1998。

电子琴通用技术条件

1 范围

本标准规定了电鸣乐器电子琴产品的要求、测试方法、检验规则、标志、包装、运输和贮存。

本标准适用于各种型式的乐器类电子琴。

2 规范性引用文件

下列文件中的条款通过本标准的引用而成为本标准的条款。凡是注日期的引用文件，其随后所有的修改单(不包括勘误的内容)或修订版均不适用于本标准，然而，鼓励根据本标准达成协议的各方研究是否可使用这些文件的最新版本。凡是不注日期的引用文件，其最新版本适用于本标准。

GB/T 2828.1—2003 计数抽样检验程序 第1部分：接收质量限(AQL)检索的逐批检验抽样计划(ISO 2859-1:1999,IDT)

GB/T 2829—2002 周期检验计数抽样程序及表(适用于对过程稳定性的检验)

GB/T 3451—1982 标准调音频率

GB/T 6388—1986 运输包装收发货标志

GB 8898—2001 音频、视频及类似电子设备 安全要求(eqv IEC 60065:1998)

GB/T 12106—2007 电子琴的环境试验要求和试验方法

GB 13837—2003 声音和电视广播接收机及有关设备无线电骚扰特性限值和测量方法(IEC/CISPR 13:2001,MOD)

GB 17625.1—2003 电磁兼容 限值 谐波电流发射限值(设备每相输入电流≤16 A)(IEC 61000-3-2:2001,IDT)

QB/T 3912—1999 键盘乐器键宽尺寸系列

SJ/T 3265—1989 电子琴电声性能测量方法

3 要求

3.1 分类

3.1.1 根据型式分为立式和便携式。

3.1.2 根据键盘功能、琴键数和音色种类等功能及声学品质、演奏性能划分为高级品、中级品和普及品，具体要求见表1。

表1

主要指标	等级		
	高级品	中级品	普及品
型式	立式或便携式	立式或便携式	便携式或其他型式
键盘规格	A	A	A、B
键盘功能	带力度功能	带力度功能	—
琴键数	手键盘不少于五组，设置低音脚踏键时不少于一组	手键盘不少于五组，设置低音脚踏键时不少于一组	手键盘不少于四组

表 1(续)

主要指标	等级		
	高级品	中级品	普及品
音色种类	不少于 128 种,符合 MIDI1.0 规范,采用数字音源	不少于 100 种	不少于 12 种
自动和弦与节奏	应设置完备的自动低音和弦系统、自动节奏系统和分解和弦等。至少应响应大三和弦、小三和弦、增三和弦、减三和弦、大大七和弦、大小七和弦、小七和弦、减七和弦、大六和弦、小六和弦和挂留四和弦等 24 种以上和弦。在响应和弦时,伴奏声部不应出现不合理的和弦外音。节奏风格明确。自动低音和弦系统启动后,旋律部分同时发音键不少于 12 个	应设置完备的自动低音和弦系统、自动节奏系统和分解和弦等。至少应响应大三和弦、小三和弦、增三和弦、减三和弦、大大七和弦、大小七和弦、小七和弦和减七和弦等 12 种和弦。在响应和弦时,伴奏声部不应出现不合理的和弦外音。节奏风格明确。自动低音和弦系统启动后,旋律部分同时发音键不少于 6 个	一般应设置自动低音和弦系统、自动节奏系统,至少应响应大三和弦、小三和弦、增三和弦和减三和弦等 6 种和弦。在响应和弦时,伴奏声部不应出现不合理的和弦外音。节奏风格明确。自动低音和弦系统启动后,旋律部分同时发音键不少于 4 个
移调功能	应有	应有	—
节奏速度调节	每分钟奏四分音符的个数至少在 30~240 范围内可调	每分钟奏四分音符的个数至少在 40~240 范围内可调	应有调节功能,调节范围不作要求
多轨录音	应有	—	—
功能踏板	立式应装有音量踏板和延音踏板。便携式应装有音量踏板和延音踏板插孔	立式应装有延音踏板,便携式应装有延音踏板插孔	
滑音装置和颤音装置	应设置	—	—
数字接口	类型由企业自行选定	—	—

3.1.3 键盘规格应符合 QB/T 3912—1999 中表 1 规定的要求。

3.2 声学品质

3.2.1 律制

采用十二平均律,允许采用纯律或其他律制,但应在产品企业标准中注明。

3.2.2 标准音

小字一组 a 音为 440 Hz,应符合 GB/T 3451—1982 的规定。

3.2.3 音色

高级品模拟的音色应逼真,中级品模拟的音色较逼真,普及品模拟的音色尚逼真。

3.2.4 音高微调装置

对有音高微调装置的,其可调范围应不少于－50 音分～＋50 音分,并具有复位功能。

3.2.5 全音域音准允许误差

高级品为±3 音分,中级品为±5 音分,普及品为±8 音分。

3.2.6 相邻两键音准误差之差

应不大于 4 音分。

3.2.7　**音准稳定性**

连续通电 2 h 后，全键盘同一音名的音高变化应不大于 2 音分。

3.3　演奏性能

3.3.1　键盘

3.3.1.1　琴键下沉运动应定位。琴键下沉深度应符合表 2 的规定。

表 2　　单位为毫米

手键盘琴键下沉深度	手键盘规格	
	A	B
白键	8.5～12	6～10
黑键	4～7	3～6
脚踏键盘琴键下沉深度	15～20	

3.3.1.2　白键下沉深度差应不大于 2.5 mm。

3.3.1.3　手键盘相邻两白键表面高度差及全键盘白键表面高度差应符合表 3 的规定。

表 3　　单位为毫米

等　级	相邻两白键表面高度差	全键盘白键表面高度差	
		≤61 键	>61 键
高级品	≤0.5	≤2.5	≤4.0
中级品			
普及品	≤1.0		

3.3.1.4　琴键运动时不应相互摩擦；按键和离键时不应有明显的机械噪声和接触电噪声；离键时琴键应迅速复位，不粘滞。

3.3.1.5　琴键的始发音点应处于下沉深度 1/3～3/4 的位置。

3.3.1.6　琴键负荷应符合表 4 的规定。

表 4　　单位为牛顿

手键盘琴键负荷	手键盘规格	
	A	B
白键	0.54～0.93	0.34～0.88
黑键	0.68～1.08	
脚踏键盘琴键负荷	0.98～1.47	

3.3.1.7　手键盘相邻两白键负荷差以及相邻两黑键负荷差均应不大于 0.15 N。

3.3.1.8　手键盘琴键宽度及间隙应符合 QB/T 3912—1999 中表 1 的规定。

3.3.1.9　琴键表面应平整，无明显缩印、擦毛、裂纹、污点、锐利边角等缺陷。

3.3.1.10　琴键连续弹奏 60 万次，不应产生影响演奏的缺陷。

3.3.1.11　力度键盘操作应灵敏舒适，无明显的机械噪声和电噪声，应能充分表现音量的强弱变化，且变化过程明显，其变化范围应不小于 26 dB。测试条件中音色的选择由企业标准规定。

3.3.2　音量踏板

a)　操作应灵敏舒适，无明显的机械噪声和电噪声；

b)　应能充分表现渐强、渐弱的变化，其变化范围不小于 30 dB；

c)　测试条件中音色的选择由企业标准规定。

3.3.3 延音功能

3.3.3.1 延音按钮

a) 操作简便；

b) 应有明显的延音效果，小字一组 c 音不短于 3 s；

c) 测试条件中的音色应选用钢琴音色。

3.3.3.2 延音踏板

a) 操作应灵敏舒适，无明显的机械噪声和电噪声；

b) 应有明显的延音效果，小字一组 c 音不短于 5 s；

c) 测试条件中的音色应选用钢琴音色。

3.4 电声性能

全键盘单键乐音最大声压级、放声系数总谐波失真、噪声声级应符合表 5 的规定。

表 5

等　　级	高级品	中级品	普及品
全键盘单键乐音最大声压级/dB	≥90	立式≥90　便携式≥74	≥74
放声系统总谐波失真/% 测试条件：频率范围 300 Hz～5 000 Hz； 声压级：便携式为 80 dB，立式为 96 dB	≤5	≤7	≤10
噪声声级（A 计权）/dB	≤30	≤38	≤42

3.5 使用安全

应分别符合 GB 8898—2001 中第 8、9、10、13、15、16、19、20 章的规定。

3.6 电源端骚扰电压以及骚扰功率

应符合 GB 13837—2003 中 4.2、4.5 的规定。

3.7 谐波电流限值

应符合 GB 17625.1—2003 中表 1 的规定。

3.8 电源适应性

3.8.1 交流供电：在频率为(50±1)Hz、电压为 220×(1±10%)V 范围内应能正常工作。

3.8.2 直流供电：在额定工作电压产生±10%偏差的情况下应能正常工作。

3.9 使用环境

在 0℃～40℃、相对湿度为 45%～85%的条件下应能正常工作。

3.10 外观

外表应无毛刺、起泡、开裂、变形、无明显划痕及灌注物溢出现象。文字符号应清晰。金属件应无锈蚀，镀层、涂层无剥落现象。结构件应无机械损伤。控制元件应完整，动作应灵敏，控制作用应有效。标记应符合 GB 8898—2001 中第 5 章的规定。

3.11 环境试验

经 GB/T 12106—2007 的试验后，产品应符合本标准规定的要求。

4 测试方法

4.1 测试环境

环境试验应符合 GB/T 12106—2007 中第 4 章规定的条件，其他项目的测试应符合 SJ/T 3265—1989 中第 4 章规定的条件。

4.2 声学品质

4.2.1 标准音

接通电源，选用钢琴、风琴或单簧管的音色，通电 10 min 后将音高复位，用符合 GB/T 3451—1982

要求的音准仪或频率计检查小字一组 a 音。

4.2.2 音色

感官检查。

4.2.3 音高微调装置

接通电源，选用钢琴、风琴或单簧管的音色，通电 10 min 后将音高复位，用符合 GB/T 3451—1982 要求的音准仪或频率计检查音高微调装置的音高可调范围。

4.2.4 全音域音准允许误差及相邻两键音准误差之差

接通电源，选用钢琴、风琴或单簧管的音色，通电 10 min 后将音高复位，用符合 GB/T 3451—1982 要求的音准仪或频率计检查。

4.2.5 音准稳定性

在进行 4.2.2 测试后，使受试琴连续通电 2 h，再用同样的方法检查一次，然后取同一音名前后两次所测的音分之差，对比检查。

4.3 演奏性能

4.3.1 琴键下沉深度

用 300 g 砝码置于琴键表面，砝码中心点距琴键上表面前端 15 mm，将琴键压下，然后距白键上表面前端 2 mm 处、距黑键前端 5 mm 处，用长度量具检查。

4.3.2 白键下沉深度差

在进行 4.3.1 测试后，取最大下沉深度与最小下沉深度之差。

4.3.3 手键盘相邻两白键表面高度差及全键盘白键表面高度差

用长度量具检查。

4.3.4 琴键运动

感官检查。

4.3.5 琴键始发音点

接通电源后，弹奏琴键，用长度量具及耳听检查。

4.3.6 琴键负荷

用克力计或砝码在琴键表面距前端 10 mm 处(砝码以底面中心为准)使琴键下降至下沉深度的三分之二，以下沉过程中克力计或砝码的最大读数为准。

4.3.7 手键盘相邻两白键负荷差以及相邻两黑键负荷差

在进行 4.3.6 测试后，计算相邻两白键负荷差并计算相邻两黑键负荷差。

4.3.8 手键盘琴键宽度和间隙

用长度量具检查。

4.3.9 琴键表面

感官检查。

4.3.10 键盘耐久性

在琴键前端 10 mm 处用 1.96 N～2.94 N 的力，以 2 次/s～3 次/s 的速度连续弹奏 60 万次后，感官检查。

4.3.11 力度键盘

以企业标准中指定的音色轻弹和重弹琴键，按 SJ/T 3265—1989 中 6.5.2 规定的方法检查。

4.3.12 音量踏板

在企业标准中指定的音色下改变踏板位置，从最小至最大按 SJ/T 3265—1989 中 6.5.2 规定的方法检查。

4.3.13 延音按钮

按下延音按钮，在钢琴音色下重弹琴键，用秒表测量输出声压由最大声压级逐渐衰减至消失所延续的时间。

4.3.14 **延音踏板**

踩下延音踏板后在钢琴音色下重弹琴键,用秒表测量输出声压由最大声压级逐渐衰减至消失所延续的时间。

4.4 **电声性能**

4.4.1 **全键盘单键乐音最大声压级**

按 SJ/T 3265—1989 中 6.5 规定的方法检查。

4.4.2 **放声系统总谐波失真**

按 SJ/T 3265—1989 中 6.15 规定的方法检查。

4.4.3 **噪声声级**

按 SJ/T 3265—1989 中 6.7 规定的方法检查。

4.5 **使用安全**

按 GB 8898—2001 中规定的方法检查。

4.6 **电源端骚扰电压以及骚扰功率**

按 GB 13837—2003 中规定的方法检查。

4.7 **谐波电流限值**

按 GB 17625.1—2003 中规定的方法检查。

4.8 **电源适应性**

4.8.1 **交流供电**

用调压器将(50±1)Hz 的交流电源分别调到±10%的偏差,弹奏检查。

4.8.2 **直流供电**

用调压器使额定工作电压产生±10%的偏差,弹奏检查。

4.9 **外观**

感官检查。

4.10 **环境试验**

按 GB/T 12106—2007 中规定的方法进行试验。

5 检验规则

5.1 产品应由收购部门验收或委托生产厂质量管理部门检验。合格产品应附产品合格证方可出厂。

5.2 当对产品有特殊要求时,应由供需双方根据合同协商具体的检验项目和技术要求。

5.3 检验分为出厂检验和型式检验。

5.3.1 **出厂检验**

5.3.1.1 出厂检验的抽样方案应符合 GB/T 2828.1—2003 中关于正常检查一次抽样方案的规定。

5.3.1.2 本标准把 3.5～3.7 项出现的缺陷定为 A 类缺陷,凡有 A 类缺陷的则判定该批产品的出厂检验为不合格品。

5.3.1.3 出厂检验的项目、不合格类别、检查水平、接收质量限(AQL)应符合表 6 的规定。

5.3.1.4 出厂检验不合格,该批退回生产厂,将不合格项目进行整理和调整。整理、调整后的产品可再次提交检验。不合格批的再提交按 GB/T 2828.1—2003 中 7.6 的规定进行。

5.3.2 **型式检验**

5.3.2.1 产品的型式检验每年进行一次。当结构、制造工艺、零部件和原材料的更改可能会影响到产品功能、性能时,或停产六个月以上恢复生产时,亦需进行。

5.3.2.2 型式检验应从当前生产的、经出厂检验合格的产品中随机抽取。

5.3.2.3 型式检验的抽样方案,应采用 GB/T 2829—2002 中判别水平Ⅰ的一次抽样方案,其不合格质量水平(RQL)为65,判定数组为(1 2)。

5.3.2.4 型式检验所抽取的全部样品应先按出厂检验项目检验,若有不合格品,应以合格品换取,同时分析原因,但不作为型式检验结果的依据。

5.3.2.5 型式检验按全部技术指标进行,其中产品的安全性、电磁兼容性按国家规定的要求进行。

5.3.2.6 型式检验合格则本周期生产的产品为合格品。

5.3.2.7 经型式检验的样品,不得作为合格品出厂。

表6

序号	不合格类别	检验项目	测试方法	一般检查水平	接收质量限(AQL)		
					高级品	中级品	普及品
1	B	标准音	4.2.1	Ⅱ	0.65	1.0	1.5
2		全音域音准误差	4.2.4				
3		音准稳定性	4.2.5				
4	C	琴键下沉深度	4.3.1		1.5	2.5	4.0
5		琴键运动	4.3.4				
6		琴键负荷	4.3.6				
7		琴键表面	4.3.9				
8		力度键盘	4.3.11				
9		音量踏板	4.3.12				
10		延音按钮	4.3.13				
11		延音踏板	4.3.14				
12		外观	4.9				

6 标志、包装、运输、贮存

6.1 产品出厂时应附有产品合格证及使用说明书。合格证或使用说明书上应写明本产品符合有关标准的规定,并有检验员盖章。

6.2 每台产品上应附有生产厂名、生产日期、商标、型号、电源性质、额定电源电压或工作电压范围、电源频率及功耗等字样或标志。

6.3 每台产品上应贴有国家准许使用的认证标志。

6.4 每台产品均应有包装,还应标有厂址、品名、质量、体积、数量及轻放、防潮、防晒、防雨淋等字样或标志。

6.5 产品的标志和包装要求除符合6.2、6.4的规定外,还应符合GB/T 6388—1986的规定。

6.6 产品在运输过程中不得日晒、雨淋,外包装应能满足中、长途运输的需要。

6.7 产品应放置在相对湿度不大于85%、温度0℃~40℃的室内存放,不应雨淋、日晒,距热源及有机溶剂的距离至少2 000 mm以上,距地面、墙壁至少100 mm以上。

6.8 产品在装卸和堆码时应小心轻放,不应压以重物。

6.9 产品在符合上述运输、贮存的条件下,一年内如发现因生产厂方面原因造成的质量问题,由生产厂负责。

ICS 97.200.20
Y 58

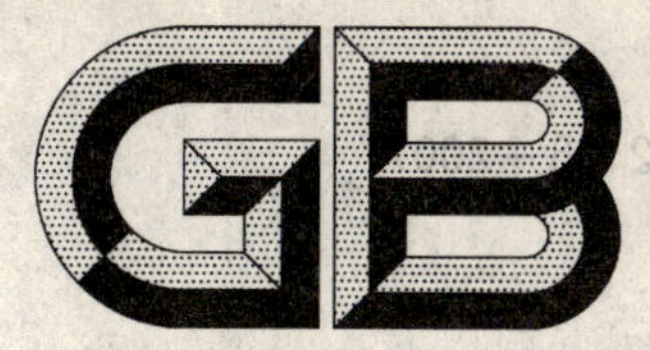

中华人民共和国国家标准

GB/T 12106—2007
代替 GB/T 12106—1989

电子琴的环境试验要求和试验方法

Requirements and methods of enviromental test for electronic keyboards

2007-12-05 发布 | 2008-09-01 实施

中华人民共和国国家质量监督检验检疫总局
中国国家标准化管理委员会 发布

前　言

本标准是对 GB/T 12106—1989《电子琴的环境试验要求和试验方法》的修订。

本标准代替 GB/T 12106—1989。

本次修订的主要内容和变化为：

——提高了湿热试验第一阶段的相对湿度要求；

——对环境试验方法作出了调整和修改；

——重新明确了产品振动试验在各振动方向上相应的试验组数；

——附图以确定产品跌落试验面。

本标准由中国轻工业联合会提出。

本标准由全国乐器标准化中心归口。

本标准由得理电子(深圳)有限公司负责起草。

本标准主要起草人：盛子斐、浣湘群、缪雨生。

本标准所代替标准的历次版本发布情况为：

——GB/T 12106—1989。

电子琴的环境试验要求和试验方法

1 范围

本标准规定了电鸣乐器电子琴产品的环境试验要求和试验方法。

本标准适用于各种型式的乐器类电子琴产品的环境试验。

2 规范性引用文件

下列文件中的条款通过本标准的引用而成为本标准的条款。凡是注日期的引用文件，其随后所有的修改单(不包括勘误的内容)或修订版均不适用于本标准，然而，鼓励根据本标准达成协议的各方研究是否可使用这些文件的最新版本。凡是不注日期的引用文件，其最新版本适用于本标准。

GB/T 2421—1999 电工电子产品环境试验 第1部分：总则(idt IEC 68-1:1988)

GB/T 2423.1—2001 电工电子产品环境试验 第2部分：试验方法 试验A：低温(idt IEC 60068-2-1:1990)

GB/T 2423.2—2001 电工电子产品环境试验 第2部分：试验方法 试验B：高温(idt IEC 60068-2-2:1974)

GB/T 2423.3—2006 电工电子产品环境试验 第2部分：试验方法 试验Cab：恒定湿热试验(IEC 60068-2-78:2001,IDT)

GB/T 2423.6—1995 电工电子产品环境试验 第2部分：试验方法 试验Eb和导则：碰撞(idt IEC 68-2-29:1987)

GB/T 2423.8—1995 电工电子产品环境试验 第2部分：试验方法 试验Ed：自由跌落(idt IEC 68-2-32:1990)

GB/T 2423.10—1995 电工电子产品环境试验 第2部分：试验方法 试验Fc和导则：振动(正弦)(idt IEC 68-2-6:1982)

GB/T 12105—2007 电子琴通用技术条件

3 总则

3.1 环境试验分为气候环境试验和机械环境试验。

3.2 电子琴经环境试验后，应符合GB/T 12105—2007规定的要求。

3.3 受试产品应在出厂检验合格的产品中随机抽取。经过环境试验的受试产品不能作为正品出厂。

3.4 试验顺序应按本标准的排列依次进行。

3.5 全部的试验应在同一产品上进行。

3.6 样品的预处理、环境试验后受试产品的恢复及对试验结果的评价，应在GB/T 2421—1999规定的正常试验大气条件下进行。

3.7 当对试验结果的评价产生疑义，需要仲裁时，其仲裁条件应符合表1的规定。

表1

影响因素	基准数值条件	公差值
环境温度 t/℃	应符合GB/T 2421—1999的要求	—
相对湿度(RH)/%		
大气压强 p/kPa		

表 1(续)

影响因素	基准数值条件	公差值
交流供电源 U_1/V	220	±2%
交流供电频率 f/Hz	50	±1%
交流供电波形	正弦波	β=0.05
直流供电电压 U_2/V	额定值	±1%
直流供电电压波形	—	$\Delta U/U_0 \leqslant 0.1\%$
外电磁场干扰	应避免	—
通风状态	良好	—
阳光照射	避免直射	—
工作位置/mm	按制造厂的规定	±1%
注 1：β 为失真因子，即交流供电电源电压波形的失真应保持在$(1+\beta)\sin\omega t$与$(1-\beta)\sin\omega t$所形成的包络之间。 注 2：ΔU 为纹波电压的峰值，U_0 为直流供电电压的额定值。		

3.8 当样品原来所处的环境条件不符合正常试验条件且对其产生影响时，为去掉或部分消除其所产生的影响，应对其进行 48 h 的预处理。

4 环境试验方法

4.1 气候环境试验

4.1.1 高温负荷试验

将无包装受试琴放入符合 GB/T 2423.2—2001 要求的试验箱(室)内，按 0.7℃/min～1℃/min 的平均速率升温至 40℃±2℃，接通受试琴电源，播放示范曲，主音量调节装置置于最大音量 1/2～2/3 的位置，持续工作 2 h。按 0.7℃/min～1℃/min 速率降温至正常试验大气条件。

4.1.2 高温贮存试验

将无包装受试琴放入符合 GB/T 2423.2—2001 要求的试验箱(室)内，按 0.7℃/min～1℃/min 的平均速率升温至 55℃±2℃，保持 2 h，再将试验箱(室)温度按 0.7℃/min～1℃/min 速率降至正常试验大气条件。取出受试琴，恢复 2 h。

4.1.3 湿热试验

a) 将无包装受试琴放入符合 GB/T 2423.3—1993 要求的试验箱(室)内，按 0.7℃/min～1℃/min的平均速率逐渐升温至 40℃±2℃后，开始加湿至相对湿度为 85%±2%，保持 1 h 后，接通受试琴电源进行检查；
b) 保持温度为 40℃±2℃，将湿度逐渐升至 90%±2%。保持 48 h。先将相对湿度在 0.5 h 内降至 85%以下，再按 0.7℃/min～1℃/min 速率将温度降至正常试验大气条件。取出受试琴，恢复 2 h。

4.1.4 低温负荷试验

将无包装受试琴放入符合 GB/T 2423.1—2001 要求的试验箱(室)内，按 0.7℃/min～1℃/min 的平均速率逐渐降温至 0℃±3℃，接通受试琴电源，播放示范曲，主音量调节装置置于最大音量 1/2～2/3 的位置，持续工作 1 h。按 0.7℃/min～1℃/min 速率升温至正常试验大气条件。取出受试琴，恢复 2 h。

4.1.5 低温贮存试验

将无包装受试琴放入符合 GB /T 2423.1—2001 要求的试验箱(室)内(为防止凝露现象，允许将受试琴用塑料薄膜密封起来，必要时可在密封套内放入吸湿剂)，按 0.7℃/min～1℃/min 的平均速率降温至−25℃±3℃。保持 2 h。按 0.7℃/min～1℃/min 速率升温至正常试验大气条件。取出受试琴，恢复 2 h。

4.2 机械环境试验

4.2.1 振动试验

将无包装受试琴(非工作状态)按正常操作位置紧固在符合 GB/T 2423.10—1995 要求的振动试验台上，受试琴重心位置置于试验台中心区，依次在 *X*、*Y*、*Z* 三个轴线的振动方向上按表 2 进行试验条件 1和试验条件 2 的振动试验。

表 2

试验项目	试验条件 1	试验条件 2
频率循环范围/Hz	10～30～10	30～55～30
驱动振幅(单振幅)/mm	0.75	0.15
扫频速率	1 倍频程/min	1 倍频程/min
扫描循环次数	5	5

4.2.2 碰撞试验

将无包装受试琴(非工作状态)按正常操作位置紧固在符合 GB/T 2423.6—1995 要求的碰撞试验台台面中心，紧固程度应能以最小损耗将碰撞传递到受试琴上。按表 3 的要求进行碰撞试验。

表 3

试验项目	试验条件
脉冲峰值加速度/(m/s^2)	100
脉冲持续时间/ms	16±1
波形	半正弦波
碰撞次数	1 000±10

4.2.3 自由跌落试验

4.2.3.1 受试琴在包装状态下，按面、棱、角的跌落顺序进行自由跌落试验。试验台面、受试琴开始跌落时的位置和状态应符合 GB/T 2423.8—1995 的要求。

4.2.3.2 自由跌落试验条件及要求应符合表 4 的规定和图 1 所示。

表 4

样品质量/kg	面跌落高度/mm	棱、角跌落高度/mm	跌落面数	跌落棱数	跌落角数	面、棱、角跌落次数
≤10	800	600	五面 按图 1 所示的 3、2、5、4、6 面顺序跌落	三棱 跌落角的三条棱	一角 受试琴底面(图 1 所示的产品底面)的任一角	各 1 次
≤25	600	450				
≤50	450	350				
≤75	350	300				
≤100	250	250				

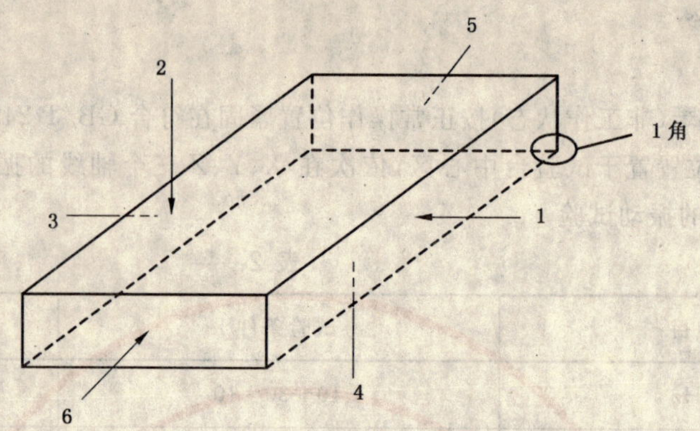

1——产品前面(琴键前端面);
2——产品上面(琴键面);
3——产品后面;
4——产品底面;
5——产品右侧面;
6——产品左侧面。

图 1

4.2.3.3 自由跌落试验方法是将受试琴提升至规定的高度后,释放受试琴,使之自由跌落。

注:立式琴和木制外壳琴不做自由跌落试验。

ICS 67.060
X 28

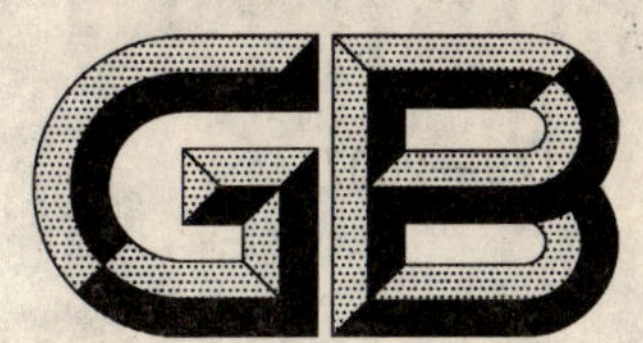

中华人民共和国国家标准

GB/T 12140—2007
代替 GB/T 12140—1989

糕点术语

Pastry terms

2007-06-04 发布　　　　2007-12-01 实施

中华人民共和国国家质量监督检验检疫总局
中国国家标准化管理委员会　发布

前　言

本标准代替 GB/T 12140—1989《糕点工业术语》。

本标准与 GB/T 12140—1989 相比，主要变化如下：

——在 2.2 中式糕点中增加了部分术语；

——在 2.3 西式糕点中增加了部分术语；

——增加了 2.4 主要原辅料术语部分；

——在 2.5 半成品中增加了部分术语；

——在 2.6 生产工艺中增加了部分术语。

本标准由中国商业联合会提出。

本标准由中华人民共和国商务部归口。

本标准由中国商业联合会商业标准中心、哈尔滨商业大学负责起草。国家食品质量监督检验中心、中国焙烤食品糖制品工业协会、全国工商联烘焙业公会、上海市现代食品工作室、北京大三元酒家有限公司、运城市福同惠食品有限公司、北京祥聚斋食品有限公司、北京稻香斋食品厂、上海市贸易学校、成都市烘焙技术培训中心参加起草。

本标准主要起草人：张守文、张丽君、宋全厚、朱念琳、谢拥葵、汪国钧、李里特、钱志先、李强、刘跃、王猛、刘文博、史见孟、高华松。

本标准所代替标准的历次版本发布情况为：

——GB/T 12140—1989。

糕 点 术 语

1 范围

本标准确立了糕点的通用术语。

本标准适用于糕点的生产、销售、科研、教学及其他相关领域。

2 术语和定义

2.1

糕点 pastry

以粮、油、糖、蛋等为主料，添加(或不添加)适量辅料，经调制、成型、熟制等工序制成的食品。

2.2

中式糕点 Chinese pastry

具有中国传统风味和特色的糕点。

2.2.1

糕点帮式 local pastry

因原辅料、配方、制作工艺不同而形成的具有地方特色和地方风味的糕点流派。

2.2.2

京式糕点 Beijing pastry

以北京地区为代表，具有重油、轻糖，酥松绵软，口味纯甜、纯咸等特点的糕点。

注：代表品种有京八件、自来红、自来白和提浆饼等。

2.2.3

苏式糕点 Suzhou pastry

以苏州地区为代表，馅料多用果仁、猪板油丁，具有常用桂花、玫瑰花调香，糕柔糯、饼酥松，口味清甜等特点的糕点。

注：代表品种有苏式月饼、苏州麻饼和猪油年糕等。

2.2.4

广式糕点 Guangdong pastry

以广州地区为代表，造型美观，用料重糖轻油，馅料多用榄仁、椰丝、莲蓉、蛋黄、糖渍肥膘等，具有馅饼皮薄馅多，米饼硬脆清甜，酥饼分层飞酥等特点的糕点。

注：代表品种有广式月饼、炒米饼、白绫酥饼等。

2.2.5

扬式糕点 Yangzhou pastry

以扬州和镇江地区为代表，馅料以黑芝麻、蜜饯、芝麻油为主，具有麻香风味突出等特点的糕点。

注：代表品种有淮扬八件和黑麻椒盐月饼等。

2.2.6

闽式糕点 Fujian pastry

以福州地区为代表，馅料多用虾干、紫菜、桂元、香菇、糖腌肉丁等。具有口味甜酥油润，海鲜风味突出等特点的糕点。

注：代表品种有福建礼饼和猪油糕等。

2.2.7

潮式糕点 Chaozhou pastry

以潮洲地区为代表，馅料以豆沙、糖冬瓜、糖肥膘为主，具有葱香风味突出等特点的糕点。

注：代表品种有老婆饼和春饼。

2.2.8

宁绍式糕点 Ningbo and Shaoxing pastry

以宁波、绍兴地区为代表，辅料多用苔菜、植物油，具有海藻风味突出等特点的糕点。

注：代表品种有苔菜饼和绍兴香糕等。

2.2.9

川式糕点 Sichuan pastry

以成渝地区为代表，糯米制品较多，馅料多用花生、芝麻、核桃、蜜饯、猪板油丁，具有重糖、重油，软糯油润酥脆等特点的糕点。

注：代表品种有桃片和米花糖等。

2.2.10

高桥式糕点 Gaoqiao pastry

沪式糕点

以上海高桥镇为代表，米制品居多，馅料以赤豆、玫瑰花为主，具有轻糖、轻油，口味清香酥脆、油而不腻、香甜爽口、糯而不粘等特点的糕点。

注：代表品种有松饼、松糕、薄脆、一捏酥等。

2.2.11

滇式糕点 Yunnan pastry

云南糕点

以昆明地区为代表，以云南特产宣威火腿、鸡纵入料，具有产品重油重糖，油重而不腻，味甜而爽口等特点的糕点。

注：代表品种有鸡纵白糖酥饼、云腿月饼、重油荞串饼等。

2.2.12

秦式糕点 Shanxi pastry

陕西糕点

以西安地区为代表，以小麦粉、糯米、红枣、糖板油丁等为原料，具有饼起皮飞酥清香适口，糕粘甜味美、枣香浓郁等特点的糕点。

注：代表品种有水晶饼、陕西甄糕等。

2.2.13

热加工糕点 heat-processing pastry

以烘烤、油炸、水蒸、炒制等加热熟制为最终工艺的一类糕点。

2.2.14

冷加工糕点 reprocessing pastry at room or low temperature after heated

在各种加热熟制工序后，在常温或低温条件下再进行二次加工的一类糕点。

2.2.15

烘烤糕点 baked pastry

烘烤熟制的一类糕点。

2.2.16

酥类 short pastry

用较多的油脂和糖，调制成塑性面团，经成形、烘烤而成的组织不分层次，口感酥松的制品。

2.2.17

松酥类 crisp pastry

用较少的油脂，较多的糖（包括砂糖、绵白糖或饴糖），辅以蛋品、乳品等并加入化学膨松剂，调制成具有一定韧性，良好可塑性的面团，经成型、熟制而成的制品。

2.2.18

松脆类 light and crisp pastry

用较少的油脂，较多的糖浆或糖调制成糖浆面团，经成型、烘烤而成的口感松脆的制品。

2.2.19

酥层类 puff pastry

用水油面团包入油酥面团或固体油，经反复压片、折叠、成形后，熟制而成的具有多层次的制品。

2.2.20

酥皮类 short and layer crust pastry with filling

用水油面团包油酥面团制成酥皮，经包馅、成形后，熟制而成的饼皮分层次的制品。

2.2.21

水油皮类 water-oiled crust pastry with filling

用水油面团剥皮，然后包馅，经熟制而成的制品。

2.2.22

糖浆皮类 syrup crust pastry with filling

用糖浆面团制皮，然后包馅，经烘烤而成的柔软或韧酥的制品。

2.2.23

松酥皮类 crisp crust pastry with filling

用较少的油脂，较多的糖，辅以蛋品、乳品等并加入化学膨松剂，调制成具有一定韧性，良好可塑性的面团，经制皮、包馅、成形、烘烤而成的口感松酥的制品。

2.2.24

硬皮类 hard and short crust pastry with filling

用较少的糖和饴糖，较多的油脂和其他辅料制皮，经包馅、烘烤而成的外皮硬酥的制品。

2.2.25

发酵类 fermentated pastry

用发酵面团，经成型或包馅成型后，熟制而成的口感柔软或松脆的制品。

2.2.26

烘糕类 baked pudding

以糕粉为主要原料，经拌粉、装模、炖糕、成形、烘烤而成的口感松脆的糕点制品。

2.2.27

烤蛋糕类 cake

以鸡蛋、面粉、糖为主要原料，经打蛋、注模、烘烤而成的组织松软的制品。

2.2.28

油炸糕点 deep fried pastry

油炸熟制的一类糕点。

2.2.29

水调类 light and crisp pastry with elastic dough

以面粉和水为主要原料制成韧性面团，经成形、油炸而成的口感松脆的制品。

2.2.30

糯糍类　pastry made of glutinous rice flour

以糯米粉为主要原料，经包馅成形、油炸而成的口感松脆或酥软的制品。

2.2.31

水蒸糕点　steamed pastry

水蒸熟制的一类糕点。

2.2.32

蒸蛋糕类　steamed cake

以鸡蛋为主要原料，经打蛋、调糊、注模、蒸制而成的组织松软的制品。

2.2.33

印模糕类　moulding pudding

以熟或生的原辅料，经拌合、印模成型、熟制或不熟制而成的口感松软的糕类制品。

2.2.34

韧糕类　pastry made of glutinous rice flour and sugar

以糯米粉、糖为主要原料，经蒸制、成形而成的韧性糕类制品。

2.2.35

发糕类　fermentated pudding

以小麦粉或米粉为主要原料调制成面团，经发酵、蒸制、成形而成的带有蜂窝状组织的松软糕类制品。

2.2.36

松糕类　light pudding

以粳米粉、糯米粉为主要原料调制成面团，经成形、蒸制而成的口感松软的糕类制品。

2.2.37

熟粉糕点　steamed or flied flour pastry

将米粉、豆粉或面粉预先熟制，然后与其他原辅料混合而成的一类糕点。

2.2.38

热调软糕类　soft pudding made of cooked rice flour, sugar and hot water

用糕粉、糖和沸水调制成有较强韧性的软质糕团，经成形制成的柔软糕类制品。

2.2.39

切片糕类　flake pudding

以米粉为主要原料，经拌粉、装模、蒸制或炖糕、切片而成的口感绵软的糕类制品。

2.2.40

冷调韧糕类　pliable but strong pudding made of cooked rice flour, syrup and cold water

用糕粉、糖浆和冷开水调制成有较强韧性的软质糕团，经包馅(或不包馅)、成形而成的冷作糕类制品。

2.2.41

冷调松糕类　light pudding made of cooked rice flour, sugar or syrup

用糕粉、潮糖或糖浆拌合成松散性的糕团，经成型而成的松软糕类制品。

2.2.42

上糖浆类　coating syrup pastry

先制成生坯，经油炸后再拌(浇、浸)入糖浆的口感松酥或酥脆的制品。

2.2.43

萨其马类　Sa Qi Ma pastry

以面粉、鸡蛋为主要原料，经调制面团、静置、压片、切条、过筛、油炸、拌糖浆、成型、装饰、切块而制成。

2.2.44

月饼　Chinese moon cake

使用面粉等谷物粉，油、糖或不加糖调制成饼皮，包裹各种馅料，经加工而成在中秋节食用为主的传统节日食品。

2.3

西式糕点　foreign pastry

从外国传入我国的糕点的统称，具有西方民族风格和特色的糕点。

2.3.1

干点心　dry light refreshments

将面粉、奶油、糖、蛋等调成不同性质的面糊或面团，经成型、烘烤而成的口感松、脆的制品。

2.3.2

小干点　small cookies

用面粉、奶油、糖、蛋等为原料，经挤糊、烘烤而成的小巧别致，香酥、松脆的制品。

2.3.3

裱花蛋糕　decorative cake

由蛋糕坯和装饰料组成，制品装饰精巧，图案美观的制品。

2.3.4

清蛋糕　non-fat cake

以蛋、糖、面粉为主要原料，采用蛋糖搅打工艺，经调制面糊、注模、烘烤而成的组织松软的制品。

2.3.5

油蛋糕　butter cakes

以面粉、蛋、糖和油脂为主要原料，采用糖油搅打工艺，经调制面糊、注模、烘烤而成的组织细腻的制品。

2.3.6

海绵蛋糕　sponge cake

以蛋、面粉、糖为主要原料，添加适量油脂，经打蛋、注模、烘烤而成的组织松软的制品。

2.3.7

戚风蛋糕　Chiffon cake

分别搅打面糊和蛋白，再将面糊和蛋白混合在一起，经注模成型、烘烤而成的制品。

2.3.8

慕斯蛋糕　Mousse cake

起源于法国，以牛奶、糖、蛋黄、食用胶为主要原料，以搅打奶油为主要充填材料而成的装饰蛋糕或夹心蛋糕。

2.3.9

乳酪蛋糕　cheese cake

奶酪蛋糕

以海绵蛋糕、派皮等为底坯，将加工后的乳酪混合物倒入上面，经过(或不经过)烘烤、装饰而成的制品。

2.3.10

蛋白点心　meringue pastry

以蛋白、糖和面粉为主要原料，经烘烤而成的制品。

2.3.11

奶油起酥糕点　puff pastry

面团包入奶油，经反复压片、折叠、冷藏、烘烤而成的层次清晰，口感酥松的制品。

2.3.12

奶油混酥糕点　short butter pastry

将奶油、糖等和入面团中，经成型、烘烤而成的没有层次，口感酥松的制品。

2.3.13

泡夫糕点　cream puff

气鼓、哈斗（拒用）

以面粉、油脂、蛋为主要原料，加热调制成糊，经挤注、烘烤成空心坯，冷却后加馅、装饰而成的制品。

2.3.14

派　pie

以小麦粉、鸡蛋、糖等为主要原料，添加油脂、乳化剂等辅料，经搅打充气（或不充气）、挤浆（或注模）等工序加工而成的蛋类芯饼（蛋黄派），俗称派。

2.3.15

蛋塔　tart

以油酥面团为坯料，借助模具，通过制坯、烘烤、装饰等工艺而成的内盛水果或馅料的一类小型点心。

2.4　主要原辅料

2.4.1

预混粉　premixed flour

预拌粉

按配方将某种焙烤食品所用的原辅料（除液体原辅料外）预先混合好的制品。

注：有面包预混粉、糕点预混粉、蛋糕预混粉、冰皮月饼预混粉。

2.4.2

谷朊粉　vital gluten

小麦活性面筋

由小麦经水洗得生面筋，再经酸、碱液化，喷雾干燥后而制成的未变性的小麦蛋白粉末制品。

2.4.3

植脂奶油　nondairy whipping cream

植物忌廉（被取代）

以植物脂肪为原料，糖、玉米糖浆、水和盐为辅料，添加乳化剂、增稠剂、品质改良剂、酪蛋白酸钠、香精等经搅打制成的乳白色膏状物。主要用于裱花蛋糕表面装饰或制作慕斯。

2.4.4

奶油　butter

以经发酵或不发酵的稀奶油为原料，加工制成的固态产品。

2.4.5

无水奶油　anhydrous butter

以熔融了的奶油或稀奶油（经发酵或不发酵）为原料，经加工制成的水分含量较低的固态产品。

2.4.6

食用氢化油　hydrogenated fat

用食用植物油，经氢化和精炼处理后制得的食品工业用原料。

2.4.7

人造奶油　margarine

以氢化后的精炼食用植物油为主要原料，添加水和其他辅料，经乳化、急冷而制成的具有天然奶油特色的可塑性制品。

2.4.8

起酥油　shortening

指动、植物油脂的食用氢化油、高级精制油或上述油脂的混合物，经过速冷捏和制造的固状油脂，或不经速冷捏和制造的固状、半固体状或流动状的具有良好起酥性能的油脂制品。

2.4.9

乳化油　emulsified shortening

乳化剂添加量较多的人造奶油或起酥油，具有良好的加工性、乳化性和起酥性。

2.4.10

麦芽糖饴(饴糖)　maltose syrup

以 α-淀粉酶、麦芽(或 β-淀粉酶)分解淀粉质原料所制得的以麦芽糖和糊精为主要成分的糖浆。

2.4.11

液体葡萄糖　maltose syrup

葡萄糖浆

淀粉经过酸法、酶法或酸酶法水解、净化而制成的糖浆。

2.4.12

转化糖浆　inverting syrup

蔗糖加水，经水解转化成葡萄糖和果糖为主要成分的糖浆。

2.4.13

果葡糖浆　high fructose corn syrup

高果糖浆

淀粉质原料，用酶法或酸酶法水解制得高 DE 值的糖液，再经葡萄糖异构酶转化而得的糖浆。

2.4.14

蛋糕乳化剂　cake emulsifier

蛋糕油(被取代)

以分子蒸馏单甘酯、蔗糖酯、司盘 60 等多种乳化剂为主要原料而制成的膏状产品。

2.4.15

奶酪粉　cheese powder

芝士粉(被取代)

牛奶在凝乳酶的作用下，使酪蛋白凝固，经过自然发酵过程加工而成的制品。

2.4.16

吉士粉　custard powder

由鸡蛋、乳品、变性淀粉、乳糖、植物油、食用色素和香料等组成的呈浅柠檬黄色粉状物质。

2.4.17

慕斯粉　Mousse powder

用水果或酸奶、咖啡、坚果的浓缩粉和颗粒、增稠剂、乳化剂、香料等制成的粉状或带有颗粒的制品。

2.4.18

果冻粉 jelly powder

用粉状动物胶或植物胶、水果汁、糖等,以一定比例调合浓缩成干燥的即溶粉末。

2.4.19

果膏 autpiping jelly

果占

用增稠剂、蔗糖、葡萄糖、柠檬酸、食用色素、食用水果香精和水加工而成的制品。

2.4.20

布丁粉 pudding powder

以增稠剂(玉米淀粉、明胶等)、糖粉、蛋黄、奶粉为主要原料,视不同的口味添加巧克力、咖啡、奶油、香草等而制成的粉状混合物。

2.4.21

塔塔粉 cream of tartar

以酒石酸氢钾为主要成分,淀粉作为填充剂而制成的粉状物质。

2.4.22

复合膨松剂 baking powder

泡打粉(被取代)

由碳酸氢钠、酸性物质和填充剂构成的膨松剂。

2.5 半成品

2.5.1

面团 dough

面粉和其他原辅料经调制而成的团块状物质。

2.5.2

水调面团 elastic dough

筋性面团

韧性面团

面粉和水调制而成的具有较强筋性的面团。

2.5.3

水油面团 water-oiled dough

水、油脂和面粉调制而成的面团。

2.5.4

油酥面团 oil-mixed dough

油脂和面粉调制而成的面团。

2.5.5

糖浆皮面团 syrup-mixed dough

糖浆和面粉等原辅料调制而成的面团。

2.5.6

酥类面团 short pastry dough

油脂和面粉等原辅料调制而成的面团。

2.5.7

松酥面团 crisp pastry dough

混糖面团

面粉、糖、蛋品、油脂等调制而成的面团。

2.5.8

发酵面团 fermented dough

面团或米粉、酵母、糖等原辅料经调制、发酵而成的面团。

2.5.9

米粉面团 rice flour dough

米粉和水等原辅料调制而成的面团。

2.5.10

淀粉面团 starch dough

淀粉和水等原辅料调制而成的面团。

2.5.11

面糊 batter

面浆

面粉和其他原辅料经调制而成的流体或半流体。

2.5.12

蛋糕糊 cake batter

蛋糖经搅打后,加入其他辅料和面粉调制而成的糊状物。

2.5.13

蛋白膏 egg white icing

蛋白、糖和其他辅料经搅打而成的膏状物。

2.5.14

奶油膏 cream icing

奶油、糖和其他辅料经搅打而成的膏状物。

2.5.15

杏仁膏 almond paste

用杏仁,砂糖加少许朗姆酒或白兰地酒制成。形同面团状,质地柔软细腻,气味香醇,有浓郁的杏仁香气,可塑性强。可用于制作西式干点、馅料、挂面和捏制各种装饰物用于蛋糕的装饰。

2.5.16

黄淇淋 pudding filling

黄酱

面粉或淀粉、鸡蛋、牛奶和糖等调制而成的膏状物。

2.5.17

白马糖 semi-inverted sugar

糖、水煮沸后加入转化剂再煮沸、冷却、搅拌成乳白色的半转化糖。

2.5.18

亮浆 bright invert syrup

明浆(被取代)

挂在制品上光亮透明的糖浆。

2.5.19

砂浆 opaque syrup

挂在制品上返砂不透明的糖浆。

2.5.20

糕粉 frying polished glutinous rice flour

潮洲粉

炒糯米粉

糯米经熟制、粉碎而成的粉。

2.5.21

擦馅　mixing filling

不经加热拌合而成的馅料。如五仁、椒盐馅等。

2.6　生产工艺

2.6.1

烘焙比　baker's percent

烘焙百分比

以一种主要原料的添加量为基准,各种原辅料的添加量与该基准的配比,用百分率表示。

2.6.2

实际百分比　true percent

以所有原辅料的添加量之和为基准,各种原辅料的添加量与该基准的配比,用百分率表示。

2.6.3

蛋糖搅打法　egg-sugar whipping method

在打蛋机内首先搅打蛋和糖,使蛋液充分充气起泡,然后加入面粉等其他原辅料的蛋糕面糊制作方法。

2.6.4

糖油搅打法　creaming method

在打蛋机内首先搅打糖和油使之充分乳化,然后加入面粉等其他原辅料的蛋糕面糊制作方法。

2.6.5

粉油搅打法　blending method

在打蛋机内首先搅打面粉和油使之充分混合,然后加入其他原辅料的蛋糕面糊制作方法。

2.6.6

乳化　emulsification

用搅拌的方法将蛋、油、糖等原辅料充分混合均匀的过程。

2.6.7

面团筋力　dough strength

面团筋性

面团中面筋的弹性、韧性、延伸性和可塑性等物理属性的统称。

2.6.8

面团弹性　dough elasticity

面团被拉长或压缩后,能够恢复至原来状态的特性。

2.6.9

面团延伸性　dough extensibility

面团拉伸性

面团被拉长到一定程度而不致断裂的特性。

2.6.10

面团韧性　dough resistance

面团被拉长时所表现的抵抗力。

2.6.11

面团可塑性　dough plasticity

面团被拉长或压缩后不能恢复至原来状态的特性。

2.6.12

发面 fermentation

发酵

面团在一定温度、湿度条件下,让酵母充分繁殖产气,促使面团膨胀的过程。

2.6.13

擦酥 mixed up flour and oil

在调制油酥面团时,反复搓擦使油脂和面粉混合均匀的过程。

2.6.14

擦粉 mixed up flour and syrup

在调制米粉面团时,反复搓擦使糕粉和糖浆混合均匀的过程。

2.6.15

包酥 making dough of short crust pastry

用水油面团包油酥面团制成酥皮的过程。

2.6.16

混酥 leaked oil mixed dough out

在包酥过程中,由于皮酥硬度不同或操作不当等原因,造成皮酥混合,层次不清的现象。

2.6.17

包油嵌面 rolling and folding

用面皮包入油脂,反复压片、折叠、冷藏而形成酥层的方法。

2.6.18

增筋 strengthening

加入面团改良剂或采取其他工艺措施,以促进面筋的形成。

2.6.19

降筋 softening

加入面团改良剂或采取其他工艺措施,以限制面筋的形成。

2.6.20

坯子 pieces of shaped dough

经成型后具有一定形状,而未经熟制工序的坯子。

2.6.21

裱花 mounting patterns

用膏状装饰料,在蛋糕坯或其他制品上挤注不同花纹和图案的过程。

2.6.22

装饰 decorating

在生坯或制品表面上点缀不同的辅料或打上各种标记的过程。

2.6.23

糕点上彩装 the color predends on pastry

在糕点表面或内部组织(含馅芯)应用食品添加剂或其他辅料着色的过程。

2.6.24

挂糖粉 coating or icing

拌糖粉

将糖粉撒在制品表面上的过程。

2.6.25

炝脸 baking the shaped dough faced down

烫饼面

将成形后的生坯先表面朝下摆在烤盘上烘烤，使制品表面平整，烙有独特色泽的过程。

2.6.26

烘烤　baking

糕点生坯在烤炉(箱)内加热，使其由生变熟的过程。

2.6.27

上色　colouring

在熟制过程中，生坯表面受热生成有色物质的现象。

2.6.28

跑糖　leaked sugar out

糕点馅料在熟制过程中流淌出来的现象。

2.6.29

走油　leaked oil out

糕点或半成品在放置过程中，油脂向外渗透的现象。

2.6.30

拌浆　mixed invert syrup with deep fried pastry

将炸制的半成品放入糖浆内进行拌合的过程。

2.6.31

上浆　sprinking invert syrup on products

将糖浆浇到制品上的过程。

2.6.32

透浆　soaking pastry in invert syrup

将半成品放入糖浆内浸泡的过程。

2.6.33

熬浆　making invert syrup

将糖和水按一定比例混合，经加热、加酸后，制成转化糖浆的过程。

2.6.34

提浆　purifying syrup

用蛋白或豆浆去除转化糖浆中的杂质的方法。

2.6.35

塌斜　side tallness low

月饼一边高一边低的现象。

2.6.36

摊塌　superficies small bottom big

月饼面小底大的变形现象。

2.6.37

露酥　outcrop layer

月饼油酥外露，表面呈毛糙感的现象。

2.6.38

凹缩　concave astringe

月饼饼面和侧面凹陷现象。

2.6.39

青墙 celadon wall

月饼未烤透而产生的腰部呈青色的现象。

2.6.40

拔腰 protrnde pepium

月饼烘烤过度而产生的腰部过分凸出的变形现象。

中文索引

A

凹缩 …………………………………… 2.6.38
熬浆 …………………………………… 2.6.33

B

拔腰 …………………………………… 2.6.40
白马糖 ………………………………… 2.5.17
拌浆 …………………………………… 2.6.30
包酥 …………………………………… 2.6.15
包油嵌面 ……………………………… 2.6.17
裱花 …………………………………… 2.6.21
裱花蛋糕……………………………… 2.3.3
布丁粉 ………………………………… 2.4.20

C

擦粉 …………………………………… 2.6.14
擦酥 …………………………………… 2.6.13
擦馅 …………………………………… 2.5.21
潮式糕点……………………………… 2.2.7
川式糕点……………………………… 2.2.9

D

蛋白点心 ……………………………… 2.3.10
蛋白膏 ………………………………… 2.5.13
蛋糕糊 ………………………………… 2.5.12
蛋糕乳化剂 …………………………… 2.4.14
蛋塔 …………………………………… 2.3.15
蛋糖搅打法…………………………… 2.6.3
滇式糕点 ……………………………… 2.2.11
淀粉面团 ……………………………… 2.5.10

F

发糕类 ………………………………… 2.2.35
发酵类 ………………………………… 2.2.25
发酵面团……………………………… 2.5.8
发面 …………………………………… 2.6.12
粉油搅打法…………………………… 2.6.5
复合膨松剂 …………………………… 2.4.22

G

干点心………………………………… 2.3.1
高桥式糕点 …………………………… 2.2.10
糕点…………………………………… 2.1
糕点帮式……………………………… 2.2.1
糕点上彩装 …………………………… 2.6.23
糕粉 …………………………………… 2.5.20
谷朊粉………………………………… 2.4.2
挂糖粉 ………………………………… 2.6.24
广式糕点……………………………… 2.2.4
果冻粉 ………………………………… 2.4.18
果膏 …………………………………… 2.4.19
果葡糖浆 ……………………………… 2.4.13

H

海绵蛋糕……………………………… 2.3.6
烘焙比………………………………… 2.6.1
烘糕类 ………………………………… 2.2.26
烘烤 …………………………………… 2.6.26
烘烤糕点 ……………………………… 2.2.15
沪式糕点 ……………………………… 2.2.10
黄淇淋 ………………………………… 2.5.16
混酥 …………………………………… 2.6.16

J

吉士粉 ………………………………… 2.4.16
降筋 …………………………………… 2.6.19
京式糕点……………………………… 2.2.2

K

烤蛋糕类 ……………………………… 2.2.27

L

冷调韧糕类 …………………………… 2.2.40
冷调松糕类 …………………………… 2.2.41
冷加工糕点 …………………………… 2.2.14
亮浆 …………………………………… 2.5.18
露酥 …………………………………… 2.6.37

M

麦芽糖饴 …………………………………… 2.4.10
米粉面团……………………………………… 2.5.9
面糊 ………………………………………… 2.5.11
面团…………………………………………… 2.5.1
面团弹性……………………………………… 2.6.8
面团筋力……………………………………… 2.6.7
面团可塑性 ………………………………… 2.6.11
面团韧性 …………………………………… 2.6.10
面团延伸性…………………………………… 2.6.9
闽式糕点……………………………………… 2.2.6
慕斯蛋糕……………………………………… 2.3.8
慕斯粉 ……………………………………… 2.4.17

N

奶酪粉 ……………………………………… 2.4.15
奶油…………………………………………… 2.4.4
奶油膏 ……………………………………… 2.5.14
奶油混酥糕点 ……………………………… 2.3.12
奶油起酥糕点 ……………………………… 2.3.11
宁绍式糕点…………………………………… 2.2.8
糯糍类 ……………………………………… 2.2.30

P

派 …………………………………………… 2.3.14
跑糖 ………………………………………… 2.6.28
泡夫糕点 …………………………………… 2.3.13
坯子 ………………………………………… 2.6.20

Q

戚风蛋糕……………………………………… 2.3.7
起酥油………………………………………… 2.4.8
炝脸 ………………………………………… 2.6.25
切片糕类 …………………………………… 2.2.39
秦式糕点 …………………………………… 2.2.12
青墙 ………………………………………… 2.6.39
清蛋糕………………………………………… 2.3.4

R

热调软糕类 ………………………………… 2.2.38
热加工糕点 ………………………………… 2.2.13
人造奶油……………………………………… 2.4.7
韧糕类 ……………………………………… 2.2.34
乳化…………………………………………… 2.6.6
乳化油………………………………………… 2.4.9
乳酪蛋糕……………………………………… 2.3.9

S

萨其马类 …………………………………… 2.2.43
砂浆 ………………………………………… 2.5.19
上浆 ………………………………………… 2.6.31
上色 ………………………………………… 2.6.27
上糖浆类 …………………………………… 2.2.42
实际百分比…………………………………… 2.6.2
食用氢化油…………………………………… 2.4.6
熟粉糕点 …………………………………… 2.2.37
水调类 ……………………………………… 2.2.29
水调面团……………………………………… 2.5.2
水油面团……………………………………… 2.5.3
水油皮类 …………………………………… 2.2.21
水蒸糕点 …………………………………… 2.2.31
松脆类 ……………………………………… 2.2.18
松糕类 ……………………………………… 2.2.36
松酥类 ……………………………………… 2.2.17
松酥面团……………………………………… 2.5.7
松酥皮类 …………………………………… 2.2.23
苏式糕点……………………………………… 2.2.3
酥层类 ……………………………………… 2.2.19
酥类 ………………………………………… 2.2.16
酥类面团……………………………………… 2.5.6
酥皮类 ……………………………………… 2.2.20

T

塌斜 ………………………………………… 2.6.35
塔塔粉 ……………………………………… 2.4.21
摊塌 ………………………………………… 2.6.36
糖浆皮类 …………………………………… 2.2.22
糖浆皮面团…………………………………… 2.5.5
糖油搅打法…………………………………… 2.6.4
提浆 ………………………………………… 2.6.34
透浆 ………………………………………… 2.6.32

W

无水奶油……………………………………… 2.4.5

X

西式糕点……………………………………………… 2.3
小干点………………………………………………… 2.3.2
杏仁膏 ……………………………………………… 2.5.15

Y

扬式糕点……………………………………………… 2.2.5
液体葡萄糖 ………………………………………… 2.4.11
印模糕类 …………………………………………… 2.2.33
硬皮类 ……………………………………………… 2.2.24
油蛋糕………………………………………………… 2.3.5
油酥面团……………………………………………… 2.5.4
油炸糕点 …………………………………………… 2.2.28
预混粉………………………………………………… 2.4.1
月饼 ………………………………………………… 2.2.44

Z

增筋 ………………………………………………… 2.6.18
蒸蛋糕类 …………………………………………… 2.2.32
植脂奶油……………………………………………… 2.4.3
中式糕点……………………………………………… 2.2
转化糖浆 …………………………………………… 2.4.12
装饰 ………………………………………………… 2.6.22
走油 ………………………………………………… 2.6.29

英文索引

A

almond paste …… 2.5.15
anhydrous butter …… 2.4.5
autpiping jelly …… 2.4.19

B

baked pastry …… 2.2.15
baked pudding …… 2.2.26
baker's percent …… 2.6.1
baking …… 2.6.26
baking powder …… 2.4.22
baking the shaped dough faced down …… 2.6.25
batter …… 2.5.11
Beijing pastry …… 2.2.2
blending method …… 2.6.5
bright invert syrup …… 2.5.18
butter …… 2.4.4
butter cakes …… 2.3.5

C

cake …… 2.2.27
cake batter …… 2.5.12
cake emulsifier …… 2.4.14
celadon wall …… 2.6.39
Chaozhou pastry …… 2.2.7
cheese cake …… 2.3.9
cheese powder …… 2.4.15
Chiffon cake …… 2.3.7
Chinese moon cake …… 2.2.44
Chinese pastry …… 2.2
coating or icing …… 2.6.24
coating syrup pastry …… 2.2.42
colouring …… 2.6.27
concave astringe …… 2.6.38
cream icing …… 2.5.14
cream of tartar …… 2.4.21
cream puff …… 2.3.13
creaming method …… 2.6.4
crisp crust pastry with filling …… 2.2.23

crisp pastry ······ 2.2.17
crisp pastry dough ······ 2.5.7
custard powder ······ 2.4.16

D

decorating ······ 2.6.22
decorative cake ······ 2.3.3
deep fried pastry ······ 2.2.28
dough ······ 2.5.1
dough elasticity ······ 2.6.8
dough extensibility ······ 2.6.9
dough plasticity ······ 2.6.11
dough resistance ······ 2.6.10
dough strength ······ 2.6.7
dry light refreshments ······ 2.3.1

E

egg white icing ······ 2.5.13
egg-sugar whipping method ······ 2.6.3
elastic dough ······ 2.5.2
emulsification ······ 2.6.6
emulsified shortening ······ 2.4.9

F

fermentated pastry ······ 2.2.25
fermentated pudding ······ 2.2.35
fermentation ······ 2.6.12
fermented dough ······ 2.5.8
flake pudding ······ 2.2.39
foreign pastry ······ 2.3
frying polished glutinous rice flour ······ 2.5.20
Fujian pastry ······ 2.2.6

G

Gaoqiao pastry ······ 2.2.10
Guangdong pastry ······ 2.2.4

H

hard and short crust pastry with filling ······ 2.2.24
heat-processing pastry ······ 2.2.13
high fructose corn syrup ······ 2.4.13
hydrogenated fat ······ 2.4.6

I

inverting syrup ………… 2.4.12

J

jelly powder ………… 2.4.18

L

leaked oil mixed dough out ………… 2.6.16
leaked oil out ………… 2.6.29
leaked sugar out ………… 2.6.28
light and crisp pastry ………… 2.2.18
light and crisp pastry with elastic dough ………… 2.2.29
light pudding ………… 2.2.36
light pudding made of cooked rice flour, sugar or syrup ………… 2.2.41
local pastry ………… 2.2.1

M

making dough of short crust pastry ………… 2.6.15
making invert syrup ………… 2.6.33
maltose syrup ………… 2.4.11, 2.4.10
margarine ………… 2.4.7
meringue pastry ………… 2.3.10
mixed invert syrup with deep fried pastry ………… 2.6.30
mixed up flour and oil ………… 2.6.13
mixed up flour and syrup ………… 2.6.14
mixing filling ………… 2.5.21
moulding pudding ………… 2.2.33
mounting patterns ………… 2.6.21
Mousse cake ………… 2.3.8
Mousse powder ………… 2.4.17

N

Ningbo and Shaoxing pastry ………… 2.2.8
nondairy whipping cream ………… 2.4.3
non-fat cake ………… 2.3.4

O

oil-mixed dough ………… 2.5.4
opaque syrup ………… 2.5.19
outcrop layer ………… 2.6.37

P

pastry ………… 2.1

pastry made of glutinous rice flour ………… 2.2.30
pastry made of glutinous rice flour and sugar ………… 2.2.34
pie ………… 2.3.14
pieces of shaped dough ………… 2.6.20
pliable but strong pudding made of cooked rice flour, syrup and cold water ………… 2.2.40
premixed flour ………… 2.4.1
protrnde pepium ………… 2.6.40
pudding filling ………… 2.5.16
pudding powder ………… 2.4.20
puff pastry ………… 2.3.11, 2.2.19
purifying syrup ………… 2.6.34

R

reprocessing pastry at room or low temperature after heated ………… 2.2.14
rice flour dough ………… 2.5.9
rolling and folding ………… 2.6.17

S

Sa Qi Ma pastry ………… 2.2.43
semi-inverted sugar ………… 2.5.17
Shanxi pastry ………… 2.2.12
short and layer crust pastry with filling ………… 2.2.20
short butter pastry ………… 2.3.12
short pastry ………… 2.2.16
short pastry dough ………… 2.5.6
shortening ………… 2.4.8
Sichuan pastry ………… 2.2.9
side tallness low ………… 2.6.35
small cookies ………… 2.3.2
soaking pastry in invert syrup ………… 2.6.32
soft pudding made of cooked rice flour, sugar and hot water ………… 2.2.38
softening ………… 2.6.19
sponge cake ………… 2.3.0
sprinking invert syrup on products ………… 2.6.31
starch dough ………… 2.5.10
steamed cake ………… 2.2.32
steamed or fried flour pastry ………… 2.2.37
steamed pastry ………… 2.2.31
strengthening ………… 2.6.18
superficies small bottom big ………… 2.6.36
Suzhou pastry ………… 2.2.3
syrup crust pastry with filling ………… 2.2.22
syrup-mixed dough ………… 2.5.5

T

tart 2.3.15
the color predends on pastry 2.6.23
true percent 2.6.2

V

vital gluten 2.4.2

W

water-oiled crust pastry with filling 2.2.21
water-oiled dough 2.5.3

Y

Yangzhou pastry 2.2.5
Yunnan pastry 2.2.11

ICS 13.100
C 68

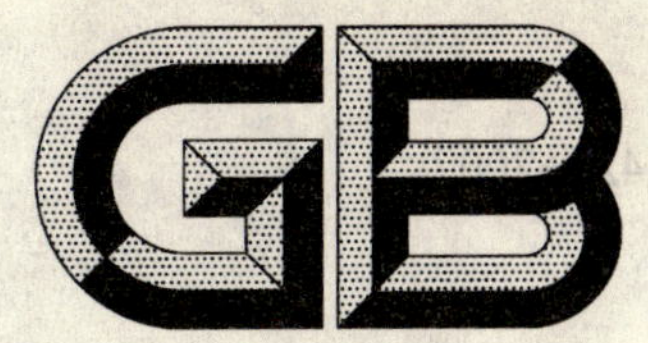

中华人民共和国国家标准

GB 12142—2007
代替 GB 12142—1989,GB 7059.3—1986

便携式金属梯安全要求

Safety requirements for portable metal ladders

2007-06-26 发布　　　　2008-02-01 实施

中华人民共和国国家质量监督检验检疫总局
中国国家标准化管理委员会　发布

前　言

本标准除第1章、第2章、第3章外，其余为强制性条款。

本标准是对GB 12142—1989《二节轻金属拉伸梯安全标准》和GB 7059.3—1986《移动式轻金属折梯安全标准》的修订，修订后两个标准合并为一个标准。

本标准代替GB 12142—1989《二节轻金属拉伸梯安全标准》和GB 7059.3—1986《移动式轻金属折梯安全标准》。

本标准与GB 12142—1989《二节轻金属拉伸梯安全标准》和GB 7059.3—1986《移动式轻金属折梯安全标准》相比主要技术变化如下：

——增大了标准的适用范围，不仅包括二节延伸梯和折梯，还增加了对三节延伸梯、单梯及组合梯的安全要求；

——增加了梯子的额定载荷分级以及与额定载荷相对应的结构性能要求；

——增加了延伸梯和单梯的金属配件载荷试验要求、踏棍扭转试验要求、梯框悬臂弯曲试验要求和梯框悬臂落下试验要求；

——增加了折梯的梯框弯曲试验要求、踏板（或踏棍）与梯框剪切强度试验要求、扭转稳定性试验要求、横拉试验要求、前梯框和后梯框悬臂弯曲试验要求、前后梯框悬臂落下试验要求和梯框扭转及撑杆试验要求；

——取消了折梯水平弯曲试验要求；

——对结构要求、使用要求、试验要求的其他内容进行了全面地修改。

本标准由国家安全生产监督管理总局提出。

本标准由全国安全生产标准化技术委员会归口。

本标准负责起草单位：吉林省安全科学技术研究院、长春工业大学、苏州宝富轻工制品有限公司。

本标准主要起草人：肖建民、郑凡颖、曲生、韩连英、卢杏荣。

本标准所代替标准的历次版本发布情况为：

——GB 12142—1989；

——GB 7059.3—1986。

便携式金属梯安全要求

1 范围

本标准规定了便携式金属梯设计、制造的安全要求、试验要求及安全使用等方面的要求。

本标准适用于各种生产活动中使用的便携式金属延伸梯(二节和三节延伸梯)、便携式金属单梯、便携式金属折梯,也适用于便携式金属组合梯。

2 规范性引用文件

下列文件中的条款通过本标准的引用而成为本标准的条款。凡是注日期的引用文件,其随后所有的修改单(不包括勘误的内容)或修订版均不适用于本标准。然而,鼓励根据本标准达成协议的各方研究是否可使用这些文件的最新版本。凡是不注日期的引用文件,其最新版本适用于本标准。

GB/T 17889.1 梯子 第1部分:术语、型式和功能尺寸

3 术语和定义

本标准采用GB/T 17889.1中的术语及以下术语和定义。

3.1

便携式金属延伸梯 portable metal extension ladder

由两节或三节梯段构成长度可以调节的,主要构件(梯框及踏板或踏棍)为金属材料制造的便携依靠式梯子。

3.2

便携式金属单梯(直梯) portable metal single ladder(straight ladder)

只有一个梯段构成长度不可调节的,主要构件(梯框及踏板或踏棍)为金属材料制造的便携依靠式梯子。

3.3

便携式金属折梯 portable metal stepladder

由前后两部分绞接而成长度不可调节,主要构件(梯框及踏板或踏棍)为金属材料制造的便携自立式梯子,其结构可以是单侧(前面)攀登(如:单面折梯),也可以是双侧攀登(如:双面折梯、支架梯)。

3.4

便携式金属支架梯 portable metal trestle ladder

由两个相同梯段在顶部由铰链联接形成与支撑面相同的角度,长度不可调节,主要构件(梯框及踏板或踏棍)为金属材料制造的便携自立式梯子。

3.5

便携式金属组合梯 portable metal combination ladder

能够作为折梯、单梯或延伸梯使用,主要构件(梯框及踏棍)为金属材料制造的便携式梯子。

3.6

梯框(梯梁) stile(rail)

支撑踏板(或踏棍)或其他横向承载件的梯子侧边构件。

3.7

踏板(踏棍,踏杆) step (rung)

供使用者攀登时脚踩踏的梯子构件。其前后深度大于20 mm且小于80 mm时称为踏棍(踏杆),前后深度等于或大于80 mm时称为踏板。

3.8

梯脚 ladder foot(ladder shoe)

梯子底部与支撑表面接触的部件。

3.9

端帽 end cap

梯段的顶部或延伸梯段的端部用来防护梯框锐边或毛刺的部件。

3.10

顶帽 top cap

便携式金属折梯的最上部的水平部件。

3.11

顶部踏板(踏棍) top step(top rung)

便携式金属折梯顶部表面或顶帽之下的第一级踏板(或踏棍)。当梯子结构上没有顶帽时,顶部踏板(或踏棍)是梯框顶端之下的第一级踏板(或踏棍)。

3.12

撑杆 spreader

在折梯张开时保持其工作角度并防止两部分梯段向外滑移或向内合拢的部件。

3.13

倾角 angle of inclination

两梯框所在平面与水平面之间的夹角。

3.14

工作长度 working length

梯子在预定使用状态时,沿梯框测量的由梯子底部支撑点到顶部支撑点的长度。

3.15

最大工作长度(最大延伸长度) maximum working length(maximum extension length)

延伸梯的可延伸梯段全部延伸到位(保持要求的最小搭接量)时的工作长度。

3.16

最高站立平面 highest standing level

在预定使用状态时,从允许攀登者使用的最高踏板(或踏棍)到梯子底部支撑水平面的垂直距离。

3.17

内侧净宽度 inside clear width

梯子的两梯框内侧突缘间平行于踏板(或踏棍)测量的距离。

3.18

额定载荷 normal load

梯子在预定使用中应能承受的最大载荷,包括攀登者、其携带的材料和工具的重量。

3.19

试验破坏 test failure

由试验导致的梯子结构或其部件可见的损坏,包括皱折、扭曲、剪切、撕裂或断裂等。

3.20

极限破坏 ultimate failure

由试验导致的梯子结构或其部件无法正常使用的严重毁坏。

3.21

可见损坏 visible damage

由目测可清楚辨别确定的损坏。

4 一般要求

4.1 额定载荷

便携式金属梯的额定载荷应不小于 90 kg，并按额定载荷进行标识。按承载能力，梯子的额定载荷可分为 90 kg、100 kg、110 kg、135 kg 四个级别。

4.2 防腐蚀

梯子应尽可能采用耐腐蚀材料制造，否则应进行防腐蚀处理。

4.3 暴露金属表面

梯子暴露的金属表面应避免有锐边、毛刺及其他结构缺陷。

4.4 螺栓连接

螺栓孔应精确冲孔或钻孔，孔加工后不应留有高度大于 0.8 mm 的毛刺。螺纹应露出螺母之外至少 1.5 圈。所有螺母应为锁紧螺母或采用锁紧垫圈，或采用经确认与之等效的方式锁紧。

4.5 铆接

铆钉孔应精确冲孔或钻孔，且孔加工后不应留有高度大于 0.8 mm 的毛刺。所有铆钉应饱满、平滑，没有可见裂纹或开裂，与铆接件间接触不应转动，在铆钉头和铆接件表面之间或由铆钉连接的两个部件之间的间隙应不大于 0.13 mm。

4.6 焊接

所有焊接处应无咬边、裂纹及可见的表面气孔。

4.7 踏板(或踏棍)间距

4.7.1 相邻踏板(或踏棍)的中心间距应不大于 350 mm。

4.7.2 对于金属折梯，当采用限制无意踏入开口措施时或顶部踏板(或踏棍)踩踏表面向内延伸，并与顶帽的前下边缘垂线相交时，顶部踏板(或踏棍)可位于顶帽之下 450 mm。

4.8 踏板(或踏棍)连接

4.8.1 踏板(或踏棍)与梯框应采用刚性连接，连接强度应满足 9.7 和 10.4 规定的试验要求。

4.8.2 半圆形踏棍或平面踏棍与梯框的连接方式应使其上表面在梯子成正常工作位置时保持水平。

4.9 踏板(或踏棍)表面

踏板(或踏棍)的上表面应加工成凹凸波纹形、锯齿形、压花的防滑表面或采用防滑材料涂层。

4.10 金属配件和紧固件

金属配件和紧固件应尽可能选用耐腐蚀材料制造，否则应采用防腐蚀处理。

5 延伸梯和单梯结构要求

5.1 延伸梯和单梯长度

5.1.1 与额定载荷对应的延伸梯梯段和单梯的长度应符合表 1 的要求。

表 1 延伸梯和单梯的长度

额定载荷/kg	梯段长度[a]/m
90	2～5
100	2～7
110	2～9
135	2～9

[a] 规定的长度适用于多段梯中的单段。

5.1.2 延伸梯总长度为一部梯子各梯段的长度总和。两节或三节梯段组成的延伸梯子总长度不应大于 18 m。每个梯段的测量的实际长度应在其标明长度的±13 mm 之内，不包括梯脚或端帽。

5.2　延伸梯和单梯梯宽

延伸梯底段梯框间的最小内侧净宽度应符合表 2 的规定。单梯或延伸梯任何梯段两梯框间的内侧净宽度应不小于 280 mm。长度大于 3 m 的单梯两梯框间内侧净宽度应随长度每增加 0.6 m 而加宽 6 mm。

表 2　底段梯最小内侧净宽度

延伸梯总长度(L)/m	最小内侧净宽度/mm
$L \leqslant 8.5$	355
$8.5 < L \leqslant 12$	380
$L > 12$	455

5.3　搭接

延伸梯完全伸长时,每个梯段与相邻梯段的搭接长度不应小于表 3 规定的数值。

表 3　多节梯的最小搭接量

标称长度(L)/m	最小搭接量/m	
	两节梯	两节以上
$L \leqslant 9.5$	0.85	0.83
$9.5 < L \leqslant 11$	1.15	1.13
$11.0 < L \leqslant 14.5$	1.45	1.43
$14.5 < L \leqslant 18$	1.75	1.73

5.4　限位器

延伸梯应装有强制限位器以实现表 3 规定的搭接量,不应仅靠滑轮定位来限制搭接量。

5.5　导向装置

当采用导向装置实现梯段联锁时,其沿梯框的长度不应小于 32 mm。

5.6　锁定装置

装有锁定装置的梯段,若导致一级踏棍被取消,则应采用永久性标志标明"本梯段不允许分开使用",或设有永久性连接锁定装置,以防该梯段移出。永久性连接锁定装置为需要采用切割、钻削或类似强制方法才能将其卸下的结构。

5.7　梯脚

单梯和延伸梯底段应有防滑梯脚固定在梯框底部或有相应等效的防滑措施。梯脚加强件应能让防滑件自由转动,以便当梯子在预定使用中倾斜时,防滑件能重新正确对正地面。

5.8　端帽

端帽或与之等效的防护锐边、毛刺的措施除应在梯框顶端采用外,还应在以下位置设置:

a)　当顶节或中节梯段在底节梯段前面移动时,装在顶节或中节梯段每个梯框的底部;

b)　当顶节或中节梯段在底节梯段后面移动时,装在底节和中节梯段的顶部。

当有端帽时,其延伸到梯框端部的长度不应大于边框的深度。端帽应符合梯子强度要求,若材料本身不耐腐蚀则应进行防腐蚀处理。

5.9　绳索和滑轮

5.9.1　在不降低踏棍或梯框的强度的情况下,延伸梯可装有与梯子牢固连接的绳索与滑轮。固定滑轮的紧固措施应确保踏棍满足 9.7 规定试验要求。

5.9.2　用于滑轮的绳索应符合下列要求:

a)　直径不小于 8 mm;

b)　具有至少为 2 490 N 的极限拉力。

6 折梯结构要求

6.1 折梯长度

6.1.1 与额定载荷对应的金属折梯的长度应符合表 4 的要求。

表 4 折梯长度

额定载荷/kg	折梯长度/m
90	0.9～2
100	0.9～4
110	0.9～6
135	0.9～6

6.1.2 折梯长度应在 6.1.1 规定范围内，踏板折梯或支架梯的最大长度不应大于 6 m，梯长允差为 ±13 mm。金属折梯的长度沿着梯框测量，包括梯顶和梯脚防滑件，不包括前梯框延长到梯子顶帽之上的部分(如扶手、护栏)。

6.2 折梯梯宽

折梯在顶部踏板(或踏棍)处两梯框间的最小内侧净宽度应不小于 280 mm，梯框与踏板(或踏棍)的水平夹角应不大于 87°。

6.3 踏板和踏棍深度

踏板的前后深度应不小于 80 mm，踏棍前后深度应大于 20 mm。

6.4 折梯倾角

6.4.1 踏板折梯(单面梯)张开到工作位置时前梯段倾角应不大于 73°，后部倾角应不大于 80°。

6.4.2 支架梯、双面梯张开到工作位置时，梯框倾角应不大于 77°。

6.5 踏板(或踏棍)连接

当折梯在工作位置时踏板(或踏棍)应相互平行且水平(允差在 3 mm 以内)。踏板(或踏棍)与梯框用紧固件连接时，应有至少一个紧固件穿透每侧梯框的前部，一个紧固件穿透该梯框后部。底部踏板(或踏棍)应有斜撑加强件或与之等效的加强件。

6.6 梯顶

梯顶的固定至少应有两个紧固件穿透每侧前梯框。后梯腿紧固到梯顶的方式应能让铰链转动灵活。

6.7 桶架

作为踏板折梯整体一部分的桶架的固定应使其在折梯折叠时向上折起。当梯长为 2.4m 或更短时，桶架结构应使其在梯子折叠前先折叠，或者在梯子与桶架同时折叠，折叠时桶架臂不应支出到面向使用者的梯框之外。

6.8 折梯后部

踏板折梯的后部横向支撑可以是踏棍或横档。

6.9 梯脚

梯脚应采用防滑材料制造。防滑表面垂直投影面积不应小于梯框下端截面的投影面积。当采用紧固件固定前部梯脚时，应至少采用两个紧固件，固定后部梯脚应至少采用一个紧固件。

6.10 撑杆(或锁定装置)

折梯应有与梯子为一体的金属撑杆(或锁定装置)，使梯子的前部和后部保持在张开位置。撑杆距底部支撑面的高度应不大于 2 m。当采用两组撑杆时，高度限制仅适用于较低的一组。

7 组合梯结构要求

7.1 组合梯的长度

组合梯的长度应符合表5的规定。当作为折梯使用时，梯长沿着梯子前部梯框的前边缘，由梯脚底部到顶帽的顶端，或当无顶帽时到顶部踏板(或踏棍)测量，允差为±13 mm。当作延伸梯使用时，最大延伸长度应比折梯两部分梯段长度之和小900 mm，允差为±13 mm。

表5 组合梯长度

额定载荷/kg	梯段长度/m
90	1.2～2
100	1.2～3
110	1.2～3
135	1.2～3

7.2 组合梯倾角

组合梯的结构应达到：当作为单面折梯使用处于张开位置时，前部梯段倾角应不大于73°，后部倾角应不大于80°。

7.3 组合梯宽度

在顶部踏板(或踏棍)处测量前部梯框间的最小内侧净宽度应不小于280 mm。在前部梯框与踏板(或踏棍)的水平夹角应不大于80°。延伸段或单梯段两梯框间内侧净宽度应不小于280 mm。

7.4 踏板(或踏棍)

踏板(或踏棍)可用于梯子前部和后部，踏板(或踏棍)表面应平行和水平，允差在3 mm以内。

7.5 踏板深度

可用作踏板折梯使用时，踏板的深度应不小于80 mm。

7.6 桶架

当桶架与组合梯为一体，且其结构应作到当梯子折叠时，桶架能向上折起到梯子之中。

7.7 梯脚

梯框底部应安装防滑梯脚，其次防滑表面尺寸不应小于梯框底端截面的投影面积。

7.8 撑杆(或锁定装置)

组合梯应有与梯子为一体金属撑杆(或锁定装置)，以确保梯子前后部分保持在张开位置。撑杆距底部支撑表面高度应不大于2 m。

7.9 限位器

当组合梯用作延伸梯用时，应有可靠的装置定位及锁定，以使其长度不大于标明的最大工作长度。

7.10 端帽

当梯框外表面未采用非金属材料包覆时，在组合梯每侧梯框上端应装有端帽。

8 使用要求

8.1 选择

8.1.1 延伸梯、单梯及踏板折梯只允许单人单侧使用。支架梯、双面梯允许单人双侧(前后面)分别使用。

8.1.2 应根据预定使用中的最大工作载荷选择适当额定载荷的梯子，并确保梯子在使用中不会过载。

8.1.3 在工作现场对梯子的工作长度产生限制，若延伸梯或单梯较长不能在倾角75°架设时，为了防止梯子底部的滑移，应选用较短的梯子。

8.1.4 应根据预定使用中的最大工作高度选择适当尺寸的折梯，最大工作高度为最高站立平面高与使用者的身高之和。

8.2 使用

8.2.1 预定使用

8.2.1.1 梯子应在其设计预定的使用范围内使用。

8.2.1.2 除非专门设计成多人使用，便携式梯子不应同时由一人以上攀登。

8.2.1.3 折梯不应作为单梯(直梯)使用或在合拢状态使用。

8.2.1.4 组合梯作折梯使用时，不应从其后梯段攀登。

8.2.2 攀登和工作位置

8.2.2.1 使用者应在靠近踏板(或踏棍)中部攀登或工作。

8.2.2.2 使用者不应踏在或站立在高于梯子标明的最高站立平面以上的踏板(或踏棍)上。使用者不应踏在或站立在以下位置：

a) 折梯顶帽和折梯或支架梯顶部踏板(或踏棍)，或梯子的桶架上；

b) 单面折梯后部横档上。

8.2.3 架设倾角

延伸梯和单梯应与水平面倾斜 75°架设，以实现最佳的防滑移效果、梯子承载状态和攀登者的平衡。将梯子架设为 75°倾角的方法是使梯子底部到墙或顶部支撑面的水平距离等于梯子有效工作长度的 1/4(即 1/4 长度规则)。

8.2.4 梯脚支撑

梯子底部应放置在牢固的水平支撑表面上。在没有适当措施防止滑移时，梯子不应用在冰、雪或光滑的表面上使用。在使用没有安全靴、马刺、道钉状或类似防滑装置的梯子时，可采用梯脚板或类似装置来实现梯脚的防滑。梯子不应放置在不稳定基础上以获得附加高度。

8.2.5 顶部支撑

延伸梯和单梯顶部放置时应使两梯框同时与支撑面靠紧。当梯子顶部支撑是柱、灯杆、建筑墙角或靠在树上作业时，可采用单梯框支撑附件进行固定。

8.2.6 避免侧向承载

便携梯子不允许侧向承载，使用者应保持身体靠近梯子工作。

8.2.7 梯子攀登

8.2.7.1 当上下梯子时，使用者应面向梯子并始终保持与梯子三点接触(双手和双脚四点中的三点)状态。使用者不应从侧面攀上梯子，不应从一部梯子攀到另一部梯子，不应从晃动平面攀上梯子。

8.2.7.2 当延伸长度不够时，使用者应下到地面重新调整梯子。使用者在梯子上时，不应有推、拉梯子的动作。

8.2.8 电气危险

8.2.8.1 当梯子靠近电气线路使用时，使用者应采取可靠的安全措施。这些安全措施应能防止使用者与任何带电、未绝缘的电路或导体可能的接触，避免电击触电。

8.2.8.2 除专门设计用于电气线路使用的梯子外，金属梯不应在可能与带电线路接触场合使用。在使用者头部上方有带电线路的场合使用梯子时，操作者应与带电线路保持安全距离。

8.2.9 非正常使用

梯子不应被用作支撑物、滑道、杠杆、拉杆或中央立柱、跳板、平台、脚手架板、材料起吊器或任何其他非预定的用途。梯子不应架设在脚手架之上以获得附加的高度。

8.2.10 在上方平面进入或离开梯子

当使用梯子进入高处平面(屋顶或平台)时，梯子应延伸到进入平面上方 1 m。在上方平面进入或离开梯子前，应确保梯子与上方平面可靠固定。使用者在上方平面进入或离开梯子时要避免动作过猛引起梯子侧向倾倒或梯脚滑移。

8.2.11 **梯子架设与调整**

8.2.11.1 延伸梯应架设成使其顶段(延伸梯段)在底段之上,踏棍锁啮合到位。顶段可以在底段之前或之后,取决于结构形式。在延伸梯段曾作为单梯使用过的情况下,架设时应确认在使用前梯段正确装配,锁定装置啮合到位。

8.2.11.2 延伸梯只能由使用者在梯子底部支撑面上进行调整,以便能观察到锁定装置的正确啮合。使用者应检查绳索沿滑轮的正确滑动。不应从梯子顶部(或在锁定装置之上)调整梯子的长度。

8.2.11.3 架设折梯时应确保梯子完全张开,撑杆锁定,各梯脚均与稳固的水平支撑表面相接触。

8.2.12 **梯子重新定位**

当有人在梯子上时,不应挪动梯子进行重新定位。

8.2.13 **强静电区域使用**

在强静电场区域应使用专门设计的静电接地(或消除)的金属梯,以防止使用者受到电击。

8.3 **维护**

8.3.1 **检查**

在梯子购置接收及投入使用前应进行全面检查,投入使用后应进行定期全面检查及每次使用前检查。当发现梯子结构损坏或其他可能导致危险的缺陷时,应将梯子报废或由具备资质的技术人员检修。

8.3.1.1 **翻倒及其他冲击损坏**

发生翻倒或受其他冲击后应检查梯子是否有梯框凹进或弯曲,踏板(或踏棍)过度弯曲。所有金属配件以及踏板(或踏棍)、梯框连接件及部件应进行全面检查。

8.3.1.2 **接触高温**

在接触高温(如靠近火焰)后,梯子强度可能降低,应先检查其是否损坏,对延伸梯和单梯还可进行偏转试验、梯框侧向弯曲试验和踏棍扭转试验,确认符合安全要求后方可使用。

8.3.1.3 **腐蚀性物质**

如果梯子接触到某些酸性或碱性物质,可能受到化学腐蚀而降低强度。在使用前咨询制造厂家或有资质的技术人员。

8.3.1.4 **油和腊**

梯子的攀登或抓握表面应避免有油、腊等易打滑材料。

8.3.1.5 **绳索和滑轮**

绳索和滑轮应定期检查、检测,以确保它们能正常操作,如果发现磨损或有缺陷,应及时更换。

8.3.2 **损坏的梯子**

损坏或弯曲的梯子应作明显标识后停止使用,并由有资质的技术人员修复或将其报废。

8.3.3 **运输**

由机动车运输梯子时应对其正确支撑。支撑物宜为木材或橡胶覆盖的铁管,以减少磨损和路面冲击的影响,应确保梯子与每个支撑件良好接触以减少路面冲击引起损坏。

8.3.4 **存放**

梯子停用时,应存放在专用的放置支架上。支架要有足够的支撑点以避免梯子受重力作用弯曲下垂。梯子存放时,其他材料不应放在其之上。

8.3.5 **日常维护**

金属配件、易损件和其他附件应定期检查以保持其正常工作状态。所有可转动连接及踏棍锁滑动表面要经常润滑。若连接螺栓或铆钉缺失,踏板(或踏棍)与梯框间的连接松动,应修复正常后方可使用。梯框底部防滑件过度磨损、损坏或缺失时应及时更换。

9 延伸梯和单梯试验要求

9.1 水平弯曲强度试验

9.1.1 按9.1.2～9.1.4规定进行试验，两梯框最大平均弯曲变形量不应大于表6规定的值。

9.1.2 水平弯曲强度试验的试件为整梯，将试验梯放在水平位置，支撑位置距梯框端部150 mm。当试验延伸梯时，试件伸长到要求的最小搭接量和最大延伸长度。可采用不增加梯子强度的辅助措施保持锁定装置在试验期间的啮合，以防止延伸段相对于底段运动。两端支撑棒直径为25 mm，其设置应允许在加载期间随着试件的弯曲，一端或两端支撑棒可沿梯子纵向平移以使支撑点距梯框端点距离保持为150 mm。试验载荷（或预加载荷）借助宽90 mm的加载块加在试件跨度中心的踏棍中心（见图1）。加载块应采用不会对加载局部造成破坏的材料制作。

9.1.3 先预加载荷调节梯子，按表7规定将预加载荷加到梯子上，持续至少1 min卸载。以此时梯框的相对位置作为测量变形量的参考点。

9.1.4 符合表7规定的水平弯曲强度试验载荷，施加到试件跨度中心持续至少1 min。在试验载荷施加前和施加时，垂直于地面或其他参考面分别测量两梯框的变形量。

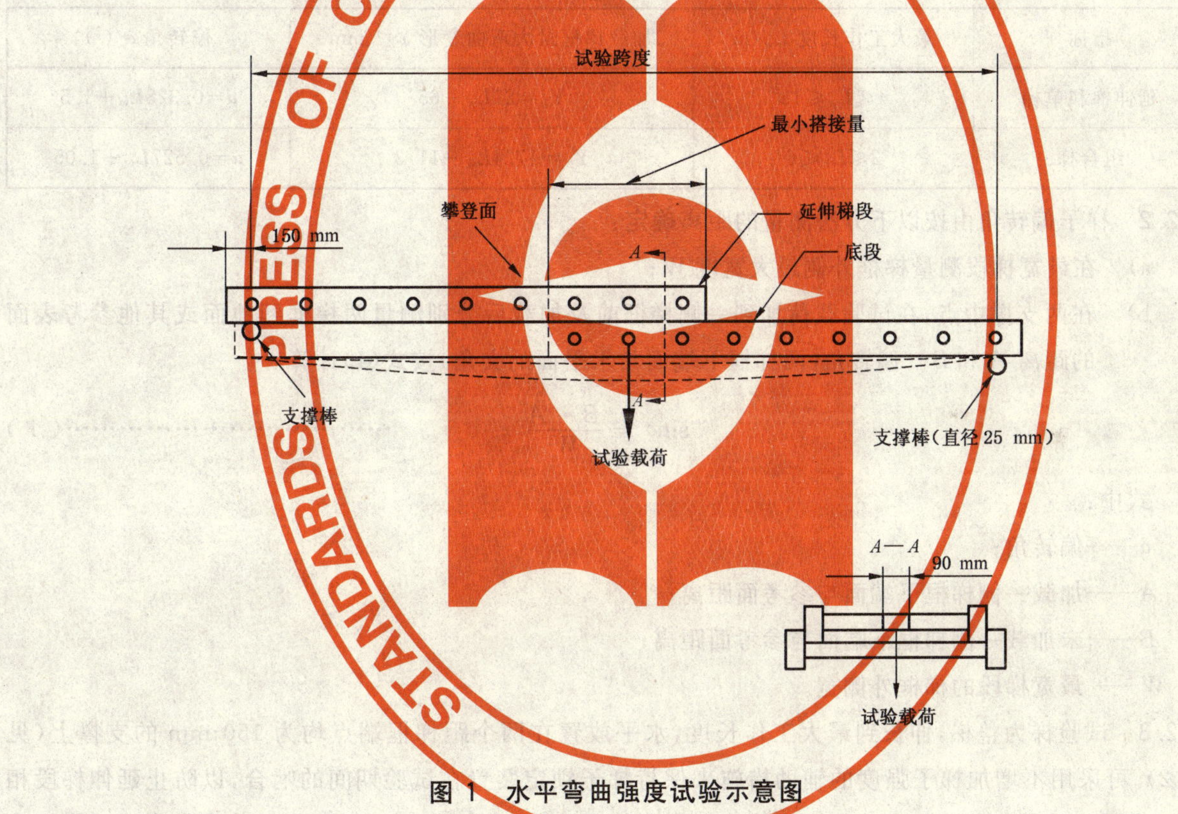

图1 水平弯曲强度试验示意图

表6 水平弯曲强度试验中最大允许平均变形量

最大工作长度（总长减最小搭接量）L_w/m		最大允许平均变形量 Y_1/mm
2节梯	3节梯	
$L_w \leqslant 10$	—	$Y_1 = 67L_w - 93$
$L_w > 10$	—	$Y_1 = 72L_w - 136$
—	$L_w \geqslant 8$	$Y_1 = 73L_w - 142$
注：单梯采用二节延伸梯的方法确定最大允许变形量。		

9.1.5 按 9.1.6 规定施加极限试验载荷，梯子应能承受该载荷而不出现极限破坏。

9.1.6 符合表 7 规定的极限试验载荷施加到梯子，持续至少 1 min 卸载，检查是否出现极限破坏。

表 7 水平弯曲强度试验载荷

额定载荷/kg	预加载荷/N	水平弯曲强度试验载荷/N	极限试验载荷/N
135	990	1 324	1 657
110	809	1 079	1 348
100	735	981	1 226
90	662	883	1 103

9.2 偏转试验

9.2.1 按 9.2.2～9.2.4 规定进行试验，加载一侧梯框的最大弯曲变形及偏转角均不应大于表 8 规定的值。

表 8 最大弯曲变形和偏转角

指标	最大工作长度 L_w/m	加载梯框最大弯曲变形 Y_2/ mm	偏转角 α/(°)
延伸梯和单梯	$4 \leqslant L_w \leqslant 18$	$Y_2 = 21L_w - 65$	$\alpha = 0.328L_w + 1.5$
组合梯	$2 \leqslant L_w \leqslant 6$	$Y_2 = 17.4L_w - 11.3$	$\alpha = 0.527L_w + 1.05$

9.2.2 梯子偏转角由按以下方法测量的距离确定：

a) 在最宽梯段测量梯框外侧最大宽度 W；

b) 在两支撑中点，在试验载荷加到一侧梯框前及加载后分别测量两梯框到地面或其他参考表面的距离 A 和 B。偏转角(两梯框下端面与水平面的夹角)按式(1)计算。

$$\sin\alpha = \frac{B - A}{W} \quad \cdots\cdots(1)$$

式中：

α——偏转角；

A——加载一侧梯框下端面与参考面距离；

B——未加载一侧梯框下端面与参考面距离；

W——最宽梯段的梯框外侧宽。

9.2.3 试验梯为整梯，伸长到最大工作长度，水平放置在两个距梯框端点均为 150 mm 的支撑上(见图 2)。可采用不增加梯子强度的辅助措施来保持梯子锁定装置在试验期间的啮合，以防止延伸梯段相对于底段的移动。载荷加在位于两支撑跨度中点踏棍上宽 90 mm 的加载块上，加载部位中心距梯框内缘 45 mm。首先预加载荷调节梯子，施加 132 N 预加载荷持续至少 1 min，然后卸载。

9.2.4 相对于额定载荷为 90 kg、100 kg、110 kg 和 135 kg 的偏转试验载荷分别为 221 N、245 N、265 N和 309 N。将试验载荷加在加载位置(见图 2)，加载状态下分别测量两梯框下端面与参考面的距离。全部测量应在最宽梯段的最外侧进行。

9.2.5 对另一侧梯框重复 9.2.3～9.2.4 的试验。

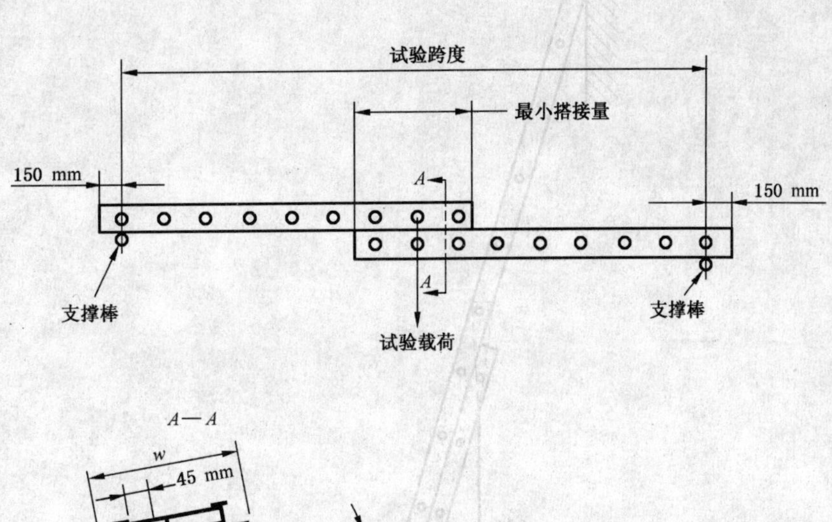

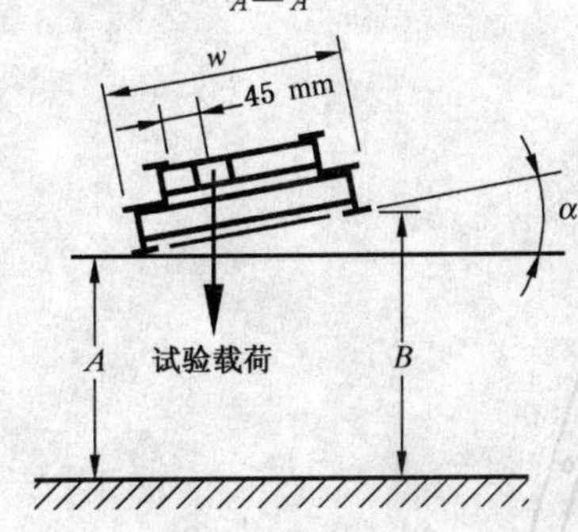

图 2　偏转试验示意图

9.3　倾斜载荷试验

9.3.1　按 9.3.2～9.3.3 规定进行试验，梯子应能承受表 9 规定的载荷而不发生极限破坏，允许试验引起的永久变形。

9.3.2　试验梯为整梯，延伸到最大工作长度，放置位置如图 3 所示，梯子顶部靠垂直平面支撑，梯子底部靠水平面支撑。梯子与水平面间倾角为 75°。加载方法应使试验载荷均布在梯子搭接部分以上的延伸梯段最低踏棍上，加载部位两端与两梯框内侧均保持 3 mm～6 mm 的相等水平距离。

表 9　倾斜载荷试验的载荷

额定载荷/kg	试验载荷/N
135	4 315
110	4 315
100	3 923
90	3 530

9.3.3　按表 9 规定的试验载荷垂直向下施加到搭接部分以上延伸段最低踏棍上，持续至少 1 min 卸载，检查是否出现极限破坏。

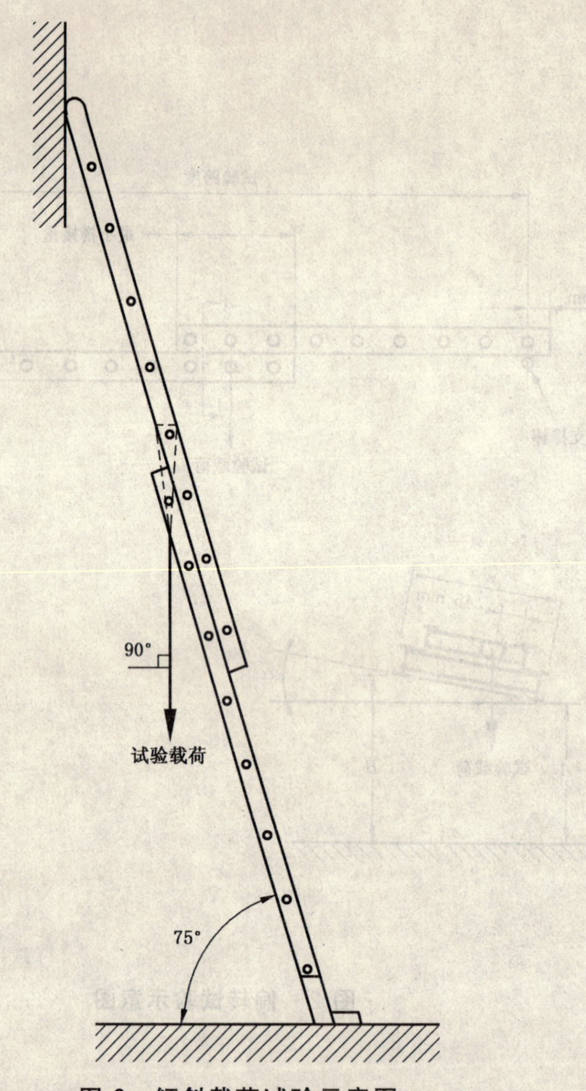

图 3 倾斜载荷试验示意图

9.4 金属配件载荷试验

9.4.1 梯子经过 9.4.2～9.4.3 规定的试验后不应出现永久变形或试验破坏。

9.4.2 试验梯为整梯或满足试验条件的较短试件。当使用整梯时，延伸段伸长到梯子为最小工作长度之外露出一级踏棍的最小延伸量。较短试件应包括延伸梯底段和带有全部金属配件的延伸段一部分。

9.4.3 梯子放置成与水平面倾角 75°，并将两锁啮合。加载方法应使试验载荷均布在梯子搭接部分以上的延伸梯段最低踏棍上，加载部位两端与两梯框内侧均保持 3 mm～6 mm 的相等水平距离。按表 10 规定的载荷垂直向下施加梯子上(见图 4)，持续至少 1 min 卸载，检查是否出现永久变形及试验破坏。

表 10 金属配件试验及单锁试验载荷

额定载荷/kg	金属配件试验载荷/N	单锁试验载荷/N
135	5 296	4 315
110	4 315	4 315
100	3 923	3 923
90	3 530	3 530

9.5 单锁载荷试验

9.5.1 每侧锁均应能承受 9.5.2～9.5.3 规定的试验而无永久变形或试验破坏，允许梯子的其他部件出现永久变形，加载踏棍即使出现永久变形，也应能在加载后继续支撑试验载荷。

9.5.2　试验梯为整梯或满足试验条件的较短试件。当使用整梯时,延伸段伸长到梯子为最小工作长度之外露出一级踏棍的最小延伸量。较短试件应包括延伸梯底段和带有全部金属配件的延伸段一部分。

9.5.3　试验梯放置成与水平面倾角 75°,并卸下一侧锁。加载方法应使试验载荷均布在梯子搭接部分以上的延伸梯段最低踏棍上,加载部位两端与两梯框内侧均保持 3 mm～6 mm 的相等水平距离。按表 9规定的试验载荷垂直向下施加到搭接部分以上延伸段踏棍上(见图 4),持续至少 1 min 卸载,检查是否出现永久变形及试验破坏。对另一侧锁,重复 9.5.2～9.5.3 规定的试验。

图 4　金属配件试验和单锁试验示意图

9.6　踏棍强度试验

9.6.1　按 9.6.2～9.6.3 规定进行试验,踏棍应能承受试验载荷不发生极限破坏。踏棍的永久变形不应大于表 11 规定的值。

9.6.2　试件取自梯子宽度最大部位,至少包含三级踏棍。当采用包含三级踏棍的试件时,试验载荷应加在中间踏棍上。当以单梯或单节梯段为试件时,试验载荷应加在由梯子底部算起的第三或第四级踏棍上。

9.6.3　试件放置成与水平面倾角 75°,符合表 11 规定的试验载荷借助宽 90 mm 的加载块,施加到踏棍的中心位置(见图 5),持续至少 1 min,卸载后检查是否出现极限破坏,并测量最大永久变形。当踏棍采用多种结构或多种材料时,应对每种结构和材料的踏棍分别进行以上试验。

表 11 踏棍强度试验

额定载荷/kg	踏棍强度试验载荷/N	最大允许永久变形/mm
135	3 969	$W/25$
110	3 234	$W/50$
100	2 940	$W/75$
90	2 646	$W/100$
注：W 表示梯框内侧踏棍净宽度。		

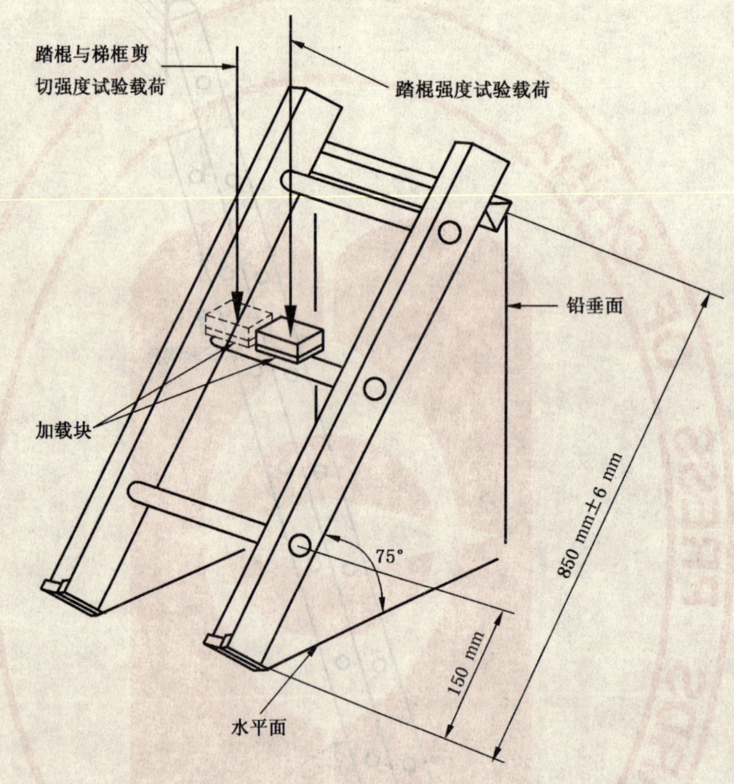

图 5 踏棍强度试验和踏棍与梯框剪切强度试验示意图

9.7 踏棍与梯框剪切强度试验

9.7.1 按 9.7.2～9.7.4 规定试验后，梯框、梯框与踏棍连接件均不应出现极限破坏。

9.7.2 试验梯应为带有至少三级踏棍的梯段。

9.7.3 试验梯放置成 75°倾角。将等于额定载荷 3 倍的试验载荷施加到宽 90 mm 的加载块上，加载块置于中间踏棍的尽可能靠近一侧梯框处（见图 5），持续至少 1min 卸载，检查是否出现极限破坏。当梯子采用一种以上结构或多种材料时，应对每种结构及材料重复进行以上试验。

9.7.4 当以单梯或单节梯段为试件时，试验载荷应加在由梯子底部算起的第三或第四级踏棍上。

9.8 踏棍扭转试验

9.8.1 按 9.8.2～9.8.4 规定进行试验，踏棍与梯框在连接处不应发生相对位移，踏棍中心与梯框间的相对转动角度应不大于 9°。

9.8.2 试件为单个梯段或包含至少一级踏棍和其两侧梯框组成的试件（见图 6）。踏棍和两侧梯框连接处周围涂以模具蓝或类似材料，并在踏棍两端连接位置，沿着踏棍并通过踏棍连接处直到梯框划出位移参考线。

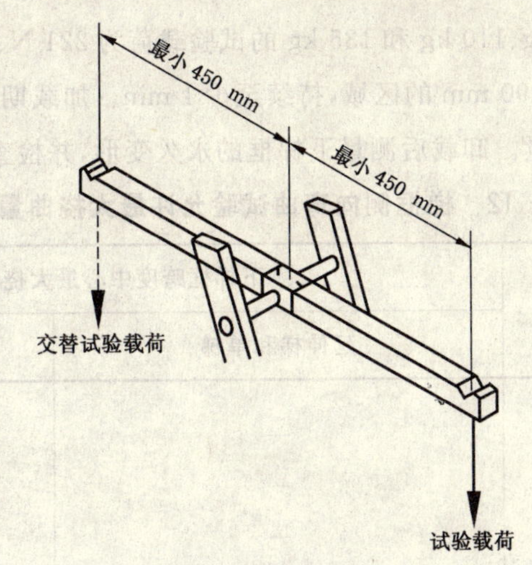

图 6 踏棍扭转试验示意图

9.8.3 扭转试验载荷应借助固定在踏棍中心宽 90 mm 的夹具上的扭矩臂施加，夹具应采用不会对加载局部造成破坏的材料制作。扭矩臂的长度可以调节，使其达到要求的扭转试验载荷，但调节扭矩臂时其长度不应小于 450 mm。

9.8.4 扭转试验载荷按每次 34 N·m 递增，加至 102 N·m。扭转载荷先顺时针方向加载，卸载后再逆时针加载，共进行 10 个加载循环。加载期间，检查踏棍与梯框连接处是否有相对位移，并测量在踏棍中心处相对于两端的参考线的转动角度。

9.9 梯框侧向弯曲试验

9.9.1 进行 9.9.2～9.9.4 规定的试验后，梯框最大永久变形不应大于梯框有效跨度 1/1 000，同时不应出现任何试验破坏。施加试验载荷时，下梯框跨度中心最大挠曲量不应大于表 12 的规定。

9.9.2 试验梯为单梯整梯或取自延伸梯的一个梯段。当底段和延伸段梯框的横截面不同时，两部分梯段分别试验。

9.9.3 将试验梯侧立，放置在距梯段两端均为 150 mm 的两个支撑上，梯框位于水平面内，踏棍位于垂直面内，且与地面成直角(见图 7)。

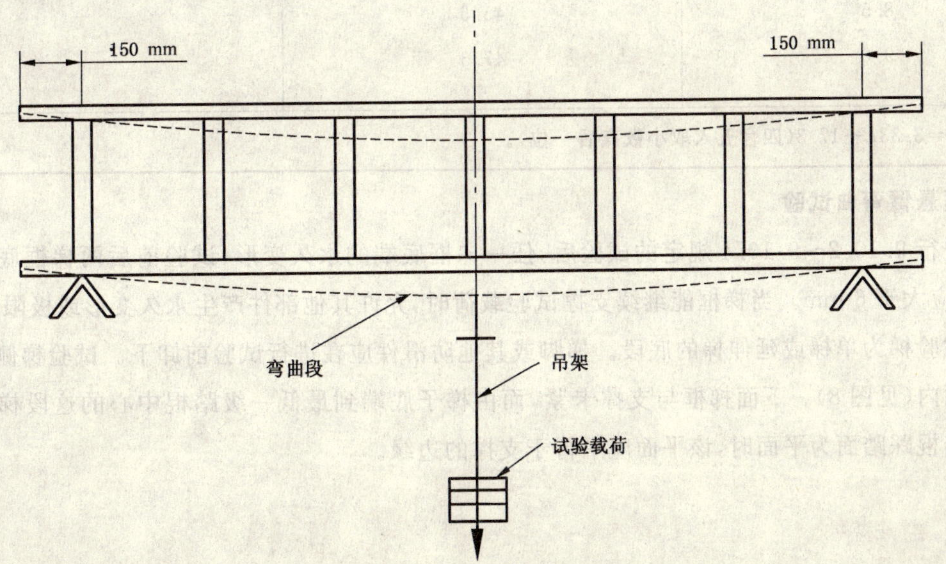

图 7 梯框侧向弯曲试验示意图

9.9.4 先施加 132 N 预加载荷调节试验梯，持续至少 1 min 卸载，以此时梯框的相对位置作为参考点。相对应于额定载荷 90 kg、100 kg、110 kg 和 135 kg 的试验载荷为 221 N、245 N、265 N 和 309 N 施加到试验梯下梯框的跨度中心处，宽 90 mm 的区域，持续至少 1 min。加载期间测量下梯框跨度中心相对于地面或其他参考面的最大挠曲量。卸载后测量下梯框的永久变形，并检查是否出现试验破坏。

表 12 梯框侧向弯曲试验允许最大挠曲量

试验梯段长(L)/m	下梯框跨度中心最大挠曲量(Y_3)/mm	
	延伸梯和单梯	组合梯
1.2	—	21.3
1.5	—	22.3
1.8	—	23.3
2.0	24.0	24.0
2.5	25.6	25.6
3.0	27.3	27.3
3.5	29.0	—
4.0	30.6	—
4.5	32.3	—
5.0	34.0	—
5.5	35.6	—
6.0	37.3	—
6.5	38.9	—
7.0	40.6	—
7.5	42.3	—
8.0	43.9	—
8.5	45.6	—
9.0	47.3	
注：$Y_3=3.33L+17.3$(四舍五入取小数点后一位)。		

9.10 梯框悬臂弯曲试验

9.10.1 进行 9.10.2～9.10.4 规定的试验后，任一梯框底端的永久变形(试验前后两梯框底端间宽度之差)均不应大于 6 mm。当梯框能继续支撑试验载荷时，允许其他部件产生永久变形或极限破坏。

9.10.2 试验梯为单梯或延伸梯的底段。梯脚或其他防滑件应在进行试验前卸下。试验梯侧立使踏棍位于垂直面内(见图 8)。下面梯框与支撑卡紧，而由梯子底端到最低一级踏棍中心的这段梯框不接触支撑。当踏棍踩踏面为平面时，该平面应平行于支撑的边缘。

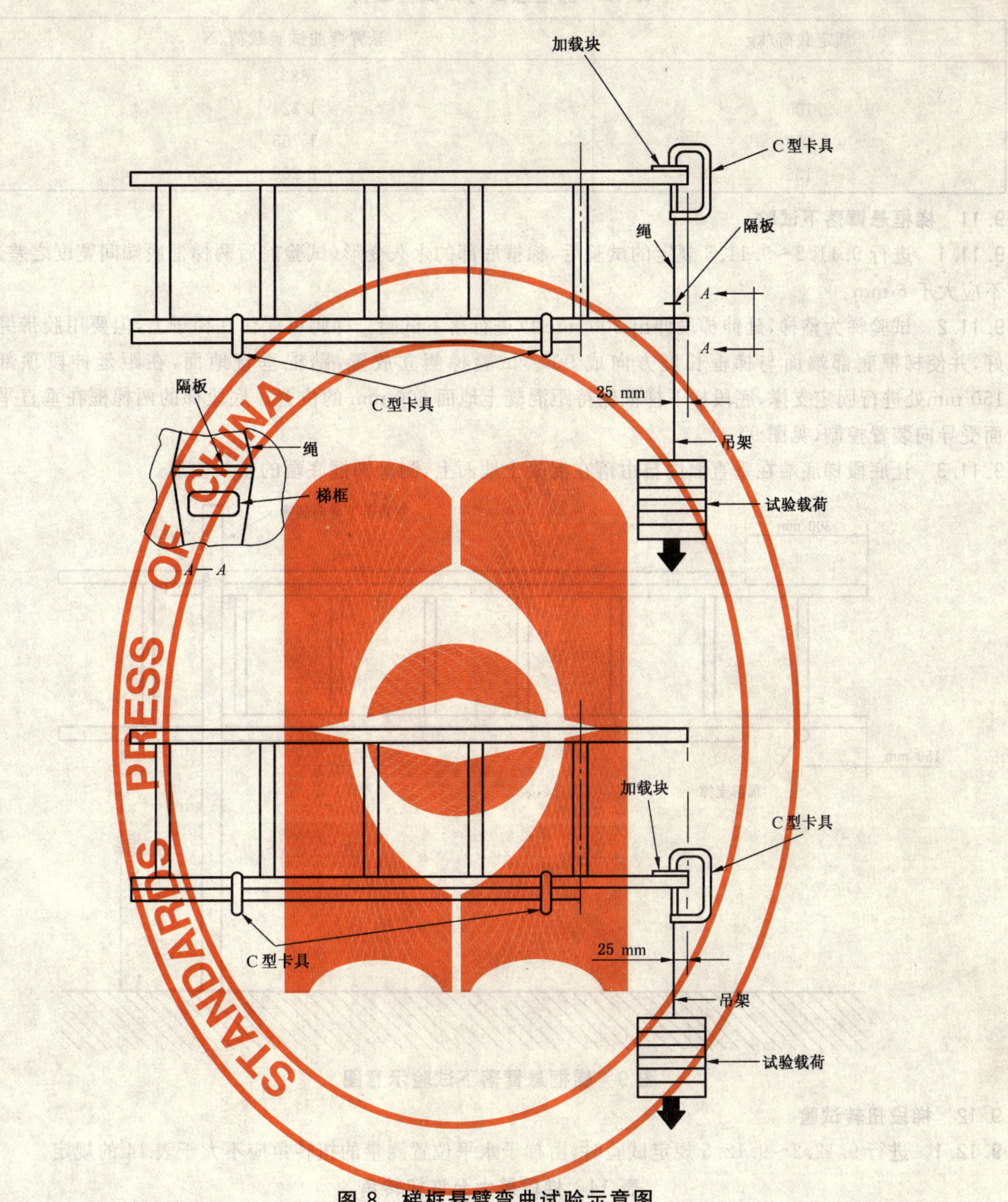

图 8　梯框悬臂弯曲试验示意图

9.10.3　按表 13 规定的载荷施加到上面梯框的最底端边缘。载荷施加到宽为梯框突缘间的总宽，长为 50 mm 的加载块中心，加载块一端与梯框底端对齐，由 C 形卡具卡紧定位。载荷与 C 形卡具的连接点在试验梯框腹板之下不大于 50 mm。加载持续至少 1 min，卸载后测量加载梯框底端的永久变形量。

9.10.4　按 9.10.3 的方法对下面梯框进行同样的试验。

表 13 梯框悬臂弯曲试验载荷

额定载荷/kg	悬臂弯曲试验载荷/N
90	883
100	1 324
110	1 765
135	2 206

9.11 梯框悬臂落下试验

9.11.1 进行 9.11.2～9.11.3 规定的试验后，梯框底部的永久变形（试验前后两梯框底端间宽度之差）不应大于 6 mm。

9.11.2 试验梯为整梯，延伸梯段伸出 300 mm 以进行落下试验。梯脚可保留在梯子上，但要用胶带缠好，并使梯框底部端面与梯框长度方向成 90°。试验梯侧立放置，踏棍垂直地面，在距延伸段顶部 150 mm处进行固定支撑，底段梯下梯框保持距混凝土地面 600 mm 的位置。底段梯的两梯框在垂直平面受导向装置控制（见图 9）。

9.11.3 让底段梯底端在垂直面内自由落在混凝土地面上，测量梯框底端的永久变形。

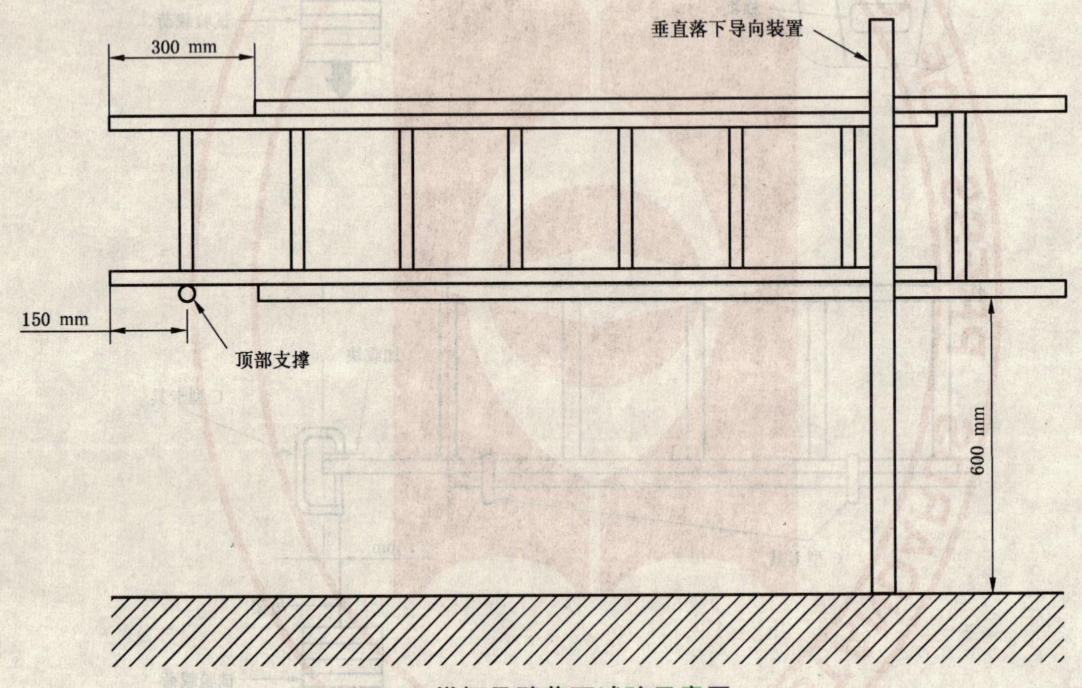

图 9 梯框悬臂落下试验示意图

9.12 梯段扭转试验

9.12.1 进行 9.12.2～9.12.5 规定试验时，由梯子水平位置测量的扭转角应不大于表 14 的规定。

表 14 梯段最大允许扭转角

额定载荷/kg	最大允许扭转角/(°)	最大允许扭转角/rad
135	14	0.24
110	18	0.31
100	20	0.35
90	22	0.38

9.12.2 试验梯至少长 2.4 m，水平放置，两端水平支撑中心距为 2.1 m，支撑一端固定，另一端可转动（见图 10）。

9.12.3 先施加 68 N·m 顺时针方向的预载荷后卸载，以此时的位置作为测量扭转角的参考点。

9.12.4 施加 136 N·m 的扭转试验载荷，扭矩先顺时针加载，然后逆时针方向加载。扭矩可借助扭矩扳手施加，或通过将试验载荷交替施加到可转动安装架的每一端实现。

9.12.5 在梯段加载一端分别测量顺时针加载时及逆时针加载时的扭转角。

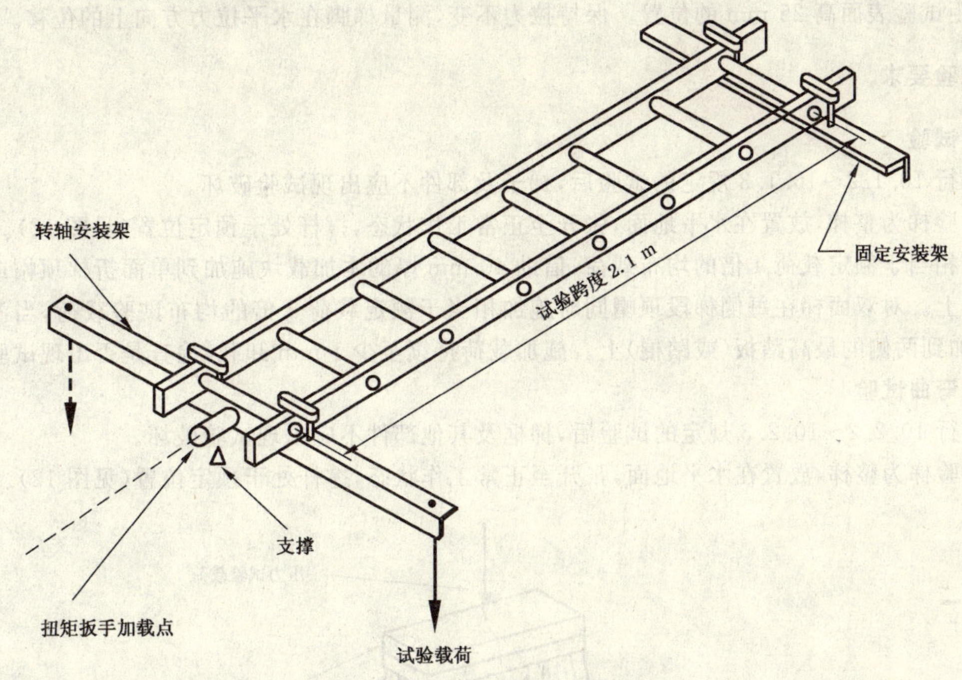

图 10 梯段扭转试验示意图

9.13 梯脚滑移试验

9.13.1 进行 9.13.2～9.13.4 规定的试验时，梯子底部在水平拉力方向上的位移不应大于 6 mm。

9.13.2 试验梯为 5m 的延伸梯，处于完全延伸状态，如图 11 所示。

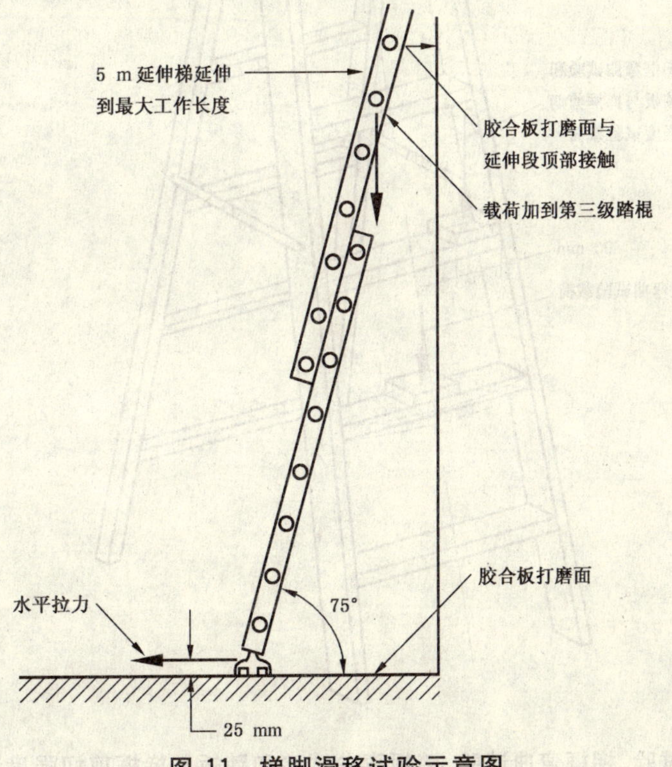

图 11 梯脚滑移试验示意图

9.13.3 试验表面为用320目砂纸打磨过的胶合板(或木板)。胶合板的打磨面与梯子的顶部和底部接触。在延伸梯段上端的垂直板木纹成垂直向下。在底段梯下的水平板木纹与水平拉力方向平行。

9.13.4 与额定载荷相等的均布载荷加在延伸梯段顶部起第三级踏棍上。220 N的水平静拉力施加到梯子底部,距试验表面高25 mm的位置。保持拉力不变,测量梯脚在水平拉力方向上的位移。

10 折梯试验要求

10.1 压力试验

10.1.1 进行10.1.2~10.1.3规定的试验后,梯子及部件不应出现试验破坏。

10.1.2 试验梯为整梯,放置在水平地面,张开至正常工作状态,撑杆处于预定位置(见图12)。

10.1.3 将相当于额定载荷4倍的均布载荷,借助40 mm厚的木加载块施加到单面折梯顶帽或最高踏板(或踏棍)上。对双面梯在每侧梯段顶帽同时施加相当于额定载荷2倍的均布试验载荷,当没有顶帽时,载荷施加到两侧的最高踏板(或踏棍)上。施加载荷持续至少1 min卸载,检查是否出现试验破坏。

10.2 梯框弯曲试验

10.2.1 进行10.2.2~10.2.3规定的试验后,梯框及其他部件不应出现试验破坏。

10.2.2 试验梯为整梯,放置在水平地面,张开至正常工作状态,撑杆处于预定位置(见图12)。

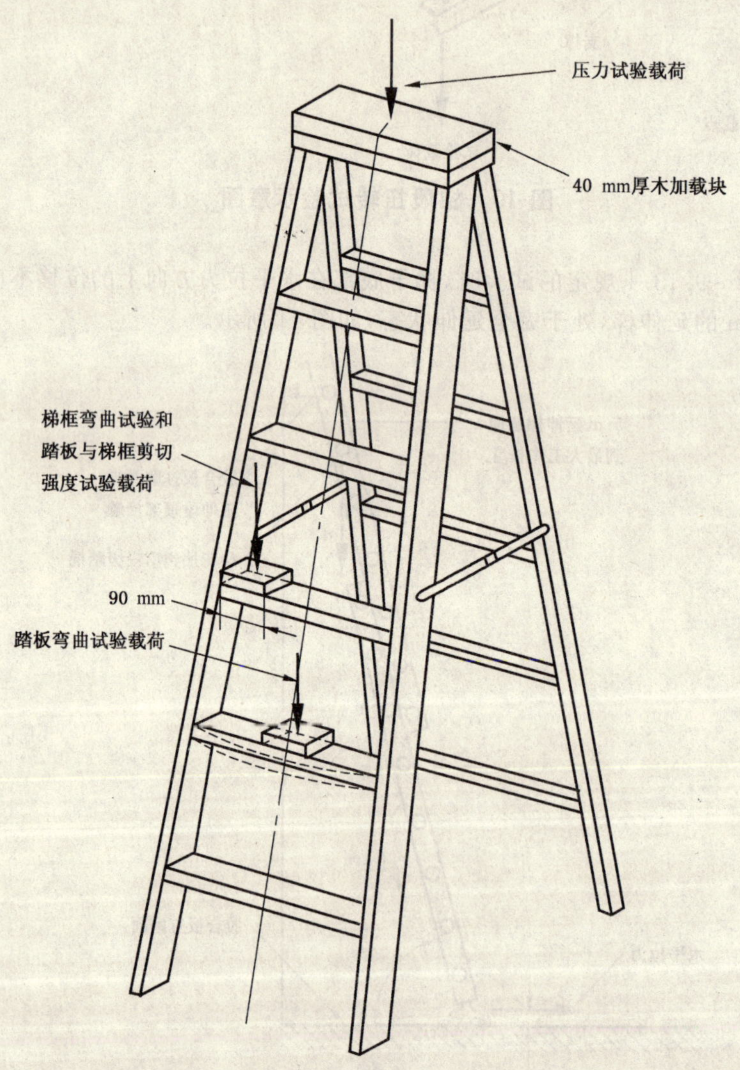

图12 压力试验、梯框弯曲试验、踏板弯曲试验和踏板与梯框剪切强度试验示意图

10.2.3 将相当于额定载荷4倍的试验载荷施加到放在中间踏板(或踏棍)上左右宽为90 mm,前后深不小于中间踏板(或踏棍)总深度,靠近一侧梯框的加载块上,持续至少1 min卸载,检查是否出现试验破坏。最高踏板(或踏棍)下一级也要进行此试验。

10.3 踏板(或踏棍)弯曲试验

10.3.1 进行10.3.2～10.3.4规定的试验后,踏板(或踏棍)不应出现极限破坏。踏板(或踏棍)的永久变形不应大于表15的规定。

10.3.2 试验梯为整梯,放置在水平地面,张开至正常工作状态,撑杆处于预定位置(见图12)。

10.3.3 表15规定的试验载荷施加到放在最长或最低踏板(或踏棍)中心左右宽为90 mm,前后深不小于踏板(或踏棍)总深度的加载块上,持续至少1min卸载,检查是否出现试验破坏,并测量踏板(或踏棍)的永久变形。

10.3.4 对没有斜撑加强件的最长踏板(或踏棍)也要进行以上试验。当踏板(或踏棍)采用多种结构或多种材料时,应对每种结构和材料分别进行以上试验。

表15 踏板(或踏棍)弯曲试验载荷及允许变形

额定载荷/kg	踏板(或踏棍)弯曲试验载荷/N	最大允许永久变形/mm
135	3 969	$W/25$
110	3 234	$W/50$
100	2 940	$W/75$
90	2 646	$W/100$
注:W表示梯框内侧踏棍净宽度。		

10.4 踏板(或踏棍)与梯框剪切强度试验

10.4.1 进行10.4.2～10.4.3规定的试验后,梯子及部件不应出现试验破坏。

10.4.2 试验梯为整梯,放置在水平地面,张开至正常工作状态,撑杆处于预定位置(见图12)。

10.4.3 将相当于额定载荷3倍的试验载荷施加到放在有斜撑加强件的最长踏板(或踏棍)和无斜撑加强件的最长踏板(或踏棍)上的左右宽为90 mm,前后深不小于踏板(或踏棍)总深度靠近一侧梯框的加载块上,持续至少1min卸载,检查是否出现试验破坏。当踏板(或踏棍)采用多种结构或多种材料时,应对每种结构和材料分别进行以上试验。

10.5 侧向、前向和后向稳定性试验

10.5.1 进行10.5.2～10.5.6规定的试验,梯子不应翻倒,其部件不应出现试验破坏。

10.5.2 试验梯为整梯,放置在水平地面,张开至正常工作状态,撑杆处于预定位置(见图13)。带有桶架的梯子要让桶架在使用位置。

10.5.3 先将883 N均布静载荷加在顶部起第二级踏板(或踏棍)或折梯工作平台上。保持静载荷不变,分别施加侧向、前向及后向水平拉力。

10.5.4 将88 N水平拉力施加到顶帽几何中心,顶部表面之上不大于13 mm处,向左和向右分别加载。

10.5.5 将110 N水平拉力施加到顶帽几何中心,顶部表面之上不大于13 mm处,朝向梯子的前方。

10.5.6 将200 N水平拉力施加到顶帽几何中心,顶部表面之上不大于13 mm处,方向向后。

10.5.7 按10.5.2～10.5.6规定进行试验后,检查是否出现试验破坏。

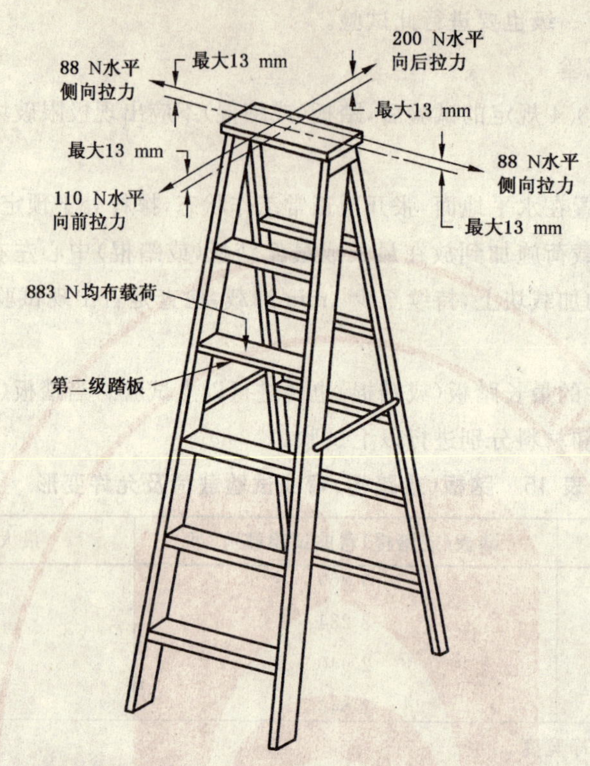

图 13 侧向、前向和后向稳定性试验示意图

10.6 扭转稳定性试验

10.6.1 进行10.6.2～10.6.5规定的试验，梯子不应出现试验破坏。在施加水平试验力时，梯脚与地面相对位移不应大于25 mm。允许个别梯子部件例如斜支撑或后水平支撑产生小于3 mm的微小永久变形。

10.6.2 将试验梯放置在铺有用320目砂纸打磨过的胶合板（或木板）的水平地面上，梯子完全张开，撑杆处于预定位置，梯脚不固定，带有桶架的梯子要让桶架处于使用位置。

10.6.3 将883N均布静载荷施加到梯子顶帽（或平台）上，没有顶帽时施加到顶部踏板（或踏棍）上。

10.6.4 符合表16规定的指向梯子后部的水平力施加到梯子顶帽上，距梯子垂直中心线450 mm处。该力在试验期间应保持与力臂成90°±10°（见图14）。

10.6.5 保持水平力不变，测量梯脚在水平力方向的位移。卸载后检查是否出现试验破坏及永久变形。

表 16 扭转稳定性试验载荷

额定载荷/kg	水平力/N
135	130
110	130
100	110
90	90

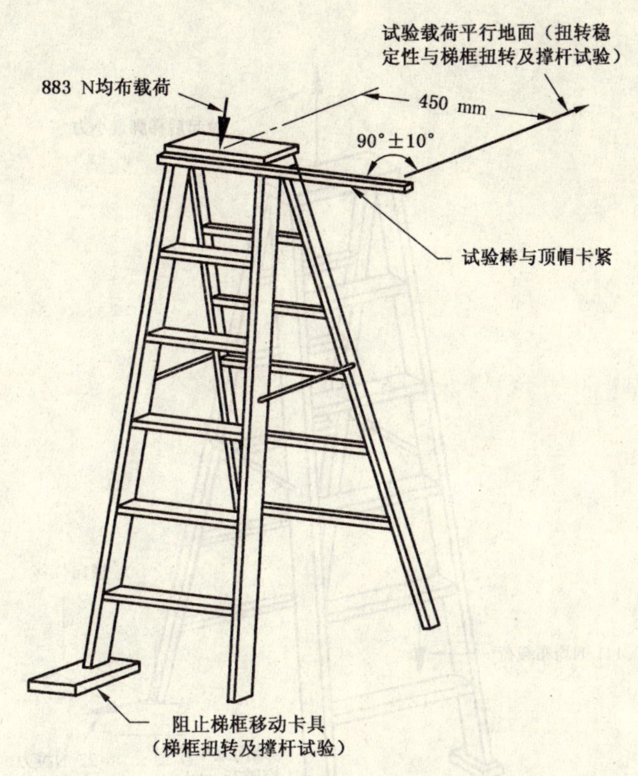

图 14　扭转稳定性试验和梯框扭转及撑杆试验示意图

10.7　横拉试验

10.7.1　进行 10.7.2～10.7.4 规定的试验后，梯子不应出现试验破坏。施加试验载荷时，最大横拉位移不应大于表 17 的规定。

表 17　最大允许横拉位移

折梯长度(L)/m	最大允许横拉位移(Y_4)/mm		
	额定载荷 90 kg	额定载荷 100 kg	额定载荷 110 kg 和 135 kg
0.9～2	$Y_4=112.5L+201$		
0.9～4	—	$Y_4=112.5L+201$	
0.9～6	—	—	$Y_4=112.5L+99$

10.7.2　试验梯放置在水平地面上，处于完全张开状态，撑杆在预定的位置。两个梯脚均由卡具分别定位，防止其相对于地面的运动。带有桶架的梯子要让桶架在使用位置。

10.7.3　将 441 N 均布静载荷施加到最低一级踏板(或踏棍)上，向上的垂直拉力施加到梯子顶帽的后部中心，没有顶帽时施加到顶部踏板(或踏棍)的后部中心，要求该拉力拉起两个后梯脚距地面 75 mm(见图 15)。垂直拉力借助直径至少 8 mm，长至少为 0.9 m 的绳索施加，并确保绳索在梯子顶帽之上至少 0.9 m 不发生任何方向的运动。然后将 27 N 的横向拉力施加到一个后梯框的底部。

10.7.4　保持横向拉力不变，在施加横向力平行的方向上，测量该后梯框底端相对于未加载时的横向位移。卸载后检查是否出现试验破坏。

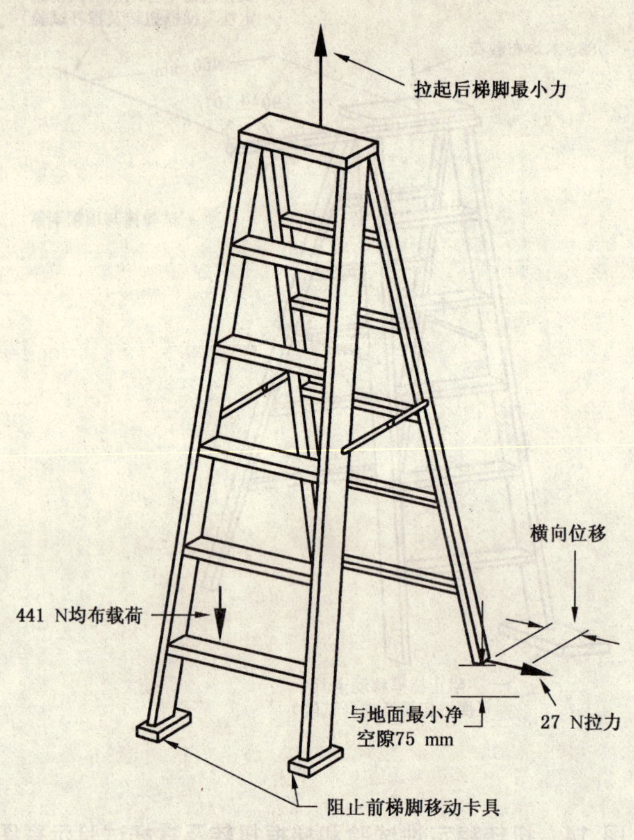

图 15 横拉试验示意图

10.8 前梯框和后梯框悬臂弯曲试验

10.8.1 进行 10.8.2～10.8.5 规定的试验后，任一梯框底部的永久变形（试验前后两梯框底端宽度之差）不应大于 6 mm。当梯子能继续支撑试验载荷时，允许其他部件的永久变形或极限破坏。

10.8.2 试验梯张开，侧立放置，使其踏板（或踏棍）垂直于地面。下面梯框与支撑卡紧，而由梯框底端到最低一级踏板（或踏棍）中心无支撑物。踏板（或踏棍）的顶部表面平行于支撑的边缘（见图 16）。试验载荷施加到梯框的底端，若有必要可卸掉易脱梯脚或附加在梯框端部以下的梯脚，以使试验载荷施加到梯框底端。

10.8.3 符合表 18 规定的试验载荷施加到梯子前部的上面梯框最底端的加载块上，加载块左右宽 50 mm，前后深至少为梯框的总深度，加载块靠 C 形卡具固定，一端与梯框底部对齐。载荷与 C 形卡具连接点在加载梯框下边缘以下不大于 50 mm。加载持续至少 1 min，卸载后测量加载梯框的永久变形。

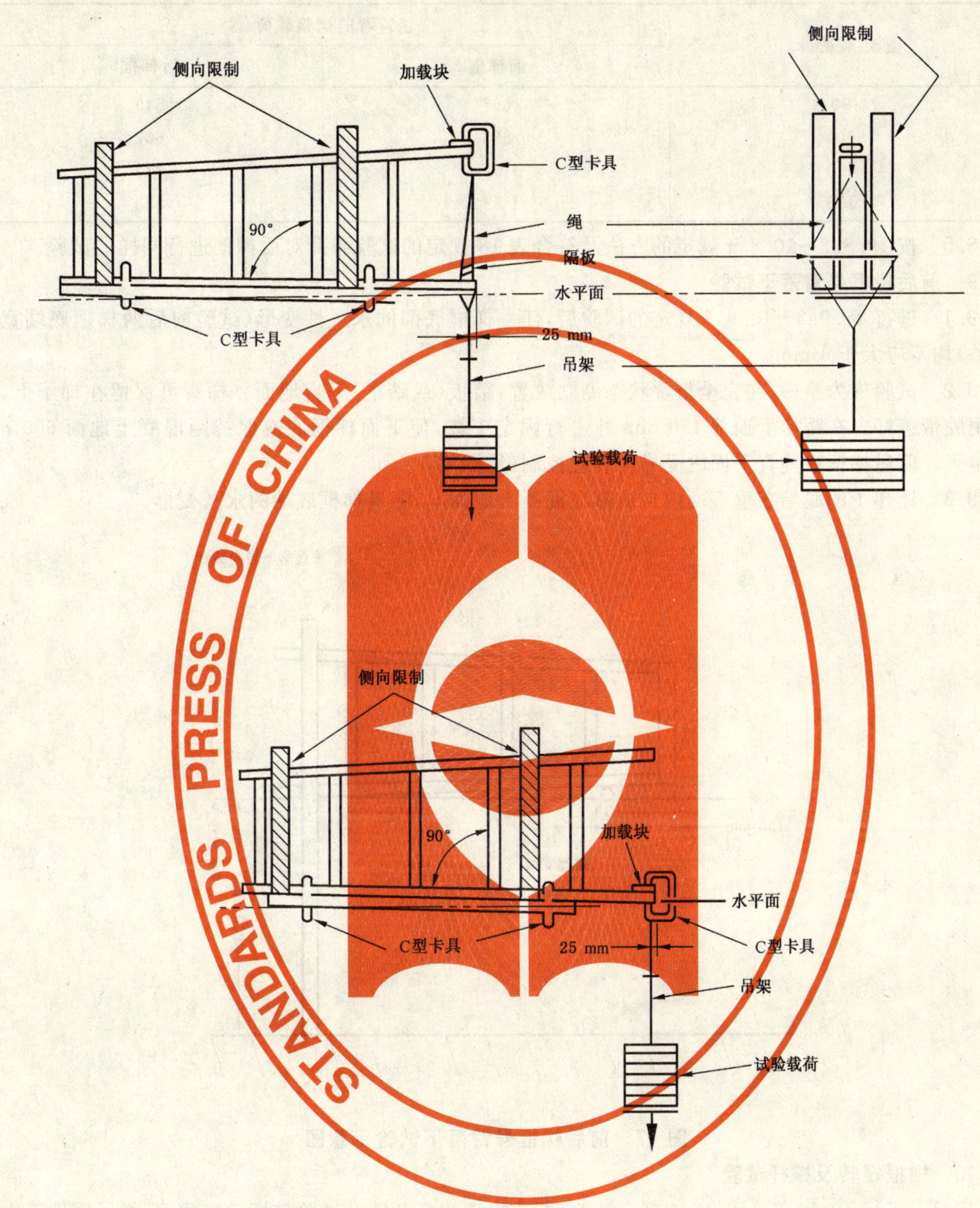

图 16 前梯框和后梯框悬臂弯曲试验示意图

10.8.4 按表 18 规定的试验载荷随后按 10.8.2～10.8.3 规定的方法施加到下面梯框的最底端。加载持续至少 1 min，卸载后测量加载梯框的永久变形。

表 18 前梯框和后梯框悬臂弯曲试验载荷

额定载荷/kg	悬臂弯曲试验载荷/N	
	前梯框	后梯框
90	667	549
100	883	667
110	1 079	775
135	1 324	883

10.8.5 按 10.8.2～10.8.4 规定的方法及符合表 18 规定的试验载荷对后梯框进行同样的试验。

10.9 前后梯框悬臂落下试验

10.9.1 进行 10.9.2～10.9.3 规定的试验后，任一梯框底部的永久性变形(试验前后两梯框底端宽度之差)均不应大于 6 mm。

10.9.2 试验梯为整梯，在完全折叠状态侧立放置，踏板(或踏棍)垂直地面。梯脚可保留在梯子上，但要用胶带缠好。在距梯子顶部 150 mm 处进行固定支撑，使下面梯框底端保持距混凝土地面 600 mm 的位置。前后梯框在垂直平面内受导向装置控制(见图 17)。

10.9.3 让梯子的底端在垂直面内自由落在混凝土地面上，测量梯框底端的永久变形。

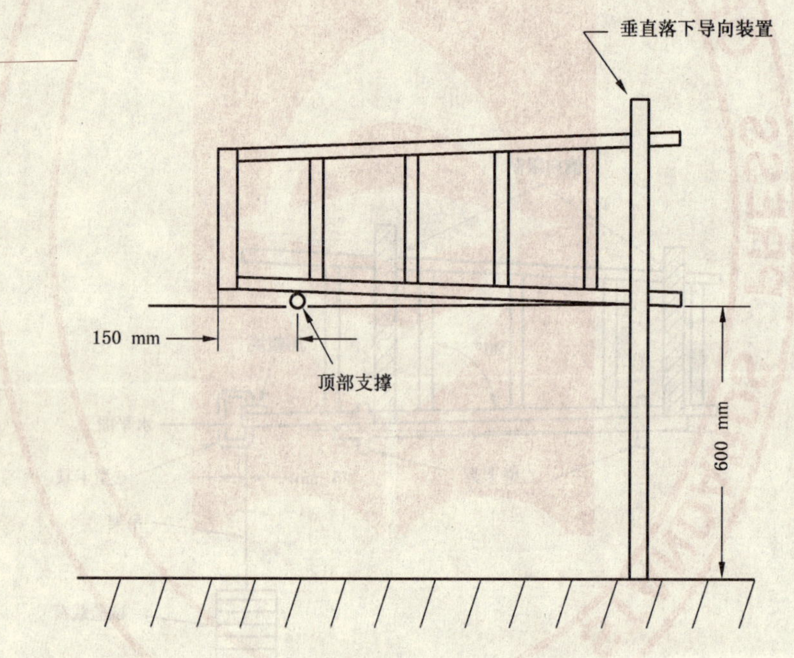

图 17 前后梯框悬臂落下试验示意图

10.10 梯框扭转及撑杆试验

10.10.1 进行 10.10.2～10.10.4 规定试验，不应出现撑杆开锁及试验破坏。卸载后，梯子部件不应有大于 3 mm 的永久变形。

10.10.2 将试验梯放置在铺有用 320 目砂纸打磨过的胶合板(或木板)的水平地面上，梯子完全张开，撑杆处于预定位置，带有桶架的梯子让桶架处于使用位置。与施加水平力一侧梯框相对的前梯框底部由卡具定位固定，以防止其移动。

10.10.3 将 883N 均布静载荷施加到梯子顶帽(或平台)上，没有顶帽时施加到顶部踏板(或踏棍)上。

10.10.4 符合表 19 规定指向梯子后部的水平力施加到梯子顶帽上，距梯子垂直中心线 450 mm 处。该力在试验期间应保持与力臂成 90°±10°(见图 14)。卸载后检查是否出现撑杆开锁、试验破坏及大于 3 mm 的永久变形。

表 19 梯框扭转及撑杆试验载荷

额定载荷/kg	梯框扭转试验载荷/N
135	550
110	440
100	330
90	220

10.11 滑移试验

10.11.1 进行 10.11.2～10.11.3 规定的试验后，梯子不应出现试验破坏，施加水平拉力时，梯子底部在拉力方向的位移应不大于 6 mm。

10.11.2 试验梯长 2 m，完全张开，放置在用 320 目砂纸打磨过的胶合板(或木板)上(见图 18)。

10.11.3 将 883 N 的均布载荷施加到顶部起第二级踏板(或踏棍)上。156 N 水平拉力施加到一侧梯框底部距地面 25 mm 之上的位置。保持拉力不变，测量梯脚在水平拉力方向上的位移。卸载后检查是否出现试验破坏。

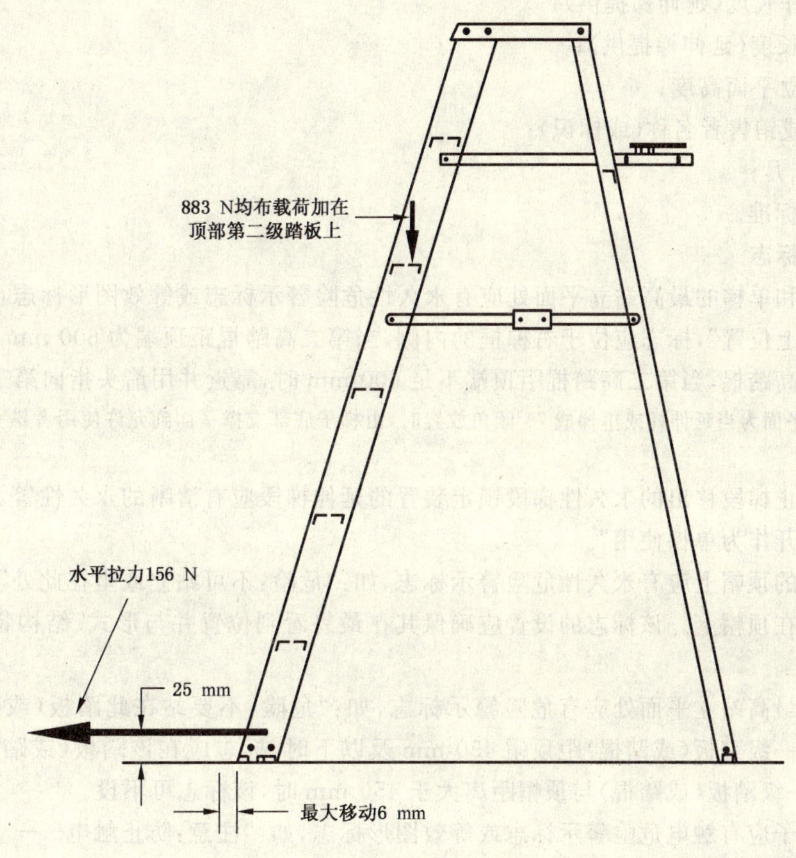

图 18 滑移试验示意图

11 组合梯试验要求

11.1 进行 11.2～11.3 规定的试验后，梯子应无试验破坏，并符合 11.3 的试验要求。

11.2 组合梯按其预定的使用功能分别进行作为单梯、延伸梯及折梯使用时相应的试验。作为单梯、延伸梯段试验时，按第 9 章的规定进行。当作为折梯试验时，按第 10 章的规定进行。

11.3 组合梯在单梯或延伸梯状态时，应符合单梯或延伸梯的试验要求；在折梯状态时，应符合折梯的试验要求。

12 标志

12.1 一般要求

12.1.1 应在每部梯子上设置标有“危险”和“注意”字样的基本危险警示标志及产品数据信息的标志。

12.1.2 标志应清晰和明显易见。标志的位置应在梯框外侧距底部 1.4m～1.8m 处。

12.1.3 标志的位置设置应确保当延伸梯伸长或收缩、折梯张开或折叠过程中不会被其他部件损坏。

12.1.4 当由于梯子的尺寸或结构限制，不可能按 12.1.2 要求的位置设置标志时，标志应设在最易看到的位置。

12.2 产品数据信息标志

12.2.1 在所有梯子上均应标有 12.2.2 规定的产品数据信息标志。

12.2.2 标志应提供下列信息：

a) 型号或名称及额定载荷；

b) 梯子总长度；

c) 最大工作长度(延伸梯提供)；

d) 各梯段长度(延伸梯提供)；

e) 最高站立平面高度；

f) 制造者或销售者名称(或标识)；

g) 制造年、月；

h) 执行的标准。

12.3 事故预防标志

12.3.1 延伸梯和单梯的最高站立平面处应有永久性危险警示标志或等效图形标志，如：“危险：不要站在此踏棍上及以上位置”，标志应位于右梯框的内侧，当第二高踏棍距顶端为 600 mm 或以上时，靠近并用箭头指向第二高踏棍，当第二高踏棍距顶端不足 600 mm 时，靠近并用箭头指向第三高踏棍。

注：最高站立平面为当延伸梯或单梯成 75°倾角放置时，由梯子底部支撑平面到允许使用者攀登的最高踏棍的垂直距离。

12.3.2 未装防止梯段移出的永久性梯段锁定装置的延伸梯段应有清晰的永久性警示标志，如：“注意：本梯段不允许分开作为单梯使用”。

12.3.3 在折梯的顶帽上应有永久性危险警示标志，如：“危险：不可站立或坐在此处”，对于塑料顶帽的折梯标志应模压在顶帽上。该标志的设置应确保其在最易看到位置并与形式、结构特性及材料的表层相适应。

12.3.4 折梯的最高站立平面处应有危险警示标志，如：“危险：不要站在此踏板(或踏棍)上及以上位置”，当顶帽下第一级踏板(或踏棍)距顶帽 450 mm 及以下时，标志应在该踏板(或踏棍)处右侧梯框内侧，当顶帽下第一级踏板(或踏棍)与顶帽距离大于 450 mm 时，该标志可不设。

12.3.5 每部梯子应有触电危险警示标志或等效图形标志，如：“注意：防止触电——金属梯不应在可能与电路接触的场合使用”。该标志应在右梯框外侧，距梯子底端高度 1.4 m～1.8 m 处。

ICS 71.040.40
G 76

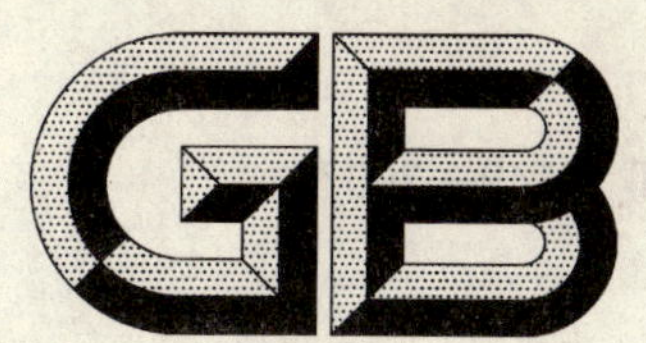

中华人民共和国国家标准

GB/T 12149—2007
代替 GB/T 12149—1989,GB/T 12150—1989,GB/T 14417—1993,GB/T 16633—1996

工业循环冷却水和锅炉用水中硅的测定

Water for industrial circulating cooling system and boiler—Determination of silica

2007-08-13 发布　　2008-02-01 实施

中华人民共和国国家质量监督检验检疫总局
中国国家标准化管理委员会　发布

前　言

本标准同时代替 GB/T 12149—1989《锅炉用水和冷却水分析方法　硅的测定　钼蓝比色法》、GB/T 12150—1989《锅炉用水和冷却水分析方法　硅的测定　硅钼蓝光度法》、GB/T 14417—1993《锅炉用水和冷却水分析方法　全硅的测定》、GB/T 16633—1996《工业循环冷却水中二氧化硅含量的测定　分光光度法》。

本标准将 GB/T 12149—1989、GB/T 12150—1989、GB/T 14417—1993 和 GB/T 16633—1996 进行了合并。

本标准由中华人民共和国石油和化学工业协会提出。

本标准由全国化学标准化技术委员会水处理剂分会(SAC/TC 63/SC 5)归口。

本标准起草单位:天津化工研究设计院。

本标准主要起草人:白莹、朱传俊、李琳、邵宏谦。

本标准所代替标准的版本发布情况为:

——GB/T 12149—1989;

——GB/T 12150—1989;

——GB/T 14417—1993;

——GB/T 16633—1996。

工业循环冷却水和锅炉用水中硅的测定

1 范围

本标准规定了工业循环冷却水、锅炉用水及天然水中硅含量的测定方法。

本标准中分光光度法适用于工业循环冷却水中可溶性硅含量为 0.1 mg/L～5 mg/L 的测定；硅酸根分析仪法适用于化学除盐水、锅炉给水、蒸汽、凝结水等锅炉用水中硅含量为 0～50 μg/L 的测定；重量法适用于工业循环冷却水及天然水中硅含量＞5 mg/L 的测定；氢氟酸转化分光光度法适用于天然水中全硅含量为 0.5 mg/L～5 mg/L 的测定。

2 规范性引用文件

下列文件中的条款通过本标准的引用而成为本标准的条款。凡是注日期的引用文件，其随后所有的修改单(不包括勘误的内容)或修订版均不适用于本标准，然而，鼓励根据本标准达成协议的各方研究是否可使用这些文件的最新版本。凡是不注日期的引用文件，其最新版本适用于本标准。

GB/T 602　化学试剂　杂质测定用标准溶液的制备(GB/T 602—2002,ISO 6353-1:1982,NEQ)

GB/T 6682　分析实验室用水规格和试验方法(GB/T 6682—1992,neq ISO 3696:1987)

3 分光光度法

3.1 原理

硅酸根与钼酸盐反应生成硅钼黄(硅钼杂多酸)。硅钼黄被 1-氨基-2-萘酚-4-磺酸还原成硅钼蓝，用分光光度法测定。

3.2 试剂和材料

本方法所用试剂和水，除非另有规定，仅使用分析纯试剂和符合 GB/T 6682 三级水的规定。试验中所需杂质标准溶液，在没有注明其他要求时，均按 GB/T 602 之规定制备。

安全提示：本标准所使用的强酸具有腐蚀性，使用时应注意。溅到身上时，用大量水冲洗，避免吸入或接触皮肤。

3.2.1 盐酸溶液：1＋1。

3.2.2 草酸溶液($H_2C_2O_4 \cdot 2H_2O$)：100 g/L。

3.2.3 钼酸铵[$(NH_4)_6Mo_7O_{24} \cdot 4H_2O$]溶液：75 g/L。

3.2.4 1-氨基-2-萘酚-4-磺酸($C_{10}H_9NO_4S$)溶液：2.5 g/L。

称取 0.5 g 1-氨基-2-萘酚-4-磺酸，用 50 mL 含有 1 g 亚硫酸钠的水溶解。把溶液加到含有 30 g 亚硫酸氢钠的 100 mL 水中，用水稀释至 200 mL，混匀。若有混浊，则需过滤。放入暗色的塑料瓶中，贮存于冰箱中。当溶液颜色变暗或有沉淀生成时失效。

3.2.5 二氧化硅标准贮备液：1 mL 含 0.1 mg SiO_2。

3.2.6 二氧化硅标准溶液：1 mL 含 0.01 mg SiO_2。

移取 10.00 mL 二氧化硅标准贮备液，置于 1 000 mL 容量瓶中，用水稀释至刻度，摇匀。此溶液用时现配。

3.3 仪器和设备

一般实验室用仪器和下列仪器。

3.3.1 分光光度计：带有 1 cm 的比色皿。

3.3.2 具塞比色管：50 mL。

3.4 分析步骤

3.4.1 校准曲线的绘制

移取二氧化硅标准溶液 0.00 mL(试剂空白)、1.00 mL、2.00 mL、4.00 mL、6.00 mL、8.00 mL、10.00 mL,分别置于 50 mL 比色管中,用水稀释至刻度。相应的二氧化硅量分别为 0.00 mg、0.01 mg、0.02 mg、0.04 mg、0.06 mg、0.08 mg、0.10 mg。加入 1 mL 盐酸溶液和 2 mL 钼酸铵溶液,混匀,放置 5 min。加入 1.5 mL 草酸溶液,混匀。1 min 后加入 2 mL 1-氨基-2-萘酚-4-磺酸溶液,混匀,放置 10 min。使用分光光度计,以试剂空白为参比,在 640 nm 波长处,用 1 cm 比色皿测定吸光度。

以测得的吸光度为纵坐标,二氧化硅的量(mg)为横坐标,绘制校准曲线。

3.4.2 测定

用慢速滤纸过滤水样。移取一定量过滤后的水样,置于 50 mL 比色管中,用水稀释至刻度。以下按 3.4.1 中"加入 1 mL 盐酸溶液……"操作。

3.5 结果计算

二氧化硅的含量以质量浓度 ρ_1 计,数值以毫克每升(mg/L)表示,按式(1)计算:

$$\rho_1 = \frac{m}{V} \times 1\,000 \qquad \cdots\cdots(1)$$

式中:

m——根据测得的吸光度从校准曲线上查出的二氧化硅的量的数值,单位为毫克(mg);

V——所取水样的体积的数值,单位为毫升(mL)。

3.6 允许差

取平行测定结果的算术平均值为测定结果。平行测定结果的绝对差值不大于 0.3 mg/L。

4 硅酸根分析仪法

4.1 原理

在 pH 值为 1.1~1.3 条件下,水中的可溶硅与钼酸铵生成黄色硅钼络合物,用 1-氨基-2-萘酚-4-磺酸还原剂把硅钼络合物还原成硅钼蓝,用硅酸根分析仪测定其硅含量。

加入掩蔽剂——酒石酸或草酸可以防止水样中磷酸盐和少量铁离子的干扰。

4.2 试剂和材料

本方法所用试剂和水,除非另有规定,仅使用分析纯试剂和符合 GB/T 6682 一级水的规定。

安全提示:本标准所使用的强酸具有腐蚀性,使用时应注意。溅到身上时,用大量水冲洗,避免吸入或接触皮肤。

4.2.1 钼酸铵[$(NH_4)_6Mo_7O_{24} \cdot 4H_2O$]。

4.2.2 酒石酸溶液:100 g/L。

4.2.3 钼酸铵溶液

4.2.3.1 称取 50 g 钼酸铵溶于约 500 mL 水中。

4.2.3.2 量取 42 mL 硫酸在不断搅拌下加入到 300 mL 水中,并冷却到室温。

4.2.3.3 将 4.2.3.1 配制的溶液加入到 4.2.3.2 配制的溶液中然后用水稀释至 1 L。

4.2.4 1-氨基-2-萘酚-4-磺酸溶液:1.5 g/L。

称取 1.5 g 1-氨基-2-萘酚-4-磺酸,用 200 mL 含有 7 g 亚硫酸钠的水溶解。把溶液加到含有 90 g 亚硫酸氢钠的 600 mL 水中,用水稀释至 1 000 mL,混匀。若有混浊,则需过滤。放入暗色的塑料瓶中,贮存于冰箱中。当溶液颜色变暗或有沉淀生成时失效。

4.3 仪器和设备

一般实验室用仪器和下列仪器。

4.3.1 硅酸根分析仪

硅酸根分析仪是为测定硅而专门设计的光电比色计。为提高仪器的灵敏度和准确度,采用特制长比色皿(光程长为150 mm);利用示差比色法原理进行测量。

示差比色法是用已知浓度的标准溶液代替空白溶液,并调节透光率为100%或0%,然后再用一般方法测定样品透过率的一种比色方法。对于过稀的溶液,可用浓度最高的标准溶液代替挡光板并调节透光率为0%,然后再测定其他标准溶液或水样的透光率;对于过浓的溶液,可用浓度最小的一个标准溶液代替空白溶液并调节透光率为100%,然后再测定其他标准溶液或水样的透光率。对于浓度过大或过小的有色溶液,采用示差比色法,可以提高分析的准确度。

4.4 测定方法

移取100 mL水样注入塑料杯中,加入3 mL钼酸铵溶液,混匀后放置5 min;加3 mL酒石酸溶液,混匀后放置1 min;加2 mL 1-氨基-2-萘酚-4-磺酸溶液,混匀后放置8 min。按仪器说明书要求,调整好仪器的上、下标,将显色液注满比色皿,开启读数开关,仪表指示值即为水样的含硅量。同时做空白试验。

4.5 结果计算

硅含量(SiO_2)以质量浓度ρ_2计,数值以微克每升(μg/L)表示,按式(2)计算:

$$\rho_2 = (C_2 - C_1)100/V \text{ 或 } 100(C_2 - C_1)/V \qquad (2)$$

式中:

C_2——水样测定时仪表读数的数值,单位为微克每升(μg/L);

C_1——空白试验时仪表读数的数值,单位为微克每升(μg/L);

100——水样稀释后的体积的数值,单位为毫升(mL);

V——被测水样的体积的数值,单位为毫升(mL)。

5 重量法

5.1 原理

本方法是将一定量的酸化水样蒸发至干,用盐酸使硅化合物转变为胶体沉淀,脱水后经过滤、洗涤、灼烧、恒重等操作,进行水样测定。

5.2 试剂和材料

本方法所用试剂和水,除非另有规定,仅使用分析纯试剂和符合GB/T 6682二级水的规定。

安全提示:本标准所使用的酸具有强腐蚀性,使用时应注意。避免吸入或接触皮肤,溅到身上时,应立即就医。

5.2.1 盐酸。

5.2.2 硫酸。

5.2.3 氢氟酸。

5.2.4 盐酸溶液:1+49。

5.2.5 硝酸银溶液:50 g/L。

5.3 仪器和设备

一般实验室用仪器和下列仪器。

5.3.1 水浴锅(控温范围:40℃~100℃,精度:±1℃)。

5.3.2 电热板或远红外加热板(电压可调)。

5.3.3 马弗炉。

5.4 分析步骤

5.4.1 取一定体积的过滤后水样(全硅含量应大于5 mg),按500 mL水样加2 mL盐酸比例加盐酸,混匀后逐次将水样加入到250 mL硬质玻璃烧杯中,在电热板或远红外加热板上缓慢地蒸发(以不沸腾为宜)。当水样浓缩,体积明显减少时应及时添加酸化水样,这样多次反复操作直至全部水样浓缩至100 mL左右。

5.4.2 将烧杯移入沸腾水浴锅内，继续蒸发至干。然后每次加盐酸 5 mL，重复蒸干三次。把烧杯连同蒸发残留物一同移入 150℃～155℃的烘箱中烘 2 h。

5.4.3 从烘箱中取出烧杯冷却至室温，加盐酸 5 mL 润湿残留物，加 50 mL 水，加热至 70℃～80℃，用橡皮擦棒搅拌并擦洗烧杯内壁，把粘附在壁上的沉淀擦洗下来。用中速定量滤纸趁热过滤，用热盐酸溶液洗涤沉淀物和滤纸 3～5 次，滤纸呈白色后改用 70℃～80℃的水继续洗至滤液无氯离子为止(用硝酸银溶液检验)。

5.4.4 将滤纸连同沉淀物置于已恒量的坩埚中，在电炉上灰化后移入高温炉中，在 950℃±50℃下灼烧至恒量。

5.4.5 对于重金属离子含量较高的水样，灼烧后沉淀物颜色不是白色时，可用氢氟酸处理，从失去质量计算全硅含量。

用铂坩埚代替瓷坩埚进行测定，向已恒量的灼烧残留物中加入硫酸 5～6 滴、氢氟酸 5 mL～10 mL，于通风橱内在低温电炉或电热板上加热处理，当白色浓烟冒完时，将铂坩埚移入高温炉，在 950℃±50℃下灼烧至恒量。

5.5 结果计算

5.5.1 灼烧残留物未经氢氟酸处理，水样中全硅含量(SiO_2)以质量浓度 ρ_3 计，数值以毫克每升(mg/L)表示，按式(3)计算：

$$\rho_3 = \frac{m_2 - m_1}{V} \times 1\,000 \qquad \cdots\cdots(3)$$

式中：

m_2——灼烧后沉淀与坩埚的质量的数值，单位为毫克(mg)；

m_1——坩埚的质量的数值，单位为毫克(mg)；

V——水样体积的数值，单位为毫升(mL)。

5.5.2 灼烧残留物经氢氟酸处理，水样中全硅含量(SiO_2)以质量浓度 ρ_4 计，数值以毫克每升(mg/L)表示，按式(4)计算：

$$\rho_4 = \frac{m_2 - m_3}{V} \times 1\,000 \qquad \cdots\cdots(4)$$

式中：

m_2——灼烧后沉淀与坩埚的质量的数值，单位为毫克(mg)；

m_3——氢氟酸处理后残留物和坩埚的质量的数值，单位为毫克(mg)；

V——水样体积的数值，单位为毫升(mL)。

5.6 允许差

取平行测定结果的算术平均值为测定结果。平行测定结果的绝对差值不大于 0.5 mg/L。

6 氢氟酸转化分光光度法

6.1 原理

水样中的非活性硅经氢氟酸转化为活性硅，过量的氢氟酸用三氯化铝掩蔽后，在 27℃±5℃下，与钼酸铵作用生成硅钼黄，用还原剂将硅钼黄还原成硅钼蓝进行全硅含量测定。

6.2 试剂和材料

本方法所用试剂和水，除非另有规定，仅使用分析纯试剂和符合 GB/T 6682 二级水的规定。试验中所需杂质标准溶液，在没有注明其他要求时，均按 GB/T 602 之规定制备。

安全提示：本标准所使用的酸具有腐蚀性，使用时应注意。溅到身上时，用大量水冲洗，避免吸入或接触皮肤。

6.2.1 二氧化硅(优级纯)。

6.2.2 碳酸钠(优级纯)。

6.2.3 盐酸溶液:1+1。

6.2.4 氢氟酸溶液:1+7。

6.2.5 草酸($H_2C_2O_4 \cdot 2H_2O$)溶液:100 g/L。

6.2.6 三氯化铝($AlCl_3 \cdot H_2O$)溶液:724 g/L。

6.2.7 钼酸铵[$(NH_4)_6Mo_7O_{24} \cdot 4H_2O$]溶液:75 g/L。

6.2.8 1-氨基-2 萘酚-4 磺酸溶液:1.5 g/L。

同 4.2.4。

6.2.9 二氧化硅标准贮备溶液:1 mL 含 1 mg SiO_2。

6.2.10 二氧化硅标准溶液:1 mL 含 0.05 mg SiO_2。

移取 5 mL 的二氧化硅贮备溶液,置于 100 mL 容量瓶中,用水稀释至刻度,摇匀。

6.3 仪器和设备

一般实验室用仪器和下列仪器。

6.3.1 可见分光光度计。

6.3.2 比色皿:10 mm。

6.3.3 多孔水浴锅(恒温控制)。

6.3.4 乙酸纤维薄膜:0.45 μm~1 μm。

6.3.5 有机玻璃刻度移液管:0 mL~5 mL。

6.3.6 聚乙烯瓶或密封塑料杯:150 mL~200 mL。

6.4 分析步骤

6.4.1 校准曲线的绘制

6.4.1.1 分别移取 0.00 mL、1.00 mL、2.00 mL、3.00 mL、4.00 mL、5.00 mL 二氧化硅标准溶液注入一组聚乙烯瓶(杯)中,用水稀释至 50 mL。此系列溶液的 SiO_2 质量浓度分别为 0.0 mg/L、1.0 mg/L、2.0 mg/L、3.0 mg/L、4.0 mg/L、5.0 mg/L。

6.4.1.2 在上述溶液中分别加三氯化铝溶液 3.0 mL,摇匀后用有机玻璃移液管准确加氢氟酸溶液 1 mL,摇匀,放置 5 min。

6.4.1.3 再加入 1 mL 盐酸溶液,摇匀,试液温度控制在 27℃±5℃下加钼酸铵溶液 2 mL,摇匀,放置 5 min。加草酸溶液 2 mL,摇匀,放置 1 min。再加 1-氨基-2 萘酚-4 磺酸溶液 2 mL,摇匀,放置 8 min。于 660 nm 波长下,用 10 mm 比色皿,以水作参比,测定溶液的吸光度。并以吸光度为纵坐标,SiO_2 浓度为横坐标绘制校准曲线。

6.4.2 水样的测定

6.4.2.1 用乙酸纤维薄膜过滤水样并收集于聚乙烯瓶中。根据水样含硅量的大小,移取一定体积过滤后水样,注入聚乙烯瓶(杯)中,用水稀释至 50 mL,摇匀。加 1 mL 盐酸溶液,摇匀,用有机玻璃移液管准确加入 1 mL 氢氟酸溶液,摇匀,盖好瓶盖(不要过紧)置于沸腾水浴锅中,加热 15 min。

6.4.2.2 取下聚乙烯瓶(杯)加三氯化铝溶液 3.0 mL,摇匀,并置于冷水中冷却,当水样温度为 27℃±5℃时,加钼酸铵溶液 2 mL,摇匀,放置 5 min。加草酸溶液 2 mL,摇匀,放置 1 min。再加 1-氨基-2 萘酚-4 磺酸溶液 2 mL,摇匀,放置 8 min。在 660 nm 处,用 10 mm 比色皿以水为参比测定水样的吸光度,从校准曲线上查出相应的二氧化硅含量。同时做空白试验。

6.5 结果计算

全硅含量(SiO_2)以质量浓度 ρ_5 计,数值以毫克每升(mg/L)表示,按式(5)计算:

$$\rho_5 = \frac{m_1 - m_0}{V} \times 50 \qquad \cdots\cdots(5)$$

式中：

m_1——从校准曲线上查出的水样中二氧化硅含量的数值，单位为毫克每升(mg/L)；

m_0——从校准曲线上查出的空白试验中二氧化硅含量的数值，单位为毫克每升(mg/L)；

V——水样体积的数值，单位为毫升(mL)。

6.6 允许差

取平行测定结果的算术平均值为测定结果。平行测定结果的绝对差值不大于 0.1 mg/L。

ICS 71.040.40
G 76

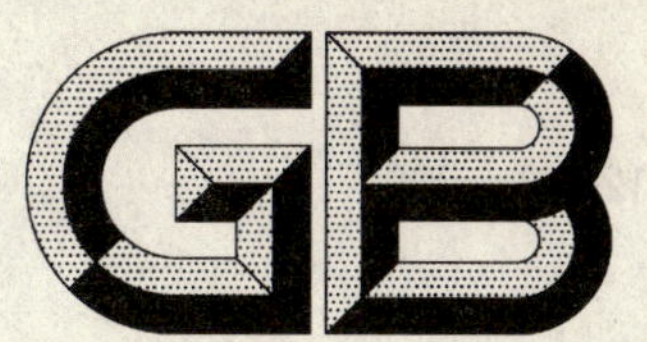

中华人民共和国国家标准

GB/T 12152—2007
代替 GB/T 12152—1989,GB/T 12153—1989

锅炉用水和冷却水中油含量的测定

Water for boiler and cooling system—Determination of mineral oil

2007-08-13 发布　　　　2008-02-01 实施

中华人民共和国国家质量监督检验检疫总局
中国国家标准化管理委员会　发布

前　言

本标准同时代替 GB/T 12152—1989《锅炉用水和冷却水分析方法　油的测定　红外光度法》、GB/T 12153—1989《锅炉用水和冷却水分析方法　油的测定　紫外分光光度法》。

本标准将 GB/T 12152—1989 和 GB/T 12153—1989 的标准内容进行了调整和合并。

本标准由中华人民共和国石油和化学工业协会提出。

本标准由全国化学标准化技术委员会水处理剂分会(SAC/TC 63/SC 5)归口。

本标准起草单位:天津化工研究设计院、中国石油化工集团公司水处理药剂评定中心。

本标准主要起草人:李琳、金栋、白莹、邵宏谦、朱传俊。

本标准所代替标准的版本发布情况为:

——GB/T 12152—1989;

——GB/T 12153—1989。

锅炉用水和冷却水中油含量的测定

1 范围

本标准规定了锅炉用水和冷却水中油含量的测定方法。

本标准中红外光度法适用于锅炉给水、生产返回水及化工设备冷却水中油含量为 0.1 mg/L～100 mg/L 的测定，同时也适用于其他水样中油含量的测定；紫外分光光度法适用于火力发电厂锅炉给水、生产返回水及化工设备冷却水中油含量为 0.1 mg/L～4.0 mg/L 的测定。

2 规范性引用文件

下列文件中的条款通过本标准的引用而成为本标准的条款。凡是注日期的引用文件，其随后所有的修改单（不包括勘误的内容）或修订版均不适用于本标准，然而，鼓励根据本标准达成协议的各方研究是否可使用这些文件的最新版本。凡是不注日期的引用文件，其最新版本适用于本标准。

GB/T 6682　分析实验室用水规格和试验方法（GB/T 6682—1992，neq ISO 3696:1987）

3 红外光度法

3.1 原理

矿物油的甲基、次甲基在 3.41 μm 波长处有明显的吸收，在一定浓度范围内其吸收值与油含量成正比。本法以四氯化碳萃取水样中油，然后用红外光度法进行定量测定。

通常情况下，本法测定火电厂锅炉给水、生产返回水不存在干扰；测定循环冷却水时，有机膦类在一般使用剂量下亦不干扰测定。

测定所用标准油可有如下两种选择：

① 以正十六烷和异辛烷等体积混合物作为标准油，称之为标准混合物。这时测定结果应当乘以校正因子 1.4。

② 以从生产返回水或循环冷却水中萃取出来的油或组成上与被测定油相近的矿物油作为标准油。

3.2 试剂和材料

本方法所用试剂和水，除非另有规定，应使用分析纯试剂和符合 GB/T 6682 三级水的规定。

安全提示：本标准中所用四氯化碳具有刺激性，使用时应注意防护。溅到身上时，用大量水冲洗，避免吸入或接触皮肤。

3.2.1　无水硫酸钠。

3.2.2　四氯化碳。

3.2.3　正十六烷。

3.2.4　异辛烷。

3.2.5　硫酸溶液：1+1。

3.2.6　标准油：萃取油或矿物油。

3.3 仪器和设备

一般实验室用仪器和下列仪器。

3.3.1　红外分光光度计或红外油份测定仪，带有 10 mm、50 mm 比色皿。

3.3.2　萃取器或分液漏斗：1 000 mL。

3.4 测定步骤

3.4.1　标准溶液的配制

3.4.1.1 标准混合物：移取 15 mL 正十六烷和 15 mL 异辛烷置于同一具塞三角瓶中，混合后塞紧备用。

3.4.1.2 标准溶液 A：取约 20 mL 四氯化碳于 100 mL 容量瓶中，塞上塞子，称量。取 1 mL 标准混合物迅速加入该瓶中，塞上塞子，重新称量，均称准至 0.2 mg。两次称量之差即为标准混合物的质量。加四氯化碳至刻度。计算此标准混合物的准确质量浓度（mg/L），该值约为 730 mg/100 mL，乘以校正因子 1.4，折合为标准油质量浓度约为 1 022 mg/100 mL。

3.4.1.3 标准溶液 B：移取 4 mL 标准溶液 A 于 100 mL 容量瓶中，用四氯化碳稀释至刻度，计算其准确质量浓度。此溶液中标准油的含量约为 41 mg。

3.4.1.4 标准溶液 C：移取 3 mL 标准溶液 A 于 100 mL 容量瓶中，用四氯化碳稀释至刻度，计算其准确质量浓度。此溶液中标准油的含量约为 31 mg。

3.4.1.5 标准溶液 D：移取 2 mL 标准溶液 A 于 100 mL 容量瓶中，用四氯化碳稀释至刻度，计算其准确质量浓度。此溶液中标准油的含量约为 20 mg。

3.4.1.6 标准溶液 E：移取 30 mL 标准溶液 C 于 100 mL 容量瓶中，用四氯化碳稀释至刻度，计算其准确质量浓度。此溶液中标准油的含量约为 9 mg。

3.4.1.7 标准溶液 F：移取 10 mL 标准溶液 E 于 100 mL 容量瓶中，用四氯化碳稀释至刻度，计算其准确质量浓度。此溶液中标准油的含量约为 0.9 mg。

3.4.2 如果使用萃取油或矿物油作为标准油，可称取适量的标准油用四氯化碳稀释来配制标准系列溶液。

3.4.3 校准曲线的绘制

3.4.3.1 按仪器使用说明书的要求调好红外分光光度计（或红外油分析仪）。分别对标准溶液 B、C、D、E、F 进行测定。扫描从波数 4 000 cm^{-1} 开始至 2 000 cm^{-1} 为止。量取谱图上波数 2 930 cm^{-1}（波长 3.41 μm）处净峰高（透光率值），并将其换算为吸光度。

3.4.3.2 以标准溶液 B、C、D、E、F 中标准油的含量（mg）为横坐标，以对应吸光度为纵坐标，绘制校准曲线或计算线性回归方程。

3.4.4 水样的测定

3.4.4.1 用玻璃取样瓶取水样 1 000 mL，用 pH 试纸检验水样的 pH 值，用硫酸溶液调节至 pH 值小于 2。

3.4.4.2 在取样瓶中加入 20 mL 四氯化碳，盖好瓶塞，立即颠倒并剧烈摇动 2 min，静置至泡沫消失，倒入分液漏斗中，静置分层，将底层四氯化碳抽提液转入 100 mL 容量瓶中。

3.4.4.3 另取 20 mL 四氯化碳加入取样瓶中，盖好瓶塞，使四氯化碳充分接触瓶子内壁。然后将四氯化碳倒入分液漏斗中，静置分层，将底层抽提液转入 3.4.4.2 步骤同一容量瓶中。

3.4.4.4 再取 20 mL 四氯化碳加入分液漏斗中，重复上述萃取步骤，抽提液仍转入同一容量瓶中。

3.4.4.5 用四氯化碳将抽提液稀释至 100 mL，加一角匙无水硫酸钠脱水。

3.4.4.6 测定抽提液红外吸光度值，从校准曲线或线性回归方程中查出相对应的标准油的含量 m(mg)。

3.5 结果计算

水样中油含量以质量浓度 ρ_1 计，数值以毫克每升（mg/L）表示，按式（1）计算：

$$\rho_1 = \frac{1\,000m}{V_1} \qquad \cdots\cdots(1)$$

式中：

m——从校准曲线或线性回归方程中查出相对应的标准油的含量的数值，单位为毫克（mg）；

V_1——水样的体积的数值，单位为毫升（mL）。

4 紫外分光光度法

4.1 原理

矿物油组成中的共轭体系物质，在紫外光区有较强吸收。在一定条件下，可测定其吸光度来确定相应油的含量。由于紫外光度法对于油种的敏感性较强，本法的标准物质采用从水样中萃取获得的油。

4.2 试剂和材料

本方法所用试剂和水，除非另有规定，应使用分析纯试剂和符合 GB/T 6682 三级水的规定。

安全提示：本标准中所用四氯化碳具有刺激性，使用时应注意防护。溅到身上时，用大量水冲洗，避免吸入或接触皮肤。

4.2.1 无水硫酸钠。

4.2.2 硫酸溶液：1+3。

4.2.3 重蒸馏水：取普通蒸馏水，按 1 L 水加 0.2 g 高锰酸钾和 5 mL 硫酸的比例，加入玻璃蒸馏器或石英蒸馏器，重蒸馏制得。

4.2.4 正庚烷：以重蒸馏水作参比，正庚烷在 225 nm 和 254 nm 波长处的吸光度应小于 0.15，否则应使用硅胶除去芳香烃。

4.2.5 标准油：取含油水样若干升，加脱芳香烃石油醚或乙醚抽提(按 1 L 水样加入 25 mL～30 mL)，将抽提液用无水硫酸钠脱水，并过滤于蒸馏瓶中，蒸馏回收大部分石油醚或乙醚，将剩余少量抽提液转入已恒重的蒸发皿中，并用 10 mL～20 mL 石油醚或乙醚洗涤蒸馏瓶，洗液也一并转入蒸发皿中，移至 70℃ 水浴上将其蒸干后，放入 70℃ 烘箱烘至恒重，以此油作为标准油。

4.2.6 油标准溶液

4.2.6.1 油标准贮备溶液(1 mL 含有 1 mg 油)：于称量瓶中准确称取 0.1 g 标准油(称准至 0.2 mg)，用脱芳香烃的正庚烷溶解，转入 100 mL 容量瓶中，用正庚烷稀释至刻度。

4.2.6.2 油标准溶液(1 mL 含有 0.2 mg 油)：吸取油标准贮备溶液 20.00 mL，注入 100 mL 容量瓶中，用脱芳香烃的正庚烷稀释至刻度。

4.2.7 硅胶：ϕ125 μm～250 μm，在温度 150℃～160℃ 下，烘 4 h～5 h 活化后使用。

4.3 仪器和设备

一般实验室用仪器和下列仪器。

4.3.1 紫外-可见分光光度计，带有 10 mm、50 mm 石英比色皿。

4.3.2 分液漏斗：1 000 mL 或 500 mL。

4.4 测定步骤

4.4.1 校准曲线的绘制

4.4.1.1 分别移取 0.00 mL、0.25 mL、0.50 mL、1.0 mL、1.5 mL、2.5 mL、5.0 mL、7.5 mL、10 mL 油标准溶液，置于 9 个 25 mL 容量瓶中，以脱芳香烃的正庚烷稀释至刻度，相应的油含量分别为 0.00 mg、0.05 mg、0.1 mg、0.2 mg、0.3 mg、0.5 mg、1.0 mg、1.5 mg、2.0 mg。

4.4.1.2 将油标准溶液注入 10 mm 或 50 mm 石英比色皿中，于紫外分光光度计上以空白作参比，根据油种的不同，用预选的工作波长(225 nm～254 nm)测吸光度，以油含量(mg)为横坐标，相应的吸光度为纵坐标绘制校准曲线，或计算出线性回归方程。

4.4.2 水样的测定

4.4.2.1 用玻璃取样瓶准确地采集 500 mL 水样，摇匀后注入 500 mL 分液漏斗中，加 2 mL 硫酸溶液。

4.4.2.2 在取样瓶中加入 25 mL 脱芳香烃的正庚烷，摇动使其与瓶壁充分接触，然后倒入分液漏斗中，剧烈摇荡 2 min，静置分层后，排出水层，将正庚烷层转入 25 mL 容量瓶或其他带塞的玻璃容器中。

4.4.2.3 将抽提液注入 10 mm 或 50 mm 石英比色皿中，在与校准曲线制作相同的条件下测定其吸光度。

4.4.2.4 根据吸光度值，从校准曲线或线性回归方程中查出相对应的油的含量 m(mg)。

4.5 结果计算

水样中油含量以质量浓度 ρ_2 计，数值以毫克每升(mg/L)表示，按式(2)计算：

$$\rho_2 = \frac{1\,000m}{V_2} \quad \cdots\cdots(2)$$

式中：

V_2——水样的体积的数值，单位为毫升(mL)；

m——从校准曲线或线性回归方程中查出相对应的油的含量的数值，单位为毫克(mg)。

ICS 71.040.40
G 76

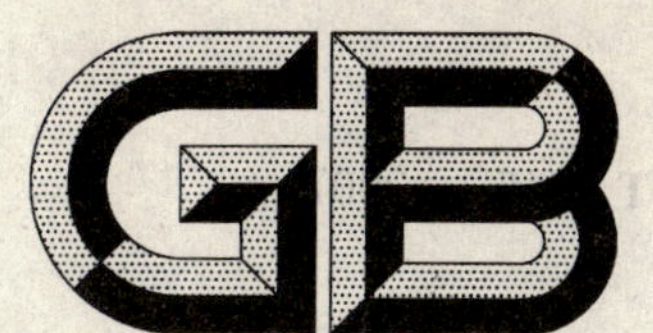

中华人民共和国国家标准

GB/T 12157—2007
代替 GB/T 12157—1989,GB/T 15455—1995

工业循环冷却水和锅炉用水中溶解氧的测定

Water for industrial circulating cooling system and boiler—Determination of dissolved oxygen

(ISO 5813:1983,Water quality—Determination of dissolved oxygen—Iodimetric method,NEQ)

2007-08-13 发布 2008-02-01 实施

中华人民共和国国家质量监督检验检疫总局
中国国家标准化管理委员会 发布

前　言

本标准对应于ISO 5813:1983《水质　溶解氧的测定　碘量法》(英文版),与ISO 5813:1983的一致性程度为非等效。

本标准同时代替GB/T 12157—1989《锅炉用水和冷却水分析方法　溶解氧的测定　内电解法》、GB/T 15455—1995《工业循环冷却水中溶解氧的测定　碘量法》。

本标准将GB/T 12157—1989和GB/T 15455—1995的标准内容进行了合并。

本标准由中华人民共和国石油和化学工业协会提出。

本标准由全国化学标准化技术委员会水处理剂分会(SAC/TC 63/SC 5)归口。

本标准起草单位:天津化工研究设计院、中国石油化工集团公司水处理药剂评定中心。

本标准主要起草人:朱传俊、金栋、李琳、邵宏谦、白莹。

本标准所代替标准的版本发布情况为:

——GB/T 12157—1989;

——GB/T 15455—1995。

工业循环冷却水和锅炉用水中溶解氧的测定

1 范围

本标准规定了工业循环冷却水、锅炉给水、凝结水中溶解氧浓度的测定方法。

本标准中碘量法适用于工业循环冷却水中溶解氧质量浓度为 0.2 mg/L～8 mg/L(以 O_2 计)的测定;内电解法适用于锅炉给水、凝结水中溶解氧质量浓度 2 μg/L～100 μg/L(以 O_2 计)的测定。

2 规范性引用文件

下列文件中的条款通过本标准的引用而成为本标准的条款。凡是注日期的引用文件,其随后所有的修改单(不包括勘误的内容)或修订版均不适用于本标准,然而,鼓励根据本标准达成协议的各方研究是否可使用这些文件的最新版本。凡是不注日期的引用文件,其最新版本适用于本标准。

GB/T 601 化学试剂 标准滴定溶液的制备

GB/T 603 化学试剂 试验方法中所用制剂及制品的制备(GB/T 603—2002,ISO 6353-1:1982,NEQ)

GB/T 6682 分析实验室用水规格和试验方法(GB/T 6682—1992,neq ISO 3696:1987)

3 碘量法

3.1 原理

溶解氧的测定采用锰盐-碘量法,其原理是:在碱性溶液中,二价锰离子被水溶解的氧氧化成三价或四价的锰,可将溶解氧固定:

$$Mn^{2+}+2OH^{-}=Mn(OH)_2\downarrow$$

$$2Mn(OH)_2+O_2=2H_2MnO_3\downarrow$$

$$4Mn(OH)_2+O_2+2H_2O=4Mn(OH)_3\downarrow$$

然后酸化溶液,再加入碘化钾,三价或四价锰又被还原成二价锰离子,并生成与溶解氧相等物质的量的碘。

$$H_2MnO_3+4H^{+}+2I^{-}=Mn^{2+}+I_2+3H_2O$$

$$2Mn(OH)_3+6H^{+}+2I^{-}=I_2+6H_2O+2Mn^{2+}$$

用硫代硫酸钠标准滴定溶液滴定所生成的碘,便可求得水中的溶解氧。

3.2 试剂和材料

本标准所用试剂和水,除非另有规定,仅使用分析纯试剂和符合 GB/T 6682 三级水的规定。

试验中所需标准滴定溶液、制剂及制品,在没有注明其他规定时,均按 GB/T 601、GB/T 603 之规定制备。

3.2.1 硫酸溶液:1+1。

3.2.2 硫酸锰溶液:340 g/L。

称取 34 g 硫酸锰,加 1 mL 硫酸溶液,溶解后,用水稀释至 100 mL。若溶液不澄清,则需过滤。

3.2.3 硫酸铝钾溶液:100 g/L。

3.2.4 碱性碘化钾混合液:称取 30 g 氢氧化钠、20 g 碘化钾溶于 100 mL 水中,摇匀。

3.2.5 硫代硫酸钠标准滴定溶液:$c(Na_2S_2O_3)=0.01$ mol/L。

按 GB/T 601 配制后，稀释 10 倍。

3.2.6 高锰酸钾标准滴定溶液：$c\left(\frac{1}{5}KMnO_4\right)=0.01$ mol/L。

3.2.7 淀粉指示液：10 g/L。

3.3 仪器和设备

一般实验室用仪器和下列仪器。

3.3.1 取样瓶：两只具塞玻璃瓶，测出具塞时所装水的体积。一瓶称之为 A，另一瓶为 B。体积要求为 200 mL～500 mL。

3.4 分析步骤

3.4.1 取样

将洗净的取样瓶 A、B，同时置于洗净的取样桶中，取样桶至少要比取样瓶高 15 cm 以上。两根洗净的聚乙烯塑料管或惰性材质管分别插到 A、B 取样瓶底，用虹吸或其他方法同时将水样通过导管引入 A、B 取样瓶，流速最好为 700 mL/min 左右。并使水自然从 A、B 两瓶中溢出至桶内，直到取样桶中的水平面高出 A、B 取样瓶口 15 cm 以上为止。

3.4.2 水样的预处理

若水样中有能固定氧或消耗氧的悬浮物质，可用硫酸铝钾溶液絮凝：用待测水样充满 1 000 mL 带塞瓶中并使水溢出（如 6.1 取样过程）。移取 20 mL 的硫酸铝钾溶液和 4 mL 氨水于待测水样中。加塞，混匀，静置沉淀。将上层清液吸至细口瓶中，再按测定步骤进行分析。

3.4.3 固定氧和酸化

用一根细长的玻璃管吸 1 mL 左右的硫酸锰溶液。将玻璃管插入 A 瓶的中部，放入硫酸锰溶液。然后再用同样的方法加入 5 mL 碱性碘化钾混合液、2.00 mL 高锰酸钾标准滴定溶液，将 A 瓶置于取样桶水层下，待 A 瓶中沉淀后，于水下打开瓶塞，再在 A 瓶中加入 5 mL 硫酸溶液，盖紧瓶塞，取出摇匀。在 B 瓶中首先加入 5 mL 硫酸溶液，然后在加入硫酸的同一位置再加入 1 mL 左右的硫酸锰溶液、5 mL 碱性碘化钾混合液、2.00 mL 高锰酸钾标准滴定溶液，不得有沉淀产生。否则，重新测试。盖紧瓶塞，取出，摇匀，将 B 瓶置于取样桶水层下。

3.4.4 测定

将 A、B 瓶中溶液分别倒入 2 只 600 mL 或 1 000 mL 烧杯中，用硫代硫酸钠标准滴定溶液滴至淡黄色，加入 1 mL 淀粉指示液继续滴定，溶液由蓝色变为无色，用被滴定溶液冲洗原 A、B 瓶，继续滴至无色为终点。

3.5 结果计算

3.5.1 水样中溶解氧的含量（以 O_2 计）以质量浓度 ρ_1 计，数值以毫克每升（mg/L）表示，按式（1）计算：

$$\rho_1=\left[\frac{V_1cM/2}{1\,000\times(V_A-V'_A)}-\frac{V_2cM/2}{1\,000\times(V_B-V'_B)}\right]\times10^6 \qquad (1)$$

式中：

c——硫代硫酸钠标准滴定溶液的浓度的数值，单位为摩尔每升（mol/L）；

M——氧的摩尔质量的数值，单位为克每摩尔（g/mol）（$M=16.00$）；

V_1——滴定 A 瓶水样消耗的硫代硫酸钠标准滴定溶液的体积的数值，单位为毫升（mL）；

V_A——A 瓶的容积的数值，单位为毫升（mL）；

V'_A——A 瓶中所加硫酸锰溶液、碱性碘化钾混合液、硫酸溶液及高锰酸钾标准滴定溶液的体积之和的数值，单位为毫升（mL）；

V_B——B 瓶的容积的数值，单位为毫升（mL）；

V_2——滴定 B 瓶水样消耗的硫代硫酸钠标准滴定溶液的体积的数值，单位为毫升（mL）；

V'_B——B 瓶中所加硫酸锰溶液、碱性碘化钾混合液、硫酸溶液以及高锰酸钾标准溶液的体积之和的数值,单位为毫升(mL)。

3.5.2 若水样进行了预处理,水样中溶解氧的含量(以 O_2 计)以质量浓度 ρ_2 计,数值以毫克每升(mg/L)表示,按式(2)计算:

$$\rho_2 = \left(\frac{V}{V - V'}\right) \times \rho_1 \qquad \cdots\cdots\cdots\cdots(2)$$

式中:

V——3.4.2 中 1 000 mL 带塞瓶的真实容积的数值,单位为毫升(mL);

V'——硫酸铝钾溶液和氨水的体积之和的数值,单位为毫升(mL);

ρ_1——由式(1)计算所得的值,单位为毫克每升(mg/L)。

3.6 允许差

取平行测定结果的算术平均值作为测定结果。平行测定结果的绝对差值不大于 0.2 mg/L。

4 内电解法

4.1 原理

在 pH 为 9 的介质中,靛蓝二磺酸钠被多孔银粒与锌粒组成的原电池电解,形成还原型黄色物质,当与水中溶解氧相遇又被氧化成氧化型蓝色物质,色泽深浅与水中溶解氧含量有关,可以用比色法测定水中溶解氧含量。锅炉给水和凝结水中常见的离子均不干扰溶解氧的测定。

4.2 试剂和材料

本标准所用试剂和水,除非另有规定,仅使用分析纯试剂和符合 GB/T 6682 二级水的规定。

试验中所需标准滴定溶液,在没有注明其他规定时,均按 GB/T 601 之规定制备。

4.2.1 盐酸溶液:1+1。

4.2.2 硫酸溶液:1+3。

4.2.3 氨水溶液:1+90。

4.2.4 苦味酸溶液

称取在干燥器中已干燥至恒重的苦味酸[$C_6H_2OH \cdot (NO_3)_3$]0.74 g,溶于水中,精确至 2 mg,稀释至 1 L。此溶液黄色色度相当于 20 μg/mL 还原型靛蓝二磺酸钠溶液的色度。

4.2.5 氨-硫酸铵缓冲溶液

称取硫酸铵[$(NH_4)_2SO_4$]20 g,加约 200 mL 水,溶解后移入 1 L 容量瓶,加 60 mL 氨水,用水稀释至刻度,摇匀备用。

该缓冲溶液的 pH 用下述方法调整:移取氨-硫酸铵缓冲溶液、酸性靛蓝二磺酸钠贮备溶液各 20 mL,于 50 mL 烧杯内混合均匀。用 pH 计测定其 pH 值,用加硫酸溶液或氨水溶液调节其 pH 值刚好为 9.0。

根据上述调节时加酸或氨水的体积,换算成 980 mL 所需要的体积,在剩余 980 mL 缓冲溶液中加入所需硫酸溶液或氨水溶液,以保证以后配制的氨性靛蓝二磺酸钠溶液的 pH 值等于 9.0。

4.2.6 酸性靛蓝二磺酸钠标准贮备溶液(1 mL 相当于 40 μg O_2)

4.2.6.1 配制方法

称取 0.8 g~0.9 g 靛蓝二磺酸钠($C_{16}H_8O_8S_2Na_2N_2$,分子量 M 为 466.36)于 50 mL 烧杯中,加 1 mL水使其润湿后,加入 7 mL 浓硫酸,在 80℃左右的水浴上加热 30 min,并不时搅拌,使之充分混匀。

然后加入少量水,待全部靛蓝二磺酸钠溶解后移入 500 mL 容量瓶中,稀释至刻度,混匀后标定。如有不溶物需过滤后再标定。

4.2.6.2 标定方法

移取酸性靛蓝二磺酸钠溶液 10 mL,于 100 mL 锥形瓶中,加 10 mL 水,10 mL 硫酸溶液,用高锰酸钾标准滴定溶液滴定至恰为黄色为止。

4.2.6.3 酸性靛蓝二磺酸钠溶液以质量浓度 ρ_3 计，数值以毫克每毫升(mg/mL)表示，按式(3)计算：

$$\rho_3=\frac{\frac{1}{2}\left(\frac{V_1}{1\,000}\right)c\left(\frac{M}{2}\right)}{V}\times 1\,000 \quad \cdots\cdots(3)$$

式中：

c——高锰酸钾标准滴定溶液的浓度的数值，单位为摩尔每升(mol/L)；

V_1——标定时消耗高锰酸钾标准滴定溶液的体积的数值，单位为毫升(mL)；

V——移取酸性靛蓝二磺酸钠溶液的体积的数值，单位为毫升(mL)；

M——氧的摩尔质量的数值，单位为克每摩尔(g/mol)(M=16.00)；

$\frac{1}{2}$——靛蓝二磺酸钠与高锰酸钾反应换算成与溶解氧反应的系数。

4.2.6.4 根据标定结果，用水将酸性靛蓝二磺酸钠溶液稀释成 40 μg/mL 溶液，此即为酸性靛蓝二磺酸钠贮备溶液，使用期约 1 个月，有沉淀时应弃去。

4.2.7 氨性靛蓝二磺酸钠溶液

根据需用量，取氨-硫酸铵缓冲溶液和酸性靛蓝二磺酸钠贮备溶液等体积混合即可。由于氨性靛蓝二磺酸钠溶液不稳定，该溶液使用时配制。

4.2.8 还原型靛蓝二磺酸钠溶液

将银-锌还原滴定管上部的水排掉，注入少量氨性靛蓝二磺酸钠溶液洗涤银-锌滴定管，排掉洗涤液，然后将氨性靛蓝二磺酸钠溶液注满滴定管，待溶液由蓝色变为亮黄色，排去滴定管尖部的蓝色溶液，便可使用。如急于使用，可将银-锌滴定管夹于双掌之中，轻轻地搓动，或者，将银-锌滴定管拿在手中上下摇动，也可加快靛蓝二磺酸钠的还原速度。此溶液应使用时配制。原来存放在滴定管内溶液弃去后，加入新溶液制备，使用期 4 h。

4.2.9 酸性靛蓝二磺酸钠标准溶液

移取 50 mL 酸性靛蓝二磺酸钠贮备溶液，置于 100 mL 容量瓶中，用水稀释至刻度。此溶液的每毫升相当于 20 μg O_2。

4.2.10 高锰酸钾标准滴定溶液：$c\left(\frac{1}{5}KMnO_4\right)$=0.01 mol/L。

4.3 仪器、设备

一般实验室用仪器和下列仪器。

4.3.1 银-锌原电池(电解电池)

4.3.1.1 烧结银粒(多孔银粒)的制备

称取银粉或沉淀银 50 g，平铺于 100 mL 瓷蒸发皿或把皿中，将表面摊平，银粉厚度为 5 mm 左右。把瓷蒸发皿放入 620℃ 高温炉中，烧结约 30 min，取出冷却后用工具把银块取出，剪成宽 10 mm，长 20 mm的银条。把银条放回原蒸发皿内，再在 800℃ 的高温炉中灼烧 30 min，取出冷却后剪成粒径为 3 mm～5 mm的多孔银粒。

4.3.1.2 银-锌还原滴定管(银-锌还原电池)的制备

取一支 50 mL 酸式滴定管，底部垫上约 10 mm 厚的玻璃纤维，用水灌满滴定管并将管尖的气泡排除。取粒径为 5 mm～10 mm 锌粒数粒(通常需要 7 粒)，按每 4 mL 多孔银粒加一粒锌粒的比例，装填多孔银粒和锌粒，一直装到银-锌还原剂的体积约至 30 mL 为止，最上面再覆盖 4 mL 多孔银粒。在装填过程中应不时地振动，使银粒和锌粒充分接触，不留气泡。

银-锌还原剂的使用期限一般不超过三个月。长时间使用后，银粒颜色发暗，可倒出银锌混合物，剔除锌粒，用盐酸溶液加热将杂质溶解，然后洗去盐酸，将多孔银粒放在瓷蒸发皿内，先在电炉上烘干，再放入 800℃高温炉内灼烧 30 min，即能恢复银白色的金属光泽。

4.3.2　专用溶解氧测定瓶(溶氧瓶)

实际体积为 300 mL 左右。要求为无色透明,每个瓶的容积都相同且瓶塞为通用磨口塞。

4.3.3　水封桶

容积为 15 L～25 L,要求桶至少比溶氧瓶高 150 mm。

4.4　分析步骤

4.4.1　标准色的配制

由于标准溶解氧不易获得,本方法配制溶解氧标准色是按照“假色原理”配制的。即依照假定还原型靛蓝二磺酸钠(黄色)与溶解氧完全反应生成氧化型靛蓝二磺酸钠(蓝色)的数量加入酸性靛蓝二磺酸钠,未反应的还原型靛蓝二磺酸钠(黄色)用相应苦味酸代替来配制溶解氧标准色。

按上述方法,各标准色所需酸性靛蓝二磺酸钠标准溶液和苦味酸溶液的体积分别按式(4)、式(5)计算:

$$V_{靛}=\frac{CV_1}{20}\times\frac{1}{1\,000} \qquad \cdots\cdots(4)$$

$$V_{苦}=\frac{V_1(1.3C_{max}-C)}{20}\times\frac{1}{1\,000} \qquad \cdots\cdots(5)$$

式中:

C——标准色所相当的溶解氧含量,单位为微克每升(μg/L);

C_{max}——最大标准色相当的溶解氧含量,在本法中 $C_{max}=100$ μg/L;

V_1——标准色溶液体积的数值,单位为毫升(mL);

1.3——为保证有过量(为理论量的 130%)的还原型靛蓝二磺酸钠与溶解氧反应所乘的系数。

表 1 是按式(4)、式(5)计算,配制 500 mL 标准色溶液所需酸性靛蓝二磺酸钠标准溶液和苦味酸溶液的需要量(mL)。

把配制好的溶解氧标准色溶液注入专用溶解氧瓶中,注满后用蜡密封,多余的溶液弃去。此标准色有效期为一周。

表 1　溶解氧标准色的配制

瓶号	相当于溶氧含量/(μg/L)	配制标准色所取体积/mL	
		$V_{靛}$	$V_{苦}$
1	0	0	3.250
2	5	0.125	3.125
3	10	0.250	3.000
4	15	0.375	2.875
5	20	0.500	2.750
6	30	0.750	2.500
7	40	1.000	2.250
8	50	1.250	2.000
9	60	1.500	1.750
10	70	1.750	1.500
11	80	2.000	1.250
12	90	2.250	1.000
13	100	2.500	0.750

4.4.2 水样的测定

4.4.2.1 水样的采集

由于溶解氧的测定易受空气中氧的影响，所以要求现场取样、现场测定。水样按下述方法采集：将水封桶和专用溶解氧瓶预先清洗干净，然后将取样管(应使用厚壁胶管)插入溶解瓶底部，水样充满溶氧瓶后把溶氧瓶放入水封桶，使水面超过溶氧瓶，并溢流不少于 3 min，水样流速保持 500 mL/min～600 mL/min，其温度不超过 35℃，最好比周围环境温度低 2℃～3℃。

4.4.2.2 还原型靛蓝二磺酸钠溶液加入量的计算

测定水样时所需还原型靛蓝二磺酸钠溶液的体积(V)可按式(6)计算：

$$V=\frac{1.3C_{\max}\cdot V'}{20}\times\frac{1}{1\,000} \quad\cdots\cdots(6)$$

式中：

V'——取水样的体积，单位为毫升(mL)，即为溶氧瓶的容积。

其余各符号与式(4)、式(5)相同。

4.4.2.3 操作方法

水样采集好后，将银-锌还原滴定管慢慢插入溶氧瓶内，轻轻地抽出取样管，立即按式(6)计算量加入还原型靛蓝二磺酸钠溶液，轻轻地抽出滴定管，在水下面立即塞紧瓶塞并混匀，放置 2 min。从水封桶内取出溶氧瓶，立即在自然光或日光灯下，以白色背景与标准色进行比较，水样颜色与标准色相一致(或接近)的标准色相当溶解氧含量即为水样溶解氧含量。

ICS 35.240.40
A 11

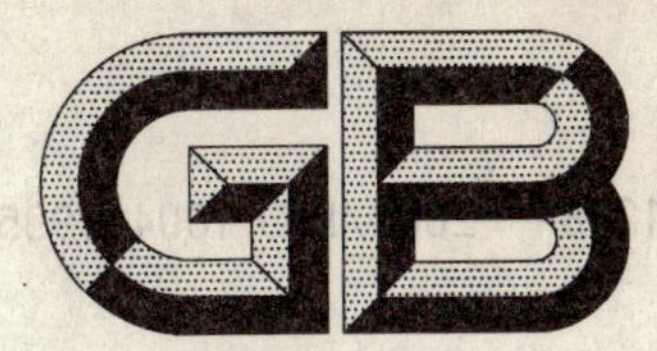

中华人民共和国国家标准

GB/T 12184—2007/ISO 1004:1995
代替 GB/T 12184—1990

信息处理 磁墨字符识别 印制规范

Information processing—Magnetic ink character recognition—Print specifications

(ISO 1004:1995,IDT)

2007-09-05 发布 2007-12-01 实施

中华人民共和国国家质量监督检验检疫总局
中国国家标准化管理委员会 发布

前　言

本标准等同采用 ISO 1004:1995《信息处理　磁墨字符识别　印制规范》(英文版)。

本标准代替 GB/T 12184—1990《信息处理　磁墨水字符识别　印刷规范》。本标准与 GB/T 12184—1990 的主要差异如下：

a) 增加了 11.4“用金属线卡校准二级标准”；

b) 增加了 13.3“MICR 印制区”；

c) 增加了 13.4“光学空白区”；

d) 增加了 13.5“光学空白区的背景色”；

e) 增加了 14 章、30 章“MICR 磁墨耐性”；

f) 为将打码印制及印刷印制同时包含在印制范围内将“磁性墨水”改为“磁墨”；

g) 为符合业内习惯将“第二参考文件”改为“二级标准”；

h) 考虑到“脱墨”在业内指将印制好的字符脱去墨记，将“脱墨”改为“缺印”来表示由于某种原因在印制字符规定的轮廓内无墨迹。

为便于使用，本标准做了下列编辑性修改：

a) 用“本标准”代替“本国际标准”；

b) 删除国际标准前言；

c) 修改图 5、6、9、15 中及在 11.1.3、11.3.2、11.3.3 中的印刷错误；

d) 针对“ISO 1004:1995”标准正文中引用到的“ISO 1831:1980”标准，在本标准中增加了第 2 章规范性引用文件；

e) 针对“ISO 1004:1995”标准中所用到的缩略语，如：MICR，在适当的地方进行了加注。

本标准的附录 A～附录 E 为资料性附录。

本标准由中国人民银行提出。

本标准由全国金融标准化技术委员会归口管理。

本标准负责起草单位：中国金融电子化公司。

本标准参加起草单位：中国人民银行印制科学技术研究所、西安印钞厂、北京票据清算中心、中国人民银行天津分行。

本标准主要起草人：谭国安、杨竑、陆书春、李曙光、赵志兰、张继卿、马长生、冯文、马国光、侯军、尹锡斌、莫代珍。

本标准于 1990 年首次发布。本标准为第一次修订。

信息处理 磁墨字符识别 印制规范

第一部分 E13B 字形

1 范围

为实现磁墨字符的识别，本标准的第一部分规定了10个数字、4个符号的形状、尺寸及允许误差；描述了各种印制缺陷、允许误差及其他相关事宜，并对信号电平的测量做了说明。本标准也提及了经常和E13B磁墨字符识别相关的光电字符识别技术。

标准的第一部分规定的字符，最早是为银行进行数据的自动处理而开发的，但也适用于其他信息自动处理系统。

注：本标准中术语“磁墨”是指具有可磁化性和可识别性的磁性油墨。

2 规范性引用文件

下列文件中的条款通过本标准的引用而成为本标准的条款。凡是注日期的引用文件，其随后所有的修改单(不包括勘误的内容)或修订版均不适用于本标准，然而，鼓励根据本标准达成协议的各方研究是否可使用这些文件的最新版本。凡是不注日期的引用文件，其最新版本适用于本标准。

ISO 1831:1980 光学字符识别印制规范

3 字符配置

3.1 符号表示

本标准中的磁墨字符由10个数字和4个符号组成，标识如下：

名称	符号表示
零	笔画 0
一	笔画 1
二	笔画 2
三	笔画 3
四	笔画 4
五	笔画 5
六	笔画 6
七	笔画 7
八	笔画 8
九	笔画 9
符号 1	笔画 10
符号 2	笔画 11
符号 3	笔画 12
符号 4	笔画 13

3.2 尺寸

图1～图14给出了详细的字符尺寸及基准中心线的位置，图15给出了字符设计矩阵。字符的尺寸如下：

1) 字符高度：2.972 mm(0.117 in)；

2） 字符宽度：1.321 mm(0.052 in)；
1.651 mm(0.065 in)；
1.981 mm(0.078 in)。

3） 2.311 mm(0.091 in)；

4） 横线和竖线的宽度：0.330 mm(0.013 in)；

5） 横线的最小宽度(本规定不适用于竖线，见6.5)：0.279 mm(0.011 in)；

6） 圆角半径(除笔画0外，见图1)：0.165 mm(0.006 5 in)；
允许误差范围(平均边缘)：±0.038 mm(±0.001 5 in)。

4 字符间距及成行性

4.1 字符间距

4.1.1 普通域(固定格式)

4.1.1.1 相邻字符右平均边缘的间距应为3.175 mm±0.254 mm(0.125 in±0.010 in)(见图16)。

注：术语“平均边缘”在第6章定义及讨论。

4.1.1.2 任何普通域(固定格式)的字符累计间距允许误差应以不超过该域规定的边界为限。

4.1.2 最小间距——适用于任何域，无论是同一域或相邻域，相邻字符右平均边缘间的最小间距应大于2.921 mm(0.115 in)，该规定也适用于格式变化域。

在可变域中，最大或其他间距要求均由设备生产厂自行规定。

4.2 字符的成行性

4.2.1 定义

成行性：在给定域内，一字符与相邻字符间的相对垂直位置。每一字符的水平中心线在字符图上用符号℄H标示。这些中心线用以确定所有字符在垂直方向上的成行性，因为所有字符均是围绕同一水平中心线设计的。

4.2.2 允许误差

垂直成行性允许误差既要满足良好的印制质量要求又要符合下述规定：

1） 任一域内相邻字符底边位置的垂直变化应不超过0.381 mm(0.015 in)(见图17)；

2） 对于字符的底边达不到底线的字符(见图13,14,16)，水平中心线的允许误差应与1)中规定的相同。

5 字符倾斜

相对于票据底边的法线方向，允许字符的最大倾斜角为±1°30′(见图18)。

6 字符允许误差

6.1 尺寸

印制字符的尺寸见图1～图14。

6.2 “平均边缘”的定义

平均边缘：为沿着印制字符的不规则边缘的一条假想线，该假想线两侧的着墨区域(墨迹)与非着墨区域(空白)面积应相等(见图19)(典型的印制字符边缘不是直线)。

6.3 平均边缘允许误差

从定位线℄或℄H算起，平均边缘允许误差应在定位该边缘的尺寸±0.038 mm(±0.001 5 in)范围内。典型示例见图20。

圆角的平均边缘应相切于笔画的平均边缘，且允许误差应在该笔画边缘的尺寸±0.038 mm(0.001 5 in)范围内(见3.2)。

6.4 边缘不规则允许误差

6.4.1 平均边缘两侧的波峰和波谷应不超过距边缘定位尺寸±0.089 mm(±0.003 5 in)处，见图 21。波峰、波谷在 0.038 mm～0.089 mm(0.001 5 in～0.003 5 in)范围内的平均边缘之和应不超过总边缘长度的 25%。

6.4.2 由边缘上的空白(缺印)产生的波谷值可超过上述规定的最大波谷值。有关此类空白(缺印)的最大允许尺寸见第 7 章。

6.4.3 边缘上可出现某种超出 0.038 mm～0.089 mm(0.001 5 in～0.003 5 in)范围的偶然性偏移(如羽状或串式溅墨)，此类偶然性偏移不做为边缘不规则误差考虑，而应视做与该字符无关的外部墨迹，该类偏移允许的最大尺寸及数量见第 9 章。

在测量此类偏移尺寸时，仅计入在 6.4.1 中所述的超过 0.089 mm(0.003 5 in)的部分，因为测量值在 0.038 mm～0.089 mm(0.001 5 in～0.003 5 in)范围内的偏移部分应遵从 6.4.1 中有关边缘不规则允许误差的规定。

6.5 横线的最小宽度

横线平均边缘的最小间距至少应为 0.279 mm(0.011 in)(该要求是对每一边缘定位尺寸规定的补充)。该规定不适用于竖线，因为竖线完全是由每一边缘的定位尺寸决定的。

7 缺印

7.1 定义

缺印：在印制字符规定的轮廓内无墨迹。

7.2 允许单个最大缺印

7.2.1 字符内任意位置允许的单个最大缺印(包括在边缘上的)尺寸应小于 0.203 mm×0.203 mm (0.008 in×0.008 in)，但下述情况除外：

如果缺印位于两个或两个以上区位宽的字符笔画内[每个区位宽 0.330 mm(0.013 in)]，但只要单个缺印完全包容在墨迹之内，则单个最大缺印尺寸可扩大为 0.254 mm×0.254 mm(0.010 in×0.010 in)，这种情况不包括边缘缺印在内。

7.2.2 长且窄的单个缺印称为“针”型缺印。只要“针”型缺印平均边缘到平均边缘的宽度不超过 0.051 mm(0.002 in)，则对字符上的“针”型缺印可不做任何限制。

7.3 允许最大累积缺印

在标称宽度为 0.330 mm(0.013 in)的任何横行或竖列上，允许的最大累计缺印面积应不超过该行或该列面积的 20%(见图 23)。

8 墨迹的均匀性

磁墨应均匀的分布在每一个字符的轮廓内，应避免出现溅墨、重影及其他不均匀着墨现象。

允许由于着墨不均而出现凸墨现象，但由此形成的平均边缘允许误差应不超过 0.038 mm (0.001 5 in)。该种凸墨现象在凸版印刷及击打式印制中很常见。

9 无关墨迹

9.1 定义

9.1.1 无关磁性墨迹

除 E13B 字形外，在宽度为 15.9 mm(0.625 in)的 MICR 空白区上出现的其他磁性墨迹(见 9.2.2 及图 24)。MICR 空白区包括票据的正面和背面。

注：MICR：Magnetic Ink Character Recognition—磁墨字符识别。

9.1.2 无关非磁性墨迹

在宽度为 8.0 mm(0.315 in)的光学空白区上出现的非磁性墨迹，该墨迹影响 E13B 字符的光学读取。它常表现为飞墨、污点、印迹、羽状滋墨、串式滋墨、串色、粘脏等(见 9.2.1.2 及图 24)。

在 ISO 1831:1980 标准中，规定了光学空白区域。E13B 字符印制区应位于光学空白区内。光学空白区仅用于票据的正面。

9.2 限制

9.2.1 正面的无关墨迹

9.2.1.1 磁性墨迹

允许票据正面 MICR 空白区域上有无关墨迹，但墨点应在 0.08 mm×0.008 mm(0.003 in×0.003 in)的范围内。

无关墨迹可超过 0.08 mm×0.008 mm(0.003 in×0.003 in)，但应在 0.1 mm×0.1 mm(0.004 in×0.004 in)的范围内。在任一字符内允许有 1 个该类墨点，在任一域内应不超过 5 个。

如果无关墨迹位于字符边缘不规则误差范围内，则按字符边缘不规则误差处理。

9.2.1.2 非磁性墨迹

允许在宽度为 8.0 mm(0.315 in)光学空白区上出现非磁性墨迹。无论打印对比信号值(PCS)的大小，该墨迹直径应小于 0.2 mm(0.008 in)；两个墨迹间或墨迹和 E13B 字符间的距离应不小于 1.0 mm(0.040 in)。见 ISO 1831:1980 有关视觉光谱及打印对比信号的定义(PCS)。

9.2.2 背面的无关磁性墨迹

在票据(票证)MICR 空白区背面上的无关磁性墨迹应小于 0.15 mm×0.15 mm(0.006 in×0.006 in)的范围。

10 压痕

印制字符压印到纸张的表面形成压痕。如果压痕太深可能会引起信号电平降低或信号变形而引起磁墨识别器的误读或拒读，因为磁墨字符是磁性检出装置通过磁性墨迹的印记检出的。可在背面检测到压痕是否破坏了纸的纤维。

有一种光学断面显微镜可以用来检测压痕，它的重复精度可达到 0.002 5 mm(0.001 in)，生产这种设备的知名厂商有 Zeiss 和 Stangert。

标准中规定的最大压痕深度为 0.025 mm(0.001 in)，但在凸版印刷、编码印刷、打码印制时，经常会超过这个规定而并未立即引起 MICR 识别问题。考虑到读取信号的强度、墨迹的一致性、压痕的平整性等因素对数据读取的影响，压痕深度可超过 0.025 mm(0.001 in)的规定。为避免因压痕太深而引起磁墨识别器的拒读，推荐的做法是：对信号的强度、墨迹的一致性、压痕的平整性以及压痕深度对读取的影响预先做一个测试，获得相关的数据。

例如：

1) 当竖的窄笔画比同一字符较宽的笔画压痕深时，产生的信号弱，此类墨迹的不平整会引起识别设备的拒读。

2) 识别设备虽然可以识别信号强且字符墨迹一致的票据，但考虑到其他情况，在附录 A 中对可接受的压痕深度做了进一步说明。

11 信号电平

11.1 定义

11.1.1 信号电平

当磁读头扫描被磁化字符时，产生的电压波形幅值。图 25 所示是“符号 3”的典型波形。

11.1.2 标称信号电平

采用适当的测试设备，按照金属线卡校准过程测量基准印制标样，所输出的信号电平。该电平定为100%。

金属线卡的校准过程包含标准磁通量的测量。该磁通量是将一根直形金属导线平行放置在磁读头缝隙内，通上正弦电流产生的。测试设备及校准过程见11.4。

图26和图27显示了"符号3"标称信号电平值定为100%时，每一字符波峰的标称信号电平。

11.1.3 相对信号电平

按照金属线卡校准过程，将"符号3"标称信号电平定为100%时，被测字符的信号电平占该字符标称信号电平的百分比(见图28)。

被测字符的信号电平应通过合适的设备及测试过程获得(见11.2)。

11.1.4 二级标准

二级标准是由磁墨特殊印制的E 13 B"符号3"的纸质票据。该票据的相对信号电平是已知的，其值通过11.4中描述的金属线卡校准过程得出。二级标准用于校准那些测量相对信号电平的设备。使用二级标准是为了使被印制字符的相对信号更接近标称信号。这些票据用来获得他们的实际相对信号电平(见图28)。为了达到预期的效果，E13B字符应以图1～图14的标称尺寸印制。

11.2 测试设备及参数

11.2.1 测试设备

11.2.1.1 实现磁墨票据移动及固定的机构

移动机构应保证票据从左到右移动(字符从右至左扫描)且方向上应平行于单缝隙磁读头，磁墨字符应干燥；固定机构应保持票据和磁读头及磁写头的表面紧密接触。

11.2.1.2 将字符磁化到磁饱和的磁写头

该磁化头(磁写头)在方向上应和票据底部的基准边平行，且和被磁化字符保持在同一平面。注意，磁饱和对于获得一致的信号电平及对字符的反复读取具有重要作用。

11.2.1.3 单缝隙磁读头

单缝隙磁读头的安装应使其缝隙的长轴和票据的底部基准边垂直且平行于被磁化字符面。如果将磁读头的缝隙视为一个可忽略厚度的面，该面应垂直于票据平面及票据的底部基准线。

11.2.1.4 线性放大器

线性放大磁读头的输出信号，以便在示波器上显示。

11.2.1.5 示波器或等同设备

显示被测字符及二级标准上"符号3"的电压波形。

11.2.2 设备参数

11.2.2.1 传送机构应以相对于磁读头每秒380 cm(150 in)±2%的速度移动票据。由各种因素引起的被测字符相对于磁读头缝隙中心线的倾斜应不超过1°30′。

11.2.2.2 磁写头应使印制字符沿11.2.1.2指示的方向达到磁饱和。相对于印制字符的导向极应为北极。

11.2.2.3 磁读头缝隙应宽0.076 mm(0.003 in)，高6.35 mm(0.250 in)，最低共振频率40 kHz。在读取校准票据时，为保证信/噪比大于(或等于)40∶1，除字符的读取面和背面外，其他面应采取屏蔽措施。

11.2.2.4 放大器的特性

1) 增益：输入1 kHz、10 mV±0.2 mV峰-峰值的正弦信号，经放大后应能产生2.4 V±0.4 V峰-峰值的正弦输出信号。

2) 频率响应：

a) 在200 Hz～3 kHz频率范围内，放大器增益的变化应不超过1 kHz时增益的±0.5 dB。

b) 在 200 Hz～75 Hz 频率范围内，较之在 1 kHz 的增益，放大器的增益下降应不超过 3 dB。

c) 频率低于 75 Hz 时，放大器的增益应不超过在 1 kHz 时的增益。

d) 频率超过 3 kHz 时，放大器的增益应是平滑下降曲线，如：在 5.1 kHz±600 Hz 时的增益比在 1 kHz 时的增益下降 3 dB；在 11.2 kHz±1.2 kHz 时的增益比在 1 kHz 时的增益下降 12 dB。

注：较参考值低 3 dB 的增益是参考值的 0.707，较参考值低 12 dB 的增益是参考值的 0.25。

3) 衰减：放大器的高频衰减特性必须等效于四级带缓冲阻容滤波器的高频衰减特性，即每一级每一倍频可实现 6 dB 无尖峰衰减，或四级每倍程衰减 24 dB。

4) 线性度：在 75 Hz～11.2 kHz±1.2 kHz 的频率范围内，对于峰峰值为 3 mV～25 mV 的输入电压，放大器增益的变化应保持±0.5 dB 的线性度。

5) 噪声：

a) 当输入端接地时，噪声输出电压应不超过标称输出信号电平的 1%；

b) 放大器电路图参见附录 A。

11.2.2.5 应使用带有水平和垂直刻度的可用于实验室测量的示波器

11.3 测试过程

11.3.1 放大器的输出与示波器的交流输入端连接。当不扫描票据时，示波器上的水平轨迹线应调整至与示波器的最底刻度线相重合。

11.3.2 将印有"符号 3"字符的二级标准放在传送装置上扫描。示波器的垂直放大倍数设为 2，调整垂直方向中心线，使基线至最高刻度线的偏移等于被测信号正向峰值的 200%。具体做法如下：

1) 读取垂直标尺上的主刻度数；

2) 将此数除以 2；

3) 乘以二级标准的相对信号电平百分比，除以欲测量字符的标称值(见图 26)，调整垂直增益使二级标准第三第五波峰的平均值等于该计算值。

例如：

a) 示波器荧光屏上有 8 个主刻度；

b) 二级标准的相对信号电平为 104；

c) 如果欲测量字符为"符号 3"，其标称值为 100，则计算值为(8/2) * (104/100)＝4.16，如果欲测量字符为 9，其标称值为 165，则计算值为(8/2) * (104/165)＝2.52；

d) 如果欲测量字符为"符号 3"，调整垂直增益使二级标准第三、第五波峰的平均值为 4.16 个主刻度；如果欲测量字符为 9，调整垂直增益使二级标准第三、第五波峰的平均值为 2.52 个主刻度；

e) 则 4 个刻度对应欲测量字符标称值的 100%。如果欲测不同字符，垂直增益应重新调整。

11.3.3 当需要测量大量的票据来获取相对信号强度时，用下述方法测得的数据更精确，但比较费时。

1) 将印有"符号 3"字符的二级标准放在传送装置上扫描，用高分辨率的示波器测得该标准字符第三、第五波峰的平均值。

2) 被测字符的标称信号电压等于标准字符第三、第五波峰的平均值除以该标准字符的相对信号电平，乘以被测字符的标称信号电平。

3) 被测字符的相对信号电平等于被测字符正的波峰值(图 26)除以该字符的标称信号电压。

例如：

a) 如果经校准的"符号 3"字符的相对信号电平为 104%，示波器上测得的电压值为 800 mV，则"符号 3"的标称信号电压等于(800 mV) * (100/104)＝769 mV，符号 4 的标称信号电压等于(800 mV) * (67/104)＝515 mV；

b) 如果另外测得一个"符号 3"的正的波峰值为 750 mV，则该字符的相对信号电平就等于

750/769=97.5%。如果测得一个符号4的正的波峰值等于560 mV,则该字符的相对信号电平等于560/515=108.7%。

11.4 用金属线卡校准二级标准

11.4.1 金属线卡校准过程,基于由正弦电流 I 产生的磁通感应出的信号电平,正弦电流 I 流经位于磁读头缝隙中央且与磁读头缝隙紧密接触的柱状导体,其幅值与频率固定,见图29。

11.4.2 穿过磁读头缝隙用于产生校准用磁通的柱状导体的直径和驱动电流如下:

1) 导体材质应为AWGB&GAUGE#28退火铜、直径0.32 mm,用单聚醋酸甲基乙烯酯固定。

2) 驱动电流 I 应为8.6 mA,0—峰值(±2%),频率5.77 kHz(±2%)的正弦波。驱动电流不包含超过±5%的谐波失真。

直形导线应固定在一个厚度不超过0.05 mm硬纸板上。为测量电流,在导线一端串接一个100 Ω(1%,0.1 W)电阻。图30给出了适用于产生校准用磁通的设备。

11.4.3 测试设备的要求

应使用下述测试设备:

1) 莫尔磁性字符测试器或等同设备。

注意:莫尔磁性字符测试器磁读头的缝隙高度应为6.35 mm(0.250 in),被测票据应成行排列,磁读头弹簧性能良好。测试前,测试器应预热15 min以上。

2) 已校准的示波器。

用于显示金属线卡电流、测试器输出电压及校准字符的电压波形。示波器的输入阻抗应为1 MΩ以上。

3) 螺丝刀、扳手、小锤子。

上述工具用于调整磁读头的角度及高度,小螺丝刀用于调整加在磁写头上的电压值。

11.4.4 金属线卡校准的过程

11.4.4.1 除示波器外断开与放大器输出端的所有连接,在信号频率5.77 kHz时,调整电流至8.6 mA。在靠近测试器背面平坦绝缘的地方放置金属线卡。

11.4.4.2 断开与交流电机的连接,拆下固定磁读头的螺钉,莫尔磁性字符测试器的输出与示波器的输入端连接,将示波器的轨迹线调整到最低刻度线。测试器预热后,保持磁读头与金属线的正对接触,手工将金属线卡移过磁读头,当示波器显示的信号波形幅值最大时,记录最大幅值,该最大幅值对应100%信号电平。

11.4.4.3 重新连接交流电机线,并安装磁读头。用螺丝刀、扳手、锤子调整读、写头的高度、旋转角,使票据中"符号3"字符的第三波峰输出最大幅值(该票据类似二级标准)。磁写头比磁读头的调整更困难,需多次重复,因为每次调整后票据应被重新消磁、测量。

11.4.4.4 监视磁写头上的电压,用小螺丝刀调整相应的电位器,使磁写头上的电压达到0.35 V。测试票据时,监视测试器的输出,缓缓增加磁写头的电压至第三个波峰输出最大幅值。该票据消磁后,重新测量以保证该输出仍为最大值。至此,设备作好了测量二级标准的准备。

注:为保证二级标准发挥预期的作用,二级标准的MICR字符应按照图1~图14的标称尺寸印制。

11.4.4.5 将二级标准放在传送装置上,用示波器观察输出波形,使用示波器的最高分辨率,记下第三、第五波峰的平均值。为了消去测试本身及测试器噪声的影响,应使用几次测试的平均值。

11.4.4.6 标准"符号3"的相对信号电平,由金属线卡测得的最大输出值除以两个输出波峰的平均值决定。例如:由金属线卡测得的最大输出值为740 mV,两个输出波峰的平均值为800 mV,则该二级标准的相对信号电平为800/740=108%。

11.4.4.7 随着二级标准的变化,磁读头和磁写头应可随时调整,纸及字符印制质量的微小变化都可引起磁写头最佳位置的变化。

11.5 相对信号电平允许误差

印制字符的相对信号电平，可在标称信号电平的50%～200%内变化。

11.6 残余信号电平

残余信号电平为字符脱墨后残留印迹产生的信号电平。

当对误编码信息脱墨时，残余信号电平应不超过“符号3”标称信号电平的5%。

采用脱墨的方法应允许票据进行重新编码及MICR设备的重读。

12 纸质

应使用原生而非回收纸浆纸，纸的面质量应不低于90 g/m²。由于纸中掺杂某些颗粒会导致识别设备拒读，因此，应使用那些已将纸中的铁或其他铁磁性物质降低到最低限度的纸张。

13 格式

13.1 基准线

13.1.1 水平尺寸

所有水平尺寸都应以票据的右边缘作为测量基准，第一个字符或右边字符的右边缘应位于距右基准边7.925 mm±1.575 mm(0.312 in±0.062 in)处。

13.1.2 垂直尺寸

所有垂直尺寸都应以票据的底边为测量基准。

13.2 MICR空白区

MICR空白区：在票据的正面及背面，一个宽度为15.9 mm长度延至整个票据的水平区域，除E13B字符外，该区域不可有其他任何磁性墨迹出现，见图24。

13.3 MICR印制区

MICR印制区：一个与票据定位边平行，宽6.35 mm，长度足以容纳单行的E13B字符的矩形区。该区域的纵向位置可随实际的需要而变化.但必须包括在MICR空白区内。E13B字形和CMC7字形不可同时出现在票据的MICR空白区内，MICR印制区仅适用于票据的正面，见图24。

13.4 光学空白区

光学空白区：一个宽8.0 mm的矩形区。光学空白区比MICR印制区在左、右两边至少各长2.5 mm，其中心区域为MICR印制区，见图24及ISO 1831:1980标准。

13.5 光学空白区的背景色

13.5.1 通则

无论是由光学装置还是直观读取(原文的或微缩胶卷的)，要求票据的空白区和印制字符间有较大的反差。

13.5.2 背景色反射

背景色：光学空白区的颜色。

按照ISO 1831:1980中4.2.3的规定，使用峰值在555 nm的CIE/Y滤光器时，背景色反射系数应大于60%。

13.5.3 印制对比信号(PCS)—磁墨印制字符

印制对比信号(PCS)：按照ISO 1831:1980中5.4.5提供的方法，印制字符相对于光学空白区背景的打印对比信号应大于0.6。

14 MICR磁墨耐性

由于在支付转帐系统中，票据要多次通过高速MICR清分设备，因此要求磁墨字符至少可被机器阅读20次，而不影响阅读质量。

单位为毫米

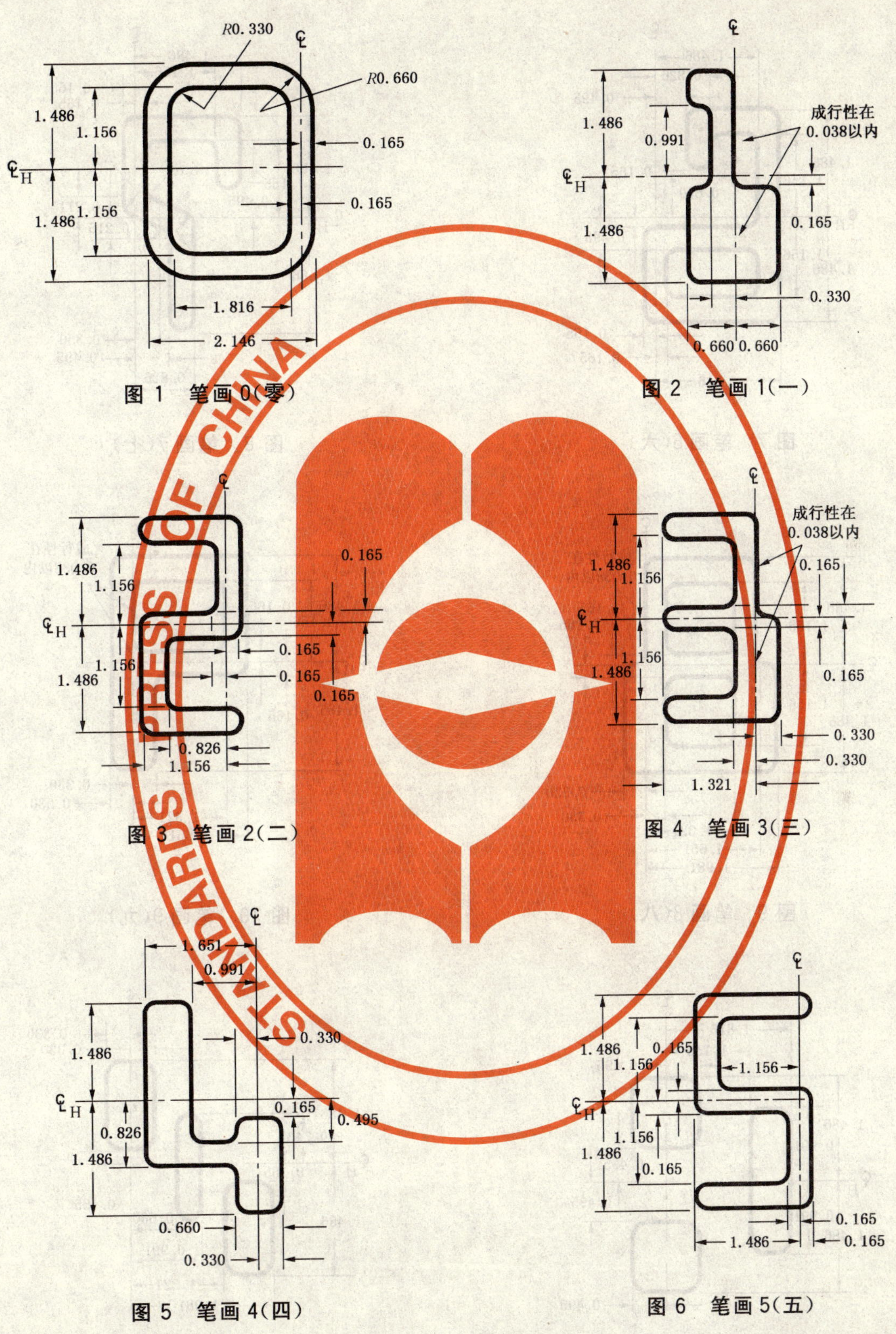

图 1　笔画 0(零)

图 2　笔画 1(一)

图 3　笔画 2(二)

图 4　笔画 3(三)

图 5　笔画 4(四)

图 6　笔画 5(五)

单位为毫米

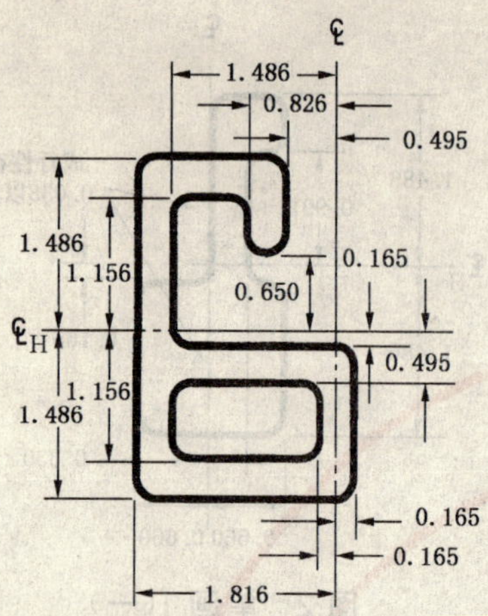

图 7　笔画 6(六)

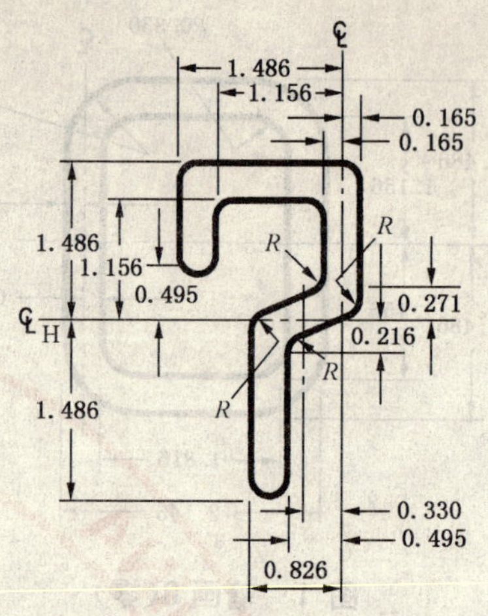

图 8　笔画 7(七)

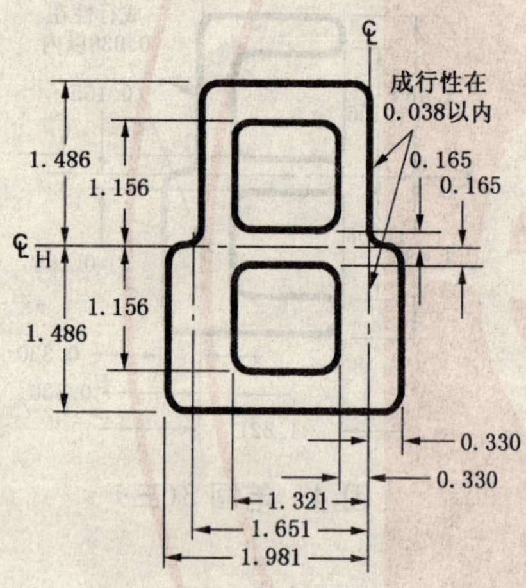

图 9　笔画 8(八)

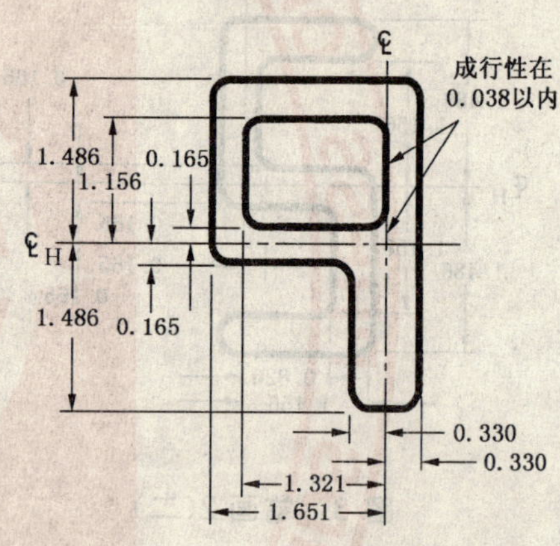

图 10　笔画 9(九)

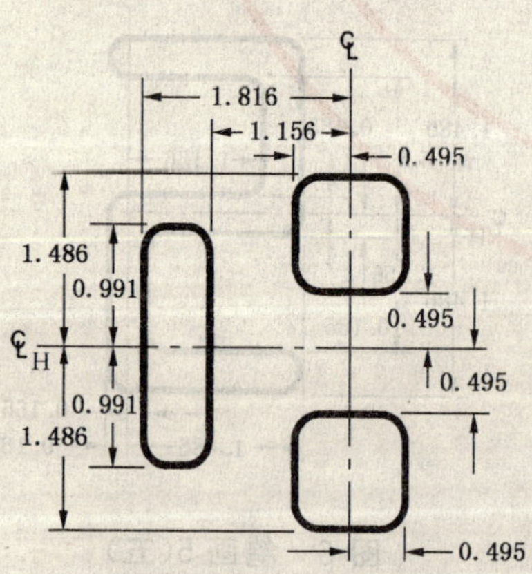

图 11　笔画 10(符号 1)

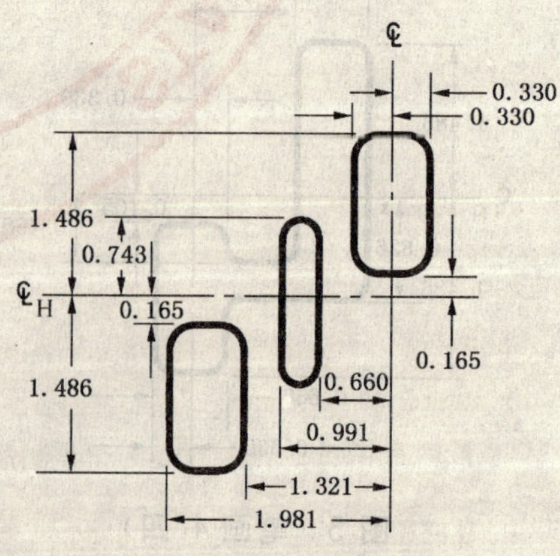

图 12　笔画 11(符号 2)

单位为毫米

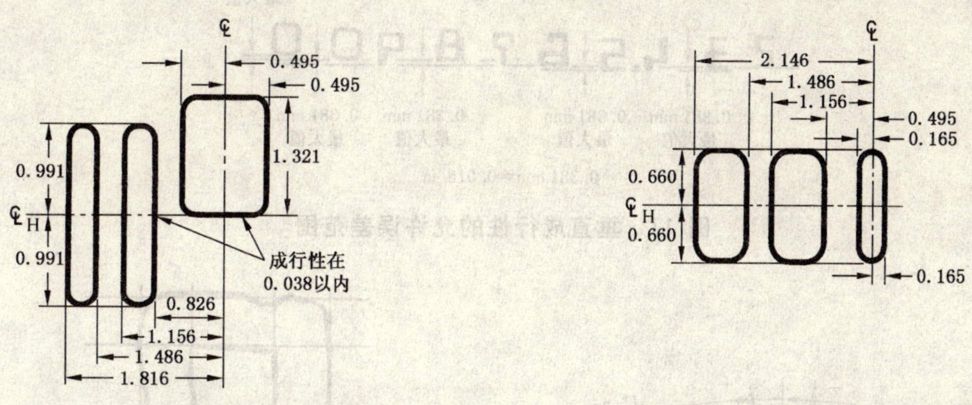

图 13　笔画 12(符号 3)　　　　图 14　笔画 13(符号 4)

注：图 1～图 14 中

① 除笔画 0(零)外，所有半径均为 0.165 mm(0.006 5 in)。

② 所有半径与相邻边缘应平滑相连。

③ 允许误差：±0.038 mm(±0.001 5 in)。

④ 横线的最小宽度为 0.279 mm(0.011 in)，但此规定不适用于竖线。

⑤ 尺寸均以毫米为单位(对应的英制值参见附录 B)。

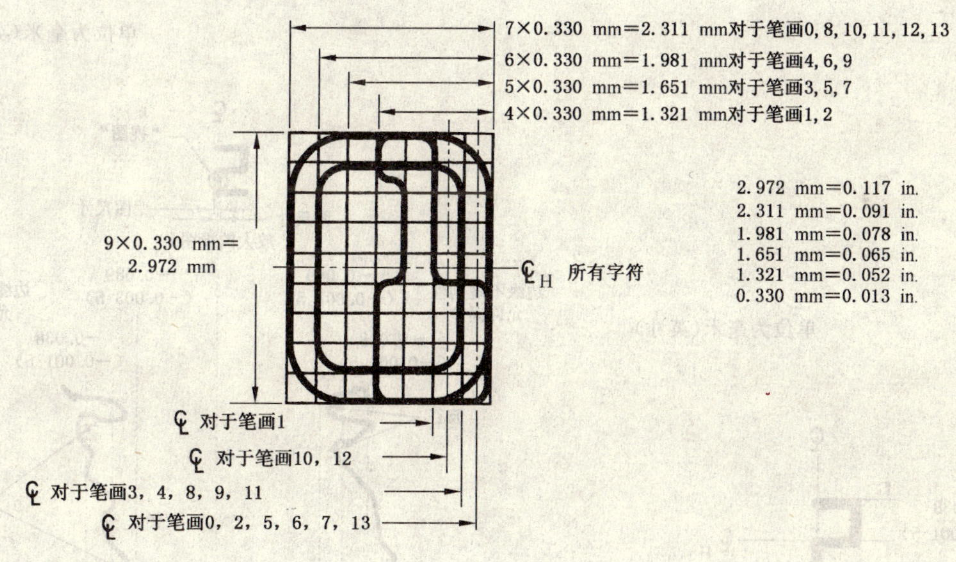

注：① 字符以水平中线对中。

② 字符以右边缘为准对齐。

③ 字符的最小高度是 4 格。

图 15　字符设计矩阵(7×9 格矩阵，每格 0.330 mm)

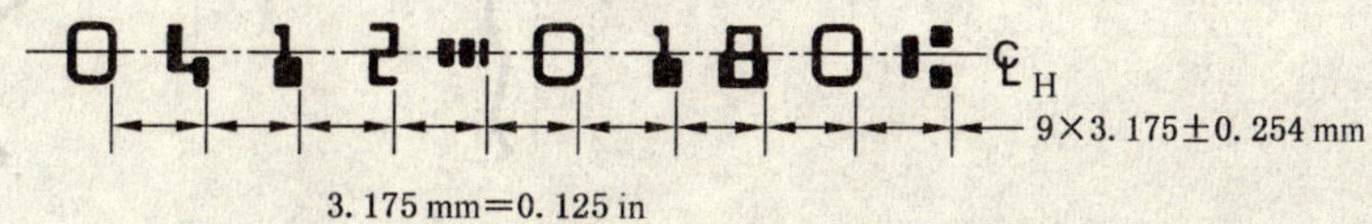

图 16　字符间距

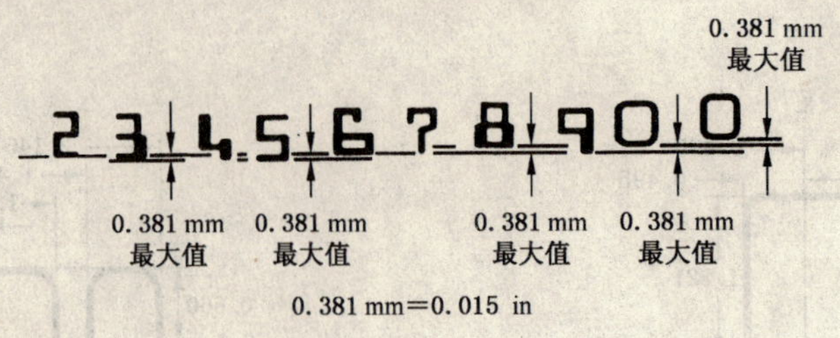

图 17 垂直成行性的允许误差范围

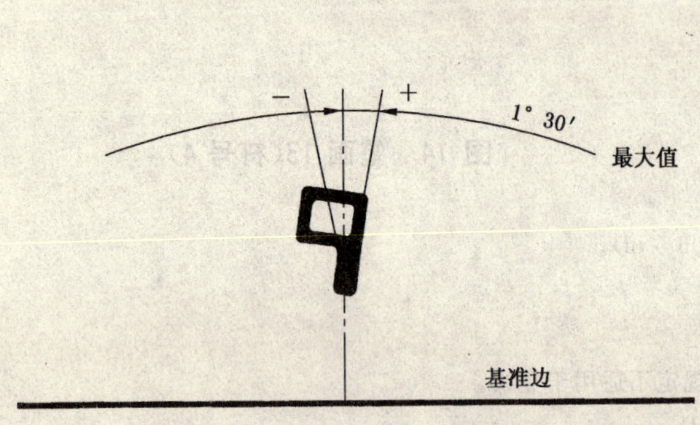

图 18 允许字符倾斜的范围

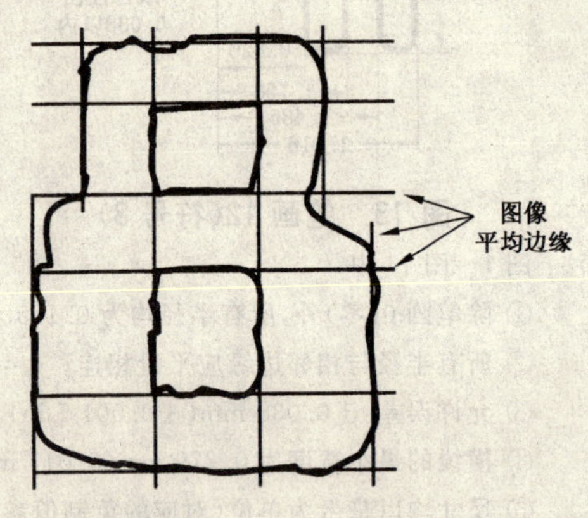

图 19 平均边缘

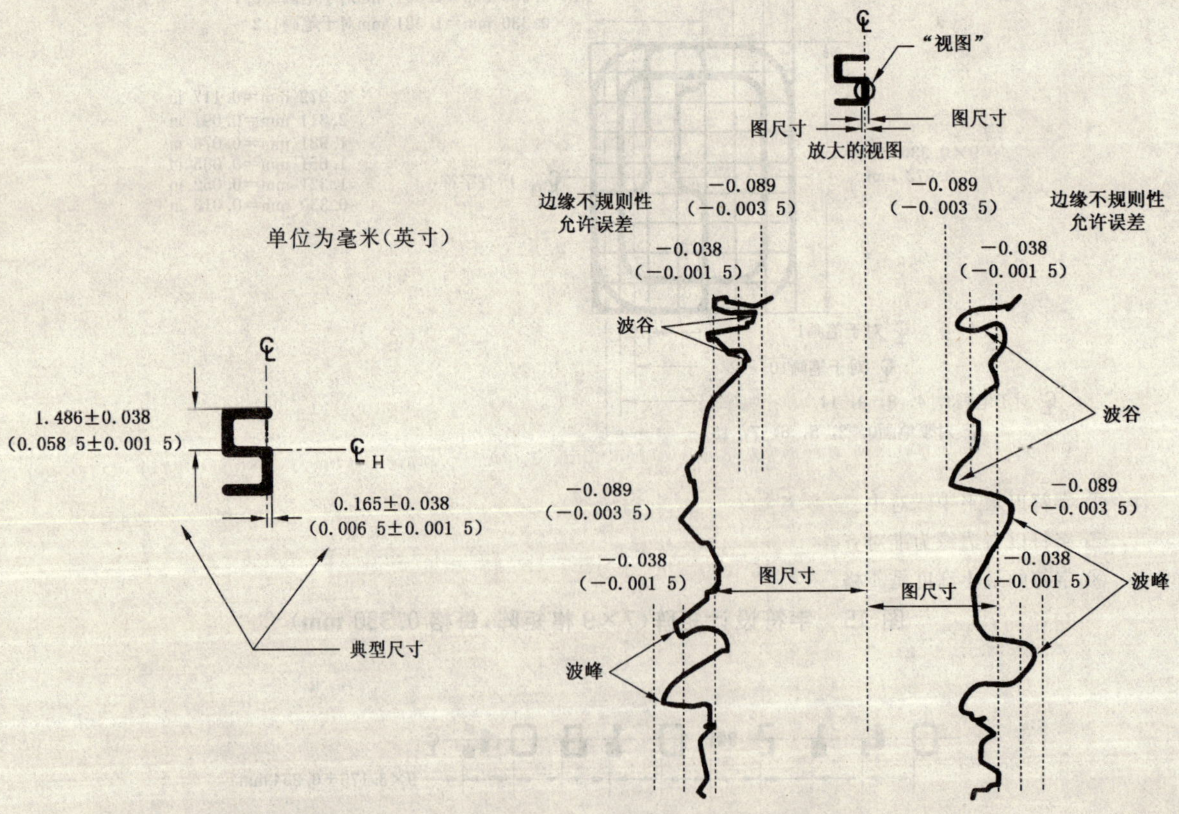

图 20 平均边缘允许误差

图 21 边缘不规则性

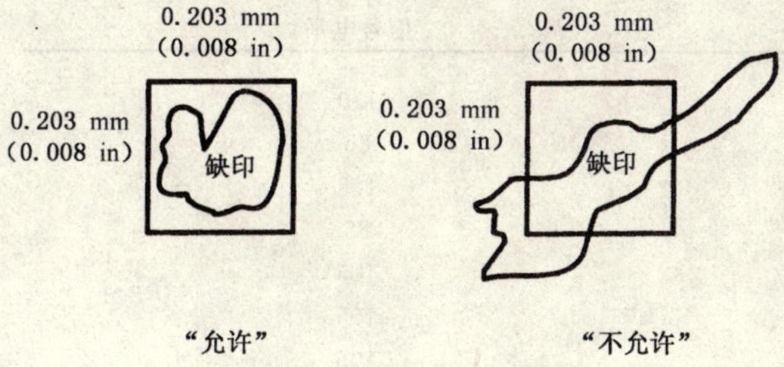

0.203 mm
(0.008 in)
0.203 mm
(0.008 in)
缺印
“允许”
0.203 mm
(0.008 in)
0.203 mm
(0.008 in)
缺印
“不允许”

图 22　单个缺印示例

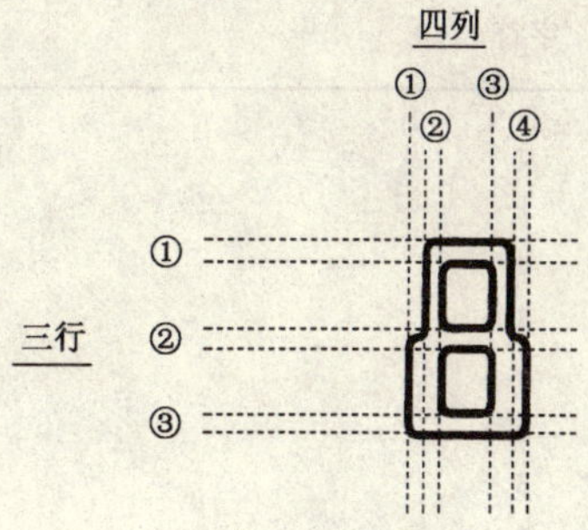

四列
①　③
②　④
三行
①
②
③

图 23　行和列的示例

单位为毫米(英寸)

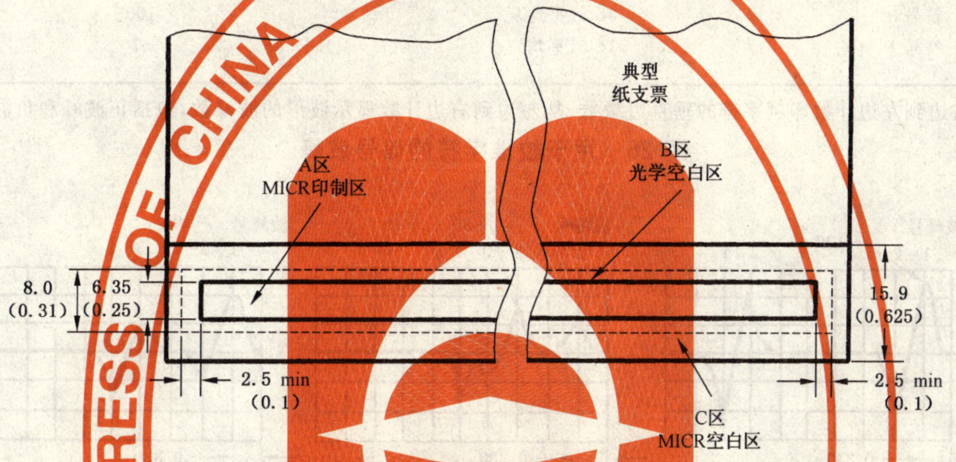

典型
纸支票
A区
MICR印制区
B区
光学空白区
8.0
(0.31)
6.35
(0.25)
15.9
(0.625)
2.5 min
(0.1)
2.5 min
(0.1)
C区
MICR空白区

A 区:13.3 中描述的磁墨字符印制区。只有磁墨字符在该区印制。

B 区:13.4 中描述的光学空白区。该区域与 9.1.2 和 9.2.1.2 中描述的内容相关。B 区包括磁墨字符印制区。如在 13.5 中所述,B 区的背景反射系数应为 Ro>60%。

C 区:13.2 中描述的 MICR 空白区。该区域的正面及背面不可出现无关墨迹。该区域与 9.1.1,9.2.1 和 9.2.2 中描述的内容相关。C 区包括 MICR 空白区和光学空白区。

图 24　无关墨迹禁止区

基线
波峰2
的正峰值
波峰3
的正峰值
两个正峰值的平均值
(信号电平)

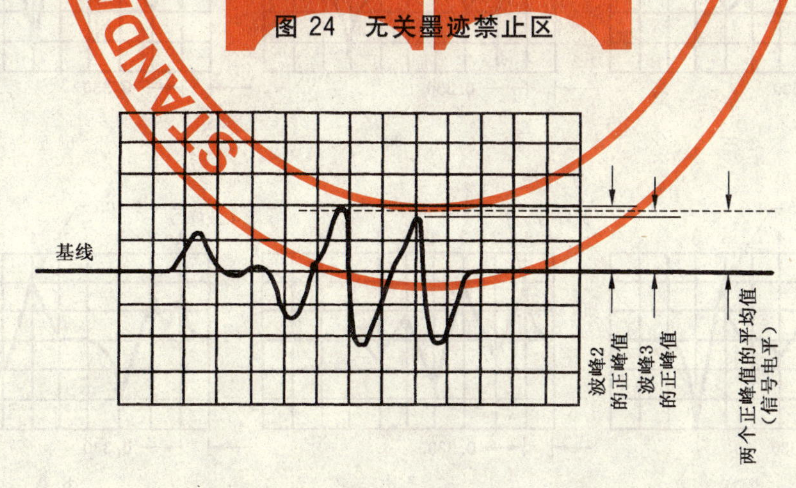

图 25　示波器上出现的“符号 3”的波形

字符	波峰数*	标称信号电平
0	1	130
1	2	85
2	1	105
3	1	85
4	3	105
5	1	105
6	5	105
7	1	75
8	4	105
9	1	165
符号 1	3	105
符号 2	1&5(平均)	70
符号 3	3&5(平均)	100
符号 4	3&5(平均)	67

* 从右边到左边计数印制字符的垂直边缘数;从左边到右边计数显示波形的波峰数,包括正波峰和负波峰。

图 26 用于校准字符的信号波峰

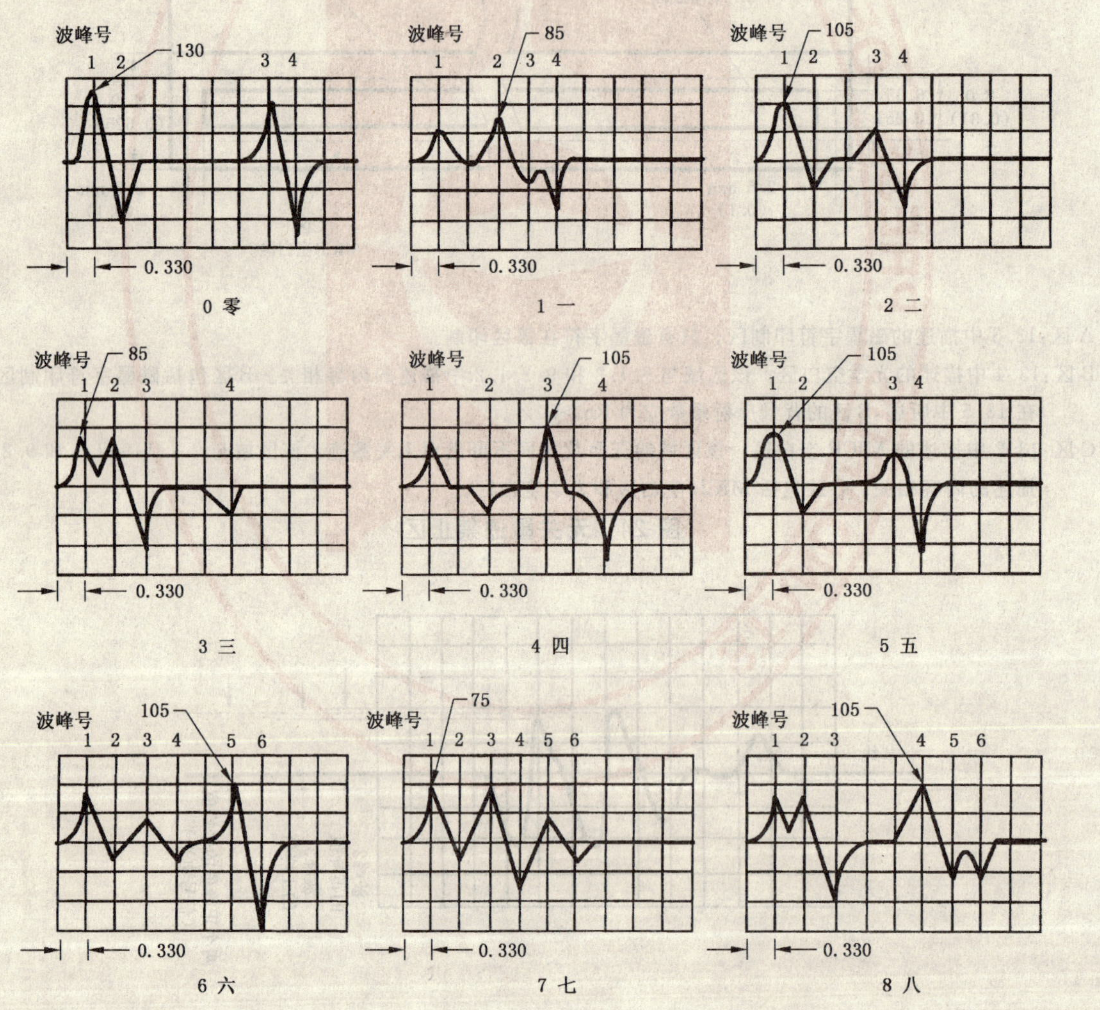

注:横线间隔为 0.330 mm(0.013 in)。

图 27 典型的波峰

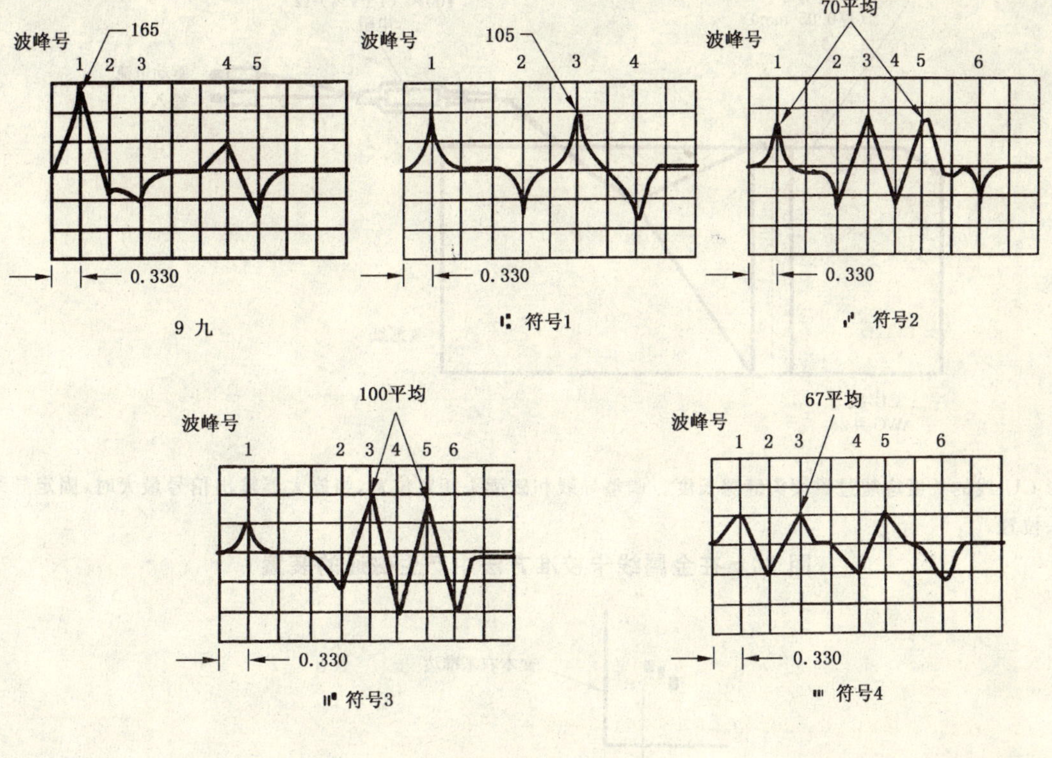

图 27(续)

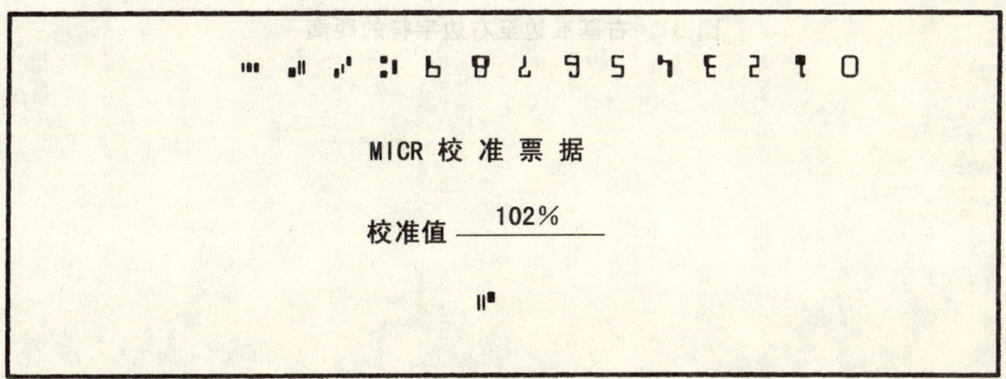

图 28 二级信号电平

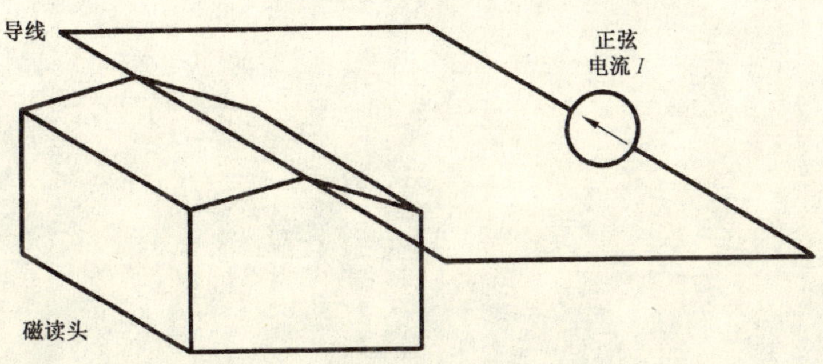

图 29 金属线卡校准方法的连接图

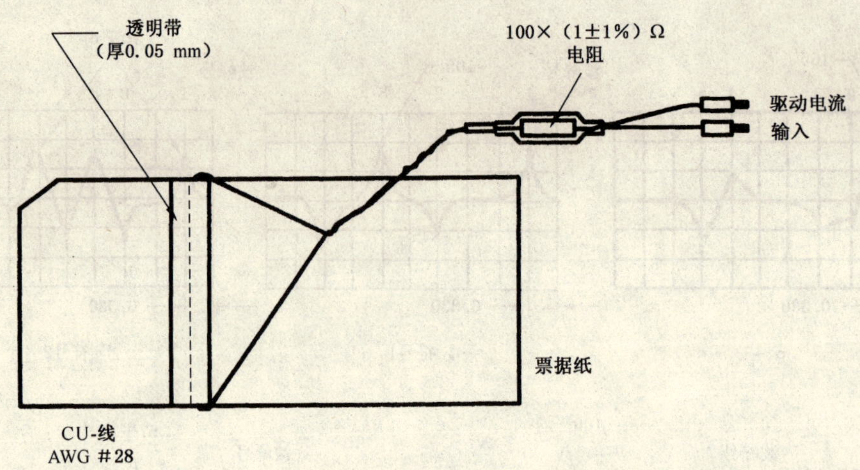

注：直形 CU-线的长度应超过磁读头缝隙长度。调整导线和磁读头相对位置，当放大器输出信号最大时，固定导线和磁读头位置。

图 30 在金属线卡校准方法中产生磁通的装置

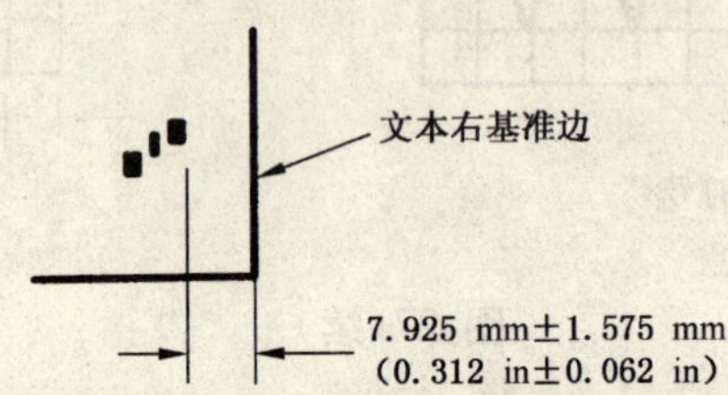

图 31 右基准边至右边字符的距离

附 录 A
（资料性附录）
压痕及线性放大器

A.1 压痕

如第10章所述，过度的压痕可导致拒读或误读。压痕效果随信号强度、墨迹的一致性、压痕的平整性、纸质的粗糙度及字符而变化。经验表明，如果信号强度足够，下列经验值可以使用而不致发生机器的拒读或误读。

字符	压痕
符号1～4	0.04 mm(0.001 5 in)
数字1,4,6,7,9	0.04 mm(0.001 5 in)
数字2,3,5,8,0	0.05 mm(0.002 0 in)

印制企业，印码商，印码设备生产商及银行印码部门应尽量采用0.025 mm(0.001 in)的规格。

用户注意不要因为压痕超过0.025 mm(0.001 in)就将票据剔除，而应对各种相关因素进行综合评估。

A.2 电路图

图A.1给出了11.2.2.4中已述的放大磁性磁读头输出信号的电路图。

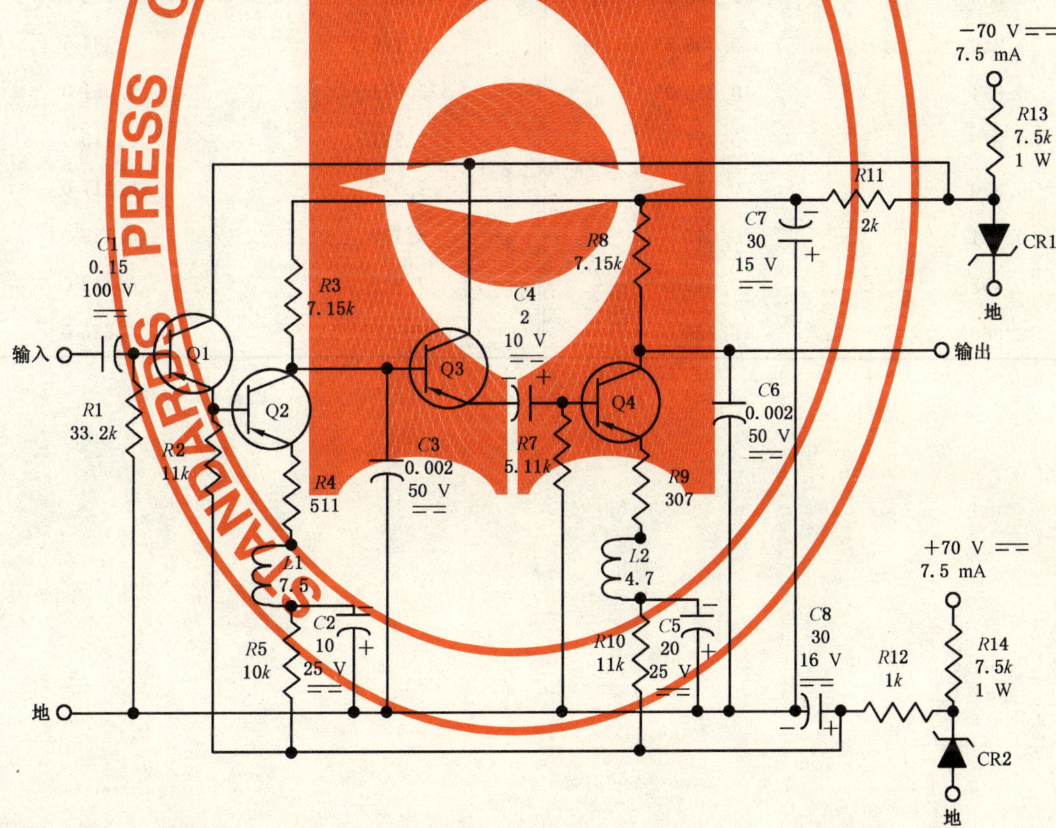

注：① L1和L2是以毫亨(mH)为单位的铁粉芯电感线圈；

② C1～C8是以微法(μf)为单位的电容；

③ R1～R14是以欧姆(Ω)为单位的电阻；k=1 000；功率除特殊情况另有说明外一般均为1/4 W；

④ Q1、Q2、Q3和Q4为2N527型或同等类型的晶体三极管；

⑤ CR1和CR2是1N766型或同等类型的齐纳二极管。

图A.1 线性放大器电路图

附 录 B
（资料性附录）
E13B 字形公-英制对照表

mm	in	mm	in
0.025	0.001 0	0.744	0.029 3
0.038	0.001 5	0.826	0.032 5
0.051	0.002 0	0.991	0.039 0
0.076	0.003 0	1.156	0.045 5
0.089	0.003 5	1.321	0.052 0
0.102	0.004 0	1.486	0.058 5
0.152	0.006 0	1.575	0.062 0
0.165	0.006 5	1.651	0.065 0
0.178	0.007 0	1.816	0.071 5
0.203	0.008 0	1.981	0.078 0
0.216	0.008 5	2.146	0.084 5
0.254	0.010 0	2.311	0.091 0
0.279	0.011 0	2.921	0.115 0
0.330	0.013 0	2.972	0.117 0
0.381	0.015 0	3.175	0.125 0
0.495	0.019 0	7.925	0.312 0
0.660	0.026 0	15.875	0.625 0

第二部分　CMC7 字形

15　范围

为实现磁墨字符的识别，本标准的第二部分规定了 10 个数字、5 个符号、24 个字母的形状、尺寸及允许误差。描述了各种印制缺陷、允许的误差及其他相关事宜，并对信号电平的测量做了说明。

标准的第二部分规定的字符，最早是为银行票据的自动数据处理而开发的，但也适用于其他自动信息处理系统。

16　字符配置

16.1　代码说明

编码字符由 7 条笔画及其间的 6 个间隙组成，这 7 条笔画被切割成普通字符的形状。

采用"宽"和"窄"2 种间隙宽度，字符编码就由该两种间隙宽度组合而定。

2 个"宽"间隙和 4 个"窄" 间隙，形成了 15 种(C_2^6)可能的组合，可用以定义 10 个数字，5 个字符。

用 1 个或 3 个"宽" 间隙可构成字母代码，组合数为 $C_1^6+C_3^6$，形成了 26 种可能的组合，可用以定义 26 个字母。

表 1 列出了代码和字符间的对应关系。印制字符从左到右的间隙编号为 1～6。

"宽" 间隙用数字"1"表示，"窄" 间隙用数字"0"表示。

16.2　结构

有 4 种字形高度：3.20 mm(0.126 in)、3.00 mm(0.118 in)、2.85 mm(0.112 2 in)、2.70 mm(0.106 3 in)。图 34～图 54 给出了字母数字字符集和符号的全部细节，列示出印制数字、符号和字母的标称形状和尺寸，有 3.20 mm(0.126 0 in)、3.00 mm(0.118 1 in)、2.85 mm(0.112 2 in)和 2.70 mm(0.106 3 in)四种字形高度。比例尺为 10∶1。

单位以毫米标注。毫米与英寸的换算表列于附录 C 中。

字符的圆角半径为 0.5 mm(0.020 in)。相应的圆始终与字符轮廓相切。

线段末端可以是直的或是圆形的。若线段末端形状与图样形状不同，则当沿笔画的垂直轴测量时标称线段高度应与图样相符。

水平尺寸(笔画宽度和间隔)及其允许误差已在图样中注明。

a)　笔画宽度

图样所选用的笔画宽度值均为 0.15 mm(0.005 9 in)。

b)　笔画间隔

图样的笔画间隔均为 21.9 中给定的标称值。

表 1 代码-字符对照表

1	2	3	4	5	6	
1	0	0	0	1	0	1
0	1	1	0	0	0	2
1	0	1	0	0	0	3
1	0	0	1	0	0	4
0	0	0	1	1	0	5
0	0	1	0	1	0	6
1	1	0	0	0	0	7
0	1	0	0	1	0	8
0	1	0	1	0	0	9
0	0	1	1	0	0	0
1	0	0	0	0	1	SⅠ
0	1	0	0	0	1	SⅡ
0	0	1	0	0	1	SⅢ
0	0	0	1	0	1	SⅣ
0	0	0	0	1	1	SⅤ

1	2	3	4	5	6	
0	1	0	0	0	0	A
1	0	1	0	1	0	B
0	0	0	1	1	1	C
1	0	0	1	1	0	D
0	0	0	1	0	0	E
0	0	1	0	1	1	F
1	0	0	0	1	1	G
1	0	1	1	0	0	H
0	0	0	0	0	1	I
1	0	1	0	0	1	J
0	1	1	0	1	0	K
0	1	0	0	1	1	L
0	0	1	1	1	0	M
0	0	1	0	0	0	N
1	0	0	0	0	0	O
0	1	0	1	1	0	P
1	1	1	0	0	0	Q
0	1	1	1	0	0	R
0	1	0	1	0	1	S
0	0	0	0	1	0	T
1	1	0	1	0	0	U
1	1	0	0	0	1	V
1	0	0	1	0	1	W
1	1	0	0	1	0	X
0	1	1	0	0	1	Y
0	0	1	1	0	1	Z

17 自动识别的方法

字符的自动识别是利用电磁效应，通过检测相邻笔画的间隙实现的。

18 票据基准边

为了实现字符的识别，将右边缘和底边缘定位为票据的基准边。

19 印制定位（见图 32）

19.1 水平定位

印制行的最右边平均边缘至少应距票据右基准边 6.0 mm(0.236 in)；票据的左边缘和印制行的最左端平均边缘的距离至少应为 4.0 mm(0.157 in)。在某些情况下，通过相关各方协议，后者的距离也可减至 2.0 mm(0.079 in)。如果要求票据双向均可阅读，则应在票据两边留有最小为 6.0 mm (0.189 in)的页边。

19.2 垂直定位

字符必须完全印制在一个高为 6.4 mm(0.252 in)的印制区内，该印制区的底边应平行于票据的底边基准边，且位于其上 4.8 mm(0.189 in)处。

该项不适用于穿孔卡片。

20 空白区

从票据的底边算起，一个宽 16 mm 长延至整个票据的区域。该区域除 CMC7 字符外，不能有任何其他磁性墨迹。

在任何情况下，均不应在空白区内使用非磁墨印制字符。

在票据空白区内不应同时出现 CMC7 和 E13B 字形，CMC7 字形只可印制在票据的正面。

21 字符间距和成行性

21.1 水平字符间距

21.1.1 字符间距 *B*

相邻字符最右边平均边缘的中部在低基准边上的正交投影间的距离，最小标称字符右边缘距 B 为 3.17 mm(0.125 in)(指每英寸最多可容纳 8 个字符)。字符间距的最小值应不低于相邻两字符的最小间隔(D_m)。

21.1.2 相邻两字符的间隔 *D*

右边字符最左边笔画中部和左边字符最右边笔画中部右平均边缘在低边基准边上的正交投影间的距离。

21.1.3 最小字符间隔

如果位于右边的字符包含一个或两个"宽"间隙，则最小字符间隔 $D_{m1}=0.67$ mm(0.026 4 in)；如果位于右边的字符包含三个"宽"间隙，则最小字符间隔 $D_{m2}=0.50$ mm(0.019 7 in)。

21.1.4 字符宽度 *A*

字符左右两条最外边笔画的右平均边缘间的距离。标称宽度值如下：

包含有一个"宽"间隙的字符，宽度 $A_1=2.0$ mm(0.079 in)；

包含有两个"宽"间隙的字符，宽度 $A_2=2.2$ mm(0.087 in)；

包含有三个"宽"间隙的字符，宽度 $A_3=2.4$ mm(0.094 in)。

21.2 垂直不成行性

21.2.1 定义

垂直不成行性：票据上印制字符相对于标称垂直位置所产生的偏移。

21.2.2 限制

垂直不成行性应局限在印制字符不超出票据印制区且可被正确读取的范围内(见图 18.2)。

22 字符定义及允许误差

22.1 笔划

包括一条线段或多条线段。

22.2 线段高度 *h*

线段的底部到顶部之间的距离。

22.3 笔划高度 *M*

包含在笔划中各线段高度之和。

22.4 字符高度 H_c

字符的底部到顶部之间的距离。

22.5 字形高度 H_f

该种字形最高字符的标称高度。

22.6 笔划边缘区和平均边缘

22.6.1 印制边缘区

位于每一笔划的两个边缘上，每一边缘由两条宽度为 $b=0.06$ mm(0.002 4 in)平行线所定义的区域。

在一个字符中共有 14 个印制边缘区，除线段中断部分及线段末端区域外，每个印制边缘区均延伸覆盖整个笔划高度。

22.6.2 平均边缘

印制边缘区的中心线将不规则的印制边缘划分成两个部分使得笔画侧的无墨迹区域之和等于空白区的有墨迹区域之和。如果使该“和”值减至最小，则此时的中心线被称做理论平均边缘。

22.6.3 理论平均边缘

字符的十四条理论平均边缘可用于确定字符的倾斜角(见 22.7)，在这种情况下十四条平均边缘彼此无需互相平行。

22.6.4 实际平均边缘

在实际测量中使用十四条互相平行的平均边缘，它们的方向是十四条理论平均边缘的平均方向，该十四条互相平行的平均边缘称作实际平均边缘。

22.7 倾斜角 α

实际平均边缘和一条垂直于底边基准线的直线间的夹角。字符的倾斜角的绝对值应不超过 1°30′。

22.8 笔画宽度 L

笔画左平均边缘和右平均边缘之间的距离，其值应在 0.10 mm～0.19 mm(0.003 9 in～0.007 5 in)的范围内。

22.9 笔画间隔 P

相邻的笔画的左平均边缘或右平均边缘间的距离，允许误差取决于在 22.9.1 和 22.9.2 中所规定的 α 值。

22.9.1 右平均边缘 P_{R1}、P_{R2}

在 $0°<\alpha<45'$ 时，$P_{R1}=0.30$ mm±0.04 mm (0.011 8 in±0.001 6 in)；

在 $45'<\alpha<1°30'$ 时，$P_{R1}=0.30$ mm±0.03 mm (0.011 8 in±0.001 2 in)；

在 $0°<\alpha<45'$ 时，$P_{R2}=0.50$ mm±0.04 mm (0.019 7 in±0.001 6 in)；

在 $45'<\alpha<1°30'$ 时，$P_{R2}=0.50$ mm±0.03 mm (0.019 7 in±0.001 2 in)。

22.9.2 左平均边缘 P_{L1}、P_{L2}

在 $0°<\alpha<1°30'$ 时，$P_{L1}=0.30$ mm±0.06 mm (0.011 8 in±0.002 4 in)；

在 $0°<\alpha<1°30'$ 时，$P_{L2}=0.50$ mm±0.06 mm (0.019 7 in±0.002 4 in)。

23 无关墨迹

23.1 正面的无关墨迹

位于印制边缘区和线段末端区以外，而在应无墨迹的空白区内的磁性墨迹。

沿平行于字符倾斜角任一边的直线方向，正面无关墨迹的总长度应不超过 0.2 mm(0.008 in)，见图 33。

23.2 背面的无关墨迹

票据背面空白区中出现的磁性墨迹。

24 缺印

定义：位于印制边缘区和线段末端区之外的应着墨而没有着墨的区域。

沿着平行于字符倾斜角任一边的方向，缺印的总长度不应超过 0.4 mm(0.016 in)，见图 33。

如果产生的信号电平能满足读取要求，在包括印制边缘区在内的整个笔划宽度上某个区域的的缺印长度也可超过 0.4 mm。缺印的大小应保证字符能毫不含混地直观读出。

25 线段末端区

位于笔画线段或笔画两端的一个最大高度为 0.20 mm(0.007 9 in)的区域。

线段末端区的宽度为笔画的宽度加上印制边缘区的宽度。

下列规则适用于线段末端区：

1) 只要包含在笔画末端区域内，对笔画末端的形状不作任何限制；

2) 可将线段末端区安排在笔画末端某个合适的位置上，以便使缺印和无关墨迹减至最小；

3) 选择线段末端区的高度时，应遵循易于满足关于缺印的规定。沿着笔画方向，任何笔画的所有线段末端区高度的总和应遵循下述规定：

对于包含两个或三个线段的笔画，所有线段末端区高度的总和应小于 0.6 mm (0.024 in)；

对于包含一个线段的笔画，线段末端区长度的总和应小于 0.4 mm (0.016 in)。

在笔画或线段中断处，新的笔画起笔区域应不包含在笔画末端区域内。

26 磁性墨迹的均匀性

磁墨应均匀的分布在每一笔画的轮廓内，应避免出现滋墨、重影及其他可能导致环绕笔画的凸墨及其他不均匀着墨现象。该类凸墨主要出现在凸版印制和击打式印制中。

27 压痕

印制字符压印到纸张的表面形成压痕。在所印字符甚至在笔划的不同部分压痕深度会有所不同，当压痕太深时，读出信号的强度将减弱并引起磁墨识别器的拒读。压痕深度应不超过 0.025 mm (0.001 in)。光学断面显微镜等测量仪器可用于压痕深度测量。

28 信号电平

28.1 信号说明

当磁性磁读头扫描被适当磁化的 CMC7 字符时，每通过一笔画边缘都会产生一个电压脉冲。

因此，一个字符对应 14 个极性交替的脉冲串，与笔画右边缘对应的脉冲通常称为正脉冲；与笔画左边缘对应的脉冲通常称为负脉冲。脉冲的幅值与笔画的高度基本成正比。

28.2 定义

28.2.1 标准笔画

为保持稳定不变而特制的唯一一套的轮廓分明的笔画。

28.2.2 相对信号电平

与每一笔画边缘相对应的量 n，可由下式定义：

$$n\% = 100 \times U/U_0$$

式中：

U——由合适设备测得的相应笔画边缘产生的脉冲幅值绝对值；

U_0——由同一设备测得的标准笔画的右边缘产生的脉冲幅值。

注：U_0 的幅值为两个电压幅值的平均值，该两个电压是由磁读头读取的 E13B 字形“符号 3”的两个左边笔画的右边缘产生的，该参考字符已按照第 10 章校准为 100%。

28.3 允许的信号电平范围

字符最大相对信号电平应不超过 300%；最小相对信号电平应不小于 25%，任一字符内最大相对信号电平与最小相对信号电平之比应不超过 5。

28.4 标称信号电平

在实际应用中，信号电平与笔画高度 M 成正比。

标称信号电平＝$M/1.9\times100\%$。

28.5 残余信号电平

定义：残余信号电平为字符脱墨后残留印迹产生的信号电平。当对误编码信息脱墨时，残余信号电平应不超过 U_0 的 5%（见 28.2.2 定义中的 U_0 值）。

采用脱墨的方法应允许票据进行重新编码。

29 纸

应使用原生而非回收纸浆纸，纸的面质量应不低于 90 g/m²。

由于纸中掺杂某些颗粒会导致识别设备拒读，因此应使用那些已将纸中的铁或其他铁磁性物质降低到最低限度的纸张。

30 MICR 磁墨耐性

由于在支付转帐系统中，票据要多次通过高速 MICR 清分机，因此磁墨字符应至少可被机器阅读 20 次，而不影响阅读质量。

尺寸单位为毫米（英寸）

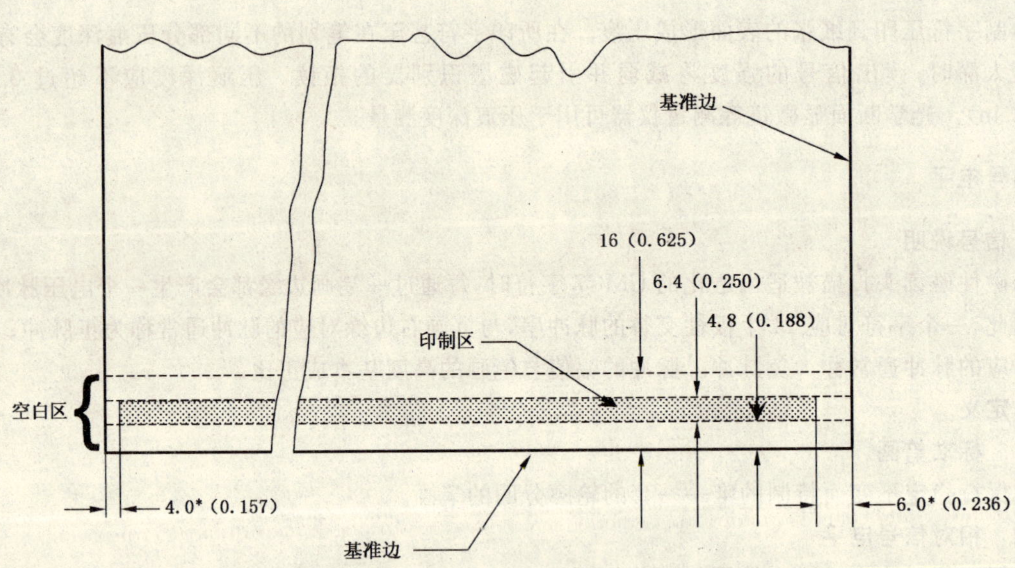

* 最小值（见 19.1）。

图 32 票据格式

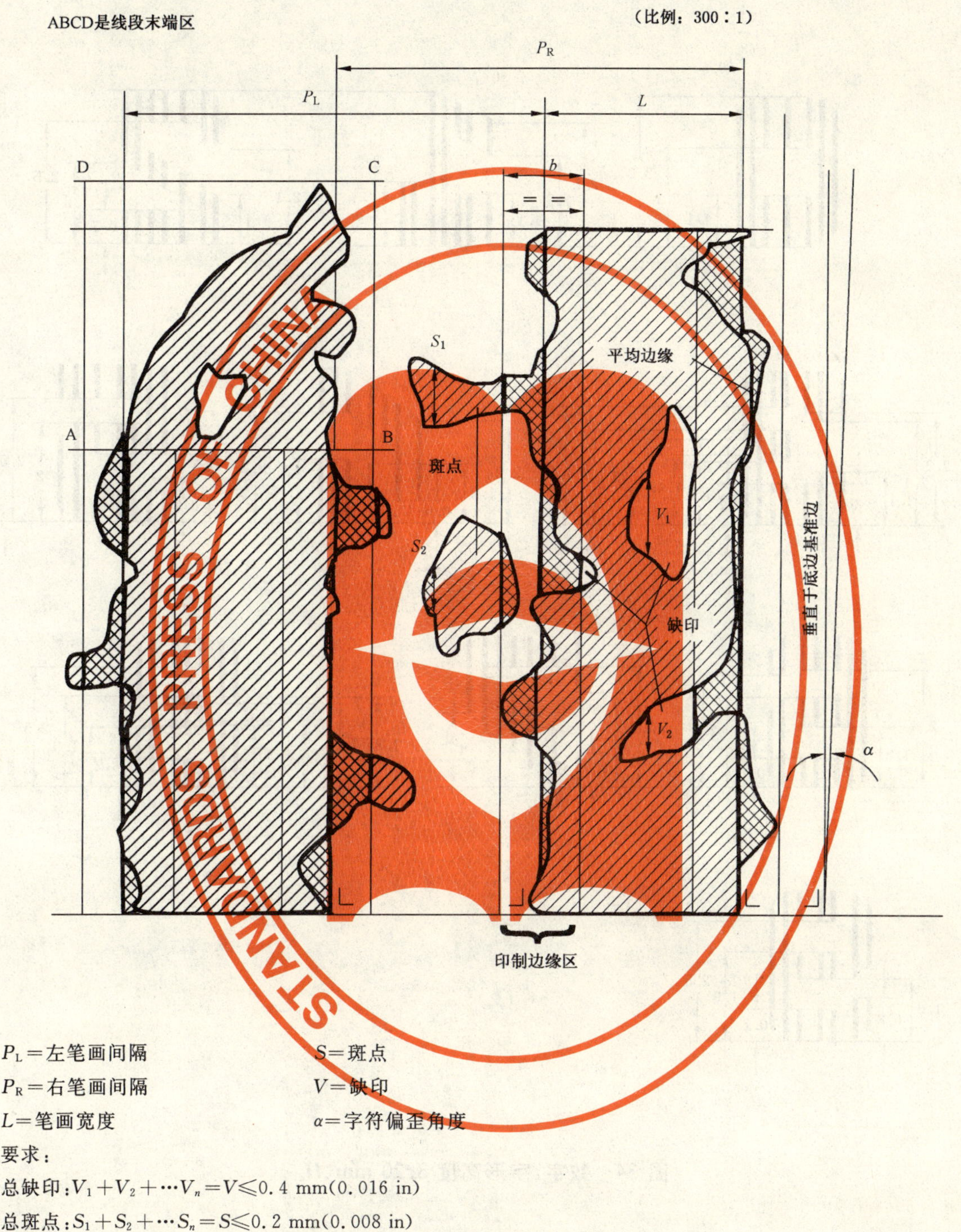

P_L＝左笔画间隔　　S＝斑点

P_R＝右笔画间隔　　V＝缺印

L＝笔画宽度　　α＝字符偏歪角度

要求：

总缺印：$V_1+V_2+\cdots V_n=V\leqslant 0.4$ mm(0.016 in)

总斑点：$S_1+S_2+\cdots S_n=S\leqslant 0.2$ mm(0.008 in)

图 33　字符的局部放大图

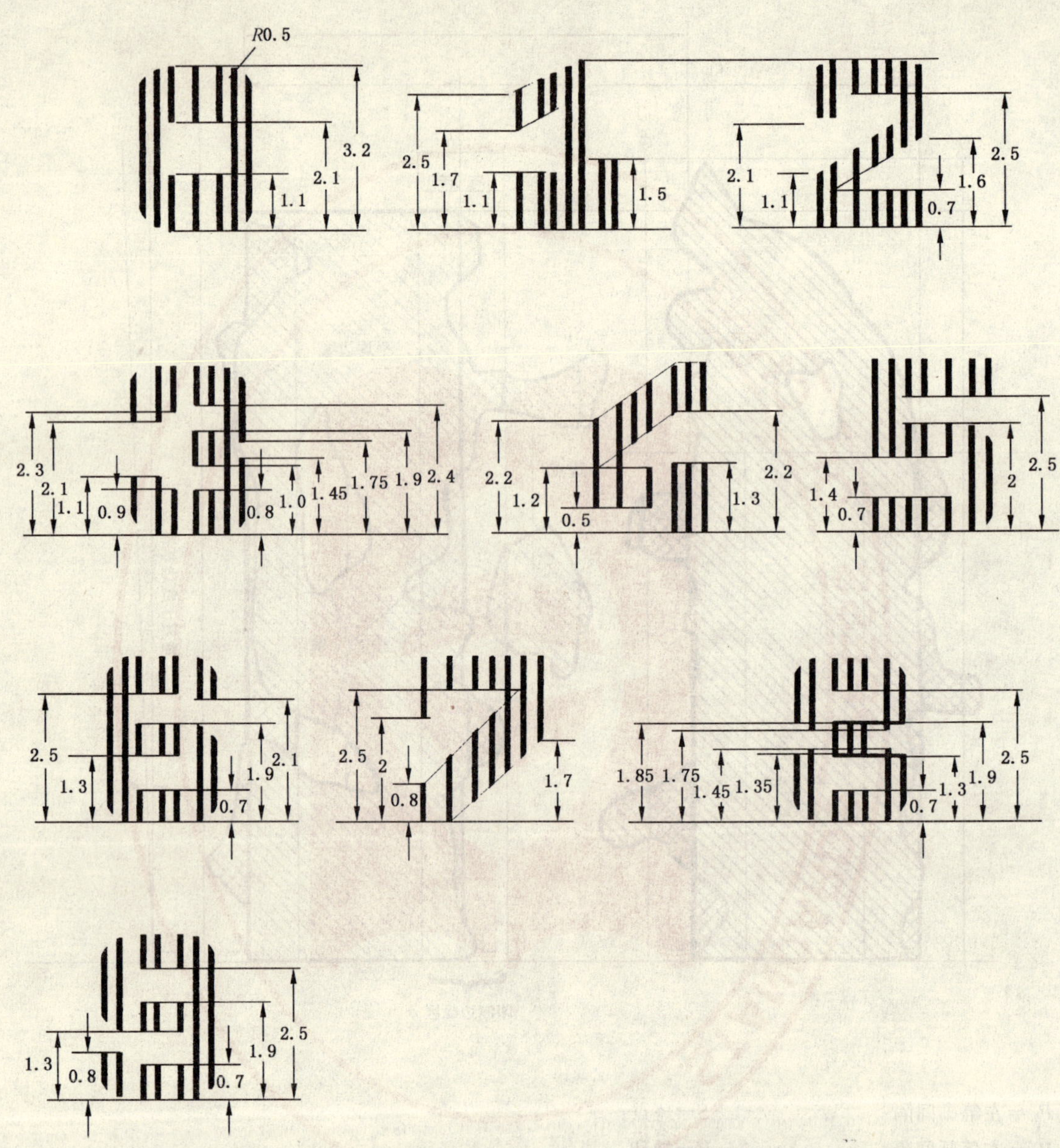

图 34 数字:字形高度 3.20 mm(H_{f1})

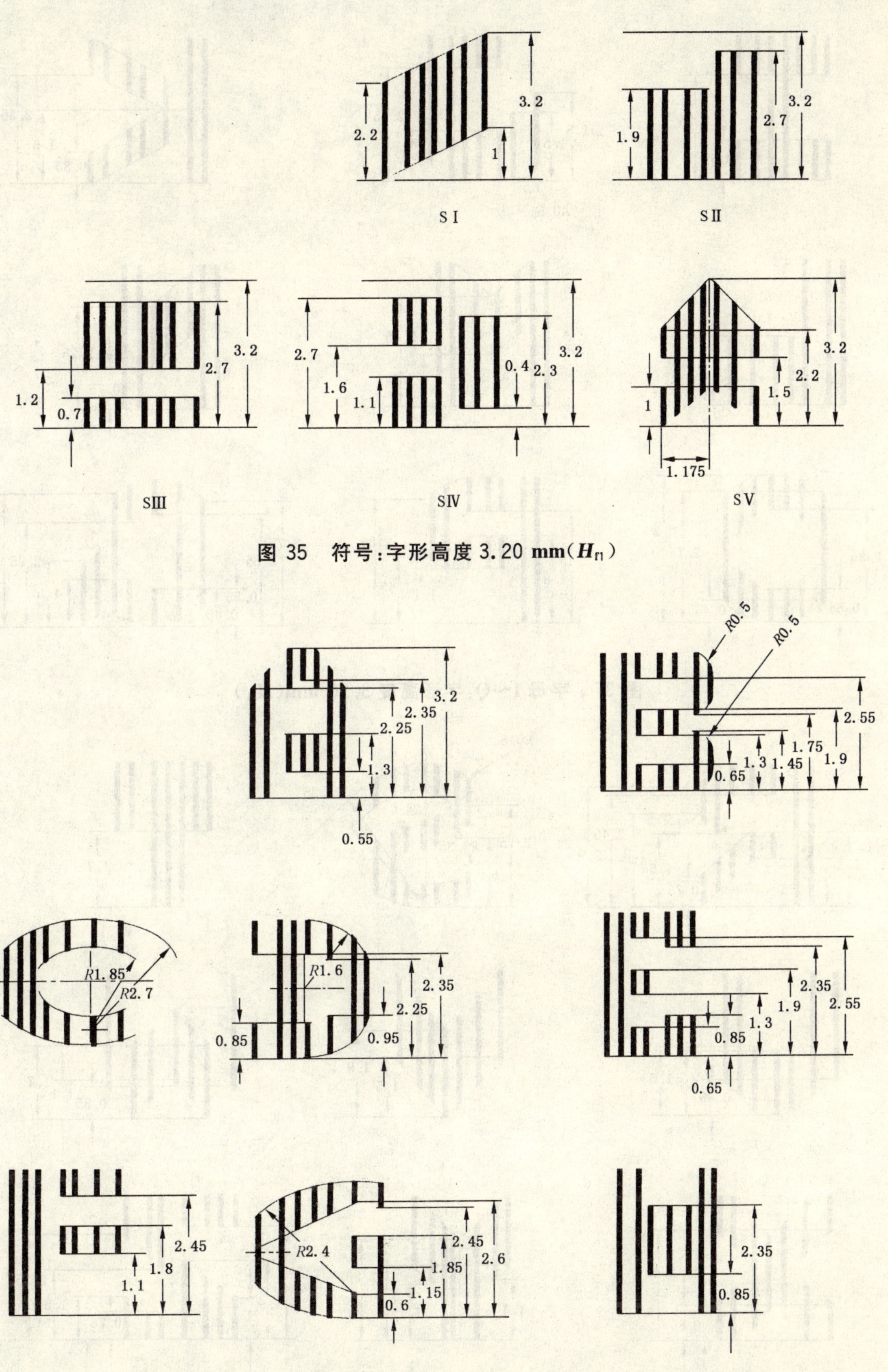

图 35 符号:字形高度 3.20 mm(H_{f1})

图 36 字母 A～H:字形高度 3.20 mm(H_{f1})

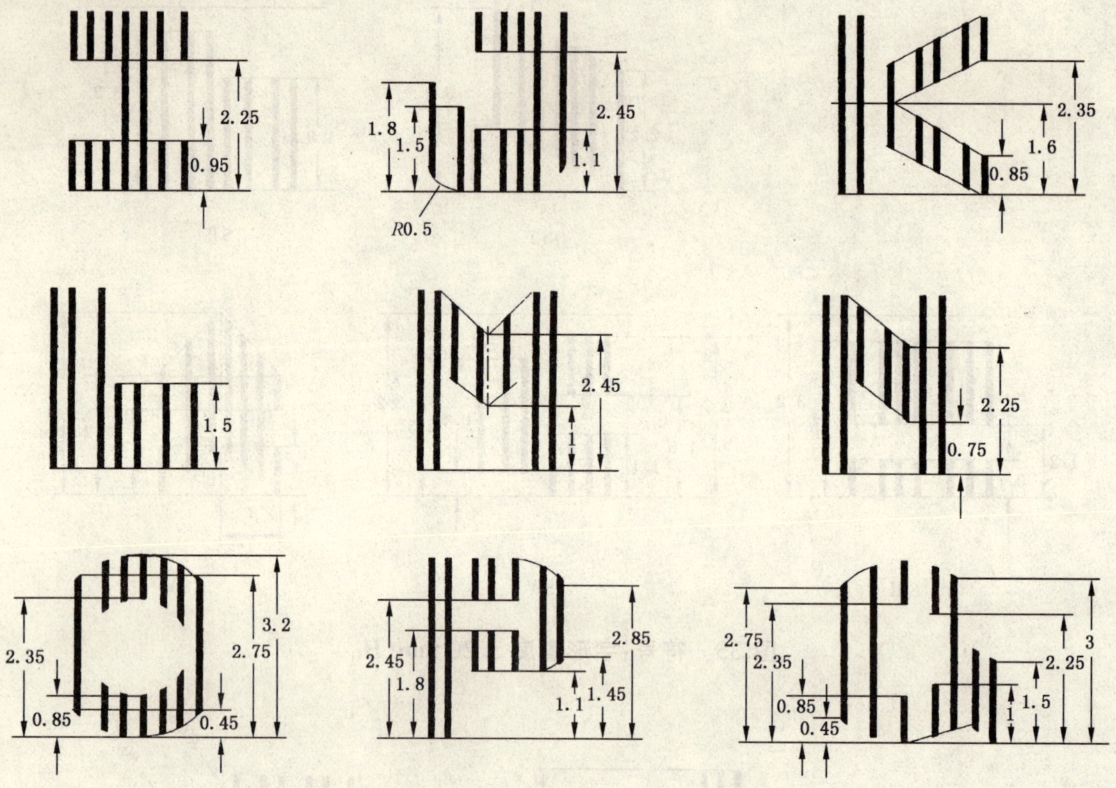

图 37　字母 I～Q:字形高度 3.20 mm(H_{f1})

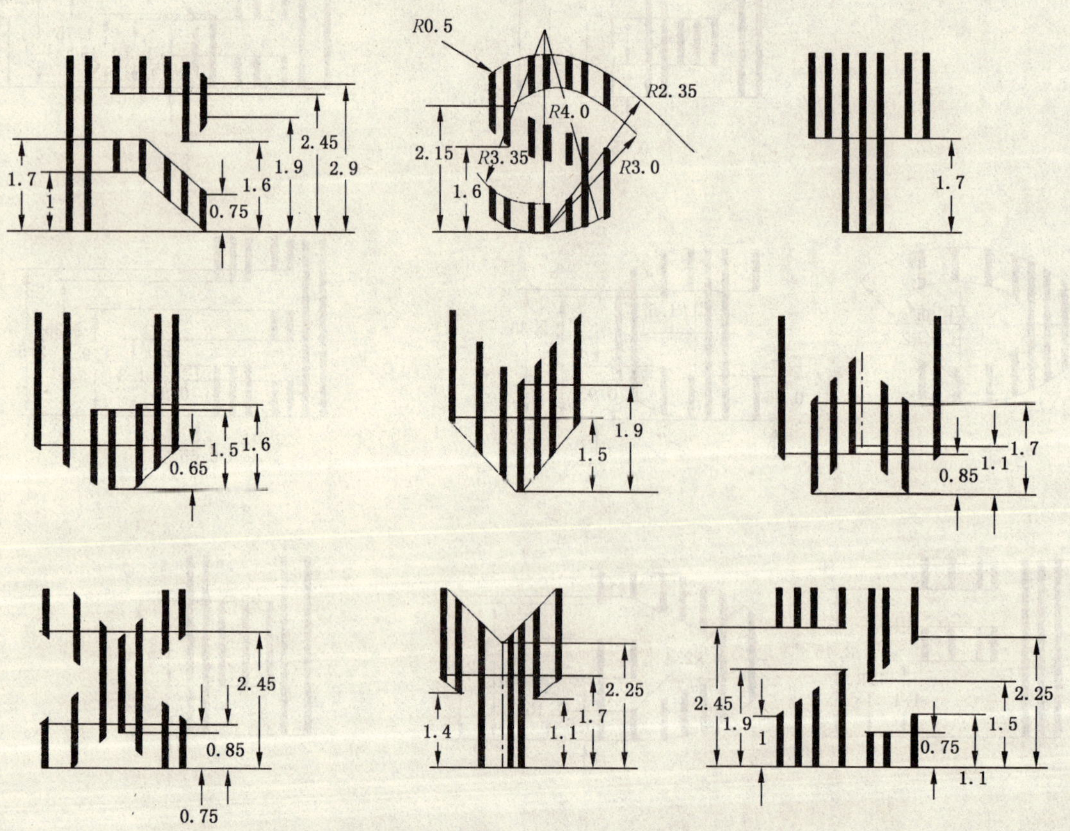

图 38　字母 R～Z:字形高度 3.20 mm(H_{f1})

图 39 数字:字形高度 3.00 mm(H_{f2})

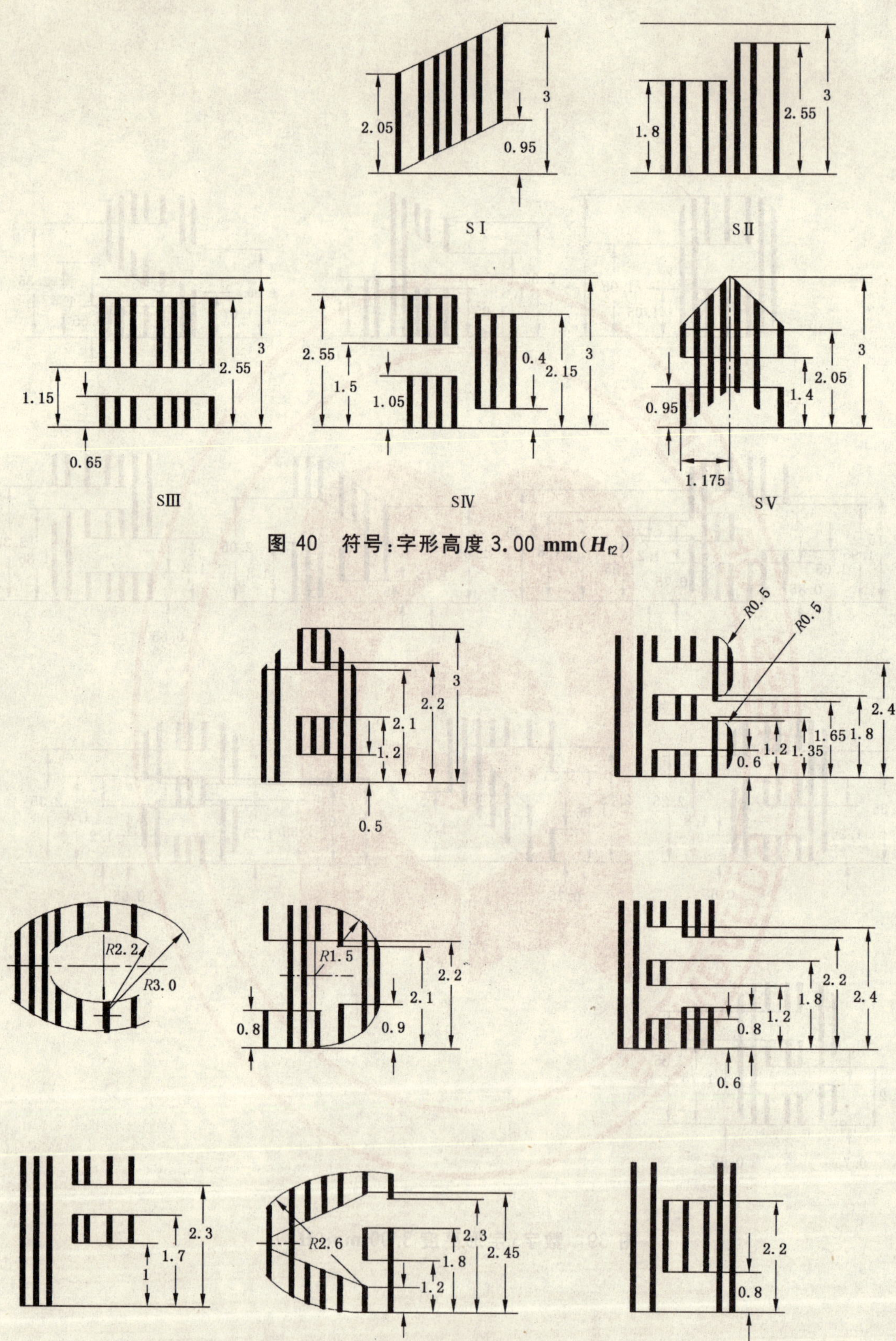

图 40 符号:字形高度 3.00 mm(H_{f2})

图 41 字母 A～H:字形高度 3.00 mm(H_{f2})

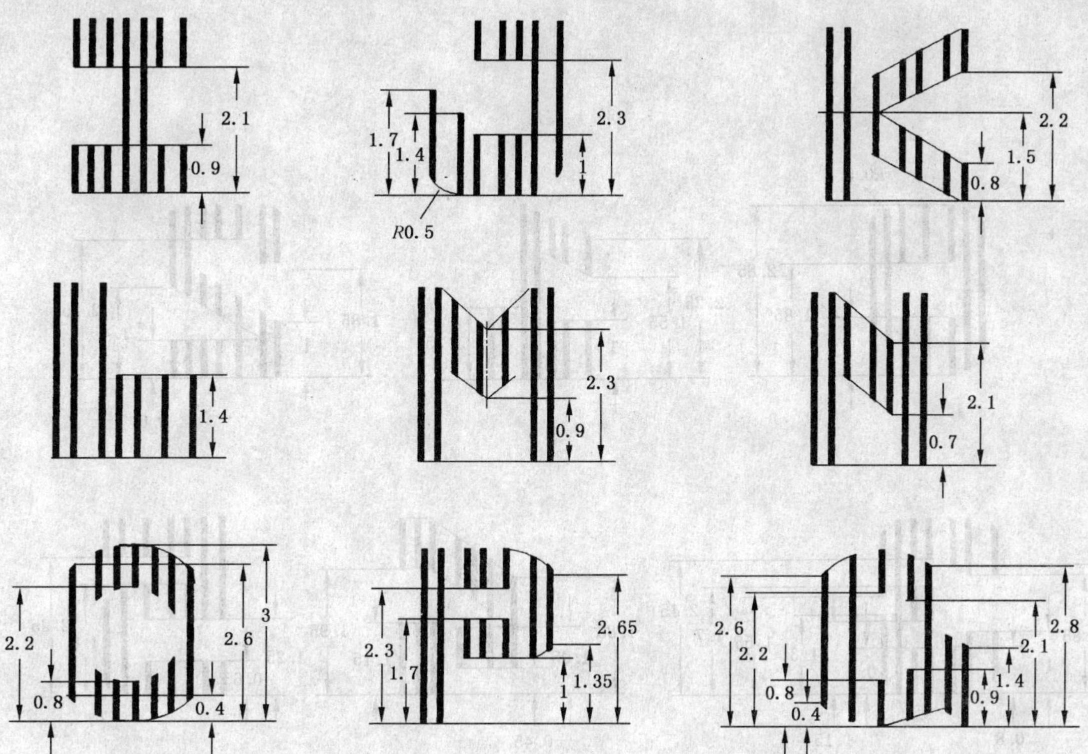

图 42　字母 I～Q:字形高度 3.00 mm(H_{f2})

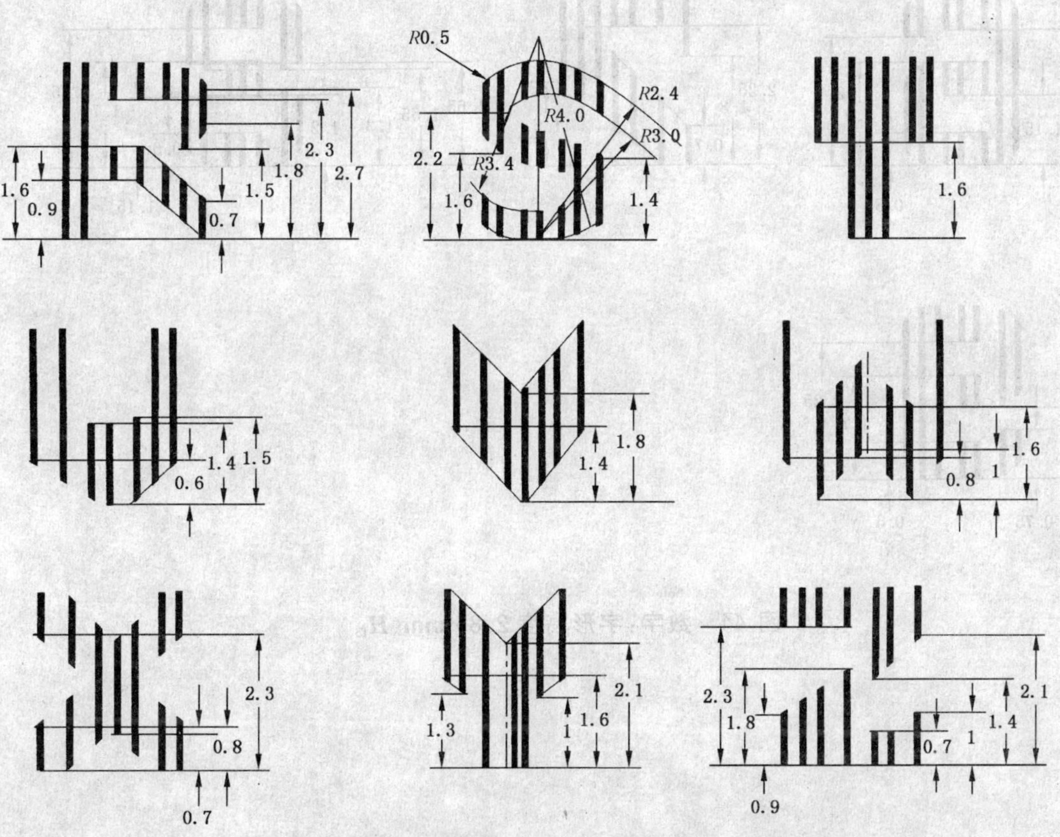

图 43　字母 R～Z:字形高度 3.00 mm(H_{f2})

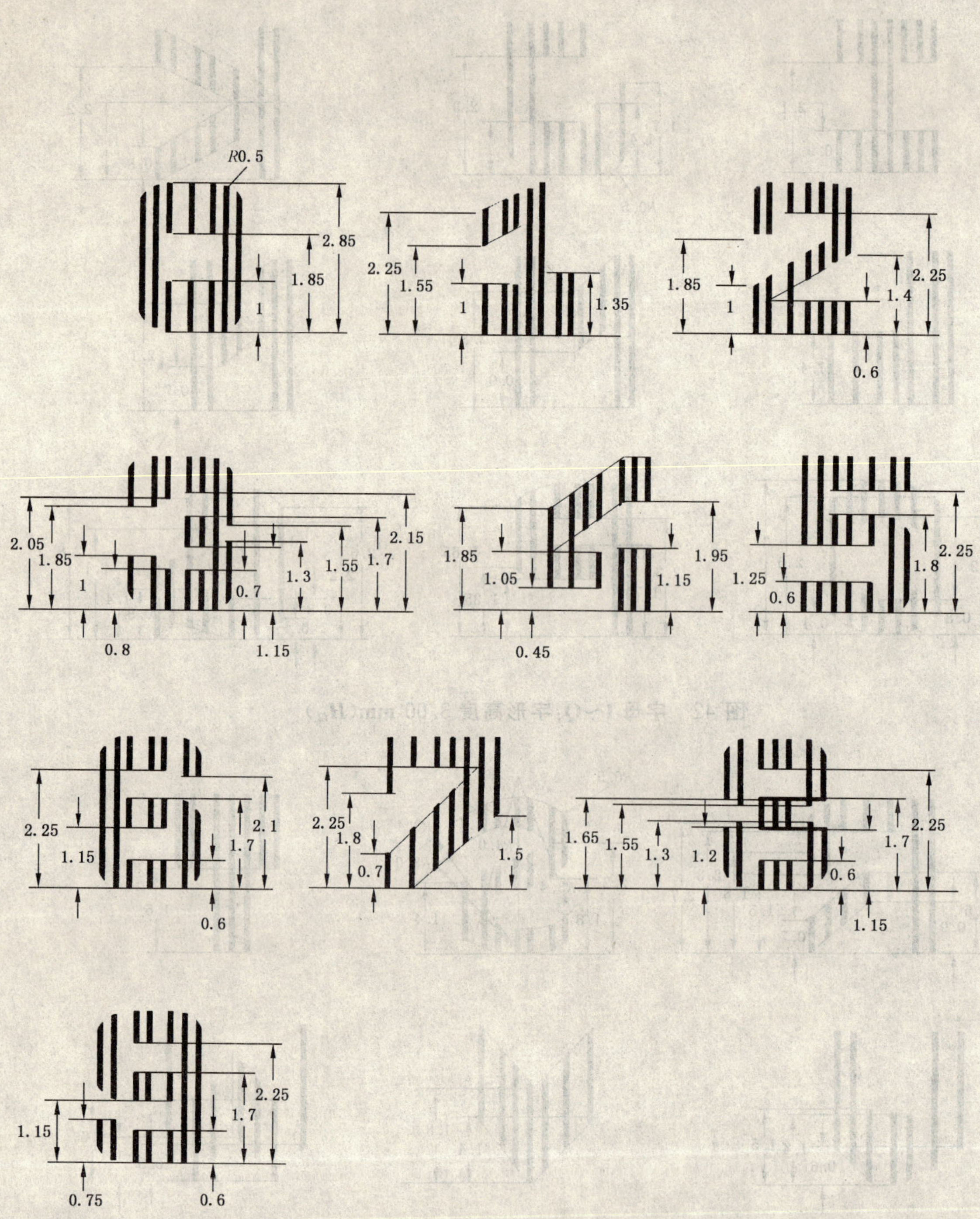

图 44 数字:字形高度 2.85 mm(H_{f3})

图 45 符号:字形高度 2.85 mm(H_{f3})

图 46 字母 A～H:字形高度 2.85 mm(H_{f3})

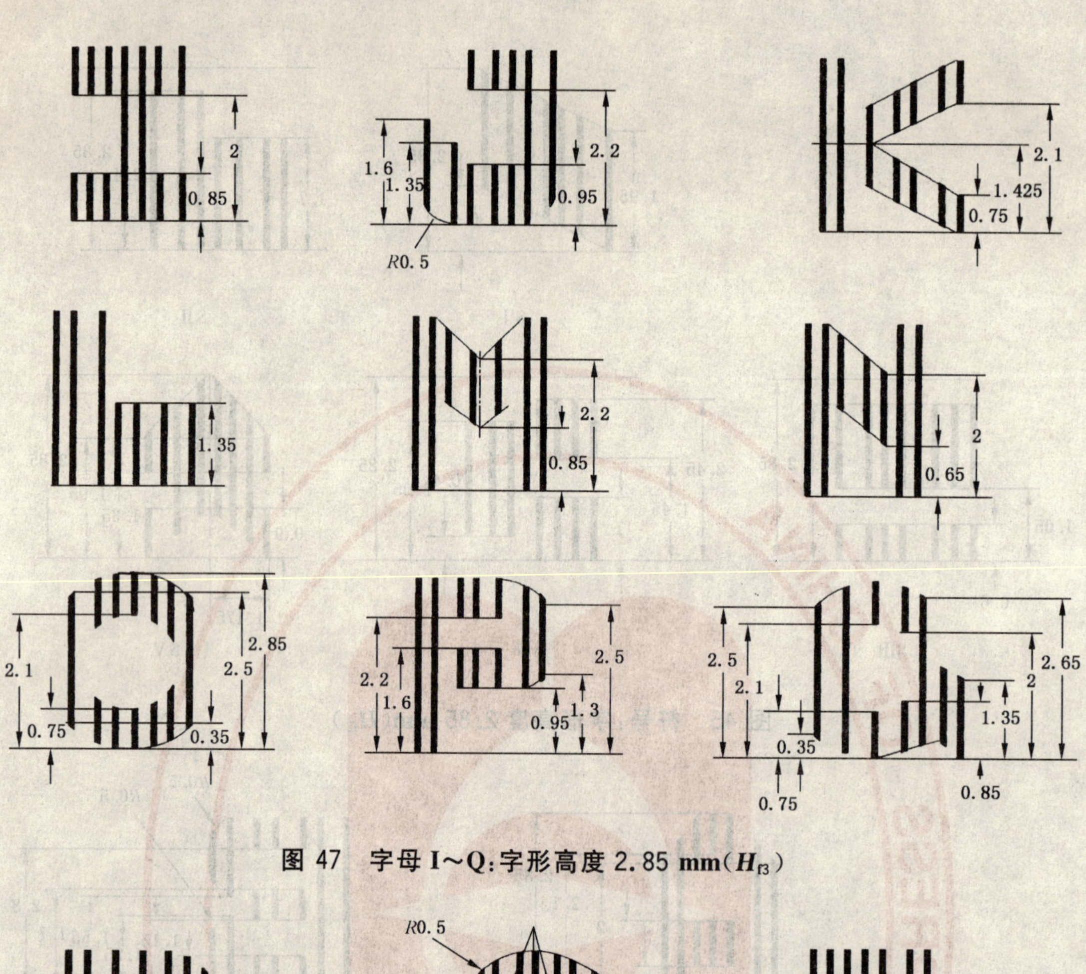

图 47　字母 I～Q：字形高度 2.85 mm（H_{f3}）

图 48　字母 R～Z：字形高度 2.85 mm（H_{f3}）

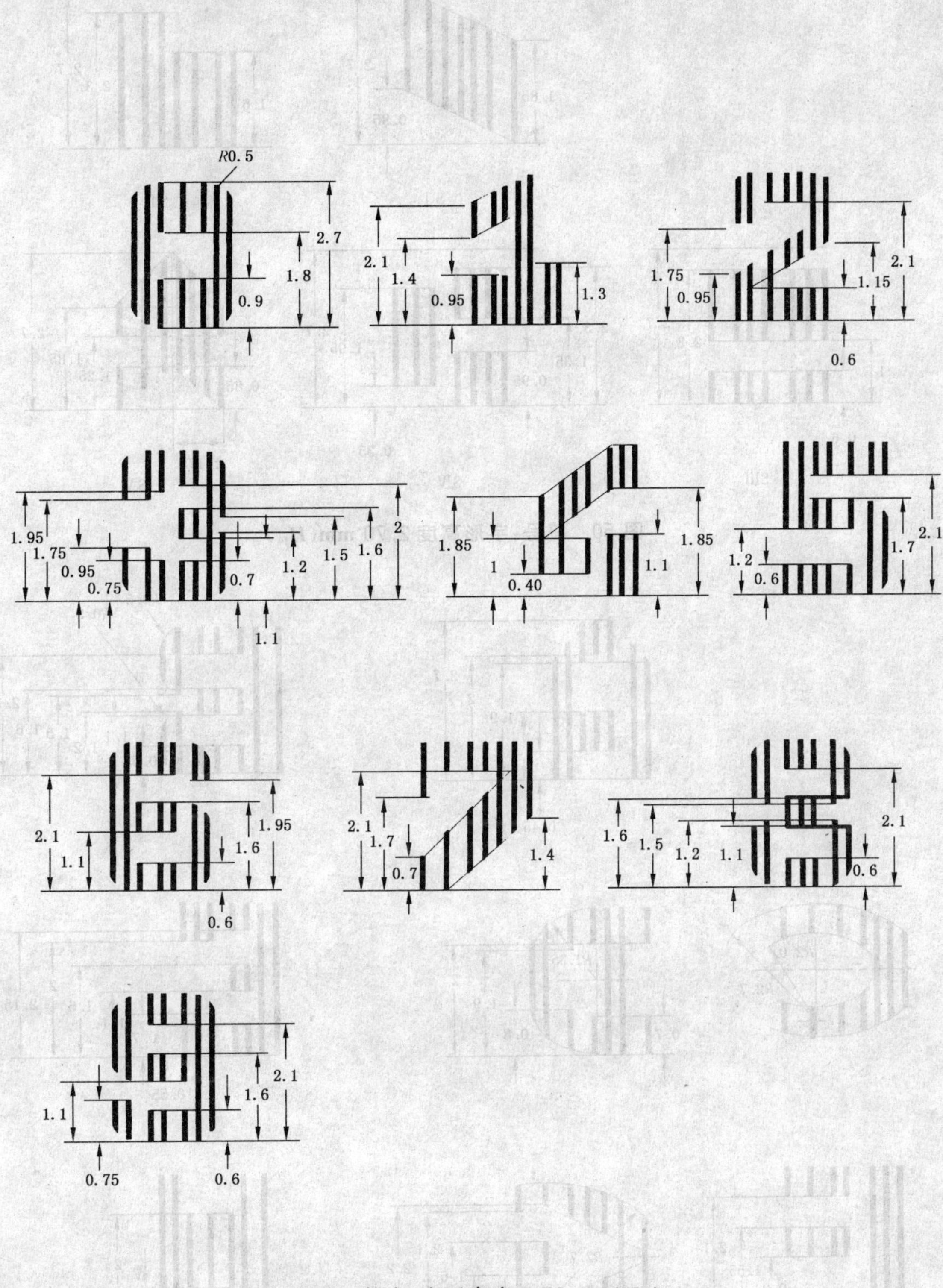

图 49 数字:字形高度 2.70 mm(H_{f4})

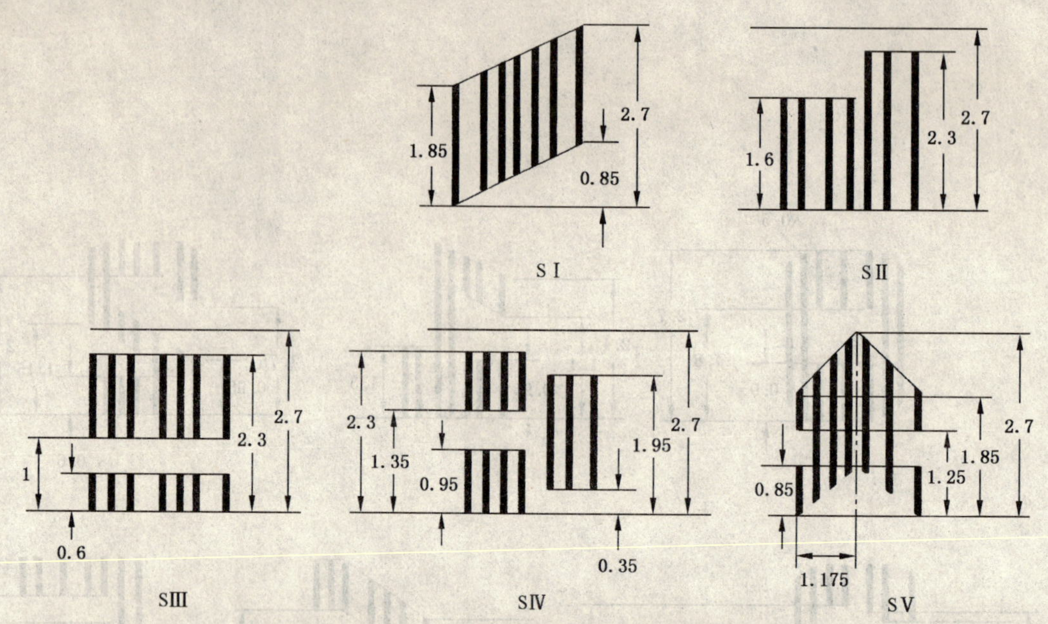

图 50　符号:字形高度 2.70 mm(H_{f4})

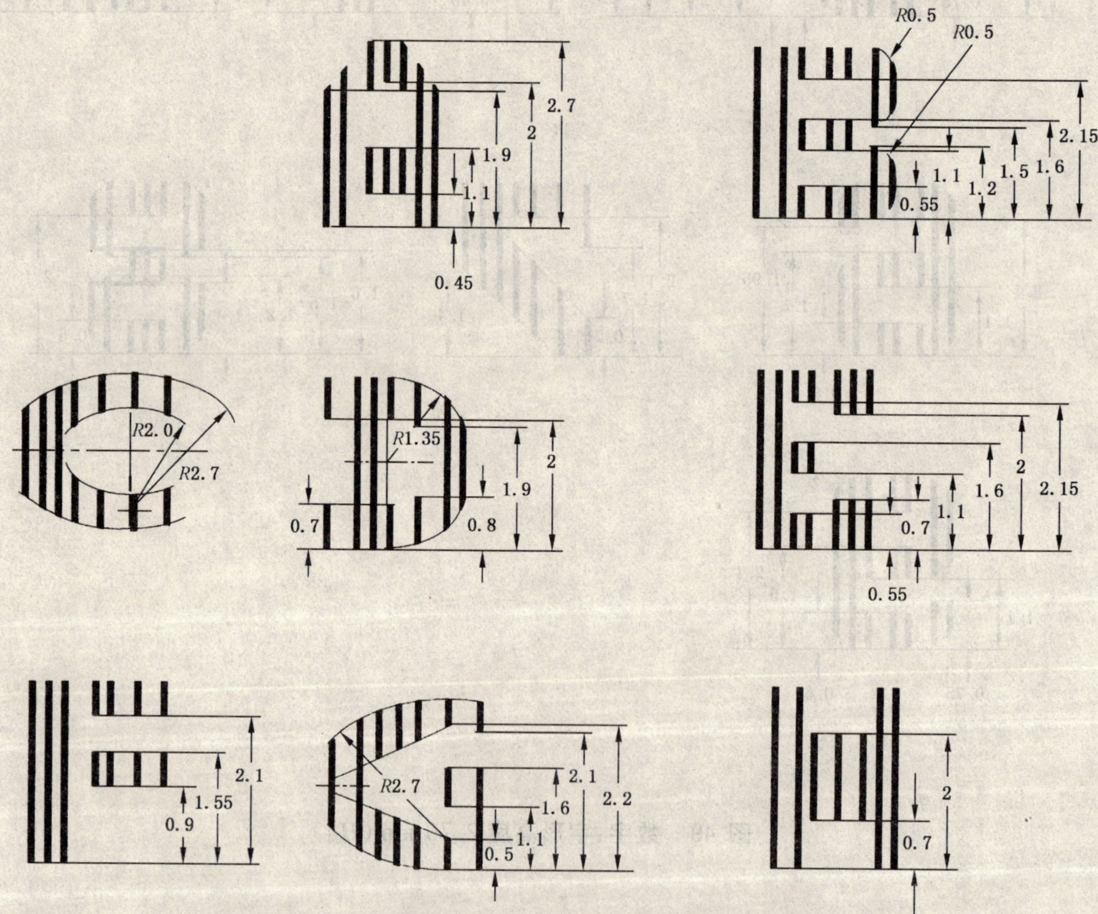

图 51　字母 A～H:字形高度 2.70 mm(H_{f4})

图 52　字母 I～Q:字形高度 2.70 mm(H_{f4})

图 53　字母 R～Z:字形高度 2.70 mm(H_{f4})

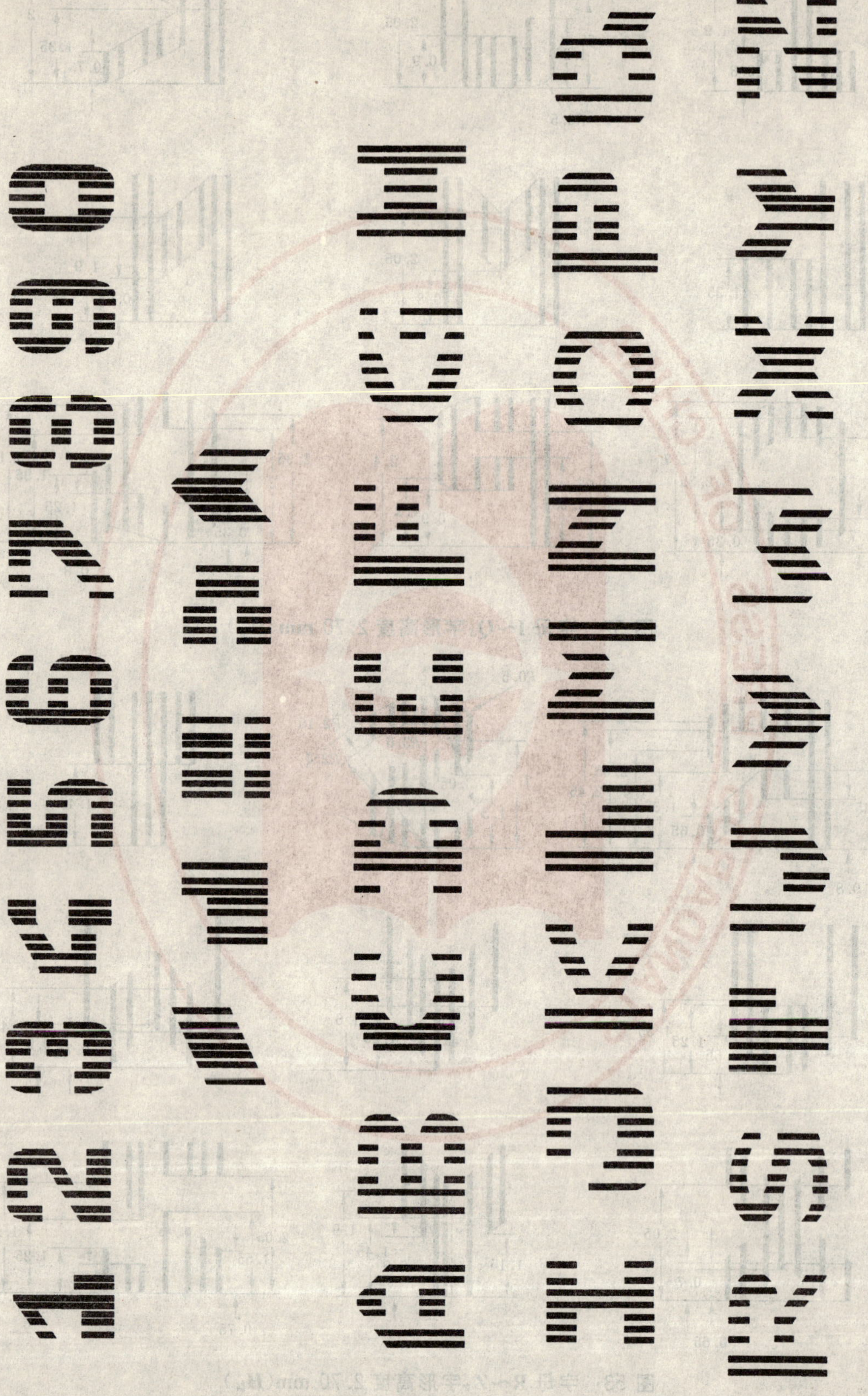

图 54 字形 CMC7 字符的全集

附 录 C
（资料性附录）
CMC7 字形公-英制尺寸对照表

mm	in	mm	in
0.40	0.015 7	1.90	0.074 8
0.45	0.017 7	1.96	0.076 8
0.50	0.019 7	2.00	0.078 7
0.55	0.021 7	2.05	0.080 7
0.60	0.023 6	2.10	0.082 7
0.65	0.025 6	2.15	0.084 6
0.70	0.027 6	2.20	0.086 6
0.75	0.029 5	2.25	0.088 6
0.80	0.031 5	2.30	0.090 6
0.85	0.033 5	2.35	0.092 5
0.90	0.035 4	2.40	0.094 5
0.95	0.037 4	2.45	0.096 5
1.00	0.039 4	2.50	0.090 4
1.05	0.041 3	2.55	0.100 4
1.07	0.042 1	2.60	0.102 4
1.10	0.043 3	2.65	0.104 3
1.15	0.045 3	2.70	0.106 3
1.175	0.046 3	2.75	0.108 3
1.20	0.047 2	2.80	0.110 2
1.25	0.049 2	2.85	0.112 2
1.30	0.051 2	2.90	0.114 2
1.35	0.053 1	2.95	0.116 1
1.40	0.055 1	3.00	0.118 1
1.425	0.056 1	3.05	0.120 1
1.45	0.057 1	3.10	0.122 0
1.50	0.059 1	3.15	0.124 0
1.55	0.061 0	3.20	0.126 0
1.60	0.063 0	3.25	0.128 0
1.65	0.065 0	3.35	0.131 9
1.70	0.066 9	3.40	0.133 9
1.75	0.068 9	3.60	0.141 7
1.80	0.070 9	3.80	0.149 6
1.85	0.072 8	4.00	0.157 5

附 录 D
（资料性附录）
符号的使用

D.1 一个代码行包括称为信息域的各种字符组。

D.2 这些域可包含数字字符或字母字符或两者兼有之。

D.2.1 在仅含数字字符的所有域的应用中，对任何符号的使用不受限制。

D.2.2 在不含数字字符域的应用中，对任何符号的使用不受限制。

D.3 在可包含数字字符以及字母字符的应用中，则有所要求，在仅有数字字符的信息域中，每个这样的字符中需有规则地检查出现的两个宽间隔。此情况下应运用下列规则。

D.3.1 在至少含有一个字母字符的字段前面应是 SⅣ。

D.3.2 在仅含数字字符的字段前面应是 SⅠ、SⅡ、SⅢ或 SⅤ。

附 录 E
（资料性附录）
符号与缩写词

符号或缩写词	相应的章或条	特 征
A	21.1.4	字符宽度
A_1	21.1.4	含有1个”宽”间隙的字符宽度
A_2	21.1.4	含有2个“宽”间隙的字符宽度
A_3	21.1.4	含有3个“宽”间隙的字符宽度
AL	21.1	成行性
b	22.6.1	印制边缘区宽度
B	21.1.1	字符间距
CB	20	空白区
D	21.1.2	字符间隔
D_m	21.1.1	最小字符间隔
D_{m1}	21.1.3	含有一个或两个”宽”间隙字符的最小字符间隔
D_{m2}	21.1.3	含有三个“长”间隔的字符的最小字符间隔
DM	27	压痕
ExB	23.2	背面的无关磁墨
ExF	23.1	正面的无关磁墨
FT	19	格式
h	22.2	线段(segment)高度
H_c	22.4	字符高度
H_f	22.5	字形高度
L	22.8	笔画(stroke)宽度
M	22.3	笔画(stroke)高度
P	22.9	笔画(stroke)间隔
P_{L1}	22.9.2	左平均边缘间的窄笔画(stroke)间隔
P_{L2}	22.9.2	左平均边缘间的宽笔画(stroke)间隔
P_{R1}	22.9.1	右平均边缘间的窄笔画(stroke)间隔
P_{R2}	22.9.1	右平均边缘间的宽笔画(stroke)间隔
SP	21	字符间距
UI	26	墨迹的均匀性
V	24	缺印
VM	21.2	垂直不成行性
α	22.7	字符倾斜角

ICS 23.060.30
J 16

中华人民共和国国家标准

GB/T 12234—2007
代替 GB/T 12234—1989

石油、天然气工业用螺柱连接阀盖的钢制闸阀

Bolted bonnet steel gate valves for petroleum and natural gas industries

(ISO 10434:2004/API 600—2001,NEQ)

2007-04-18 发布　　2007-11-01 实施

中华人民共和国国家质量监督检验检疫总局
中国国家标准化管理委员会　发布

前　言

本标准对应于 ISO 10434:2004/API 600—2001《石油、天然气工业用螺柱连接阀盖的钢制闸阀》，采标一致性程度为非等效，与 ISO 10434:2004/API 600—2001 相比，技术内容和文本结构存在很大差异：

——取消了 ISO 10434:2004 中 5.3.2 的焊接连接端的尺寸规定；

——取消了 ISO 10434:2004 中 5.12 旁通连接端的尺寸规定；

——未采用 6.3 的加工和修理的焊接；

——未采用第 7 章试验、检查和检验具体内容；

——增加了阀体、阀座最小直径。

本标准是对 GB/T 12234—1989《通用阀门　法兰和对焊连接钢制闸阀》的修订。与 GB/T 12234—1989 相比主要变化如下：

——标准名称修改为《石油、天然气工业用螺柱连接阀盖的钢制闸阀》；

——修改了阀体最小壁厚的要求；

——增加了阀体阀座最小直径的要求；

——修改了螺栓拉应力要求；

——修改了密封面堆焊厚度的要求；

——修改了阀杆最小直径的要求；

——修改了填料和填料箱函的要求；

——修改了阀体与阀盖连接螺栓的要求；

——增加静压寿命试验次数要求和无损检测的技术内容；

——修改了材料的要求，增加了阀杆材料硬度的要求；

——修改了试验方法和检验要求，增加了型式试验项目和要求；

——修改了标志内容和供货的要求；

——将 GB/T 12234—1989 附录 A“闸板和阀座密封面以及内件材料的选用”的内容调整到正文中；

——增加了附录 A“订货合同数据表”。

本标准自实施之日起代替 GB/T 12234—1989。

本标准的附录 A 为资料性附录。

本标准由中国机械工业联合会提出。

本标准由全国阀门标准化技术委员会(SAC/TC 188)归口。

本标准起草单位：合肥通用机械研究所、河南开封高压阀门有限公司、上海良工阀门厂、武汉锅炉集团阀门有限责任公司。

本标准主要起草人：王晓钧、鹿焕成、杨恒、吕召政、张惠东。

本标准所代替标准的历次版本情况为：

——GB/T 12234—1989。

石油、天然气工业用螺柱连接阀盖的钢制闸阀

1 范围

本标准规定了螺柱连接阀盖钢制楔式闸板和平行双闸板闸阀的结构型式、技术要求、材料、试验方法和检验规则、标志、包装和贮运。

本标准适用于公称压力PN16～PN420、公称尺寸DN25～DN600、使用温度－29℃～538℃，螺栓连接阀盖、明杆结构的钢制楔式闸板和双闸板，端部连接形式为法兰或焊接端，用于石油、石油相关制品、天然气等介质的闸阀。

本标准也适用于端部连接形式为螺纹、卡箍连接方式的闸阀。

2 规范性引用文件

下列文件中的条款通过本标准的引用而成为本标准的条款。凡是注日期的引用文件，其随后所有的修改单(不包括勘误的内容)或修订版均不适用于本标准，然而，鼓励根据本标准达成协议的各方研究是否可使用这些文件的最新版本。凡是不注日期的引用文件，其最新版本适用于本标准。

GB 150　钢制压力容器

GB/T 152.4　紧固件　六角头螺栓和六角螺母用沉孔

GB/T 196　普通螺纹　基本尺寸(GB/T 196—2003,ISO 724:1993,MOD)

GB/T 197　普通螺纹　公差(GB/T 197—2003,ISO 965-1:1998,MOD)

GB/T 228　金属材料　室温拉伸试验方法(GB/T 228—2002,eqv ISO 6892:1998)

GB/T 798　活节螺栓

GB/T 5796.1　梯形螺纹　第1部分:牙型(GB/T 5796.1—2005,ISO 2901:1993,MOD)

GB/T 5796.2　梯形螺纹　第2部分:直径与螺距系列(GB/T 5796.2—2005,ISO 2902:1977,MOD)

GB/T 5796.3　梯形螺纹　第3部分:基本尺寸(GB/T 5796.3—2005,ISO 2904:1977,MOD)

GB/T 5796.4　梯形螺纹　第4部分:公差(GB/T 5796.4—2005,ISO 2903:1993,MOD)

GB/T 7306.2　55°密封管螺纹　第2部分:圆锥内螺纹与圆锥外螺纹(GB/T 7306.2—2000,eqv ISO 7-1:1994)

GB/T 9113(所有部分)　整体钢制管法兰

GB/T 9124　钢制管法兰　技术条件

GB/T 12220　通用阀门　标志(GB/T 12220—1989,idt ISO 5209:1977)

GB/T 12221　金属阀门　结构长度(GB/T 12221—2005,ISO 5752:1982,MOD)

GB/T 12222　多回转阀门驱动装置的连接(GB/T 12222—2005,ISO 5210:1991,MOD)

GB/T 12224　钢制阀门　一般要求(GB/T 12224—2005,ASTM B16.34a:1998,NEQ)

GB/T 12228　通用阀门　碳素钢锻件技术条件

GB/T 12229　通用阀门　碳素钢铸件技术条件

GB/T 12230　通用阀门　不锈钢铸件技术条件

JB/T 106　阀门的标志和涂漆

JB/T 6440　阀门受压铸钢件　射线照相检验

JB/T 8858　闸阀　静压寿命试验规程

JB/T 9092　阀门的检验与试验

3　结构型式

闸阀的典型结构如图1所示。

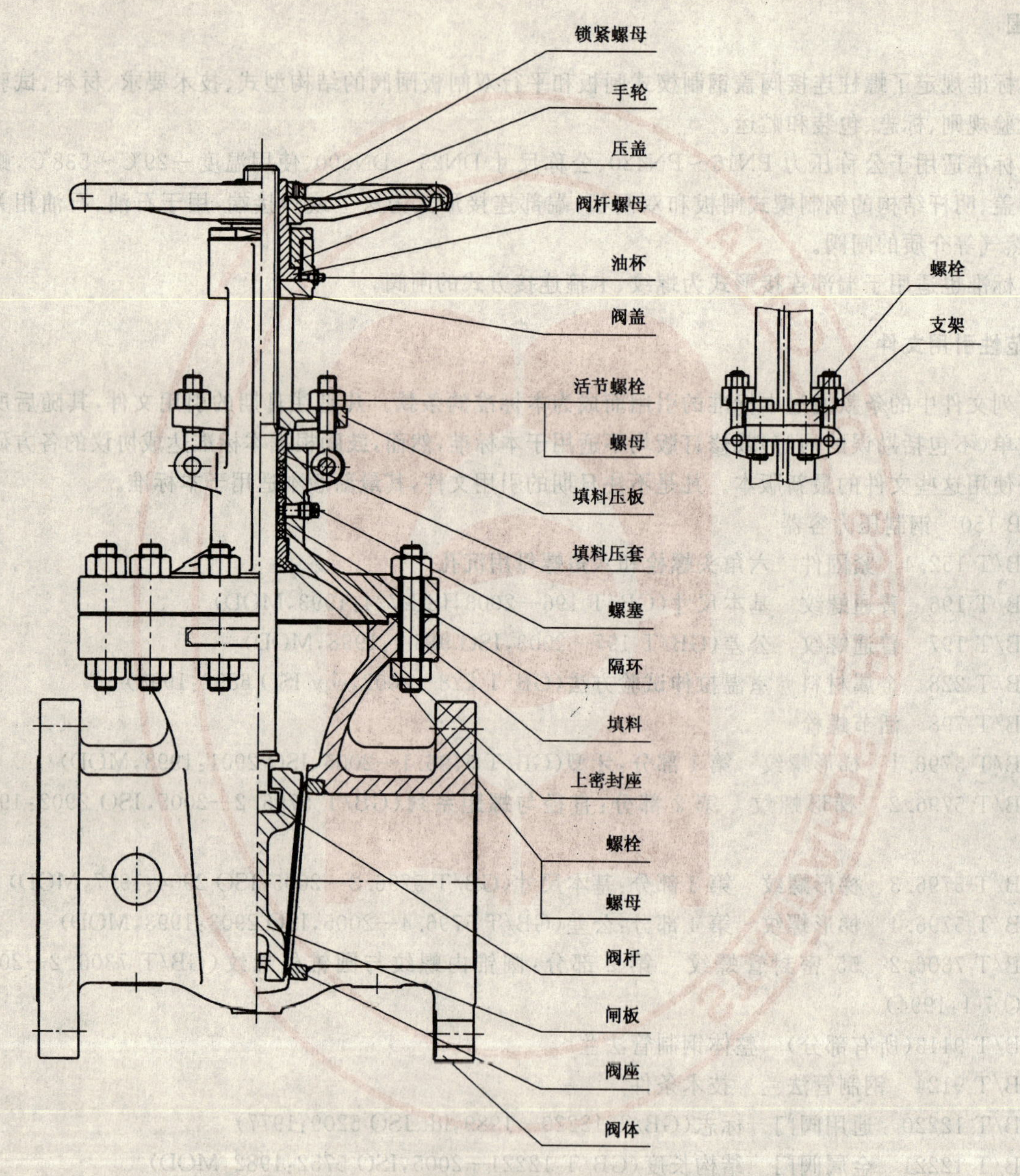

图1　闸阀的典型结构示意图

4　技术要求

4.1　压力-温度额定值

4.1.1　闸阀的压力-温度额定值按GB/T 12224的规定。对于某些采用弹性密封副结构、或内部零件采用特殊材料的，其允许使用的压力-温度等级低于闸阀壳体材料的压力-温度等级，应当取其较低值，并应当在铭牌上予以标明。

4.1.2 对低温介质使用的双座双密封型的闸阀，在关闭位置时，阀体中腔会积存介质，如果温度上升，会造成中腔内介质的压力的升高，可能使闸阀壳体破坏。有这种情况，应考虑在阀体的中腔增设泄压装置，并在订货合同中予以说明。

4.2 结构长度

闸阀的结构长度及偏差按 GB/T 12221 的规定，或按订货合同的要求。

4.3 连接端

4.3.1 法兰连接端按 GB/T 9113 的规定，密封面表面粗糙度按 GB/T 9124 的规定，或按订货合同要求。

4.3.2 焊接连接端的尺寸按 GB/T 12224 的规定，或按订货合同要求。

4.3.3 螺纹连接端的尺寸按 GB/T 7306.2 的规定，或按订货合同要求。

4.3.4 卡箍连接端的尺寸按订货合同要求。

4.4 阀体

4.4.1 阀体应当是铸造或锻造成型的，阀体材料应当符合 GB/T 12228、GB/T 12229、GB/T 12230 的规定。

4.4.2 若阀体端法兰和与阀盖连接的阀体中法兰需要采用焊接时，该法兰应当采用对接焊形式的锻造材料的法兰，该法兰与阀体的焊接应当按 GB 150 的规定，并应按材料的特性进行相应的热处理。

4.4.3 不允许采用铸造成型为法兰端连接的闸阀将端法兰去除后成为焊接端的闸阀。

4.4.4 除 4.4.5 规定的部位外，阀体的最小壁厚 t_m 按表 1 的规定。对如图 2 所示的阀体通道与阀体颈部连接处、及其他应力集中部位和非圆形体等部位应适当的加厚。

表 1 阀体的最小壁厚

公称尺寸 DN	公称压力 PN									
	16	20	25	40	50	63、64	100	150、160	250、260	420
	阀体最小壁厚/mm									
25	6.4	6.4	6.4	6.4	6.4	7.4	7.9	12.7	12.7	15.1
32	6.4	6.4	6.4	6.4	6.4	7.9	8.6	14.2	14.2	17.5
40	6.4	6.4	6.7	7.4	7.9	8.2	9.4	15.0	15.0	19.1
50	7.9	8.6	8.8	9.3	9.7	10.0	11.2	15.8	19.1	22.4
65	8.7	9.7	10.0	10.7	11.2	11.4	11.9	18.0	22.4	25.4
80	9.4	10.4	10.7	11.4	11.9	12.1	12.7	19.1	23.9	30.2
100	10.3	11.2	11.5	12.2	12.7	13.4	16.0	21.3	28.7	35.8
150	11.9	11.9	12.6	14.6	16.0	16.7	19.1	26.2	38.1	48.5
200	12.7	12.7	13.5	15.9	17.5	19.2	25.4	31.8	47.8	62.0
250	14.2	14.2	15.0	17.5	19.1	21.2	28.7	36.6	57.2	67.6
300	15.3	16.0	16.8	19.1	20.6	23.0	31.8	42.2	66.8	86.6
350	15.9	16.8	17.7	20.5	22.4	25.2	35.1	46.0	69.9	—
400	16.4	17.5	18.6	21.8	23.9	27.0	38.1	52.3	79.5	—
450	16.9	18.3	19.5	23.0	25.4	28.9	41.4	57.2	88.9	—
500	17.6	19.1	20.4	24.3	26.9	30.7	44.5	63.5	98.6	—
600	19.6	20.6	22.2	27.0	30.2	34.7	50.8	73.2	114.3	—

4.4.5 焊接连接端阀体，在距焊接端 1.33 倍 t_m 距离内的壁厚不得小于 0.77 倍 t_m，其他部位的阀体壁厚应当不小于表 1 规定。

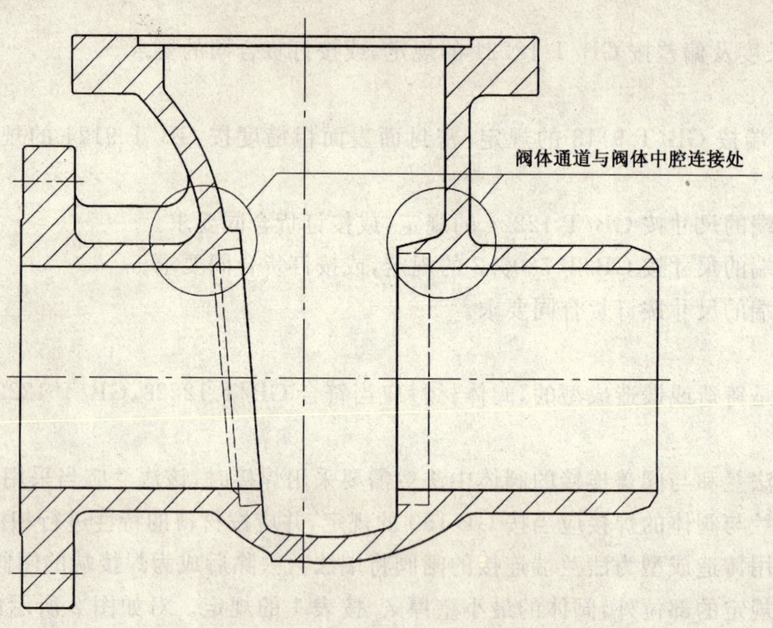

图 2 焊接连接端部的阀体

4.4.6 阀体密封座的内径不得小于表 2 的规定，带扳手支点螺纹连接式的阀体密封座除外。其他阀座的内径应与阀体流道的内径一致。

表 2 阀体密封座的最小直径

公称尺寸 DN	公称压力 PN					
	16、20	25～50	63～100	150、160	250、260	420
	阀体密封座的最小直径/mm					
25	25	25	25	22	22	19
32	31	31	31	28	28	25
40	38	38	38	34	34	28
50	50	50	50	47	47	38
65	63	63	63	57	57	47
80	76	76	76	72	69	57
100	100	100	100	98	92	72
150	150	150	150	146	136	111
200	200	200	199	190	177	146
250	250	250	247	238	222	184
300	300	300	298	282	263	218

表 2(续)

公称尺寸 DN	公称压力 PN					
	16、20	25～50	63～100	150、160	250、260	420
	阀体密封座的最小直径/mm					
350	336	336	326	311	288	241
400	387	387	374	355	330	276
450	438	431	419	400	371	311
500	488	482	463	444	415	342
600	590	584	558	533	498	412

4.4.7 对于奥氏体不锈钢闸阀的阀座密封面可以在阀体上直接加工密封面。当阀体阀座密封面需要用一种奥氏体不锈钢或硬质合金材料时,应先堆焊到阀体阀座圈上或可以直接堆焊到阀体上。单独加工的阀体阀座圈可以用螺纹连接或焊接的方式固定在阀体上,公称尺寸不大于 DN50 的阀体的阀座圈可以采用滚压或胀接的方式。

4.4.8 在阀体阀座的密封面的内径和外径处,应倒角或倒圆。阀座与阀体装配时,允许使用黏度不大于煤油的轻质润滑油,禁止采用密封剂。

4.4.9 若订货合同有要求时,可以在阀体上设置放泄孔,放泄孔应按 GB/T 12224 的规定。如果放泄孔仅是作为压力试验用的,则该孔的公称尺寸应不大于 DN15。

4.4.10 阀体的端部连接法兰和中法兰,其背面应加工或按 GB/T 152.4 的规定锪平。

4.5 阀盖

4.5.1 阀盖应是由铸造或锻造整体成型的,与阀体制造的技术要求相同。

4.5.2 阀盖上应有一个圆锥形或球面形的上密封,上密封座采用衬套镶在阀盖上,或在阀盖处堆焊不锈钢或硬质合金,堆焊层加工后最小厚度应不小于 1.6 mm。对奥氏体不锈钢阀盖的上密封面,也可直接加工而成。

4.5.3 阀盖的阀杆孔应设计有适当的间隙,使其既能保证阀杆顺利的升降,并能防止填料的挤出。

4.5.4 填料螺栓不应采用铆接在阀盖上,或通过焊接附加在阀盖上,或承插焊在阀盖上。

4.5.5 若订货合同有要求,可在阀盖上设一个不大于 DN15 的螺孔,用螺塞进行堵塞。

4.5.6 除阀杆填料箱和加长阀盖颈部位置外,阀盖最小壁厚 t_m 按表 1 的规定;阀盖的阀杆填料箱部位的最小壁厚按表 3 的规定。

表 3 阀盖的阀杆填料箱部位的最小壁厚

填料箱装填料入口处的直径/mm	公称压力 PN					
	16、20	25～50	63～100	150、160	250、260	420
	最小壁厚/mm					
15	2.8	3.0	3.6	4.2	5.3	7.6
16	2.8	3.1	3.6	4.4	5.6	7.9
17	2.8	3.2	3.7	4.5	5.8	8.2
18	2.9	3.5	3.9	4.6	5.9	8.5
19	3.0	3.8	4.1	5.1	6.1	8.9
20	3.3	4.0	4.2	5.2	6.3	9.2
25	4.0	4.8	4.8	6.3	7.1	11.0

表 3(续)

填料箱装填料入口处的直径/mm	公称压力 PN					
	16、20	25～50	63～100	150、160	250、260	420
	最小壁厚/mm					
30	4.5	4.8	4.8	6.5	8.2	13.1
35	4.8	4.8	5.1	7.1	9.7	14.5
40	4.9	5.0	5.7	7.5	10.2	16.4
50	5.5	6.2	6.3	7.9	11.6	19.8
60	5.6	6.4	6.8	8.9	13.4	23.2
70	5.6	6.9	7.4	9.9	15.8	26.5
80	5.8	7.2	8.1	11.0	17.4	30.1
90	6.4	7.4	8.8	12.0	19.1	33.2
100	6.4	7.7	9.5	12.8	20.8	36.7
110	6.4	8.1	10.3	14.1	22.9	40.1
120	6.6	8.6	10.9	14.9	24.8	43.5
130	7.1	8.8	11.3	16.2	26.5	46.9
140	7.1	9.2	12.0	17.3	28.3	50.2
注：中间直径的壁厚按插入法计算。						

4.6 阀体与阀盖的连接面

4.6.1 阀体与阀盖的连接应采用法兰、垫片和螺柱螺母连接在一起的形式。

4.6.2 公称压力大于 PN25 的闸阀，阀体与阀盖的连接法兰不能采用平面法兰，可采用凹凸面、榫槽式或环形槽连接。公称压力不大于 PN25 的闸阀，可采用平面法兰。

4.6.3 闸阀使用温度在－29℃～538℃，阀盖法兰的密封垫可以采用下列的一种：

a) 非金属平垫片(非石棉垫片)；

b) 金属包覆垫片；

c) 柔性石墨复合增强垫片；

d) 柔性石棉波齿复合垫片；

e) 柔性石棉金属缠绕垫(在阀体和阀盖连接处有防止垫片压散的保护措施)；

f) 金属环形垫(八角垫、椭圆垫)。

4.6.4 公称压力大于 PN25 或公称尺寸大于 DN65 的闸阀，阀体与阀盖的连接法兰应是圆形的。

4.6.5 为便于装配，垫片可使用比重不大于煤油的润滑油，但禁止使用密封脂和润滑脂。

4.7 阀体与阀盖的螺柱连接

4.7.1 阀体与阀盖连接应采用全螺纹螺柱，配以符合六角厚螺母。数量不得少于 4 个，其最小直径按表 4 的规定。

表 4 阀体与阀盖连接的双头螺柱最小直径

公称尺寸 DN	螺柱最小直径
25～65	M10
80～200	M12
≥250	M16

4.7.2 阀体与阀盖的连接螺柱，螺柱最小截面积要求见式(1)：

$$6 \times k \times (PN) \times \frac{A_g}{A_b} \leqslant 65.26 \times S_b \leqslant 9\,000 \quad \cdots\cdots(1)$$

式中：

S_b——螺柱在38℃时的许用应力(当大于138 MPa时，用138 MPa)，单位为兆帕(MPa)；

A_g——由垫片或O形圈的有效外周边或其密封件的有效周边所限定的面积，垫环连接面情况除外，该限定面积由圆环中径确定，单位为平方毫米(mm^2)；

A_b——螺柱总抗拉应力有效面积，单位为平方毫米(mm^2)；

PN——阀门的公称压力或38℃时最大允许工作压力，单位为兆帕(MPa)；

k——系数，按表5的规定选取。

表5 *k*系数表

闸阀的公称压力 PN	系数 k
16～20	1.25
25～50	1.00
63～100	0.91
150、160	1.00
250、260	0.97
420	1.00

4.7.3 小于M27的螺柱、螺母的螺纹，可以采用粗牙螺纹；大于等于M27的螺柱、螺母的螺纹，应采用螺距不大于3 mm的螺纹。螺纹尺寸和公差按GB/T 196和GB/T 197的规定。

4.7.4 支架与阀盖的连接可以采用螺柱或螺栓，螺母用粗制六角螺母。

4.7.5 压紧填料压盖可使用活节螺栓，活节螺栓按GB/T 798的规定。螺母用粗制六角厚螺母。

4.7.6 阀盖与阀体连接螺柱螺母的支撑平面应加工或按GB/T 152.4的规定锪平，加工面或锪平面与法兰面的平行度不超过±1°。阀体的端部连接法兰和中法兰，其背面应加工或按GB/T 152.4的规定锪平。

4.8 闸板

4.8.1 闸板可以采用如图3的型式。

a型：楔式刚性闸板

b型：楔式弹性闸板

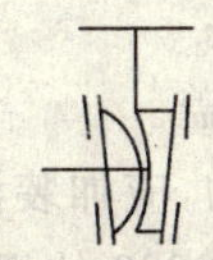

c型：楔式双闸板

d型：平行式双闸板

图3 闸板的结构

4.8.2 除非有明确的要求，楔式单闸板可以采用楔式刚性单闸板或楔式弹性单闸板任何一种型式；双闸板可以采用楔式双闸板和平行式双闸板。在闸阀关闭时，楔式单闸板有两个独立的密封面与阀体阀座吻合；平行式双闸板应有一个内部撑开机构能撑开两个单闸板，使其与阀体的阀座密封面吻合。

4.8.3 设计应保证不论闸阀的安装方向如何，各种闸板都不会与阀杆分离和脱落，并保证闸板和阀杆在任何方向都能保持同轴；闸板上应有与阀体导向筋相配的导向槽，保证闸板、阀杆在任何方向都能正常启闭，应考虑腐蚀、冲蚀、磨损或这些因素的综合影响。

4.8.4 除平行式双闸板外，在闸阀完全开启时，闸板应完全升离阀座通孔。

4.8.5 闸板密封面可在闸板上直接加工而成，也可堆焊其他金属或用密封环内外周边焊接而成，若为堆焊则加工后的堆焊层厚度应不少于 1.6 mm。

4.8.6 楔式闸板密封面设计时，必须有足够的宽度，闸板密封面中心应该高于阀体密封面中心。当闸板密封面磨损时，闸板位置下降后应仍能保证阀体和闸板密封面应完全吻合。闸板的磨损余量(见图 4)不得小于表 6 的规定。

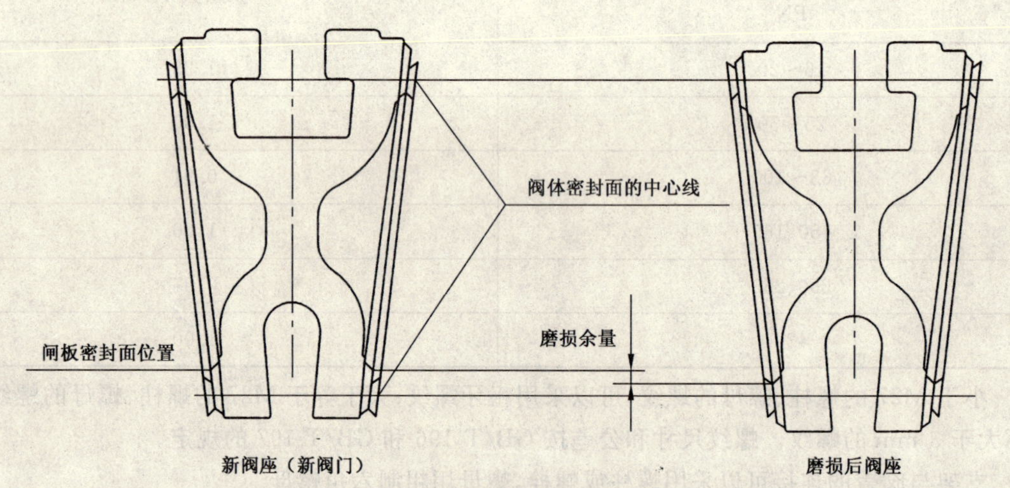

图 4 闸板密封面磨损余量示意图

表 6 闸板的磨损余量

公称尺寸 DN	磨损余量/mm
25～50	≥2.3
65～150	≥3.3
200～300	≥6.4
350～450	≥9.7
500～600	≥12.7

4.9 支架

4.9.1 支架与阀盖的设计可为整体或分体。分体连接支架在连接面处应有适当的定位配合面，以保证支架与填料孔同轴。

4.9.2 在拆卸阀杆螺母时，不应从闸阀上取下支架或阀盖。

4.9.3 支架与阀杆螺母的承压接触面应是平的和光滑的，应加装油嘴润滑承压接触面。

4.9.4 支架与驱动装置连接的法兰尺寸应符合 GB/T 12222 的规定。

4.10 阀杆和阀杆螺母

4.10.1 阀杆的最小直径是指阀杆与填料接触段的外径，应符合表 7 的规定。制造厂可以减小阀杆的梯形螺纹外径，但不得比阀杆的最小直径小 1.6 mm。与填料接触段的阀杆表面粗糙度应不低于 *Ra*0.8 μm。

表 7 阀杆的最小直径

公称尺寸 DN	公称压力 PN									
	16	20	25	40	50	63	100	150、160	250、260	420
	阀杆的最小直径/mm									
25	14.00	15.59	15.59	15.59	15.59	15.59	15.59	18.77	18.77	18.77
32	15.59	15.59	15.59	15.59	15.59	15.59	15.59	18.77	18.77	18.77
40	17.17	17.17	18.00	18.00	18.77	18.77	18.77	21.87	21.87	21.87
50	18.00	18.77	18.77	18.77	18.77	18.77	18.77	25.04	25.04	25.04
65	18.77	18.77	18.77	18.77	18.77	21.87	21.87	28.22	28.22	28.22
80	21.87	21.87	21.87	21.87	21.87	24.00	25.04	28.22	31.39	31.39
100	24.00	25.04	25.04	25.04	25.04	26.00	28.22	31.39	34.47	34.47
150	28.00	28.22	28.22	30.00	31.39	32.00	37.62	40.77	43.84	46.94
200	31.39	31.39	32.00	34.00	34.47	38.00	40.77	46.94	53.24	59.54
250	34.47	34.47	36.00	37.62	37.62	42.00	46.94	53.24	62.74	72.24
300	37.62	37.62	38.00	40.00	40.77	46.00	50.14	56.44	69.14	81.84
350	40.77	40.77	42.00	43.84	43.84	50.00	56.44	59.54	75.44	—
400	43.84	43.84	46.00	46.00	46.94	55.00	59.54	62.74	75.44	—
450	46.94	46.94	48.00	50.00	50.14	60.00	62.74	69.14	—	—
500	50.00	50.14	50.14	52.00	53.24	60.00	69.14	75.44	—	—
600	52.00	56.44	56.44	60.00	62.74	75.00	75.44	—	—	—

4.10.2 阀杆与阀杆螺母接触面应是梯形螺纹，梯形螺纹按 GB/T 5796.1～5796.4 的规定，或按订货合同要求加工。直接用手轮操作阀杆的闸阀应采用左旋螺纹。

4.10.3 阀杆必须是整体材料制成的，不允许采用组合焊接方式。

4.10.4 楔式闸板和阀杆之间应采用 T 形头连接；双闸板和阀杆之间可以采用螺纹连接。

4.10.5 阀杆的设计应保证：阀杆与闸板连接处应能防止阀杆旋转及阀杆与闸板脱离；对于明杆支架型闸阀，若发生闸板卡死事故时，阀杆的损坏应出现在闸阀承压区域之外。在闸阀承压区域之内的阀杆与闸板的连接头和阀杆各部分的强度应大于螺纹根部的强度。

4.10.6 阀杆应有一个圆锥形或球面形的上密封面，当闸阀全开时与阀盖的上密封座吻合。

4.10.7 阀杆螺母的设计，应当保证闸阀在开启状态时，将手轮拆卸后，阀杆和闸板仍然保持原有位置（不会掉落）。

4.10.8 阀杆螺母与手轮的连接可采用六边形体、带键槽的圆柱体或具有相等强度的其他结构。阀杆与阀杆螺母的旋合长度不得小于阀杆直径的 1.4 倍。

4.10.9 阀杆螺母应用带螺纹的轴承压盖压在支架顶部内转动，轴承压盖应该采用点焊或紧定螺钉固定防松。

4.10.10 新制造的闸阀在关闭后，其阀杆的螺纹必须伸出阀杆螺母顶部。当公称尺寸小于等于 DN150 时，阀杆螺纹伸出部分的最大值应是磨损余量的 5 倍；当公称尺寸大于 DN150 时，阀杆螺纹伸出部分的最大值应是磨损余量的 3 倍。

4.10.11 阀杆螺母和支架之间的全部接触表面应是平行的平面。对公称压力大于等于 PN63、公称尺寸大于等于 DN250 的，及公称压力大于等于 PN100、公称尺寸大于等于 DN150 的闸阀，应当提供带润滑装置的滚珠轴承或滚柱轴承。

4.11 填料和填料箱

4.11.1 填料在未压紧之前，填料的截面可以是方形或矩形的。

4.11.2 除有特殊要求外，填料箱的深度应不少于 5 圈未经压缩的填料的高度。填料箱与填料接触表面粗糙度应不低于 *Ra*3.2 μm 以上。

4.11.3 填料箱孔的内径应是阀杆直径加两倍填料的宽度再加 0.8 mm 之和。

4.11.4 填料压盖应由填料压板和填料压套(用球面自动对准)组成，填料压板应是带有两个安装活节螺栓的通孔(不开口)法兰，填料压套球面顶端外径应有一个台肩，以防止压套完全进入填料函中。填料压盖的螺栓可以是下列形式之一：

a) 活节螺栓通过穿孔眼的销固定在阀盖上，销有防止脱落的措施；

b) 螺柱穿过阀盖颈部法兰的通孔，并用两个螺母固定在法兰上(在法兰的两侧都有螺母)。

4.11.5 当订货合同有要求时，可提供填料隔环。在填料隔环每一端面上应有两个彼此错开 180°的通孔或是 GB/T 196 规定的 M3 螺纹孔，以便使用夹具安装或拆除。在填料箱对应填料隔环中部处钻孔，攻锥管螺纹并配螺塞，锥管螺纹的公称尺寸应该不小于 DN8，填料箱外锥管螺纹处应该有按 GB/T 12224 的规定凸台。如果使用隔环，填料箱的深度应不小于隔环厚度加 6 圈未经压缩的填料高度。

4.12 操作

4.12.1 除在订货合同中有规定外，闸阀采用逆时针方向为开的手轮直接操作。

4.12.2 操作闸阀用的手轮应是不多于 6 根轮幅的“轮幅和轮缘”型。手轮可为一体式结构，或是几种成型形状材料的碳钢拼制手轮。拼制手轮应与一体式结构的强度和刚度相当。

4.12.3 手轮安装在阀杆螺母上，应由锁紧螺母固定。在手轮上应有“开”或“开”、“关”字样及旋转方向。

4.12.4 若采用链轮、齿轮传动或电动等驱动装置操作，买方应在订货合同中提出要求。如：链轮的操作尺寸，齿轮传动箱上手轮的方位，电动、液动、气动或其他驱动装置的型式，闸阀的最大工作压差和温度，输入电源的条件等。

4.13 旁通装置

4.13.1 订货合同中有要求时，提供旁通装置。旁通装置管道的连接位置和方式按 GB/T 12224 的规定。

4.13.2 旁通装置管道的最小尺寸按表 8 的规定。

表 8 旁通装置管道尺寸

公称尺寸 DN	连接管最小公称尺寸 DN
50～100	15
150～200	20
250～600	25

4.14 静压寿命

闸阀静压寿命试验应符合 JB/T 8858 的规定，静压寿命次数见表 9。

表 9 闸阀的静压寿命次数

公称尺寸 DN	静压寿命次数/次
≤100	≥3 000
150～400	≥2 000
≥450	≥1 000

4.15 无损检测

4.15.1 所有焊接连接端的闸阀，焊接端部位须进行渗透探伤检测，检查结果应无有害缺陷。

4.15.1.1 当有下列连接条件的焊接端，应当按 JB/T 6440 的要求进行射线探伤检查。

a) 外径大于 273 mm、且壁厚大于 19 mm 的碳素钢材料连接管道，外径大于 410 mm、且壁厚大于 19 mm 的合金钢材料管道。

b) 壁厚大于 29 mm 的碳素钢材料管道，壁厚大于 41 mm 的合金钢材料管道。

4.15.1.2 符合 GB/T 12224 规定的特殊压力级的焊接端闸阀，均应按 JB/T 6440 的要求进行射线探伤检查。

4.15.2 阀体和阀盖的承压部位

公称压力大于等于 PN250 的合金材料和符合 GB/T 12224 规定的特殊压力级的铸造闸阀，每设计一种新模型时，前 5 台的阀体和阀盖应当逐个按 GB/T 12224 的要求对有关部位进行射线探伤检查。以后每 5 台应至少抽取 1 台进行检查(若不足 5 台时，也需抽取 1 台)。如果检查结果不合格时，其余 4 台需逐台进行检查。

4.16 压力试验

4.16.1 闸阀的壳体试验、密封试验、上密封试验应符合 JB/T 9092 的规定。

4.16.2 带有电动、气动、液动等驱动装置的闸阀，在进行密封试验和上密封试验时，应当使用其所配置的驱动装置启闭操作闸阀进行密封试验检查。

4.16.3 壳体试验时，在试验压力的最短持续时间后，闸阀的各个部位不得有可见渗漏，填料能予紧保持试验压力。

4.16.4 密封试验时，在试验压力的最短持续时间后，通过阀座密封面泄漏的最大允许泄漏率应符合 JB/T 9092 的规定；镶阀座圈的背面和闸板本身也应无可见泄漏。

4.16.5 上密封试验时，在试验压力最短持续时间后，应无可见泄漏。

5 材料

5.1 阀体和阀盖

5.1.1 闸阀壳体的金属材料应符合 GB/T 12228、GB/T 12229、GB/T 12230 的要求。

5.1.2 闸阀有抗硫要求时，闸阀的承压壳体等应对硫化物应力腐蚀开裂敏感的材料通过热处理的方法，使其抗硫性能得到有利的改善。材料的热处理方法应符合有关标准或工艺的规定。分体式的阀座，其本体材料的抗腐蚀性能应不低于阀体材料，供货方应提供材料的化学成分、力学性能、热处理报告等质量文件。

5.1.3 焊接端连接的阀门的阀体其碳含量还应符合下列要求：

a) 碳素钢或碳锰钢的最大含碳量为 0.25%；

b) Cr5Mo 合金钢的最大含碳量为 0.15%。

5.2 阀座

分体式阀座本体材料的抗腐蚀性能应当不低于阀体材料，根据要求在密封面上堆焊其他合金材料。

5.3 闸板

闸板本体的抗腐蚀性能应当不低于阀体材料，根据要求在密封面上堆焊其他合金材料。

5.4 阀座密封副

阀座密封副应采用有抗腐蚀性能的不锈钢或硬质合金，可按表 10 选用。

表 10 密封面堆焊材料

材料类型	密封面的硬度	备注
铬不锈钢(Cr13)	最小 HB 250[a]	—
铬-镍不锈钢(Cr18-Ni8)	由制造厂规定[b]	—
硬质合金	最小 HB 350	—
蒙乃尔合金 Cu-Ni	HB 175[c]	—
13Cr	HB 300[c]	硬化
硬 13Cr	HB 750[c]	硬化

a 阀座密封面和闸板密封面的最小硬度是 HB 250,两者最小硬度差为 HB 50。
b 阀座密封面和闸板密封面间不要求硬度差。
c 阀座密封面和闸板密封面的硬度差由制造厂规定。

5.5 阀杆

阀杆应当采用具有抗腐蚀性能、不低于阀体材料的不锈钢材料,并按要求进行热处理,可按表 11 选用。

表 11 阀杆材料

材料类型	典型牌号	热处理要求和硬度
铬不锈钢	1Cr13、2Cr13 等	调质处理,HB 200～HB 275
铬-镍不锈钢	304、1Cr18Ni9 等	固溶化处理,没有硬度要求
铬-镍-钼不锈钢	316、1Cr18Ni12Mo2Ti 等	固溶化处理,没有硬度要求
铬-钼-钒合金钢	25Cr2Mo1V 等	调质处理,硬度由制造厂确定,表面还须经防腐处理
蒙乃尔合金	Ni-Cu 合金	没有硬度要求

5.6 上密封座

上密封座应采用具有抗腐蚀性能、不低于阀体材料的不锈钢材料,密封面的硬度应不低于 HB 250。

5.7 阀体与阀盖连接螺柱螺母

5.7.1 使用温度在－29℃～425℃的阀门,阀体与阀盖连接螺柱材料应采用铬钼合金钢,螺母材料应采用优质碳素钢。螺柱性能应符合相关标准或规范的要求。其他温度范围用的连接螺柱材料按订货合同的要求。

5.7.2 当有耐腐蚀要求时,螺柱及螺母材料应当采用铬镍钼不锈钢,并应进行相应的热处理。

5.7.3 当有抗硫要求时,阀体与阀盖连接螺柱应对硫化物应力腐蚀开裂敏感的材料进行热处理,使其抗硫性能得到有利的改善,热处理方法应符合有关标准的规定。

5.8 填料压盖与阀盖连接螺栓

填料压盖与阀盖连接的螺栓应采用经热处理后抗拉强度不低于 415 MPa 的材料。

5.9 阀体与阀盖连接垫片

阀体与阀盖连接垫片应选用抗腐蚀性能不低于阀体材料的垫片,可按表 12 选用。

表 12 阀体和阀盖连接用垫片

垫片类型	使用压力/MPa	使用温度/℃
非金属平垫片(非石棉垫片)	≤2.5	≤425
金属包覆垫片	≤2.5	≤425

表 12(续)

垫片类型	使用压力/MPa	使用温度/℃
柔性石墨复合增强垫	≤2.5	≤425
柔性石棉金属缠绕垫	≤26.0	≤550
柔性石棉波齿复合垫片	≤26.0	≤550
金属环形垫(八角垫、椭圆垫)	≤42.0	≤550

5.10 **分体式阀盖的支架**

分体式阀盖的支架应当采用碳素钢或与阀盖相同的材料。

5.11 **填料压套、填料隔环和填料压板**

填料压套和填料隔环应采用抗锈蚀性能不低于闸阀内件的材料,填料压板可用碳钢或不锈钢材料。

5.12 **填料**

填料应用适用温度为-29℃~538℃、适用介质为蒸汽和石油制品介质、含有金属缓蚀剂的柔性石墨及柔性石墨编织填料。

5.13 **阀杆螺母**

阀杆螺母应采用熔点在955℃以上的含镍铸铁或铜合金。

5.14 **手轮或链轮**

手轮或链轮应用碳素钢铸件、碳素钢锻件、球墨铸铁或可锻铸铁。

5.15 **手轮或链轮的锁紧螺母**

手轮或链轮的锁紧螺母可采用碳钢、不锈钢、可锻铸铁或球墨铸铁。

5.16 **螺塞**

螺塞应采用与阀体材料抗腐蚀性能相同的材料。

5.17 **旁路管道和阀门**

旁路管道和阀门应采用与闸阀阀体材料抗腐蚀性能相同的材料。

5.18 **双闸板阀杆与闸板的连接销**

双闸板阀杆与闸板的连接销材料,应用奥氏体不锈钢材料。

6 试验方法和检验规则

6.1 总则

如果在订货合同中没有规定其他附加检验要求,买方的检验内容限于:

a) 在装配过程中对阀门进行检验,应使用非破坏性检验方法;

b) 查"加工记录"、"热处理记录"等;

c) 按本标准4.15的要求,检查"无损检测记录";

d) 压力试验。

6.2 试验方法

6.2.1 **压力试验**

闸阀的压力试验符合JB/T 9092的规定。

6.2.2 **壳体壁厚测量**

用测厚仪或专用卡尺测量阀体流道和中腔及阀盖部位的壁厚。

6.2.3 **阀杆直径测量**

用游标卡尺测量与填料接触区域的阀杆直径及阀杆梯形螺纹外径。

6.2.4 **阀杆硬度测量**

用硬度计在阀杆光杆部位测量,测量三点取平均值。

6.2.5　密封面硬度测量

用硬度计在闸板的两个密封面上的中心区域，各测量三点取平均值。

6.2.6　闸板磨损余量测量

关闭闸阀达到密封状态，测量阀体通道内下端部位闸板密封面超出阀座密封面的高度。

6.2.7　关闭件组合拉力试验

将楔式闸板、阀杆和阀杆螺母组合到一起，用专用夹具连接闸板中心、并用专用工装安装到阀杆螺母上（拉伸时，仅阀杆螺母的支撑面受力类似闸阀的安装使用状态），用拉伸试验机夹紧两个工装夹具拉伸，直至拉断破坏。

6.2.8　材质成分分析

在阀体、阀盖和闸板的本体材料上取样，钻屑取样应在表面 6.5 mm 之下处。

6.2.9　阀体材质力学性能

用阀体同炉号、同批热处理的试棒按 GB/T 228 规定的方法进行。

6.2.10　静压寿命试验

按 JB/T 8858 的要求进行寿命试验。

6.2.11　阀体标志检查

目测阀体表面铸造或打印标记内容。

6.2.12　铭牌内容检查

目测闸阀铭牌上打印标记内容。

6.2.13　无损检测

按本标准 4.15 的规定，对相关部位进行检查。

6.3　检验规则

6.3.1　闸阀须逐台进行出厂检验和试验，合格后方可出厂。

6.3.2　检验项目、技术要求和检验方法按表 13 的规定。

表 13　检验项目、技术要求和检验方法

序号	检验项目	检验类别		技术要求	检验和试验方法
		出厂检验	型式检验		
1	壳体试验	√	√	按 JB/T 9092 的要求	符合本标准 6.2.1
2	上密封试验	√	√	按 JB/T 9092 的要求	符合本标准 6.2.1
3	密封试验	√	√	按 JB/T 9092 的要求	符合本标准 6.2.1
4	阀体壁厚测量	√	√	符合本标准 4.4	按本标准 6.2.2
5	阀杆直径测量	—	√	符合本标准 4.10.1	按本标准 6.2.3
6	阀杆硬度测量	√	√	符合本标准 5.5	按本标准 6.2.4
7	密封面硬度测量	—	√	符合本标准 5.4	按本标准 6.2.5
8	闸板磨损余量测量	—	√	符合本标准 4.8.6	按本标准 6.2.6
9	关闭件组合拉力试验	—	√	符合本标准 4.10.5	按本标准 6.2.7
10	材质成分分析	—	√	符合本标准 5.1	按本标准 6.2.8
11	阀体材质力学性能[a]	—	√	符合本标准 5.1.1	按 GB/T 12228～12230
12	静压寿命试验	—	√	符合本标准 4.14	按本标准 6.2.10

表 13(续)

序号	检验项目	检验类别		技术要求	检验和试验方法
		出厂检验	型式检验		
13	阀体标志检查	√	√	符合本标准 7.2	按本标准 6.2.11
14	铭牌内容检查	√	√	符合本标准 7.3	按本标准 6.2.12
15	无损检测[b]	√	√	符合本标准 4.15	按本标准 6.2.13
a 阀体材质力学性能应当用与阀体同炉号、同批热处理的试棒进行检查。 b 当符合本标准 4.14 规定时，该项目在零件进货检验、加工过程阶段时进行检查。					

6.3.3 **型式检验**

6.3.3.1 有下列情况之一时，一般要进行型式检验：

a) 新产品试制定型鉴定；

b) 正式生产时，定期或积累一定产量后应当周期性进行一次检验；

c) 正式生产后，如结构、材料、工艺有较大改变可能影响产品性能时；

d) 产品长期停产后恢复生产时；

e) 国家产品质量监督检验部门提出型式试验要求时。

6.3.3.2 型式检验时采用抽样的方式。

6.3.4 **抽样方法**

6.3.4.1 抽样可以在生产线的终端经检验合格的产品中随机抽取，也可以在产品成品库中随机抽取，或者从已供给用户但未使用并保持出厂状态的产品中随机抽取。每一规格供抽样的最少基数和抽样数按表 14 的规定。到用户抽样时，供抽样的最少基数不受限制，抽样数仍按表 14 的规定。对整个系列产品进行质量考核时，根据该系列范围大小情况从中抽取 2～3 个典型规格进行检验。

表 14 抽样的最少基数和抽样数

公称尺寸 DN	最少基数/台	抽样数/台
≤150	10	2
≥200	3	1

6.3.4.2 静压寿命试验在已抽的产品中任选一台进行试验。

6.3.4.3 型式检验的全部检验项目都应符合表 13 中技术要求的规定。

7 标志

7.1 标志的内容

闸阀应按 GB/T 12220 的规定进行标记，并应符合本标准 7.2 和 7.3 的规定。

7.2 阀体和阀盖上的标志

7.2.1 在阀体上须注有下列的永久标记：

——制造厂名或商标标志；

——阀体材料或代号；

——公称压力或压力等级；

——公称尺寸或管道名义直径数；

——熔炼炉号或锻打批号；

——产品的生产系列编号。

7.2.2 在阀盖上须注有下列的永久标记：

——阀体材料；

——公称压力；

——公称尺寸；

——熔炼炉号或锻打批号。

7.3 **铭牌上的标志**

在闸阀的铭牌上应有如下的内容：

——制造厂名；

——公称压力或压力等级；

——公称尺寸或管道名义直径数；

——产品的生产系列编号；

——在38℃时的最大工作压力；

——最高允许使用温度和对应的最大允许工作压力；

——材料(阀体、闸板、密封副等)；

——执行标准号。

7.4 **单流向阀的标志**

若闸阀设计制造为单流向时，应在阀体上允许流向标记，或用一个独立的流向铭牌牢固地钉到阀体与管道连接的法兰上。

8 防护、包装和贮运

8.1 除奥氏体不锈钢和高合金耐腐蚀不锈钢的闸阀外，其他闸阀的表面均应按JB/T 106的规定或按用户要求的颜色涂漆；流道表面、螺纹连接端的螺纹应当涂以容易去除的防锈油脂。

8.2 闸阀应放置在包装箱内。应用木质材料、木质合成材料、塑料或金属材料的封盖，对闸阀的连接管道的端口进行保护，封盖的形状应该是带凸耳边的。

8.3 在运输中，闸阀应处于关闭状态。应装在包装箱内。

附 录 A
(资料性附录)
石油、天然气工业用螺柱连接阀盖的钢制闸阀订货合同数据表

工作条件

闸阀要求的标准：GB/T 12234—2007 石油、天然气工业用螺柱连接阀盖的钢制闸阀

闸阀安装的位置和要求功能：________

闸阀的公称尺寸：________ 闸阀的公称压力或压力等级：________

最高工作压力/最高工作温度：________

最低工作温度：________ 最大压差：________

使用介质及组分：________

闸阀结构形式

闸板类型：刚性楔式单闸板________ 弹性楔式单闸板________ 楔式双闸板________

平行双闸板________

结构长度和端部连接

结构长度的要求：________

进口管：外径(OD)________ 内径(ID)________ 材质________

连接方式：法兰或焊接：________

法兰的要求：平面、凹面、榫槽或环接：________

焊接端形状和技术要求：________

闸阀的操作要求

操作机构(电动、液动、气动、齿轮传动等)：________

锁紧装置要求和型式________

闸阀零件材料

阀体：________ 阀盖：________ 闸板：________ 密封面：________ 阀杆：________

填料：________ 螺柱：________ 阀体阀盖连接垫片：________

其他：________

其他要求

承压元件是否需抗硫处理：________

放泄装置、旁通装置的要求：________

阀杆填料隔环要求：________

需要的涂漆和涂层：________

要求提供的文件：________

其他要求说明：________

ICS 23.060.50
J 16

中华人民共和国国家标准

GB/T 12235—2007
代替 GB/T 12235—1989

石油、石化及相关工业用钢制截止阀和升降式止回阀

Steel globe valves and lift check valve for petroleum, petrochemical and allied industries

2007-04-18 发布 2007-11-01 实施

中华人民共和国国家质量监督检验检疫总局
中国国家标准化管理委员会 发布

前　言

本标准对应 BS 1873:1975(R1998)《石油、石化及相关工业用钢制截止阀、截止止回阀和止回阀(法兰和对接焊端)》,采标一致性程度为非等效。与 BS 1873:1975(R1998)相比,主要技术内容和文本结构存在很大差异。

本标准是对 GB/T 12235—1989《通用阀门　法兰连接钢制截止阀和升降式止回阀》的修订。

本标准与 GB/T 12235—1989 相比主要变化如下:

——标准名称修改为《石油、石化及相关工业用钢制截止阀和升降式止回阀》;

——公称压力从 PN16～PN160 扩大至 PN16～PN420。公称尺寸从 DN25～DN150 扩大至 DN15～DN400,并包括角式截止阀和截止止回阀;

——修改了阀体最小壁厚的要求;

——增加了阀体阀座最小直径的要求;

——修改了阀座的要求;

——修改了上密封座和堆焊合金厚度的要求;

——增加了弹性密封副的要求;

——修改了阀杆最小直径的要求;

——修改了填料的要求;

——修改了阀体与阀盖连接螺栓的要求;

——增加了寿命试验的有关要求;

——增加了无损检测的技术内容;

——修改了材料的要求,增加了对阀体与阀盖连接螺栓和阀杆材料硬度的要求;

——修改了试验方法和检验要求,增加了型式试验项目和要求;

——修改了标志内容的要求;

——修改了供货的要求;

——将 GB/T 12235—1989 的附录 A“阀瓣和阀座密封面以及内件材料的选用”内容调整到正文中;

——增加了附录 A“订货合同数据表”。

本标准自实施之日起代替 GB/T 12235—1989。

本标准的附录 A 为资料性附录。

本标准由中国机械工业联合会提出。

本标准由全国阀门标准化技术委员会(SAC/TC 188)归口。

本标准起草单位:合肥通用机械研究所、上海良工阀门厂、浙江慎江阀门有限公司。

本标准主要起草人:王晓钧、杨恒、叶旭强。

本标准所代替标准的历次版本发布情况为:

——GB/T 12235—1989。

石油、石化及相关工业用钢制截止阀和升降式止回阀

1 范围

本标准规定了螺栓连接阀盖钢制截止阀和升降式止回阀结构型式、技术要求、材料、试验方法和检验规则、标志、包装和储运等内容。

本标准适用于公称压力 PN16～PN420、公称尺寸 DN15～DN400、使用温度－29℃～538℃，螺栓连接阀盖的、端部连接形式为法兰或焊接，用于石油、石化及相关工业用的钢制截止阀和升降式止回阀。

本标准适用于直通式结构、角式结构形式和 Y 型结构形式的钢制截止阀，钢制升降式止回阀、钢制截止止回阀。

钢制节流阀也可参照本标准执行。

2 规范性引用文件

下列文件中的条款通过本标准的引用而成为本标准的条款。凡是注日期的引用文件，其随后所有的修改单(不包括勘误的内容)或修订版均不适用于本标准，然而，鼓励根据本标准达成协议的各方研究是否可使用这些文件的最新版本。凡是不注日期的引用文件，其最新版本适用于本标准。

GB 150 钢制压力容器

GB/T 152.4 紧固件 六角头螺栓和六角螺母用沉孔

GB/T 196 普通螺纹 基本尺寸(GB/T 196—2003，ISO 724:1993，MOD)

GB/T 197 普通螺纹 公差(GB/T 197—2003，ISO 965-1:1998，MOD)

GB/T 228 金属材料 室温拉伸试验方法(GB/T 228—2002，eqv ISO 6892:1998)

GB/T 798 活节螺栓

GB/T 5796.1 梯形螺纹 第 1 部分:牙型(GB/T 5796.1—2005，ISO 2901:1993，MOD)

GB/T 5796.2 梯形螺纹 第 2 部分:直径与螺距系列(GB/T 5796.2—2005，ISO 2902:1977，MOD)

GB/T 5796.3 梯形螺纹 第 3 部分:基本尺寸(GB/T 5796.3—2005，ISO 2904:1977，MOD)

GB/T 5796.4 梯形螺纹 第 4 部分:公差(GB/T 5796.4—2005，ISO 2903:1993，MOD)

GB/T 7306.2 55°密封管螺纹 第 2 部分:圆锥内螺纹与圆锥外螺纹(GB/T 7306.2—2000，eqv ISO 7-1:1994)

GB/T 9113(所有部分) 整体钢制管法兰

GB/T 9124 钢制法兰 技术条件

GB/T 12220 通用阀门 标志(GB/T 12220—1989，idt ISO 5209:1977)

GB/T 12221 金属阀门 结构长度(GB/T 12221—2005，ISO 5752:1982，MOD)

GB/T 12222 多回转阀门驱动装置的连接(GB/T 12222—2005，ISO 5210:1991，MOD)

GB/T 12224 钢制阀门 一般要求(GB/T 12224—2005，ASTM B16.34a:1998，NEQ)

GB/T 12228 通用阀门 碳素钢锻件技术条件

GB/T 12229 通用阀门 碳素钢铸件技术条件

GB/T 12230 通用阀门 奥氏体钢铸件技术条件

JB/T 106 阀门的标志和涂漆

JB/T 6440 阀门受压铸钢件 射线照相检验

JB/T 8859 截止阀 静压寿命试验规程

JB/T 9092 阀门的检验与试验

3 结构型式

3.1 直通式截止阀的典型结构型式如图 1 所示。

3.2 角式截止阀的典型结构型式如图 2 所示。

3.3 Y 形截止阀的典型结构型式如图 3 所示。

3.4 升降式止回阀的典型结构型式如图 4 所示。

3.5 截止止回阀的典型结构型式如图 5 所示。

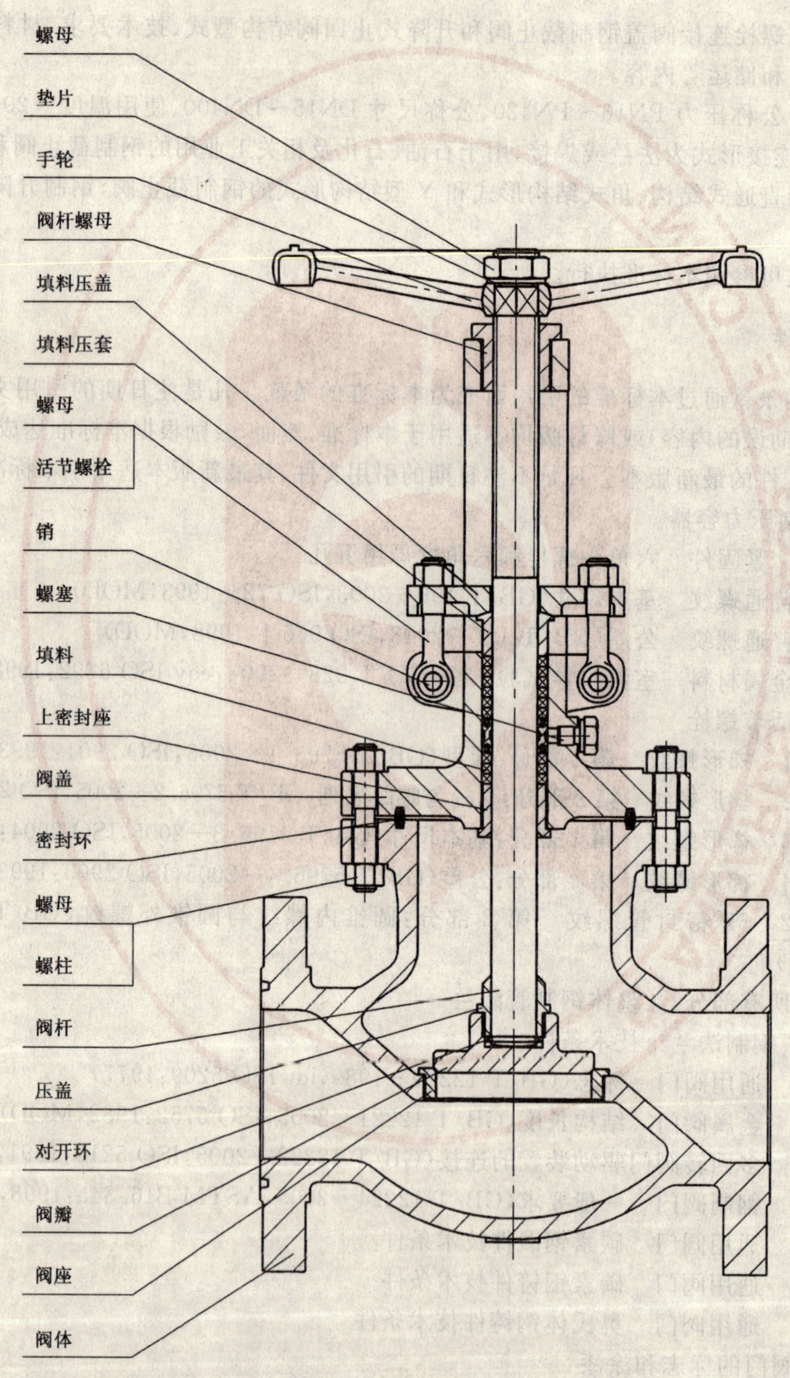

图 1 直通式截止阀的典型结构型式示意图

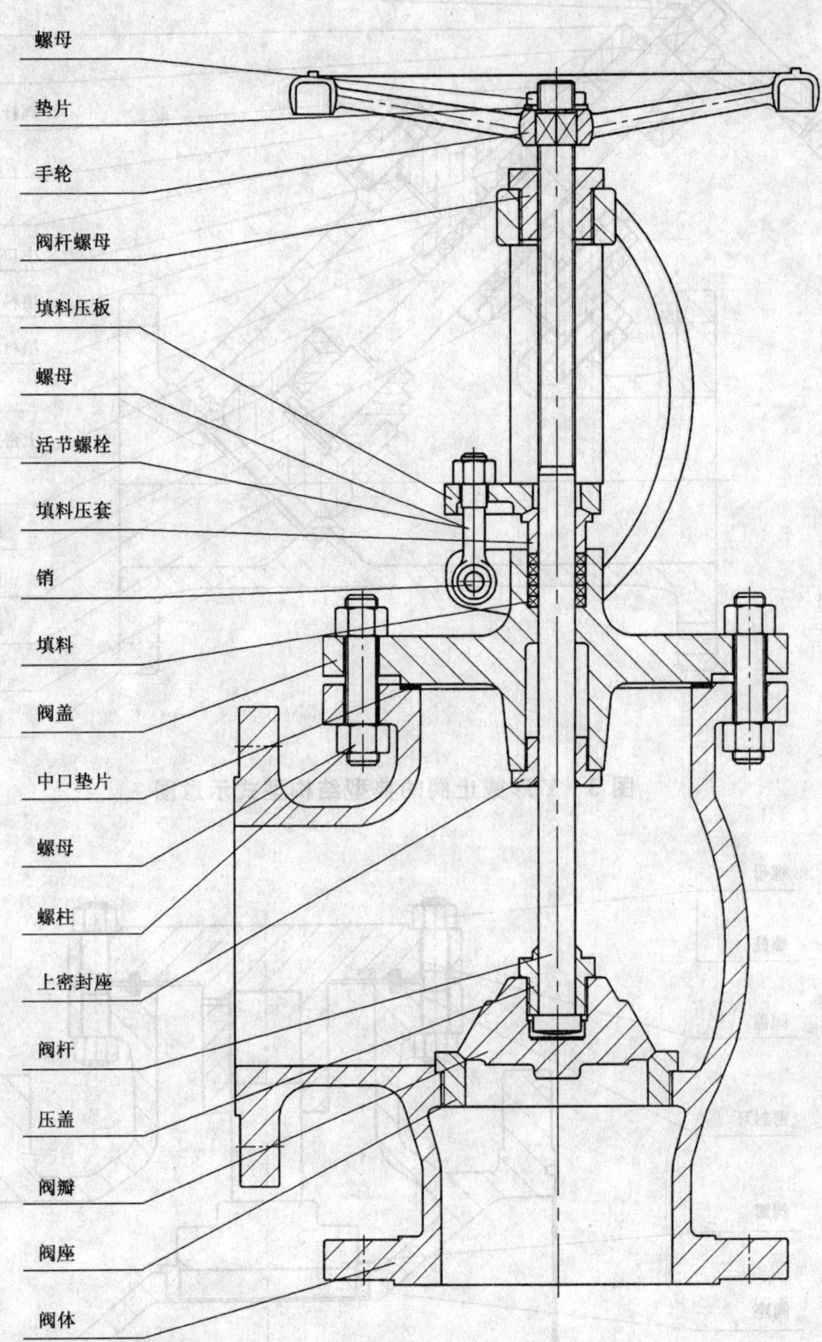

图 2 角式截止阀的典型结构型式示意图

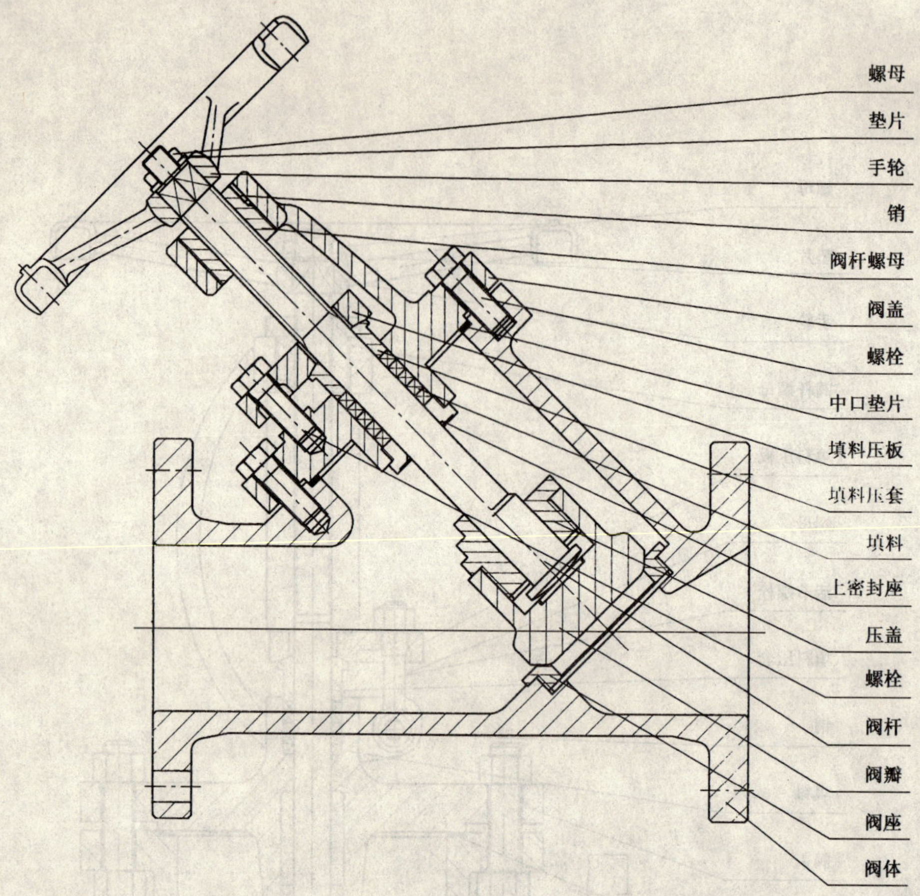

图 3　Y 形截止阀的典型结构型式示意图

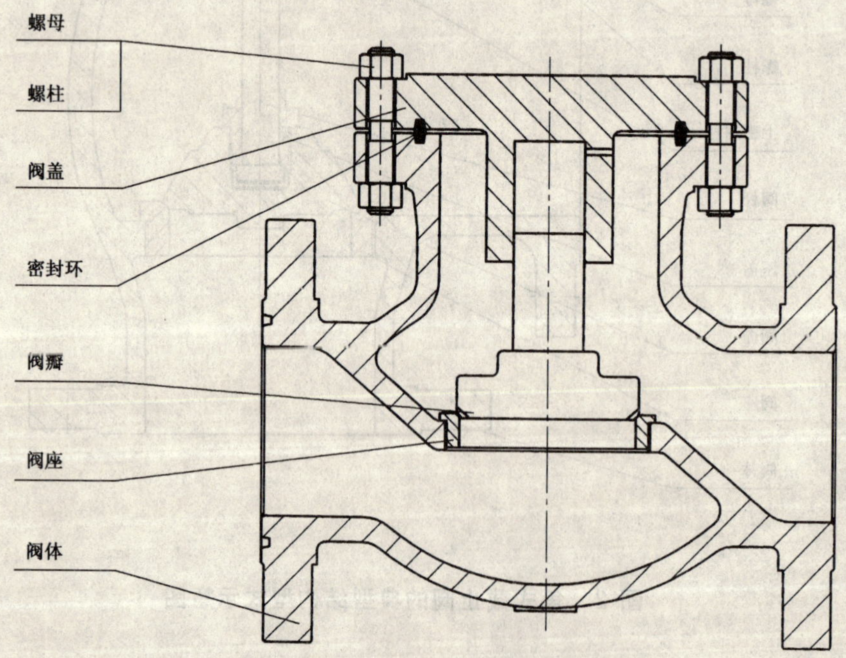

图 4　升降式止回阀的典型结构型式示意图

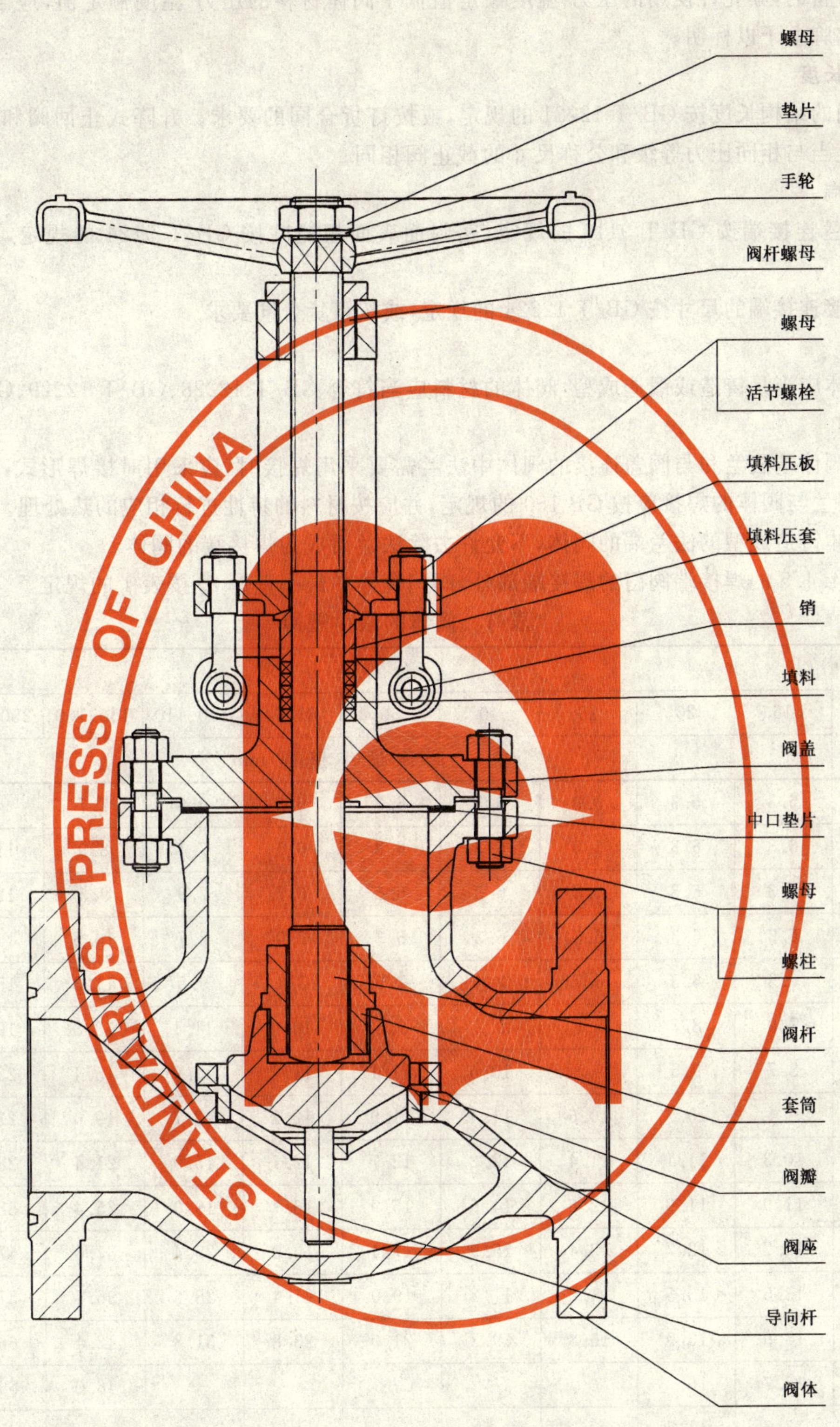

图 5 截止止回阀的典型结构型式示意图

4 技术要求

4.1 压力-温度额定值

阀门的额定压力-温度额定值按 GB/T 12224 的规定；对于某些采用弹性密封副结构或内部零件经

特殊处理材料的，其允许使用的压力-温度额定值低于阀体材料的压力-温度额定值，应当取其较低值，并应当在铭牌上予以标明。

4.2 结构长度

截止阀的结构长度按 GB/T 12221 的规定，或按订货合同的要求。升降式止回阀和截止止回阀的结构长度应当与相同压力等级和公称尺寸的截止阀相同。

4.3 连接端

4.3.1 法兰连接端按 GB/T 9113 的规定，密封面表面粗糙度按 GB/T 9124 的规定，或按订货合同要求。

4.3.2 焊接连接端的尺寸按 GB/T 12224 的规定，或按订货合同要求。

4.4 阀体

4.4.1 阀体应当是铸造或锻造成型，阀体的材料应当符合 GB/T 12228、GB/T 12229、GB/T 12230 的规定。

4.4.2 若阀体端法兰和与阀盖连接的阀体中法兰需要采用焊接时，应采用对接焊形式，法兰应是锻造材料。该法兰与阀体的焊接应按 GB 150 的规定，并应按材料的特性进行相应的热处理。

4.4.3 整体铸造成型的法兰端的阀体，不允许去除法兰后成为焊接端的阀体。

4.4.4 除 4.4.5 的焊接端阀门的焊接端部外，阀门壳体的最小壁厚 t_m 按表 1 的规定。

表 1 阀体的最小壁厚

公称尺寸 DN	公称压力 PN									
	16	20	25	40	50	63、64	100、110	150、160	250、260	420
	阀体最小壁厚/mm									
15	6.3	6.3	6.3	6.3	6.3	6.3	6.3	7.7	9.5	11.1
20	6.3	6.3	6.3	6.3	6.3	6.5	7.1	8.9	11.1	13.5
25	6.3	6.3	6.3	6.3	6.3	6.7	7.9	9.5	12.7	15.1
32	6.3	6.3	6.3	6.3	6.3	7.0	8.7	10.5	14.2	17.5
40	6.3	6.3	6.7	7.4	7.9	8.4	9.5	11.3	15.0	19.0
50	7.9	8.7	8.8	9.2	9.5	10.0	11.1	13.8	19.0	22.2
65	8.7	9.5	9.8	10.6	11.1	11.4	11.9	15.4	22.2	25.4
80	9.4	10.3	10.6	11.4	11.9	12.2	12.7	19.0	23.8	30.2
100	10.3	11.1	11.4	12.2	12.7	12.7	15.9	21.4	28.6	35.7
150	11.9	11.9	12.6	14.6	15.9	16.7	19.0	25.4	38.1	48.4
200	12.7	12.7	13.4	15.9	17.4	19.0	25.4	31.8	47.6	61.9
250	13.5	13.5	14.5	17.2	19.0	21.4	28.6	36.5	57.2	67.5
300	15.9	15.9	16.8	19.3	21.0	23.8	31.8	42.1	66.7	86.5
350	16.7	16.7	—	—	—	—	—	46.0	69.8	—
400	17.5	17.5	—	—	—	—	—	—	—	—

4.4.5 焊接连接端阀体，在距焊接端 1.33 倍 t_m 距离内的壁厚不得小于 0.77 倍 t_m，其他部位的阀体壁厚应当不小于表 1 规定的壳体最小壁厚 t_m；应当考虑从靠阀体颈部外表面沿阀体通道方向予以适当的增厚加强。

4.4.6 除了带扳手支点螺纹连接式的阀体密封座外，阀体密封座的内径不得小于表 2 的规定。

表 2　阀体密封座的最小直径

公称尺寸 DN	公称压力 PN					
	16、20	25～50	63～110	150、160	250、260	420
	阀体密封座的最小直径/mm					
15	13	13	13	13	13	11
20	19	19	19	18	17	14
25	25	25	25	23	22	19
32	32	32	32	30	29	25
40	38	38	38	36	35	29
50	51	51	51	49	48	38
65	64	64	64	60	57	48
80	76	76	76	72	70	57
100	102	102	102	98	92	73
150	152	152	152	146	137	111
200	203	203	200	190	178	146
250	254	254	248	238	222	184
300	305	305	298	283	264	219
350	337	—	—	311	289	—
400	387	—	—	—	—	—

4.4.7　阀体与管道连接的孔应当是圆的，阀体流道各处的截面积应当与阀体与管道连接的孔的截面积相等；设计应当使得流体通过阀体的压力损失最小，及受腐蚀、冲刷的影响最小。

4.4.8　除下列情况外，阀体应当采用单独的阀座圈的结构：

a)　奥氏体不锈钢材料的阀体，可以在阀体上直接加工阀座密封面；

b)　可以直接在阀体上堆焊奥氏体不锈钢或硬面材料，其堆焊层的厚度在加工后不小于 1.6 mm。

4.4.9　Cr13 类材料应当采用先堆焊在单独的阀座圈上，其堆焊层的厚度在加工后应当不小于 1.6 mm。阀座圈可以用螺纹连接、滚压、胀接或焊接的方式固定到阀体内。滚压或胀接的阀座圈只能使用于公称尺寸小于等于 DN50 的阀体，其连接处可以采用阀座环上部台阶或底部台阶与阀体接触面密封。螺纹式阀座环应当具有便于装卸的结构(如凹槽或凸台)，螺纹式阀座的螺纹尺寸和公差应当按 GB/T 196 和 GB/T 197 的规定，装配后可以用点焊方式防止阀座松动。阀座圈装配时严禁采用密封剂，允许使用轻质润滑油。

4.4.10　除法兰等部位外，在阀体壳体承压区域不允许打销固定铭牌。

4.4.11　订货合同有放泄孔接管的要求时，公称尺寸大于等于 DN50 的截止阀阀体在如图 6 所示 C 点位置设置螺纹放泄孔，螺纹应按 GB/T 7306.2 的规定，并配置密封螺塞。当阀体该处的壁厚不足以提供放泄孔螺纹的有效长度或该处表面不是平面时，应当设置一个放泄孔凸台。放泄孔接管及放泄孔的凸台的尺寸按 GB/T 12224 的规定。

4.4.12　公称尺寸大于等于 DN200 的截止阀、升降式止回阀和截止止回阀，在阀座或阀体上，应当设置有阀瓣升降运动的导向支撑。

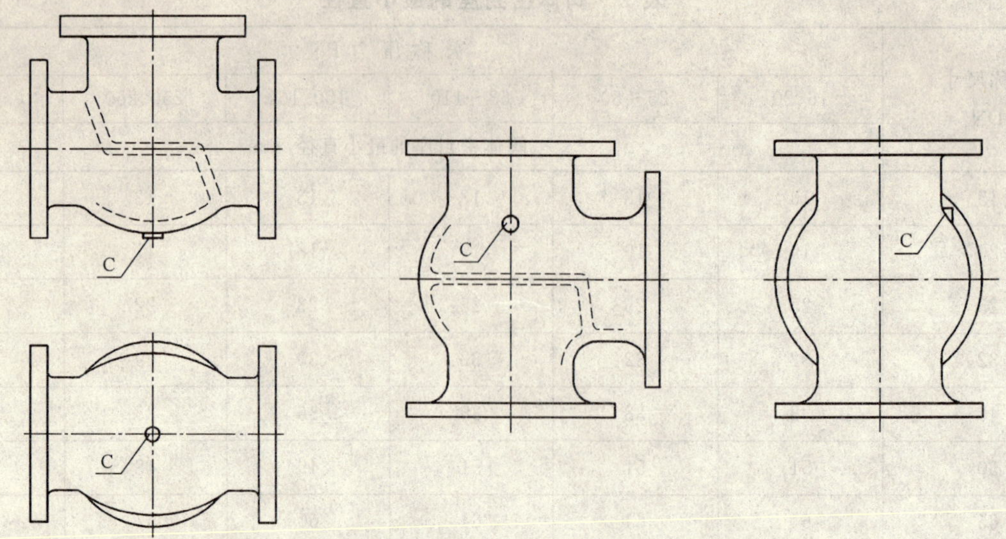

图 6 截止阀阀体放泄孔位置的示意图

4.5 阀盖

4.5.1 阀体应当是铸造或锻造成型,与阀体制造的技术要求相同。

4.5.2 截止阀和截止止回阀的支架可以与阀盖是整体,也可以与阀盖分体连接支架。分体连接支架在连接处应当有适当的导向配合面,以保证支架与填料孔同轴度,支架与阀盖应当用螺栓连接。升降式止回阀的阀盖为盲板式结构,应有阀瓣上下运动的导向支撑。

4.5.3 截止阀和截止止回阀的阀盖上应当有一个圆锥形或球面形的上密封,除下列情况外,应当采用上密封座安装到阀盖的结构:

a) 奥氏体不锈钢材料的阀盖,上密封面可以直接在阀盖上加工而成;

b) 可以直接在阀盖上堆焊奥氏体不锈钢或硬面材料,其堆焊层的厚度在加工后不小于 1.6 mm;

c) 公称尺寸小于 DN50 的截止阀。

4.5.4 阀盖的阀杆孔应当有适当的间隙,能保证阀杆顺利的升降,并能防止填料的挤出。

4.5.5 压紧填料压盖可以采用按 GB/T 798 规定的活节螺栓,螺母用粗制六角厚螺母;用螺栓时,不允许采用通过焊接附加在阀盖上或承插焊在阀盖上的方式。

4.5.6 除阀杆填料箱和加长阀杆颈部外,阀盖最小壁厚 t_m 按表 1 的规定;阀盖填料箱部分的最小壁厚按表 3 的规定。

表 3 阀盖填料箱部分的最小壁厚

填料箱装填料入口处的直径/mm	公称压力 PN					
	16、20	25～50	63～110	150、160	250、260	420
	最小壁厚/mm					
15	2.8	3.0	3.6	4.2	5.3	7.6
16	2.8	3.1	3.6	4.4	5.6	7.9
17	2.8	3.2	3.7	4.5	5.8	8.2
18	2.9	3.5	3.9	4.6	5.9	8.5
19	3.0	3.8	4.1	5.1	6.1	8.9
20	3.3	4.0	4.2	5.2	6.3	9.2
25	4.0	4.8	4.8	6.3	7.1	11.0

表 3(续)

填料箱装填料入口处的直径/mm	公称压力PN					
	16、20	25～50	63～110	150、160	250、260	420
	最小壁厚/mm					
30	4.5	4.8	4.8	6.5	8.2	13.1
35	4.8	4.8	5.1	7.1	9.7	14.5
40	4.9	5.0	5.7	7.5	10.2	16.4
50	5.5	6.2	6.3	7.9	11.6	19.8
60	5.6	6.4	6.8	8.9	13.4	23.2
70	5.6	6.9	7.4	9.9	15.8	26.5
80	5.8	7.2	8.1	11.0	17.4	30.1
90	6.4	7.4	8.8	12.0	19.1	33.2
100	6.4	7.7	9.5	12.8	20.8	36.7
110	6.4	8.1	10.3	14.1	22.9	40.1
120	6.6	8.6	10.9	14.9	24.8	43.5
130	7.1	8.8	11.3	16.2	26.5	46.9
140	7.1	9.2	12.0	17.3	28.3	50.2
注：中间尺寸的壁厚可以用插入法计算。						

4.5.7　除法兰等部位外，在阀盖壳壁承压区域不允许打销固定铭牌。

4.6　阀体与阀盖的连接

4.6.1　阀体与阀盖的连接应当采用法兰、密封垫片和螺柱螺母连接的形式；除公称尺寸小于等于DN65的阀体与阀盖连接法兰外形可以采用方形的外，其余公称尺寸的连接法兰应当是圆形的。

4.6.2　连接法兰应当采用凹凸面、环形槽或梯形槽等连接形式的法兰的任何一种，并应当在订货合同中注明。

4.6.3　阀体与阀盖连接法兰的螺柱螺母支撑平面应当加工或按GB/T 152.4的规定锪平，加工面或锪平面与法兰面的平行度不超过±1°。

4.6.4　阀体与阀盖连接法兰的密封垫可以选用下列的一种：

a)　非金属平垫片(非石棉垫片)；
b)　金属包覆垫片；
c)　柔性石墨复合增强垫片；
d)　柔性石棉波齿复合垫片；
e)　柔性石棉金属缠绕垫；
f)　金属环形垫(八角垫、椭圆垫)。

4.6.5　为便于装配，垫片可使用比重不大于煤油的润滑油，但禁止使用密封脂和润滑脂。

4.7　阀体与阀盖的连接螺柱或螺栓

4.7.1　公称尺寸大于等于DN50阀门，阀体与阀盖连接应当采用全螺纹螺柱，配以粗制六角厚螺母；公称尺寸小于DN50的截止阀，阀体与阀盖连接可以采用螺栓。数量不少于4个，其最小直径按表4的规定。

表 4　阀体与阀盖连接螺柱最小直径

公称尺寸 DN	螺柱最小直径
25～65	M10
80～200	M12
≥250	M16

4.7.2　阀体与阀盖的连接螺柱，螺柱最小截面积要求见式(1)：

$$6 \times k \times P \times \frac{A_g}{A_b} \leqslant 65.26 \times S_b \leqslant 9\,000 \qquad \cdots\cdots\cdots\cdots(1)$$

式中：

S_b——螺柱在38℃时的许用应力(当大于138 MPa时，用138 MPa)，单位为兆帕(MPa)；

A_g——由垫片或O形圈的有效外周边或其密封件的有效周边所限定的面积，垫环连接面情况除外，该限定面积由圆环中径确定，单位为平方毫米(mm^2)；

A_b——螺柱总抗拉应力有效面积，单位为平方毫米(mm^2)；

P——38℃时最大允许工作压力，单位为兆帕(MPa)；

k——系数，按表5的规定选取。

表 5　*k* 系数表

阀门的公称压力 PN	系数 *k*
16～20	1.25
25～50	1.00
63～100	0.91
150、160	1.00
250、260	0.97
420	1.00

4.7.3　小于等于M27的螺柱和螺母的螺纹，可以采用粗牙螺纹；大于M27的螺柱、螺母的螺纹，应当采用螺距不大于3 mm的螺纹。螺纹尺寸和公差按GB/T 196和GB/T 197的规定。

4.8　阀瓣

4.8.1　在截止阀全开位置时，阀瓣和阀座之间的距离应当至少等于阀体通道直径的四分之一。

4.8.2　截止阀阀瓣与阀杆宜采用阀瓣盖连接，应有锁紧结构或采用点焊的方式防止松动。也可采用其他连接形式，但在操作时必须转动灵活。应当考虑采取相关措施以便在操作时减少对密封面的磨损。

4.8.3　当阀瓣密封面需要用一种奥氏体不锈钢或硬质合金材料时，可直接在阀瓣的密封环周边堆焊，加工后的堆焊层厚度应当不小于1.6 mm。对于奥氏体不锈钢材料的阀瓣，可以直接加工密封面。

4.8.4　阀瓣必须考虑有可靠的导向结构，应当保证不论截止阀的安装位置方向如何，阀瓣都能与阀座同轴并保持密封。应当考虑腐蚀、冲蚀、磨损及这些因素的综合影响，并应当有足够的强度，保证能按截止阀在最高工作压力下安全工作。

4.8.5　阀瓣密封面可采用平面、锥面或球面等形式。

4.8.6　在平面密封结构中，可以使用弹性材料的密封圈。弹性材料的密封圈放置在阀瓣上时，应当设计成有金属边包覆且不超过金属边平面的结构，并应有措施能防止弹性密封圈被破坏或脱落。

4.8.7　所有升降式止回阀的阀瓣都应有与阀盖配合的导向，截止止回阀的阀瓣都应有与阀杆配合的导向；公称尺寸大于等于 DN200 的升降式止回阀和截止止回阀的阀瓣应有与阀座或阀体的导向机构。

4.8.8 节流阀的阀瓣应在截止阀的基础上，应有用于平稳调节流量的导流形体。

4.9 阀杆和阀杆螺母

4.9.1 截止阀、截止止回阀和节流阀的阀杆材料必须是一个整体的，不允许采用焊接方式拼接组成。

4.9.2 阀杆的最小直径按表 6 的规定。阀杆的最小直径是指与填料接触段的阀杆的外径，制造厂可以减小阀杆的梯形螺纹外径，但不得比阀杆的最小直径小 1.6 mm。与填料接触段的阀杆表面粗糙度应当不高于 $Ra0.8\ \mu m$。

表 6 阀杆的最小直径

公称尺寸 DN	公称压力 PN							
	16	20	25、40、50	63、64	100、110	150、160	250、260	420
	阀杆的最小直径/mm							
15	11.1	11.1	11.1	13.5	13.5	13.5	15.9	15.9
20	12.7	12.7	12.7	15.9	15.9	15.9	15.9	19.0
25	15.9	15.9	15.9	15.9	15.9	19.0	19.0	25.4
32	15.9	15.9	15.9	19.0	19.0	22.2	22.2	28.6
40	19.0	19.0	19.0	19.0	19.0	25.4	25.4	31.8
50	19.0	19.0	19.0	22.0	22.0	28.6	28.6	38.1
65	22.2	22.2	22.2	25.4	25.4	31.8	31.8	41.3
80	24.0	25.4	25.4	28.6	28.6	31.8	35.0	44.4
100	28.0	28.6	28.6	31.8	31.8	35.0	38.1	50.8
150	31.8	31.8	35.0	38.1	41.3	44.4	50.8	63.5
200	35.0	35.0	38.1	41.3	44.4	50.8	57.2	76.2
250	38.1	38.1	41.3	47.6	50.8	57.2	66.7	88.9
300	41.3	41.3	44.4	50.8	54.0	60.3	73.0	95.2
350	44.4	44.4	—	—	—	63.5	79.4	—
400	47.6	47.6	—	—	—	—	—	—

4.9.3 阀杆与阀杆螺母接触面应是梯形螺纹，梯形螺纹按 GB/T 5796.1～GB/T 5796.4 的规定，或按订货合同的要求。阀杆与阀杆螺母的旋合长度不得小于阀杆梯形螺纹直径的 1.4 倍。

4.9.4 除非阀瓣或其他零件上有与阀盖密封的上密封结构，阀杆应当有一个圆锥形或球面形的上密封面，当阀门全开时与阀盖的上密封座吻合。

4.9.5 阀杆的设计应当保证阀门关闭时，阀瓣与阀座能保持同轴，启闭运动无卡阻现象。

4.9.6 阀杆、阀杆螺母应有足够的强度，保证能按阀门在最高允许工作压力下安全工作。

4.9.7 无论哪种驱动方式，都应保证在将手轮或驱动装置拆卸后，阀杆仍然保持原有位置。

4.9.8 阀杆螺纹的旋向应当保证阀门手轮逆时方向为开；若采用转动阀杆螺母（阀杆不转动）启闭阀门，阀杆螺母和支架之间接触表面应当是平的，且是平行的。需要时，应当提供带润滑装置的滚珠轴承或滚柱轴承。

4.10 填料和填料箱

4.10.1 填料在未压紧之前，填料的截面可以是方形、矩形或 V 形的。

4.10.2 除有特殊要求外，填料箱的深度应不少于 5 圈未经压缩的填料的高度。填料箱与填料接触表面粗糙度应当不低于 $Ra3.2\ \mu m$ 以上。

4.10.3 填料箱孔的内径应是阀杆直径加两倍填料的宽度再加 0.8 mm 之和。

4.10.4 填料压盖应当由填料压板和填料压套(接合面为球面)组成，填料压板应当是带有二个安装螺栓的通孔(不开口)法兰，填料压套球面顶端外径应当有一个台肩，以防止压套完全进入填料函中。填料压盖的螺栓可以是下列形式之一：

a) 活节螺栓通过穿孔眼的销固定在阀盖上，销有防止脱落的措施；

b) 螺柱穿过阀盖颈部法兰的通孔，并用两个螺母固定在法兰上(在法兰的两侧都有螺母)。

4.10.5 当订货合同有要求时，才提供填料隔环。为了拆卸方便，在填料隔环每一端面上应有二个彼此错开 180°的通孔或是 GB/T 196 规定的 M3 螺纹孔，以便使用夹具安装或拆卸；并在填料箱对应填料隔环中部处钻孔，攻锥管螺纹并配螺塞，锥管螺纹的公称尺寸应该不小于 DN8，填料箱外锥管螺纹处应有凸台，凸台按 GB/T 12224 的规定。如果使用隔环，填料箱的深度应不小于隔环厚度加 6 圈未经压缩的填料高度。

4.11 手轮和操作

4.11.1 除在订货合同中有规定外，截止阀和截止止回阀采用逆时方向为开的手轮直接操作。

4.11.2 操作截止阀用的手轮应当具有不多于 6 根轮幅的“轮幅和轮缘”型；除订货合同另有要求外，手轮应当是碳素钢铸件或锻件、可锻铸铁、球墨铸铁件的一体式结构，或是几种成型形状碳素钢材料的拼制手轮。拼制手轮应当与一体式结构的强度和刚度相当。

4.11.3 除非手轮尺寸太小，在手轮上应当有“开”字及允许转动的方向标记。

4.11.4 手轮安装在阀杆上，由锁紧螺母固定。

4.11.5 若采用链轮、齿轮传动或电力等驱动装置操作，买方应当在订货合同中提供有关条件，如：链轮的操作尺寸，齿轮传动箱上手轮的安装方向，电动、液动、气动或其他驱动装置的形式，截止阀的最大工作压差和温度，输入电源的条件等。

4.11.6 截止阀与驱动装置连接法兰尺寸应当符合 GB/T 12222 的规定。

4.12 旁通装置和放泄装置

4.12.1 订货合同中有要求时，才提供旁通装置和放泄装置。

4.12.2 旁通装置接管的公称尺寸按表 7 的规定。

表 7 旁通装置接管的公称尺寸

截止阀的公称尺寸 DN	旁通装置接管公称尺寸 DN
50～100	15
125～200	20
250～300	25
350～400	40

4.13 静压寿命

4.13.1 金属—金属密封的截止阀按 JB/T 8859 的规定进行静压寿命试验，静压寿命次数要求见表 8。

表 8 截止阀的静压寿命次数

公称尺寸 DN	静压寿命次数/ 次
≤100	≥3 000
125～200	≥2 500
250～400	≥1 500

4.13.2 弹性密封副的截止阀应当能承受干燥空气、在额定压差或最大允许工作压差条件下，经 2 000

次启闭循环操作，弹性密封圈试验结果应当没有损坏和明显的变形等现象，液体密封和气体密封的试验结果应当符合 JB/T 9092 的要求。

4.14 无损检测

4.14.1 焊接连接端的焊接部位

4.14.1.1 所有焊接连接端的阀门，焊接端部位须进行渗透探伤检测，检查结果应当是无有害缺陷。

4.14.1.2 当有下列连接条件的焊接端，应当按 JB/T 6440 的要求进行射线探伤检查，其检查结果应当符合 JB/T 6440 标准的规定或订货合同的要求。

a) 外径大于 273 mm、且壁厚大于 19 mm 的碳素钢材料连接管道，外径大于 410 mm、且壁厚大于 19 mm 的合金钢材料管道；

b) 除上述 a)外，壁厚大于 29 mm 的碳素钢材料管道，壁厚大于 41 mm 的合金钢材料管道。

4.14.1.3 按 GB/T 12224 规定的特殊压力级的阀门，应当按 JB/T 6440 的要求进行射线探伤检查，其检查结果应当符合 JB/T 6440 的规定或订货合同的要求。

4.14.2 阀体和阀盖的承压部位

公称压力大于等于 PN250 合金钢材料的铸造阀门和按 GB/T 12224 规定的特殊压力级的铸造阀门，每设计一种新模型时，前 5 台的阀体和阀盖应当逐个按 GB/T 12224 的要求对有关部位进行射线探伤检查，其检查结果应当符合 JB/T 6440 标准的规定或订货合同的要求；以后每 5 个应至少抽取 1 台进行检查，若不足 5 台时，也要抽取 1 台，按 GB/T 12224 的要求对有关部位进行射线探伤检查，其检查结果应当符合 JB/T 6440 的规定或订货合同的要求；如果检查结果不合格时，其余 4 台须进行再检查，其检查结果应当符合 JB/T 6440 的规定或订货合同的要求。

4.15 压力试验

4.15.1 阀门的壳体试验、密封试验、上密封试验应符合 JB/T 9092 的规定。

4.15.2 带有电动、气动、液动等驱动装置的阀门，在进行密封试验和上密封试验时，应当使用其所配置的驱动装置启闭操作阀门进行密封试验检查。

4.15.3 壳体试验时，在试验压力的最短持续时间后，在阀门的各个部位不得有可见渗漏，填料能予紧保持试验压力。

4.15.4 密封试验时，在试验压力的最短持续时间后，通过阀座密封面泄漏的最大允许泄漏率应符合 JB/T 9092 的规定；镶阀座圈的背面也应无可见泄漏。

4.15.5 上密封试验时，在试验压力最短持续时间后，应无可见泄漏。

5 材料

5.1 阀体和阀盖

5.1.1 如订货合同中无特殊要求，阀门壳体的金属材料应符合 GB/T 12224 的要求。

5.1.2 阀门有抗硫要求时，阀门的承压壳体等应对硫化物应力腐蚀开裂敏感的材料通过热处理的方法，使其抗硫性能得到有利的改善。材料的热处理方法应按有关标准或工艺的规定。分体式阀座，其本体材料的抗腐蚀性能应当不低于阀体材料，根据要求在密封面上应当堆焊其他合金材料。供货方应提供材料的化学成分、力学性能、热处理报告等质量文件。

5.1.3 焊接端连接的阀门的阀体其碳含量还应符合下列要求：

a) 碳素钢或碳锰钢的最大含碳量为 0.25%；

b) Cr5Mo 合金钢的最大含碳量为 0.15%。

5.2 阀座

阀座本体采用抗腐蚀性能不低于阀体性能的材料，根据要求在密封面应当堆焊其他合金材料。

5.3 阀瓣

阀瓣本体采用抗腐蚀性能不低于阀体性能的材料，根据要求在密封面应当堆焊其他合金材料。弹性密封结构用的密封圈材料至少应当满足使用工况条件的要求，固定用的螺栓或螺母应当采用奥氏体不锈钢材料。

5.4 阀座密封面堆焊面

阀座密封面堆焊面应当用有抗腐蚀性能的不锈钢或硬质合金材料，可按表 9 选用。

表 9 密封面堆焊材料

材料类型	密封面的硬度 HB	备注
铬不锈钢(Cr13 系列)	最小 HB 250[a]	—
铬-镍不锈钢(304、CF3、Cr18-Ni8、Cr25-Ni20 等)	由制造厂规定	—
硬质合金(CoCrW)	最小 HB 350[b]	—
蒙乃尔合金(Cu-Ni)	HB 175[c]	—
13Cr	HB 300[c]	硬化
硬 13Cr	HB 750[c]	硬化

a 阀座密封面和阀瓣密封面的最小硬度是 HB 250，两者最小硬度差为 HB 50。

b 阀座密封面和阀瓣密封面间不要求硬度差。

c 阀座密封面和阀瓣密封面的硬度区分由制造厂规定。

5.5 阀杆

阀杆应采用抗腐蚀性能不低于壳体材料的不锈钢材料，可按表 10 选用，并按要求进行热处理。

表 10 阀杆材料

材料类型	典型牌号	热处理要求和硬度
铬不锈钢	1Cr13、2Cr13 等	调质处理，HB 200～HB 275
铬-镍不锈钢	304、Cr18-Ni9、Cr25-Ni20 等	固溶化处理，没有硬度要求
铬-镍-钼不锈钢	316、1Cr18Ni12Mo2Ti 等	固溶化处理，没有硬度要求
铬-钼合金钢	25Cr2Mo1VAl 等	调质处理，硬度由制造厂确定，表面还须经防腐处理
蒙乃尔合金	Ni-Cu 合金	没有硬度要求

5.6 阀体与阀盖连接螺栓

5.6.1 使用温度在－29℃～425℃的阀门，阀体与阀盖连接螺柱材料应采用铬钼合金钢，螺母材料应采用优质碳素钢。螺柱性能应符合相关标准或规范的要求。其他温度范围用的连接螺柱材料按订货合同的要求。

5.6.2 当有耐腐蚀要求时，螺柱及螺母材料应当采用铬镍钼不锈钢，并应进行相应的热处理。

5.6.3 当有抗硫要求时，阀体与阀盖连接螺柱应对硫化物应力腐蚀开裂敏感的材料通过热处理的方法，使其抗硫性能得到有利的改善，材料的热处理方法应按有关标准或工艺的规定。

5.7 填料压盖与阀盖连接螺栓

填料压盖与阀盖连接的螺栓应采用经热处理后抗拉强度不低于 415 MPa 的材料。

5.8 填料隔环和上密封座

填料隔环和上密封座应当用抗腐蚀性能不低于阀体的材料，填料隔环在热处理后的硬度由制造厂决定。用铬不锈钢或堆焊硬质合金材料的上密封座，在热处理后的硬度应当不低于 HB 250。

5.9 分体式阀盖的支架

分体式阀盖的支架采用碳素钢或与阀盖材料相同。

5.10 螺塞

螺塞用与阀体材料抗腐蚀性能相同的材料。

5.11 阀体与阀盖连接垫片

阀体与阀盖连接垫片应选用抗腐蚀性能不低于阀体材料的垫片，可按表11选用。

表11 阀体阀盖连接用垫片

垫片类型	使用压力/MPa	使用温度/℃
非金属平垫片(非石棉垫片)	≤25	≤425
金属包覆垫片	≤25	≤425
柔性石墨复合增强垫	≤25	≤425
柔性石棉金属缠绕垫	≤260	≤550
柔性石棉波齿复合垫片	≤260	≤550
金属环形垫(八角垫、椭圆垫)	≤420	≤550

5.12 填料压套和填料压板

填料压套应当采用铬不锈钢或铬镍不锈钢，填料压板应当用碳钢或不锈钢材料。

5.13 填料

填料应用适用温度为－29℃～538℃、适用介质为蒸汽和石油制品介质、含有金属缓蚀剂的柔性石墨及柔性石墨编织填料。

5.14 阀杆螺母

阀杆螺母应当采用具有足够承载能力、熔点在955℃以上的含镍铸铁或铜合金材料。

5.15 旁路管道和阀门

旁路管道和阀门至少应当采用与阀体材料抗腐蚀性能相同的材料。

5.16 手轮

手轮应当采用碳素钢铸件、碳素钢锻件、球墨铸铁或可锻铸铁。

5.17 手轮的锁紧螺母

手轮的锁紧螺母可采用碳钢、不锈钢、可锻铸铁或球墨铸铁材料。采用碳钢材料时，应当对表面采取防腐处理措施。

6 试验方法和检验规则

6.1 总则

如果在订货合同中没有规定其他附加检验要求，买方的检验内容限于：

a) 使用非破坏检验方法，在装配过程中对阀门进行检验；

b) 审查"加工记录"、"热处理记录"等；

c) 按本标准4.14的要求，审查"无损检测记录"，或按订货合同要求；

d) 压力试验。

6.2 试验方法

6.2.1 压力试验

阀门的压力试验按JB/T 9092的规定。

6.2.2 阀体壁厚测量

用测厚仪或专用卡尺量具测量阀体流道、中腔和阀盖部位的壁厚。

6.2.3 阀杆直径测量

用游标卡尺测量阀杆与填料接触区域的阀杆直径及阀杆梯形螺纹的外径。

6.2.4 密封面硬度测量

用硬度计在阀瓣密封面上的中心区域，测量三点取平均值。

6.2.5 阀杆硬度测量

用硬度计在阀杆光杆部位测量，测量三点取平均值。

6.2.6 材料成分分析

在阀体、阀盖和阀瓣的本体材料上取样，钻屑取样应在表面 6.5 mm 之下处。

6.2.7 阀体材质力学性能

用阀体同炉号、同批热处理的试棒按 GB/T 228 规定的方法进行。

6.2.8 静压寿命试验

6.2.8.1 金属密封副的截止阀按 JB/T 8859 的要求进行寿命试验。

6.2.8.2 弹性密封副的截止阀应采用干燥空气、在额定压差或最大允许工作压差下，按 JB/T 8859 的方法进行寿命试验。

6.2.9 阀体标志检查

目测阀体表面铸造或打印标记内容。

6.2.10 铭牌内容检查

目测阀门铭牌上打印标记内容。

6.2.11 无损检测

按本标准 4.14 的规定，对相关部位进行检查。

6.3 检验规则

6.3.1 阀门须逐台进行出厂检验和试验，检验合格后方可出厂。

6.3.2 检验项目、技术要求和检验方法按表 12 的规定。

表 12 检验项目、技术要求和检验方法

序号	检验项目	检验类别		技术要求	检验和试验方法
		出厂检验	型式检验		
1	壳体试验	√	√	符合本标准 4.15	按 JB/T 9092 标准的要求
2	上密封试验	√	√	符合本标准 4.15	按 JB/T 9092 标准的要求
3	密封试验	√	√	符合本标准 4.15	按 JB/T 9092 标准的要求
4	阀体壁厚测量	—	√	符合本标准 4.4.4	按本标准 6.2.2
5	阀杆直径测量	—	√	符合本标准 4.9.2	按本标准 6.2.3
6	阀杆硬度测量	—	√	符合本标准 5.5	按本标准 6.2.5
7	密封面硬度测量	—	√	符合本标准 5.4	按本标准 6.2.4
8	材质成分分析	—	√	符合相关材料标准的要求	按本标准 6.2.6
9	阀体材质力学性能[a]	—	√	符合有关材料标准的要求	按本标准 6.2.7
10	静压寿命试验	—	√	符合本标准 4.13	按本标准 6.2.8
11	阀体标志检查	√	√	符合本标准 7.2	按本标准 6.2.9
12	铭牌内容检查	√	√	符合本标准 7.3	按本标准 6.2.10
13	无损检测[b]	√	√	符合本标准 4.14	按本标准 6.2.11

a 阀体材质力学性能应当用与阀体同炉号、同批热处理的试棒进行检查。

b 当符合本标准 4.15 规定时，该项目在零件进货检验、加工过程阶段适时进行检查。

6.3.3 型式检验

6.3.3.1 有下列情况之一时，一般要进行型式检验：

a) 新产品试制定型鉴定；

b) 正式生产时，定期或积累一定产量后应当周期性进行一次检验；

c) 正式生产后，如结构、材料、工艺有较大改变可能影响产品性能时；

d) 产品长期停产后恢复生产时；

e) 国家产品质量监督检验部门提出型式试验要求时。

6.3.3.2 型式试验采取抽样的方式。

6.3.4 抽样方法

6.3.4.1 抽样可以在生产线的终端经检验合格的产品中随机抽取，也可以在产品成品库中随机抽取，或者从已供给用户但未使用并保持出厂状态的产品中随机抽取。每一规格供抽样的最少基数和抽样数按表13的规定。到用户抽样时，供抽样的最少基数不受限制，抽样数仍按表13的规定。对整个系列产品进行质量考核时，根据该系列范围大小情况从中抽取2～3个典型规格进行检验。

表 13 抽样的最少基数和抽样数

公称尺寸 DN	最少基数/台	抽样数/台
≤150	10	2
≥200	3	1

6.3.4.2 静压寿命试验在已抽的产品中任选一台进行试验。

6.3.4.3 型式检验的全部检验项目都应当符合表12中技术要求的规定。

7 标志

7.1 标志的内容

阀门应当按GB/T 12220的规定进行标记，并应符合本标准7.2和7.3的规定。

7.2 阀体和阀盖上的标志

7.2.1 在阀体上须注有下列的永久标记：

——制造厂名或商标标志；

——阀体材料或代号；

——公称压力或压力等级；

——公称尺寸或管道名义直径数；

——介质流向标记；

——熔炼炉号或锻打批号；

——产品的生产系列编号。

7.2.2 在阀盖上须注有下列的永久标记：

——阀体材料；

——公称压力；

——公称尺寸；

——熔炼炉号或锻打批号。

7.3 铭牌上的标志

在铭牌上应当有如下所列的内容：

——制造厂名；

——公称压力或压力等级；

——公称尺寸或管道名义直径数；
——产品型号；
——38℃时的最大允许工作压力；
——最高允许工作温度对应的最大允许工作压力；
——材料(阀体、阀杆、密封副等)；
——依据产品标准号。

8 包装和贮运

8.1 除奥氏体不锈钢和高合金耐腐蚀不锈钢的阀门外，其他材料的阀门的表面按 JB/T 106 的规定或按用户要求的颜色涂漆；流道表面、螺纹连接端的螺纹应当涂以容易去除的防锈油脂。

8.2 应当用木质材料、木质合成材料、塑料或金属材料的封盖，对阀门的连接管道的端口进行保护，封盖的形状应当该是带凸耳边的。

8.3 在运输期间，阀门应当处于关闭状态，应当装在包装箱内。

附 录 A
（资料性附录）
石油、石化及相关工业用钢制截止阀和升降式止回阀订货合同数据表

工作条件

阀门要求的标准：GB/T 12235—2007 石油、石化及相关工业用钢制截止阀和升降式止回阀

阀门安装的位置和要求功能：

阀门的公称尺寸：　　阀门的压力等级：

最高工作压力：　　最大压差：

最高工作温度：　　最低工作温度：

使用介质及组分：

阀门结构形式

阀门的类型：截止阀　　升降式止回阀　　截止止回阀

结构形式：直通式　　阶梯式　　角式　　Y 型

介质流动方向：压力从阀瓣下端进入　　压力从阀瓣上端进入

结构长度和端部连接

结构长度的要求：

进口管：外径(OD)　　内径(ID)　　材质

连接方式：法兰或焊接

法兰的要求：平面、凹面、榫槽或环接

焊接端形状和技术要求：

阀门零件的材料

阀体：　　阀盖：　　阀瓣：　　密封面：　　阀杆：

填料：　　螺柱：　　阀体阀盖连接垫片：

其他：

阀门的操作要求

需要的操作机构(电动、液动、气动、齿轮传动等)：

尺寸限制或其他的说明：

需要锁紧装置：　　何种型式：

其他要求

承压元件是否需抗硫处理：

放泄装置、旁通装置的要求：

需要的涂漆和涂层：

要求提供的文件：

其他要求说明：

ICS 23.060.10
J 16

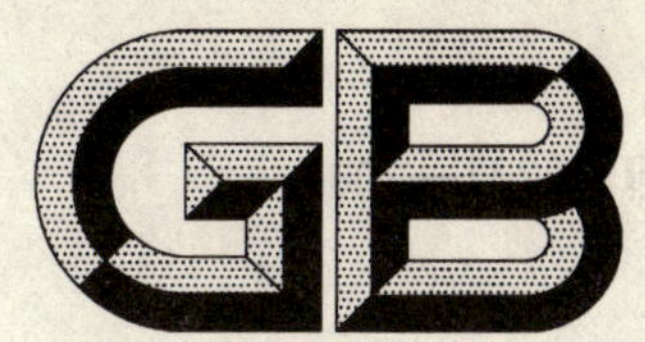

中华人民共和国国家标准

GB/T 12237—2007
代替 GB/T 12237—1989

石油、石化及相关工业用的钢制球阀

Steel ball valves for petroleum, petrochemical and allied industries

(ISO 17292:2004 Metal ball valves for petroleum, petrochemical and allied industries Petroleum/API 608—2002 Metal ball valves-flanged, threaded, and welding ends, NEQ)

2007-04-18 发布 2007-11-01 实施

中华人民共和国国家质量监督检验检疫总局
中国国家标准化管理委员会 发布

前言

本标准对应 ISO 17292:2004《石油、石化及相关工业用的金属球阀》和 API608—2002《法兰端、螺纹端和焊接端金属球阀》,采标一致性程度为非等效。与 ISO 17292:2004/API608—2002 相比,主要技术内容和标准文本结构存在很大差异。

本标准是对 GB/T 12237—1989《通用阀门　法兰和对焊连接钢制球阀》的修订。与 GB/T 12237—1989相比主要修改内容如下:

——修改了标准名称;

——扩大了适用范围;

——增加了聚四氟乙烯材料阀座的温度-压力额定值,对球阀使用非金属材料阀座密封件的温度-压力额定值作了限制说明;

——增加了 DN8～DN50 承插焊连接端孔径和孔深的要求,增加了承插焊连接端和螺纹连接端端部壁厚的要求;

——增加阀体阀座最小直径的要求;

——增加了阀体间连接螺栓尺寸和性能的技术要求;

——修改了材料的要求;

——增加了阀体与阀盖连接螺栓、阀杆材料硬度的要求;

——修改了试验方法和检验要求,增加了型式试验内容;

——修改了标志内容的要求;

——修改了对供货的要求;

——增加了附录 A 订货合同数据表。

本标准从实施之日起代替 GB/T 12237—1989。

本标准的附录 A 为资料性附录。

本标准由中国机械工业联合会提出。

本标准由全国阀门标准化技术委员会(SAC/TC 188)归口。

本标准起草单位:合肥通用机械研究院、上海耐莱斯·詹姆斯伯雷阀门有限公司、苏州纽威阀门有限公司、浙江慎江阀门有限公司。

本标准主要起草人:王晓钧、邬佑清、高开科、叶旭强。

本标准所代替标准的历次版本情况为:

——GB/T 12237—1989。

石油、石化及相关工业用的钢制球阀

1 范围

本标准规定了石油、石化及相关工业用的钢制球阀的结构型式、技术要求、材料、试验方法和检验规则、标志、包装和储运。

本标准适用于公称压力 PN16～PN100、公称尺寸 DN15～DN500，端部连接形式为法兰和焊接的钢制球阀；适用于公称压力 PN16～PN140、公称尺寸 DN8～DN50，端部连接形式为螺纹和焊接的钢制球阀。

2 规范性引用文件

下列文件中的条款通过本标准的引用而成为本标准的条款。凡是注日期的引用文件，其随后所有的修改单（不包括勘误的内容）或修订版均不适用于本标准，然而，鼓励根据本标准达成协议的各方研究是否可使用这些文件的最新版本。凡是不注日期的引用文件，其最新版本适用于本标准。

GB 150　钢制压力容器

GB/T 152.4　紧固件　六角头螺栓和六角螺母用沉孔

GB/T 196　普通螺纹　基本尺寸（GB/T 196—2003，ISO 724:1993，MOD）

GB/T 197　普通螺纹　公差（GB/T 197—2003，ISO 965-1:1998，MOD）

GB/T 228　金属材料　室温拉伸试验方法（GB/T 228—2002，eqv ISO 6892:1998）

GB/T 7306.2　55°密封管螺纹　第 2 部分：圆锥内螺纹与圆锥外螺纹（GB/T 7306.2—2000，eqv ISO 7-1:1994）

GB/T 9113（所有部分）　整体钢制管法兰

GB/T 9124　钢制管法兰　技术条件

GB/T 12220　通用阀门　标志（GB/T 12220—1989，idt ISO 5209:1977）

GB/T 12221　金属阀门　结构长度（GB/T 12221—2005，ISO 5752:1982，MOD）

GB/T 12223　部分回转阀门驱动装置的连接（GB/T 12223—2005，ISO 5211:1991，MOD）

GB/T 12224　钢制阀门　一般要求（GB/T 12224—2005，ASTM B16.34a:1998，NEQ）

GB/T 12228　通用阀门　碳素钢锻件技术条件

GB/T 12229　通用阀门　碳素钢铸件技术条件

GB/T 12230　通用阀门　不锈钢铸件技术条件

JB/T 106　阀门的标志和涂漆

JB/T 6440　阀门受压铸钢件　射线照相检验

JB/T 9092　阀门的检验与试验

3 术语和定义

下列术语和定义适用于本标准。

3.1

防静电结构　anti-static design

保证阀体、球体和阀杆之间能导电的结构。

3.2

耐火结构　fire type design

一种在软密封被烧坏时仍能保持一定要求密封性能的结构。

4 结构型式

4.1 浮动球球阀(一片式)的典型结构如图 1 所示。

4.2 浮动球球阀(两片式)的典型结构如图 2 所示。

4.3 固定球球阀的典型结构如图 3 所示。

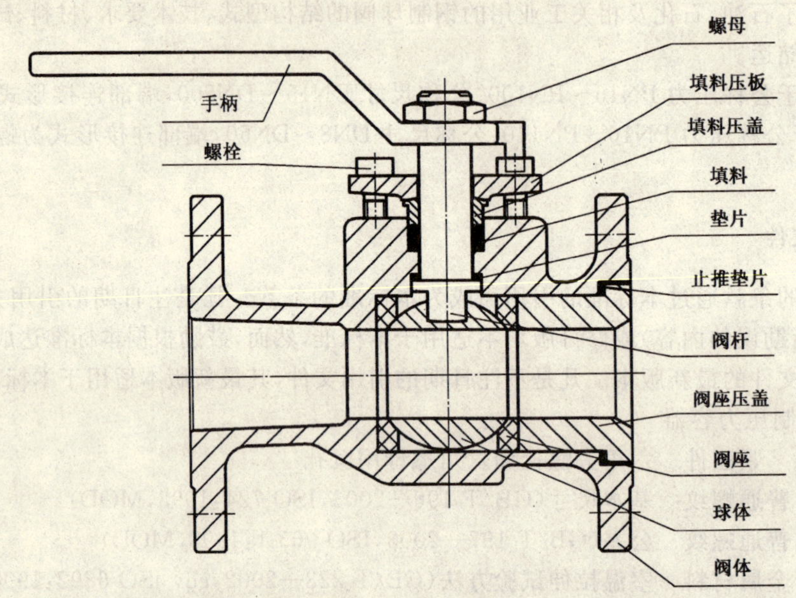

图 1 浮动球球阀(一片式)典型结构示意图

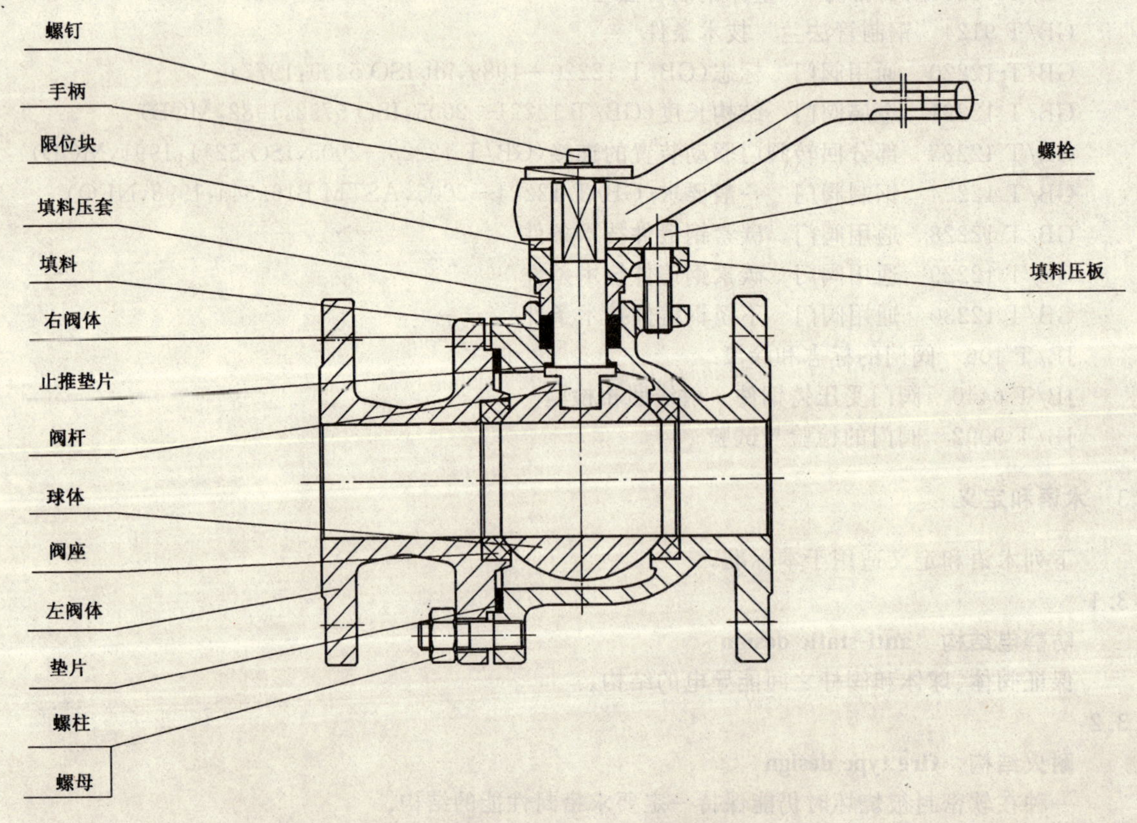

图 2 浮动球球阀(二片式)典型结构示意图

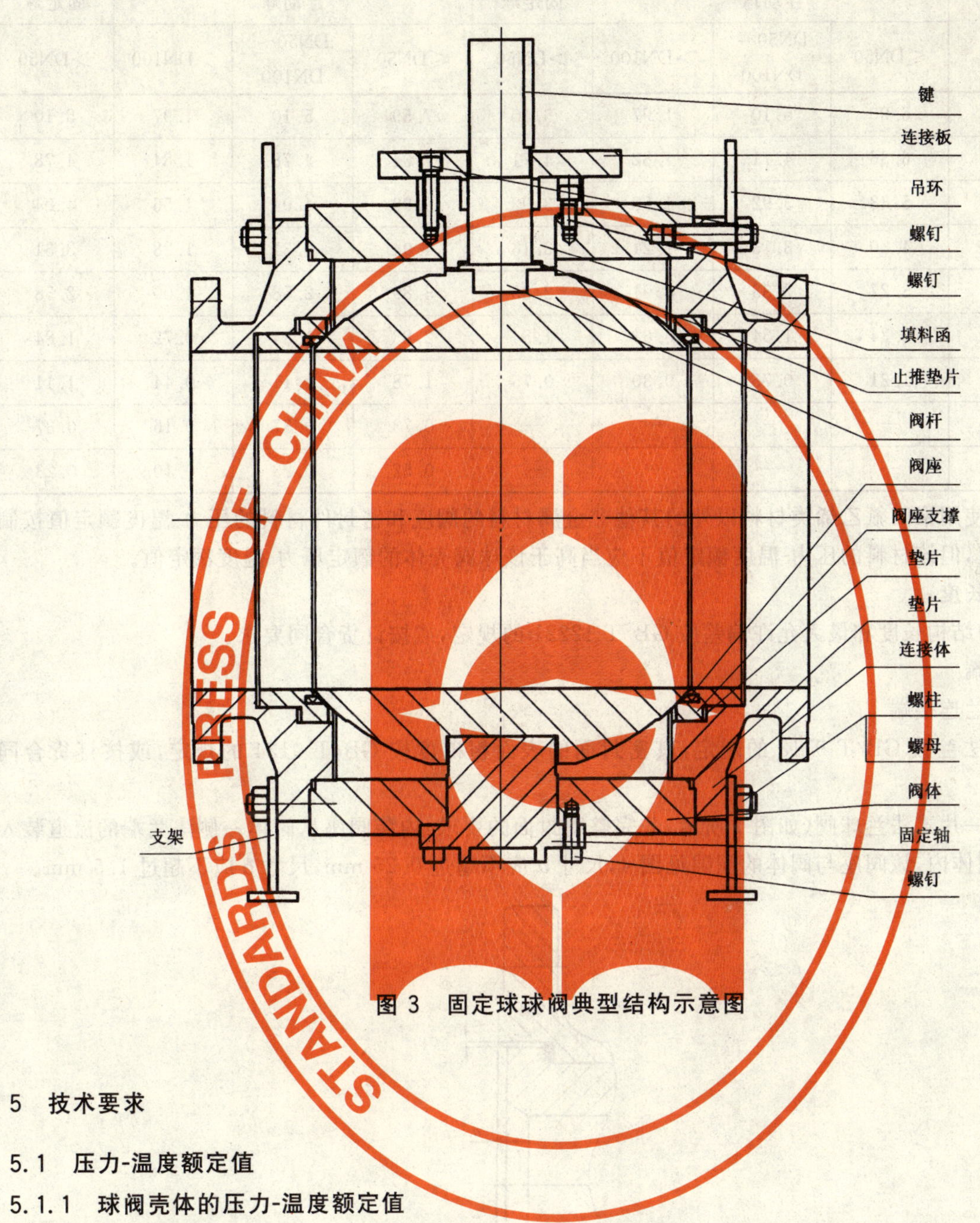

图 3　固定球球阀典型结构示意图

5　技术要求

5.1　压力-温度额定值

5.1.1　球阀壳体的压力-温度额定值

球阀壳体的额定压力-温度额定值按 GB/T 12224 的规定。

5.1.2　球阀阀座和密封件的压力-温度额定值

5.1.2.1　因受球阀的阀座和密封件等非金属材料使用压力温度额定值的限制，球阀允许使用的压力-温度额定值会被限制，应按所用阀座和密封件等非金属材料的压力-温度额定值，在铭牌上予以明示规定，应不高于该球阀壳体的额定压力-温度额定值。

5.1.2.2　球阀阀座和密封件材料使用聚四氟乙烯或增强聚四氟乙烯时，球阀阀座和密封件材料的最大允许工作压力-温度额定值按表 1 的规定。

表 1 聚四氟乙烯类阀座的最大压力-温度额定值

单位为兆帕

阀座使用温度/℃	聚四氟乙烯座				增强聚四氟乙烯座			
	浮动球			固定球	浮动球			固定球
	≤DN50	DN50～DN100	>DN100	>DN50	≤DN50	DN50～DN100	>DN100	>DN50
−29～38	6.90	5.10	1.97	5.10	7.59	5.10	1.97	5.10
50	6.36	4.71	1.82	4.71	7.04	4.78	1.84	4.78
75	5.33	3.92	1.52	3.92	5.99	4.04	1.56	4.04
100	4.30	3.13	1.21	3.13	4.94	3.31	1.28	3.31
125	3.27	2.33	0.91	2.33	3.89	2.58	1.00	2.58
150	2.24	1.54	0.61	1.54	2.83	1.84	0.72	1.84
175	1.21	0.75	0.30	0.75	1.78	1.11	0.44	1.11
200	—	—	—	—	0.73	0.37	0.16	0.37
205	—	—	—	—	0.52	0.23	0.10	0.23

5.1.2.3 使用聚四氟乙烯类材料以外的其他非金属材料的阀座和密封件材料的压力-温度额定值按制造厂的规定，但该材料的压力-温度额定值不应当高于该球阀壳体的额定压力-温度额定值。

5.2 结构长度

球阀的结构长度和最大允许偏差按 GB/T 12221 的规定，或按订货合同要求。

5.3 连接端

5.3.1 法兰连接端

5.3.1.1 法兰按 GB/T 9113 的规定，其密封面的表面粗糙度按 GB/T 9124 的规定，或按订货合同要求。

5.3.1.2 一片式法兰球阀(如图 1 所示)非完整密封面的要求：内装阀座从阀体一侧法兰端的流道装入并固定在阀体内，该阀座与阀体的间隙见图 4，尺寸 a 应不超过 0.25 mm，尺寸 b 应不超过 1.5 mm。

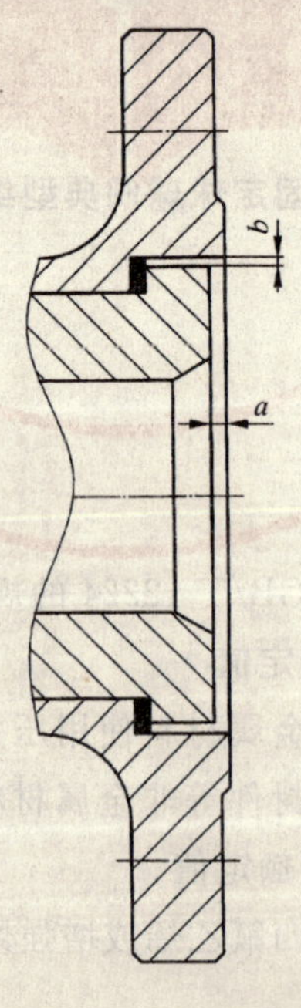

图 4 浮动球球阀一片式阀体的法兰端面

5.3.2 对接焊连接端按 GB/T 12224 的规定,或按订货合同要求。

5.3.3 承插焊连接端,承插焊孔的直径和深度按表 2 的规定,承插焊孔的最小壁厚按表 3 的规定;承插焊孔应与阀体通道同轴,其端面应与承插焊孔轴垂直。订货合同另有要求时按订货合同要求。

表 2 承插焊孔的直径和深度

单位为毫米

公称尺寸 DN	8	10	15	20	25	32	40	50
承插焊孔的直径	14.1	17.5	21.7	27.0	33.8	42.5	48.6	61.1
承插焊孔的最小长度	9.5	9.5	10	13	13	13	13	16
注:承插焊孔的直径的允许偏差为 $^{+0.50}_{0}$ 。								

5.3.4 螺纹连接端,螺纹按 GB/T 7306.2 的规定,螺纹端的最小壁厚按表 3 的规定;螺纹孔应与阀体通道同轴,在端部应当有一个近似 45°及螺纹齿高度一半的倒角。订货合同另有要求时按订货合同要求。

表 3 螺纹端、承插焊孔的最小壁厚

公称压力 PN	公称尺寸 DN							
	8	10	15	20	25	32	40	50
	最小壁厚/mm							
16～50	3.0	3.0	3.3	3.6	3.8	3.8	4.1	4.6
63～100	3.3	3.6	4.1	4.3	5.1	5.3	5.6	6.1
140	3.3	3.6	4.1	4.3	5.1	5.3	5.8	6.9

5.4 球阀的流道

缩径和不缩径的阀体流道都应该是圆形的,其最小直径按表 4 的规定。

表 4 阀体流道最小直径

公称尺寸 DN	球阀流道类型			
	通径		标准缩径	缩径
	PN16～PN50	PN63～PN100	PN16～PN140	PN16～PN140
	阀体通道最小直径/mm			
8	6	6	6	不适用
10	9	9	6	不适用
15	11	11	8	不适用
20	17	17	11	不适用
25	24	24	17	14
32	30	30	23	18
40	37	37	27	23
50	49	49	36	30
65	62	62	49	41

表 4(续)

公称尺寸 DN	球阀流道类型			
	通径		标准缩径	缩径
	PN16～PN50	PN63～PN100	PN16～PN140	PN16～PN140
	阀体通道最小直径/mm			
80	75	75	55	49
100	98	98	74	62
125	123	123	88	—
150	148	148	98	74
200	198	194	144	100
250	245	241	186	151
300	295	291	227	202
350	325	318	266	230
400	375	365	305	250
450	430	421	335	305
500	475	453	375	335

5.5 阀体

5.5.1 阀体应当是铸造或锻造成型的,阀体材料应当符合 GB/T 12228、GB/T 12229、GB/T 12230 的规定。

5.5.2 若阀体端法兰和与阀盖连接的阀体中法兰需要采用焊接时,该法兰应当采用对接焊形式的锻造材料的法兰,该法兰与阀体的焊接应当按 GB 150 的规定,并应按材料的特性进行相应的热处理。

5.5.3 除对接焊的焊接坡口区域外,阀体的最小壁厚按 GB/T 12224 的规定;焊接连接端阀体,在距焊接端 1.33 倍的最小壁厚距离内的壁厚不得小于最小壁厚的 0.77 倍,应当考虑从靠阀体中部外表面沿阀体通道方向予以适当的增厚加强。

5.5.4 采用上游端密封的固定球球阀,应当在阀体中腔处开设一个 DN15 的带堵头螺纹试验孔,螺纹按 GB/T 7306.2 的规定。

5.5.5 一片式法兰球阀的内装阀座的螺纹,在 38℃时球阀最大允许工作压力时,螺纹的剪切应力应不超过 70 MPa。

5.6 壳体的连接

5.6.1 阀体与左阀体的连接可以采用螺柱螺母连接或螺纹连接。阀体与左阀体的连接应考虑能承受管道的拉伸载荷和弯曲载荷。

5.6.2 阀体与左阀体采用螺柱连接形式的,应当采用螺柱配螺母或螺栓,螺母应采用粗制六角厚螺母。当螺栓小于等于 M27 时,可以用粗牙螺纹,当螺栓大于 M27 时,应采用牙距不超过 3 mm 的螺纹。螺纹尺寸和公差按 GB/T 196 和 GB/T 197 的规定。

5.6.3 阀体与连接螺栓螺母的头部支撑连接平面与法兰面应当平行,应当垂直于螺栓的中心轴线;阀体的连接法兰其背面应加工或按 GB/T 152.4 的规定锪平。

5.6.4 阀体与左阀体的垫片应该采用合适的结构。装配时,严禁采用重油脂或密封剂,允许使用黏度不超过煤油的轻质润滑油。

5.6.5 阀体与左阀体螺栓连接形式的螺柱的数量不得少于 4 个,其最小直径按表 5 的规定。

表 5 阀体与阀盖连接的双头螺柱最小直径

公称尺寸 DN	最小螺柱直径
25～65	M10
80～200	M12
≥250	M16

5.6.6 阀体与左阀体、阀体与阀盖连接螺柱或螺纹，其最小截面积应符合式(1)～式(4)要求：

a) 阀体与左阀体用螺柱螺母连接形式的螺柱

$$60 \times P_c \times \frac{A_g}{A_b} \leqslant 50.76 \times S_b \leqslant 7\,000 \quad \cdots\cdots(1)$$

b) 阀体与左阀体用螺纹连接形式的螺纹

$$60 \times P_c \times \frac{A_g}{A_b} \leqslant 3\,300 \quad \cdots\cdots(2)$$

c) 阀体上用螺栓连接阀盖形式的螺栓

$$60 \times P_c \times \frac{A_g}{A_b} \leqslant 65.26 \times S_b \leqslant 9\,000 \quad \cdots\cdots(3)$$

d) 阀体上用螺纹连接阀盖形式的螺纹

$$P_c \times \frac{A_g}{A_b} \leqslant 4\,200 \quad \cdots\cdots(4)$$

式中：

S_b——螺柱材料在 38℃时的许用应力(当大于 138 MPa 时，用 138 MPa)，单位为兆帕(MPa)；

P_c——球阀在 38℃时的最高工作压力值，单位为兆帕(MPa)；

A_g——由垫片或 O 形圈的有效外周边或其密封件的有效周边所限定的面积，垫环连接面情况除外，该限定面积由圆环中径确定，单位为平方毫米(mm^2)；

A_b——螺栓总抗拉应力有效面积，单位为平方毫米(mm^2)。

5.7 填料压盖的螺栓

按照最大允许工作压力压缩填料，压紧填料压盖的栓接件的拉伸应力应当不超过栓接材料的最大抗拉强度的四分之一。

5.8 防静电结构

如订货合同有规定，球阀应设计成防静电的结构。对不大于 DN50 的球阀，应使阀体和阀杆之间能导电；对大于 DN50 的球阀，则要保证球体、阀杆和阀体之间能导电，其结构应满足下列要求：取一台经压力试验并至少开关过 5 次的新的干燥球阀作典型试验，在电源电压不超过 12V 时，阀杆、阀体、球阀的防静电电路应有小于 10Ω 的电阻。

5.9 阀杆防脱结构

球阀阀体与阀杆的配合，应设计成在介质压力作用下，拆开填料压盖、阀杆密封挡圈时，阀杆不会脱出阀体的结构。

5.10 阀杆结构

5.10.1 阀杆若发生破坏，破坏断裂处应在球阀的压力区域外，在介质压力作用下，阀杆不会飞出。

5.10.2 与球体的连接处及在球阀的压力区域内的阀杆，阀杆的抗扭强度应当至少超过在阀体外阀杆扭矩强度的 10%。

5.10.3 阀杆及阀杆与球体的连接处，应有足够的强度，能保证在使用手柄或齿轮箱直接操作时，不产生永久变形或损伤。阀杆应能承受 20N·m 或 2 倍球阀推荐操作扭矩中较大值。

5.10.4 制造商推荐的力矩是：在一个清洁球阀上，用干燥的空气或氮气作介质，在球阀最大工作压差下的操作扭矩。

5.11 球体

5.11.1 球体应为实心球，球体的通道应是圆形的，除非买方许可，可以用空心组合球体。

5.11.2 球阀全开时应保证球体通道与阀体通道在同一轴线上。

5.11.3 阀杆与球体的连接面应能经受最大操作扭矩。

5.12 填料和填料箱

5.12.1 填料在未压紧之前，填料的截面可以是方形、矩形或 V 形的。

5.12.2 填料箱的深度应不少于 5 圈未经压缩的填料的高度。填料箱与填料接触表面粗糙度应当不低于 $Ra3.2\ \mu m$。特殊要求除外。

5.12.3 球阀应采用可调节密封结构，应不拆卸球阀的任何零件就可以调节填料密封力。

5.12.4 填料压盖应由填料压板和填料压套(用球面自动对准)组成，填料压板应是带有两个安装活节螺栓的通孔(不开口)法兰，填料压套球面顶端外径应有一个台阶，以防止压套完全进入填料函中。填料压盖的螺栓应能穿过填料压板的通孔固定在阀盖或阀体颈部的法兰上。

5.13 操作

5.13.1 气动、电动或液动球阀，其驱动装置与阀门的连接尺寸按 GB/T 12223 的规定。

5.13.2 用杠杆扳手操作或齿轮箱操作，扳手长度或手轮直径应按下列要求设计：在制造厂推荐的最大压差下，启闭球阀的力不得大于 360 N。

5.13.3 除齿轮或其他动力操作机构外，球阀应配尺寸合适的扳手操作。扳手的方向应与球体通道平行；球阀应有表示球体通道位置的指示牌或在阀杆顶部刻槽。

5.13.4 用扳手或手轮直接操作的球阀，以顺时针方向为关闭，扳手或手轮上应有表示开关方向的标志；球阀应有全开和全关的限位结构。

5.13.5 扳手或手轮应安装牢固，并在需要时可方便地拆卸和更换；拆卸和更换扳手或手轮时，不会影响球阀的密封或阀杆。

5.14 无损检测

5.14.1 所有焊接连接端的球阀，焊接端部位须进行渗透探伤检测，检查结果应当是无有害缺陷。

5.14.2 当有下列连接条件的焊接端，射线探伤检查应符合 JB/T 6440 的要求和订货合同的要求。

a) 外径大于 273 mm、且壁厚大于 19 mm 的碳素钢材料连接管道，外径大于 410 mm、且壁厚大于 19 mm 的合金钢材料管道；

b) 除上述 a)外，壁厚大于 29 mm 的碳素钢材料管道，壁厚大于 41 mm 的合金钢材料管道。

5.14.3 按 GB/T 12224 规定的特殊压力级的阀门，射线探伤检查应符合 JB/T 6440 的要求和订货合同的要求。

5.15 压力试验

5.15.1 阀门的壳体试验应符合 JB/T 9092 的规定。

5.15.2 带有电动、气动、液动等驱动装置的阀门，密封试验时，应当使用其所配置的驱动装置启闭操作阀门进行密封试验检查。

5.15.3 弹性密封副的球阀，密封试验应符合 JB/T 9092 的规定，且经过高压液体密封试验的阀座不得产生变形、损伤及影响低压气体密封试验。不应出现阀座背面或阀杆密封处的泄漏。

5.15.4 金属-陶瓷密封副的球阀，在试验压力的最短持续时间后，每个阀座密封副的泄漏量应不超过表 6 的规定。不应出现阀座背面或阀杆密封处的泄漏。

表 6 阀座最大允许泄漏量

球阀的公称尺寸 DN	液体试验时，阀座最大允许泄漏量/(mm^3/s)
≤50	6.3
65～150	12.5
200～300	20.8
350～500	29.2

6 材料

6.1 球阀的壳体

6.1.1 如订货合同中无特殊要求，球阀壳体(阀体、左阀体、阀盖、固定球阀的底盖等)的金属材料应符合 GB/T 12224 的要求。

6.1.2 阀门有抗硫要求时，承压件和连接螺栓等应对硫化物应力腐蚀开裂敏感的材料通过热处理的方法，使其抗硫性能得到改善。材料的热处理方法应符合有关标准或工艺的规定。分体式阀座的材料抗腐蚀性能应当不低于阀体材料。供货方应提供材料的化学成分、机械性能、热处理报告等质量文件。

6.1.3 焊接端连接的阀门的阀体其碳含量还应符合：

a) 碳钢或碳锰钢的最大含碳量为 0.25%；

b) Cr5Mo 合金钢的最大含碳量为 0.15%。

6.2 球体和阀座

球体和阀座采用抗腐蚀性能不低于阀体性能的不锈钢材料。

6.3 阀杆

阀杆应采用抗腐蚀性能不低于壳体材料的不锈钢材料，可按表 7 选用，并按要求进行热处理。

表 7 阀杆的材料

材料类型	典型牌号	热处理要求和硬度
铬不锈钢	1Cr13、2Cr13 等	调质处理，HB200～HB275
铬-镍不锈钢	304、1Cr18Ni9 等	固溶化处理，没有硬度要求
铬-镍-钼不锈钢	316、1Cr18Ni12Mo2Ti 等	固溶化处理，没有硬度要求
铬-钼合金钢	25Cr2Mo1VA 等	由制造厂确定
蒙乃尔合金	Ni-Cu 合金	没有硬度要求

6.4 阀体与左阀体、阀体与阀盖的连接螺柱

6.4.1 使用温度在−29℃～205℃的球阀，连接螺柱材料应当采用铬钼合金钢，螺母材料应当采用优质碳素钢；当有耐腐蚀要求时，螺柱及螺母材料应当采用铬镍钼不锈钢。螺柱性能应符合相关标准的要求。其他温度范围内的连接螺柱材料按订货合同的要求。

6.4.2 球阀有抗硫要求时，阀体与左阀体连接螺栓等应对硫化物应力腐蚀开裂敏感的材料通过热处理的方法，使其抗硫性能得到改善。材料的热处理方法应符合有关标准或工艺的规定。

6.5 填料压盖与阀盖连接螺栓

除订货合同有要求，填料压盖与阀盖连接的螺栓和螺母材料均应为优质碳素钢或不锈钢。

6.6 密封材料

阀杆密封、阀体连接处和阀盖垫片等的密封材料应采用抗腐蚀性能不低于壳体的材料，应按球阀最大允许使用温度及相应的压力等级选取材料，并应根据垫片材料确定球阀的使用温度限制。可选用：聚

四氟乙烯或增强四氟乙烯、非金属平垫片(非石棉垫片)、柔性石棉金属缠绕垫、柔性石墨复合增强垫等的一种。

6.7 填料压套和填料压板

填料压套应采用铬不锈钢或铬镍不锈钢,填料压板可采用碳钢或不锈钢材料。

6.8 螺塞

螺塞用与阀体材料抗腐蚀性能相同的材料。

6.9 手柄或手轮

手柄或手轮应用碳素钢铸件、碳素钢锻件、球墨铸铁或可锻铸铁。

7 试验方法和检验规则

7.1 总则

如果在订货合同中没有规定其他附加检验要求,买方的检验内容限于:

a) 使用非破坏检验方法,在装配过程中对阀门进行检验;

b) 审查"加工记录"、"热处理记录"等;

c) 按本标准 4.15 的要求或按订货合同要求,审查"无损检测记录";

d) 压力试验。

7.2 试验方法

7.2.1 壳体试验

球阀的壳体试验按 JB/T 9092 的规定。

7.2.2 密封试验

7.2.2.1 在密封试验前,应将密封面上的油和油脂去除干净。球阀的密封试验按 JB/T 9092 和本标准 7.2.2.2、7.2.2.3 的规定。

7.2.2.2 对双向密封的球阀,每个阀座都必须进行密封试验。

7.2.2.3 对固定球进口端密封结构的球阀,应进行进口端阀座的密封试验,在球阀两个阀座间中腔的泄压螺纹孔处引管插入水中观察;对固定球出口端密封结构的球阀,应进行出口端阀座的密封试验,在球阀的出口端灌水观察。

7.2.3 阀体壁厚测量

用测厚仪或专用卡尺量具测量阀体流道、中腔和阀盖部位的壁厚。

7.2.4 阀杆硬度测量

在阀杆的上下两个端部各测量一点,取平均值。

7.2.5 防静电试验

对带有防静电结构的球阀应按 5.8 的要求进行防静电试验。

7.2.6 耐火试验

对有耐火结构要求的球阀,应按有关防火试验的标准进行耐火试验验证。

7.2.7 材料成分分析

在阀体、球体的本体材料上钻屑取样,取样应当在表面 6.5 mm 之下处。

7.2.8 阀体材质力学性能

用阀体同炉号、同批热处理的试棒按 GB/T 228 规定的方法进行。

7.2.9 阀体标志检查

目测阀体表面铸造或打印标记内容。

7.2.10 铭牌内容检查

目测阀门铭牌上打印标记内容。

7.2.11 无损检测

按本标准5.14的规定，对相关部位进行检查。

7.3 检验规则

7.3.1 检验项目、技术要求和检验方法按表8的规定。

表8 检验项目、技术要求和检验方法

序号	检验项目	检验类别		技术要求	检验和试验方法
		出厂检验	型式检验		
1	壳体试验	√	√	符合本标准5.15.1	按本标准7.2.1
2	密封试验	√	√	符合本标准5.15.2	按本标准7.2.2
3	阀体壁厚测量	—	√	符合本标准5.5.3	按本标准7.2.3
4	阀杆硬度测量	—	√	符合本标准6.3	按本标准7.2.4
5	防静电试验	—	√	符合本标准5.8	按本标准7.2.5
6	耐火试验	—	√	有耐火结构的球阀，按相关标准	按本标准7.2.6
7	材质成分分析	—	√	符合有关材料标准的要求	按本标准7.2.7
8	阀体材质力学性能	—	√[a]	符合有关材料标准的要求	按本标准7.2.8
9	阀体标志检查	√	√	符合本标准8.2	按本标准7.2.9
10	铭牌内容检查	√	√	符合本标准8.3	按本标准7.2.10
11	无损检测	√[b]	√	符合本标准5.14	按本标准7.2.11

a 阀体材质力学性能应当用与阀体同炉号、同批热处理的试棒进行检查。

b 当符合本标准5.14规定时，该项目在零件进货检验、加工过程阶段适时进行检查。

7.3.2 型式检验

7.3.2.1 有下列情况之一时，应进行型式检验：

a) 新产品试制定型鉴定；

b) 正式生产时，定期或积累一定产量后应当周期性进行一次检验；

c) 正式生产后，如结构、材料、工艺有较大改变可能影响产品性能时；

d) 产品长期停产后恢复生产时；

e) 国家产品质量监督检验部门提出型式试验要求时。

7.3.2.2 型式试验采取抽样的方式。

7.3.3 抽样方法

7.3.3.1 抽样可以在生产线的终端经检验合格的产品中随机抽取，也可以在产品库中随机抽取，或者从已供给用户但未使用并保持出厂状态的产品中随机抽取。每一规格供抽样的最少基数和抽样数按表9的规定。到用户抽样时，供抽样的最少基数不受限制，抽样数仍按表9的规定。对整个系列产品进行质量考核时，根据该系列范围大小情况从中抽取2～3个典型规格进行检验。

表9 抽样的最少基数和抽样数

公称尺寸 DN	最少基数/台	抽样数/台
≤150	10	2
≥200	3	1

7.3.3.2 型式检验的全部检验项目都应符合表8中技术要求的规定。

8 标志

8.1 标志的内容

阀门应当按 GB/T 12220 的规定进行标记,并应符合本标准 8.2、8.3 和 8.4 的规定。

8.2 阀体上的标记

在阀体上必须注有下列的永久标记:

——制造厂名称或商标标志;

——阀体材料;

——公称压力或压力等级;

——公称尺寸或管道名义直径数;

——熔炼炉号或锻打批号;

——产品生产系列编号。

8.3 标牌上的标志

在球阀的铭牌上应有如下所列的内容:

——制造厂名称;

——公称压力或压力等级;

——公称尺寸或管道名义直径数;

——在38℃时的最大工作压力;

——极限温度和对应的工作压力;

——极限压力和对应的工作温度(如果有必要);

——材料;

——螺纹端连接的标记 Rc(螺纹连接端的球阀);

——产品执行标准号。

8.4 其他标记

8.4.1 带有防静电结构的球阀应标志“AS”。

8.4.2 带有耐火结构的球阀应标志“FD”。

8.4.3 若球阀设计制造为单向流时,应在阀体上注有允许流向“箭头”的永久标记,或用一个独立的流向“箭头”标牌牢固地钉到阀体的法兰上。

9 防护、包装和贮运

9.1 试验后,应将每台球阀中腔内水排除干净吹干。

9.2 除奥氏体不锈钢球阀外,其他材料的球阀的表面应当按 JB/T 106 标准要求涂漆(不包括阀门的连接端部)。

9.3 除奥氏体不锈钢球阀外,其他材料的球阀的流道表面,包括螺纹应该涂以容易去除的防锈油。

9.4 应用木质材料、木质合成材料、塑料或金属材料封盖,封盖的形状应该是带凸耳边的,对球阀的连接管道的端口进行保护。

9.5 在运输期间,球阀应处于全开状态,球阀是弹簧复位的常闭式结构除外。

9.6 球阀应装在包装箱内,或按用户的要求包装。

附 录 A
（资料性附录）
石油、石化及相关工业用钢制球阀订货合同数据表

工作条件

阀门要求的标准：GB/T 12237—2007　石油、石化及相关工业用的钢制球阀

阀门安装的位置和要求功能：______

阀门的公称尺寸：______　阀门的压力等级：______

最高工作压力：______　最大压差：______

最高工作温度：______　最低工作温度：______

使用介质及组分：______

阀门结构形式

阀门的类型：一片式______　二片式______　三片式______

密封形式要求：阀前密封______　阀后密封______　双关双泄放______

要求全径圆通道：______　最小孔径______

结构长度和端部连接

结构长度的要求：______

进口管：外径(OD)______　内径(ID)______　材质______

连接方式：法兰或焊接？______　法兰的要求：平面、凹面、榫槽或环接______

焊接端形状和技术要求：______

阀门的操作要求

需要的操作机构(手动、蜗轮传动、电动、气动、液动等)：______

手柄或手轮尺寸限制或其他的说明：______

对于水平轴的手轮，要求阀门通道中心线到手轮中心线的距离：______ mm

需要锁紧装置吗？______　型式______

阀门的支承

需要支承筋或支承腿______

其他要求

承压元件是否需抗硫处理：______

放泄装置、旁通装置的要求：______

需要的涂漆和涂层：______

是否耐火结构设计：______

承压元件是否需抗硫处理：______

如果需泄压装置，对泄压装置有特殊的要求：______

要求提供的文件：______

其他要求说明：______

ICS 45.100
J 81

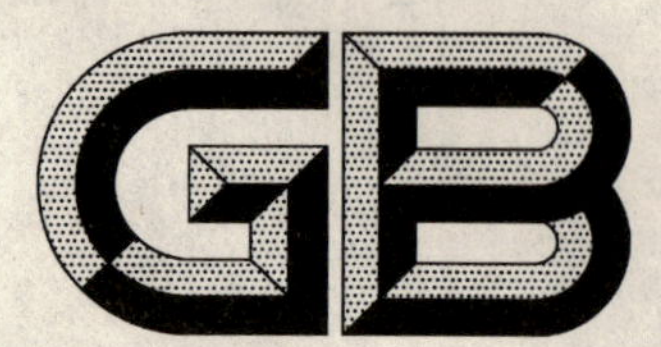

中华人民共和国国家标准

GB 12352—2007
代替 GB 12352—1990,GB/T 13676～13678—1992

客运架空索道安全规范

Safety code for passengers aerial ropeways

2007-06-08 发布　　2007-08-01 实施

中华人民共和国国家质量监督检验检疫总局
中国国家标准化管理委员会　发布

前 言

本标准的第1章、第2章、第3章3.1.3.1、3.1.3.3、3.7.1.2、第4章4.1.4、第5章5.1.3、第6章、第7章7.1.5、7.1.7、7.2.6、第8章8.2.1、8.5.5、8.7.4、第9章9.1.3、9.5.3、9.8.2～9.8.4、第10章10.1.4、10.1.6、10.2.3、第11章11.3.1.2、第12章为推荐性的，其余为强制性的。

本标准代替GB 12352—1990《客运架空索道安全规范》、GB/T 13676—1992《双线往复式客运架空索道设计规范》、GB/T 13677—1992《单线固定抱索器客运架空索道设计规范》和GB/T 13678—1992《单线脱挂抱索器客运架空索道设计规范》。

本标准与GB 12352—1990、GB/T 13676—1992、GB/T 13677—1992、GB/T 13678—1992相比主要变化如下：

——将GB 12352—1990、GB/T 13676—1992、GB/T 13677—1992、GB/T 13678—1992相关的内容进行整合，分别归纳在本标准相应的章节内，并进行了修改；
——增加了对跨距长度的要求（见3.1.3）；
——修改了索距允许偏差（见3.1.5）；
——修改了允许最大的离地高度（见3.1.7）；
——修改了运载工具在线路上及站内的最大运行速度（见3.2）；
——修改了车厢有效面积和允许载客人数（见3.4）；
——钢丝绳在支架鞍座上、托（压）索轮上的安全性增加了防止脱索的安全条款（见3.5.1、3.5.2）；
——修改了线路计算和钢丝绳计算时的有效载荷（见3.6.1.2）；
——增加了对动态作用力的规定（见3.6.2）；
——增加了对摩擦系数的规定（见3.6.3）；
——对风载荷进行了修改（见3.6.4）；
——增加了对雪载荷、冰载荷计算的规定（见3.6.5）；
——增加了对垂直救援及水平救援的要求（见3.7.2、3.7.3）；
——增加了对设备质量保证的要求（见3.8）；
——对钢丝绳抗拉安全系数进行了修改，增加了对救护索、信号索和锚拉索抗拉安全系数的规定（见4.2.1）；
——对横向载荷和轮压的关系进行了修改（见4.2.2）；
——增加了救护索绳轮直径与绳径比的要求（见4.2.3）；
——增加了对钢丝绳报废的规定（见4.5）；
——对驱动轮上力的传递增加了验算惯性力的有关要求，修改了校核防滑力的方式（见5.1.5）；
——增加了对绳轮、轴、张紧装置等设计安全系数及结构上有关要求的规定（见5.2～5.4）；
——增加了对脱开器、挂结器、加速装置和减速装置、阻车器、开关门装置、位置指示器、缓冲器、支索器的最基本的安全要求（见5.5～5.12）；
——增加了站房通道及上车区装设上车皮带的安全要求（见6.1.9、6.2.2）；
——增加了支架顶部允许变形的规定（见7.1.5）；
——增加了支架及基础设计工作寿命的规定（见7.1.7）；
——增加了对托（压）索轮组结构上的要求（见7.2.3）；
——增加了检修平台结构设计及计算应考虑的要求（见7.2.6）；
——增加了对运载工具进行计算的要求（见8.2.1、8.2.2）；

——增加了往复式客运索道不装设客车制动器的有关规定(见 8.5.1);
——对客车制动器的制动力要求进行了修改(见 8.5.4);
——增加了对吊厢、车厢门、吊架、吊椅结构上的要求(见 8.6～8.10);
——增加了对电源供电电压、频率的要求(见 9.1.3);
——增加了安装维修开关(安全开关)的要求(见 9.1.8);
——增加了对电气拖动装置及控制装置的最基本的安全要求(见 9.2、9.3);
——增加了对操作和显示信号选用颜色的要求(见 9.5.3);
——增加了进行人工测试的要求(见 9.6.1);
——增加了防雷击的安全要求(见 9.8.2～9.8.4);
——增加了对安装和试车的安全要求(见 10、11 章);
——增加了每日检查、每月检查、每年检查内容的要求(见 12.2.3、12.3.1、12.3.2);
——增加了抱索器检查、无客车制动器往复式索道维护及承载索串位的要求(见 12.3.3、12.3.5、12.3.6);
——增加了航空障碍标志,吊椅索道特殊提示的内容(见 13.3、13.4)。

本标准由全国索道、游艺机及游乐设施标准化技术委员会提出并归口。

本标准起草单位:北京起重运输机械研究所、国家客运架空索道安全监督检验中心。

本标准主要起草人:张海乔、张宏、刘旭升、缪勤、黄鹏智、黄越峰、樊俊宏、杜俊明、刘京本、王旭、李刚、温新婕。

本标准所代替标准的历次版本发布情况为:

——GB 12352—1990;
——GB/T 13676—1992;
——GB/T 13677—1992;
——GB/T 13678—1992。

客运架空索道安全规范

1 范围

本标准规定了客运架空索道的设计、制造、安装、检验、使用与管理等方面最基本的安全要求。

本标准适用于往复式客运架空索道和循环式客运架空索道。

本标准不适用于货运索道、拖牵索道、非公用客运索道以及矿山井下专业用途的通勤索道。

2 规范性引用文件

下列文件中的条款通过本标准的引用而成为本标准的条款。凡是注日期的引用文件，其随后所有的修改单(不包括勘误的内容)或修订版均不适用于本标准，然而，鼓励根据本标准达成协议的各方研究是否可使用这些文件的最新版本。凡是不注日期的引用文件，其最新版本适用于本标准。

GB 146.2 标准轨距铁路建筑限界

GB 188 762毫米轨距铁路机车车辆限界和建筑接近限界分类及基本尺寸

GB/T 352 密封钢丝绳

GB 8918 重要用途钢丝绳(GB 8919—2006，ISO 3154:1988，Stranded wire ropes for mine hoisting—Technical delivery requirements，MOD)

GB 9075 架空索道用钢丝绳检验和报废规范

GB 50007 建筑地基基础设计规范

GB 50009 建筑结构荷载规范

GB 50010 混凝土结构设计规范

GB 50017 钢结构设计规范

GB 50231 机械设备安装工程施工及验收通用规范

GBJ 61 工业与民用35千伏及以下架空电力线路设计规范

JB/T 4730 承压设备无损检测

DL/T 5161.1～17 电气装置安装工程质量检验及评定规程

3 一般规定

3.1 线路

3.1.1 线路的选择

3.1.1.1 选择索道线路时，应考虑当地气候、地理条件、索道要经过的交通要道和跨越的其他建筑设施以及紧急救援的要求。

3.1.1.2 索道线路中心线在水平面上的投影应为一直线(带转角站及三角形索道例外)。

3.1.1.3 索道线路和站址应避免建在下列地区：

——山地风口，并与主导风向正交的地段上；

——有雪崩、滑坡、塌方、溶洞、风暴、海啸、洪水、火灾等危及索道安全的地区，经过主管部门的批准，采取预防措施时例外；

——凡是建在军事设施附近的索道，应按照军事基地管理单位的要求采取相应的措施。

3.1.2 最大倾角

循环式客运架空索道其钢丝绳的最大倾角不得超过0.785 rad(100%)。

3.1.3 跨距长度

3.1.3.1 对于单线和双线循环式索道应避免钢丝绳跨距太大；对于往复式和脉动循环式索道应避免集中载荷太大。为此规定跨距中空载索[1]或空索[2]（根据设备类型而定）与满载索[3]在此跨距端部切线倾角的变化不宜大于 0.15 rad(15%)，同时在其他跨距内载荷情况保持不变。

对于双线往复式索道每侧线路上仅有一辆车时上述规定不适用。

3.1.3.2 单线循环式脱挂抱索器索道邻近站房这一跨为俯角出站时，俯角（弦倾角）不得大于 0.01 rad (1%)，跨距的长度不应小于最大制动行程的 1.2 倍。

3.1.3.3 对双线循环式脱挂抱索器架空索道，邻近站房这一跨的承载索应仰角出站，仰角（弦倾角）宜为 0.05 rad～0.1 rad。

对于单线双环路索道不受以上规定的限制。

3.1.4 横向净空

3.1.4.1 运载工具与支架间的净空应符合表 1 的规定。

表 1

运载工具	支架情况	允许摆动/%	离支架距离/m
封闭式	无导向装置	35	—
封闭式无乘务员且 $v>5.0$ m/s	有导向装置	25	—
封闭式无乘务员且 $v<5.0$ m/s	有导向装置	20	—
封闭式有乘务员并能在车内控制停车且 $v>7.0$ m/s	有导向装置	15	—
封闭式有乘务员并能在车内控制停车且 $v<7.0$ m/s	有导向装置	12	—
敞开式(无乘客)	无导向装置	35	—
敞开式(有乘客)	无导向装置	20	0.5

对于双承载往复式架空索道及单线双环路架空索道，在没有导向装置的情况下，允许横向偏摆 0.15 rad(15%)，离支架的安全距离为 0.3 m。

3.1.4.2 往复式客运索道两客车在跨间相对运行时，同时向内侧摆动 0.20 rad(20%)，相遇时两客车之间的净空不得小于 1.0 m。

3.1.4.3 单侧往复运行的索道，客车向内侧摆动 0.20 rad(20%)时，与另一侧牵引索水平投影的最小净空不得小于 2.0 m。

3.1.4.4 对于单线循环式客运索道，两吊厢（或吊椅）在跨间运行时同时向内侧摆动 20%，相遇时两吊厢（或吊椅）之间的净空不应小于 1.0 m，在进站口或出站口不应小于 0.5 m。

3.1.4.5 客车与外侧障碍物的水平净空应符合表 2 的规定。

表 2

运载工具偏摆	障碍物	净空/m
向外偏摆 35%	建筑物(无人员通行)	1.5
	建筑物(有人员通行)	2.5
	林间通道、公路、山体	1.5
	架空电力线路	按有关标准规定
注：对站房区域不受此限。		

1) 空载索：按要求的间隔挂有空运载工具的承载索或运载索。

2) 空索：没有运载工具的承载索或运载索。

3) 满载索：按要求的间隔挂有满载荷运载工具的承载索或运载索。

3.1.4.6 两条索道线路平行靠近时，其中心线的距离 A 应按式(1)计算：

$$A = 0.5(K_1 + K_2 + B_1 + B_2) + 0.2(h_1 + h_2 + \Delta_H) + 1.5 \quad \cdots\cdots(1)$$

式中：

K_1，K_2——两条线路索距，单位为米(m)；

B_1，B_2——线路上运载工具宽度，单位为米(m)；

h_1，h_2——线路上运载工具高度，单位为米(m)；

Δ_H——两条线路上承载索或运载索之间的最大垂直距离，m。

3.1.5 索距

3.1.5.1 在确定索距时应满足3.1.4条的有关规定。在线路跨间的索距，还应加上线路一侧钢丝绳受运行时风压作用产生的横向偏摆量。当跨距弦长大于400 m时，按换算风载荷(见3.6.4.2)计算作用在钢丝绳的横向偏摆量。对于往复式索道在站口处不受此限。

3.1.5.2 索距的改变

通常索道的索距应保持不变，当需要改变时，应计算钢丝绳在水平面上所形成的偏斜，在没有考虑风力和动载荷影响之下，允许偏差如下：

——在任何载荷情况下钢丝绳在水平面上的张力由于偏斜而引起的水平力不应超过钢丝绳垂直力的10%；

——对双线架空索道，承载索在鞍座上形成的水平角不应超过0.005 rad(0.5%)；

——对单线架空索道，运载索在托(压)索轮组上形成的水平角不应超过0.005 rad(0.5%)；

——对于不符合上述要求的较大偏斜，应采取安全措施保证运载工具安全通过支架。

3.1.6 运载工具的纵向偏摆

循环式索道运载工具在线路上及站房内纵向偏摆0.35 rad(35%)后不应触及钢丝绳；往复式索道车辆在线路上纵向偏摆不得超过0.35 rad(35%)，在站内纵向偏摆0.15 rad(15%)后不应触及任何障碍物，并保证人员通行的安全距离。

3.1.7 允许最大的离地高度

架空索道实际的最大离地高度应为最不利载荷情况下，考虑地面的横向坡度后与索道运载工具的高度。允许最大的离地高度应根据运载工具型式和救护的可能加以考虑。

3.1.7.1 封闭式运载工具的架空索道

允许的线路最大离地高度不应大于45 m。对于循环式脱挂抱索器吊厢索道及脉动循环式固定抱索器吊厢索道，当局部地段每侧每跨不超过5辆吊厢时，该段的最大离地高度允许达60 m，若超过60 m，必须具备沿钢丝绳进行营救的设施。当每侧的吊厢数小于5辆时(例如双线往复式索道)最大离地高度允许超过60 m。当超过100 m时必须具备沿钢丝绳进行营救的设施。

3.1.7.2 敞开式运载工具的架空索道

对于吊椅索道允许的线路最大离地高度不应大于15 m。当索道线路每侧局部地段总长不大于200 m时，该段最大离地高度允许达20 m；当索道线路每侧局部地段总长在50 m内时，该段最大离地高度允许达25 m。

对于吊篮索道允许的线路最大离地高度不应大于25 m。当索道线路每侧局部地段总长不大于200 m时，该段最大离地高度允许达30 m；当索道线路每侧局部地段总长在50 m内时，该段最大离地高度允许达35 m。

3.1.8 至地面的最小距离

3.1.8.1 满载客车或钢丝绳的最低点与地面之间的距离不应小于以下各值：

——无人通行的地区或是禁止通行的隔离地带为2 m(吊椅式索道为1 m)；

——在线路下面允许行人通过的地面为3 m；

——跨越道路和公用设施的地段，见3.1.9条规定。离地最小距离也包括了积雪厚度，在站房附近由于建筑上的需要可不受此限。

3.1.8.2 在确定离地最小距离绝对值时，除以静态位置为依据外，还应加上动态时附加值，即应在下列数字中选取最大值：

——与临近支架间距的1%；

——承载索静垂度5%；

——运载索垂度的10%；

——牵引索和平衡索垂度的15%。

3.1.9 线路的立交与避让

3.1.9.1 与铁路、公路、索道、电线、通航河流等相交叉跨越或平行走向时，应彼此不干涉，在正常运行和进行维修时能够保证安全，且不会影响正常救护工作。

3.1.9.2 当索道跨越下列地区时，应遵守该部门的有关规定，索道或保护设施的最低点与地面和轨顶的最小垂直距离应符合下列要求：

——跨越国家干线时应符合GB 146.2的规定。

——跨越地方铁路干线时应符合GB 188的规定。

——跨越电气管线时应符合GBJ 61的规定。在与电力线路交叉时索道线路尽可能从电力线路下方通过，如果只能从上方通过，则在索道的下方应装设安全保护设施。

——跨越一、二级公路不应小于5.0 m；跨越三、四级公路不应小于4.5 m。

——跨越通航河流上空时，与最大洪水位(加上壅水和浪高)船只桅杆顶的垂直距离不应小于1.0 m。

——跨越居民区或耕地时离地垂直距离不应小于5.0 m。

——跨越建筑物时与建筑物顶垂直距离不应小于2.0 m。

——跨越果林经济作物林，与林木最高点的距离不应小于1.5 m，同时还应考虑修剪周期内林木生长的高度。

3.1.9.3 跨越其他索道时应符合下列要求：

——客车的最低边缘或牵引索与下面索道的支架或其他构筑物的距离不得小于1.5 m；

——牵引索在最大垂度时，与下面运载索处在最高位置时的距离不得小于3.0 m；

——跨越双线往复式索道时，牵引索最大垂度与空载承载索在张力增大10%时的距离不得小于3.0 m；

——跨越拖牵式索道时，除了与其电话线的距离不得小于3.0 m外，离开拖牵式索道空载钢丝绳的最高位置也不得小于3.0 m。

3.1.9.4 当通讯线路沿索道的支架架设时，其线路应位于空载钢丝绳线路的上方或位于运动钢丝绳(运载索、牵引索)增加15%的垂度下方，或运载工具线路荷载曲线的下方；当运载工具横向偏摆0.20 rad(20%)时与其的安全距离不得小于0.5 m。

3.2 运行速度

3.2.1 运载工具在线路上的最大运行速度不应超过表3的值。

表3

<table>
<tr><th>索道型式</th><th colspan="3">使用条件</th><th>最大运行速度/(m/s)</th></tr>
<tr><td rowspan="5">双(多)线往复式索道</td><td rowspan="2">车厢内有乘务员</td><td colspan="2">在跨间时</td><td>12.0</td></tr>
<tr><td colspan="2">过支架及在硬轨上运行时</td><td>10.0</td></tr>
<tr><td rowspan="3">车厢内无乘务员</td><td colspan="2">在跨间时</td><td>7.0</td></tr>
<tr><td rowspan="2">通过支架时</td><td>单承载索</td><td>6.0</td></tr>
<tr><td>双承载索</td><td>7.0</td></tr>
</table>

表 3(续)

索道型式	使用条件		最大运行速度/(m/s)
单线往复式索道	在跨间时		6.0
	通过支架时和车内无乘务员时		5.0
双线间歇循环式索道	车厢内无乘务员时		5.0
	车厢内有乘务员时		7.0
双线连续循环式脱挂抱索器索道			6.0
单线连续循环式脱挂抱索器索道	一根运载索		6.0
	二根运载索(单线双环路)		7.0
单线脉动(间歇)循环式固定抱索器索道			5.0
单线连续循环式固定抱索器索道	敞开式吊椅式	运送滑雪者	2.5
		运送乘客	1.5
	吊厢、吊篮式		1.1

3.2.2 运载工具在站内(上下车位置)的最大运行速度不应超过表 4 的值。

表 4

索道型式	使用条件		最大运行速度/(m/s)
循环式脱挂抱索器索道	封闭式运载工具		0.5
	敞开式运载工具上车和下车时	滑雪者	1.3
		人从前面上下	1.0
		人从侧面上下	0.5
循环式固定抱索器索道	运送滑雪者	单人座或双人座吊椅	2.5
		3 人座或 4 人座吊椅	2.3
		6 人座吊椅	2.0
	运送乘客	单人座或两人座吊椅	1.5
		大于两人座吊椅	1.2
		双人座吊篮(吊厢)	1.1
		大于双人座吊篮(吊厢)	1.0
脉动循环式索道	封闭式运载工具		0.5

3.2.3 对于运送滑雪者的索道,如果在乘客上下车时具备可以将速度相对降低的装置,允许更高的运行速度。对于单人座或双人座吊椅索道运行速度不应超过 2.8 m/s,对于 3 人或 4 人座吊椅索道不应超过 2.6 m/s,对于 6 人座吊椅索道不应超过 2.2 m/s。

3.3 运载工具的最小间隔时间

3.3.1 对于固定抱索器吊椅式索道吊椅之间的最小间隔时间为运行速度 v 值的倍数,用秒数来表示,见表 5。

3.3.2 对于运送滑雪者的脱挂抱索器吊椅索道吊椅之间的最小间隔时间不应小于 5 s。

3.3.3 对于固定抱索器两人吊厢、两人吊篮式索道,吊厢(或吊篮)之间的最小间隔时间为 8 倍运行速度且不小于 12 s。

3.3.4 对于脱挂抱索器吊厢索道,吊厢之间的最小间距不应小于正常制动行程的 1.5 倍,且不小于 9 s。

表 5

索道型式	允许的最小间隔	
单人乘坐	3 倍运行速度且不小于 5s	
双人乘坐	两人同时上下时	4 倍运行速度且不小于 8 s
	两人不同时上下时	6 倍运行速度且不小于 10 s
运送滑雪者	为 $(4+n/2)$ s,且不小于 6 s,式中 n 为每个吊具座位数。	

3.4 车厢有效面积和允许载客人数

3.4.1 车厢有效面积

少于 6 人的车厢的站立面积,每人 0.3 m^2;6 人及 6 人以上的车厢,站立面积不得小于 $(0.18\times n+0.4)$ m^2(n 为车厢定员)。

3.4.2 允许载客人数

3.4.2.1 循环式索道

——采用单固定式抱索器最多 6 人;

——采用单脱挂式抱索器最多 8 人。

3.4.2.2 往复式索道

车内无乘务员时,最多 15 人。

3.5 钢丝绳在支架鞍座上、托(压)索轮上的安全性

3.5.1 双线索道

3.5.1.1 承载索在支架鞍座上的最小载荷在下列不利情况出现时不得为负值(抬起):

——承载索最大拉力增加了 40%时;

——在偏斜鞍座上(仅在站房)承载索最小拉力下降 40%。

3.5.1.2 空承载索在支架鞍座上的折角不应小于 0.02 rad。

3.5.1.3 支架上的承载索最小支承力不应小于相邻跨距斜长之和的一半(跨距长度见 3.6.4.5 条)承载索承受 0.5 kN/m^2 风压的向上风力。

3.5.1.4 停止运行时最小支架载荷和水平风力的合力应当作用在绳槽内。

3.5.1.5 当以匀速运动,牵引索最大张力增加 40%时,钢丝绳不得从支架上抬起。

3.5.1.6 当索道停运时,牵引索在支架托索轮组上的最小压力不得小于 0.8 kN/m^2 风压的向上风力。

3.5.2 单线索道

3.5.2.1 托(压)索轮支架上的最小支承力:

——匀速运行时,应按风压 0.25 kN/m^2 作用在邻近两跨较长跨全长空载索或空索上所受的风力的 1.5 倍计算最小支架载荷;

——停运时,应按风压 0.8 kN/m^2 作用在邻近跨弦长之和一半的空载索或空索上所产生的向上风力计算支架最小载荷。

3.5.2.2 匀速运动时,压索支架应按风压 0.25 kN/m^2 作用在邻近两跨较长跨全长满载索上所受的风力的 1.5 倍计算最小支架载荷。

3.5.2.3 在凹陷地段的托索支架上,当运载索最大张力增加 40%时,运载索在托索轮组上不得出现负压力。

3.5.2.4 在压索支架上当最小张力降低 20%,同时有效载荷增加 25%时,运载索不得离开压索轮。

3.5.2.5 匀速运动的运载索最小轮压不得小于 500 N 并满足公式(2):

$$A \geqslant 500+50[d-(D_1-D_2)] \quad \cdots\cdots\cdots\cdots(2)$$

式中:

A——最小轮压,单位为牛顿(N);

d——钢丝绳直径，单位为毫米(mm)；

D_1——整轮外径，单位为毫米(mm)；

D_2——新轮衬槽底直径，单位为毫米(mm)。

空索时式(2)的值允许减少50%。

3.5.2.6 组合式托(压)索轮组中的托(压)索轮相对运载索的最小轮压仍应根据3.5.2.5确定。

3.5.3 托(压)索轮的折角

3.5.3.1 单线索道每个托(压)索轮上的最大折角不应大于8%；

3.5.3.2 双线索道上牵引索或平衡索在每个托(压)索轮上的折角不应大于8%。

3.6 线路计算和钢丝绳计算的作用力

3.6.1 自重和有效载荷

3.6.1.1 自重

钢丝绳和运载工具的自重根据制造厂的说明。实际的重量与设计重量的偏差不应大于±3%，实际重量应与进行线路计算和钢丝绳计算所取的值相符。

3.6.1.2 有效载荷

定员15人以下时平均每人重力按740 N计算；定员16人以上时，平均每人重力按690 N计算；对于运送滑雪者的索道还应每人加上50 N装备的重力。

3.6.2 动态作用力(惯性力)

3.6.2.1 启动加速度最小为0.15 m/s^2 时的惯性力。

3.6.2.2 减速度为下列值时的惯性力：

——工作制动减速度最小为0.4 m/s^2；

——紧急制动减速度最大为1.5 m/s^2。

3.6.2.3 特殊情况应验证下列动态作用力：

——当设备有两根或多根牵引索时，由于一根牵引索破断引起的动态作用力；

——设备有客车制动器，当客车制动器制动之后在整个牵引索环线的动态作用力。

3.6.3 摩擦系数 μ_{zul}

3.6.3.1 为了计算驱动轮传递的力(见5.1.5)，应采用表6中的许用摩擦系数 μ_{zul}。

表6

衬垫材料	匀速运动时的摩擦系数	启动及制动时的摩擦系数
钢绳槽或铸铁绳槽	0.07	0.07
橡胶、塑料衬垫等	0.2	0.22
软铝衬垫(布氏硬度≤500 N/mm²)	0.2	0.2

3.6.3.2 线路计算时，应采用表7的阻力系数。

表7

设备名称	阻力系数
橡胶衬托(压)索轮	0.030
塑料衬托(压)索轮	0.020
运行小车车轮	0.020
采用滚动轴承的导向轮	0.003
采用滑动轴承的导向轮	0.010
张紧小车	0.010

表 7(续)

设备名称	阻力系数
承载索鞍座	0.10
带滚动轴承的承载索滚子链	0.005
带滑动轴承的承载索滚子链	0.010

3.6.4 风载荷

3.6.4.1 进行计算时,按下述风载荷乘以体型系数:

——运行时:0.25 kN/m^2;

——停止运行时:0.8 kN/m^2,风速大于 36 m/s 的地区,应按当地的风压值。

3.6.4.2 当跨距长度大于 400 m 时,按下式计算换算风载荷:

$$q' = q\frac{L_H}{L}$$

式中:

q'——换算风载荷,单位为千牛每平方米(kN/m^2);

q——规定风载荷(见 3.6.4.1),单位为千牛每平方米(kN/m^2);

L_H——换算弦长(见 3.6.4.5),单位为米(m);

L——跨距弦长,单位为米(m)。

3.6.4.3 体型系数

——密封式钢丝绳:1.15;

——多股钢丝绳:1.25;

——行走机构及吊架:1.6;

——矩形车厢:1.3;

——带圆角的矩形车厢:1.3−2 r/L(r=车厢倒角半径;L=车厢长度);

——托索轮:1.6

——圆管形支架:1.2 ;

——方管及轧制型材支架:2。

3.6.4.4 对于没有外罩的空吊椅,体型系数与迎风面积的乘积为 0.2+0.1 n (m^2);满载吊椅为 0.4+0.2 n (m^2)。其中 n 为每个吊椅的人数,风力的方向与吊椅运行的方向垂直。

3.6.4.5 400 m 以上的跨度在计算风力时,允许采用换算弦长,见式(3):

$$L_H = 240 + 0.4\,L \qquad (3)$$

式中:

L_H——换算弦长,单位为米(m);

L——跨距弦长,单位为米(m)。

3.6.5 雪载荷及冰载荷

3.6.5.1 如果高度在海拔 2 000 m 以下,应按照公式(4)计算覆盖面上每平方米的雪载荷:

$$S = [1 + (h_0/350)^2] \times 0.4\ kN/m^2 \text{ 且不应小于 } 0.9\ kN/m^2 \qquad (4)$$

式中:

S——每平方米的雪载荷,单位为千牛每平方米(kN/m^2);

h_0——地勘部门所提供的海拔高度,单位为米(m)。

3.6.5.2 当该地海拔在 2 000 m 以上,或该地区降雪量丰富时,应根据当地气象部门提供的数据确定雪载荷。

3.6.5.3 结冰的地区应考虑钢丝绳或支架上的冰载荷。冰层厚度按 25 mm,容积质量按 600 kg/m³ 计算。

3.6.5.4 承载索计算时应考虑停运时风载和冰载同时作用:

风载荷按 0.8 kN/m²,冰载荷取 3.6.5.3 计算值的 0.4 倍。

3.7 救援

3.7.1 一般规定

3.7.1.1 所有架空索道在发生设备停车的故障时,操作负责人首先应通知并安抚乘客,优先考虑恢复运行,若不能恢复运行,应按照制定的应急救援预案,实施对乘客的救援。

3.7.1.2 一般应在 3.5 h 内将乘客从索道上救至安全区域。

3.7.1.3 夜间救援时,应考虑照明设施。

3.7.1.4 救援设备应有完整、清晰的使用说明。

3.7.2 垂直救援

3.7.2.1 在满足下述的条件情况下,允许采用垂直救援方式将乘客救援到地面:

——救援高度在允许的最大离地高度范围内(见 3.1.7);

——地形条件适合于此种救援或进行了相应的准备工作。

3.7.2.2 垂直救援设备包括锚固点应在现场进行适用性测试。垂直救援设备应按要求进行使用、保存、维护、检查、测试和报废,对所有替换部件或备件的可互换性进行确认。

3.7.2.3 救援设备应该具有完整、清晰的使用说明。

3.7.3 水平救援(沿钢丝绳进行救援)

3.7.3.1 若索道线路的全部或部分不能够将乘客直接救援到地面,则应提供全部或部分沿钢丝绳进行救援所需的设备。

3.7.3.2 相应的机械设备应作为永久设备装配到位,在救援计划中应清晰地注明合理的操作人员数量和所需要的最长时间。

3.7.3.3 救援设备应该具有一个独立于主驱动的驱动系统或者具有一个可自行提供动力的车辆。

3.8 质量保证

3.8.1 索道重要受力部件的材料应有材质证明。

3.8.2 对于那些若失效或产生故障将会对安全造成危害的部件,制造应满足下列要求:

3.8.2.1 应保证生产和招回的可追溯性。能够确认所使用材料的来源、各个生产阶段的相应人员,以及生产工艺文件。

3.8.2.2 所有部件的可追溯性相关技术资料应认真保存。

3.8.2.3 至少下列部件应进行无损探伤,并符合 JB 4730 标准中的Ⅱ级要求:

——抱索器内、外抱卡;

——驱动轮、迂回轮、导向轮的轴;

——托(压)索轮组的主轴;

——绳头套筒;

——钢丝绳末端固定轴;

——托(压)索轮组入绳端铸造侧板及轮体;

——运载工具的轴及吊杆或吊架。

3.8.2.4 索道设备出厂时应按有关标准进行严格检验,并出具合格证书,不符合设计要求的设备,严禁出厂。涉及人身安全的新设备,必须经过型式试验及鉴定合格后,才能在工程中采用。

4 钢丝绳

4.1 钢丝绳的选用原则

4.1.1 钢丝绳应符合 GB 8918、GB/T 352 的要求。

4.1.2 承载索应采用整根的，且全部由钢丝捻制而成的密封型钢丝绳，不应采用敞开式螺旋型和有任何类型纤维芯的钢丝绳作承载索。

4.1.3 牵引索、平衡索、运载索应选用线接触、面接触、同向捻带纤维芯的股式结构钢丝绳，在有腐蚀环境中推荐选用镀锌钢丝绳。

4.1.4 张紧索应采用挠性好耐弯曲的钢丝绳，不宜采用多层的钢丝绳。按 4.2.3 条款中规定用在大直径的张紧轮(或滚子链)时除外。

4.2 钢丝绳参数的确定

4.2.1 抗拉安全系数

4.2.1.1 新钢丝绳的抗拉安全系数即钢丝绳的最小破断拉力与钢丝绳最大工作拉力之比，不应小于表 8 所列数值。

表 8

钢丝绳的种类	载荷情况	安全系数
承载索	正常运行载荷	3.15
	考虑了客车制动器作用力的影响	2.7
	考虑了停运时风和冰的作用力	2.25
牵引索、平衡索、制动索	带客车制动器的往复式索道	4.5
	没有客车制动器的往复式索道	5.4
	双线循环式索道	4.5
运载索		4.5
张紧索[a]		5.5
救护索	封闭环线的钢丝绳(运行状态)	3.5
	封闭环线的钢丝绳(停运状态)	3.0
	在绞车上的钢丝绳	5.0
信号索和锚拉索	没有考虑结冰的情况	3.0
	考虑结冰的情况	2.5

[a] 当采用两根或多根平行的张紧索时，每根张紧索的安全系数要提高 20%。

4.2.1.2 承载索的最大工作拉力应包括：

——承载索张紧重锤的重力；两端锚固时应为计算起点的设计拉力，并考虑温度变化的影响；

——承载索在滚子链上或张紧索在张紧索导向轮上的阻力；

——由高差引起的承载索重力和由运载工具引起的拉力的变化；

——承载索在鞍座上的摩擦阻力。

4.2.1.3 运载索最大工作拉力应在最不利载荷情况下计入下列力值：

——张紧装置开始的初张力；

——由高差引起的运载索重力和重车重力的分力；

——各支架托(压)索轮组的阻力；

——站内各有关设备的运行阻力；

——液压张紧装置张紧力的增加值(重锤张紧装置张紧力变化范围不超过±3%可忽略不计)；

——不计入索道启、制动时的惯性力。

4.2.2 横向载荷与轮压的关系

4.2.2.1 钢丝绳张紧时，其最小张力与单个车轮产生的最大横向轮压之比应大于表 9 所给出的值。

表 9

钢丝绳类型	衬块情况	比　值
承载索	带柔性衬,弹性模数等于或小于 5 000 N/mm^2	60
	带硬衬,弹性模数大于 5 000 N/mm^2	80

4.2.2.2　钢丝绳张紧时,其最小张力与运载工具产生的最大横向力之比应大于表 10 所给出的值。

表 10

钢丝绳类型	使用情况	比　值
承载索	重锤张紧	10
	两端锚固	8
运载索	单抱索器或双抱索器之间的间距小于 2 倍捻距长度	15
	双抱索器之间的间距大于 2 倍捻距长度	12

4.2.2.3　对于双线车组往复式索道承载索最小张力应大于单辆重车重力的 15 倍。

4.2.3　**弯挠比**

根据钢丝绳的用途和支撑型式,绳轮直径 D 与钢丝绳公称直径 d 的比值不应小于表 11 中的值,承载索鞍座或滚子链的曲率半径 R 和钢丝绳公称直径 d 的比值不应小于表 12 中的值。

表 11

用途	钢丝绳类型	使用场合		钢丝绳直径的倍数	最外层钢丝的倍数
承载索	密封式	锚固卷筒[a]		65	650[a]
		导向轮		130	1 300[a]
牵引索,平衡索和运载索	多股铰捻式	驱动轮、迂回轮、缠绕三层以下的卷筒		80～100[b]	800～1 000
	密封式和多股铰捻式	迂回轮、导向轮	往复式	50	850
			循环式	40	700
张紧索	多股铰捻式	用于静止转动时(如端部套环)			
		迂回和转向		8	
		用于可旋转移动时			
		迂回和转向		20	
		缠绕卷筒			
救护索	多股铰捻式	绳轮		40	
		绞车		30	

a　外层丝高,当选用外层丝高为 3.5 mm 时,应分别为 1 000 和 1 800。

b　对于包角为 π 时选用 80 d;包角>π 或用固定抱索器时的运载索应选用 100 d。

表 12

钢丝绳用途	支撑型式	弯挠比
承载索	滚子链	90
	客车通过的鞍座	300
	重锤张紧端站口鞍座	250

表 12(续)

钢丝绳用途	支撑型式	弯挠比
承载索	锚固端站口鞍座	200
	锚固端转向鞍座	65
安全网	鞍座	65

4.3 钢丝绳末端固定

4.3.1 末端固定连接部件的破断力应大于钢丝绳最小破断力。

4.3.2 应避免钢绳连接处附近由于钢绳的振动而产生的弯曲应力。必要时,应配备带衬的保护套筒,而且:

——衬的长度不得小于 4 d(d 为钢丝绳公称直径);

——衬的厚度 δ 应为 $0.25\ d \leqslant \delta \leqslant 0.5\ d$,其内径与钢丝绳公称直径相等;

——应采用邵氏硬度为 90～95,对钢丝绳没有腐蚀,耐磨的柔性材料。

4.3.3 连接套筒的内部尺寸:

——圆锥的长度 L 应为 $5\ d \leqslant L \leqslant 7\ d$($d$ 为钢丝绳公称直径);

——圆锥倾角 α 应为 $5° \leqslant \alpha \leqslant 9°$。

4.3.4 卷筒固定装置中的卷筒和末端固定装置应符合下列有关规定:

——卷筒直径必须符合 4.2.3 中的规定;

——钢绳卡的直径应小于钢丝绳直径 5%,钢绳卡与钢丝绳的摩擦系数为 0.13;

——钢绳卡应进行无损探伤,钢绳卡的公称直径和螺栓扭矩应有永久标记。

4.3.5 承载索的锚固

4.3.5.1 承载索采用锚固筒固定时,钢丝绳在锚固筒上缠绕的圈数不得小于 3 圈,锚固筒直径应符合 4.2.3 条的规定。

4.3.5.2 承载索的剩余张力应至少用 3 付夹块锚固在支座上,其中 2 付工作,1 付备用。工作夹块和备用夹块之间应留有 5 mm 的观察缝。每一组夹块夹紧的滑动安全系数为 3,夹块对钢丝绳的摩擦系数取 0.13。

4.3.5.3 锚固筒应镶有对钢绳无腐蚀的软质材料的衬垫(例如:工程塑料、木材等)。

4.3.5.4 锚固点应能承受张紧和放松钢绳可能出现的最大的允许载荷。

4.3.6 牵引索连接套筒的最大使用年限:

4.3.6.1 合金浇铸套筒的最大使用年限不得超过 4 年。

4.3.6.2 树脂浇铸套筒最大使用年限不得超过 2 年。如果可用无损探伤仪检查树脂浇铸套筒,则其最大使用年限可以延长到 4 年。

4.3.6.3 缠绕式套筒每年应打开检查 1 次;每 3 年必须重做。

4.4 钢丝绳的检验

4.4.1 客运索道用钢丝绳应进行无损探伤检查。第一次检查应在钢丝绳安装后的 18 个月内进行,将检查结果作为以后检查的基础。第二次及以后的检查周期由安全监督检验机构决定。检查结果应做记录并归档。

4.4.2 客运索道承载索窜绳后应进行无损探伤。

4.4.3 对无客车制动器的往复式索道牵引索的检验见 12.3.5。

4.5 钢丝绳的报废

4.5.1 钢丝绳的报废或局部更换由下列项目判定:

—— 断面的缩小值;

—— 断丝的局部聚集;

——绳股断裂；

——断丝的增加率。

4.5.2 金属断面的缩小

4.5.2.1 在相关长度(d 的倍数)内，钢丝绳金属断面缩小量与新钢丝绳金属断面的比值(以百分比计)不得超过表 13 数值。

表 13

钢丝绳结构	最大允许的金属断面缩小值	相关长度
密封钢丝绳	10%	$200\times d$
	8%	$30\times d$
	5%	$6\times d$
股捻钢丝绳	20%	$200\times d$
	10%	$30\times d$
	6%	$6\times d$

4.5.2.2 在确定金属断面缩小值时应考虑：

——断丝数；

——内部及外部的磨损；

——内部及外部的腐蚀；

——由于其他原因造成的损坏。

4.5.2.3 钢丝绳张紧后，测量编接处钢丝绳直径，若小于钢丝绳公称直径的 90%，应予以报废。

4.5.3 断丝数

4.5.3.1 在钢丝绳无任何其他缺陷时所允许的外部断丝数，应根据金属断面所允许的缩小及外部钢丝断面确定。

4.5.3.2 在相关长度内由于局部的硬化(马氏体构成)钢丝中出现细的发状裂纹，也应视为断丝。

4.5.3.3 如果在表 13 相关长度 $30\times d$ 范围内由于断丝造成的断面缩小值超过最大允许断面缩小值的 2/3 时，就应采用无损探伤仪协助评定钢丝绳的状况。

4.5.3.4 如果由于特殊原因使钢丝绳的钢丝恶化，断丝数不得超过表 14 规定的值。

表 14

钢丝绳结构	相关长度			
	交互捻		同向捻	
	$6\times d$	$30\times d$	$6\times d$	$30\times d$
6×7	2	4	2	3
6×19	3	6	3	4
6×36	7	14	4	7
8×19	5	10	3	5
8×36	12	24		

4.5.3.5 对张紧索的报废应按以下规定：

——由于可见的外部断丝造成的最大金属断面缩小值不得超过表 13 数值的 50%；

——在 6 年或 18 000 工作小时后不考虑钢丝绳好坏都应予以报废。

4.5.4 磨损

磨损导致钢丝绳的断面缩小、强度降低，其断面缩小值不得超过表 13 规定的值。

4.5.5 由于其他原因造成的损坏

钢丝绳由于其他原因造成钢丝和绳股松散、结构变更而使钢丝绳性能减弱，其断面缩小值不得超过表 13 及表 14 的数值。

4.5.6 断丝的局部聚集

4.5.6.1 密封钢丝绳(承载索)相邻异形钢丝在 18 d 长度内如有两处断裂，其断面缩小虽未超出表 13 数值也应报废。

4.5.6.2 运动索(牵引索、平衡索、运载索)在一绳股中如在 6 d 的长度内有大于 35%断面的断丝，应予以报废。

4.5.6.3 若钢丝绳整根绳股断裂，必须报废。

4.5.7 断丝的增加率

为了判定断丝的增加率，应仔细检查并记录断丝增加情况，找出其中规律，并以此确定钢丝绳报废或局部更换的日期。

4.5.8 固定末端处的钢丝绳

4.5.8.1 在接近合金或树脂浇铸套筒的钢丝绳断面处任何断丝或明显的腐蚀都应报废。

4.5.8.2 对于缠绕在锚固筒上的钢丝绳，断丝数造成的最大允许的金属断面缩小值不得超过表 13 所规定值的 2 倍。

5 站内机械设备

5.1 驱动装置

5.1.1 一般规定

5.1.1.1 为了确保安全运行，驱动装置除设主驱动系统外，还应设辅助或紧急驱动系统，当主电源、主电机或主电控系统不能投入工作时，辅助或紧急驱动系统应能及时投入运行。

5.1.1.2 驱动装置应有 0.3 m/s～0.5 m/s 的检修速度。

5.1.1.3 双牵引索道的驱动装置，应设机械差动或电气同步装置。运行速度小于等于 3 m/s 的小型双牵引索道，可不设机械差动或电气同步装置。

5.1.2 主驱动装置

5.1.2.1 主驱动装置应能在不利的载荷情况下，以最小为 0.15 m/s^2 的平均加速度启动，而且在两个方向都可以运行。

5.1.2.2 主驱动装置在运行时，出现下列任何一种情况时，应能自动停车：

——无电压或电压降低到特定最小值以下时；

——功率消耗上升到特定最大值以上时；

——最高运行速度超过额定值 10%；

——其他安全保护设施起作用。

5.1.3 辅助驱动装置

5.1.3.1 运行速度宜为主驱动装置运行速度的一半，应安全可靠，在不利的载荷情况下，应至少能以 0.10 m/s^2 的平均加速度启动。

5.1.3.2 使用辅助驱动装置时，对安全运行的要求与主驱动装置相同。

5.1.4 紧急驱动装置

5.1.4.1 紧急驱动装置仅仅是为了把停留在线路上的人员运回到站内。

5.1.4.2 运行速度为 0.3 m/s～1.0 m/s。

5.1.4.3 应配备必须的安全装置，保证将线路上的人员在相应的运行速度下安全地运回到站内。

5.1.4.4 电气设备应与主驱动装置彼此分离，不同的驱动装置之间应进行联锁。

5.1.4.5 应能在主驱动装置发生故障或遥控失灵的某些情况下，15 min 之内投入运行。

5.1.5 驱动轮上力的传递

5.1.5.1 应验证最不利的位置上，下列载荷情况下钢丝绳的最大张力、最小张力及最大圆周力。

a) 在匀速运动中两侧都是空车及两侧都是重车。

b) 满载上行，空车下行，起动加速度为 0.3 m/s^2。

c) 满载下行，空车上行，制动减速度为 0.6 m/s^2。

d) 非匀速运动时下列质量的惯性力：

1) 牵引索(或运载索)质量；

2) 运载工具质量；

3) 人员或载荷质量；

4) 由钢丝绳带动的转动部分质量。

5.1.5.2 对于双线往复式、单线脉动循环或单线间歇循环车组式客运索道，应求出驱动轮在 5.1.5.1 的 b)和 c)项载荷情况下的等效圆周力。

5.1.5.3 应根据驱动装置安装的海拔高度及环境温度，验证其允许的极限值(例如：尖峰扭矩、尖峰功率、最大电流)。

5.1.5.4 对于 5.1.5.1 b)、c)所出现的载荷情况，用$\frac{T_{max}}{T_{min}}=e^{\mu\alpha}$这一公式验证所要求的摩擦系数，摩擦系数不得超过 3.6.3 的许用值。

$$\mu_{zul} \geqslant \mu_{erf} = \frac{1}{\alpha} \times \ln \frac{T_{max}}{T_{min}}$$

式中：

α——在驱动轮上钢丝绳的包角，单位为弧度(rad)；

T_{max}、T_{min}——在驱动轮上同一载荷情况下出现的最大与最小张力；

μ_{erf}——在驱动轮上要求的摩擦系数。

5.1.5.5 驱动轮许用的摩擦系数

索道驱动轮许用的摩擦系数 μ_{zul} 取决于实际条件下(例如潮湿的钢丝绳、+40℃时涂油的钢丝绳)出现的摩擦系数 μ，根据以下条件计算：

——考虑了正常减速度下动态作用力，许用的摩擦系数 μ_{zul} 取 2/3 μ；

——考虑了非正常情况下最大减速度的动态作用力，许用的摩擦系数取 μ 值的 80%。

其他工程材料实际的摩擦系数通过试验得到。

5.1.5.6 应按 $P=\frac{3T_m}{dD}$ 验证衬垫单位面积的压力，此压力不得超过衬垫生产厂所规定的数值。

式中：

P——衬垫单位面积的压力，kN/mm^2；

T_m——平均牵引力，$T_m=\frac{T_1+T_2}{2}$，kN；

d——钢丝绳直径，mm；

D——绳轮直径，mm。

5.1.6 动力传递部件

5.1.6.1 不允许采用平皮带传递动力。采用链条传递动力时外壳应封闭并有固定的润滑装置。

5.1.6.2 动力传递装置中的联轴器、万向节等应按照设定的载荷进行计算。

5.1.6.3 液压动力传递装置应保证在两个方向都可以平稳启动。

5.1.7 制动器

5.1.7.1 所有的驱动装置(主驱动、辅助驱动)应配备两套彼此独立的能自动动作的制动器，即工作制动器和安全制动器。如果索道在任何负荷情况下运行都不产生负力，断电后能自然停车，并且停车后不会倒转，允许只配备一套制动器。各种驱动装置可以有共同的制动器。

5.1.7.2　每一套制动器应能使索道在最不利载荷情况下停车，每一套制动器应根据下列最小平均减速度计算相应的停车行程：

——对于固定抱索器单线循环式索道最小平均减速度取 0.3 m/s²；

——对于其他索道最小取 0.5 m/s²；

5.1.7.3　当制动器的制动力减少 15%时，还应能使设备停车。

5.1.7.4　对循环式索道，制动系统制动减速度不得大于 1.25 m/s²；对于往复式、脉动式索道，制动系统制动减速度不得大于 2.0 m/s²。

5.1.7.5　工作制动器和安全制动器不应同时动作(会直接造成重大事故时除外)。

5.1.7.6　应采取措施防止制动块及刹车面沾上液压油、润滑油脂和水。

5.1.7.7　制动器的所有部件的屈服限安全系数不得小于 3.5。

5.1.7.8　制动器应符合下列要求：

——正向和反向制动动作应相同；

——制动力应均匀地分布在制动块上；

——应能补偿制动片的磨损；

——制动行程应留有余量；

——在选择制动弹簧时，弹簧的工作行程不得超过其有效行程的 80%；

——在选择制动弹簧特性时，应做到在无自动调整的情况下，制动片磨损 1 mm 时制动时间的延长不得超过给定值的 10%；

——闸瓦间隙的分布应均匀并在允许的范围之内；

——制动块的压紧力应由重力或压力弹簧产生，其力的传递应为机械式的；

——对气动、液压制动器还应检查其开启、闭合位置和相应的压力。

5.1.7.9　安全制动器应直接作用在驱动轮上，或作用在具有足够缠绕圈数的卷筒上或作用在一个与驱动轮或卷筒连接的制动盘上。

5.1.7.10　安全制动器应能在控制台上或其他控制位上手动控制。

5.2　绳轮

5.2.1　绳轮应按不利载荷同时出现时力的组合作用在绳轮上进行计算，绳轮的屈服限安全系数应不小于 3。

5.2.2　采用焊接绳轮时应消除内应力。

5.2.3　绳轮应镶有橡胶或其他合适的工程材料，其衬垫槽型应与运行的钢丝绳相适应。

5.2.4　绳轮轮缘的形状及深度应防止钢丝绳脱槽；绳槽的深度不得小于 1/3 的钢丝绳直径，绳槽的半径不得小于钢丝绳半径；绳轮轮缘的高度(绳轮外圆半径与轮衬槽底半径之差)不得小于一倍钢丝绳直径(张紧绳轮的要求见 5.4.4.7)。

5.2.5　当支撑绳轮的心轴或转轴断裂时，应具备防脱索及接住绳轮的装置。

5.2.6　绳轮的直径应符合 4.2.3 条的规定。

5.3　传动轴、转轴及心轴

5.3.1　在低温下使用时，应选用在低温中具有足够韧性及延伸率的材料。

5.3.2　驱动轮的轴，其最小的疲劳安全系数不得小于表 15 中的值。

表 15

载荷情况	疲劳安全系数
匀速运动时，空车上行空车下行	2
匀速运动时，重车上行空车下行	1.33

此外应考虑载荷波动系数1.1和寿命系数1.5。还应考虑表面状况、结构部分的表面粗糙度及其形状。

5.3.3 当匀速运动时并在最大的钢绳张力和时，心轴的屈服限安全系数应不小于3.5。

5.4 张紧装置

5.4.1 承载索采用两端锚固时，应可以测量(通过测量角度或油压压力)和调整钢丝绳张力。

5.4.2 张紧装置的行程至少为以下各项之和：

——温差60℃而引起的长度变化；

——承载索0.5‰的永久伸长；运载索和牵引索1.5‰的永久伸长；

——各种运行载荷情况下钢丝绳垂度不同而产生的长度变化；

——各种运行载荷情况下钢丝绳的弹性伸长，对于运载索和牵引索的弹性模数可取80 kN/mm^2(新绳)和120 kN/mm^2(旧绳)进行计算。

5.4.3 当张紧重锤的位置或液压张紧装置的位置可以调节时，可按30℃的温度差计算张紧行程，不考虑钢丝绳的永久伸长。调节装置应满足各种运行情况下钢丝绳垂度不同而产生的长度变化。

5.4.4 重锤张紧装置应符合下列要求：

5.4.4.1 应保证在气候条件不好的情况下也能正常运动。

5.4.4.2 应采用机械限位的方式限制行程，在正常运行的情况下，不应达到终端位置。

5.4.4.3 张紧装置运动部分的末端应装设行程限位开关并对其进行监控。

5.4.4.4 应在张紧小车上设有指针，在相应固定机架上画上刻度表，刻度表上的零点应为张紧小车在站口侧的极限停车位置。

5.4.4.5 张紧重锤和张紧小车的导向装置应保证张紧重锤和张紧小车即使在钢丝绳振动或撞击到缓冲器上时也不会发生脱轨、卡住、倾斜或翻倒现象。

5.4.4.6 驱动装置和张紧装置设在同一站时，张紧小车和张紧重锤的运动应不受扭矩影响。

5.4.4.7 张紧绳轮应镶有衬垫，其弹性模数应小于10 kN/mm^2，绳槽的深度不得小于1/3的钢丝绳直径，绳槽的半径不得小于钢丝绳半径；绳轮的轮缘高度(绳轮外圆半径与轮衬槽底半径之差)不得小于一倍钢丝绳直径。

5.4.4.8 重锤张紧装置应具备起吊装置以便于进行维修工作。

5.4.4.9 张紧重锤的支撑结构、钢绳的附件和端点连接处应便于检查、检修和更换。

5.4.4.10 张紧重锤和锚固点的连接处应防止锈蚀。

5.4.5 液压张紧装置应符合下列要求：

5.4.5.1 应设置安全阀，安全阀应有单独的卸压回路。

5.4.5.2 液压管路和连接元件的破裂安全系数不应小于3。

5.4.5.3 油压系统应设手动泵，在使用紧急或辅助驱动时，液压张紧系统应能够运行。

5.4.5.4 应设油压显示装置。

5.4.5.5 在低温地区工作的液压张紧装置应有防冻措施。

5.4.5.6 油缸的固定点应采用球铰。

5.5 脱开器、挂结器

5.5.1 应在规定的速度脱开和挂结，并应能降低运行速度反向运行。

5.5.2 应保证在脱开、挂结区段仅有一辆车。

5.5.3 应将有效载荷提高50%进行设计。

5.5.4 应防止雨雪侵蚀妨碍脱挂过程。

5.5.5 应考虑运行时检查和维修的方便。

5.5.6 应能调整抱索器和钢丝绳的相对位置。

5.6 加速装置和减速装置

5.6.1 运行的平均加速度和减速度不应超过 1.5 m/s^2。

5.6.2 当抱索器挂结到钢丝绳上时抱索器的运行速度与钢丝绳的速度之差不应大于 0.3 m/s。

5.6.3 运行速度和运行方向应自动地与钢丝绳运动相适应。

5.6.4 应通过摩擦传动实现加速以及减速,摩擦传动应在干燥的环境情况下以平均的加速度以及平均的减速度进行实验,防滑系数应大于 2 。在倾斜的主运行轨道仍然应使用摩擦传动进行加速和减速。

5.6.5 索道在停车状态时应防止运载车辆在倾斜的主运行轨道上运动。

5.6.6 在紧急驱动时应能使用。

5.6.7 当索道车辆反向运行时应能正常工作。

5.6.8 雨雪天气应能正常工作。还应考虑运行检查和维修的方便。

5.7 控制车辆间距的阻车器

5.7.1 脱挂式索道的站内应装设阻车器保证在区段上车辆间距不小于最小允许的距离。

5.7.2 车辆间距应与索道运行速度及车辆载荷无关。

5.7.3 若仅在一个站装设了限制车辆间距的阻车器,则在另一个站不得改变发车间距。

5.8 车辆的开门和关门装置

5.8.1 脱挂索道车厢的关门装置应装设在上车区域的末端和开始加速的位置。开门装置应装设在离开减速装置,到达下车区域,速度降低到该区域规定的运行速度的位置。

5.8.2 带蓬盖的敞开式运载工具,蓬盖应关牢,在线路上不允许打开。

5.9 位置指示器

5.9.1 往复式客运索道应设置位置指示器。

5.9.2 应按线路斜长和运行程序进行显示。

5.9.3 显示的线路图像应以钢丝绳运行轨迹为基础;当车辆到达终端位置时,应能自动校正偏差(零位检查)。

5.9.4 应能自行识别运行方向。

5.9.5 电网停电时,应保留位置指示器的功能。

5.9.6 应具备行程指示和安全信号传递的功能:

——固定点检查;

——同步监控;

——零位检查。

5.9.7 应符合规定的精确度,至少在进站范围内,其显示精度不得大于 1 m 钢丝绳的长度。

5.10 车辆导向装置

5.10.1 应能限制车辆的横向偏摆和纵向偏摆,并应考虑车辆在高度方向的变化。

5.10.2 应保证车辆在横向偏摆及纵向偏摆时不得停留在装置上。

5.10.3 应按最大冲击力和最大导向力进行计算。必要时还应在装置上敷设橡胶等软质材料以吸收能量。

5.11 缓冲器

5.11.1 双线往复式索道运行轨道的末端应装设缓冲器。

5.11.2 应计算缓冲器允许的压缩行程。

5.11.3 缓冲器的结构应保证车辆的运行机构不从缓冲器上碾过。

5.12 支索器

5.12.1 当跨度大而使牵引索行程过大或牵引索的垂直净空尺寸不符合要求时,应在双承载索的跨间设置支索器。

5.12.2 应适应两根承载索水平移动不一致和相对横向摆动的工作状况。

5.12.3 不得影响客车顺利通过，并与车轮有足够间隙。

5.12.4 移位时间间隔不得大于半年。

6 站房

6.1 一般规定

6.1.1 站房及站房内的机械设备、钢丝绳、金属构件应根据当地情况设置防雷设施，其具体要求见9.8条。

6.1.2 站房应有针对性的照明，还应有备用照明设备。

6.1.3 机房内的噪音不应大于85 dB(A)，必要时应采取消声措施。控制室内噪音不应超过80 dB(A)。

6.1.4 控制室宜设置在视野广阔且能观察到运载工具进出站的位置，并且在控制台处可以监视索道全线或部分线路运行情况。工作温度低于5℃的控制室应装设采暖设备。通常控制室内环境温度宜保持在20℃左右，相对湿度不超过85%，并且保持干燥通风不凝露。

6.1.5 站内机械设备、电气设备及钢丝绳等不得危及乘客和工作人员的人身安全。

6.1.6 非公共通行的区域应隔离，非工作人员不得入内。

6.1.7 人流方向指示及上车区、下车区、等待区等应有显著的标记。

6.1.8 乘客进出站的通道不得互相干扰。通道的坡度不得超过10%，如果坡度较大应设置踏步。

6.1.9 乘客人行通道的宽度不应小于1.25 m；工作人员通道不应小于0.6 m。

6.1.10 乘客通道和乘客活动范围边缘与邻近地面的高差大于1.0 m或邻近地面的坡度大于60%时应装设刚性栏杆，栏杆的间隔和高度应符合有关规定。

6.1.11 站口离地高度超过1.0 m应装设防护网。

6.1.12 对于车厢或吊篮式索道，站内应设防止客车横向摆动的导轨。

6.2 站台

6.2.1 往复式索道的站台

6.2.1.1 站台地平宜水平并与客车地板齐平，车槽长度应不小于车厢长度的1.5倍，再加上当缓冲装置被压实后，允许客车纵向摆动15%时的距离。

6.2.1.2 客车出入口处应设导向装置，站台内车槽上的导向装置与客车的间隙不得大于50 mm。站台端部边缘应设护栏，高度不小于1.1 m，能承受1 kN/m的横向载荷。

6.2.1.3 客车离站后，站台上下车处的护栏应封闭。

6.2.1.4 未设隔离设施的车槽两侧的站台不得作为候车区。

6.2.1.5 车厢地板距站台地平的高差不得大于±150 mm。

6.2.2 固定抱索器索道的站台

6.2.2.1 单人吊椅式索道的站台长度不得小于吊椅每秒钟运行距离的4倍；双人吊椅式索道的站台长度不得小于吊椅每秒钟运行距离的5倍；当两人不能同时上下车时以及两人吊厢式、吊篮式索道其站台长度不得小于运载工具每秒钟运行距离的7倍。大于2人的运载工具索道其站台长度应不小于运载工具在站内每秒钟运行距离的9倍；滑雪索道的站台长度不得小于吊椅每秒钟运行距离的3倍，在任何情况下应不小于2.4 m。

6.2.2.2 上下车位置处吊椅座位面距地面高度在静载荷下应在400 mm～600 mm之间(从座椅前边缘中间位置测量)。

6.2.2.3 站台地面的纵向和横向坡度宜为20%，最大不得超过8%。

6.2.2.4 滑雪专用索道下车后的滑行坡道最大不得超过40%。

6.2.2.5 对于固定抱索器吊椅索道的上车区装设的上车皮带应符合下列要求：

——上车皮带与运载索的相对速度不应超过1 m/s；

——上车皮带的长度应保证最先的上车位置、最后的上车位置与上车皮带末端之间的距离不得小于 1 m；

——滑雪者的通道调节装置应在上车皮带方向，并能够根据车辆位置自动监控调节。当自动通道调节装置失效时，上车皮带不得运行。

6.2.2.6 对于运送滑雪者的固定抱索器吊椅索道下车区应是直线，下车区的水平长度不得小于吊椅 1.5s 运行的距离。

6.2.3 脱挂式索道的站台

6.2.3.1 在上下车范围内，吊厢车门打开后与周围固定构筑物间的净空不得小于 1.2 m，在其他位置上不得小于 0.5 m。

6.2.3.2 站内应设有停放车辆的备用轨道，载有乘客的车辆不得通过道岔进入备用轨道，若在中间站须经过道岔时，则该道岔应装设机械或电气的闭锁装置。

6.2.3.3 对于运送滑雪者的脱挂式吊椅索道下车区应是直线，下车区的水平长度不得小于 2 m。

7 线路设施

7.1 支架及基础

7.1.1 支架及基础的设计和施工应符合 GB 50007、GB 50009、GB 50010、GB 50017 的有关规定。

7.1.2 计算支架及基础强度时，应考虑下述载荷：

a) 永久载荷：如结构自重及非结构组成的自重(如起吊架、附属装置和固定的设备)等；

b) 可变载荷：如钢丝绳产生的力、运载工具产生的力、动载荷、风载荷和冰雪载荷(见 3.6.1～3.6.5)等；

c) 事故载荷：如脱轨、雪崩或运载工具碰撞产生的力等。

7.1.3 所有支架基础(不论是在工作状态还是非工作状态)的抗滑移、抗倾覆与抗扭转的安全系数均不得小于 1.5。

7.1.4 基础底面压力不得超过最大允许的地基承载力；基础顶面应高出地面 300 mm，基础底面应位于正常冰冻深度以下；基础周围应有排水和边坡护坡等设施。

7.1.5 支架在各种工作状态下，特别是受侧面风力时，其弹性变形不应影响导向装置的安全和钢丝绳的稳定性，也不应使钢丝绳在鞍座处有很大的磨损。支架顶部的允许变形应小于下列比例极限值：

a) 运行时：

——托索支架：沿索道中心线为 $H/300$；垂直索道中心线为 $H/500$；

——压索和托压索支架：沿索道中心线为 $H/500$；垂直索道中心线为 $H/800$。

b) 非运行时：

沿索道中心线为 $H/100$；垂直索道中心线为 $H/200$(H 为支架高度)。

7.1.6 应验算支架顶端的扭转变形，运行时支架顶端在水平面内的扭转角不得超过 0.005 rad。

7.1.7 支架及基础宜采用如下设计工作寿命：

——单线架空索道为 30 年；

——双线架空索道为 50 年。

7.1.8 支架金属材料的破断强度安全系数在承受工作载荷时不应小于 3，承受非工作载荷时不应小于 2.2，在确定金属结构尺寸时应考虑疲劳强度。

7.1.9 支架应采用钢材或钢筋混凝土(包括预应力混凝土)材料制成，不得采用绷绳拉紧的支架。

7.1.10 在环境温度低于－20℃时，主要承载构件应采用镇静钢。

7.1.11 支架金属结构所用的开口型钢材，其壁厚不应小于 5 mm，钢管材及闭口型钢材壁厚不应小于 2.5 mm，管材和闭口型材的外表面上应有防锈层。

7.1.12 支架采用螺栓连接时，螺栓应紧固，防松措施得当，主要受力连接螺栓的强度等级不得低于

8.8级，法兰连接应紧密(见10.2)。

7.2 支架上的设备

7.2.1 承载索鞍座

7.2.1.1 支架上承载索鞍座应采用固定式鞍座。

7.2.1.2 有客车通过的鞍座应符合4.2.3条的规定，还应满足下列要求：

$$R \geqslant 0.5\ v^2$$

式中：

R——固定式鞍座曲率半径，单位为米(m)；

v——客车通过鞍座时的运行速度，单位为米每秒(m/s)。

7.2.1.3 鞍座应有足够的长度，以保证即使承载索在不利的张力和有效载荷增加10%的情况下，两端均留有0.03 rad的余量。鞍座端部应为圆弧，圆弧的半径不得小于5倍承载索的直径，长度不得小于承载索直径的3倍。

7.2.1.4 承载索鞍座在钢丝绳移动的部分应装设对钢丝绳无损害的材料制成的衬垫并装有必要的润滑装置。

7.2.1.5 鞍座的形状应保证客车制动器能从鞍座上通过并尽量避免制动块与鞍座相碰。

7.2.1.6 承载索鞍座不应限制车辆的纵向和横向摆动的自由度。承载索鞍座的下部结构应不影响车辆纵向摆动。

7.2.1.7 对于跨度大和风大地段的支架鞍座，应设置防脱索装置，但不得妨碍承载索的滑动和客车的顺利通过。

7.2.2 牵引索导向装置

7.2.2.1 牵引索的托索轮组上应装设钢丝绳的内导向和外导向装置。

7.2.2.2 应防止脱索的牵引索挂在支架上或钢丝绳导向装置上。应设置牵引索脱索后的自动复位装置。

7.2.3 托(压)索轮组

7.2.3.1 应使单线索道支架上托(压)索轮组的各个托(压)索轮受力均匀。

7.2.3.2 应在托(压)索轮外侧安装捕捉器，内侧安装挡绳板，不得妨碍抱索器通过托索轮。

7.2.3.3 捕捉器应符合下列要求：

——捕捉器的位置应不影响抱索器的通过并在有利的位置捕捉钢丝绳，也不影响托索轮的灵活性；

——槽深不得小于钢丝绳直径的一半；

——在不利载荷下捕捉器的屈服限安全系数应大于1.5；

——脱索时作用在捕捉器上的力应按线路计算时该支架最大支承力的1.3倍计算，钢丝绳与捕捉器之间的摩擦系数取0.30。

7.2.3.4 运载索托(压)索轮组应装设保护开关，当钢丝绳一旦脱索，保护开关应动作使索道停车。保护开关在脱索后不得自动复位。

7.2.3.5 脱索保护开关应装设在正常运行方向的入绳端，六轮以上的托(压)索轮组在出绳侧也应装设保护开关。

7.2.3.6 托(压)索轮应加衬(模数 E 不大于5 000 N/mm^2)，且衬槽深应大于钢丝绳直径的1/10。

7.2.3.7 运载索托(压)索轮槽深$(D_1-D_2)/2$(D_1、D_2 的定义见3.5.2.5)不得小于钢丝绳直径的1/3且不小于10 mm。轮子边缘超过托索轮衬圈的高度不得小于钢丝绳直径的1/6且不得小于5 mm。

7.2.3.8 牵引索托(压)索轮的槽深不得小于钢丝绳直径的1.5倍，且不得小于50 mm，站内牵引索托索轮允许例外。

7.2.3.9 托(压)索轮组上最小压力应符合3.5.2条的规定，并均匀分布，在线路支架上不允许使用单个托索轮。

7.2.3.10 在匀速运动时，钢丝绳最大力作用在支架上时托(压)索轮组的均衡梁、轴和固定件的屈服限安全系数应大于3.5。

7.2.3.11 托(压)索轮的滚动轴承应按轴承生产厂的说明和规范进行计算，滚动轴承的计算寿命不得小于25 000小时，计算时可以不考虑风载荷。

7.2.3.12 应防止托(压)索轮组整体翻转。

7.2.4 在压索支架或又托又压支架的横梁上应装设二次保护装置。

7.2.5 起吊架

7.2.5.1 在支架上应装有固定的起吊架。

7.2.5.2 对于压索支架或又托又压的支架，在垂直于钢丝绳的基础上或基座上应锚固一个提升钢丝绳的设施。

7.2.5.3 设计起吊架时应考虑：

——最大钢丝绳力；

——小型起重装置的布置；

——钢丝绳抬起时所产生的偏斜拉力。

7.2.6 检修平台

7.2.6.1 为了沿钢丝绳进行救护和维修轮组的工作，在支架上应安装有检修平台。检修平台不应与轮组相连。

7.2.6.2 进行检修平台的结构设计和计算时应考虑：

——平台的坡度应对应于钢绳的平均倾角；

——在不利的位置单个载荷为2 kN；

—— 均布载荷按2.0 kN/m^2；

—— 作用在栏杆上的横向载荷按0.5 kN/m；

——平台不应限制车辆的纵向和横向偏摆；

——平台应防滑(油脂、冰)和防坠落；

——支架的扭转振动。

7.2.7 支架导向装置。

导向装置的两端部应连成圆滑的封闭环形，且与支架纵向中心线相对称，其他要求见5.10车辆导向装置。

7.2.8 爬梯和支架编号

7.2.8.1 支架上应设爬梯，高度在10 m以上时爬梯应设护圈(滑雪索道允许例外)或防坠落装置；当高度超过25 m时，每隔10 m应设带护栏的平台。

7.2.8.2 支架上应有醒目的连续编号。

8 运载工具

8.1 一般规定

8.1.1 运载工具的设计应遵守规定的横向摆动自由度和纵向摆动自由度以及运载工具导向的条件。

8.1.2 运载工具承载部件及其连接部件应便于检查。

8.1.3 运载工具应进行防腐处理。

8.1.4 在低温环境下使用时，运载工具的承载部件应采用具有足够的韧性、延伸率和裂纹延伸小的材料。

8.1.5 运行小车、吊架和车厢之间的连接件应防止自行松脱。

8.1.6 对于输送站立乘客的车厢地板面积，应符合3.4.1条规定。此外，还应设有足够数量的扶手。

8.1.7 运载工具应编号。

8.2 计算

8.2.1 对于运载工具应计算下列诸力和力矩：

——所有部件的自重(G)。

——有效载荷(Q)：单座位乘客按 880 N 计算，双座位乘客按 1 670 N 计算，其他型式的每人按 740 N计算；对于运送滑雪者的索道，每人增加 50 N 装备的重力。

——风力 F_w：运行时风压为 0.25 kN/ m²；

停运时风压为 0.8 kN/ m²。

——阻尼力矩(M_Y)：由纵向摆动阻尼产生的力矩，在双线索道取如下值：

a) 在吊架上带有减振器的为每人±100 N · m；

b) 在吊架上不带有减振器的为每人±25 N · m。

——旋转力矩(M_Z)：

由水平力产生的力矩，在双线索道取以下值：

$M_Z=\pm 50$ N · m/每人。

——运行中每人的撞击力：对于往复式索道，每人的撞击力 $H_{YZ}=200$ N，作用在车厢一半的高度，即可能是最不利的冲击位置上。

——储能弹簧力 F_f：脱挂抱索器或固定抱索器由储能弹簧产生的力。

——打开抱索器和关闭抱索器的力(O)。

——迂回力：固定抱索器循环式索道通过迂回轮时作用在运载工具上的动态力。

——客车制动器动作时的力(Q_F)。

8.2.2 应验证静力破断强度及结构在疲劳负荷下的疲劳强度。验证时应考虑结构部分的材料以及表面厚度和形状。运载工具的承载构件、牵引索的连接装置、客车制动器的制动元件等其破断强度安全系数应不小于 5。结构的疲劳强度安全系数应不小于 1.35。

8.3 固定抱索器和脱挂抱索器

8.3.1 一个运载工具上所有抱索器防滑力之和$\sum F_{eff}$应达到运行时最大下滑力 $F_{T\max}$的 3 倍：

$$\sum F_{eff} \geqslant 3\ F_{T\max}$$

8.3.2 一个运载工具上所有抱索器防滑力之和$\sum F_{eff}$应至少等于运载工具允许的最大总质量：

$$\sum F_{eff} \geqslant \max(G+Q)$$

8.3.3 运载工具上有两个或者两个以上抱索器时，每一个抱索器上的防滑力必须满足如下要求：

$$F_{eff} \geqslant \frac{3\ F_{T\max}}{n} \text{和}\ F_{eff} \geqslant \frac{\max\ (G+Q)}{n} \quad (n\ \text{为抱索器数量，不允许超过 10})。$$

8.3.4 计算抗滑力时钳口与钢丝绳之间的摩擦系数取 0.13。

8.3.5 防滑力 F 应通过计算和试验验证。

8.3.6 抱索器的钳口应保证在车辆横向摆动 0.35 rad(35%)时能顺利通过托、压索轮。

8.3.7 抱索器内外抱卡应采用锻造方法制造，不得铸造。抱索器钳口与钢丝绳接触的边缘应倒圆。

8.3.8 抱索器的使用范围(钢丝绳直径的范围、防滑力范围、最大承载力和允许的抱索器钳口磨损)应在操作维护说明书中说明。

8.3.9 脱挂抱索器钳口夹紧力由弹簧产生时，当一根弹簧失效时夹紧力降低不得大于 50%。

8.3.10 固定抱索器经过驱动轮和迂回轮时，运载索在钳口进出口处形成的折角不得超过 16%(9°)。

8.3.11 对固定抱索器当钢丝绳直径偏离钢丝绳公称直径－10%至 6%的情况下，抱索器钳口打开或关闭其行程的余量应不少于 1 mm。当钢丝绳公称直径减少 10%时，钳口夹紧力减少不得大于 25%。

8.3.12 脱挂抱索器应在钢丝绳直径为(1.1 d+1) mm 或(0.9 d－1) mm 情况下能够正常挂接并夹紧钢丝绳。

8.3.13 脱挂抱索器弹簧的计算寿命应不小于 500 000 次负载变换(关闭和打开)。弹簧的工作行程不得大于其最大行程的 80%。

8.3.14 在任何情况下抱索器或抱索机构在线路上都不应自动脱开或因夹紧力不足而产生滑移。

8.3.15 应在每一个抱索器上打上适用的钢丝绳直径 d 的标记。

8.4 运行小车

8.4.1 双线索道运行小车车轮之间应设平衡梁。

8.4.2 车轮上应装设耐磨轮衬(弹性模数不大于 5 000 N/mm²)。

8.4.3 在不装客车制动器的运行小车的两端应装设防止出轨的导靴。

8.4.4 运行小车两端应装有缓冲器或缓冲挡块,在有冰雪地区应装设刮雪器或破冰装置。

8.4.5 空车车轮在下列任一情况下都不得离开承载索:

——客车紧急制动时;

——牵引索最大张力增大 40%时;

——减摆装置的阻尼力矩最大时;

——客车制动器在支架上或支架附近制动时;

——采用双承载的索道,无客车制动器的客车横向摆动 0.20 rad(20%)时,其中一根承载索的载荷不得小于全部载荷的 25%;有客车制动器的客车横向摆动 0.10 rad(10%)时,运行小车的车轮亦不得单侧离开承载索。

8.4.6 牵引索或平衡索与客车的连接装置应符合 4.3 条款中的有关要求。

8.5 客车制动器

8.5.1 对于双线往复式客运索道,客车容量超过 6 人的单牵引索道应装设作用在承载索上的客车制动器。满足下述几项要求,经论证允许不装设客车制动器:

——所使用的牵引索应编成一根连续的环线;牵引索抗拉安全系数应不小于 5.4;

——对牵引索全部长度范围内能用磁感应探伤仪进行定期的检查;

——车辆固定到牵引索上应至少用两个同时起作用的独立元件(夹索器),其防滑力之和至少应为车辆最大下滑力的 4 倍。

8.5.2 对于双牵引的往复式索道允许不装设客车制动器。

8.5.3 在下列情况下,客车制动器应自动作用:

——牵引索或平衡索断裂时;

——牵引索或平衡索与行走机构的连接部件断开时;

——当运行速度超过其最大运行速度 25%时;

——当行走机构上牵引索的张力只有其最大张力的一半时或牵引索张力在 5 kN 之下时。

8.5.4 客车制动器的制动力不得小于以下值:

——制动片按平均摩擦系数计算时,客车下行,作用在行走机构上牵引索的最大牵引力;

——制动片按平均摩擦系数计算时,满载客车最大下滑力的 1.5 倍;

——制动片按最小摩擦系数计算时,为:$F_{T\max}+qH$ (N)

其中:$F_{T\max}$ 为满载客车最大下滑力(N);

q 为下行侧牵引索(或平衡索)每米的重力(N/ m);

H 为计算点牵引索(或平衡索)至下站的高差(m)。

8.5.5 客车制动器的制动力宜设计成可调的;在距离长、速度高及倾角变化大的索道上宜采用分级制动或自动调节制动力的制动器。

8.5.6 客车制动器制动时,驱动装置的工作制动器必须自动制动。

8.5.7 车辆有乘务员时,车辆内应有客车制动器的手动释放装置。

8.5.8 客车制动器的制动片应耐磨,但不得损伤承载索。

8.5.9 制动片磨损 4 mm 时,或因制动片磨损使制动力降低值大于原制动力的 10%时应更换制动片。

8.5.10 客车制动器钳口的形状、高度应能适应客车载荷及承载索张力变化、客车车轮磨损以及经过支架鞍座时承载索位置变化的要求。

8.5.11 当取最大摩擦系数时,客车制动器和制动小车的所有构件的屈服极限安全系数不得小于2。此外,还应考虑紧急制动时的动态力。

8.6 吊厢

8.6.1 吊厢的外面应装备长条板或缓冲件。

8.6.2 吊厢内应张贴乘客须知。

8.6.3 运送站立乘客车厢的护板(护栏)距地板的高度应大于1.1 m;运送坐着乘客车厢的护板(或护栏)距座椅面的高度应大于0.35 m。

8.6.4 车窗应由不易裂碎的材料制成。窗子的开启程度一定要保证在支架和站房范围内不会对乘客造成任何危险。

8.6.5 吊厢应考虑必要的通风设施。

8.6.6 吊厢的地板应防滑并装有排水口。

8.7 往复式索道车厢

8.7.1 车厢内应留有一个操作位置,乘务员位置的面积应不小于0.40 m^2。

8.7.2 带有客车制动器的车厢内应预留手动操作客车制动器的位置。

8.7.3 运送站立乘客的车厢,车厢内净空高度不得小于2.0 m,并应设拉杆和扶手。

8.7.4 车厢宜设前灯和内部照明。

8.7.5 车厢的顶部和底部应设有人孔及可通到车厢顶部的梯子。人孔的大小应能通过直径为0.60 m的球体。当使用底部人孔时,人孔周围2/3以上的区域应有保护装置。

8.7.6 在车厢底部的人孔处应有放绳设备的固定位置,此固定位置应能容易并安全地进行放绳的操作。

8.7.7 车厢内应贴有准乘人数的说明,其有效载荷以kg计,在没有乘务员的车厢内还应贴有在线路上如何处理临时停车事故及严禁吸烟的公告。

8.7.8 其余要求参照8.6中的相应条款。

8.7.9 配备有救援车的索道,车厢端部应设门或活动窗。

8.8 车厢门

8.8.1 车厢应装有不易误开的门。门应能闭锁,闭锁的位置应可以检查。

8.8.2 自动操作门的要求如下:

——门的锁紧力不得大于150 N;

——门的边框上应装有软边;

——当自动操作机构失灵时,门应能手动开启。

8.8.3 在无乘务员的车厢内,车厢门不允许乘客自行打开。

8.8.4 车厢门不得由于撞击或大风的影响而自动开启。

8.9 吊架

8.9.1 封闭式吊架或钢管吊架,其壁厚不得小于2.5 mm。内外壁应防锈蚀,且在适当的位置上设有排水孔。

8.9.2 吊架头部和受力较大的部位不得有横向焊缝。

8.9.3 吊架与车厢或椅座连接处应设减震装置。

8.9.4 对于运行速度大于3 m/s、容量大于16人的往复式索道的客车应设置防摆装置。吊架上部应设带护栏的检修平台。

8.9.5 吊架的长度应保证车厢或吊椅在最大坡度处纵向和横向摆动0.35 rad(35%)时不触及索道线路上的任何部位。

8.9.6 弧形和管形吊架的内曲率半径应不小于型材高度的3倍或管子外径的3倍。

8.9.7 对于将承载索封闭的A形吊架，重心的偏斜值不应大于±50 mm。

8.10 吊椅

8.10.1 吊椅应带有靠背、扶手和一个向上翻起的封闭护栏。护栏应可由乘客操作而不受到伤害（挤压和剪伤）；操作护栏的力不应超过100 N；护栏应与脚蹬相连。

8.10.2 吊椅下部前边缘不得有凸出、锋利的棱角。

8.10.3 座椅面应全部承载，并向后倾斜25%～35%，其深度应在0.45 m和0.50 m之间。

8.10.4 有座位时每人的座位宽度应为：

——一排乘坐两人以下时取0.5 m；

——一排多于两人时取0.45 m。

8.10.5 每一个吊椅应装备靠背，靠背高不得小于0.35 m，靠背下缘与座椅面的间隔不得大于0.15 m。

8.10.6 外罩

8.10.6.1 吊椅外罩应能与护圈分别动作。打开护栏应打开外罩。此外，当空吊椅时外罩应能强制地关闭并锁上。

8.10.6.2 外罩应可由乘客操作而不受到伤害（挤压和剪伤）；操作外罩的力不应超过100 N。

8.10.6.3 外罩应由不易破碎的材料制成。

8.11 救援车辆

8.11.1 救援车辆的载荷计算应符合8.2条规定。

8.11.2 救援车辆应考虑救援时连接车辆之间让乘客能够换乘的设施。

8.11.3 救援车的定员应不小于客车定员的10%。

9 电气设备

9.1 一般规定

9.1.1 索道应有两套独立的电源供电。可采用双回路电源或柴油发电机作为备用电源，也可用内燃机作备用动力。在没有备用电源的情况下不得运营。

9.1.2 安全电路正常工作时应是闭合回路，而且应通过中断电路的方式来完成其功能。

9.1.3 索道交流供电电源稳态电压值应为0.9～1.1倍额定电压，稳态频率值应为0.98～1.02倍额定频率，在电源周期的任意时间，电源中断或零电压的持续时间应小于3 ms，相继中断间隔时间应大于1 s；直流供电电源中断或零电压的持续时间应小于20 ms，相继中断间隔时间应大于1 s。

9.1.4 所有信号应在其所需的全部条件具备后才可传递。一旦某一保证安全的条件没有具备，则应取消该信号的传递。

9.1.5 索道运行时，准备就绪或要求运行的指令信号应自动撤销。

9.1.6 采用遥控或自动化控制的索道，应也能采用手动控制的方式作业。

9.1.7 从一种控制方式切换成另一种方式，应在停车的情况下进行。

9.1.8 以下地方应安装维修开关（安全开关）：

——机房内；

——各站和各中间停车点机械设备的维护区域和工作平台上；

——运载工具的控制点；

——控制台上。

9.1.9 在以下地方应安装紧急停车按钮：

——控制台；

——每个工作平台；

——每个中间停车点；

——每个站房；

——运载工具的控制点；

——如有必要，安装在往复式架空索道的客车里。

紧急停车按钮应独立于PLC。

9.1.10 安全功能的屏蔽应通过钥匙开关或类似的元件进行；屏蔽安全功能，控制操作应通过控制台进行；应使操作人员能清楚地看到安全功能屏蔽指示。安全功能结束屏蔽应容易辨识。

9.1.11 辅助驱动装置、紧急驱动装置及救护驱动装置的电气装备应与主驱动装置的电气设备彼此分离，不同的驱动之间应进行联锁。

9.2 电气拖动装置

9.2.1 电气拖动装置应能在规定载荷范围内不仅可以立即平稳起动，且能双向运转。它的容量应按在不利的载荷情况下以最大允许的运行速度连续运转进行计算。

9.2.2 主拖动装置应能在不利的载荷情况下，以最小 $0.15\ m/s^2$ 的平均加速度启动。允许的平均加速度为 $0.5\ m/s^2$ 和瞬时加速度(在0.5 s内的平均加速度)不超过 $1.5\ m/s^2$。

9.2.3 为了保持给定的运行速度，电气拖动装置应能在制动和拖动状态之间平稳转换。在这种情况下：

——如果没有充分的理由应是4象限的拖动；

——应保证拖动装置的扭矩随载荷变化。

9.2.4 运行速度应不受载荷变化影响，正常情况下运行速度的变化不得大于±5%。

9.2.5 在各种作业工况下所有的调速回路都应保持稳定状态，并留有足够的安全裕量。

9.2.6 当工作制动器或安全制动器引起紧急停车时，主电机电源应立即自动切断；其他停车情况下主电机电源最迟在车停时切断。

9.2.7 如采用双驱动结构，则所有电机在每种作业工况都应工作。

9.3 控制

9.3.1 运行指令应在所有涉及安全起动的条件都具备时才能生效。

9.3.2 改变运行方向指令应在索道完全停车后才能生效；发出反向运行的指令后，索道不得溜车。

9.3.3 屏蔽了一个或多个安全设备时，发出运行指令后不得出现溜车。

9.3.4 确定运行速度给定值时，应保证低速优先。

9.3.5 运行过程中，在控制台应能在任何时候对运行速度进行控制。在其他控制位置应能进行减速和停车控制。

9.3.6 停车指令应优先于其他控制指令。

9.3.7 往复式索道和脉动循环式索道在站内及线路上速度的控制：

9.3.7.1 当最大运行速度超过通过支架允许的运行速度时，应控制车辆在过支架时减速。

9.3.7.2 在车辆进站时应配备两套以上的减速设施控制车辆减速。

9.3.8 往复式索道的控制台上应显示车辆在线路上运行时所处的位置，而且：

——应能改变车辆在线路上的行驶方向；

——应能自动修正车辆在站内的正常停车点位，使其各自都处于相应的起始位置；

——应以米为单位显示车辆距站房的位置；

——应标明支架位置及车辆进入减速区的开始点及线路上其他的重要位置；

——当采用其他驱动装置时，车辆位置的显示功能也应完好；

——即使位置行程指示器损坏，也应具备车辆位置的控制功能。

9.3.9 对于速度大于3 m/s的索道，断电时控制系统应在5 min内仍能保持正常工作。

9.4 安全电路

9.4.1 索道的全部安全装置应组成安全保护电路，当线路断电或某一安全装置发生故障时，应能自动停车。未查清故障之前不得重新启动。

9.4.2 出现下列情况之一时，索道应自动停车，并能在控制室内显示故障部位：

——运载索脱索；

——减速度或减速位置不符合设定要求；

——运行速度超过设定速度 10%；

——客车超过停车位置；

——往复式和双线循环式索道的牵引索产生了缠绕承载索；

——客车制动器制动；

——张紧装置到达上下限位置；

——电气装置的常规保护发出故障信号；

——往复式索道牵引索断绳。

9.4.3 线路安全回路的电源电压应小于交流有效值 25 V 或直流 60 V。

9.4.4 延迟触发紧急停车不应超过 500 ms。

9.4.5 不得将阻值在故障时会减小的电阻、电容或二极管并联在作为安全关键件的断路器触点或元件上。

9.4.6 线路阻抗的改变或发射器和接收器间的相互干扰不得降低线路安全回路的保护功能和可操作性。

9.4.7 脱挂抱索器索道的安全监控应包括：

——抱索器挂结前的适当位置上装设挂结前状态检测装置；

——抱索器挂结后的适当位置上装设挂结后状态检测装置；

——抱索器脱开前的适当位置上装设脱开前状态检测装置；

——抱索器脱开后的适当位置上装设抱索器未脱开状态检测装置；

——在进出站脱开挂结段的适当位置应设有钢丝绳垂直和水平位置检测装置；

——以上检测开关动作时，索道应能自动停车；

——抱索器在站内适当位置上应设有抱索力检测装置并能显示，抱索力低于设定值时，索道自动停车；

——应具备自动调车装置，运载工具按设计间距发车，并能通过信号显示，发车间距不得小于设计值；

——自动开关门吊厢索道应设有车门开关位置检测装置，车门发生故障时，索道能自动停车；

——应有道岔位置检测装置，道岔未进入正确位置时，索道不能运行；

——应按适当的距离分区，且站内应有区间保护系统；

——加减速及推车装置应有速度监控装置。

9.5 信号装置

9.5.1 应装设必要的显示设备以便于操作人员了解设备操作和运行情况，以及可能发生的故障及其原因的信息。

9.5.2 故障的显示应保持到下一次起动或手动复位。

9.5.3 对于操作和显示设备，宜选用下面的颜色：

——红色：紧急状态，危险情况，紧急停车；

——黄色：异常状态，报警，显示异常情况；

——绿色：安全状态，正常情况，正常停车；

——蓝色：待令状态，要求动作；

——白色/灰色/黑色：中间状态，没有特殊含义，边界线。

9.5.4 重要的电压值和电流值以及重要的监测信号，应通过检测设备或与之等效的设备加以显示。

9.5.5 应配备运行计时器。

9.5.6 应在受风最大的位置装设风力报警装置,在有人的站房设置风速显示装置及报警装置。

9.6 测试

9.6.1 以下安全保护功能应能够方便地进行人工测试:

——超速停车;

——往复式索道或脉动式索道中每个运载工具进站的监测系统;

——循环式脱挂索道,站内各吊厢出站、进站、运行的安全保护功能;

——工作制动器单独动作;

——安全制动器单独动作;

——减速监测系统。

9.6.2 测试设备及其动作不应对正常操作构成损害。

9.6.3 测试过程应不影响和改变被测试元器件的功能。

9.6.4 测试单个制动器时,不得影响其他制动器使用。

9.7 通讯

9.7.1 站房之间应有自己独立的专用电话,并有一套备用通讯系统。

9.7.2 对于客车容量在16人以上的自动控制索道上,车厢和驱动站之间应有通话联系。

9.7.3 如不要求客车和驱动站之间进行通话联系,则在出故障时应有其他通讯方式将情况及时通知乘客(如在支架上装设扬声器)。

9.7.4 应至少有一个站房或在站房附近装设外线电话。

9.7.5 应配备线路上进行钢丝绳检测、设备维修以及救护时所用的无线电对讲机。

9.7.6 当安全功能已经部分或全部被屏蔽,工作电话系统应保持始终畅通。

9.7.7 在停电情况下广播系统应仍然保持有效。

9.8 防雷和接地

9.8.1 索道站房、线路支架、未绝缘的钢丝绳、机械设备及所有金属构件应直接接地。在线路上接地联线相隔不得大于500 m。应定期检查接地电阻数值,其冲击接地电阻数值要求如下:

——索道站房≤5 Ω;

——机械设备、钢丝绳和站内金属构件≤5 Ω;

——线路支架小于30 Ω。

9.8.2 建在雷击频繁地区的索道,宜在承载索或运载索的上方设置单避雷线或双避雷线。

9.8.3 应采取技术措施防止雷电波形成的高电压从电源入户侧侵入。

9.8.4 在电源引入的总配电箱处,宜设过电压保护器。

10 安装

10.1 一般规定

10.1.1 客运索道的安装应由取得相应资质的安装单位承担。

10.1.2 安装客运索道时应具备下列技术文件:

——索道设计说明书、安装图、设备清单等;

——机电产品合格证;

——钢丝绳产品合格证;

——标有各测量桩点实测位置与实测标高的测量资料;

——钢结构产品合格证或现场制作单位的质量证明文件,主要焊缝检查记录和必要的预组装合格证。

10.1.3 安装单位应根据索道工程设计要求和复杂程度,编制安装施工方案。

10.1.4 安装开始前，应对与索道安装有关的土建基础工程进行复验。钢结构和设备基础的允许偏差，应符合表 16 的规定。

表 16

<table>
<tr><th>序 号</th><th colspan="2">项 目</th><th>允许偏差</th></tr>
<tr><td>1</td><td colspan="2">钢支架或钢结构基础纵向中心线对索道中心线的偏移(按相邻跨距中的较小跨距计算)</td><td>0.000 5 L 但不得大于 50 mm</td></tr>
<tr><td>2</td><td colspan="2">钢支架或钢结构基础纵向中心线对索道中心线的偏斜</td><td>1/1 000</td></tr>
<tr><td>3</td><td colspan="2">同一钢支架或钢站房其分离基础中心线之间的距离</td><td>±10 mm</td></tr>
<tr><td>4</td><td colspan="2">钢支架或钢站房基础顶面的标高</td><td>与相邻支架跨距和在 200 m 以内时允差 50 mm，跨距和每增加 100 m，允差增加 10 mm</td></tr>
<tr><td>6</td><td colspan="2">同一钢支架或站房其分离基础顶面之差或不同标高分离基础顶面之间的高差</td><td>10 mm</td></tr>
<tr><td>7</td><td colspan="2">与钢筋混凝土站房直接连接的钢结构基础顶面的标高</td><td>−10 mm</td></tr>
<tr><td>8</td><td colspan="2">倾斜预埋的螺栓、锚杆或框架对设计平面的倾斜度</td><td>17/1 000</td></tr>
<tr><td>9</td><td colspan="2">预埋螺栓组中心线对设计中心线的偏移</td><td>5 mm</td></tr>
<tr><td rowspan="3">10</td><td rowspan="3">预埋地脚螺栓</td><td>标高(顶部)</td><td>+20 mm</td></tr>
<tr><td rowspan="2">中心距</td><td>无调整穴时±2 mm</td></tr>
<tr><td>有调整穴时±5 mm</td></tr>
<tr><td>11</td><td colspan="2">地脚螺栓的露头高度(应扣去抹面层的厚度)</td><td>+20 mm</td></tr>
</table>

10.1.5 安装单位应对所安装的设备及钢结构进行查验。

10.1.6 运输与保管过程中不能防止灰尘或杂物进入运动部位的机械设备，在安装前应进行解体检查和二次清洗，必要时应重新更换全部润滑剂。

10.1.7 机械设备通用部分的安装应符合 GB 50231 和设备技术文件的有关规定。

10.1.8 电气设备的检查、保管和安装应符合 DL/T 1561.1～1561.17 和设备技术文件的有关规定。

10.1.9 钢丝绳的安装应符合下列要求：

——承载索套筒楔接，牵引索浇铸连接及运载索、牵引索的编接工作，应由考核合格的人员担任。

——套筒楔接或浇铸连接的操作记录、运载索或牵引索的编接记录、检查结果、操作及检查人员的姓名均应登记在册。

10.2 钢结构和线路设备的安装

10.2.1 钢结构安装时，其允许偏差应符合表 17 的规定。

表 17

<table>
<tr><th colspan="2">项 目</th><th>允许偏差</th><th>检测要求</th></tr>
<tr><td colspan="2">钢支架或钢站房顶面中心点对基础顶面的垂直线与该面设计中心点的偏移</td><td>0.001 H 但不得大于 50 mm</td><td>应按钢结构高度 H 计算</td></tr>
<tr><td colspan="2">钢支架横担纵向中心线或钢站房站口桁架纵向中心线对索道中心的偏移</td><td>0.000 1 L 但不得大于 10 mm</td><td>应按较小跨距 L 计算</td></tr>
<tr><td rowspan="2">钢支架或钢站房顶面的标高</td><td>与相邻支架跨距之和在 200 m 以内</td><td>50 mm</td><td rowspan="2">应在鞍座底面或轨道顶面测量</td></tr>
<tr><td>跨距之和每增加 100 m</td><td>增加 10 mm</td></tr>
</table>

表 17(续)

项目	允许偏差	检测要求	
钢支架横担或钢站口桁架横向中心线对索道中心线的垂直度	3/1 000		
钢支架横担或钢站房站口桁架在索道横向中心线方向的水平度	1/1 000		
构件的弯曲矢高	0.001 L 但不得大于 10 mm	应按构件长度 L 计算	单件吊装时应检查
构件的水平度	2/1 000		
构件的垂直度	0.001 h	应按构件高度 h 计算	
同一层水平格对角线长度的相对差	L/1 000	分件吊装时应检查,且不应连续出现同向偏差,按对角线长度 L 计算	

10.2.2 测量或校正钢结构的偏差时,应避开风力、日照、温差等所造成的变形影响。

10.2.3 钢结构调整后,应采用强度等级比基础混凝土强度等级高一级的细石混凝土进行灌浆,灌浆层应密实平整,其厚度不宜小于 30 mm。

10.2.4 钢结构之间的联接面应接触紧密,接触面不少于 70%。

10.2.5 倾斜设计的钢支架,其安装要求和允许偏差,可参照垂直设计钢支架的要求。

10.2.6 钢结构固定后,在运输、保管和安装过程中脱落的底漆、面漆以及安装联接处,应在彻底除锈后进行补涂。

10.2.7 单线循环式索道同一支架索轮组两端索距的偏差不大于轮组长度的 2/1 000。

10.2.8 安装单线客运索道的线路监控装置应符合下列要求:

10.2.8.1 控制回路应配线整齐、绝缘良好、连接牢固;

10.2.8.2 带有滚轮的线路监控装置,滚轮对牵引索的靠贴力必须逐个测定,其调整应符合设备技术文件的规定;

10.2.8.3 线路监控装置应进行模拟试验,当运载索脱索时,使索道自动停车。

10.2.9 双线索道固定鞍座的安装应符合下列要求:

10.2.9.1 衬垫应镶嵌密实,绳槽应平整光滑,各润滑点油路应畅通,绳槽应均匀涂上润滑油;

10.2.9.2 绳槽中心线应与承载索中心线吻合,偏移或偏斜的最大横向值不得大于索距的 1/2 000 和承载索直径的 1/15;对于双承载索双线往复式索道及三索循环式索道,2 个绳槽的间距和平行度的偏差均不得大于 2 mm,同一横截面绳槽中心标高的偏差不得大于±2 mm;

10.2.9.3 托索轮组绳槽中心线应与牵引索中心线吻合,偏移或偏斜的最大横向值不得大于牵引索直径的 1/10;

10.2.9.4 托索轮组中的每个托索轮均应调整到设计位置。

10.2.10 偏斜鞍座的安装应符合下列要求:

10.2.10.1 绳槽的清理和允许偏差,应符合 10.2.9 条的规定;

10.2.10.2 偏斜鞍座底面对设计平面的倾斜度偏差不得大于 2/1 000;

10.2.10.3 轨道中心线应与承载索中心线吻合,偏移不得大于 1.5 mm;

10.2.10.4 检查弹性轨道有无变形,并应校正其对称度。

10.3 钢丝绳的安装

10.3.1 钢丝绳的展开应符合下列要求:

10.3.1.1 钢丝绳应在绳盘架空后转动展开,不得在土壤、岩石、钢结构和钢筋混凝土构筑物上拖牵;

10.3.1.2　展开过程中，严禁钢丝绳受到磨损、擦伤、弯折、打结、开裂、鼓肚、露芯松散、松捻等损伤和在水中浸泡。

10.3.2　承载索的连接应符合下列要求：

10.3.2.1　紧靠过渡套筒和末端套筒的承载索或拉紧索，应有检查连接质量的明显标记；

10.3.2.2　承载索的连接工作应由考试合格的人员担任；

10.3.2.3　套筒受力3天后，承载索或拉紧索从套筒内拉出的长度：采用楔接的不得大于承载索直径的1/4，采用铸接的不得大于承载索直径的1/6；

10.3.2.4　套筒采用铸接时，浇铸后的锥体，必须从套筒中抽出进行检查，并应符合有关规定；

10.3.2.5　重锤在导轨中移动到上、下极限位置时，过渡套筒与偏斜鞍座或拉紧索导向轮之间的净空距离均不得小于500 mm；

10.3.2.6　每个套筒均应编号。

10.3.3　承载索的起吊应符合下列要求：

10.3.3.1　起吊前应详细检查承载索表面的涂油情况，受到破坏的涂油层应进行补涂；

10.3.3.2　严禁单点起吊承载索；

10.3.3.3　起吊过程中，承载索的弯曲半径不应小于钢丝绳允许的最小弯曲半径，表层丝之间不得产生开裂现象。

10.3.4　承载索的拉紧应符合下列要求：

10.3.4.1　拉紧顺序和拉紧力应符合设计规定，当无明确规定时，应先将空车侧拉紧到设计值的50%，再将重车侧拉紧到设计值的50%，等无异常情况后，分别将重锤加大到设计值；

10.3.4.2　承载索拉紧到设计值时，重锤应处在设计位置。

10.3.5　承载索的锚固应符合下列要求：

10.3.5.1　必须将夹块式锚具、夹楔式锚具与承载索接触处的油污清除干净；

10.3.5.2　采用夹块式锚具时，工作夹块组的端面应紧贴支承面，相邻的工作夹块应互相紧贴，备用夹块与工作夹块之间应留出5 mm的观察缝；夹块上的每个螺母，应按对角线循环交叉的顺序按设计的力矩拧紧；采用双螺母时，应在基本螺母拧紧之后，按相同的顺序和要求拧紧防松螺母；

10.3.5.3　采用夹楔式锚具时，应按设计要求将承载索楔紧；

10.3.5.4　采用圆筒式锚具，承载索在圆筒上应紧密缠绕，其缠绕圈数必须符合设计规定，并应用夹块将承载索锚固在锚固桩上，夹块之间应紧贴，螺栓的拧紧和防松必须可靠；

10.3.5.5　承载索锚固后应进行垂度测量，其偏差不得大于设计值的5%。

10.3.6　牵引索、运载索的编接与就位应符合下列要求：

10.3.6.1　被编接的两盘钢丝绳的结构、规格、捻向、生产厂家等均必须相同。

10.3.6.2　编接过程中拉紧钢丝绳时，应使用不损伤钢丝绳的专用夹具，不得使用普通的U型绳夹。

10.3.6.3　编接接头的长度不得小于钢丝绳直径的1 200倍。插入长度应大于钢丝绳直径的60倍。

10.3.6.4　相邻两个编接末端之间的钢丝绳长度，不得小于钢丝绳直径的3 000倍。对于一半为牵引索，一半为平衡索的索道，牵引索和平衡索不得有编接头。在特殊情况下需要编接时，编接末端与锚头距离应大于钢丝绳直径的3 000倍。

10.3.6.5　编接接头的外观应浑圆饱满，压头平滑，捻距均匀，松紧一致。

10.3.6.6　钢丝绳编接完毕张紧后，编接插入点之间直径增大量不得超过钢丝绳实际直径的5%；绳股插入点钢丝绳直径增大量，脱挂索道不得超过钢丝绳公称直径的10%；其他索道不得超过钢丝绳公称直径的15% 。

10.3.6.7　插入编接接头内部的绳股应与原绳芯互相衔接。

10.3.7　对于采用双牵引索的往复式客运索道，应准确测量每根牵引索和平衡索的长度，使每根牵引索的拉力接近相等。

10.4 站内设备的安装

10.4.1 吊梁和支承梁的安装应符合下列要求：

10.4.1.1 吊梁和支承梁的平面位置对设计位置的偏差：站口段不得大于5 mm，非站口段不得大于10 mm；

10.4.1.2 吊梁和支承梁标高的允许偏差不得大于±5 mm；

10.4.1.3 对于单线循环脱挂抱索器客运索道，前后横梁的水平度的偏差不得大于1/2 000，两根横梁的间距偏差不得大于5 mm。

10.4.2 吊钩和吊架的安装应符合下列要求：

10.4.2.1 与扁轨的结合面应平行于扁轨中心面，其间距偏差均不应大于5 mm；

10.4.2.2 吊钩或吊架与轨道的结合面，其中心标高的偏差不得大于±5 mm；其垂直度的偏差，不得大于5/1 000。

10.4.3 轨道的安装应符合下列要求：

10.4.3.1 运行区段轨道安装的允许偏差应符合表18的规定：

表18

序　号	项　　目		允许偏差	备　注
1	站内轨道的标高		±5 mm	在轨道顶部测量
2	轨道中心线与相关设备中心线间的距离		±5 mm	
3	直线轨道的直线度		1/1 000	在轨道顶部和两侧测量
4	曲线轨道的曲率半径 R	与设备配套使用的	±5 mm	
		其他曲线段	0.005 R	
5	水平轨道的水平度		1/1 000	在轨道顶部测量
6	轨道坡度的倾斜度		1.5/1 000	在轨道顶部测量
7	轨道腹板的垂直度		5/1 000	

10.4.3.2 站内轨道的接头间隙不得大于2 mm，接头处轨顶的高低差不得大于0.5 mm；

10.4.3.3 轨道接头处螺栓的头部，应安装在靠近客车吊架的一侧；

10.4.3.4 轨道接头至最近吊钩的距离：直线段不得大于700 mm，曲线段不得大于500 mm；

10.4.3.5 轨道工作面应涂油。

10.4.4 道岔的安装应符合下列要求：

10.4.4.1 搭接道岔的标高应与主轨的标高相适应，岔尖应与主轨紧贴，当客车通过道岔时，岔尖应无翘起和摆动现象；

10.4.4.2 平移道岔的轨道中心线对主轨中心线的偏移不得大于0.5 mm，接头间隙不得大于2 mm，接头处轨道的高低差不得大于0.5 mm。

10.4.5 导向板、护轨和挡轨的安装应符合下列要求：

10.4.5.1 导向板、护轨和挡轨的坡度或曲率半径均应与轨道相适应；

10.4.5.2 导向板、护轨和挡轨与轨道之间的水平距离的允许偏差不得大于±2 mm；

10.4.5.3 导向板、护轨和挡轨与轨道之间的垂直距离的允许偏差：当客车装有导向滚轮时，不得大于±5 mm；无导向滚轮时，不得大于±10 mm；

10.4.5.4 导向板、护轨和挡轨的接头应平整，喇叭口应平缓，工作面应涂油。

10.4.6 挂结器和脱开器的安装应符合下列要求：

10.4.6.1 挂结器和脱开器安装的允许偏差应符合表19的规定：

表 19

项　　目	允许偏差
轨道工作面的标高	±2.0 mm
轨道中心线与牵引索或运载索中心线之间的水平距离	±1.0 mm
轨道工作面与抱索或脱索导轨工作面的高差	±1.0 mm
轨道中心线与有关机构或设备中心线之间的水平距离	±1.0 mm
轨道坡度的倾斜度	1/1 000

10.4.6.2　应按照设计图纸的要求，以牵引索或运载索为基准，严格检查各特征点横剖面上的相关尺寸和各特征点的纵向定位尺寸，精确校正各种设备和各种监控装置工作面与牵引索或运载索的相对位置；

10.4.6.3　挂结器和脱开器安装后，必须检查其工作情况，不得出现抱索失误、抱索不良和车辆出站产生异常摆动等现象。

10.4.7　驱动装置的安装应符合下列要求：

10.4.7.1　驱动轮和从动轮安装的允许偏差应符合表 20 的规定：

表 20

项　　目	允许偏差	备　　注
驱动轮纵、横向中心线对设计中心线的偏移	1.0 mm	
卧式驱动装置驱动轮的中心标高	±1.0 mm	
卧式驱动装置驱动轮的水平度或垂直度	0.15/1 000	在任意方向检测
单槽或双槽驱动轮的绳槽中心线与出侧或入侧牵引索或运载索中心线的	偏移 d/20	
	偏斜 1/1 000	
从动轮绳槽中心与其对应的双槽驱动轮的绳槽中心的偏移	d/10	应用拉线法检测
立式驱动装置从动轮的垂直度	0.3/1 000	
卧式驱动装置从动轮的轴线对驱动轮横向中心线方向的垂直剖面的平行度	0.5 mm	
注：d 为钢丝绳直径。		

10.4.7.2　电机、减速器、制动器、联轴器、开式齿轮等设备的安装应符合 GB 50231 的有关规定。

10.4.8　张紧装置的安装应符合下列要求：

10.4.8.1　张紧小车轨道的实际中心线与设计中心线的偏移不得大于 2 mm；

10.4.8.2　轨道工作面标高的偏差不得大于±2 mm；

10.4.8.3　轨距的偏差不得大于+5 mm；

10.4.8.4　轨道的接头应平整光滑；

10.4.8.5　张紧轮或张紧索导向轮钢丝绳的入角不大得于 1°30′；

10.4.8.6　张紧装置安装后，张紧小车的滚轮应与轨道面接触良好；

10.4.8.7　采用液压张紧方式时，液压张紧装置的安装应按 GB 50231 中的有关规定执行。

10.4.9　重锤的安装应符合下列要求：

10.4.9.1　导轨实际中心线对设计中心线的偏差不得大于 10 mm；

10.4.9.2　导轨垂直度的偏差，在全长范围内不得大于 10 mm；

10.4.9.3　导轨轨距的偏差不得大于+20 mm；

10.4.9.4　导轨的接头应平整光滑；

10.4.9.5　整体混凝土重锤应按设计施工，并应取样测定密度和强度；

10.4.9.6 重锤或重锤箱上的导向块与导轨之间的间隙，上下、左右应均匀，重锤或重锤箱在导轨中应能自由升降；

10.4.9.7 牵引索或运载索重锤质量的偏差不得大于设计值的4/1 000；

10.4.9.8 承载索重锤质量的偏差不得大于设计值的6/1 000。

10.4.10 导向轮安装的允许偏差应符合表21的规定：

表21

项目		允许偏差
导向轮中心标高	一般	±3.0 mm
	当导向轮中心的标高直接影响挂结器或脱开器质量时	±1.0 mm
导向轮绳槽中心线与牵引索或运载索中心线的	偏移	d/15
	偏斜	1/1 000
垂直导向轮的垂直度		1/1 000
水平导向轮的水平度		
倾斜导向轮的倾斜度		
注：d 为牵引索(或运载索)直径。		

10.4.11 滚子链的安装应符合下列要求：

10.4.11.1 施工中不得损伤导轨或滚子架的工作面；

10.4.11.2 导轨或滚子架工作面的曲率半径，应采用弦长不小于1 500 mm的弧形样板检查，其间隙不得大于1 mm；

10.4.11.3 导轨任意横截面的槽底轮廓线或固定滚子的工作母线，其水平度的偏差不得大于3/1 000；

10.4.11.4 导轨或滚子架的接缝处间隙不得大于1 mm，高低差不得大于0.5 mm；

10.4.11.5 小链板滚轮中心线应与导轨及大链板导槽中心线吻合，滚轮运动时不得啃咬上、下导槽边缘；

10.4.11.6 大链板绳槽与承载索表面，或固定滚子工作面与承载索保护面应普遍接触，个别未接触处的间隙，不得大于1 mm；

10.4.11.7 扁钢或滚子架与预埋件的正式焊接，应在滚子链安装合格后进行；

10.4.11.8 对于双承载索的往复式客运索道，每个轨路中的双滚子链，除应符合上述规定外，两个绳槽的间距偏差和平行度偏差均不得大于2 mm，同一横截面绳槽中心标高的偏差，不得大于±2 mm。

10.4.12 往复式索道客车的安装应符合下列要求：

10.4.12.1 应先检查运行小车，各车轮绳槽中心直线度偏差不得大于运行小车总长1/1 500和承载索直径的1/20；各车轮与小横梁，或各大、小横梁之间，应无松动、无窜动、无碰刮、无卡阻；

10.4.12.2 客车与牵引索的连接应符合4.3、8.5.1条的有关规定；

10.4.12.3 客车制动器、缓冲器、减摆装置和承载索润滑装置等重要部件的安装，应符合设备技术文件的规定；

10.4.12.4 客车制动器安装后，应进行制动性能试验；

10.4.12.5 双承载索索道的客车，两个运行小车的间距和平行度的偏差不得大于3 mm；

10.4.13 单、双线循环式索道吊厢(吊篮、吊椅)的安装应符合下列要求：

10.4.13.1 每个吊厢抱索器中的车轮、定位轮、支承轮、磨擦板、抱索执行机构和钳口等与轨道的相对尺寸、钳口的最小与最大开口尺寸，应符合设计规定；

10.4.13.2 车门和车门机构动作应灵活，并应与站内开关机构的动作相协调；

10.4.13.3 减振器、导向器等重要部件的安装应符合设备技术文件的规定；

10.4.13.4 吊椅的扶手、踏板和围栏的动作应灵活可靠；

10.4.13.5 吊厢、吊篮及吊椅应与线路和站口的导向装置相协调。

11 试车

11.1 一般规定

索道试车应在土建、设备安装工程完成后，经全面检查已具备试车条件时进行。

11.2 无负荷试车

11.2.1 单机调试

11.2.1.1 应从部件至组件，组件至单机逐级调试，且上一步骤未合格，不得进行下一步骤的试车。

11.2.1.2 驱动机等主要设备的连续运转时间不应小于 4 h，其中额定速度下的运转时间不应小于 2.5 h。

11.2.1.3 驱动机等主要设备的液压控制和润滑系统应畅通，油压、油位和油温应在规定的范围内。

11.2.2 机组联动试车

在单机调试的基础上，应进行机组联动试车。各设备应配合良好、动作协调，累计试车时间不得小于 4 h。

11.2.3 牵引索或运载索试车

11.2.3.1 牵引索或运载索安装合格后，应由慢速至额定速度进行试车，累计试车时间不得小于 4 h。

11.2.3.2 牵引索或运载索在托、压索轮组上应稳定，不得有跳索现象。

11.2.3.3 线路监控装置应灵敏可靠。

11.2.3.4 驱动机启动、制动应平稳、可靠，安全保护设施动作应准确，试车应无异常现象。

11.3 负荷试车

11.3.1 空车试车

11.3.1.1 分别由端站和中间站各发一辆空车，以慢速、额定速度进行通过性能检查，不应有任何阻碍。

11.3.1.2 循环式索道应以额定运行速度，按 8 倍设计车距将空车布满全线进行试车，再按 4 倍、2 倍直至设计车距布满全线进行试车。

11.3.1.3 上一步骤未合格前，不得进行下一步骤的试车；全过程累计试车的时间不得小于 40 h。

11.3.2 往复式客运索道重载试车

11.3.2.1 采用与乘客质量等同的重物进行。

11.3.2.2 应按设计载荷的半载、偏载(重上空下、空上重下工况)、满载分别进行试车。

11.3.2.3 控制系统应进行多次检测，并应检查超速、减速、越位、速度同步等监控装置的连锁性能。

11.3.2.4 客车制动器应按设计要求进行检测。

11.3.2.5 全过程累计试车的时间不得小于 40 h，其中在额定速度且满载条件下运行的时间不得少于 5 h。

11.3.3 循环式客运索道重载试车

11.3.3.1 采用与乘客质量等同的重物进行。

11.3.3.2 应按设计载荷的半载、偏载(重上空下、空上重下工况)、满载分别进行试车。

11.3.3.3 控制系统应进行多次检测，并应检查索道在偏载、满载情况下的启动和制动性能，并应检查站内和线路监控装置的连锁性能。

11.3.3.4 全过程累计试车的时间不得小于 40 h，其中在额定速度且满载条件下运行的时间不得少于 5 h。

11.4 紧急驱动(或救援驱动、辅助驱动)的试车

11.4.1 应符合 5.1.3、5.1.4 的有关规定。

11.4.2 营救设施应可靠。

12 运营

12.1 人员及任务

12.1.1 索道站(公司)应由三部分人员组成:管理人员(站长或经理、安全员等)、作业人员(司机、机械及电气维修人员等)、服务人员(售票员、站内服务人员等),其中管理人员、作业人员应当按照国家有关规定经特种设备监督管理部门考核合格,取得国家统一格式的资格证书,方可从事相应的作业或管理工作。

12.1.2 对站长(经理)的要求

12.1.2.1 应根据该索道类型和条件制定索道正常运行和安全操作各项措施,建立岗位责任制和紧急救援制度,对索道的正常运营、维修、安全负责。

12.1.2.2 要保证下列各项内容能正确贯彻执行:

——管理机关所规定的定期检验制度;

——信号系统的检查制度;

——救护规则;

——自动停车、紧急停车及其安全设备动作时的设备状态,排除故障及重新运行的措施(只有当安全有了保证时才允许重新运行);

——安全电路断电时的设备状态下及需要再运行时的措施(紧急情况下运转时,索道站站长或他的代表一定要在场,才允许在事故状态下再开车以便将乘客运回站房,此时站与站之间也应能通讯联系);

——机械设备、钢丝绳、运载工具等发生故障时如何排除的措施;

——风速超过规定值,或是天气条件威胁到运行安全时停车处理办法;

——能见度不足时的运行措施;

——夜间运行的措施;

——清除钢丝绳或机械部件上的冰和积雪的措施;

——如果索道站站长不在场,他的职责转给其代理人的条件及方法。

12.1.2.3 每年要向该企(事)业单位领导和上级安全管理机关提交运行报告,如遇特殊事故发生时要及时提出报告。

12.1.2.4 应对索道站(公司)的工作人员进行安全教育和培训,使他们具备必要的特种设备安全作业知识。此外还要对参加救护的人员进行定期演习和培训。

12.1.3 对司机的要求

12.1.3.1 索道站司机房内应配备两名司机,其中一名为主司机。

12.1.3.2 司机应符合下述条件:

——年满18周岁,身体健康,经过培训合格者;

——视力(包括矫正视力)在0.7以上,非色盲;

——听力要求达到能辨别清楚在50 cm范围内的音叉声响。

12.1.3.3 司机应熟悉下述知识:

——所操纵的索道各部件的构造和技术性能;

——本索道的安全操作规程和安全运行的要求;

——安全保护装置的性能和电气方面的基本知识;

——保养和维修的基本知识。

12.1.4 对机械、电气维修人员的要求

12.1.4.1 年满18周岁,身体健康并适应高空作业,经过培训合格者;

12.1.4.2 具备机械、电气基础知识，熟悉设备各部分的结构原理、技术性能和维护保养方法；

12.1.4.3 维修负责人应能制定本索道设备的检修计划。

12.1.5 资料档案

12.1.5.1 索道使用单位应建立健全安全技术档案。安全技术档案应包括以下内容：

——设计文件、制造单位、产品质量合格证明、主要部件材质证明和探伤报告、使用维护说明、土建备案书、设备竣工验收报告、安装技术文件、设备主要部件图纸、重大技术变更文件等；

——钢丝绳检测、探伤记录；

——定期检验和定期自行检查记录；

——日常使用状况记录；

——巡线记录；

——设备及其安全附件、安全保护装置、及有关附属仪器仪表的日常维护保养记录；

——设备运行故障和事故记录；

——固定抱索器移位记录；

——交接班记录。

12.1.5.2 应委派专人保管好技术资料(图纸、计算书、说明书)，对于任何修改应在存档资料上进行更正。

12.1.6 对乘客的告知

索道站对乘客的要求和规定应布告通知。布告通知包括如下内容：

——身高低于 1.25 m 的儿童应在成年人陪护下乘坐吊椅索道；

——车上严禁吸烟、嬉闹和向外抛撒废弃物品；

——禁止携带易燃、易爆和有腐蚀性、有刺激性气味的物品上车；

——对于患有高血压、心脏病以及不适于登高的高龄乘客建议不要乘坐吊椅式索道；

——在运行中不得打开护圈；

——未经许可，乘客不得擅自进入机器房或控制室。

12.2 运行

12.2.1 索道线路上的设备及其附件应保持经常处于完好状态，不得有碍索道的安全运行。

12.2.2 每天开始运行之前，应彻底检查全线设备是否处于完好状态，在运送乘客之前应进行一次试车，确认安全无误并经值班站长或授权负责人签字后方可运送乘客。

12.2.3 每日检查应包括下述内容：

——直接触发紧急停车的安全电路、主电路和线路安全电路的工作状态，以及运载工具进站和出站的检测设备；

——在接地、短路或连接断开的情况下，监控电路的动作；

——检查并确认所有显示的值全部在许用范围之内；

——在最大运行速度下的电气停车的操作；

——改变运行速度的操作；

——驱动系统机械制动系统的操作；

——设备内部的通讯系统；

——钢丝绳在索轮、轮子、鞍座上的位置；

——张紧重锤或行走小车的位置和行程余量；

——液压或气动系统、减速器的密封性和工作压力；

——进站区域、出站区域的支撑和轨道上冰雪积聚状况；

——脱挂抱索器进出站口的监控系统的操作运行；

——上车和下车区域的状况以及乘客进出通道的状况；

——运载工具的状况。

12.2.4 索道运行期间,站长、作业人员及服务人员应各就各位,履行岗位责任制,不得擅离职守。

12.2.5 在各项操作中,应严格遵守操作规程。

12.2.6 索道需要夜间运行时,在线路、站内或客车上应装设足够的照明设备。

12.2.7 若设备停运期间遇到恶劣天气(风暴、暴雨、冰雹),应对线路进行彻底的检查证明一切正常后方可运送乘客。如果是事故停车,造成运行中断,只有在排除了故障或采取了有关安全措施,且必须经值班站长同意,方可重新运送乘客。

12.2.8 索道每天停止运营前,操作人员应检查并确认索道线路上或上车区域是否仍有乘客,并关闭索道的入口。

12.3 维护

12.3.1 每个索道站应根据本索道制造商提供的维护使用说明书制定维护计划和定期检查计划。每月检查应特别着重如下各点:

——运载索、牵引索以及救护索发生断丝或其他外部损伤的区域;

——承载索、张紧索的偏移或转向区域或其他任何发生断丝或其他外部损伤的区域;

——钢丝绳连接处(如编接处)和端部固定;

——钢丝绳和轨道在脱开和挂结区域的相互位置;

——索轮和承载索鞍座的位置和紧固情况;

——进站、站内运行和出站的监控设备及运载工具的运行情况;

——制动器及其衬块;

——空载状态下制动系统的停车距离的测量;

——各种驱动系统的运行;

——运载工具上制动器的手动触发;

——超速保护装置的工作情况;

——运载工具门的紧固件和锁,开关门设备;

——蓄电池;

——备品备件的储存;

——电气安全设备(例如:抱索器测试设备,减速监控和制动器的释放)。

12.3.2 每年的检查

应每年对设备至少进行一次全面的检查,包括对工作人员的保护设备的检查。在月检的基础上,应进行下述的检查和运行试验:

——对站内和线路结构上的所有基础和钢结构及其他结构如梯子、通道、防坠落保护设施和维修平台进行目检;

——对各种驱动装置(主驱动、辅助驱动和紧急驱动)进行目检和运行测试;

——对每个制动器在各种载荷条件下进行目检和工作测试,并记录测试的结果;

——对配备有客车制动器的索道,检查钢丝绳松弛时客车制动器的动作;

——对托(压)索轮组(在不拆卸的状态下,但将运载索吊起)、承载索鞍座和托索轮进行目检;

——对所有站内机械设备和张紧设备进行目检;

——对救援设备进行目检和运行测试,并进行救援演习;

——对工作人员保护设备进行目检和操作测试;

——对钢丝绳进行目检和/或电磁检测;

——对钢丝绳端部固定件进行检查;

——对安全、监控和信号设备的检查和运行测试;

——对每个运载工具包括吊杆、吊架和吊架轴进行目检。至少要对20%的抱索器进行拆卸后的目检,并要保证任何一个抱索器的连续两次检测的间隔不超过5年;

——对抱索器监控设备进行测试；

——对门的关闭和锁定设备进行测试；

——对客车制动器进行制动并测量制动行程和滑动阻力。

12.3.3 **抱索器检查的特殊要求**

应在规定的时期内对抱索器进行拆卸后目检及无损探伤。应在运行 4 500 h 后，最多不超过 3 年，对抱索器进行首次拆卸检查；应在运行 9 000 h 后，最多不超过 6 年，对抱索器进行首次无损探伤。

12.3.4 **固定抱索器的移位**

单线循环式索道上运载工具间隔相等的固定抱索器，应按规定的运行时间间隔移位，移位的时间间隔不得超过下列公式给出的值：

$$t = 0.56\frac{L}{v}$$

式中：

t——移位时间，单位为小时(h)；

L——索道线路斜长，单位为米(m)；

v——运行速度，单位为米每秒(m/s)；

每个抱索器应朝钢丝绳运行的反方向移动，每次移动的距离应大于抱索器的总长(包括导向翼)；不得小于 300 mm。

12.3.5 **无客车制动器的往复式索道特殊的维护要求**

12.3.5.1 客车的夹索器应在 200 个工作小时或 90 个工作日之内进行移位。同时，应用目测检查钢丝绳的夹紧部位和编接部位。

12.3.5.2 应每年用探伤仪对牵引索进行全面检查。

12.3.5.3 停止运行 3 个月以上，在重新投入运行前用探伤仪检查牵引索。

12.3.5.4 牵引索被雷击或受到机械损伤后应及时用探伤仪进行检查。

12.3.5.5 对牵引索的夹持段进行探伤检查时，如发现牵引索的损伤达到规定指标的一半时，对夹索器的移位和探伤检查的间隔时间还应缩短。

12.3.5.6 夹索器应沿固定方向进行移位，移位的距离不得小于夹索器长度、夹索器两端附加装置的长度和牵引索 2 倍捻距长度三者的总和。

12.3.5.7 不得在牵引索编接范围内固定客车。夹索器与编接部位之间的距离不得小于编接长度的两倍。

12.3.6 **承载索的串位**

12.3.6.1 承载索宜每 12 年串位一次。对于能定期进行无损探伤检查的承载索可以不串位。

12.3.6.2 承载索串位的移动长度应大于接触区域的长度再加 3 m。

12.3.7 应将检查、调整、救护演习、运行参数、运行持续时间、输送乘客数以及所发生的特殊事件记入作业日记。

13 标志

13.1 道路交通标志

13.1.1 警告标志：其形状为等边正三角形，颜色为黄底、黑边、黑图案。其含义是警告车辆行人注意危险地点的标志，警告标志的设置地点距危险点的距离应为 20 m～250 m，减速慢行。如图 1 所示。

13.1.2 禁令标志：其形状为圆形，颜色为白底、红圈、红杠、黑图案。是指对车辆、行人禁止通行或以限制的标示，禁令标志应设置在需禁止或限制通行的路口或地点。如图 2 所示。

13.2 道路交通标线

限高标线形状为门形横跨在道路上，其颜色为红白相间标杆组成，下垂一限高线，是指车辆装载高度不能超过其限高界限，限高标线设在横跨公路上安全网或保护桥两侧 3 m～5 m 处。如图 3 所示。

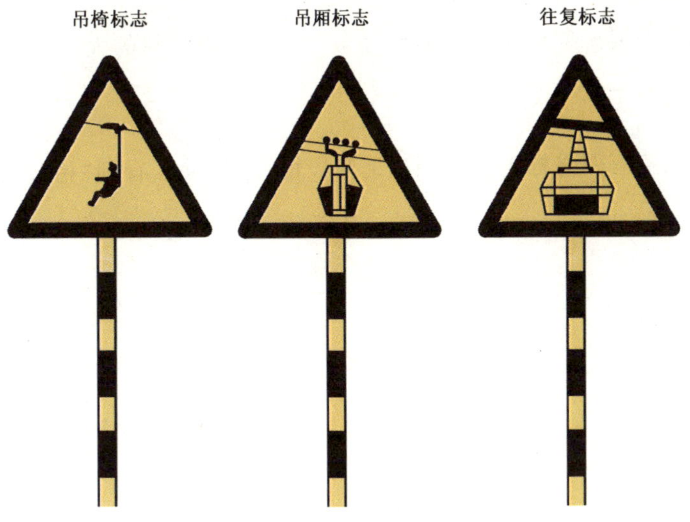

图 1　警告标志

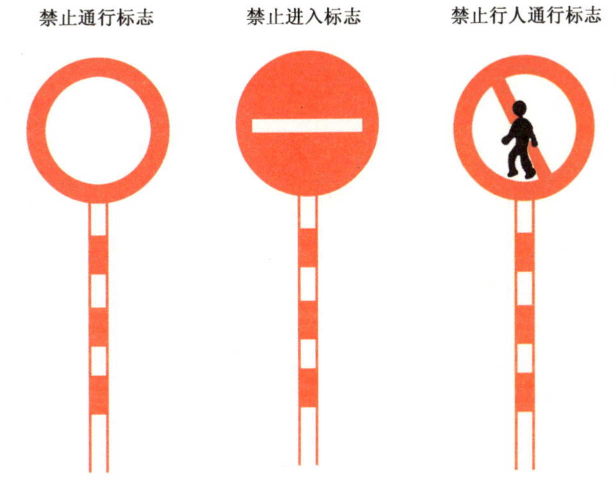

图 2　禁令标志

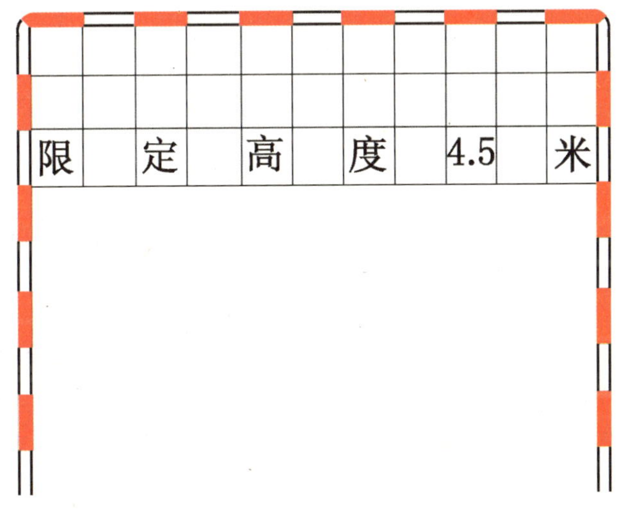

图 3　限高标线

13.3 航空障碍标志

如果索道属于飞行障碍时必须架设航空障碍标志。该装置钢丝绳的大小及其锚固桩的尺寸应通过计算确定。

13.4 吊椅索道特殊提示

吊椅索道的上下车段应有明显标志。在到达下车段前,应使乘客看到“抬起安全护栏”提示的明显标志。

ICS 33.060.30
M 35

中华人民共和国国家标准

GB/T 12364—2007
代替 GB/T 12364—1990

国内卫星通信系统进网技术要求

Networking technical requirement for the Domestic(GSO/FSS) satellite communication system

2007-11-14 发布　　　　2008-05-01 实施

中华人民共和国国家质量监督检验检疫总局
中国国家标准化管理委员会　发布

前　言

本标准是主要依据国家的通信技术政策，参考ITU-R和IESS的相关规定，结合我国的实际情况对GB/T 12364—1990《国内卫星通信系统进网技术要求》进行修订的。

1990年以来卫星通信发生了许多变化：

1) 通讯网主要从模拟转向数字化；

2) 频段主要使用C频段转向C、Ku甚至Ka；

3) 出现了非静止卫星轨道通信系统。

为此，国际电信联盟对建议也做了许多修改和新规定。这次修订主要是引用2001年度的ITU-R中的建议S和SF等系列，查看了部分ITU-R2004的建议、ITU-T2001年度的无线电规则以及国内相关标准等，并结合国内使用的卫星系统，做了全面修改。主要修改如下：

"4 系统可用频段"章中修改了C频段、增加了Ku和Ka频段的分配内容。

"5 极化特性"章中增加了Ku和Ka频段的极化内容。

"6 通信卫星"章中修改了C频段、增加了Ku和Ka频段卫星的技术指标要求，按电联的新规定改写。

"7 发射信号功率密度的限制"章中按新的ITU-R标准进行了全面修改，频段扩展到40 GHz。

"8 地球站天线发射旁瓣包络特性设计指标限制"章中按新的ITU-R标准进行了全面修改。

"9 卫星网络间干扰量允许值"章中按新的ITU-R标准规定增加了许多新的条款。

"10 卫星通信系统与共用频带陆上微波接力系统和点到多点固定无线接入间的干扰量允许值"章中增加了点到多点固定无线接入的规定。

"11 在协调和干扰估算中使用的地球站天线接收参考辐射特性"章中增加ITU-R中的新规定。

"12 地球站互调、杂散、带外发射的限制"章中部分内容做了修改，增加了Ku频段和数字信号的内容。

"13 地球站"章中增加了Ku频段和Ka频段的内容。

"14 数字传输的假设参考数字通道"是新增章节。

"15 电路接口标准和数字网同步"章中删去了部分模拟接口要求，增加了新业务的数字接口。

"16 可用性"章中增加了B-ISDN ATM传输时可用性要求。

"17 卫星电路在通信网中的应用"章中增加了新业务的应用。

本标准代替GB/T 12364—1990。

本标准由中华人民共和国信息产业部提出。

本标准由中国通信标准化协会归口。

本标准起草单位：信息产业部电信传输研究所。

本标准主要起草人：郭良。

本标准所代替标准的历次发布情况为：

——GB/T 12364—1990。

国内卫星通信系统进网技术要求

1 范围

本标准规定了通信卫星和地球站进入国内卫星通信系统及国内卫星通信系统进入国内通信网时所必须满足的一般技术要求。

本标准适用于静止卫星轨道(GSO)卫星固定业务,适用于国内通信卫星和租用卫星转发器或波束组成的国内卫星通信系统。

本标准适用于S(M)CPC/PSK/FDMA、TDM/PSK/FDMA、TDMA、ATM、DVB-s、DVB—RCS等多种调制和多址方式。

2 规范性引用文件

下列文件中的条款通过本标准的引用而成为本标准的条款。凡是注日期的引用文件,其随后所有的修改单(不包括勘误的内容)或修订版均不适用于本标准,然而,鼓励根据本标准达成协议的各方研究是否可使用这些文件的最新版本。凡是不注日期的引用文件,其最新版本适用于本标准。

GB 7611—2001 数字网系列比特率电接口特性

GY/T 146—2000 卫星数字电视上行站通用规范

GY/T 147—2000 卫星数字电视接收站通用技术要求

YDN 009—1996 帧中继网技术体制

YD/T 1070—2000 接入网远端设备Z接口技术要求

ITU 无线电规则

ITU-T G.703 系列数字接口的物理/电特性

ITU-T G.704 用于1 544、6 312、2 048、8 448和44 736 kbit/s速率系列级的同步帧结构

ITU-T G.826 以或高于基本速率的国际恒定比特率同步数字通道的差错性能参数和指标

ITU-T G.828 国际恒定比特率同步数字通道的差错性能参数和指标

ITU-T M.2100 国际PDH通道、部件及传输系统引入业务及维护的性能限制

ITU-T M.2101 国际SDH通道及复用部件引入业务和维护的性能限制和目标

ITU-T I.357 B-ISDN准永久连接可用性

ITU-T V.11 工作在最高速率10 Mbit/s的数据信令上的平衡双流接口电路的电特性

ITU-T X.21 公用数据网同步操作的数据终端设备(DTE)和数据电路终接设备(DCE)之间的接口

ITU-T X.50 用于同步数据网之间国际接口的多路复用方案基本参数

ITU-T X.58 用于不使用包封结构的同步非交换数据网间国际接口的多路复用方案基本参数

ITU-R SF-1486 在3 400 MHz～3 700 MHz频带内,卫星固定业务VSAT和固定业务中的固定无线接入系统之间的共用方法

ITU-R SF-1006 卫星固定业务地球站和固定业务站之间的干扰保护的确定

ITU-R SM-1448 100 MHz～105 GHz频段范围内,地球站协调区的确定

3 缩略语

下列缩略语适用于本标准:

ATM	asynchronous transfer mode	异步转移模式

BEP	bit error probability	比特差错概率
BEP/α	bit error probability/α	比特差错概率(BEP)被每突发平均误码数(α)除的值
DVB-s	digital vidio broadcast by satellite	卫星数字电视广播
DVB—RCS	digital vidio broadcast-return channel satellite	数字电视广播—反向卫星信道
EIRP	equivalent isotropically radiated power	等效全向辐射功率
ES	error second	误码秒
FSS	fixed-satellie service	卫星固定业务
FEC	forward error correction	前向纠错编码
GSO	geostationary-satellie orbit	静止卫星轨道
HRDP	hypothetical reference digital path	假设参考数字通道
ISL	inter-satellite link	卫星间链路
ISDN	integrated services digital network	综合业务数字网
MSS	mobile-satellie service	卫星移动业务
Non-GSO	non- geostationary satellite orbit	非静止卫星轨道
NNI	network node interface	网络节点接口
PDH	plesiochronous digital hierarchy	准同步数字体系
P—MP FWA	point-mutipoint fixed wireless access	点到多点固定无线接入
SES	serious error second	严重误码秒
SDH	synchronous digital hierarchy	同步数字体系
S(M)CPC	single chnnel per carrier	每载波单(多)信道
UNI	user network interface	用户网络接口
C/It		信号载波功率(C)与总干扰功率(It)之比
C/Nt		信号载波功率(C)与总噪声功率(Nt)之比

4 系统可用频段

4.1 卫星

4.1.1 C频段

目前使用的和可以开发的频段：

卫星接收：5 925 MHz～6 425 MHz；
5 850 MHz～6 425 MHz；
5 850 MHz～6 650 MHz；
6 725 MHz～7 075 MHz。

卫星发送：3 700 MHz～4 200 MHz；
3 625 MHz～4 200 MHz；
3 400 MHz～4 200 MHz；
4 500 MHz～4 800 MHz。

4.1.2 Ku频段

目前使用的和可以开发的频段：

卫星接收：14.000 GHz～14.500 GHz；
13.750 GHz～14.000 GHz为静止轨道卫星固定业务(GSO/FSS)和非静止轨道卫星固定业务(nonGSO/FSS)共用；
12.750 GHz～13.250 GHz为静止轨道卫星固定业务(GSO/FSS)和非静止轨道卫星固

定业务(nonGSO/FSS)共用。

卫星发送:10.700 GHz~11.200 GHz;

11.200 GHz~11.700 GHz;

12.200 GHz~12.750 GHz。

4.1.3 Ka 频段

卫星接收:27 GHz~31 GHz。

其中:

28.6 GHz~29.1 GHz 为静止轨道卫星固定业务和非静止轨道卫星固定业务共用;

29.1 GHz~29.5 GHz 为静止轨道卫星固定业务和非静止轨道卫星移动业务共用;

29.5 GHz~30 GHz 为静止轨道卫星固定业务和非静止轨道卫星固定业务共用;

29.5 GHz~31 GHz 为卫星固定业务和卫星移动业务(MSS)共用。

卫星发送:17.3 GHz~21.2 GHz。

其中:

17.7 GHz~18.6 GHz 为静止轨道卫星固定业务数字电视广播和非静止轨道卫星固定业务共用;

18.6 GHz~18.8 GHz 为地球探测(无源)和卫星固定业务(静止和非静止)共用;

18.8 GHz~19.3 GHz 为静止轨道卫星固定业务(GSO/FSS)和非静止轨道卫星固定业务(non-GSO/FSS)共用;

19.3 GHz~19.7 GHz 为静止轨道卫星固定业务和非静止轨道卫星移动业务共用;

19.7 GHz~20.2 GHz 为静止轨道卫星固定业务和非静止轨道卫星固定业务共用;

19.7 GHz~21.2 GHz 为卫星固定业务和卫星移动业务共用。

注:17.3 GHz~18.1 GHz 与广播卫星业务馈送链路和非静止轨道卫星固定业务共用(上行);19.3 GHz~19.6 GHz与非静止轨道卫星移动业务共用(上行)。

4.2 地球站

4.2.1 C 频段

目前使用的和可以开发的频段:

地球站发送:5 925 MHz~6 425 MHz;

5 850 MHz~6 425 MHz

5 850 MHz~6 650 MHz;

6 725 MHz~7 025 MHz。

地球站接收:3 700 MHz~4 200 MHz;

3 625 MHz~4 200 MHz;

3 400 MHz~4 200 MHz;

4 500 MHz~4 800 MHz。

4.2.2 Ku 频段

目前使用的和可以开发的频段:

地球站发送:14.000 GHz~14.500 GHz;

13.750 GHz~14.000 GHz 为静止轨道卫星固定业务和非静止轨道卫星固定业务共用;

12.750 GHz~13.250 GHz 为静止轨道卫星固定业务和非静止轨道卫星固定业务共用。

地球站接收:10.700 GHz~11.200 GHz;

11.200 GHz~11.700 GHz;

12.200 GHz~12.750 GHz。

1992 年的世界无线电行政大会(WARC-92)将上行 13.75 GHz～14.00 GHz 划分给无线电定位/无线电导航和卫星固定(地对空)业务共同使用,但卫星固定业务系统应满足《无线电规则》5.502 的条件,即:

1. 地球站天线直径 $D \geqslant 4.5$ m;

2. 地球站发射的 EIRP 应在 68 dBW≤EIRP≤85 dBW 范围内。

注:世界无线电电信大会(WRC)(日内瓦,2003)决定 144 中将天线直径限制在 1.2 m～4.5 m 之间,但没有同时提出 EIRP 的限制的改变。

上行频段:12.750 GHz～13.250 GHz,下行频段:10.700 GHz～10.950 GHz、11.200 GHz～11.450 GHz是 ORB-88 大会规划频段,应按《无线电规则》附录 30B 规定的程序使用。

下行 12.200 GHz～12.500 GHz 在 3 区内(我国位于 3 区)可用于卫星固定业务,应保证满足《无线电规则》2574 条规定,并应按 AP30 程序使用。

12.500 GHz～12.750 GHz 频带可用于卫星广播业务,但仅限于集体接收。对所有的调制方式,在服务区的边缘,地球表面的功率通量密度不应超过 -111 dB(W/m^2 27 MHz)。

在 3 区内 11.700 GHz～12.200 GHz 参照《无线电规则》8385 条的要求可用于卫星固定业务,但不能对卫星广播业务产生干扰。

4.2.3 Ka 频段

地球站发送:27 GHz～31 GHz。

其中:

28.6 GHz～29.1 GHz 为静止轨道卫星固定业务和非静止轨道卫星固定业务共用;

29.1 GHz～29.5 GHz 为静止轨道卫星固定业务和非静止轨道卫星移动业务共用;

29.5 GHz～30 GHz 为静止轨道卫星固定业务和非静止轨道卫星固定业务共用;

29.5 GHz～31 GHz 为卫星固定业务和卫星移动业务共用。

地球站接收:17.7 GHz～21.2 GHz。

其中:

17.7 GHz～18.6 GHz 为静止轨道卫星固定业务和非静止轨道卫星固定业务共用;

18.6 GHz～18.8 GHz 为地球探测(无源)和卫星固定业务(静止和非静止)共用;

18.8 GHz～19.3 GHz 为静止轨道卫星固定业务和非静止轨道卫星固定业务共用;

19.3 GHz～19.7 GHz 为静止轨道卫星固定业务和非静止轨道卫星移动业务共用;

19.7 GHz～20.2 GHz 为静止轨道卫星固定业务和非静止轨道卫星固定业务共用;

19.7 GHz～21.2 GHz 为卫星固定业务和卫星移动业务共用。

注:17.3 GHz～18.1 GHz 为广播卫星业务馈送链路和非静止轨道卫星固定业务共用(上行);19.3 GHz～19.6 GHz为非静止轨道卫星移动业务共用(上行)。

4.3 卫星转发器中心频率配置

4.3.1 转发器占用带宽和间隔

C,Ku 转发器占用带宽、分配带宽和频带间隙见表 1。

表 1 C,Ku 转发器占用带宽、分配带宽和频带间隙

占用带宽/MHz	36	54	72
分配带宽/MHz	40	60	80
频带间隙/MHz	4	6	8

Ka 卫星的转发器带宽另定。

4.3.2 转发器中心频率建议配置

4.3.2.1 36 MHz 带宽转发器中心频率建议配置

上行线:$fuo + 0.02 \times N$(GHz) ……………………………………(1)

其中：fuo 取 5.925 GHz、14.000 GHz 或 12.750 GHz。

下行线：$fdo+0.02\times N$(GHz) ……………………………………（2）

其中：fdo 取 3.700 GHz、10.700 GHz、11.200 GHz、12.200 GHz 和 12.250 GHz。

式(1)、式(2)中的 N 取 1～24 的正整数。

36 MHz 带宽转发器中心频率建议配置见表 2、表 3。

表 2 C 频段 36 MHz 带宽转发器中心频率建议配置

转发器编号	上行线/MHz	下行线/MHz
1	5 945	3 720
2	5 965	3 740
3	5 985	3 760
4	6 005	3 780
5	6 025	3 800
6	6 045	3 820
7	6 065	3 840
8	6 085	3 860
9	6 105	3 880
10	6 125	3 900
11	6 145	3 920
12	6 165	3 940
13	6 185	3 960
14	6 205	3 980
15	6 225	4 000
16	6 245	4 020
17	6 265	4 040
18	6 285	4 060
19	6 305	4 060
20	6 325	4 080
21	6 345	4 100
22	6 365	4 120
23	6 385	4 140
24	6 405	4 160
25	5 925	3 700
26	5 905	3 680
27	5 885	3 660
28	5 865	3 640
注：单数和双数转发器极化正交。		

表 3 Ku 频段 36 MHz 带宽转发器中心频率建议配置

转发器编号	上行线/GHz		下行线/GHz			
1	14.020	12.770	10.720	11.220	12.220	12.270
2	14.040	12.790	10.740	11.240	12.240	12.290
3	14.060	12.810	10.760	11.260	12.260	12.310
4	14.080	12.830	10.780	11.280	12.280	12.330
5	14.100	12.850	10.800	11.300	12.300	12.350
6	14.120	12.870	10.820	11.320	12.320	12.370
7	14.140	12.890	10.840	11.340	12.340	12.390
8	14.160	12.910	10.860	11.360	12.360	12.410
9	14.180	12.930	10.880	11.380	12.380	12.430
10	14.200	12.950	10.900	11.400	12.400	12.450
11	14.220	12.970	10.920	11.420	12.420	12.470
12	14.240	12.990	10.940	11.440	12.440	12.490
13	14.260	13.010	10.960	11.460	12.460	12.510
14	14.280	13.030	10.980	11.480	12.480	12.530
15	14.300	13.050	11.000	11.500	12.500	12.550
16	14.320	13.070	11.020	11.520	12.520	12.570
17	14.340	13.090	11.040	11.540	12.540	12.590
18	14.360	13.110	11.060	11.560	12.560	12.610
19	14.380	13.130	11.080	11.580	12.580	12.630
20	14.400	13.150	11.100	11.600	12.600	12.650
21	14.420	13.170	11.120	11.620	12.620	12.670
22	14.440	13.190	11.140	11.640	12.640	12.690
23	14.460	13.210	11.160	11.660	12.660	12.710
24	14.480	13.230	11.180	11.680	12.680	12.730
注：单数和双数转发器极化正交。						

4.3.2.2 54 MHz 带宽转发器中心频率建议配置

上行线：$fuo+0.03\times N$ ……………………………………………(3)

其中：fuo 取 14.000 GHz 或 12.750 GHz。

下行线：$fdo+0.03\times N$ ……………………………………………(4)

其中：fdo 取 10.700 GHz、11.200 GHz、12.200 GHz 和 12.250 GHz。

式(3)、式(4)中的 N 取 1～16 的正整数。

54 MHz 带宽转发器中心频率建议配置见表 4。

表 4 54 MHz 带宽转发器中心频率建议配置

转发器编号	上行线/GHz		下行线/GHz			
1	14.030	12.780	10.730	11.230	12.230	12.280
2	14.060	12.810	10.760	11.260	12.260	12.310
3	14.090	12.840	10.790	11.290	12.290	12.340

表 4(续)

转发器编号	上行线/GHz		下行线/GHz			
4	14.120	12.870	10.820	11.320	12.320	12.370
5	14.150	12.900	10.850	11.350	12.350	12.400
6	14.180	12.930	10.880	11.380	12.380	12.430
7	14.210	12.960	10.910	11.410	12.410	12.460
8	14.240	12.990	10.940	11.440	12.440	12.490
9	14.270	13.020	10.970	11.470	12.470	12.520
10	14.300	13.050	11.000	11.500	12.500	12.550
11	14.330	13.080	11.030	11.530	12.530	12.580
12	14.360	13.110	11.060	11.560	12.560	12.610
13	14.390	13.140	11.090	11.590	12.590	12.640
14	14.420	13.170	11.120	11.620	12.620	12.670
15	14.450	13.200	11.150	11.650	12.650	12.700
16	14.480	13.230	11.180	11.680	12.680	12.730
注：单数和双数转发器极化正交。序号 16 的转发器带宽为 36 MHz。						

4.3.2.3 **72 MHz 带宽转发器中心频率配置**

上行线：$fuo+0.04\times N$ ……………………………………………………(5)

其中：fuo 取 14.000 GHz 或 12.750 GHz。

下行线：$fdo+0.04\times N$ ……………………………………………………(6)

其中：fdo 取 10.700 GHz、11.200 GHz、12.200 GHz 和 12.250 GHz。

式(5)、式(6)中的 N 取 1～12 的正整数。

72 MHz 带宽转发器中心频率建议配置见表 5。

表 5 **72 MHz 带宽转发器中心频率建议配置**

转发器编号	上行线/GHz		下行线/GHz			
1	14.040	12.790	10.740	11.240	12.240	12.290
2	14.080	12.830	10.780	11.280	12.280	12.330
3	14.120	12.870	10.820	11.320	12.320	12.370
4	14.160	12.910	10.860	11.360	12.360	12.410
5	14.200	12.950	10.900	11.400	12.400	12.450
6	14.240	12.990	10.940	11.440	12.440	12.490
7	14.280	13.030	10.980	11.480	12.480	12.530
8	14.320	13.070	11.020	11.520	12.520	12.570
9	14.360	13.110	11.060	11.560	12.560	12.610
10	14.400	13.150	11.080	11.600	12.600	12.650
11	14.440	13.190	11.120	11.640	12.640	12.690
12	14.480	13.230	11.160	11.680	12.680	12.730
注 1：单数和双数转发器极化正交。序号为 12 的转发器带宽为 36 MHz。 注 2：考虑信标频率位置与正交极化频谱重迭，中心频率可以向一侧移动 1 MHz～2 MHz。						

4.4 转发器的移频频率

转发器的移频频率对应为：

1. 上行频率采用 5 850 MHz～6 425 MHz 时，移频频率：2 225 MHz；
2. 上行频率采用 5 850 MHz～6 650 MHz 时，移频频率：2 450 MHz；
3. 上行频率采用 6 725 MHz～7 025 MHz 时，移频频率：2 225 MHz；
4. 上行频率采用 14.000 GHz～14.500 GHz 时，移频频率见表 6；
5. 上行频率选用 12.750 GHz～13.250 GHz 时，移频频率见表 7。

表 6 上行频率采用 14.000 GHz～14.500 GHz 时移频频率

下行频率/GHz	移频频率/MHz
10.700～11.200	3 300
11.200～11.700	2 800
12.200～12.700	1 800
12.250～12.750	1 750

表 7 上行频率选用 12.750 GHz～13.250 GHz 时移频频率

下行频率/GHz	移频频率/MHz
10.700～11.200	2 050
11.200～11.700	1 500
12.200～12.700	550
12.250～12.750	500

4.5 定点后的卫星信标工作频率

定点后的卫星信标工作频率范围见表 8。

表 8 信标工作频率范围

下行频率	信标频率	
3 700 MHz～4 200 MHz	3 700 MHz～3 718 MHz	4 182 MHz～4 200 MHz
10.700 GHz～11.200 GHz	10.700 GHz～10.702 GHz	11.198 GHz～11.200 GHz
11.200 GHz～11.700 GHz	11.200 GHz～12.202 GHz	11.698 GHz～11.700 GHz
12.200 GHz～12.700 GHz	12.200 GHz～12.202 GHz	12.698 GHz～12.700 GHz
12.250 GHz～12.750 GHz	12.250 GHz～12.252 GHz	12.748 GHz～12.750 GHz

5 极化特性

5.1 线极化

C 和 Ku 卫星通信系统和定点后的卫星信标信号均采用线极化工作方式。

当转发器数目少于 12 个(36 MHz)，8 个(54 MHz)和 6 个(72 MHz)时，通信系统采用收、发正交线极化。转发器多于上述数值时，采用收—收和发—发正交线极化。

当采用收—收和发—发正交线极化时，在其卫星天线主瓣规定的主要服务区覆盖范围内，正交线极化波的极化隔离度均应大于 33 dB。

当采用收—收，发—发正交线极化时，地球站天线在主瓣增益下降 1 dB 范围内，两正交线极化波的极化隔离度均应大于或等于 33 dB。

包括上、下行线，整个系统的载波与交叉极化干扰比应大于：$C/It=C/Nt+13$。

5.2 圆极化

Ku、Ka 多点波束方式采用正交圆极化(左、右圆极化)。

在覆盖同一点波束的两正交极化点波束的极化隔离度要求：

包括上、下行线，整个系统的载波与交叉极化干扰比建议应大于：$C/It=C/Nt+13$。

其他频段：

在波束覆盖范围内，包括上、下行线，整个系统的载波与交叉极化干扰比建议应大于：$C/It=C/Nt+13$。

6 通信卫星

6.1 服务区

工作在 C、Ku 和 Ka 频段上的国内通信卫星天线主瓣，应能覆盖我国的全部领域，其中包括大陆、台湾和海南岛等 90%(考虑到指向误差在内)以上地区为主要服务区。中沙、西沙、南沙群岛为降级服务区。

在主要服务区内，卫星性能必须满足各种传输系统规定的技术指标。

波束覆盖应考虑到我国降雨分布情况，当采用国内波束时，波束中心应指向我国南方各省。

Ka 频段上，采用点波束覆盖我国全部领土时，每个点波束直径可选 1 度左右。点波束的 1 度波束边缘增益下降值建议取 4.3 dB。

使用同一频率的两个点波束之间的同频干扰要求：$C/I=C/Nt+12.2$ dB。

6.2 可用弧段

6.2.1 可用弧段概述

使服务区内的所有地球站的工作仰角不低于允许最低工作仰角的静止卫星轨道弧段叫卫星的可用弧段。用于国内通信的卫星，其轨道位置应当满足下述规定。

6.2.2 C 频段

在我国全部国土范围内，地球站允许最低工作仰角为 5°时，卫星轨道的可用弧段为：

65.22°E～147.25°E　　　　E：东经。

6.2.3 Ku 频段

在我国全部国土范围内，地球站允许最低工作仰角为 10°时，卫星轨道的可用弧段为：

72.9°E～140.75°E　　　　E：东经。

6.2.4 Ka 频段

考虑到 Ka 频段上，降雨衰减严重，工作仰角应当选择高一些。例如：在我国全部国土范围内20 度，这时的卫星轨道可用弧为：

90.5°E～125.9°E　　　　E：东经。

6.3 卫星的轨道间隔

静止卫星轨道上两个相邻、都覆盖中国、工作在同频率的卫星，它们之间的轨道间隔建议为：

C：4 度；

Ku：3 度；

Ka：小于 3 度。

6.4 通信卫星的主要参数

6.4.1 卫星转发器的最大 EIRPs 规定值

卫星转发器的最大 EIRPs 值规定如表 9 所示。

表 9　最大 EIRPs 的规定值

地球站工作仰角/(°)	EIRPs/dBW			
	3 700 MHz～4 200 MHz	10.700 GHz～11.700 GHz	12.200 GHz～12.750 GHz	Ka 频段
5°	35.5	40.5	42.5	51.5
10°	38.0	43	45	54.0
25°	45.5	50.5	52.5[a]	61.5

[a] 只要覆盖区地球站位置处仰角为 25°，其 EIRPs 值不超过 52.5 dBW，在大于 25°处 EIRPs 值可以超过 52.5 dBW。其他频段也类似。

6.4.2　卫星接收天线增益和系统噪音温度之比（*G*/*T* 值）

在主要服务区内的任何一点，考虑到指向误差的影响，卫星上任一转发器接收系统 G/T 值的规定和要求不应低于下述值：

C：−3 dB/K；

Ku：0 dB/K；

Ka：12 dB/K（1°直径波束）（暂定）。

6.4.3　转发器单载波饱和通量密度

在主要服务区内任意一点和任一转发器中心频率上，当地球站用单载波照射卫星时，使转发器工作在饱和工作状态的功率通量密度的建议要求如下（衰减最大时）：

C：−80 dBW/m^2；

Ku：−74 dBW/m^2；

Ka：待定。

转发器单载波饱和功率通量密度可调。

调整步级取 1 dB～2 dB，从饱和点向下调整的范围取 0 dB～18 dB。

6.4.4　卫星位置保持和指向精度

在整个寿命期间内，定点后的卫星，其位置保持和天线指向精度规定如下：

位置保持：±0.1°范围内（东西和南北）。Ka 卫星要求范围内±0.05°（东西和南北）（有点波束时）；

指向精度：±0.2°或半功率张角的 5%（半功率张角应小于 5 度）范围内。Ka 频段使用 1°点波束时，在正常工作状态下（非调整姿态和位置时间），指向精度应为±0.05°范围内；

轴向旋转：≤2°（自旋型卫星）。

在轨运行卫星不采用倾斜轨道工作方式。

6.4.5　卫星位置可调整的灵活性设计要求

卫星固定业务新网路中的卫星应当按具有在标称轨道位置±2°或业务弧（两者取小的）范围内调整卫星位置的能力设计。卫星在上述范围内调整轨道位置时，服务覆盖基本保持不变。

注：新网路是指，在 1990 年以后向电联提出提前公布资料的网路。

6.4.6　卫星转发器引入的频率容差

透明转发器引入的频率变换容差应在下述规定范围内：

整个寿命期间的：±35 kHz；

任何月份内：±3.5 kHz。

星上交换和处理转发器（暂定）：

星上时钟应优于 1×10^{-8}（准确度/年）。时钟的其他要求应符合 2 级节点时钟的技术要求。

7 发射信号功率密度的限制

7.1 地球表面功率通量密度的限制

工作在3 400 MHz～7 750 MHz频段的卫星固定业务空间站发射机在地球表面的辐射功率通量密度不应超过下述值：

$-152\ dB(W/m^2)/4\ kHz \quad 0°\leqslant\theta\leqslant 5°$ ……………………………(7)

$-152+0.5(\theta-5)dB(W/m^2)/4\ kHz \quad 5°<\theta\leqslant 25°$ ……………………………(8)

$-142\ dB(W/m^2)/4\ kHz \quad 25°<\theta\leqslant 90°$ ……………………………(9)

工作在8.025 GHz～11.700 GHz频段的卫星固定业务空间站发射机在地球表面的辐射功率通量密度不应超过下述值：

$-150\ dB(W/m^2)/4\ kHz \quad 0°\leqslant\theta\leqslant 5°$ ……………………………(10)

$-150+0.5(\theta-5)dB(W/m^2)/4\ kHz \quad 5°<\theta\leqslant 25°$ ……………………………(11)

$-140\ dB(W/m^2)/4\ kHz \quad 25°<\theta\leqslant 90°$ ……………………………(12)

工作在12.200 GHz～12.750 GHz频段的卫星固定业务空间站发射机在地球表面的辐射功率通量密度不应超过下述值：

$-148\ dB(W/m^2)/4\ kHz \quad 0°\leqslant\theta\leqslant 5°$ ……………………………(13)

$-148+0.5(\theta-5)dB(W/m^2)/4\ kHz \quad 5°<\theta\leqslant 25°$ ……………………………(14)

$-138\ dB(W/m^2)/4\ kHz \quad 25°<\theta\leqslant 90°$ ……………………………(15)

工作在10.7 GHz～11.7 GHz频段的卫星固定业务非静止轨道空间站发射机在地球表面上产生的辐射功率通量密度不应超过下述值：

$-126\ dB(W/m^2)/1\ MHz \quad 0°\leqslant\theta\leqslant 5°$ ……………………………(16)

$-126+0.5(\theta-5)dB(W/m^2)/1\ MHz \quad 5°<\theta\leqslant 25°$ ……………………………(17)

$-116\ dB(W/m^2)/1\ MHz \quad 25°<\theta\leqslant 90°$ ……………………………(18)

工作在11.7 GHz～12.75 GHz频段的卫星固定业务非静止轨道空间站发射机在地球表面上产生的辐射功率通量密度不应超过下述值：

$-124\ dB(W/m^2)/1\ MHz \quad 0°\leqslant\theta\leqslant 5°$ ……………………………(19)

$-124+0.5(\theta-5)dB(W/m^2)/1\ MHz \quad 5°<\theta\leqslant 25°$ ……………………………(20)

$-114\ dB(W/m^2)/1\ MHz \quad 25°<\theta\leqslant 90°$ ……………………………(21)

注1：上述值均指在自由空间条件下；θ角代表接收点到卫星方向与水平方向之间的最小夹角；单位：度。

工作在17.700 GHz～19.700 GHz、22.55 GHz～23.55 GHz、24.55 GHz～24.75 GHz和25.55 GHz～27.55 GHz频段的卫星固定业务静止轨道空间站发射机在地球表面的辐射功率通量密度不应超过下述值：

$-115\ dB(W/m^2)/1\ MHz \quad \theta\leqslant 5°$ ……………………………(22)

$-115+0.5(\theta-5)dB(W/m^2)/1\ MHz \quad 5°<\theta\leqslant 25°$ ……………………………(23)

$-105\ dB(W/m^2)/1\ MHz \quad 25°<\theta\leqslant 90°$ ……………………………(24)

注2：上述值是指在自由空间条件下的。θ角代表接收点到卫星方向与水平方向之间的最小夹角。单位：度。

工作在17.700 GHz～19.300 GHz频段的卫星固定业务任何一个非静止轨道空间站发射机在地球表面辐射的功率通量密度不应超过下述值：

$-115-X\ dB(W/m^2)/1\ MHz \quad \theta\leqslant 5°$ ……………………………(25)

$-115-X+((10+X)/20)\ (\theta-5)\ dB(W/m^2)/1\ MHz \quad 5°<\theta\leqslant 25°$ ……………………………(26)

$-105\ dB(W/m^2)/1\ MHz \quad 25°<\theta\leqslant 90°$ ……………………………(27)

上述公式中X是非静止轨道内的卫星数目n的函数：

$X=0\ dB \quad n\leqslant 50$ ……………………………(28)

$X=5(n-50)/119$ dB　　50 $<n\leqslant 288$ ……………………………（29）

$X=(n+402)/69$ dB　　$n>288$ ……………………………（30）

注 3：上述值是指在自由空间条件下。θ 角代表接收点到卫星方向与水平方向之间的最小夹角。单位：度。

工作在 37.5 GHz～40.5 GHz 频段带内的、来自任何一个非静止卫星的发射，在地球表面上的最大允许功率通量密度，不应超过下述值：

-120 dB(W /m^2)/1 MHz　　$\theta\leqslant 5°$ ……………………………（31）

$-120+0.75(\theta-5)$dB(W/m^2)/1 MHz　　$5°<\theta\leqslant 25°$ ……………………………（32）

-105 dB(W/m^2)/1 MHz　　$25°<\theta\leqslant 90°$ ……………………………（33）

注 4：上述值是指在自由空间条件下的。θ 角代表接收点到卫星方向与水平方向之间的最小夹角。单位：度。

工作在 40.5 GHz～42.5 GHz 频段的。来自任何一个非静止卫星的发射，在地球表面上的最大允许功率通量密度，不应超过下述值：

-115 dB(W/m^2)/1 MHz　　$\theta\leqslant 5°$ ……………………………（34）

$-115+0.5(\theta-5)$ dB(W/m^2)/1 MHz　　$5°<\theta\leqslant 25°$ ……………………………（35）

-105 dB(W/m^2)/1 MHz　　$25°<\theta\leqslant 90°$ ……………………………（36）

注 5：上述值是指在自由空间条件下的。θ 角代表接收点到卫星方向与水平方向之间的最小夹角。单位：度。

10 GHz 以上，单向安排频带内的双向使用的固定卫星业务与固定业务之间的共用：

1. 卫星固定业务反向配置带宽的卫星网络的卫星天线边瓣，在地球边缘方向发射的最大功率通量密度应当低于上述各条中给出的最大功率通量密度值，其低于值如下：

$\theta\leqslant 5°$时：

10 GHz～15.4 GHz：7 dB

15.4 GHz～20 GHz：5 dB

高于 20 GHz：3dB

对于到达角 θ 为其他值时的最大功率通量密度值应低于上述各条中给出的最大功率通量密度值：

$5°<\theta\leqslant 25°$时：

10 GHz～15.4 GHz：$7-7\times(\theta-5)/20$ dB ……………………………（37）

15.4 GHz～20 GHz：$5-5\times(\theta-5)/20$ dB ……………………………（38）

高于 20 GHz：$3-3\times(\theta-5)/20$ dB ……………………………（39）

$25°<\theta\leqslant 90°$时：

与上述各条中给出的最大功率通量密度值一致。

2. 反向配置带宽的地球站到固定业务站的、无论长时间还是短时间的最大允许干扰应低于用 ITU-R SM.1448 和 ITU-R SF.1006 方法的计算值如下：

10 GHz～15.4 GHz：7 dB

15.4 GHz～20 GHz：5 dB

高于 20 GHz：3 dB

注 6：上述各条规定中 θ 角代表接收点到卫星方向与水平方向之间的最小夹角。单位：度。

注 7：PSK 调制载波每 4 kHz 的最大功率通量密度的计算：

由 PN 序列数字能量扩散信号调制的 PSK 载波的 4 kHz 最大功率密度为：

当 PN 序列的重复周期比 250 μs 长时：

$Pt\times(4\,000/B)$ (W/4 kHz)

当 PN 序列的重复周期等于或小于 250 μs 时：

$Pt\times((L+1)/L^2)\times(4\,000/(1/(L\times t))+1)$ (W/4 kHz)。

式中：

Pt——载波的总功率(W)；

B——符号率(Symbol/s)；

L——PN序列长度(Symbol);

t——Symbol持续时间(s);

4 000/(1/($L\times t$))的值取整数部分。

上述两个公式适合于PSK载波的PN序列调制情况,也适合于PN扰码序列连续覆盖PSK信息信号的情况。

载波的能量扩散因子 $D=10\lg(Pt/(\text{每 4 kHz 的最大功率}))$。

7.2 地球站天线偏轴发射的功率密度限制

6 GHz频带固定卫星业务静止卫星轨道地球站在下述规定的 φ 值范围内最大偏轴发射的EIRP功率密度不应超过下述值(包括偏离静止轨道向南北3°范围内):

1) 不是2)中所考虑的系统的天线偏轴辐射到空间的等效全向辐射功率密度最大允许值为:

$35-25\lg\varphi$ dB(W/4 kHz)　　$2.5^\circ\leqslant\varphi\leqslant48^\circ$　　……………(40)

-7 dB(W/4 kHz)　　$48^\circ<\varphi\leqslant180^\circ$　　……………(41)

2) SCPC/PSK话音激活电话系统的天线偏轴辐射到空间的等效全向辐射功率密度最大允许值为:

$45-25\lg\varphi$ dB(W/40 kHz)　　$2.5^\circ\leqslant\varphi\leqslant48^\circ$　　……………(42)

3 dB(W/40 kHz)　　$48^\circ<\varphi\leqslant180^\circ$　　……………(43)

3) 使用新天线,不是2)中所考虑的系统。1988年以后天线偏轴辐射到空间的等效全向辐射功率密度最大允许值为:

$32-25\lg\varphi$ dB(W/40 kHz)　　$2.5^\circ\leqslant\varphi\leqslant7^\circ$　　……………(44)

11 dB(W/40 kHz)　　$7^\circ<\varphi\leqslant9.2^\circ$　　……………(45)

$35-25\lg\varphi$ dB(W/40 kHz)　　$9.2^\circ<\varphi\leqslant48^\circ$　　……………(46)

7 dB(W/40 kHz)　　$48^\circ<\varphi\leqslant180^\circ$　　……………(47)

工作在12.75 GHz~13.25 GHz和13.75 GHz~14.5 GHz频段的卫星固定业务静止卫星轨道地球站天线偏轴辐射到空间的等效全向辐射功率密度最大允许值为(包括偏离静止轨道3°南北范围内):

$39-25\lg\varphi$ dB(W/40 kHz)　　$2.5^\circ\leqslant\varphi\leqslant7^\circ$　　……………(48)

18 dB(W/40 kHz)　　$7^\circ<\varphi\leqslant9.2^\circ$　　……………(49)

$42-25\lg\varphi$ dB(W/40 kHz)　　$9.2^\circ<\varphi\leqslant48^\circ$　　……………(50)

0 dB(W/40 kHz)　　$48^\circ<\varphi\leqslant180^\circ$　　……………(51)

工作在12.75 GHz~13.25 GHz和13.75 GHz~14.5 GHz频段,能量扩散或没有能量扩散但有广播节目或适当的测试信号调制时,发射的调频电视载波的偏轴总EIRP值不应超过下述值(包括偏离静止轨道3°南北范围内):

$53-25\lg\varphi$(dB W)　　$2.5^\circ\leqslant\varphi\leqslant7^\circ$　　……………(52)

32(dB W)　　$7^\circ<\varphi\leqslant9.2^\circ$　　……………(53)

$56-25\lg\varphi$(dB W)　　$9.2^\circ<\varphi\leqslant48^\circ$　　……………(54)

14(dB W)　　$48^\circ<\varphi\leqslant180^\circ$　　……………(55)

对于静止卫星轨道3度以外任何方向上,上述限制可以超过3 dB。

注1:上式中 φ 值表示研究方向与波束主轴方向之间的夹角。单位:度。

工作在14 GHz频带使用卫星固定业务静止卫星轨道网的VSAT地球站,在任何静止卫星轨道3°范围内,下述规定的 φ 值上,最大偏轴发射的EIRP功率密度不应超过下述值(包括偏离静止轨道向南北3°范围内):

$33-25\lg\varphi$ dB(W/40 kHz)　　$2^\circ\leqslant\varphi\leqslant7^\circ$　　……………(56)

12 dB(W/40 kHz)　　$7^\circ<\varphi\leqslant9.2^\circ$　　……………(57)

$36-25\lg\varphi$ dB(W/40 kHz)　　$9.2^\circ<\varphi\leqslant48^\circ$　　……………(58)

-6 dB (W/40 kHz)　　$48^\circ<\varphi\leqslant180^\circ$　　……………(59)

此外,偏离天线主瓣轴任意方向 φ 角的交叉极化分量不应超过下述值:

$23-25\lg\varphi$ dB(W/40 kHz)　　2°≤ φ ≤7° ……………………………(60)

2 dB(W/40 kHz)　　7°< φ ≤9.2° ……………………………(61)

其中:φ 为研究方向与波束主轴方向之间的夹角。单位:度。

注 2:当卫星间隔约 2°时,上述要求还应降低 8 dB。

注 3:对于要在同一 40 kHz 频带内,同时发射的多个地球站系统(例如 CDMA 方式),上述规定值还应降低约 $10\lg N$。N 是系统内使用同一 40 kHz 频带的地球站数目。

29.5 GHz～30 GHz 卫星固定业务静止卫星轨道地球站在下述规定的 φ 值范围内最大偏轴发射的 EIRP 功率密度不应超过下述值(包括偏离静止轨道向南北 3°范围内):

$19-25\lg\varphi$ dB(W/40 kHz)　　2°≤ φ ≤7° ……………………………(62)

−2 dB(W/40 kHz)　　7°< φ ≤9.2° ……………………………(63)

$22-25\lg\varphi$ dB(W/40 kHz)　　9.2°< φ ≤48° ……………………………(64)

−20 dB(W/40 kHz)　　48°< φ ≤180° ……………………………(65)

地球站的工作仰角低于 30 度时,地球站发射的功率通量密度可以超过上述值,其超过量规定如下:

2.5 dB　　ε ≤5° ……………………………(66)

$0.1(25-\varepsilon)+0.5$ dB　　5< ε ≤30° ……………………………(67)

上式中:ε 为工作仰角。单位:度。

对于要在同一 40 kHz 频带内,同时发射的多个地球站系统(例如 CDMA 方式),上述规定值还应降低约 $10\lg N$。N 是系统内使用同一 40 kHz 频带的地球站数目。

注 4:于 WRC-2000 结束之前投入使用的静止卫星网工作的地球站,本标准不适用。

地球站沿水平方向的发射:

1)　工作频段在 1 GHz～15 GHz 之间,地球站沿水平方向的等效全向辐射功率不应超过下述限制:

40(dB W/4 kHz)　　δ ≤0° ……………………………(68)

$40+3\delta$(dB W/4 kHz)　　0°< δ ≤5° ……………………………(69)

其中:δ 为发射点到卫星方向与水平方向的夹角,单位:度。

2)　工作频段超过 15 GHz,地球站沿水平方向的等效全向辐射功率不应超过下述限制:

40(dBW/1 MHz)　　δ ≤0° ……………………………(70)

$40+3\delta$(dB W/1 MHz)　　0°< δ ≤5° ……………………………(71)

其中:δ 为发射点到卫星方向与水平方向的夹角,单位:度。

注 5:上述 1)和 2)中的限制若被超过,其超过部分不大于 10 dB。当协调区延伸到另一个国家的陆地,则必须得到该国主管部门的同意。

8　地球站发射天线旁瓣包络特性设计指标限制

8.1　地球站发射天线旁瓣包络特性设计指标限制概述

地球站天线旁瓣特性的峰的总数的 90% 不应超过下述包络值。

8.2　天线直径和工作波长之比 D/λ >150 时

$G=29-25\lg\varphi$ dBi ……………………………(72)

东西方向:1°或 $100\lambda/D$(两者取最大的,但不能大于 3°)≤ φ ≤20°

如图 1 所示,南北方向 −3°≤ φ ≤3°

8.3　天线直径与工作波长之比 50< D/λ ≤150

$G=32-25\lg\varphi$ dBi ……………………………(73)

东西方向:1°或 $100\lambda/D$(两者取最大的,但不能大于 3°)≤ φ ≤20°;

南北方向：$-3°\leqslant\varphi\leqslant 3°$；

该项规定适合于1995年以前投入使用的地球站。

$G=29-25\lg\varphi$ dBi …………………………（74）

东西方向1°或$100\lambda/D$(两者取最大的)$\leqslant\varphi\leqslant 20°$；

南北方向：$-3°\leqslant\varphi\leqslant 3°$；

该项规定适合于1995年以后投入使用的地球站。

8.4 东西方向 $1°\leqslant\varphi\leqslant 20°$ 之外的天线辐射特性

$G=-3.5$ dBi　　$20°\leqslant\varphi\leqslant 26.3°$ …………………………（75）

$G=32-\lg\varphi$ dBi　　$26.3°<\varphi\leqslant 48°$ …………………………（76）

$G=-10$ dBi　　$48°<\varphi\leqslant 180°$ …………………………（77）

8.5 天线直径与工作波长之比 $D/\lambda\leqslant 50$

待定。

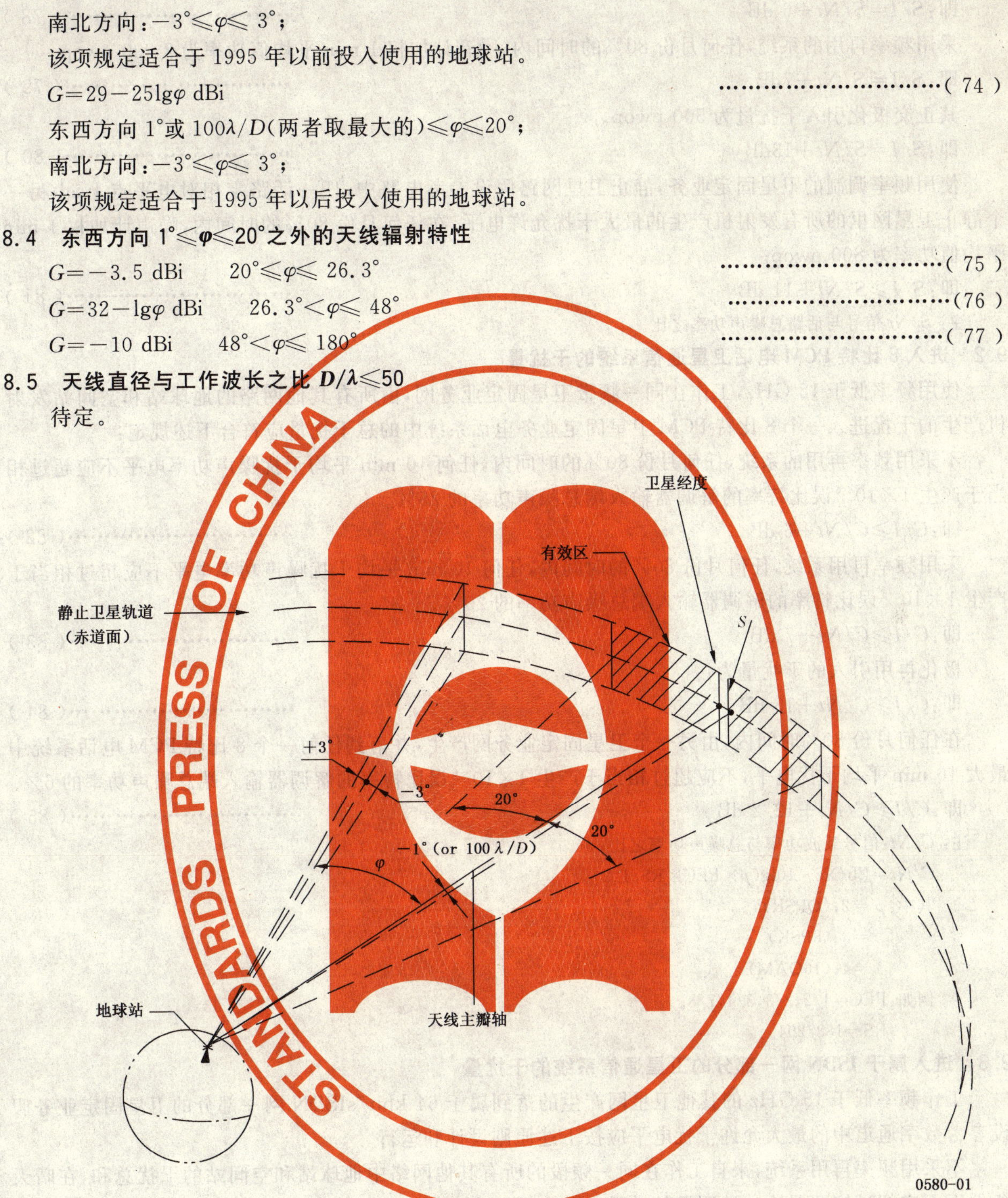

图1　网状区表示天线设计指标限定范围

9 卫星网络间干扰量允许值

9.1 进入调频电话卫星通信系统的干扰量

工作频率低于15 GHz，使用同一频带的几个静止卫星网之间，由其他静止卫星空间站和地球站发射机共同产生，折算到受干扰的卫星固定业务系统假设参考电路任一话路零相对电平点的干扰总功率不应超过：

不采用频率再用的系统，任何月份80%的时间内，噪声计加权1 min平均值功率为2 500 pwop。

即：$S/I=S/Nt+6$ dB ……………………………（78）

采用频率再用的系统，任何月份80%的时间内，噪音计加权1 min平均值功率为2 000 pwop。

即：$S/I=S/Nt+7$dB ……………………………（79）

其正交极化引入干扰量为500 pwop。

即：$S/I=S/Nt+13$dB ……………………………（80）

使用频率调制的卫星固定业务，静止卫星网路假设参考电路中，任一话路零相对电平点上，由另一个静止卫星网里的所有发射机产生的最大干扰允许电平，在任何月份80%的时间内，噪声计加权1 min平均值功率为800 pwop。

即：$S/I \geqslant S/Nt+11$ dB ……………………………（81）

注：S/Nt 信号与话路总噪声功率之比。

9.2 进入8比特PCM电话卫星通信系统的干扰量

使用频率低于15 GHz，工作在同一频带卫星固定业务网，由所有其他网路的地球站和空间站发射机产生的干扰进入一个8比特PCM卫星固定业务电话系统中的总干扰量应符合下述规定：

不采用频率再用的系统，任何月份80%的时间内，任何10 min平均干扰噪声功率电平不应超过相当于产生1×10^{-6}误比特率的解调器输入端总噪声功率的25%。

即：$C/I \geqslant C/Nt+6$ dB ……………………………（82）

采用频率再用系统，任何月份80%的时间内，任何10 min平均干扰噪声功率电平不应超过相当于产生1×10^{-6}误比特率的解调器输入端总噪声功率的20%。

即：$C/I \geqslant C/Nt+7$ dB ……………………………（83）

极化再用引入的干扰量为：

即：$C/I \geqslant C/Nt+13$ dB ……………………………（84）

在任何月份80%时间内，由另一个卫星固定业务网产生，并落到任何一个8比特PCM电话系统中最大10 min平均干扰电平，不应超过相当于产生1×10^{-6}误比特率的解调器输入端总噪声功率的6%。

即：$C/I \geqslant C/Nt+12.2$ dB ……………………………（85）

注：C/Nt：信号载波功率与总噪声功率之比。

$C/Nt=Eb/No+10\lg(p\times FEC\times RS/1.2)$

其中：$p=2$；(QPSK)

$=3$；(8PSK)

$=4$；(16QAM)

例如：FEC=1/2,2/3,3/4,7/8。

RS=188/204。

9.3 进入属于ISDN网一部分的卫星通信系统的干扰量

工作频率低于15 GHz的其他卫星网产生的落到属于64 kbit/sISDN网一部分的卫星固定业务假设参考数字通道中的最大允许干扰电平应按下述原则设计和运行。

不采用频率再用系统，来自工作在同一频段的所有其他网络中地球站和空间站的干扰总和，在晴天条件下不应超过解调器输入端测量的总噪声功率的25%。

即：$C/I \geqslant C/Nt+6$ dB ……………………………（86）

采用频率再用系统，来自工作在同一频段的所有其他网络中地球站和空间站的干扰总和，在晴天条件下不应超过解调器输入端测量的总噪声功率的20%。

即：$C/I \geqslant C/Nt+7$ dB ……………………………（87）

正交极化引入的干扰量为：

即：$C/I \geqslant C/Nt+13$ dB ……………………………（88）

任何一个工作在同一频段的其他网路中的地球站和空间站产生的干扰总和，在晴天条件下不应超过解调器输入端测量的总噪声功率的6%。

即：$C/I \geq C/Nt + 12.2$ dB ……………………（89）

注：C/Nt：信号载波功率与总噪声功率之比。

$C/Nt = Eb/No + 10\lg(p \times FEC \times RS/1.2)$

其中：$p=2$；(QPSK)

$=3$；(8PSK)

$=4$；(16QAM)

例如：FEC=1/2,2/3,3/4,7/8。

RS=188/204。

9.4 进入调频电视通路的干扰量

工作在同一频段，卫星固定业务的不同静止卫星网路间的干扰应按下述原则设计：由其他网中地球站和空间站发射机共同产生的，落到使用频率调制的固定业务网电视假设参考电路中的总干扰噪声功率，在任何月份 99%时间内不应超过假设参考电路允许视频噪声功率的 15%。

即：$S/I \geq S/Nt + 7.8$ dB ……………………（90）

由任何一个卫星通信网产生的落到另一个卫星通信网里的最大干扰功率电平不应超过上条推荐值的 4/10，但有时把这种单入干扰限制在比 4/10 还要小。

即：$S/I \geq S/Nt + 11.8$ dB ……………………（91）

9.5 调频电视干扰信号进入 SCPC、PCM 电话卫星通信网的干扰量

无 FEC，64 kbit/s SCPC 载波受等于电视速率的能量扩散信号调制的模拟信号载波干扰时，SCPC 载波的允许载波干扰比不应小于下述公式计算值：

$C/I = C/Nt + 6.4 + 3 \times \lg\delta - 8 \times \lg(i/10)$dB ……………………（92）

上式中：

C/I：为干扰的 SCPC 载波功率与已扩散的干扰电视信号的总载波功率之比(dB)。

C/Nt：误比特率为 1×10^{-6}时 SCPC 载波功率与总噪音功率比(dB)。

δ：SCPC 载波占用带宽与电视能量扩散信号产生的峰—峰频偏之比。

i：用解调前的总噪声功率的百分数表示的 SCPC 带宽内的未解调干扰功率($10 \leq i \leq 25$)。

使用 1/2、3/4、FEC 和软判决 Viterbi 解码的 64 kbit/s SCPC 载波的允许载波干扰比不应小于下述公式的计算值：

$C/I = C/Nt + 9.4 + 3.5 \times \lg\delta - 6 \times \lg(i/10)$dB ……………………（93）

式中符号含义同前。

9.6 低于 30 GHz 且由其他同方向网络产生的卫星固定业务卫星网里的最大允许干扰电平

注：本条指低于 30 GHz，由其他同方向网络产生的，在卫星固定业务卫星网(静止卫星轨道/卫星固定业务，非静止卫星轨道/卫星固定业务，非静止卫星轨道/卫星移动业务馈送链路)里的最大允许干扰电平。

在卫星固定业务中，工作在频率低于 30 GHz 的静止卫星网络应按下述方法设计和运行：

只要来自同一频段的所有其他静止卫星轨道卫星固定业务网的地球站和空间站发射的干扰(干扰路径为晴天)总功率，在解调器的输入端处不应超过下述值：

晴天条件下，网络不采用频率再用，总系统噪声功率的 25%。

即：$C/I \geq C/Nt + 6$ dB ……………………（94）

晴天条件下，网络采用频率再用，总系统噪声功率的 20%。

即：$C/I \geq C/Nt + 7$ dB ……………………（95）

晴天条件下，频率再用引入总系统噪声功率的 5%。

即：$C/I \geq C/Nt + 13$ dB ……………………（96）

晴天条件下，来自同一频段的一个其他静止卫星轨道卫星固定业务网的地球站和空间站发射的干扰为总系统噪声功率的 6%。

即：$C/I \geq C/Nt + 12.2$ dB ……………………（97）

卫星固定业务(GSO/FSS、nonGSO/FSS、nonGSO/MSS 馈送链路)的网络,工作在同一频带或带宽,所有其他卫星网络,地球站和空间站发射的网络间干扰和可能产生的时变干扰应:

至多占用希望网络短时间性能指标规定的比特差错率(或 C/N 值)和相对于最短时间百分比性能指标规定的比特差错率(最低 C/N 值)的分配时间的10%。

希望网内,每 x 天内不多于一次的同步丢失,x 值待定。

对于长时间的干扰分配应是:比10%多的时间上,总干扰不应超过总系统噪声功率的6%。

9.7 工作在 15 GHz 以下,由于时不变干扰产生的对卫星固定业务假设参考数字通道允许误码性能恶化量的分配

当共用频率低于 15 GHz,来自所有干扰源的最大允许干扰量应当不超过晴天的卫星系统总噪声的:

1) 不采用频率再用时为32%。

分配如下:

其中:25%分配给其他卫星固定业务系统。

即:$C/I \geqslant C/Nt + 6$ dB ……………………………(98)

6%分配给具有同等主用状态的其他系统。

即:$C/I \geqslant C/Nt + 12.2$ dB ……………………………(99)

1%分配给所有其他干扰源。

即:$C/I \geqslant C/Nt + 20$ dB ……………………………(100)

2) 采用频率再用为27%。

其中:20%分配给其他卫星固定业务系统。

即:$C/I \geqslant C/Nt + 7$ dB ……………………………(101)

6%分配给具有同等主用状态的其他系统。

即:$C/I \geqslant C/Nt + 12.2$ dB ……………………………(102)

1%分配给所有其他干扰源。

即:$C/I \geqslant C/Nt + 20$ dB ……………………………(103)

3) 频率再用引入:5%。

即:$C/I \geqslant C/Nt + 13$ dB ……………………………(104)

上述的所有干扰源应包括:

来自工作在同一频带的卫星固定业务系统的发射。

来自其他共用同一频带的主要无线电业务的发射。

来自其他共用同一频带的次要无线电业务的发射。

来自没有执照的设备的发射。

不希望发射(即:带外和杂散发射)。

注:在利用频谱仪测量本章公式中干扰电平时,应扣除背景噪声的影响。

10 卫星通信系统与共用频带陆上微波接力系统和点到多点固定无线接入间的干扰量允许值

10.1 进入卫星通信调频电话系统的干扰量

工作在同一频段的微波接力系统和卫星固定业务系统应按下述原则设计:

来自陆上微波接力站的干扰,折算到卫星固定业务网调频系统,假设参考电路任一话路零相对电平点上的噪声计加权 1 min 平均功率:

——在任何月份80%时间内,不应超过 1 000 pwop;

——在任何月份99.97%时间内,不应超过 50 000 pwop。

10.2 进入8比特PCM电话卫星通信系统的干扰量

工作在同一频段的微波接力系统，点到多点固定无线接入(P-MP FWA)和卫星固定业务系统之间应按下述原则设计：由各个微波接力系统和点到多点固定无线接入发射机产生的，进入8比特PCM电话卫星通信系统的总干扰量应当符合下述限制：

——在任何月份80%时间内，任何10 min的干扰噪声平均功率不应超过相当于产生1×10^{-6}比特误码率的解调器输入端总噪声功率的10%。

$$C/I \geqslant C/Nt + 10\ \text{dB} \quad \cdots\cdots (105)$$

——在任何月份内，由于射频干扰噪声功率，1 min平均比特差错率超过1×10^{-4}的时间概率增加量不应超过0.03%；

——在任何月份内，由于射频干扰噪声功率，1 s平均比特特差率超过1×10^{-3}的时间概率增加量不应超过0.005%。

注：有关P-MP FWA的干扰协调计算方法参考ITU-R SF-1486。

11 在协调和干扰估算中使用的地球站天线接收参考辐射特性

11.1 2 GHz～30 GHz频率范围内的天线参考辐射特性

在2 GHz～30 GHz频率范围内，在卫星固定业务系统之间和在卫星固定业务地球站和其他共用同一频段的业务地球站之间，以及地球站与陆上电路系统之间进行干扰协调估算中使用的天线参考辐射特性如下：

$$G(\varphi) = 32 - 25\lg\varphi\ \text{dBi} \qquad \varphi_{\min} \leqslant \varphi < 48^\circ \quad \cdots\cdots (106)$$

$$G(\varphi) = -10\ \text{dBi} \qquad 48^\circ \leqslant \varphi \leqslant 180^\circ \quad \cdots\cdots (107)$$

其中：$\varphi_{\min}=1^\circ$或$100\lambda/D$度，两者中取较大的。

1993年前协调的网络中$D/\lambda \leqslant 100$的地球站天线的参考辐射特性如下：

$$G(\varphi) = 52 - 10\lg(D/\lambda) - 25\lg\varphi\ \text{dBi} \qquad (100\lambda/D)^\circ \leqslant \varphi < 48^\circ \quad \cdots\cdots (108)$$

$$G(\varphi) = 10 - 10\lg(D/\lambda)\ \text{dBi} \qquad 48^\circ \leqslant \varphi \leqslant 180^\circ \quad \cdots\cdots (109)$$

11.2 卫星固定业务中干扰估算和频率协调中使用的参考地球站交叉极化辐射图特性

$$Gx(\varphi) = 23 - 20\lg\varphi\ \text{dBi} \qquad \varphi_1 \leqslant \varphi \leqslant 7^\circ \quad \cdots\cdots (110)$$

$$Gx(\varphi) = 20.2 - 16.7\lg\varphi\ \text{dBi} \qquad 7^\circ < \varphi \leqslant 26.3^\circ \quad \cdots\cdots (111)$$

$$Gx(\varphi) = 32 - 25\lg\varphi\ \text{dBi} \qquad 26.3^\circ < \varphi \leqslant 48^\circ \quad \cdots\cdots (112)$$

$$Gx(\varphi) = -10\ \text{dBi} \qquad 48^\circ < \varphi \leqslant 180^\circ \quad \cdots\cdots (113)$$

上式中：φ_1为1°或者$100\lambda/D$，两者中取较大者。

注：11.1和11.2中各式的φ值是研究方向与波束主轴方向之间的夹角。

11.3 卫星固定业务静止卫星网络间干扰量计算中极化鉴别度的估算

线极化中极化鉴别度的计算：

1. 下行线的极化鉴别度Yd的计算

$$Yd = -10\lg(\cos^2\beta + \sin^2\beta \times 10 - \text{Dp}(\varphi b)/10 + \sin^2\beta \times 10 - \text{Dpsat}/10) \quad \cdots\cdots (114)$$

其中：希望信号和干扰信号是同极化：$\beta = |\varepsilon_1 - \varepsilon_2| + \delta \quad \cdots\cdots (115)$

希望信号和干扰信号是交叉极化：$\beta_x = \pi/2 - |\varepsilon_1 - \varepsilon_2| + \delta \quad \cdots\cdots (116)$

β、β_x：对于线极化，是接收信号极化面与接收天线极化面之间的相对校准角。或是希望信号与干扰信号$(\varepsilon_1-\varepsilon_2)$之间的夹角。

ε：极化角是与传播方向(地球站朝向卫星的方向)垂直的面和由卫星或指向卫星的地球站发射的线极化波极化面之间的角。

δ：容差。

Φ：从地球表面观察点看过去两卫星间的间隔(°)。

Dp(Φ_b)：希望地球站的极化去耦：

$Dp(\Phi_b) = A//(\Phi_b) - A+(\Phi_b)$ dB ……………………(117)

Dpsat：在覆盖区内，希望地球站位置处干扰卫星的极化去耦，dB。

2. 上行线的极化鉴别度 Yu 的计算

$Yu = -10\lg(\cos^2\beta + \sin^2\beta \times 10^{-Dp(\Psi b)/10} + \sin^2\beta \times 10^{-Dpst/10})$ ……………………(118)

其中：

Ψ_b：主辐射方向和干扰地球站方向之间的夹角。

Dp(Ψ_b)：希望地球站的极化去耦：

$Dp(\Psi_b) = S//(\Psi_b) - S+(\Psi_b)$dB ……………………(119)

S//和 S+：希望卫星天线的同极化和交叉极化图。

Dpst：干扰地球站的极化去耦，dB。

3. 一个圆极化一个线极化情况时的极化鉴别度 Y 的计算

$Y = -10\lg 1/2 \times (1 + 10^{-Dp(\varphi)/10})$dB ……………………(120)

其中：

Dp(Φ)：接收天线的极化去耦，dB。

详细可见参考文件：ITU- R S.736-3。

11.4 10.7 GHz～30 GHz 范围内涉及非静止卫星干扰估算时使用的卫星固定业务地球站参考辐射值

$20 \leqslant D/\lambda < 25$ 时：

$G(\varphi) = G_{max} - 2.5 \times 10^{-3} \times [(D/\lambda) \times \varphi]^2$ dBi　　$0 < \varphi < \varphi_m$ ……………………(121)

$G(\varphi) = G1$ dBi　　$\varphi_m \leqslant \varphi < [95 \times D/\lambda]$ ……………………(122)

$G(\varphi) = 29 - 25\lg(\varphi)$ dBi　　$[95 \times D/\lambda] \leqslant \varphi < 33.1°$ ……………………(123)

$G(\varphi) = -9$ dBi　　$33.1° < \varphi \leqslant 80°$ ……………………(124)

$G(\varphi) = -5$ dBi　　$80° < \varphi \leqslant 180°$ ……………………(125)

$25 \leqslant D/\lambda \leqslant 100$ 时：

$G(\varphi) = G_{max} - 2.5 \times 10^{-3} \times [(D/\lambda) \times \varphi]^2$ dBi　　$0 < \varphi < \varphi_m$ ……………………(126)

$G(\varphi) = G1$ dBi　　$\varphi_m \leqslant \varphi < [95 \times D/\lambda]$ ……………………(127)

$G(\varphi) = 29 - 25\lg(\varphi)$ dBi　　$[95 \times D/\lambda] \leqslant \varphi < 33.1°$ ……………………(128)

$G(\varphi) = -9$ dBi　　$33.1° < \varphi \leqslant 80°$ ……………………(129)

$G(\varphi) = -4$ dBi　　$80° < \varphi \leqslant 120°$ ……………………(130)

$G(\varphi) = -6$ dBi　　$120° < \varphi \leqslant 180°$ ……………………(131)

这里：

D＝天线直径（对于非对称天线，为等效天线直径）(m)

λ＝波长(m)

φ＝天线的偏轴角度(°)

$G_{max} = 20\lg(D/\lambda) + 7.7$ dBi ……………………(132)

$G_1 = 29 - 25\lg(95 \times D/\lambda)$ dBi ……………………(133)

$\varphi_m = 20 \times (\lambda/D) \times \sqrt{(G_{max} - G_1)}$(°) ……………………(134)

$100 < D/\lambda$ 时：

$G(\varphi) = G_{max} - 2.5 \times 10^{-3} \times [(D/\lambda) \times \varphi]^2$ dBi　　$0 < \varphi < \varphi_m$ ……………………(135)

$G(\varphi) = G1$ dBi　　$\varphi_m \leqslant \varphi < \varphi_r$ ……………………(136)

$G(\varphi) = 29 - 25\lg(\varphi)$ dBi　　$\varphi_r \leqslant \varphi < 10°$ ……………………(137)

$G(\varphi) = 34 - 30\lg(\varphi)$ dBi　　$10° \leqslant \varphi < 34.1°$ ……………………(138)

$G(\varphi) = -12$ dBi　　$34.1° \leqslant \varphi < 80°$ ……………………(139)

$G(\varphi)=-7$ dBi　80°≤φ≤120° ……………………(140)

$G(\varphi)=-12$ dBi　120°≤φ≤180° ……………………(141)

这里：

$G_{max}=20\lg(D/\lambda)+8.4$ dBi ……………………(142)

$G_1=-1+15\lg(D/\lambda)$ dBi ……………………(143)

$\varphi_m=20\times(\lambda/D)\times\sqrt{(G_{max}-G_1)}(°)$ ……………………(144)

$\Phi_r=15.85\times(D/\lambda)(-0.6)(°)$ ……………………(145)

12　地球站互调、杂散、带外发射的限制

12.1　杂散发射 EIRP 值(不包括互调和频谱扩散)

C 频段地球站：

C 频段地球站发射的杂散音、噪声带、或其他无用信号(除地球站非线性产生的多载波互调产物和频谱扩散信号外)落在本载波分配卫星转发器频带单元之外，但在 5 925 MHz～6 425 MHz、13.750 GHz～14.500 GHz 和 12.200 GHz～12.750 GHz 范围内的 EIRP 值不应超过下述值：

一类站：4 dBW/4 kHz；

二类站：2 dBW/4 kHz；

三、四类站：−30 dBW/4 kHz(暂定)；

测试条件：关掉发射载频。

Ku 频段地球站：

Ku 频段地球站发射的杂散音、噪声带、或其他无用信号(除地球站非线性产生的多载波互调产物和频谱扩散信号外)落在本载波分配卫星转发器频带单元之外，但在 13.750 GHz～14.500 GHz 和 12.200 GHz～12.750 GHz范围内的 EIRP 值不应超过下述值：

一类站：4 dBW/4 kHz；

二类站：−1 dBW/4 kHz；

三、四类站：−30 dBW/4 kHz(暂定)；

测试条件：关掉发射载频。

当杂散发射超过规定值时，应自动停止发射(关机)。

注：地球站分类见本标准 13.1。

12.2　杂散辐射产物落在 TDM 载波分配频带的任何 4 kHz 带内的杂散发射产物电平

杂散辐射产物落在 TDM 载波分配频带的任何 4 kHz 带内的杂散发射产物电平至少比未调制载波电平低。

载波传输速率不超过 2 048 kbit/s 时，为 40 dB；

载波传输速率超过 2 048 kbit/s 时，为 50 dB。

12.3　互调噪声

地球站发射机多载波工作时，SCPC 载波与其他载波之间产生的互调噪声落到占用带宽之外，但在 14.000 GHz～14.500 GHz 和 12.200 GHz～12.750 GHz 范围内的 EIRP 频谱密度(dBW/4 kHz)至少要比 SCPC 载波电平低 40 dB。

地球站发射机多载波工作时，SCPC 载波与 SCPC 载波之间的任意三阶互调产物之比不应低于下述值：

30 dB　$2\leqslant N<7$ ……………………(146)

13 dB$+20\lg N$　$N\geqslant 7$ ……………………(147)

N：为 SCPC 载波数目。

地球站发射机多载波工作时，由于发射机 AM/PM 转换特性造成的 TDM/PSK 载波对 FDM/FM

载波的总调制转换干扰噪声，在任何 FDM/FM 载波基带信道内不应超过－73 dBmop。

12.4 PSK 调制信号射频带外发射

由于地球站非线性所产生的频谱再生，使其旁瓣频谱，落在分配卫星转发器带宽之外，所允许的 EIRP 谱密度至少要比主载波频谱密度（4 kHz）低 26 dB。

上述限制仅适用于由于地球站非线性产生的再生频谱旁瓣，在 $0.35R \sim 0.5R$ Hz 频带范围内允许 EIRP 谱密度，至少要比峰值频谱密度（4 kHz）低 16 dB。

一个已调的发射载波频谱规定如下：

以正常电平发射的载波，经过所有滤波器后，在高功率放大输出端测量的载波频谱不应超过下述模框（见图 2）的电平值。

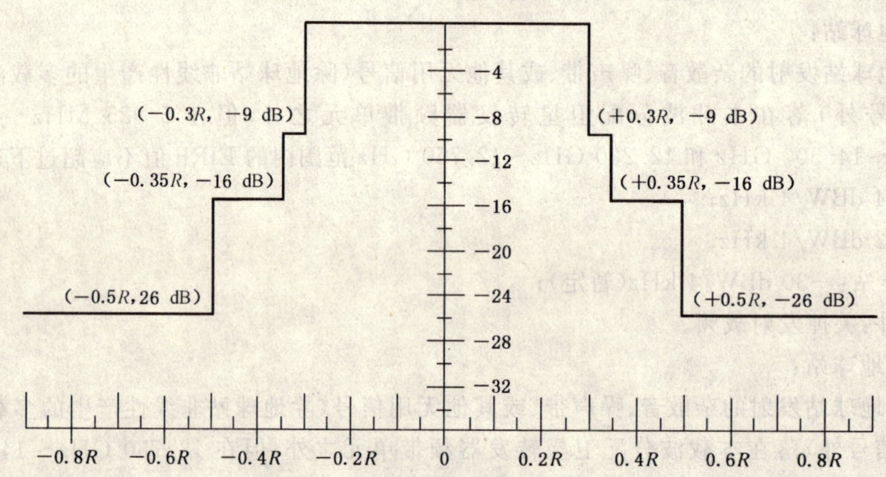

图中 R：传输速率 bit/s（是包括 FEC 和报头等的调制器输入比特速率）；

0 dB：其功率密度比未调制载波功率低 $10\times\lg(R/2)$（dB/Hz）（QPSK）

或功率密度（C_o）－未调制载波功率（C）＝ $-10\times\lg(R/2)$（dB/Hz）。

图 2 射频载波的频谱框图

13 地球站

13.1 地球站分类

C 频段地球站按其接收系统的 G/T 值大小，可以划分为下述四类：

一类站：$G/T \geqslant 317+20\lg(f/f_0)$ dB/K ……………………………（148）

二类站：$G/T \geqslant 29+20\lg(f/f_0)$ dB/K ……………………………（149）

三类站：$G/T \geqslant 23+20\lg(f/f_0)$ dB/K ……………………………（150）

四类站：$G/T \geqslant 18.5+20\lg(f/f_0)$ dB/K ……………………………（151）

Ku 频段地球站按其接收系统的 G/T 值大小，可以划分为下述四类：

一类站：$G/T \geqslant 34+20\lg(f/f_0)$ dB/K ……………………………（152）

二类站：$G/T \geqslant 29+20\lg(f/f_0)$ dB/K ……………………………（153）

三类站：$G/T \geqslant 23+20\lg(f/f_0)$ dB/K ……………………………（154）

四类站：$G/T \geqslant 20+20\lg(f/f_0)$ dB/K ……………………………（155）

其中：

C 频段：f_0：工作频带中心频率。

3 400 MHz～4 200 MHz 取 3 800 MHz；

3 700 MHz～4 200 MHz 取 3 900 MHz；

3 625 MHz～4 200 MHz 取 3 912.5 MHz。

Ku 频段：f_0：工作频带中心频率。

10.700 GHz～11.200 GHz 取 10.9 GHz；

11.200 GHz～11.700 GHz 取 11.450 GHz；

12.200 GHz～12.700 GHz 取 12.450 GHz；

12.250 GHz～11.750 GHz 取 12.500 GHz。

注：G/T 值均指晴天、微风、仰角 10°条件下测量的值。

非分类地球站，除地球站的 G/T 值不与上述各类站相符外，应遵守本标准规定的其他相关性能和指标。

Ka 频段：待定。

13.2 发射功率的稳定度

在晴天和微风条件下，包括高功率放大器输出功率稳定度、发射天线增益稳定度、天线波束指向误差和跟踪误差所造成的总的地球站沿卫星方向的载波 EIRP 发射稳定度应在下述规定值范围内：

±1.5 dB/天

发射功率的稳定度还应根据载波使用的调制方式，载波的性质等进一步做出相应的严格规定。

13.3 发射功率调整

地球站上行线功率发射应有自动调整能力，当上行出现降雨时，到达卫星的功率通量密度降到比正常工作时低并低于规定的储备时，应当自动调高发射功率。当上衰落出现时，自动调低功率。

13.4 射频频率容差

地球站发射载波频率容差(包括频率调整容差和长时间频率漂移)，应不大于下述值：

电视载波：±250 kHz/月；

SCPC 载波：±250 kHz/6 h。

FDM/FM 载波：

占用宽带为 5 MHz 时：±80 kHz/月；

占用宽带大于 5 MHz 时：±150 kHz/月。

TDM/PSK/FDMA 载波：

±0.025R Hz/月　R：传输速率(bit/s)；

最大允许±3.5 kHz/月。

TDMA 载波：1 kHz。

CDMA：待定。(建议参考 TDM/PSK/FDMA 载波的规定)。

13.5 地球站工作仰角的限制

C 频段：一个具有发射能力的地球站的工作仰角不应低于 5°。

Ku 频段：一个具有发射能力的地球站的工作仰角不应低于 10°。

Ka 频段：非静止卫星网一个具有发射能力的地球站的工作仰角不应低于 40°。

静止卫星网一个具有发射能力的地球站的工作仰角不应低于 20°。

14 数字传输的假设参考数字通道

14.1 通用的数字卫星通信假设参考数字通道(HRDP)

通用的数字卫星通信假设参考数字通道(HRDP)如图 3 所示。

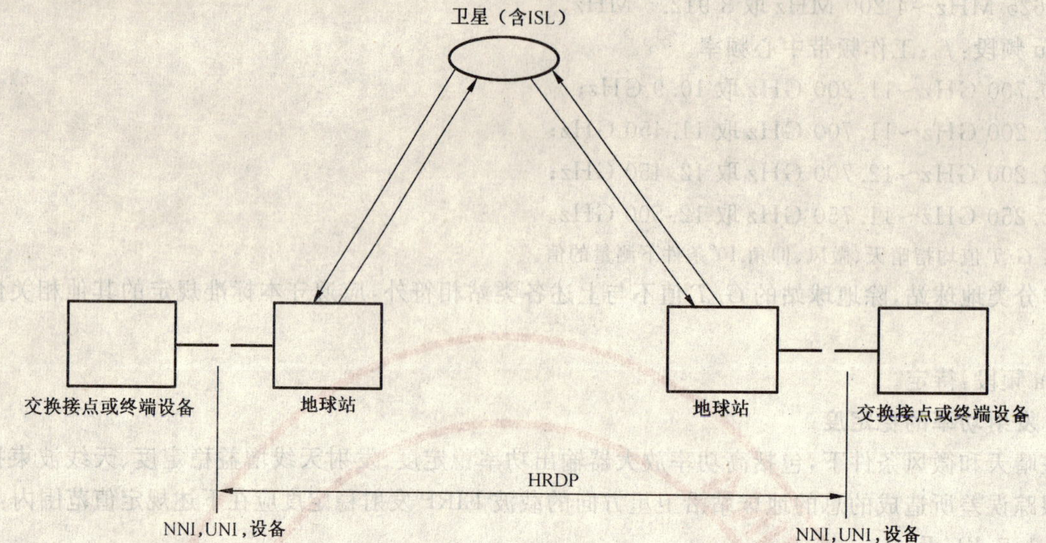

NNI:网络节点接口；

UNI:用户网络接口；

ISL:卫星间链路。

图 3 假设参考数字通道

注 1：卫星固定业务系统 HRDP 由具有 1 个或多个 ISL 的 1 个或多个地—空—地链路组成。

注 2：地球站和与它相连的陆上数字交换机之间的链路应当属于陆上网络的一部分，它不应包括在 HRDP 内。

注 3：对于位置分集地球站，HRDP 还应包括把分集地球站连到分集交换点的必要的陆上链路和任何相关设备。

注 4：在用户终端或地球站内(HRDP 的)包括 RF/IF，解调/调制，误码校正，存储，处理和复用/分解设备。

注 5：终端设备或交换点可以以任何速率与 HRDP 接口。

注 6：本假设参考数字通道(HRDP)仅适用于公众网。对于专网，网络操作员也可以使用。

注 7：本假设参考数字通道(HRDP)不仅适用于点—点业务，而且适用于多点和非对称业务。

注 8：本假设参考数字通道(HRDP)不适用于广播卫星业务端—端链路。

14.2 在卫星固定业务系统中假设参考数字通道输出端的误码性能指标

14.2.1 PCM 电话业务的误码特性指标

在 14.1 中 HRDP 的输出端上的比特差错率不应超过下述值：

1) 1×10^{-6}。任何月份比 20%多的时间，10 min 的平均值；

2) 1×10^{-4}。任何月份比 0.3%多的时间，1 min 的平均值；

3) 1×10^{-3}。任何月份比 0.05%(年的 0.01%)多的时间，1 s 的平均值。

注 1：数字卫星系统通常比模拟系统对网络无线电频率特性变化更敏感。因此，对系统寿命期间产生的性能恶化，设计者提供适当的电路储备是特别重要的。

注 2：上述比特差错率指标包括：干扰噪声，大气吸收和降雨产生的噪声。但不包括设备的不可用时间。

注 3：上述比特差错率指标仅适用于 PCM 电话传输。对于其他数字业务，需要进一步研究其相关性能指标。

注 4：工作在低于 10 GHz 的卫星固定业务系统，通常是不受短时间 10^{-3} 比特差错率的限制，设计者总是假设短时间指标是按总时间计算的。

注 5：对于工作在 10 GHz 以上的卫星固定业务系统，上述的比特差错率指标在可用时间内是适用的(即年总时间的 99.96%内)。在这种系统中，降雨将使系统恶化到劣于 10^{-3} 的比特差错率。按照不可用定义，对于这些时间百分比(年的 0.04%)，电路将认为是不可用。也就是，连续 10 s 或更长的高误码区为不可用时间。短于连续 10 s 的高比特误码区为可用时间，它等效于链路误码超过 10^{-3} 的情况。因此，超过 10^{-3} 误码的总设计指标(总时间)将是上述 14.2.1 中 3)中的时间加上 16.1.3 中的不可用时间之和(年的 0.01%+0.04%=0.05%)。

注 6：任何月份相当于年度的最坏月份，所谓年度最坏月份是指含盖至少 4 年的(连续)月度统计中的最坏月份。

14.2.2 工作频率低于 15 GHz，作为 64 kbit/s ISDN 连接的一部分的卫星固定业务假设参考通道(HRDP)输出端上，在可用时间内的比特差错率

工作频率低于 15 GHz，作为 64 kbit/s ISDN 连接的一部分的卫星固定业务假设参考通道(HRDP)输出端上，在可用时间内的比特差错率不应超过下述规定值：

1×10^{-7}任何月份比 10%多的时间；

1×10^{-6}任何月份比 2%多的时间；

1×10^{-3}任何月份比 0.03%多的时间。

其误码分布应满足以下规定：

出现 1 min 平均比特差错率劣于 1×10^{-6}(称为劣化分(DM)，它是指扣除可用时间内出现严重误码的秒后，其误码个数大于或等于 4 bit/min)的总时间(分)不应超过任何月份内可用时间的 2%。

出现 1 s 平均比特差错率劣于 1×10^{-3}(称严重误码秒(SES)，它是指可用时间内出现误码个数大于 64 bit/s 的秒)的总时间(秒数)，不应超过任何月份内可用时间的 0.03%。

出现 1 s 内有误码(误码秒(ES)，它是指误码个数大于或等于 1 bit/s，小于或等于 64 bit/s，并且包括连续出现少于 10 个的严重误码秒)的总时间(秒数)，不应超过任何月份内可用时间(秒)的 1.6%。

注 1：误码率的测试应当保证有足够长的时间，以便获得一个良好的比特差错概率的估计。

注 2：本建议用于载送 PCM 电话以外的数字信息的卫星系统。例如话带数据(传真)，低速率编码话音(低于 64 kbit/s)等。

14.2.3 工作在基群或高于基群速率的假设参考数字通道的比特误码特性

工作在基群或高于基群速率的公共交换网内的将来和现有的卫星链路，至少应设计满足 ITU-T G.826 建议中的要求。

为了完全符合 ITU-T G.826 建议，工作在基群或高于基群速率(包括 155 Mbit/s)的构成国际连接一部分的假设参考数字通道输出端上(即：双向连接的任一端)的比特差错概率 BEP 被每突发平均误码数(α)除的值(BEP/α)，在总时间内(最坏月份)，不应超过表 10 内值定义的设计模板。

表 10 BEP/α 指标(PCM 和 PDH)

比特率/(Mbit/s)	总时间百分数	BEP/α
1.5	0.2 2.0 10.0	7×10^{-7} 3×10^{-8} 5×10^{-9}
2.0	0.2 2.0 10.0	7×10^{-6} 2×10^{-8} 2×10^{-9}
6.0	0.2 2.0 10.0	8×10^{-7} 1×10^{-8} 1×10^{-9}
51.0	0.2 2.0 10.0	4×10^{-7} 2×10^{-9} 2×10^{-10}
155	0.2 2.0 10.0	1×10^{-7} 1×10^{-9} 1×10^{-10}

在这种情况下，工作在基群或高于基群速率(包括 155 Mbit/s)的假设参考数字通道)的输出端上(即：双向连接的任一端)的比特差错概率(BEP)值，在总时间内(最坏月份)不应超过用表 11 内值定义

的设计模板。

表 11　最坏月份 BEP/α 指标（PCM 和 PDH）

总时间百分数（最坏月份）	BEP/α	BEP（α=10）
0.2	1×10^{-7}	1×10^{-6}
2	1×10^{-9}	1×10^{-8}
10	1×10^{-10}	1×10^{-9}

注 1：BEP/α 的门限值 BEPth/α 如下表所示。

BEP/α 的门限值（PCM 和 PDH）

比特率（Mbit/s）	BEPth/α
1.544	9.00×10^{-5}
2.048	1.90×10^{-4}
6.432	1.17×10^{-4}
51.84	5.68×10^{-5}
155.52	1.89×10^{-5}

当 BEP 值大于 BEPth/α 时，卫星系统不可用。不可用性门限（Tth）是按 Pses＝0.933 定义的，它与 0.5 的 10 个连续出现的严重误码秒的概率（$0.933^{10}=0.5$）一致。

注 2：工作在基群或高于基群速率的假设参考数字通道的误码秒比（ESR），严重误码秒比（SESR），背景误块比（BBER）值如下表所示。

卫星一跳的误码性能指标（35%. G826）（PCM 和 PDH）

比特率/（Mbit/s）	1.5～5	5～15	15～55	55～160
ESR	0.014	0.017 5	0.026 2	0.056
SESR	0.000 7	0.000 7	0.000 7	0.000 7
BBER	1.05×10^{-4}	0.7×10^{-4}	0.7×10^{-4}	0.7×10^{-4}

注 3：当概率等于 0.5 时，达到不可用状态，可以定义为 BEP 的不可用门限值如上。

注 4：最坏月份与年度时间百分比之间的对应关系如下：

最坏月份的 10%，　　一年的 4.0%

最坏月份的 2%，　　一年的 0.6%

最坏月份的 0.2%，　　一年的 0.04%

注 5：性能指标应满足具有最大传输速率的端到端的传输，而不是表面传输速率。例如，如果经过卫星段的传输速率是 6 Mbit/s 和相应的端点之间的传输速率是 2 Mbit/s，那么设计卫星链路的指标应符合 2 Mbit/s 的性能指标。

注 6：在有 FEC 时，α 值如下表所示：（参考值）

FEC 的改善量

比特率/（Mbit/s）	没有 FEC	有 FEC		
		1/2	3/4	7/8
1.544	1.0	2.7	5.1	6.6
2.048	1.0	3.4	6.8	8.2
6.312	1.0	2.6	5.1	7.0
51.84	1.0	2.8	5.4	7.2
155.52	1.0	2.8	4.9	7.2

14.2.4 基于同步数字体系(SDH)的假设参考数字通道的允许误码性能

在公众网和载送同步数字体系(SDH)和异步转移方式(ATM)信息的卫星链路,至少应设计满足基于 ITU-T G.828 中建议的本建议中提出的规范。

要完全符合 ITU-T G.828 建议,双向假设参考数字通道任意一输出端上的 BEP 被每突发平均误码数(α)除的值(BEP/α),在包括最坏月份的总时间内,不应超过表 12 内值定义的设计框架和给出的 BEP 框架。

表 12 BEP/α 指标(SDH)

比特率/(Mbit/s)	总时间百分数	BEP/α
1.665	0.2	1×10^{-9}
	2.0	1×10^{-9}
	10.0	1×10^{-9}
2.240	0.2	1×10^{-9}
	2.0	1×10^{-9}
	10.0	1×10^{-9}
6.848	0.2	1×10^{-9}
	2.0	7×10^{-10}
	10.0	6×10^{-10}
48.960	0.2	1×10^{-9}
	2.0	2×10^{-10}
	10.0	1×10^{-10}
150.336	0.2	1×10^{-9}
	2.0	2×10^{-10}
	10.0	9×10^{-1}
601.334	0.2	没确定
	2.0	
	10.0	

注 1:BEP/α 的门限值 BEPth/α 为:相对于不可用门限时间值 Tth=0.2%,上述各种比特率的 BEP/α 值。BEPth/α=1×10^{-9}。

注 2:对于一个国际 SDH 链路的卫星假设参考数字通道性能指标见下表。

卫星一跳的误码性能指标(35%.G826)(SDH)

比特率/(Mbit/s)	1.664 (VC-11)	2.224 (VC-12)	6.848 (VC-2)	48.960 (VC-3)	150.336 (VC-4)	601.334 (VC-4-4c)
ESR	0.003 5	0.003 5	0.003 5	0.007	0.014	(1)
SESR	0.000 7	0.000 7	0.000 7	0.000 7	0.000 7	0.000 7
BBER	1.75×10^{-5}	0.75×10^{-5}	0.75×10^{-5}	0.75×10^{-5}	0.35×10^{-5}	0.35×10^{-4}

由于缺乏有关工作在 160 Mbit/s 以上路径的信息,所以目前还没有建议的 ESR 指标。

注 3:最坏月份与年度时间百分比之间的对应关系如下:

最坏月份的 10%, 一年的 4.0%

最坏月份的 2%, 一年的 0.6%

最坏月份的 0.2%, 一年的 0.04%

注 4:性能指标应满足要求的传输速率而不是支持复用和误码校正建立的更高速率。例如,如果经过卫星的传输速率是 6 Mbit/s,而端点之间的要求的传输速率是 2 Mbit/s,那么,性能指标应符合 2 Mbit/s 的性能指标。

注 5:在有 FEC 时,α 值如下表所示:(参考值)

FEC 的改善量(SDH)

比特率/(Mbit/s)	没有 FEC	有 FEC		
		1/2	3/4	7/8
1.544	1.0	2.7	5.1	6.6
2.048	1.0	3.4	6.8	8.2
6.312	1.0	2.6	5.1	7.0
51.84	1.0	2.8	5.4	7.2
155.52	1.0	2.8	4.9	7.2

14.2.5 数字电视广播(DVB-s)误码特性要求

传输系统的误码门限:不加任何纠错,调制-解调中频环回,在 MPEG 的解复用的输入端测量的误码率不应大于 2×10^{-4}。

加任何纠错,调制-解调中频环回,在 MPEG 的解复用的输入端测量的误码率不应大于 1×10^{-10}。

14.3 对于假设参考数字通道,使用频率低于 15 GHz,载送基群或超群速率,静止卫星轨道卫星固定业务和非静止卫星轨道卫星固定业务之间的网络间干扰造成的误码性能指标分配

14.3.1 概述

工作在基群或超群速率,假设参考数字通道的误码性能指标的 10%分配给静止卫星轨道卫星固定业务和非静止卫星轨道固定卫星业务系统之间的短时间干扰。这些分配指标借助于比特误码概率、误码秒、严重误码秒表示。

14.3.2 静止卫星轨道卫星固定业务和非静止卫星轨道卫星固定业务之间的网络间的短时间干扰造成的允许 BEP

静止卫星轨道卫星固定业务和非静止卫星轨道卫星固定业务之间的网络间的短时间干扰造成的允许 BEP 如表 13 所示。

表 13 BEP/α 指标

比特率/(Mbit/s)	总时间百分数(最坏月份)	BEP/α
1.5	0.02	7×10^{-7}
	0.2	3×10^{-8}
	1.0	5×10^{-9}
2.0	0.02	7×10^{-6}
	0.2	2×10^{-8}
	1.0	2×10^{-9}
6.0	0.02	8×10^{-7}
	0.2	1×10^{-8}
	1.0	1×10^{-9}
51.0	0.02	4×10^{-7}
	0.2	2×10^{-9}
	1.0	2×10^{-10}
155	0.02	1×10^{-7}
	0.2	1×10^{-9}
	1.0	1×10^{-10}

14.3.3 静止卫星轨道卫星固定业务和非静止卫星轨道卫星固定业务之间的网络间的短时间干扰造成的允许 PDH 通道短期误码指标

静止卫星轨道卫星固定业务和非静止卫星轨道卫星固定业务之间的网络间的短时间干扰造成的允许 PDH 通道短期误码指标;卫星一跳 PDH 通道短期(一天)误码指标见表 14。

表 14 短期(一天)误码指标(20% M.2100)

比特率/(Mbit/s)	1.5～5	>5～15	>15～55	>55～160
每天允许的 ES 个数	147(121)	187(151)	288(226)	637(483)
每天允许的 SES 个数	3 (6)	3(6)	3(6)	3(6)
注:括号内为 ITU-R 的要求。				

14.3.4 静止卫星轨道卫星固定业务和非静止卫星轨道卫星固定业务之间的网络间的短时间干扰造成的允许 SDH Vc-n 通道短期误码指标

静止卫星轨道卫星固定业务和非静止卫星轨道卫星固定业务之间的网络间的短时间干扰造成的允许 SDH Vc-n 通道短期误码指标,如表 15 所示:(某些业务的更严格的要求)。

表 15 短期(一天)的允许误码指标(35%,M.2101)

比特率/(Mbit/s)	1.5～5(Vc-12)	>5～15(Vc-2)	>15～60(Vc-3)	>60～155(Vc-4)
每天允许的 ES 个数	58 (13)	58 (31)	127 (116)	268(483)
每天允许的 SES 个数	7 (0)	7 (0)	7 (0)	7 (6)
注:括号内为 ITU-R 的要求。				

15 数字电路接口标准和数字网同步

15.1 概述

卫星通信系统与地面电路之间的连接接口,包括局端接口和用户端接口。

NNI—网络接点接口是指交换(电路交换,ATM 交换)接点与地球站之间的接口。

UNI—用户接点接口是指用户终端与地球站之间的接口。

15.2 数字电路的接口

15.2.1 PCM 2.048 Mbit/s 接口

2.048 Mbit/s PCM 电话系统与地球站之间的接口。

2.048 Mbit/s PCM 电话系统与地球站之间的接口,通常为帧结构接口,应符合 GB 7611—2001 第 6 章中的规定。电气接口应符合 ITU-T G.703。

1) 速率及稳定性: 2.048 Mbit/s$\pm 50\times 10^{-6}$

2) 码型: HDB3

3) 输入/输出阻抗: 75 Ω 不平衡,BNC(F)型连接器。

当卫星电路作为陆地移动网基站控制器(BSC)与基站(BTS)之间的中继连接时,除应满足上述要求之外还应符合有关 Abis 接口的有关规定。

15.2.2 DCME 接口

DCME 与地球站卫星数字信道之间的接口是一个 2.048 Mbit/s 的接口。卫星信道通常取透明信道接口。例如与 IDR 等连接。DCME 与地面网的接口是一个到多个 2.048 Mbit/s 接口,接口要求应符合 GB 7611—2001 中的相关规定。电气接口规定参照 ITU-T G.703。

15.2.3 线路与卫星电路的接口

低于 64 kbit/s 的 2.4、4.8、9.6、19.2 数据业务接入 DDN 网时,可采用 TDM 电路复用技术,复用到 64 kbit/s 数字通道上。复用应符合 ITU-TX. 50 和 ITU-T X. 58 的规定。ITU-T X. 58 的复用祯效率高，但 ITU-T X. 58 没有考虑信令信息的传输，适用于非交换的，例如租用电路业务。

用户速率小于 20 kbit/s，其应符合 ITU-T X. 24(与 RS-232C 兼容)的接口规定。

$N\times 64$ kbit/s 的数据业务接入 DDN 网时，采用 TDM 电路复用技术，复用到 2 048 kbit/s 数字通道上。对 2. 048 Mbit/s 数字信道，采用 ITU-T G. 704 中有关 2 048 kbit/s 规定的基本祯结构。即：每一祯 256 bit，每 8 祯组成一个子复祯，每两个子复祯组成一个 CRC 复祯。

DDN 网上对用户提供 2 048 kbit/s 的 TDM 电路时，数据流的形式和解释均由用户自己定义。

64 kbit/s，2 048 kbit/s 接口应符合 GB 7611—2001 中的相关规定。

15.2.4 帧中继线路与卫星电路的接口

卫星 IP 网与地面祯中继网连接经路由器或网桥接入公用祯中继网。也可以通过祯中继拆/装设备(FRAD)接入祯中继网。

2(4)线，话带数据经调制/解调，TDM 复用，HDSL(高速数据用户环路)等接入公用祯中继时应符合 ITU-T V. 11、ITU-T X. 21、ITU-T G703 等接口。

详见 YDN 009—1996 帧中继网技术体制。

15.2.5 SDH 传送网与卫星电路的接口

作为 SDH 传送网的一部分的固定卫星网与陆地网的接口之间插入一个同步基带设备(SBE)(实际上，它可以与卫星传输设备成为一个单元)。它的一端接陆上 SDH 网络。另一端接卫星传输设备。

与地面 SDH 网连接有三种：

——SDH 数字段：

与 SDH 陆地网侧接口是开放的设备接口(EI)。与卫星传输设备的接口是卫星参考点(SRP)和开放的卫星设备接口(SEI)。

——宽域单速率交叉连接(51.84 Mbit/s 公共内部段)：

与 SDH 陆地网侧接口是网络节点接口(NNI)和网络节点参考点(NNRP)。与卫星传输设备的接口是卫星参考点(SRP)和开放的卫星设备接口(SEI)。

——宽域多速率交叉连接(<51.84 Mbit/s 速率的内部段的范围)：

与 SDH 陆地网侧接口是网络节点接口(NNI)和网络节点参考点(NNRP)。与卫星传输设备的接口是卫星参考点(SRP)和封闭的卫星设备接口(SEI)。

同步基带设备(SBE)的详细资料参见 ITU-R S. 1149-1《在卫星固定业务中，形成 SDH 传送网的一部分的数字卫星系统的网络结构和设备功能》的第 5 章。

总之，地球站与地面电路的接口分为 E1 接口、2 048 kbit/s 电话业务数字制群路接口和 2 048 kbit/s数据接口，它们应符合 GB 7611—2001 中 2 048 kbit/s 接口技术要求。

包括 PDH 电路，SDH 数字段，祯中继等。

地球站与复接设备的接口，大、中容量 TDMA 系统与复接设备的接口分为 E1 接口、2 048 kbit/s 电话业务数字制群路接口和 2 048 kbit/s 数据接口，它们应符合 GB 7611—2001 中 2 048 kbit/s 接口技术要求。

TDM/PSK/FDMA 系统与复接设备的接口分为 2 048 kbit/s、8 448 kbit/s、34 368 kbit/s 数字制群路接口，它们应符合 GB 7611—2001 中的规定。

小容量 TDMA 和 SCPC 的数字接口中 64 kbit/s 和 2 048 kbit/s 接口应符合 GB 7611—2001 的规定。

15.3 模拟接口

15.3.1 Z 接口

Z 接口是二线模拟用户的用户网络接口。

Z 接口的技术要求包括:Z 接口要求,通过 Z 接口的信令信号要求及与 Z 接口相连的用户电路功能要求。

有关 Z 接口的技术要求参见 YD/T 1070—2000《接入网远端设备 Z 接口技术要求 》。

15.3.2 电视模拟接口

包括模拟电视到数字电视的,数字电视到模拟电视的视、音频接口。

视频:

输入输出全电视信号:1V(p-p)

输入输出阻抗:75 Ω

频率范围:10 Hz～5.5 MHz

回波损耗:大于 30 dB

音频:

输入输出音频电平:0 dBr

输入输出阻抗:600 Ω(不平衡)

频率范围:20 Hz～20 kHz

回波损耗:大于 26 dB

电视模拟接口的有关技术要求参见:GY/T 146—2000《卫星数字电视上行站通用规范》、GY/T 147—2000《卫星数字电视接收站通用技术要求》。

15.4 与地面数字网的同步

卫星数字电路两端与地面数字电路相连时,可以采用同步和准同步两种运行方式。

1) 同步方式

当地球站与本地长途数字交换机相连时,各地球站应从本地长途交换机时钟(二级时钟)中获得同步信号(TDMA 系统非基准站的卫星侧除外)。而本地长途交换机则应直接或间接受国内基准时钟源的同步;

当地球站与本地长途数字交换机相连时,各地球站应从本地端局、汇接局交换机时钟(三级时钟)中获得同步信号(TDMA 系统非基准站的卫星侧除外)。而本地端局、汇接局交换机则应直接或间接受国内基准时钟源的同步:

第一:直接接受国内基准时钟源的同步信息;

第二:利用提取地面数字链路传送受基准时钟同步的同步信息(PDH 电路),或在网元时钟输出端口(SDH 电路)提取同步信息(2 Mbit/s,2 MHz),实现与基准时钟的同步;

第三:利用受国内基准时钟源同步的模拟传输系统同步导频提供同步信息,实现与基准时钟的同步。

2) 准同步方式

地球站与本地数字长途交换机相连,各地球站应从本地长途数字交换机时钟中获得同步信息,本地交换机时钟受国内基准时钟源以外的其他时钟控制,例如:接收远程导航系统(LO-RAN-C)和全球定位系统(GPS)的 24 h 连续时钟信号或者采用独立的时钟等,实现频率准同步。

此同步方式仅用于国内基准时钟同步系统无法到达的地球站间。

3) 时钟

对于长途交换机采用独立时钟时,时钟频率的准确度、牵引范围、最大频率偏差的要求如表 16 所示。

表 16 长途交换机时钟频率要求

时钟等级	最低准确度	牵引范围	最大频率偏移	初始最大频率偏差
基准时钟	$\pm1\times10^{-11}$	—	—	—
二级时钟	$\pm4\times10^{-7}$/20 年	能够同步到准确度为：$\pm4\times10^{-7}$的时钟	$<1\times10^{-9}$/天 $<5\times10^{-10}$/天	5×10^{-10}
三级时钟	$\pm4.6\times10^{-6}$/20 年	能够同步到准确度为：$\pm4.6\times10^{-6}$的时钟	$<1\times10^{-9}$/天 $<2\times10^{-8}$/天	1×10^{-8}
注：二级时钟是有记忆功能的高稳定度晶体时钟，它设置于数字网中的各级长途交换中心。三级时钟是有记忆功能的高稳定度晶体时钟，它设置于数字网中的端局和汇接局。				

全网同步中经数字链路、模拟传输系统同步导频传送到接收端时钟入的同步信号和全球定位系统(GPS)的时钟信号的长时间频率偏移应不大于 1×10^{-11}。接收远程导航系统(Loran-c)的时钟信号和使用独立铷钟时要求同步信号的频率准确度不应劣于 1×10^{-9}。

4） DDN 节点的时钟等级，可根据所在位置，参考表 16 采用所在局统一的时钟标准。

时钟提取有以下几种方式：从局统一提供的标准频率信号；从 64 kbit/s、2 048 kbit/s 的数字电路接口提取定时信号；从 9.6 kbit/s、19.2 kbit/s 等数据电路接口上提取定时信号。

16 可用性

16.1 卫星固定业务假设参考电路或假设参考数字路径的可用性指标

16.1.1 卫星固定业务假设参考电路或假设参考数字路径的可用性指标定义

卫星固定业务假设参考电路或假设参考数字路径的可用性按下述公式定义：

可用性=(100－不可用性)% ……………………………(156)

不可用性=(不可用时间/要求时间)×100% ……………………………(157)

所谓要求时间是指用户要求电路或数字通道在一定的条件下执行要求的功能的时间周期。

所谓不可用时间是指在要求的时间范围内，电路或数字通道中断累计时间。

在假设参考电路或假设参考数字路径两端之间定义的卫星固定业务链路的任意接收终端处，如果有以下 5 种状态中的一种或几种连续出现 10 s 或更长时间，应认为是不可用。(当以下 5 种状态持续存在连续 10 s，则不可用时间开始，这 10 s 认为是不可用时间。当以下 5 种状态终止连续 10 s 时，不可用时间终止，这 10 s 时间认为是可以时间。)

1） 对于模拟信号传输，远端接收端的希望信号电平值比期望电平值低 10 dB 或者更低。

2） 对于数字信号传输，数字信号中断(即：校准和定时信号丢失)。

3） 在模拟信号传输中，电话信道的不加权噪声，在 0 相对电平点处，测量的 5 ms 积分时间内，高于 10^6 pwo。

4） 对于低于一次群速率(1.544 Mbit/s 和 2.048 Mbit/s)的数字传输，其 1 s 内的平均比特误码率(BER)低于 10^{-3}。

5） 高于一次群速率(1.544 Mbit/s 和 2.048 Mbit/s)的数字传输，每一秒都是严重误码秒(SES)事件。一个 SES 定义为：一秒内含有 30% 或以上的误码块或至少出现一个严重扰动周期(SDP)。

16.1.2 设备可用性

在卫星固定业务中，由于设备故障造成的假设参考数字连接的不可用性不应超过一年时间的 0.2%。

注：建议国内卫星电路使用。

16.1.3 传播可用性

在卫星固定业务中，由于传播造成的假设参考数字连接的不可用性为任何月份的 0.2%。任何年的0.04%。

其中：卫星链路中上行线分配0.02%，下行分配0.02%；或上行线分配0.01%，下行分配0.03%（上行有自动功率控制时）。

16.2 工作频率低于15 GHz，静止卫星轨道，卫星固定业务中使用B-ISDN ATM传输时，假设参考数字路径的可用性

工作频率低于15 GHz，静止卫星轨道，卫星固定业务中使用B-ISDN ATM传输时，假设参考数字路径的可用性指标（A satellite HRDP）为：

1) 载送B-ISDN ATM半永久连接信息的卫星假设参考数字通道应满足ITU-T I.357建议的可用性指标。
2) 载送B-ISDN ATM连接信息的卫星假设参考数字通道必须满足ITU-T I.357建议的可用性指标。
3) 在卫星固定业务中卫星 HRDP（单向）的年度可用性应高于99.85%。

注：A satellite HRDP＝Alink×Aearth station×Aspececraft＝99.96%×99.95%×99.95%×99.99%＝99.85%

其中：Alink：由于传播（包括上、下行降雨和干扰）的可用性。

Aearth station：由于地球站设备故障（包括与地面电路接口设备）的可用性。

Aspececraft：由于航天器（不包括星上处理卫星）的可用性。

A satellite HRDP：限定在两个有人地球站（G/T≥31.7 dB/k），一个航天器的系统。

由于在地球站和星上处理、交换的航天器上使用的卫星系统特殊的ATM设备产生的对系统的附加影响需要进一步研究。

17 卫星电路在通信网中的应用

17.1 概述

卫星通信电路可以在通信网的各段内使用。

17.2 电路段数的控制

中国1号信令方式在多频记发器信号中启用Kc＝15信号，作为控制卫星电路段数的信号。

在NO.7信号方式中采用初始地址信息（IAM）中的电路性质表示语表示是否包含卫星电路的比特作为控制卫星电路段数的信号。其中：00表示未包含卫星电路；01表示包含卫星电路。

1) 国际通话连接中的国内段只允许出现一段卫星电路。国内长途交换中心在选择卫星电路后，向转接局发送Kc＝15信号。收到Kc＝15信号的长途局，不能再选用卫星电路。

注：Kc＝15信号不向终端长途局或国际局发送。

2) h在国内通话连接中，原则上只允许出现一段卫星电路，特殊情况下，可以在通话连接中出现两段卫星电路，此时当转接局收到上一段卫星电路发来的Kc＝15信号后，判断下一个接续是否为终端接续，是终端接续，则可再选一段卫星电路。
3) 在不具备自动交换功能的交换中心，可采用人工控制一个电话接续中的卫星电路的段数。

17.3 建立时间

从最后一位拨号结束到震铃的持续时间不应超过4 s（固定电话连接）。

17.4 信令转换

当卫星电话接入地面公用电话网时，卫星系统的信令应转换成中国一号信令或中国七号信令。

17.5 互控方式

卫星系统的信令传输方式应采用不互控方式。

17.6 设置关口局

公众电话的VSAT网应在大本地网的中心设置关口站（其地位相当于地面电话网的端局）。属于大本地网内部的地球站经关口站接入大本地网。其长途电话经关口站、汇接局进入地面长途局。

17.7 回声控制

在卫星电话电路中应一律使用回声抵消器。回声抵消器可以采用卫星电路两端固定连接或公用。回声抵消器应能根据用户的需要，可以放在长途数字交换机侧或靠近用户终端侧，在两跳卫星电话中交换机应具有插入和取消中间一对回声抵消器的功能。在采用中国七号信令方式时，则应在任何接续中，只能使用一对回声抵消器。

回声抵消器插入损耗应为(0±0.25)dB。端路径时延可调。传送数据时，当回声抵消器收到(2 100±15)Hz，−12 dBmo 单音时，回声抵消器应自动阻塞回声消除功能，并能一直保持到数据传输结束；当传送信令时，当它收到(2 600±15)Hz，−13 dBmo 单音时，回声抵消器应自动阻塞回声消除功能。

端路径时延：当地球站设在用户附近或四级交换中心的地、县级时，端路径时延取不小于 16 ms。当地球站设在四级交换中心的省以上各级时，端路径时延取不小于 32 ms。

17.8 IP 电话

卫星系统使用 IP 电话应符合下述相关规定：

1） YD/T 1071—2000 IP 电话网关设备技术要求；

2） YD/T 1004—2000 IP 电话/传真业务总体技术要求；

3） 在一个 IP 电话连接中只允许出现一段卫星电路。

17.9 宽带 internet 接入

采用卫星电路不对称方式，下行采用 DVB-s 等广播方式。上行采用：

1） 外交互方式。例如：地面电话线拨号上网。

2） 内交互方式。采用卫星信道返回，例如：TDMA(DVB-RCS)方式，MCPC 方式等。除拨号上网外，还可回传数据、图像等。

以上两种方式均可实现 ISP 到用户的直接相连。

17.10 远程教育电视

下行采用 DVB-s 广播方式，上行采用外交互方式或内交互方式。

17.11 远程医疗

采用点-点，或点到多点的传输方式，实现单向或双向业务。

17.12 移动通信网的中继

在基站和基站控制器之间采用卫星通信电路连接，实现移动网的远程覆盖或农村覆盖。

17.13 农村通信

采用电路交换或 IP 方式，在地面网的大本地网中心设置关口站，在行政村设置端站实现电话、电视和 Internet 接入。

17.14 其他应用

例如：干线和接入网的中继连接、定位、物流、无线标签、移动电视和音频广播等。

参 考 文 献

[1] ITU-T G.861 SDH 传输网络中卫星和无线电系统集成原理和指南.

[2] ITU-R S-524-7 在静止卫星轨道网内,固定卫星业务,来自地球站 6 GHz、14 GHz 和 30 GHz频段发射的偏轴 EIRP 密度的最大允许电平.

[3] ITU-R SF-1482 卫星固定业务里,工作在 10.7-12.75 GHz 频段,由非静止卫星轨道卫星在地球表面产生的功率通量密度的最大允许值.

[4] ITU-R SF-1483 卫星固定业务里,工作在 17.7-19.3 GHz 频段,由非静止卫星轨道卫星在地球表面产生的功率通量密度的最大允许值.

[5] ITU-R SF-1484 卫星固定业务里,工作在 37.5-40.5 GHz 频段,由非静止卫星轨道卫星在地球表面产生的功率通量密度的最大允许值.

[6] ITU-R SF-1320 用于卫星移动业务馈送链路并与无线电中继系统共用同一频段的卫星固定业务非静止卫星轨道卫星在地球表面产生的功率通量密度的最大允许值.

[7] ITU-R SF-358-5 卫星固定业务与无线电中继系统共用 1 GHz 以上的同一频段时,卫星在地球表面产生的功率通量密度的最大允许值.

[8] ITU-R S.1068 在 13.75-14.0 GHz 频带内,卫星固定业务和无线电定位、无线电导航业务共用.

[9] ITU-R S.579-5 在卫星固定业务中,当电话使用 PCM 时的假设参考数字路径的可用性指标.

[10] ITU-R S.1424 工作频率低于 15 GHz 的静止轨道卫星系统卫星固定业务中,当使用 B-ISDN异步转移模式传输时的假设参考数字通道的可用性指标.

[11] ITU-R S.1064-1 作为设计指标,在卫星固定业务中安装在静止卫星上,朝向地球的天线的指向精度.

[12] ITU-R S.735-1 工作频率低于 15 GHz,其他卫星网产生的落到属于 ISDN 网一部分的卫星固定业务假设参考数字通道中的最大允许干扰电平.

[13] ITU-R S.466-6 由其他卫星网产生的落到使用频分复用调频的静止卫星网、卫星固定业务电话信道中的最大允许干扰电平.

[14] ITU-R S.483-3 由其他卫星网产生的落到使用调频的静止卫星网、卫星固定业务电话信道中的最大允许干扰电平.

[15] ITU-R S.1323-1 低于 30 GHz,由其他同方向网产生的,落到卫星固定业务卫星网(GSO/FSS; non-GSO/FSS;non-GSO/MSS 馈送链路)里的最大允许干扰电平.

[16] ITU-R S.523-4 由其他卫星网产生的落到使用 PCM 电话的静止卫星网、卫星固定业务中的最大允许干扰电平.

[17] ITU-R S.671-3 受模拟电视载波干扰的窄带单路单载波传输的必要保护比.

[18] ITU-R S.527-7 来自静止卫星轨道网内的地球站,工作在 6 GHz,14 GHz 和 30 GHz 的卫星固定业务发射的偏轴 EIRP 最大允许电平.

[19] ITU-R S.670 作为设计指标,卫星指向的灵活性.

[20] ITU-R S.521-4 卫星固定业务中,数字传输系统的假设参考数字通道.

[21] ITU-R S.522-5 使用 PCM 电话的卫星固定业务的假设参考数字通道的输出端处的允许误比特率.

［22］ ITU-R S. 614-3 工作频率低于 15 GHz,作为综合业务数字网国际连接的一部分时,卫星固定业务假设参考数字通道的允许误码性能.

［23］ ITU-R S. 1062-2 工作在基群或基群以上,假设参考数字通道的允许误码性能.

［24］ ITU-R S. 1521 基于同步数字体系的假设参考数字通道的允许误码性能.

ICS 59.060.10
B 45

中华人民共和国国家标准

GB/T 12412—2007
代替 GB/T 12412—1990,GB/T 12413—1990

牦 牛 绒

Yak wool

2007-06-21 发布　　2007-09-01 实施

中华人民共和国国家质量监督检验检疫总局
中国国家标准化管理委员会　发布

前　言

本标准代替 GB/T 12412—1990《牦牛原绒》和 GB/T 12413—1990《牦牛原绒含绒率试验方法》。

本标准与 GB/T 12412—1990、GB/T 12413—1990 相比，主要变化如下：

——将 GB/T 12412—1990《牦牛原绒》和 GB/T 12413—1990《牦牛原绒含绒率试验方法》合并为一个标准；

——增加了牦牛原绒根据天然颜色分类的规定；

——修改和补充了牦牛原绒的技术指标；

——增加了牦牛原绒洗净率、净绒率及净绒公量的试验，取代了牦牛原绒含土杂率、含绒率的试验；

——增加了分梳牦牛绒的技术指标、试验方法；

——对抽样方法与抽样数量进行了修改及补充；

——对检验验收规则进行了修改；

——补充和完善了包装、标志、运输、储存的内容。

本标准由中国纤维检验局提出并归口。

本标准起草单位：青海省纤维检验局、四川省纤维检验局。

本标准主要起草人：陈江涛、冯祥云、李文延、吴延云、刘才容。

本标准所代替标准的历次版本情况为：

——GB/T 12412—1990；

——GB/T 12413—1990。

牦 牛 绒

1 范围

本标准规定了牦牛绒的分类分等方法、技术指标、试验方法、检验及验收规则、包装、标志、储存、运输的要求。

本标准适用于牦牛绒生产、交易、加工、质量监督和进出口检验中的质量鉴定。

2 规范性引用文件

下列文件中的条款通过本标准的引用而成为本标准的条款。凡是注日期的引用文件，其随后所有的修改单(不包括勘误的内容)或修订版均不适用于本标准，然而，鼓励根据本标准达成协议的各方研究是否可使用这些文件的最新版本。凡是不注日期的引用文件，其最新版本适用于本标准。

GB/T 2910 纺织品 二组分纤维混纺产品定量化学分析方法

GB/T 2911 纺织品 三组分纤维混纺产品定量化学分析方法

GB/T 5706 纺织名词术语(毛部分)

GB/T 6500 羊毛回潮率试验方法 烘箱法

GB/T 6977 洗净羊毛油、灰、杂含量试验方法

GB/T 6978 含脂毛洗净率试验方法 烘箱法

GB/T 8170 数值修约规则

GB/T 10685 羊毛纤维直径试验方法 投影显微镜法

GB/T 16988 特种动物纤维与绵羊毛混合物含量的测定

GB 18267 山羊绒

3 术语和定义

GB/T 5706、GB 18267 中确立的以及下列术语和定义适用于本标准。

3.1

牦牛绒 yak wool

牦牛原绒、分梳牦牛绒统称牦牛绒。其中直径在 35 μm 及以下的属绒纤维。

3.2

牦牛毛 yak hair

牦牛纤维中直径在 35 μm 以上、长度超过纤维总长 1/2 的属毛纤维。

3.3

牦牛原绒 yak raw material

从牦牛身上取得的，以绒毛为主附带自然杂质、未经加工的绒毛混合纤维。

3.4

分梳牦牛绒 carded yak wool

经洗涤、工业分梳加工剔除牦牛毛后的牦牛绒。

3.5

结毡块 tag-locks

绒、毛、杂质无规则互相缠绕结成 25 cm^2 以上不易撕开的紧密块状物。

3.6

含粗率　hair content

分梳牦牛绒中直径大于 35 μm、长度超过纤维总长 1/2 的纤维质量占总质量的百分数。

4　产品分类

4.1　牦牛绒按其天然颜色分为三类：白牦牛绒、青牦牛绒、紫牦牛绒。

4.2　牦牛绒颜色分类见表 1。

表 1　牦牛绒颜色分类规定

颜色类别	外观特征
白牦牛绒	绒纤维和毛纤维均呈白色或灰白色。
青牦牛绒	绒纤维呈青色或淡紫色，毛纤维呈紫色或褐色。
紫牦牛绒	绒纤维呈紫色或深褐色，毛纤维呈深褐色或黑色。

4.3　不同颜色类别的牦牛绒相混，以深色定类。

5　技术要求

5.1　牦牛原绒技术指标

5.1.1　牦牛原绒按平均直径、手扯平均长度、净绒率及品质特征分为特、一、二、三、四等，低于四等为等外。分等规定见表 2。

表 2　牦牛原绒分等规定

等别	类型	平均直径/μm	手扯平均长度/mm	净绒率/%	品质特征
特等	特细型	≤18	≥25	≥50	以绒为主体，丛状绒纤维较多，手感柔软滑糯，含有部分的毛及微量杂质
一等	细　型	18～22	≥30	≥60	绒、毛比例大致相等，有较少量结毡块，丛状绒纤维一般，手感柔软，含有少量杂质
二等			≥35	≥50	
三等			≥40	≥40	
四等	粗　型	≥22	≥45	≥50	以毛为主体，手感较粗糙，绒大多在毛片(块)的底部，有少量结毡块，含有部分绒及少量杂质

5.1.2　平均直径、手扯平均长度及净绒率为考核指标，品质特征为参考指标。

5.1.3　根据分等规定制作实物标准，各等实物标准是该等最底线。实物标准应每三年更新一次，并保持各等程度一致。

5.1.4　牦牛原绒回潮率不得超过 18%。

5.2　分梳牦牛绒技术指标

5.2.1　分梳牦牛绒的技术指标包括平均直径、平均长度、含粗率、含杂率、短绒率、直径变异系数六项。

5.2.2　分梳牦牛绒的品质以类别、型号、特性表示如下。

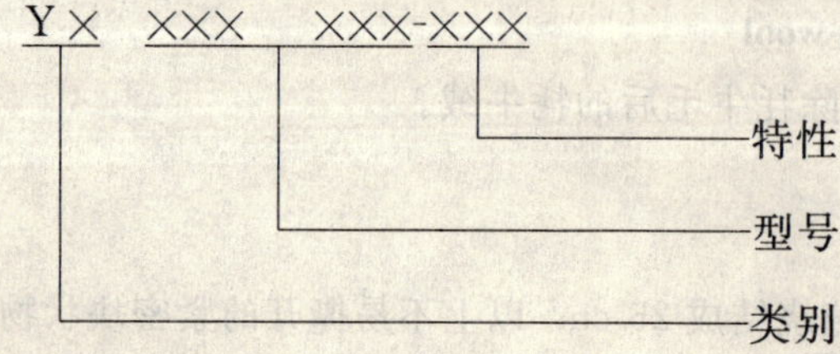

类别：以大写字母 YW、YG、YB 分别表示白、青、紫牦牛绒。

型号：以六位阿拉伯数字表示，第一、二、三位表示平均直径，第四、五位表示平均长度，第六位表示含粗率。

特性：以三个大写的英文字母分别表示含杂率、短绒率、直径变异系数所在档别三个指标。各指标分为 A、B、C 三档，见表 3。

5.2.3　根据分梳牦牛绒的技术指标进行分档，分档对照表见表 3。

表 3　分梳牦牛绒技术指标分档对照表

指　　标		档　　别		
		A	B	C
含杂率/‰		≤1	≤3	>3
15 mm 以下短绒率/%	平均长度 >29 mm	≤12	≤15	>15
	平均长度 25 mm～29 mm	≤15	≤18	>18
	平均长度 <25 mm	≤18	≤21	>21
直径变异系数/%		≤24	≤26	>26

5.2.4　分梳牦牛绒品质表示实例：

YG 196281-BBA

YG 表示：青牦牛绒；

196 表示：平均直径为 19.6 μm；

28 表示：平均长度为 28 mm；

1 表示：含粗率为 1%；

BBA 表示：

含杂率：≤3‰；

短绒率：≤18%；

直径变异系数：≤24%。

5.2.5　分梳牦牛绒公定回潮率为 17%。

5.2.6　分梳牦牛绒公定含油脂率为 1.5%。

6　试验方法

6.1　牦牛原绒试验方法

6.1.1　样品制备

按 GB 18267 规定进行。

6.1.2　平均直径试验

可采用感官方法检验。若对感官检验结果有异议，则按 GB/T 10685 进行检验。

6.1.3　手扯长度试验

按 GB 18267 规定进行。

6.1.4　洗净率、净绒率及净绒公量试验

按 GB 18267 规定进行。

6.1.5　品质特征试验

按表 2 规定进行检验。

6.2 分梳牦牛绒试验方法

6.2.1 样品制备

按 GB 18267 规定进行。

6.2.2 含粗率、含杂率试验

6.2.2.1 试验方法按 GB 18267 规定。

6.2.2.2 含粗率按式(1)计算：

$$C=\frac{m_1}{m_0}\times 100 \qquad\cdots\cdots(1)$$

式中：

C——含粗率，%；

m_1——粗毛质量，单位为克(g)；

m_0——试样质量，单位为克(g)。

6.2.2.3 含杂率按式(2)计算：

$$Z=\frac{m_2}{m_0}\times 1\,000 \qquad\cdots\cdots(2)$$

式中：

Z——含杂率，‰；

m_2——杂质质量，单位为克(g)；

m_0——试样质量，单位为克(g)。

6.2.2.4 以两个试样含粗率或含杂率的平均值作为试验结果。若两个试验结果的绝对值差异含粗率超过 0.5%、含杂率超过 1‰时应增试第三个试样，并以三个试样结果的平均值作为最终结果。计算结果修约至整数。

6.2.3 手排长度试验

按 GB 18267 规定进行。每个试样质量 60 mg～70 mg。手排长度试验可采用电子长度分析仪法。

6.2.4 平均直径试验

6.2.4.1 试验方法按 GB/T 10685 规定。

6.2.4.2 每个试样测量根数不得少于 300 根，以两个试样结果的平均值作为试验结果，若两个试验结果的差异超过平均值的 3%时应增试第三个试样，并以三个试样结果的平均值作为最终结果。最终结果修约至一位小数。

6.2.5 回潮率试验

将制备好的八个试样，按 GB/T 6500 进行回潮率试验，并以八个试样结果的算术平均值作为最终试验结果。最终结果修约至两位小数。

6.2.6 含油脂率试验

按 GB/T 6977 进行。

6.2.7 其他动物纤维含量试验

按 GB/T 16988 进行。

6.2.8 非动物纤维含量试验

按 GB/T 2910 或 GB/T 2911 进行。

6.2.9 公量检验

按 GB 18267 规定进行。

6.3 试验数据的修约

按 GB/T 8170 规定进行。

7 检验规则及检验证书

7.1 检验及验收规则

牦牛绒以批为单位进行品质检验和公量检验。检验验收中,各有关单位按本标准执行。

7.2 检验证书

7.2.1 牦牛原绒检验证书内容包括:产品名称、报验企业、扦样地点、颜色、原绒产地、包数、总质量、样本量、生产单位、检验项目、检验日期及检验结果。

7.2.2 分梳牦牛绒检验证书内容包括:产品名称、报验企业、扦样地点、颜色、批号、包数、总质量、样本量、生产单位及检验项目、检验日期和检验结果。

8 包装、标志、运输和储存

8.1 包装

8.1.1 包装应以保证品质不受影响为原则,并便于管理、运输和储存。

8.1.2 包装应采用防潮材料,外层采用坚固材料,并以数道铁箍均匀捆扎成包。

8.2 标志

8.2.1 每包都有清晰、醒目的中文标志。

8.2.2 牦牛原绒的标志包括以下基本内容:产品名称、原绒产地、颜色、等级、包号、包重、生产单位及检验证书(或质量凭证)编号。

8.2.3 分梳牦牛绒的标志包括以下基本内容:产品名称、颜色、等级、批号、包号、包重、生产日期、厂名、厂址及检验证书(或质量凭证)编号。

8.3 运输

8.3.1 运输工具应清洁,需防腐、防潮、防损破。

8.3.2 运输过程中,绒包应防止污染,不得使用有损包装的器械。

8.4 储存

8.4.1 应在通风干燥不被污染的库房内储存,绒包不得与地面直接接触,在垛底施放适量的防虫剂。

8.4.2 存放时唛头标志朝外,以批为单位整齐排列。

ICS 77.040.10
H 22

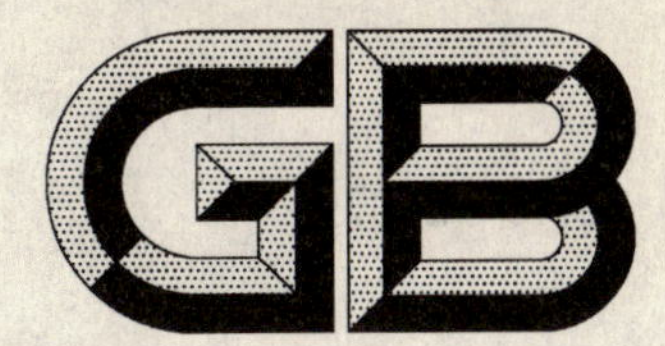

中华人民共和国国家标准

GB/T 12443—2007
代替 GB/T 12443—1990

金属材料　扭应力疲劳试验方法

Metallic materials—Torsional stress fatigue testing method

(ISO 1352:1977,NEQ)

2007-11-23 发布　　2008-06-01 实施

中华人民共和国国家质量监督检验检疫总局
中国国家标准化管理委员会　发布

前　言

本标准与国际标准 ISO 1352:1977(E)《金属扭应力疲劳试验方法》的一致性程度为非等效。

本标准代替 GB/T 12443—1990《金属室温扭应力疲劳试验方法》,与其相比主要变化如下:

——增加了"扭转疲劳极限"的符号;

——在第 5 章中将图 2 进行了重新绘制;

——取消了对试验机频率范围可调性的要求;

——修改了试验报告内容;

——对部分章条进行了编辑性修改。

本标准由中国钢铁工业协会提出。

本标准由全国钢标准化技术委员会归口。

本标准起草单位:钢铁研究总院、济南时代试金仪器有限公司。

本标准主要起草人:刘涛、高怡斐、鲁建周。

本标准所代替标准的历次版本发布情况为:

GB/T 12443—1990。

金属材料　扭应力疲劳试验方法

1　范围

本标准规定了金属材料扭应力疲劳试验的原理、术语、符号、试样、试验机、试验条件、试验程序、试验结果的表示方法和试验报告。

本标准适用于室温大气下，测定公称直径为 5.0 mm～12.5 mm 圆形横截面金属光滑试样的扭应力疲劳性能。

注：做腐蚀环境下的金属扭应力疲劳试验时，可参照 GB/T 7733 中 4.2 条的规定。

2　规范性引用文件

下列文件中的条款通过本标准的引用而成为本标准的条款。凡是注日期的引用文件，其随后所有的修改单(不包括勘误的内容)或修订版均不适用于本标准，然而，鼓励根据本标准达成协议的各方研究是否可使用这些文件的最新版本。凡是不注日期的引用文件，其最新版本适用于本标准。

GB/T 10623　金属力学性能试验术语

3　原理

公称直径相同的试样装于扭转疲劳试验机上，并承受图 1 中 4～7 所示任一类型扭应力所对应的扭矩，连续试验至试样失效或至指定循环次数。

注 1：失效一般指试样完全断裂或出现肉眼可见的疲劳裂纹。

注 2：同批和对比试验的判据应相同。

图 1　循环应力的类型

4 术语、定义和符号

4.1 术语和定义

GB/T 10623 规定的及下列术语和定义适用于本标准。

扭转疲劳极限 torsional fatigue limit

τ_D

指定循环基数下的中值扭转疲劳强度。循环基数一般取 10^7 或更高些。

4.2 符号

符号、单位和说明列于表 1。

表 1 符号、单位和说明

符号	单位	说明
D	mm	试样夹持端的直径或相对平面间的距离(见图 3)
d	mm	试样工作部分的最小直径
L_c	mm	试样工作部分的平行长度
r	mm	d 与 D 之间的过渡圆弧半径(见图 2a))或夹持端间的圆弧半径(见图 2b))
τ_D	MPa	扭转疲劳极限,指定循环基数下的中值扭转疲劳强度。循环基数一般取 10^7 或更高些

5 试样

5.1 形状

形状如图 2 所示。其工作部分可为圆柱形(见图 2a))、漏斗形(见图 2b)),工作部分横截面均为圆形;夹持端的形状则根据试验机的夹头形状和试验材料设计。试样的典型夹持端见图 3。

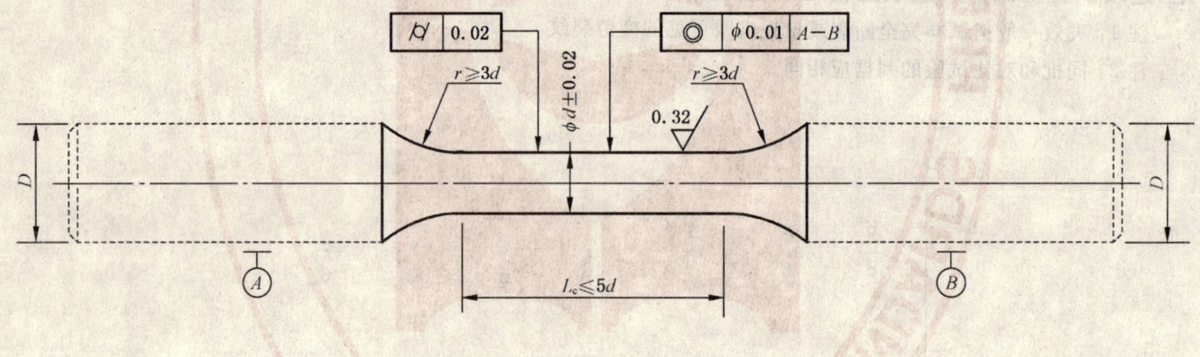

a) 圆柱形试样

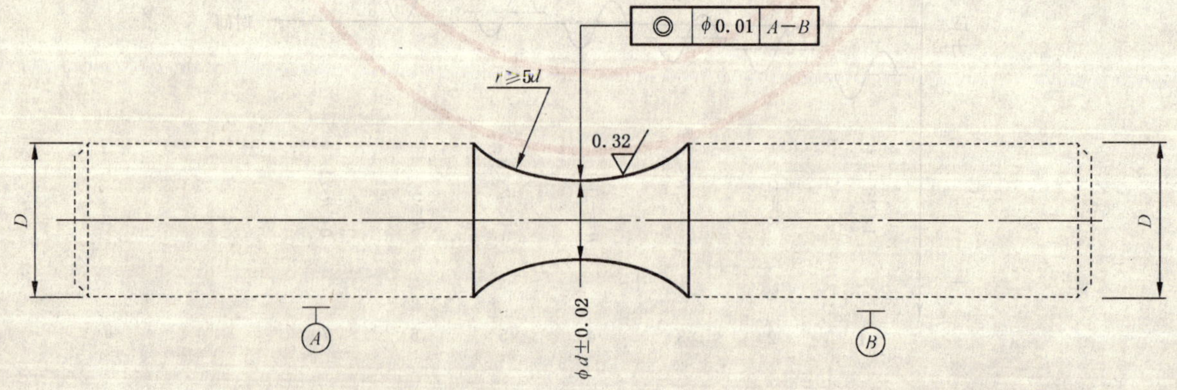

b) 漏斗形试样

图 2 试样形状

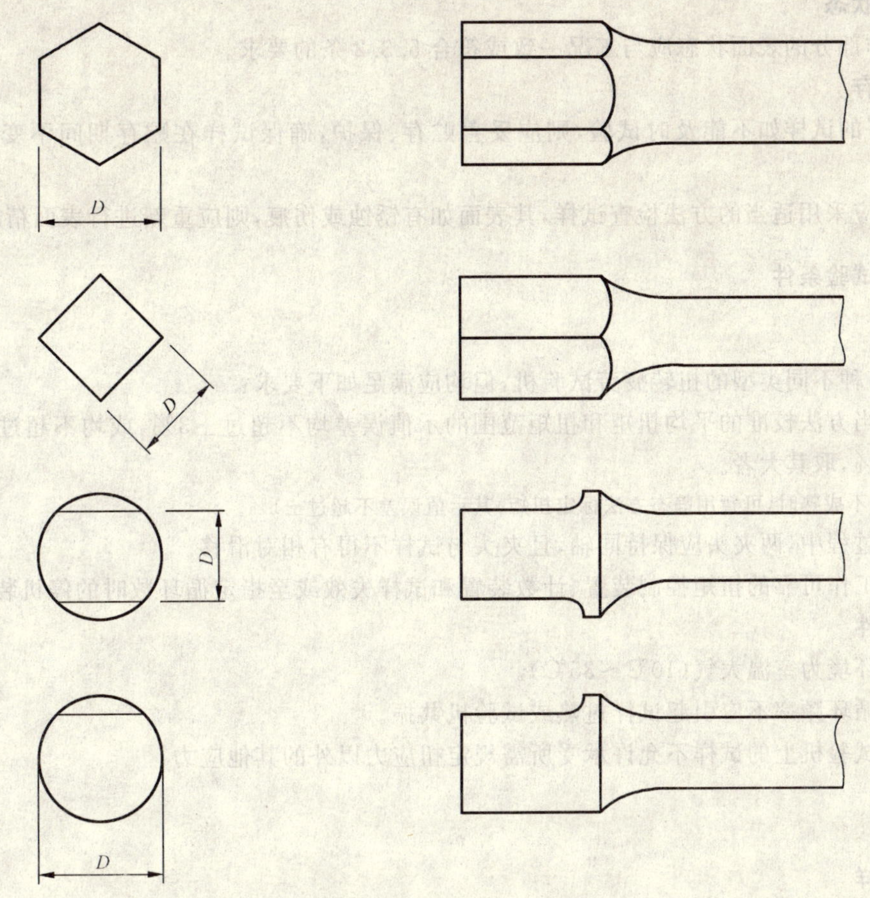

图3 试样典型夹持端

5.2 尺寸

直径 d 的尺寸范围为 5.0 mm～12.5 mm，推荐直径 d 的尺寸为 6.0 mm、7.5 mm、9.5 mm；允许偏差为±0.02 mm。

实际最小直径的测量准确度应不低于 0.01 mm。测量直径 d 时，切忌损伤试样表面。

工作部分与夹持部分的同轴度应不大于 0.01 mm。

同批试验或对比试验所用试样直径 d 应具有相同公称值。

5.3 制备

取样部位、取向和方法按有关标准或双方协议。

5.3.1 机械加工

所采用的机械加工不允许改变试样的冶金组织或力学性能，且引起的试样表面加工硬化应尽可能小。磨削精加工较硬材料的试样时，应提供足够的冷却液，确保试样表面不过热。

工作部分与过渡圆弧的连接应光滑，不应出现加工痕迹。

粗加工后的试样毛坯如需热处理，应留有适当的加工余量，以保证精加工后能够消除热处理对试样表面的不良影响。不允许对试样进行矫直。

5.3.2 表面抛光

试样的工作部分经车削或磨削至公称尺寸后，采用粒度较细且逐次变细的水磨砂纸或砂布，沿其圆周方向进行手工或机械抛光。抛光的中间阶段可沿任一方向，以消除较粗粒度的砂纸或砂布所产生的伤痕；抛光的最后阶段应沿圆周方向。

抛光后，试样工作部分的表面粗糙度 Ra 的允许最大值为 0.32 μm。

5.3.3 表面状态

试样工作部分的表面状态应与工况一致或符合5.3.2条的要求。

5.4 试样贮存

已制备好的试样如不能及时试验，则应妥善贮存、保护，确保试样在贮存期间不变形且表面完好无损。

试验前，应采用适当的方法检查试样，其表面如有锈蚀或伤痕，则应重新进行表面精加工。

6 试验机和试验条件

6.1 试验机

可使用各种不同类型的扭转疲劳试验机，但均应满足如下要求：

6.1.1 用适当方法校准的平均扭矩和扭矩范围的示值误差均不超过±3%，或均不超过试验机使用满量程的±0.5%，取其大者。

注：条件尚不成熟时，可暂用静态方法标定扭矩，其示值误差不超过±1%。

6.1.2 试验过程中，两夹头应保持同轴，且夹头与试样不得有相对滑移。

6.1.3 应有工作可靠的扭矩控制装置、计数装置和试样失效或至指定循环数时的停机装置。

6.2 试验条件

6.2.1 试验环境为室温大气(10℃～35℃)。

6.2.2 应力循环频率不应引起试样过热或试验机共振。

6.2.3 装于试验机上的试样不允许承受所需规定扭应力以外的其他应力。

7 试验程序

7.1 安装试样

将试样紧固于试验机上，使试样与试验机两夹头保持良好同轴。

7.2 选定应力循环频率

根据所用试验机型号、试样、应力大小或试验要求选定应力循环频率。

7.3 施加扭矩

开动试验机，其应力循环频率调至选定值后，将规定扭应力所需的相应扭矩施加到试样上。

7.4 测定扭转疲劳性能

疲劳性能测定方法应根据试验目的加以选择。

疲劳性能测定所用试样数量随测定方法的不同而有一个较宽的范围。

推荐用如下方法测定扭转疲劳性能：

7.4.1 扭转疲劳极限(τ_D)的测定

试验一般在预计(0.95～1.05)τ_D范围的3级左右等间距应力水平下进行；应力增量一般为预计τ_D的3%～5%；第一根试样的应力水平应略高于预计τ_D；在每级应力水平下试样的数量一般在两根或两根以上。

试验顺序如图4所示。

用下列方法之一处理试验结果所得应力水平即为扭转疲劳极限：

a) 半数试样试验至指定循环数而不失效的最高应力水平，但在比此应力水平低一级的应力水平下，试验至指定循环数而不失效的试样应超过半数，如图4a)或图4b)所示；

b) 如果在某级应力水平下，超过半数的试样试验未至指定循环数已失效，而在比此应力水平低一级的应力水平下，试样试验至指定循环数全不失效时，则上述两级应力水平的平均值为扭转疲劳极限，如图4c)所示。

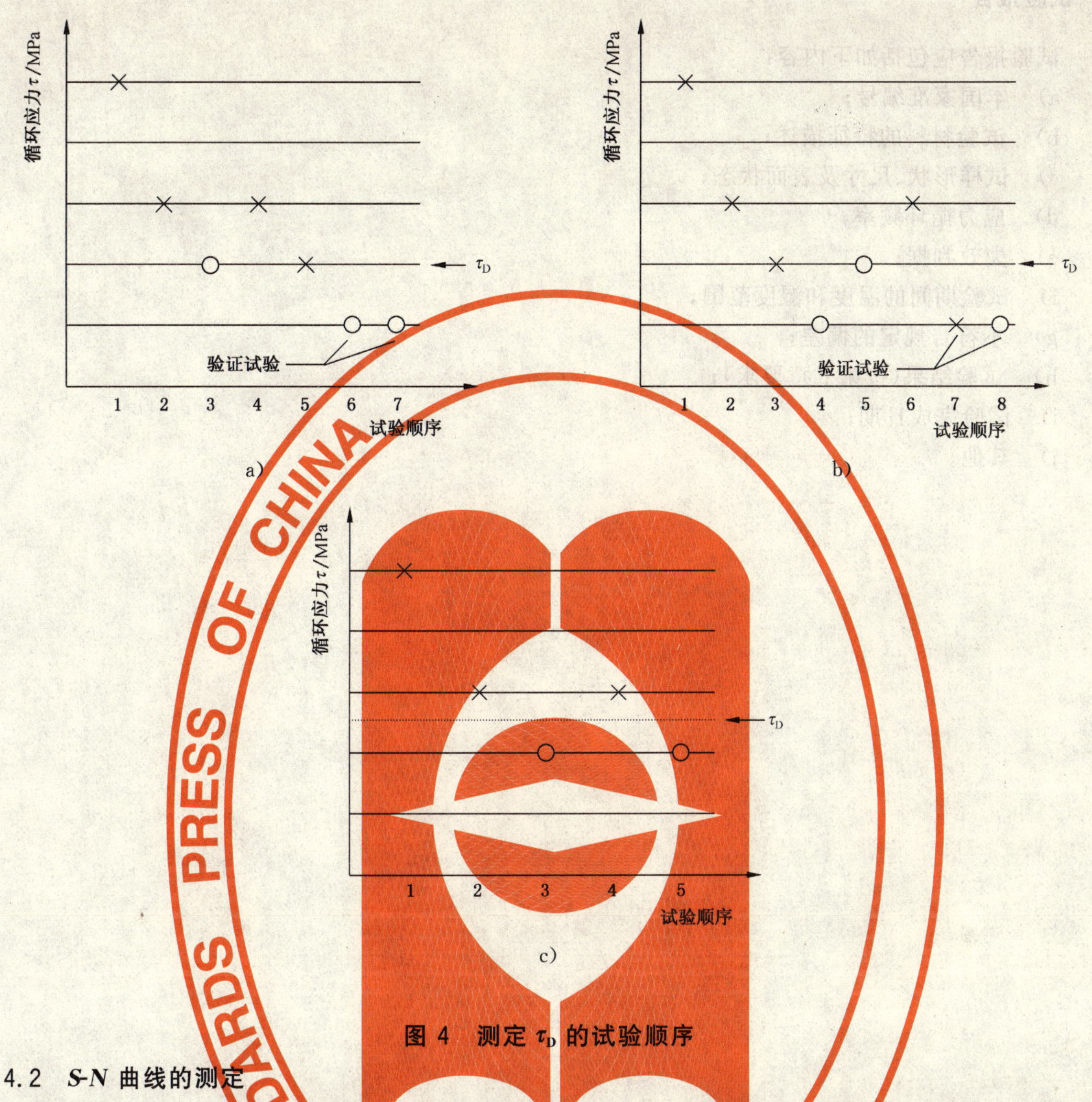

图 4 测定 τ_D 的试验顺序

7.4.2 ***S-N* 曲线的测定**

通常取 4 级～6 级应力水平；用成组法测定其中等寿命区的疲劳寿命，每组试样的数量一般随应力水平的降低而增加；用 7.4.1 方法测定其长寿命区的扭转疲劳极限。

用逐点描迹法或最小二乘法，拟合上述试验数据点即成 *S-N* 曲线。

8 试验结果的表示方法

试验结果有下列两种表示方法：

8.1 列表法

表中应包括如下内容：

试验顺序、试样号、试样形状和尺寸及表面粗糙度、频率、应力、循环次数、中等寿命区的平均寿命和长寿命区的扭转疲劳极限。

8.2 图示法

S-N 曲线是常用的一种表示疲劳试验结果的方法。绘制 *S-N* 曲线时，以应力为纵坐标，以疲劳寿命为横坐标。

疲劳寿命采用对数坐标，应力采用线性坐标或对数坐标。

9 试验报告

试验报告应包括如下内容：

a） 本国家准编号；

b） 试验材料的特征描述；

c） 试样形状、尺寸及表面状态；

d） 应力循环频率；

e） 失效判据；

f） 试验期间的温度和湿度范围；

g） 不符合规定的偏差；

h） 试验结果(按第 8 章要求)；

i） 试验完成日期；

j） 其他。

参 考 文 献

[1] GB/T 3075 金属轴向疲劳试验方法

[2] GB/T 7733—1987 金属旋转弯曲腐蚀疲劳试验方法(neq ISO 1143:1975)

ICS 47.020.30
U 55

中华人民共和国国家标准

GB/T 12465—2007
代替 GB/T 12465—2002,GB/T 14414—1993

管路补偿接头

Piping compensatory couplings

2007-04-29 发布　　2007-11-01 实施

中华人民共和国国家质量监督检验检疫总局
中国国家标准化管理委员会 发布

前 言

本标准代替 GB/T 12465—2002《管路松套补偿接头》和 GB/T 14414—1993《套接式管接头》。

本标准与 GB/T 12465—2002 相比主要变化如下：

——将 GB/T 14414—1993 有关内容编入本标准；

——将标准名称改为“管路补偿接头”；

——增加了大挠度松套补偿接头、球形补偿接头、压力平衡型补偿接头等 3 类 4 种型式；

——对原标准中部分尺寸进行了勘误。

本标准由中国船舶工业集团公司提出。

本标准由全国船用机械标准化技术委员会管系附件分技术委员会归口。

本标准起草单位：无锡市金羊管道附件有限公司、中国船舶工业综合技术经济研究院。

本标准主要起草人：王锡铭、刘国中、蔡建忠、沈立盛、孙镜明、罗发元、周建明、邓仲建。

本标准所代替标准的历次版本发布情况为：

——GB/T 12465—1990、GB/T 12465—1996、GB/T 12465—2002；

——GB/T 14414—1993。

管 路 补 偿 接 头

1 范围

本标准规定了法兰连接尺寸和密封面按 ISO 7005-1:1992(PN 系列)的管路补偿接头(以下简称补偿接头)的分类、要求、试验方法、检验规则、标志、包装、运输和贮存。

本标准适用于输送海水、淡水、冷热水、饮用水、生活污水、原油、燃油、滑油、成品油、空气、燃气、温度不高于 205℃的蒸汽、热气体等介质管路的补偿接头的设计、制造和验收。

2 规范性引用文件

下列文件中的条款通过本标准的引用而成为本标准的条款。凡是注日期的引用文件,其随后所有的修改单(不包括勘误的内容)或修订版均不适用于本标准,然而,鼓励根据本标准达成协议的各方研究是否可使用这些文件的最新版本。凡是不注日期的引用文件,其最新版本适用于本标准。

GB/T 191 包装储运图示标志(GB/T 191—2000,eqv ISO 780:1997)

GB/T 197 普通螺纹 公差(GB/T 197—2003,ISO 965-1:1998,ISO general purpose metric screw threads—Tolerances—Part 1:Principles and basic data,MOD)

GB/T 699—1999 优质碳素结构钢

GB/T 700—2006 碳素结构钢

GB 712—2000 船体用结构钢

GB/T 1176—1987 铸造铜合金技术条件

GB/T 1220—1992 不锈钢棒

GB/T 1348—1988 球墨铸铁件

GB/T 1804—2000 一般公差 未注公差的线性和角度尺寸的公差(eqv ISO 2768-1:1989)

GB/T 3098.1—2000 紧固件机械性能 螺栓、螺钉和螺柱(idt ISO 898-1:1999)

GB/T 3098.2—2000 紧固件机械性能 螺母 粗牙螺纹(idt ISO 898-2:1992)

GB/T 3098.6—2000 紧固件机械性能 不锈钢螺栓、螺钉和螺柱(idt ISO 3506-1:1997)

GB/T 3098.15—2000 紧固件机械性能 不锈钢螺母(idt ISO 3506-2:1997)

GB/T 3280—1992 不锈钢冷轧钢板

GB/T 4237—1992 不锈钢热轧钢板

GB/T 5267.1 紧固件 电镀层

GB/T 6388 运输包装收发货标志

GB/T 13912 金属覆盖层 钢铁制件热浸锌层技术要求及试验方法

GB/T 13913 自催化镍-磷镀层 技术要求和试验方法

GB/T 14976—2002 流体输送用不锈钢无缝钢管

GB/T 17219 生活饮用水输配水设备及防护材料的安全性评价标准

CJ/T 120 给水涂塑复合钢管

HG/T 3089—2001 燃油用 O 形橡胶密封圈材料

HG/T 3091—2000 橡胶密封件 给、排水管及污水管道用接口密封圈 材料规范(idt ISO 4633:1996)

HG/T 3092—1988 燃气输送管及配件用密封圈橡胶胶料(eqv ISO 6447:1983)

HG/T 3093—1988 石油基油类输送管道及连接件用橡胶密封制品橡胶材料(eqv ISO 6448:1985)

HG/T 3097—2006 110℃以下热水输送管密封圈橡胶材料

JB 2536 压力容器油漆、包装和运输

ASME B16.5 管法兰及附件焊接坡口型式、尺寸

AMS 7276G—2001 耐高温液体用氟橡胶密封圈

ISO 7005-1:1992 金属法兰 第1部分:钢法兰

《消防规范》中国船级社

3 术语和定义

下列术语和定义适用于本标准。

3.1

松套补偿接头 sleeve expansion joint

由本体、密封圈、压紧构件组成用于吸收轴向位移,而不能承受压力推力的松套连接管道的装置。

3.2

松套限位补偿接头 sleeve limited expansion joint

由松套补偿接头和限位伸缩管等构件组成,防止管道因超量位移导致补偿接头的泄漏或损坏,用于在允许位移范围内吸收轴向位移和承受压力推力的管道松套连接的装置。

3.3

松套传力补偿接头 sleeve joint for transmission force

由法兰松套补偿接头和短管法兰、传力螺杆等构件组成,传递被连接件的压力推力和补偿管路安装误差,不吸收轴向位移,用于与泵、阀门等附件的松套连接的装置。

3.4

大挠度松套补偿接头 large flexibility expansion joint

由短管法兰、本体、压盖、挡圈、限位块、密封副、压紧构件组成,用于吸收轴向位移和挠度为6°~7°的角位移的管道松套连接的装置。

3.5

球形补偿接头 spherical compensate joint

由球壳、球体、密封副、压紧构件组成,用于吸收管路可挠量位移的管道连接装置。

3.6

球心距 dimension between ball centers

一对球形补偿接头布置时,两球体轴向中心线之间的距离。

3.7

可挠量 angular deflection

补偿接头在保持密封的条件下,从一端中心线到另一端偏移中心线间偏转角度值。

3.8

偏心量 lateral displacement

补偿接头在保持密封的条件下,从一端中心线到另一端偏移中心线端面处所测定的径向位移量。

3.9

压力平衡型补偿接头 pressure-balance expansion joint

由本体、密封圈、压力平衡装置、伸缩管和压紧构件组成,用于在吸收轴向位移的同时能平衡内压推力的松套连接管道的装置。

3.10

调节量 adjustment distance

补偿接头与被连接的泵、阀门等设备间在设备装拆时允许调节的距离。

4 分类与标记

4.1 类型和型式

4.1.1 补偿接头按功能分为下列 6 类：

A——松套补偿接头；

B——松套限位补偿接头；

C——松套传力补偿接头；

D——大挠度松套补偿接头；

E——球形补偿接头；

F——压力平衡型补偿接头。

4.1.2 补偿接头的型式和型号见表 1。

表 1 补偿接头的型式和型号

<table>
<tr><th>类型</th><th colspan="2">型式</th><th>型号</th></tr>
<tr><td rowspan="4">A</td><td rowspan="2">螺母松套补偿接头</td><td>无锁紧环</td><td>ALⅠ</td></tr>
<tr><td>带锁紧环</td><td>ALⅡ</td></tr>
<tr><td colspan="2">压盖松套补偿接头</td><td>AY</td></tr>
<tr><td colspan="2">法兰松套补偿接头</td><td>AF</td></tr>
<tr><td rowspan="3">B</td><td colspan="2">单法兰松套限位补偿接头</td><td>BF</td></tr>
<tr><td colspan="2">双法兰松套限位补偿接头</td><td>B2F</td></tr>
<tr><td colspan="2">压盖松套限位补偿接头</td><td>BY</td></tr>
<tr><td rowspan="3">C</td><td colspan="2">单法兰松套传力补偿接头</td><td>CF</td></tr>
<tr><td colspan="2">双法兰松套传力补偿接头</td><td>C2F</td></tr>
<tr><td colspan="2">可拆双法兰松套传力补偿接头</td><td>CC2F</td></tr>
<tr><td>D</td><td colspan="2">大挠度松套补偿接头</td><td>D</td></tr>
<tr><td>E</td><td colspan="2">球形补偿接头</td><td>E</td></tr>
<tr><td rowspan="2">F</td><td colspan="2">压盖式压力平衡型补偿接头</td><td>FY</td></tr>
<tr><td colspan="2">填料函式压力平衡型补偿接头</td><td>FT</td></tr>
</table>

4.2 基本参数

补偿接头的基本参数见表 2。

表 2 补偿接头的基本参数

<table>
<tr><th>型号</th><th>公称压力 PN/MPa</th><th>工作温度 t/℃</th><th>公称通径 DN/mm</th></tr>
<tr><td>ALⅠ</td><td rowspan="2">≤2.5</td><td rowspan="7">≤170</td><td rowspan="2">10～50</td></tr>
<tr><td>ALⅡ</td></tr>
<tr><td>AY</td><td>≤1.6</td><td>65～3 200</td></tr>
<tr><td rowspan="4">AF</td><td>0.25</td><td>65～4 000</td></tr>
<tr><td>0.6</td><td>65～3 600</td></tr>
<tr><td>1.0</td><td>65～3 000</td></tr>
<tr><td>1.6</td><td>65～1 200</td></tr>
</table>

表 2(续)

型　　号	公称压力 PN/MPa	工作温度 t/℃	公称通径 DN/mm
BF	0.6		65～3 200
	1.0		65～3 000
B2F	0.6		65～3 200
	1.0		65～3 000
BY	≤1.6		65～3 200
CF	0.6		
	1.0		65～3 000
C2F	0.6		65～3 200
	1.0	≤170	65～3 000
CC2F	0.6		65～3 200
	1.0		65～3 000
D	0.6		100～3 200
	1.0		100～3 000
	1.6		100～2 000
E	0.6～1.0		100～2 400
	1.6		100～1 200
FY	0.6～1.6		
FT		≤205	100～500

4.3 结构和基本尺寸

4.3.1 AL 型补偿接头的结构和基本尺寸

ALⅠ、ALⅡ型补偿接头的结构和基本尺寸见图 1、图 2 和表 3。

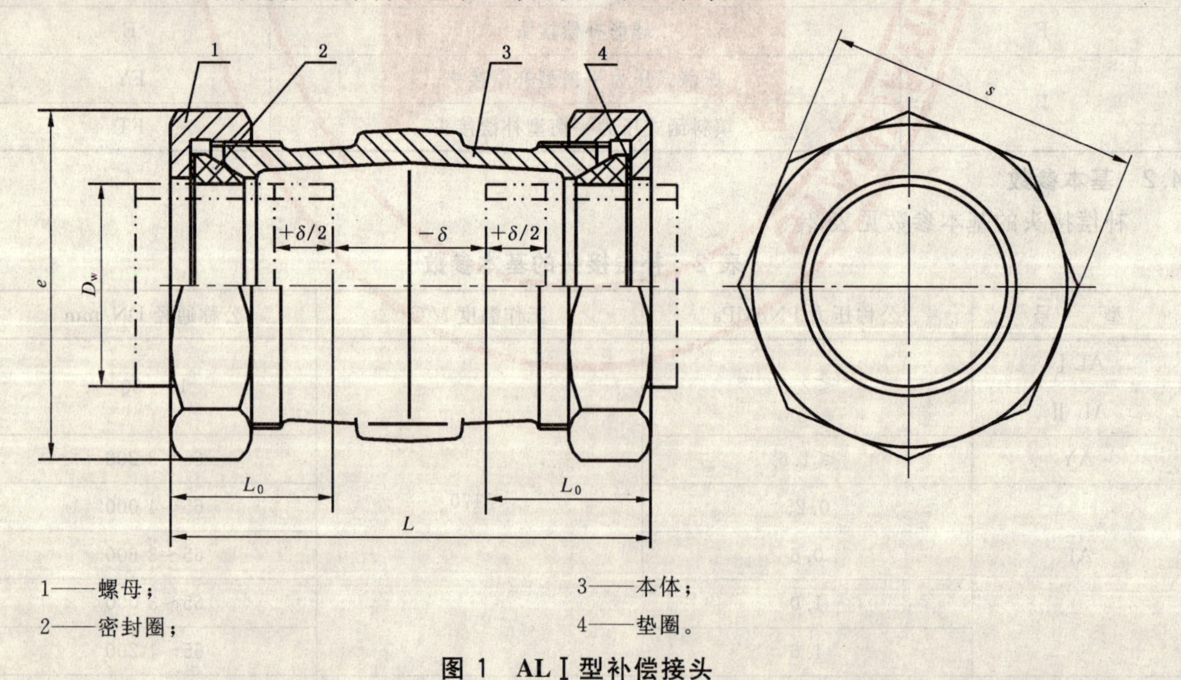

1——螺母；
2——密封圈；
3——本体；
4——垫圈。

图 1　ALⅠ型补偿接头

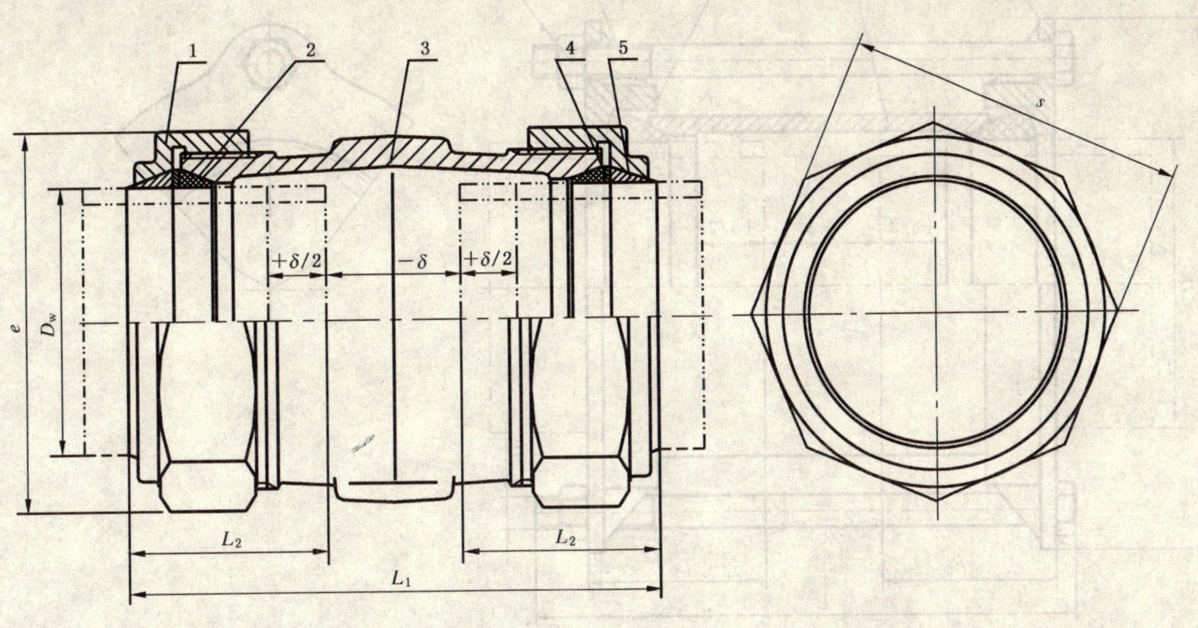

1——螺母；
2——密封圈；
3——本体；
4——垫圈；
5——锁紧环。

图 2　ALⅡ型补偿接头

表 3　AL 型补偿接头的基本尺寸

单位为毫米

公称通径 DN	管子外径 D_w	外形尺寸				管子插入长度		最大伸缩量 δ		质量/kg	
		Ⅰ型	Ⅱ型	对角	扳手尺寸	Ⅰ型	Ⅱ型				
		总长 L	总长 L_1	e	s	$\approx L_0$	$\approx L_2$	Ⅰ型	Ⅱ型	Ⅰ型	Ⅱ型
10	17			39	36					0.3	0.32
15	22			47	43					0.4	0.43
20	27			54	50					0.5	0.55
25	34	110	116	61	56	40	43	30		0.7	0.75
32	42			70	65					0.9	0.95
40	48			83	77					1.0	1.10
50	60			96	89					1.2	1.32
注 1：若需增大压缩量，在安装时可进行调整，其值应不大于 δ/2，压缩量改变后拉伸量应作相应改变。											
注 2：Ⅱ型伸缩量为安装时的调节量。											

4.3.2　AY 型补偿接头的结构和基本尺寸

AY 型补偿接头的结构和基本尺寸见图 3、图 4 和表 4。

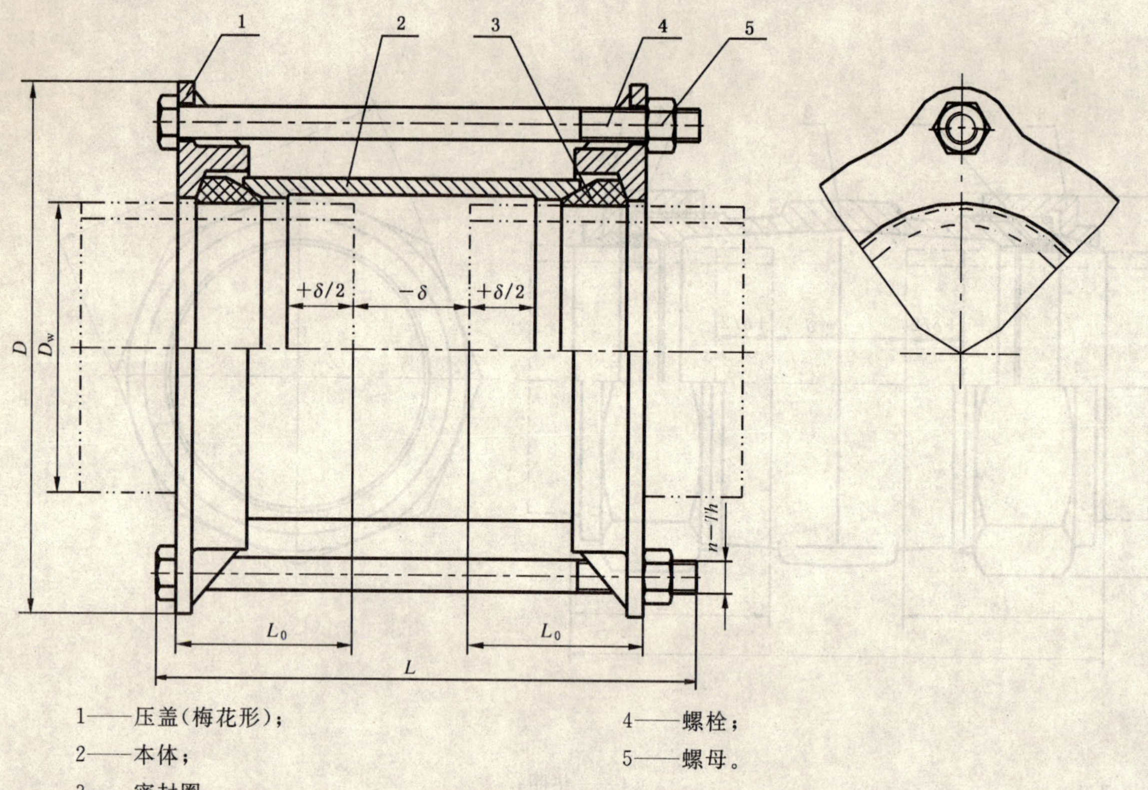

1——压盖(梅花形)；
2——本体；
3——密封圈；
4——螺栓；
5——螺母。

图 3 AY 型补偿接头(DN65～DN700)

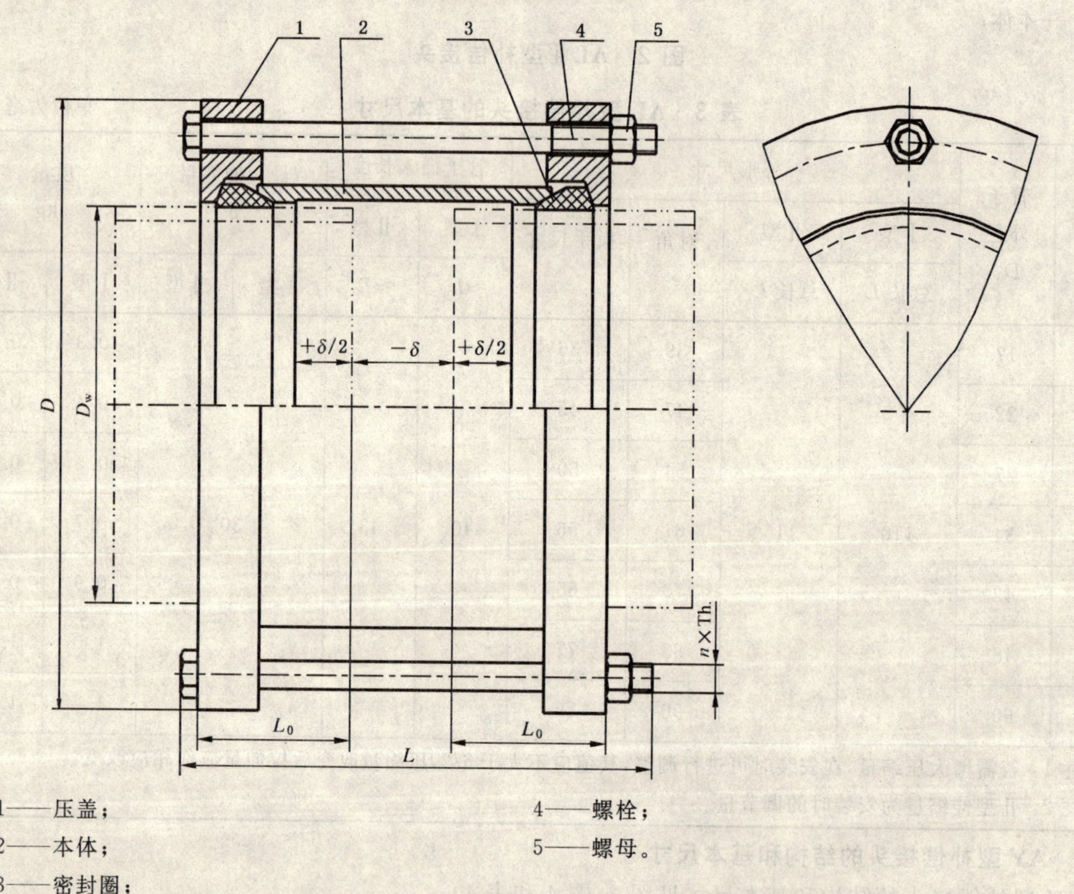

1——压盖；
2——本体；
3——密封圈；
4——螺栓；
5——螺母。

图 4 AY 型补偿接头(DN800～DN3200)

表 4 AY 型补偿接头的基本尺寸

单位为毫米

公称通径 DN	管子外径 D_w	外形尺寸 总长 L	外形尺寸 外径 D	螺栓 n/个	螺栓 Th.	管子插入长度 $\approx L_0$	最大伸缩量 δ	质量/kg
65	76		155					7.1
80	89		165					7.8
100	108	208	190		M12			10.1
	114		195					10.5
125	133		215	4		67.5	45	11.8
	140		225					12.1
150	159		245					13.4
	168	220	255		M16			14.1
200	219		310					19.3
250	273	223	375	6				27.0
300	325		440					40.4
350	355		470					45.2
	377		490					47.5
400	406		520	8				52.0
	426		540					55.1
450	457	273	570		M20	82.5	55	60.0
	480		590					62.2
500	508		625	10				69.1
	530		645					72.2
600	610		730					80.9
	630		750					83.2
700	720		850					103.6
800	820		965	12				211.6
900	920		1 065					237.5
1 000	1 020	355	1 165	14	M24			258.8
1 200	1 220		1 365	16				305.8
1 400	1 420		1 590	18				379.6
1 500	1 520		1 690	20				401.4
1 600	1 620	377	1 795		M27			453.5
1 800	1 820		2 000	22		107.5	75	567.4
2 000	2 020		2 200	24				711.6
2 200	2 220		2 420	26				777.4
2 400	2 420		2 635	28	M30			843.2
2 600	2 620		2 835	30				905.3
2 800	2 820	400	3 040	32				1 369.4
3 000	3 020		3 240	34	M33			1 590.7
3 200	3 220		3 440	36				1 960.5

注：船用 AY 型补偿接头设限位螺钉。

4.3.3 AF 型补偿接头的结构和基本尺寸

4.3.3.1 PN0.25 MPa AF 型补偿接头的结构和基本尺寸见图 5、图 6 和表 5。

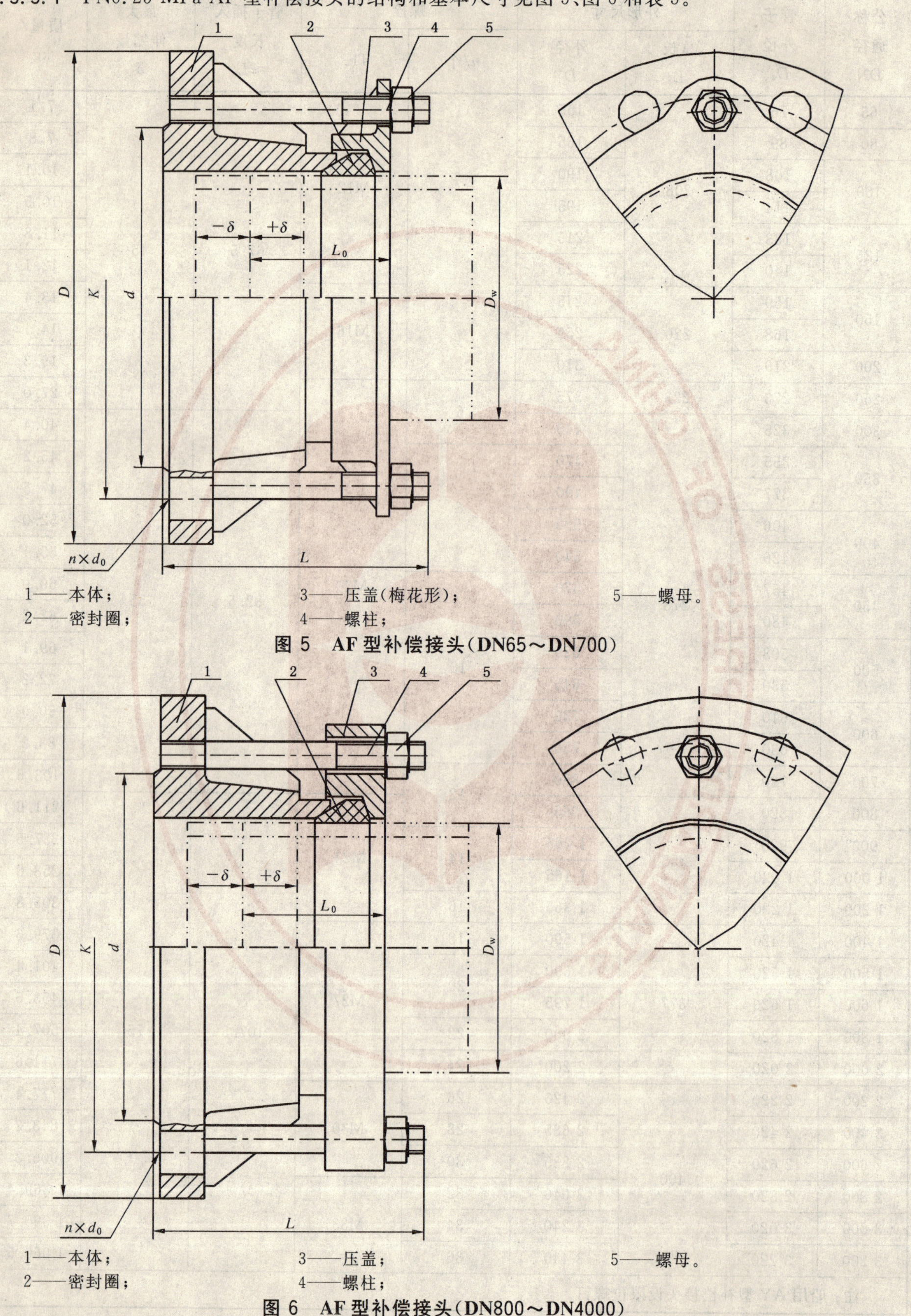

1——本体；
2——密封圈；
3——压盖(梅花形)；
4——螺柱；
5——螺母。

图 5 AF 型补偿接头(DN65～DN700)

1——本体；
2——密封圈；
3——压盖；
4——螺柱；
5——螺母。

图 6 AF 型补偿接头(DN800～DN4000)

表 5 PN0.25 MPa AF 型补偿接头的基本尺寸 单位为毫米

公称通径 DN	管子外径 D_w	法兰连接尺寸					密封面 d	总长 L	管子插入长度 $\approx L_0$	最大伸缩量 δ	质量/kg
		法兰外径 D	螺栓孔中心圆直径 K	螺栓孔径 d_0	螺栓 n/个	螺栓 Th.					
65	76	160	130	14		M12	108	118			5.7
80	89	190	150		4		124				6.8
100	108	210	170				144				8.5
	114										8.9
125	133	240	200				174		65	25	10.5
	140			18		M16		123			11.0
150	159	265	225		8		199				12.5
	168										13.8
200	219	320	280				254				15.8
250	273	375	335				309	130			22.3
300	325	440	395		12		363				30.3
350	355	490	445				413				33.4
	377										36.0
400	406	540	495				463				38.8
	426			22	16	M20					40.4
450	457	595	550				518	160	85	32.5	48.6
	480										50.6
500	508	645	600				568				52.8
	530				20						58.5
600	610	755	705				667				66.4
	630			26		M24					72.6
700	720	860	810				772				85.0
800	820	975	920		24		878				176.2
900	920	1 075	1 020				978	255			194.5
1 000	1 020	1 175	1 120		28		1 078				215.4
1 200	1 220	1 375	1 320	30	32	M27	1 280				298.3
1 400	1 420	1 575	1 520		36		1 480		130	65	332.4
1 600	1 620	1 790	1 730		40		1 690	270			453.9
1 800	1 820	1 990	1 930		44		1 890				518.9
2 000	2 020	2 190	2 130		48		2 090				601.9
2 200	2 220	2 405	2 340		52		2 295	275			673.7
2 400	2 420	2 605	2 540	33	56	M30	2 495				732.1
2 600	2 620	2 805	2 740		60		2 695				823.6
2 800	2 820	3 030	2 960		64		2 910				977.1
3 000	3 020	3 230	3 160		68		3 110				1 043.9
3 200	3 220	3 430	3 360	36	72	M33	3 310	300	140	70	1 134.8
3 400	3 420	3 630	3 560		76		3 510				1 218.2
3 600	3 620	3 840	3 770		80		3 720				1 334.5
3 800	3 820	4 045	3 970	39		M36	3 920				1 465.8
4 000	4 020	4 245	4 170		84		4 120				1 503.5

4.3.3.2 PN0.6 MPa AF 型补偿接头的结构和基本尺寸见图 5、图 6 和表 6。

表 6 PN0.6 MPa AF 型补偿接头的基本尺寸

单位为毫米

<table>
<tr><th rowspan="3">公称通径 DN</th><th rowspan="3">管子外径 D_w</th><th colspan="5">法兰连接尺寸</th><th rowspan="3">密封面 d</th><th rowspan="3">总长 L</th><th rowspan="3">管子插入长度 $\approx L_0$</th><th rowspan="3">最大伸缩量 δ</th><th rowspan="3">质量/kg</th></tr>
<tr><th rowspan="2">法兰外径 D</th><th rowspan="2">螺栓孔中心圆直径 K</th><th rowspan="2">螺栓孔径 d_0</th><th colspan="2">螺栓</th></tr>
<tr><th>n/个</th><th>Th.</th></tr>
<tr><td>65</td><td>76</td><td>160</td><td>130</td><td>14</td><td rowspan="4">4</td><td>M12</td><td>108</td><td rowspan="2">118</td><td rowspan="10">65</td><td rowspan="10">25</td><td>5.7</td></tr>
<tr><td>80</td><td>89</td><td>190</td><td>150</td><td rowspan="9">18</td><td rowspan="9">M16</td><td>124</td><td>6.8</td></tr>
<tr><td rowspan="2">100</td><td>108</td><td rowspan="2">210</td><td rowspan="2">170</td><td rowspan="2">144</td><td rowspan="7">123</td><td>8.5</td></tr>
<tr><td>114</td><td>8.9</td></tr>
<tr><td rowspan="2">125</td><td>133</td><td rowspan="2">240</td><td rowspan="2">200</td><td rowspan="5">8</td><td rowspan="2">174</td><td>10.5</td></tr>
<tr><td>140</td><td>10.8</td></tr>
<tr><td rowspan="2">150</td><td>159</td><td rowspan="2">265</td><td rowspan="2">225</td><td rowspan="2">199</td><td>12.5</td></tr>
<tr><td>168</td><td>13.8</td></tr>
<tr><td>200</td><td>219</td><td>320</td><td>280</td><td>254</td><td>15.8</td></tr>
<tr><td>250</td><td>273</td><td>375</td><td>335</td><td rowspan="4">12</td><td>309</td><td>130</td><td>22.3</td></tr>
<tr><td>300</td><td>325</td><td>440</td><td>395</td><td rowspan="9">22</td><td rowspan="9">M20</td><td>363</td><td rowspan="12">160</td><td rowspan="12">85</td><td rowspan="12">32.5</td><td>30.3</td></tr>
<tr><td rowspan="2">350</td><td>355</td><td rowspan="2">490</td><td rowspan="2">445</td><td rowspan="2">413</td><td>33.4</td></tr>
<tr><td>377</td><td>36.0</td></tr>
<tr><td rowspan="2">400</td><td>406</td><td rowspan="2">540</td><td rowspan="2">495</td><td rowspan="4">16</td><td rowspan="2">463</td><td>38.8</td></tr>
<tr><td>426</td><td>40.4</td></tr>
<tr><td rowspan="2">450</td><td>457</td><td rowspan="2">595</td><td rowspan="2">550</td><td rowspan="2">518</td><td>48.6</td></tr>
<tr><td>480</td><td>50.6</td></tr>
<tr><td rowspan="2">500</td><td>508</td><td rowspan="2">645</td><td rowspan="2">600</td><td rowspan="4">20</td><td rowspan="2">568</td><td>52.8</td></tr>
<tr><td>530</td><td>58.5</td></tr>
<tr><td rowspan="2">600</td><td>610</td><td rowspan="2">755</td><td rowspan="2">705</td><td rowspan="3">26</td><td rowspan="3">M24</td><td rowspan="2">667</td><td>66.4</td></tr>
<tr><td>630</td><td>72.6</td></tr>
<tr><td>700</td><td>720</td><td>860</td><td>810</td><td rowspan="3">24</td><td>772</td><td>85.0</td></tr>
<tr><td>800</td><td>820</td><td>975</td><td>920</td><td rowspan="3">30</td><td rowspan="3">M27</td><td>878</td><td rowspan="4">255</td><td rowspan="10">130</td><td rowspan="10">65</td><td>176.2</td></tr>
<tr><td>900</td><td>920</td><td>1 075</td><td>1 020</td><td>978</td><td>194.5</td></tr>
<tr><td>1 000</td><td>1 020</td><td>1 175</td><td>1 120</td><td>28</td><td>1 078</td><td>215.4</td></tr>
<tr><td>1 200</td><td>1 220</td><td>1 405</td><td>1 340</td><td>33</td><td>32</td><td>M30</td><td>1 295</td><td>312.6</td></tr>
<tr><td>1 400</td><td>1 420</td><td>1 630</td><td>1 560</td><td rowspan="2">36</td><td>36</td><td rowspan="2">M33</td><td>1 510</td><td rowspan="4">270</td><td>369.1</td></tr>
<tr><td>1 600</td><td>1 620</td><td>1 830</td><td>1 760</td><td>40</td><td>1 710</td><td>498.1</td></tr>
<tr><td>1 800</td><td>1 820</td><td>2 045</td><td>1 970</td><td>39</td><td>44</td><td>M36</td><td>1 918</td><td>575.0</td></tr>
<tr><td>2 000</td><td>2 020</td><td>2 265</td><td>2 180</td><td rowspan="3">42</td><td>48</td><td rowspan="3">M39</td><td>2 125</td><td>708.6</td></tr>
<tr><td>2 200</td><td>2 220</td><td>2 475</td><td>2 390</td><td>52</td><td>2 335</td><td rowspan="2">275</td><td>821.7</td></tr>
<tr><td>2 400</td><td>2 420</td><td>2 685</td><td>2 600</td><td>56</td><td>2 545</td><td>919.1</td></tr>
<tr><td>2 600</td><td>2 620</td><td>2 905</td><td>2 810</td><td rowspan="5">48</td><td>60</td><td rowspan="5">M45</td><td>2 750</td><td rowspan="6">300</td><td rowspan="6">140</td><td rowspan="6">70</td><td>1 125.5</td></tr>
<tr><td>2 800</td><td>2 820</td><td>3 115</td><td>3 020</td><td>64</td><td>2 960</td><td>1 247.2</td></tr>
<tr><td>3 000</td><td>3 020</td><td>3 315</td><td>3 220</td><td>68</td><td>3 160</td><td>1 331.6</td></tr>
<tr><td>3 200</td><td>3 220</td><td>3 525</td><td>3 430</td><td>72</td><td>3 370</td><td>1 484.8</td></tr>
<tr><td>3 400</td><td>3 420</td><td>3 735</td><td>3 640</td><td>76</td><td>3 580</td><td>1 636.5</td></tr>
<tr><td>3 600</td><td>3 620</td><td>3 970</td><td>3 860</td><td>56</td><td>80</td><td>M52</td><td>3 790</td><td>1 906.0</td></tr>
</table>

4.3.3.3 PN1.0 MPa AF 型补偿接头的结构和基本尺寸见图 5、图 6 和表 7。

表 7 PN1.0 MPa AF 型补偿接头的基本尺寸

单位为毫米

公称通径 DN	管子外径 D_w	法兰连接尺寸					密封面 d	总长 L	管子插入长度 $\approx L_0$	最大伸缩量 δ	质量/kg
		法兰外径 D	螺栓孔中心圆直径 K	螺栓孔径 d_0	螺栓 n/个	螺栓 Th.					
65	76	185	145		4		118	118			6.3
80	89	200	160				132				7.4
100	108	220	180	18		M16	156				8.7
	114										10.4
125	133	250	210		8		184	123	65	25	11.3
	140										12.7
150	159	285	240				211				14.8
	168										15.9
200	219	340	295				266				19.4
250	273	395	350	22	12	M20	319	130			27.5
300	325	445	400				370				33.5
350	355	505	460		16		429				38.4
	377										42.0
400	406	565	515				480				44.6
	426										48.0
450	457	615	565	26		M24	530	160	85	32.5	56.4
	480										58.2
500	508	670	620		20		582				63.4
	530										70.2
600	610	780	725	30		M27	682				79.6
	630										87.1
700	720	895	840		24		794				104.1
800	820	1 015	950	33		M30	901				198.5
900	920	1 115	1 050		28		1 001	255			210.3
1 000	1 020	1 230	1 160	36		M33	1 112				242.3
1 200	1 220	1 455	1 380	39	32	M36	1 328				357.9
1 400	1 420	1 675	1 590	42	36	M39	1 530		130	65	419.2
1 600	1 620	1 915	1 820		40		1 750	270			621.7
1 800	1 820	2 115	2 020	48	44	M45	1 950				724.0
2 000	2 020	2 325	2 230		48		2 150				834.2
2 200	2 220	2 550	2 440		52		2 370	275			1 016.2
2 400	2 420	2 760	2 650	56	56	M52	2 570				1 165.0
2 600	2 620	2 960	2 850		60		2 780				1 327.6
2 800	2 820	3 180	3 070		64		3 000	300	140	70	1 508.4
3 000	3 020	3 405	3 290	60	68	M56	3 210				1 723.4

4.3.3.4 PN1.6 MPa AF 型补偿接头的结构和基本尺寸见图 5、图 6 和表 8。

表 8 PN1.6 MPa AF 型补偿接头的基本尺寸

单位为毫米

公称通径 DN	管子外径 D_w	法兰连接尺寸 法兰外径 D	法兰连接尺寸 螺栓孔中心圆直径 K	法兰连接尺寸 螺栓孔径 d_0	法兰连接尺寸 螺栓 n/个	法兰连接尺寸 螺栓 Th.	密封面 d	总长 L	管子插入长度 $\approx L_0$	最大伸缩量 δ	质量/kg
65	76	185	145		4		118	118			6.3
80	89	200	160				132				7.4
100	108	220	180	18		M16	156				8.7
	114										10.4
125	133	250	210		8		184		65	25	11.3
	140							123			12.7
150	159	285	240				211				14.8
	168			22		M20					15.9
200	219	340	295				266				19.4
250	273	405	355		12		319	130			27.5
300	325	460	410	26		M24	370				35.9
350	355	520	470				429				40.3
	377				16						46.2
400	406	580	525				480				49.1
	426			30		M27					52.8
450	457	640	585				548	160	85	32.5	58.1
	480										62.5
500	508	715	650	33	20	M30	609				72.2
	530										79.4
600	610	840	770				720				94.5
	630			36		M33					95.7
700	720	910	840		24		794				104.1
800	820	1 025	950	39		M36	901				198.5
900	920	1 125	1 050		28		1 001	255	130	65	211.8
1 000	1 020	1 255	1 170	42		M39	1 112				254.4
1 200	1 220	1 485	1 390	48	32	M45	1 328				393.9

4.3.4 BF 型补偿接头的结构和基本尺寸

4.3.4.1 PN0.6 MPa BF 型补偿接头的结构和基本尺寸见图 7 和表 9。

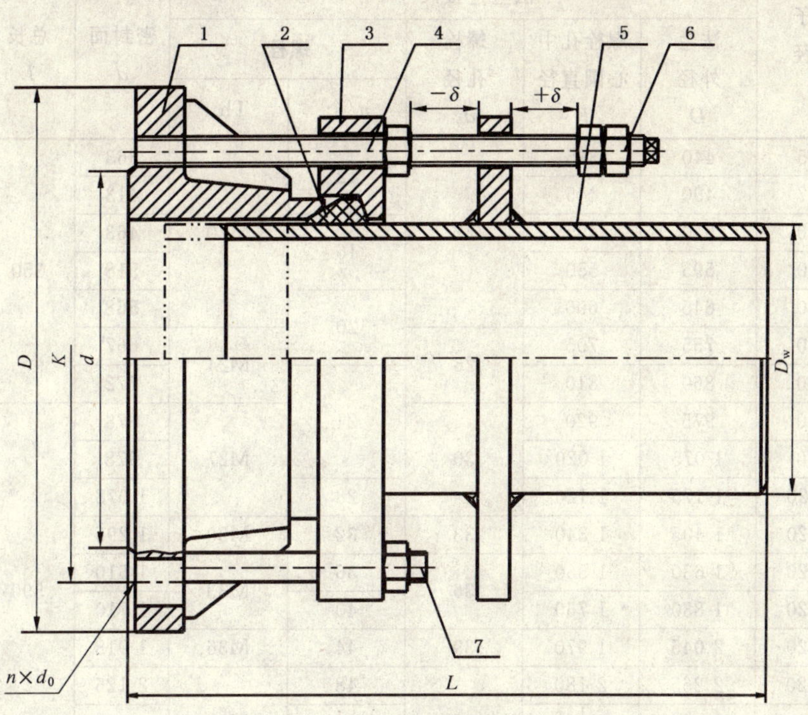

1——本体；
2——密封圈；
3——压盖；
4——限位螺杆；
5——限位伸缩管；
6——螺母；
7——螺柱。

图 7 BF 型补偿接头

表 9 PN0.6 MPa BF 型补偿接头的基本尺寸

单位为毫米

公称通径 DN	管子外径 D_w	法兰连接尺寸 法兰外径 D	螺栓孔中心圆直径 K	螺栓孔径 d_0	螺栓 n/个	螺栓 Th.	密封面 d	总长 L	最大伸缩量 δ	质量/kg
65	76	160	130	14	4	M12	108	340	25	8.3
80	89	190	150	18		M16	124			9.0
100	108	210	170				144			13.0
	114									13.8
125	133	240	200		8		174			15.8
	140									16.6
150	159	265	225				199			20.3
	168									21.1
200	219	320	280				254			25.7
250	273	375	335		12		309			44.2

表 9(续)　　单位为毫米

公称通径 DN	管子外径 D_w	法兰连接尺寸					密封面 d	总长 L	最大伸缩量 δ	质量/kg
		法兰外径 D	螺栓孔中心圆直径 K	螺栓孔径 d_0	螺栓 n/个	螺栓 Th.				
300	325	440	395	22	12	M20	363	350	32.5	48.6
350	377	490	445				413			57.2
400	426	540	495		16		463			64.2
450	480	595	550				518			77.4
500	530	645	600		20		568			87.8
600	630	755	705	26		M24	667			107.3
700	720	860	810		24		772			124.6
800	820	975	920	30		M27	878	590	65	271.8
900	920	1 075	1 020				978			369.2
1 000	1 020	1 175	1 120		28		1 078			416.8
1 200	1 220	1 405	1 340	33	32	M30	1 295			574.7
1 400	1 420	1 630	1 560	36	36	M33	1 510			797.1
1 600	1 620	1 830	1 760		40		1 710			1 068.1
1 800	1 820	2 045	1 970	39	44	M36	1 918			1 270.9
2 000	2 020	2 265	2 180	42	48	M39	2 125			1 510.8
2 200	2 220	2 475	2 390		52		2 335			1 845.1
2 400	2 420	2 685	2 600		56		2 545			2 064.7
2 600	2 620	2 905	2 810	48	60	M45	2 750	600	70	2 368.2
2 800	2 820	3 115	3 020		64		2 960			2 554.6
3 000	3 020	3 315	3 220		68		3 160			2 692.8
3 200	3 220	3 525	3 430		72		3 370			2 850.6

4.3.4.2　PN1.0 MPa BF 型补偿接头的结构和基本尺寸见图 7 和表 10。

表 10　**PN1.0 MPa BF 型补偿接头的基本尺寸**　　单位为毫米

公称通径 DN	管子外径 D_w	法兰连接尺寸					密封面 d	总长 L	最大伸缩量 δ	质量/kg
		法兰外径 D	螺栓孔中心圆直径 K	螺栓孔径 d_0	螺栓 n/个	螺栓 Th.				
65	76	185	145	18	4	M16	118	340	25	9.3
80	89	200	160		8		132			10.0
100	108	220	180				156			14.5
	114									15.3
125	133	250	210				184			17.6
	140									18.5
150	159	285	240	22		M20	211			22.5
	168									23.4
200	219	340	295				266			28.5
250	273	395	350		12		319			49.1
300	325	445	400				370	350	32.5	54.0
350	377	505	460		16		429			63.6
400	426	565	515	26		M24	480			71.3

表 10(续)

单位为毫米

公称通径 DN	管子外径 D_w	法兰连接尺寸					密封面 d	总长 L	最大伸缩量 δ	质量/kg
		法兰外径 D	螺栓孔中心圆直径 K	螺栓孔径 d_0	螺栓 n/个	螺栓 Th.				
450	480	615	565	26	20	M24	530	350	32.5	86.0
500	530	670	620				582			97.6
600	630	780	725	30		M27	682			119.2
700	720	895	840		24		794			138.4
800	820	1 015	950	33		M30	901	590	65	302.0
900	920	1 115	1 050		28		1 001			410.2
1 000	1 020	1 230	1 160	36		M33	1 112			463.1
1 200	1 220	1 455	1 380	39	32	M36	1 328			638.6
1 400	1 420	1 675	1 590	42	36	M39	1 530			839.0
1 600	1 620	1 915	1 820	48	40	M45	1 750			1 124.3
1 800	1 820	2 115	2 020		44		1 950			1 337.8
2 000	2 020	2 325	2 230		48		2 150			1 590.3
2 200	2 220	2 550	2 440	56	52	M52	2 370			1 942.2
2 400	2 420	2 760	2 650		56		2 570			2 173.4
2 600	2 620	2 960	2 850		60		2 780	600	70	2 492.8
2 800	2 820	3 180	3 070		64		3 000			2 689.1
3 000	3 020	3 405	3 290	60	68	M56	3 210			2 834.6

4.3.5 B2F 型补偿接头的结构和基本尺寸

4.3.5.1 PN0.6 MPa B2F 型补偿接头的结构和基本尺寸见图 8 和表 11。

1——本体；
2——密封圈；
3——压盖；
4——限位螺杆；
5——螺母；
6——限位伸缩管；
7——螺柱。

图 8 **B2F 型补偿接头**

表 11　PN0.6 MPa B2F 型补偿接头的基本尺寸　　单位为毫米

<table>
<tr><th rowspan="3">公称通径
DN</th><th rowspan="3">管子外径
D_w</th><th colspan="6">法兰连接尺寸</th><th rowspan="3">密封面
d</th><th rowspan="3">总长
L</th><th rowspan="3">最大伸缩量
δ</th><th rowspan="3">质量/
kg</th></tr>
<tr><th rowspan="2">法兰外径
D</th><th rowspan="2">螺栓孔中心圆直径
K</th><th rowspan="2">螺栓孔径
d_0</th><th colspan="3">螺栓</th></tr>
<tr><th colspan="2">n/个</th><th>Th.</th></tr>
<tr><td>65</td><td>76</td><td>160</td><td>130</td><td>14</td><td colspan="2" rowspan="3">4</td><td>M12</td><td>108</td><td rowspan="6">340</td><td rowspan="6">25</td><td>13.3</td></tr>
<tr><td>80</td><td>89</td><td>190</td><td>150</td><td rowspan="6">18</td><td rowspan="6">M16</td><td>124</td><td>15.1</td></tr>
<tr><td>100</td><td>114</td><td>210</td><td>170</td><td>144</td><td>21.6</td></tr>
<tr><td>125</td><td>140</td><td>240</td><td>200</td><td colspan="2" rowspan="3">8</td><td>174</td><td>27.6</td></tr>
<tr><td>150</td><td>168</td><td>265</td><td>225</td><td>199</td><td>34.1</td></tr>
<tr><td>200</td><td>219</td><td>320</td><td>280</td><td>254</td><td>42.4</td></tr>
<tr><td>250</td><td>273</td><td>375</td><td>335</td><td colspan="2" rowspan="3">12</td><td>309</td><td rowspan="8">370</td><td rowspan="8">32.5</td><td>58.8</td></tr>
<tr><td>300</td><td>325</td><td>440</td><td>395</td><td rowspan="5">22</td><td rowspan="5">M20</td><td>363</td><td>69.8</td></tr>
<tr><td>350</td><td>377</td><td>490</td><td>445</td><td>413</td><td>86.1</td></tr>
<tr><td>400</td><td>426</td><td>540</td><td>495</td><td colspan="2" rowspan="2">16</td><td>463</td><td>98.1</td></tr>
<tr><td>450</td><td>480</td><td>595</td><td>550</td><td>518</td><td>112.3</td></tr>
<tr><td>500</td><td>530</td><td>645</td><td>600</td><td colspan="2" rowspan="2">20</td><td>568</td><td>138.3</td></tr>
<tr><td>600</td><td>630</td><td>755</td><td>705</td><td rowspan="2">26</td><td rowspan="2">M24</td><td>667</td><td>173.4</td></tr>
<tr><td>700</td><td>720</td><td>860</td><td>810</td><td colspan="2" rowspan="3">24</td><td>772</td><td>211.1</td></tr>
<tr><td>800</td><td>820</td><td>975</td><td>920</td><td rowspan="3">30</td><td rowspan="3">M27</td><td>878</td><td rowspan="4">600</td><td rowspan="10">65</td><td>380.9</td></tr>
<tr><td>900</td><td>920</td><td>1 075</td><td>1 020</td><td>978</td><td>472.1</td></tr>
<tr><td>1 000</td><td>1 020</td><td>1 175</td><td>1 120</td><td colspan="2">28</td><td>1 078</td><td>538.2</td></tr>
<tr><td>1 200</td><td>1 220</td><td>1 405</td><td>1 340</td><td>33</td><td colspan="2">32</td><td>M30</td><td>1 295</td><td>749.8</td></tr>
<tr><td>1 400</td><td>1 420</td><td>1 630</td><td>1 560</td><td rowspan="2">36</td><td colspan="2">36</td><td rowspan="2">M33</td><td>1 510</td><td rowspan="6">640</td><td>1 034.8</td></tr>
<tr><td>1 600</td><td>1 620</td><td>1 830</td><td>1 760</td><td colspan="2">40</td><td>1 710</td><td>1 405.6</td></tr>
<tr><td>1 800</td><td>1 820</td><td>2 045</td><td>1 970</td><td>39</td><td colspan="2">44</td><td>M36</td><td>1 918</td><td>1 658.5</td></tr>
<tr><td>2 000</td><td>2 020</td><td>2 265</td><td>2 180</td><td rowspan="3">42</td><td colspan="2">48</td><td rowspan="3">M39</td><td>2 125</td><td>1 975.2</td></tr>
<tr><td>2 200</td><td>2 220</td><td>2 475</td><td>2 390</td><td colspan="2">52</td><td>2 335</td><td>2 460.7</td></tr>
<tr><td>2 400</td><td>2 420</td><td>2 685</td><td>2 600</td><td colspan="2">56</td><td>2 545</td><td>2 751.4</td></tr>
<tr><td>2 600</td><td>2 620</td><td>2 905</td><td>2 810</td><td rowspan="4">48</td><td colspan="2">60</td><td rowspan="4">M45</td><td>2 750</td><td rowspan="4">710</td><td rowspan="4">70</td><td>2 905.4</td></tr>
<tr><td>2 800</td><td>2 820</td><td>3 115</td><td>3 020</td><td colspan="2">64</td><td>2 960</td><td>3 175.8</td></tr>
<tr><td>3 000</td><td>3 020</td><td>3 315</td><td>3 220</td><td colspan="2">68</td><td>3 160</td><td>3 472.3</td></tr>
<tr><td>3 200</td><td>3 220</td><td>3 525</td><td>3 430</td><td colspan="2">72</td><td>3 370</td><td>3 824.6</td></tr>
</table>

4.3.5.2 PN1.0 MPa B2F 型补偿接头的结构和基本尺寸见图 8 和表 12。

表 12 PN1.0 MPa B2F 型补偿接头的基本尺寸

单位为毫米

公称通径 DN	管子外径 D_w	法兰连接尺寸					密封面 d	总长 L	最大伸缩量 δ	质量/kg
		法兰外径 D	螺栓孔中心圆直径 K	螺栓孔径 d_0	螺栓					
					n/个	Th.				
65	76	185	145		4		118			14.8
80	89	200	160	18		M16	132			16.7
100	114	220	180				156			24.0
125	140	250	210		8		184	340	25	30.7
150	168	285	240				211			37.8
200	219	340	295				266			47.1
250	273	395	350	22		M20	319			65.3
300	325	445	400		12		370			77.5
350	377	505	460		16		429			95.6
400	426	565	515				480			108.9
450	480	615	565	26		M24	530	370	32.5	124.8
500	530	670	620		20		582			153.7
600	630	780	725	30		M27	682			192.7
700	720	895	840		24		794			234.6
800	820	1 015	950	33		M30	901			423.3
900	920	1 115	1 050		28		1 001	600		524.5
1 000	1 020	1 230	1 160	36		M33	1 112			597.9
1 200	1 220	1 455	1 380	39	32	M36	1 328			833.1
1 400	1 420	1 675	1 590	42	36	M39	1 530		65	1 089.3
1 600	1 620	1 915	1 820		40		1 750			1 479.6
1 800	1 820	2 115	2 020	48	44	M45	1 950	640		1 745.8
2 000	2 020	2 325	2 230		48		2 150			2 079.2
2 200	2 220	2 550	2 440		52		2 370			2 590.2
2 400	2 420	2 760	2 650	56	56	M52	2 570			2 896.2
2 600	2 620	2 960	2 850		60		2 780			3 058.3
2 800	2 820	3 180	3 070		64		3 000	710	70	3 342.9
3 000	3 020	3 405	3 290	60	68	M56	3 210			3 655.1

4.3.6 BY 型补偿接头的结构和基本尺寸

BY 型补偿接头的结构和基本尺寸见图 9 和表 13。

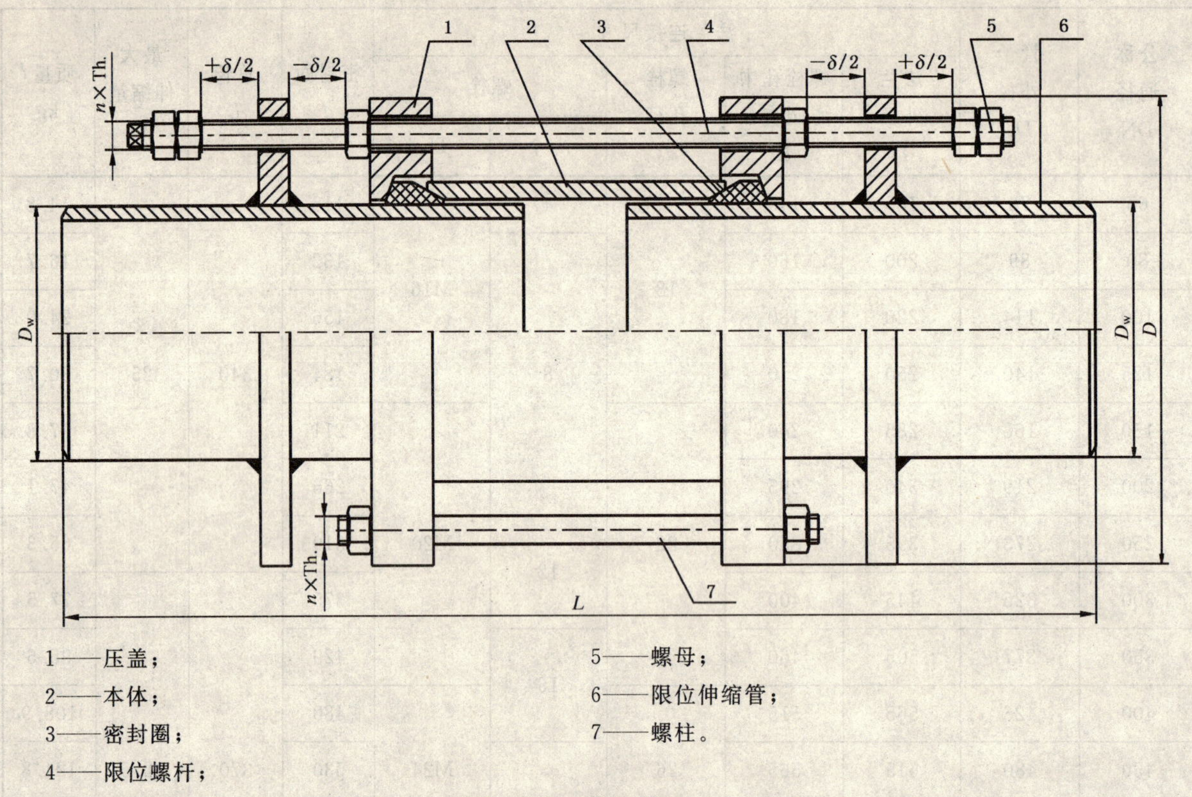

1——压盖；
2——本体；
3——密封圈；
4——限位螺杆；
5——螺母；
6——限位伸缩管；
7——螺柱。

图 9 BY 型补偿接头

表 13 BY 型补偿接头的基本尺寸

单位为毫米

公称通径 DN	管子外径 D_w	外形尺寸		限位螺杆和螺柱		最大伸缩量 δ	质量/kg
		外径 D	总长 L	n/个	Th.		
65	76	155	645	2	M12	45	10.1
80	89	165					14.2
100	108	190					20.4
	114	195					23.3
125	133	215					26.5
	140	225					28.1
150	159	245			M16		32.6
	168	255					33.3
200	219	310					44.7
250	273	375		3	M20		66.6
300	325	440	655			55	87.8
350	377	490		4			102.7
400	426	540					110.3
450	480	590		5			133.0
500	530	645					150.4
600	630	750					176.4
700	720	850		6			210.5

表 13(续) 单位为毫米

公称通径 DN	管子外径 D_w	外形尺寸		限位螺杆和螺柱		最大伸缩量 δ	质量/kg
		外径 D	总长 L	n/个	Th.		
800	820	965		6			453.7
900	920	1 065		7			636.9
1 000	1 020	1 165			M24		700.6
1 200	1 220	1 365		8			837.2
1 400	1 420	1 590		9			1 192.1
1 500	1 520	1 690		10			1 278.8
1 600	1 620	1 795	1 075		M27	75	1 387.5
1 800	1 820	2 000		11			1 723.2
2 000	2 020	2 200		12			2 092.6
2 200	2 220	2 420		13			2 468.1
2 400	2 420	2 635		14	M30		2 735.2
2 600	2 620	2 835		15			3 016.4
2 800	2 820	3 040		16			3 461.8
3 000	3 020	3 240		17	M33		3 872.3
3 200	3 220	3 440	1 130	18		130	4 314.7

4.3.7 CF 型补偿接头的结构和基本尺寸

4.3.7.1 PN0.6MPa CF 型补偿接头的结构和基本尺寸见图 10 和表 14。

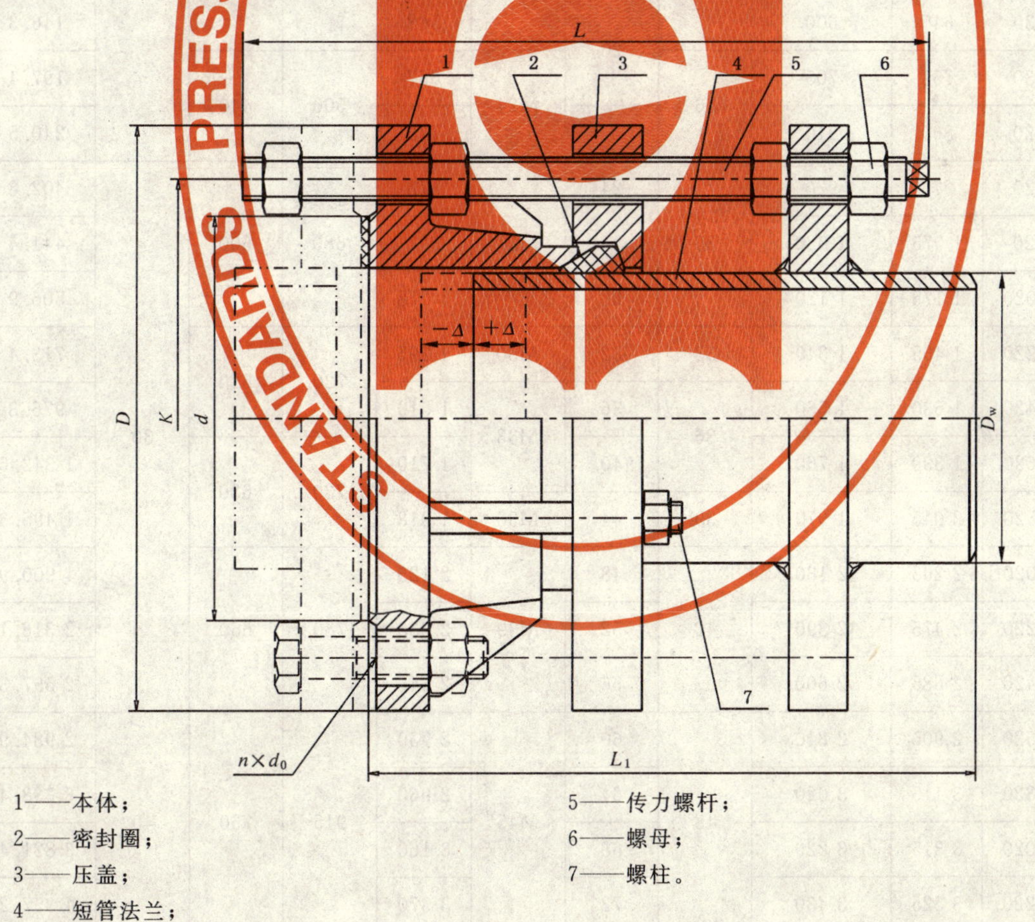

1——本体；
2——密封圈；
3——压盖；
4——短管法兰；
5——传力螺杆；
6——螺母；
7——螺柱。

图 10 **CF 型补偿接头**

表 14　PN0.6 MPa CF 型补偿接头的基本尺寸

单位为毫米

公称通径 DN	管子外径 D_w	法兰连接尺寸					密封面 d	总长 L	安装尺寸 L_1	调节量 Δ	质量/kg
		法兰外径 D	螺栓孔中心圆直径 K	螺栓孔径 d_0	螺栓						
					n/个	Th.					
65	76	160	130	14	4	M12	108	450	400	20	13.3
80	89	190	150	18		M16	124	460			15.5
100	114	210	170				144				22.3
125	140	240	200		8		174				28.5
150	168	265	225				199				35.4
200	219	320	280				254				44.3
250	273	375	335		12		309				61.1
300	325	440	395	22		M20	363	485	420	25	75.5
350	377	490	445				413				95.5
400	426	540	495		16		463				109.7
450	480	595	550				518				124.8
500	530	645	600		20		568				146.3
600	630	755	705	26		M24	667	500	440		197.4
700	720	860	810		24		772				240.5
800	820	975	920	30		M27	878	680	600	30	402.8
900	920	1 075	1 020				978				441.4
1 000	1 020	1 175	1 120		28		1 078				506.9
1 200	1 220	1 405	1 340	33	32	M30	1 295	720	620		713.4
1 400	1 420	1 630	1 560	36	36	M33	1 510				976.3
1 600	1 620	1 830	1 760		40		1 710	730	630		1 342.5
1 800	1 820	2 045	1 970	39	44	M36	1 918				1 495.3
2 000	2 020	2 265	2 180	42	48	M39	2 125	780	650		1 900.9
2 200	2 220	2 475	2 390		52		2 335				2 316.1
2 400	2 420	2 685	2 600		56		2 545				2 597.3
2 600	2 620	2 905	2 810	48	60	M45	2 750	915	750	40	2 984.9
2 800	2 820	3 115	3 020		64		2 960				3 338.4
3 000	3 020	3 315	3 220		68		3 160				3 821.4
3 200	3 220	3 525	3 430		72		3 370				4 357.2

4.3.7.2 PN1.0 MPa CF 型补偿接头的结构和基本尺寸见图 10 和表 15。

表 15 PN1.0 MPa CF 型补偿接头的基本尺寸

单位为毫米

<table>
<tr><th rowspan="3">公称通径
DN</th><th rowspan="3">管子外径
D_w</th><th colspan="5">法兰连接尺寸</th><th rowspan="3">密封面
d</th><th rowspan="3">总长
L</th><th rowspan="3">安装尺寸
L_1</th><th rowspan="3">调节量
Δ</th><th rowspan="3">质量/
kg</th></tr>
<tr><th rowspan="2">法兰外径
D</th><th rowspan="2">螺栓孔中心圆直径
K</th><th rowspan="2">螺栓孔径
d_0</th><th colspan="2">螺栓</th></tr>
<tr><th>n/个</th><th>Th.</th></tr>
<tr><td>65</td><td>76</td><td>185</td><td>145</td><td rowspan="4">18</td><td>4</td><td rowspan="4">M16</td><td>118</td><td rowspan="7">460</td><td rowspan="7">400</td><td rowspan="7">20</td><td>14.8</td></tr>
<tr><td>80</td><td>89</td><td>200</td><td>160</td><td rowspan="5">8</td><td>132</td><td>17.2</td></tr>
<tr><td>100</td><td>114</td><td>220</td><td>180</td><td>156</td><td>24.8</td></tr>
<tr><td>125</td><td>140</td><td>250</td><td>210</td><td>184</td><td>31.7</td></tr>
<tr><td>150</td><td>168</td><td>285</td><td>240</td><td rowspan="5">22</td><td rowspan="5">M20</td><td>211</td><td>39.3</td></tr>
<tr><td>200</td><td>219</td><td>340</td><td>295</td><td>266</td><td>49.2</td></tr>
<tr><td>250</td><td>273</td><td>395</td><td>350</td><td rowspan="2">12</td><td>319</td><td>67.9</td></tr>
<tr><td>300</td><td>325</td><td>445</td><td>400</td><td>370</td><td rowspan="2">485</td><td rowspan="5">420</td><td rowspan="7">25</td><td>83.9</td></tr>
<tr><td>350</td><td>377</td><td>505</td><td>460</td><td rowspan="2">16</td><td>429</td><td>106.1</td></tr>
<tr><td>400</td><td>426</td><td>565</td><td>515</td><td rowspan="3">26</td><td rowspan="3">M24</td><td>480</td><td rowspan="3">495</td><td>121.9</td></tr>
<tr><td>450</td><td>480</td><td>615</td><td>565</td><td rowspan="3">20</td><td>530</td><td>138.7</td></tr>
<tr><td>500</td><td>530</td><td>670</td><td>620</td><td>582</td><td>162.6</td></tr>
<tr><td>600</td><td>630</td><td>780</td><td>725</td><td rowspan="2">30</td><td rowspan="2">M27</td><td>682</td><td rowspan="2">510</td><td rowspan="2">440</td><td>219.3</td></tr>
<tr><td>700</td><td>720</td><td>895</td><td>840</td><td rowspan="2">24</td><td>794</td><td>267.2</td></tr>
<tr><td>800</td><td>820</td><td>1 015</td><td>950</td><td rowspan="2">33</td><td rowspan="2">M30</td><td>901</td><td rowspan="3">690</td><td rowspan="3">600</td><td rowspan="10">30</td><td>447.6</td></tr>
<tr><td>900</td><td>920</td><td>1 115</td><td>1 050</td><td rowspan="2">28</td><td>1 001</td><td>490.4</td></tr>
<tr><td>1 000</td><td>1 020</td><td>1 230</td><td>1 160</td><td>36</td><td>M33</td><td>1 112</td><td>563.3</td></tr>
<tr><td>1 200</td><td>1 220</td><td>1 455</td><td>1 380</td><td>39</td><td>32</td><td>M36</td><td>1 328</td><td rowspan="2">740</td><td rowspan="2">620</td><td>792.7</td></tr>
<tr><td>1 400</td><td>1 420</td><td>1 675</td><td>1 590</td><td>42</td><td>36</td><td>M39</td><td>1 530</td><td>1 027.7</td></tr>
<tr><td>1 600</td><td>1 620</td><td>1 915</td><td>1 820</td><td rowspan="3">48</td><td>40</td><td rowspan="3">M45</td><td>1 750</td><td rowspan="2">760</td><td rowspan="2">630</td><td>1 414.2</td></tr>
<tr><td>1 800</td><td>1 820</td><td>2 115</td><td>2 020</td><td>44</td><td>1 950</td><td>1 574.8</td></tr>
<tr><td>2 000</td><td>2 020</td><td>2 325</td><td>2 230</td><td>48</td><td>2 150</td><td>790</td><td rowspan="3">650</td><td>2 001.8</td></tr>
<tr><td>2 200</td><td>2 220</td><td>2 550</td><td>2 440</td><td rowspan="4">56</td><td>52</td><td rowspan="4">M52</td><td>2 370</td><td rowspan="2">800</td><td>2 437.9</td></tr>
<tr><td>2 400</td><td>2 420</td><td>2 760</td><td>2 650</td><td>56</td><td>2 570</td><td>2 734.6</td></tr>
<tr><td>2 600</td><td>2 620</td><td>2 960</td><td>2 850</td><td>60</td><td>2 780</td><td rowspan="3">940</td><td rowspan="3">750</td><td rowspan="3">40</td><td>3 142.4</td></tr>
<tr><td>2 800</td><td>2 820</td><td>3 180</td><td>3 070</td><td>64</td><td>3 000</td><td>3 514.7</td></tr>
<tr><td>3 000</td><td>3 020</td><td>3 405</td><td>3 290</td><td>60</td><td>68</td><td>M56</td><td>3 210</td><td>4 027.8</td></tr>
</table>

4.3.8 C2F 型补偿接头的结构和基本尺寸

4.3.8.1 PN0.6 MPa C2F 型补偿接头的结构和基本尺寸见图 11 和表 16。

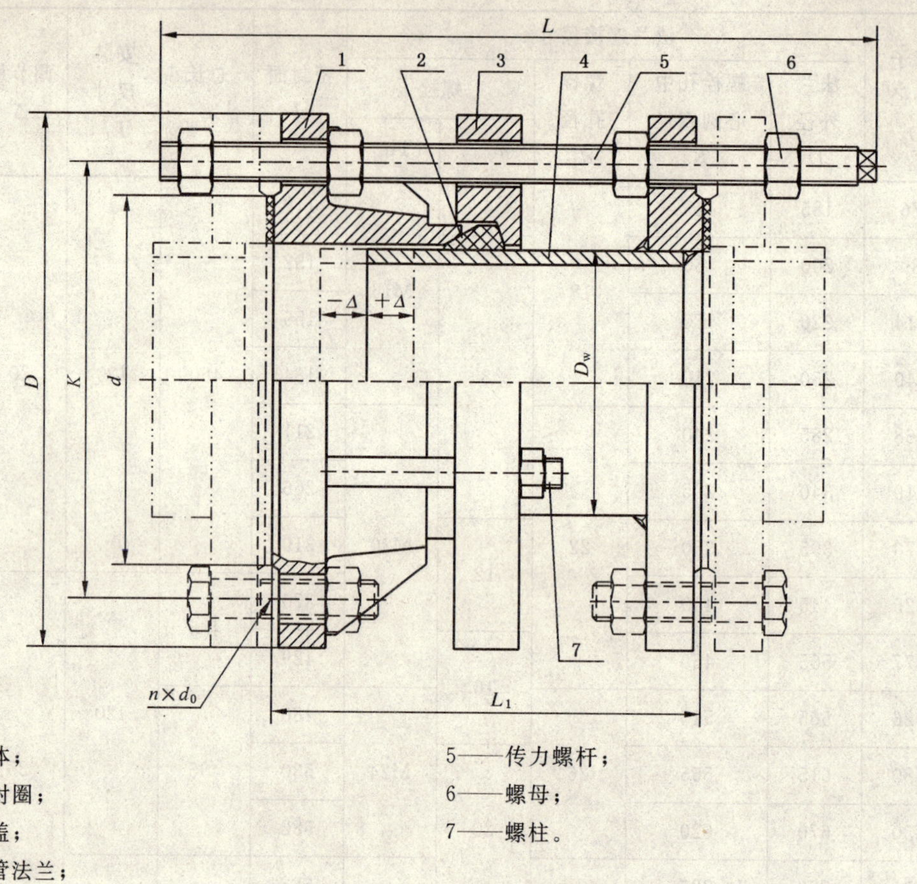

1——本体；

2——密封圈；

3——压盖；

4——短管法兰；

5——传力螺杆；

6——螺母；

7——螺柱。

图 11 C2F 型补偿接头

表 16 PN0.6 MPa C2F 型补偿接头的基本尺寸

单位为毫米

<table>
<tr><th rowspan="3">公称通径 DN</th><th rowspan="3">管子外径 D_w</th><th colspan="5">法兰连接尺寸</th><th rowspan="3">密封面 d</th><th rowspan="3">总长 L</th><th rowspan="3">安装尺寸 L_1</th><th rowspan="3">调节量 Δ</th><th rowspan="3">质量/kg</th></tr>
<tr><th rowspan="2">法兰外径 D</th><th rowspan="2">螺栓孔中心圆直径 K</th><th rowspan="2">螺栓孔径 d_0</th><th colspan="2">螺栓</th></tr>
<tr><th>n/个</th><th>Th.</th></tr>
<tr><td>65</td><td>76</td><td>160</td><td>130</td><td>14</td><td rowspan="3">4</td><td>M12</td><td>108</td><td>290</td><td rowspan="7">200</td><td rowspan="7">20</td><td>11.8</td></tr>
<tr><td>80</td><td>89</td><td>190</td><td>150</td><td rowspan="6">18</td><td rowspan="6">M16</td><td>124</td><td rowspan="6">330</td><td>13.5</td></tr>
<tr><td>100</td><td>114</td><td>210</td><td>170</td><td>144</td><td>18.6</td></tr>
<tr><td>125</td><td>140</td><td>240</td><td>200</td><td rowspan="3">8</td><td>174</td><td>23.8</td></tr>
<tr><td>150</td><td>168</td><td>265</td><td>225</td><td>199</td><td>30.4</td></tr>
<tr><td>200</td><td>219</td><td>320</td><td>280</td><td>254</td><td>36.9</td></tr>
<tr><td>250</td><td>273</td><td>375</td><td>335</td><td rowspan="3">12</td><td>309</td><td>49.6</td></tr>
<tr><td>300</td><td>325</td><td>440</td><td>395</td><td rowspan="5">22</td><td rowspan="5">M20</td><td>363</td><td rowspan="5">370</td><td rowspan="5">220</td><td rowspan="7">25</td><td>61.5</td></tr>
<tr><td>350</td><td>377</td><td>490</td><td>445</td><td>413</td><td>79.3</td></tr>
<tr><td>400</td><td>426</td><td>540</td><td>495</td><td rowspan="2">16</td><td>463</td><td>91.2</td></tr>
<tr><td>450</td><td>480</td><td>595</td><td>550</td><td>518</td><td>104.1</td></tr>
<tr><td>500</td><td>530</td><td>645</td><td>600</td><td rowspan="2">20</td><td>568</td><td>123.2</td></tr>
<tr><td>600</td><td>630</td><td>755</td><td>705</td><td rowspan="2">26</td><td rowspan="2">M24</td><td>667</td><td rowspan="2">400</td><td rowspan="2">240</td><td>169.8</td></tr>
<tr><td>700</td><td>720</td><td>860</td><td>810</td><td>24</td><td>772</td><td>208.9</td></tr>
</table>

表 16(续)　　单位为毫米

公称通径 DN	管子外径 D_w	法兰连接尺寸					密封面 d	总长 L	安装尺寸 L_1	调节量 Δ	质量/kg
		法兰外径 D	螺栓孔中心圆直径 K	螺栓孔径 d_0	螺栓						
					n/个	Th.					
800	820	975	920		24		878				346.1
900	920	1 075	1 020	30		M27	978	540	350		380.6
1 000	1 020	1175	1 120		28		1 078				438.8
1 200	1 220	1 405	1 340	33	32	M30	1 295	580	370		646.7
1 400	1 420	1 630	1 560	36	36	M33	1 510			30	843.6
1 600	1 620	1 830	1 760		40		1 710	600	380		1 189.7
1 800	1 820	2 045	1 970	39	44	M36	1 918				1 394.8
2 000	2 020	2 265	2 180		48		2 125				1 665.5
2 200	2 220	2 475	2 390	42	52	M39	2 335	660	400		2 056.7
2 400	2 420	2 685	2 600		56		2 545				2 350.1
2 600	2 620	2 905	2 810		60		2 750				2 720.4
2 800	2 820	3 115	3 020	48	64	M45	2 960	750	450	40	3 053.2
3 000	3 020	3 315	3 220		68		3 160				3 460.3
3 200	3 220	3 525	3 430		72		3 370				3 912.6

4.3.8.2　PN1.0 MPa C2F 型补偿接头的结构和基本尺寸见图 11 和表 17。

表 17　PN1.0 MPa C2F 型补偿接头的基本尺寸　　单位为毫米

公称通径 DN	管子外径 D_w	法兰连接尺寸					密封面 d	总长 L	安装尺寸 L_1	调节量 Δ	质量/kg
		法兰外径 D	螺栓孔中心圆直径 K	螺栓孔径 d_0	螺栓						
					n/个	Th.					
65	76	185	145		4		118				13.1
80	89	200	160	18			132	330			15.0
100	114	220	180			M16	156				20.7
125	140	250	210		8		184		200	20	26.4
150	168	285	240				211				33.8
200	219	340	295				266	340			41.0
250	273	395	350	22	12	M20	319				55.1
300	325	445	400				370	370			68.3
350	377	505	460		16		429				88.1
400	426	565	515				480		220		101.3
450	480	615	565	26		M24	530	380		25	115.7
500	530	670	620		20		582				136.9
600	630	780	725	30		M27	682	420	240		188.7
700	720	895	840		24		794				232.1

表 17(续) 单位为毫米

公称通径 DN	管子外径 D_w	法兰连接尺寸					密封面 d	总长 L	安装尺寸 L_1	调节量 Δ	质量/kg
		法兰外径 D	螺栓孔中心圆直径 K	螺栓孔径 d_0	螺栓						
					n/个	Th.					
800	820	1015	950	33	24	M30	901	560	350	30	384.6
900	920	1 115	1 050		28		1 001				422.9
1 000	1 020	1 230	1 160	36		M33	1 112				487.6
1 200	1 220	1 455	1 380	39	32	M36	1 328	600	370		718.6
1 400	1 420	1 675	1 590	42	36	M39	1 530	630			888.0
1 600	1 620	1 915	1 820	48	40	M45	1 750	670	380		1 252.3
1 800	1 820	2 115	2 020		44		1 950				1 468.2
2 000	2 020	2 325	2 230		48		2 150	690	400		1 753.5
2 200	2 220	2 550	2 440	56	52	M52	2 370	730			2 165.2
2 400	2 420	2 760	2 650		56		2 570				2 473.7
2 600	2 620	2 960	2 850		60		2 780	820	450	40	2 864.5
2 800	2 820	3 180	3 070		64		3 000				3 214.2
3 000	3 020	3 405	3 290	60	68	M56	3 210	840			3 642.3

4.3.9 CC2F 型补偿接头的结构和基本尺寸

4.3.9.1 PN0.6 MPa CC2F 型补偿接头的结构和基本尺寸见图 12 和表 18。

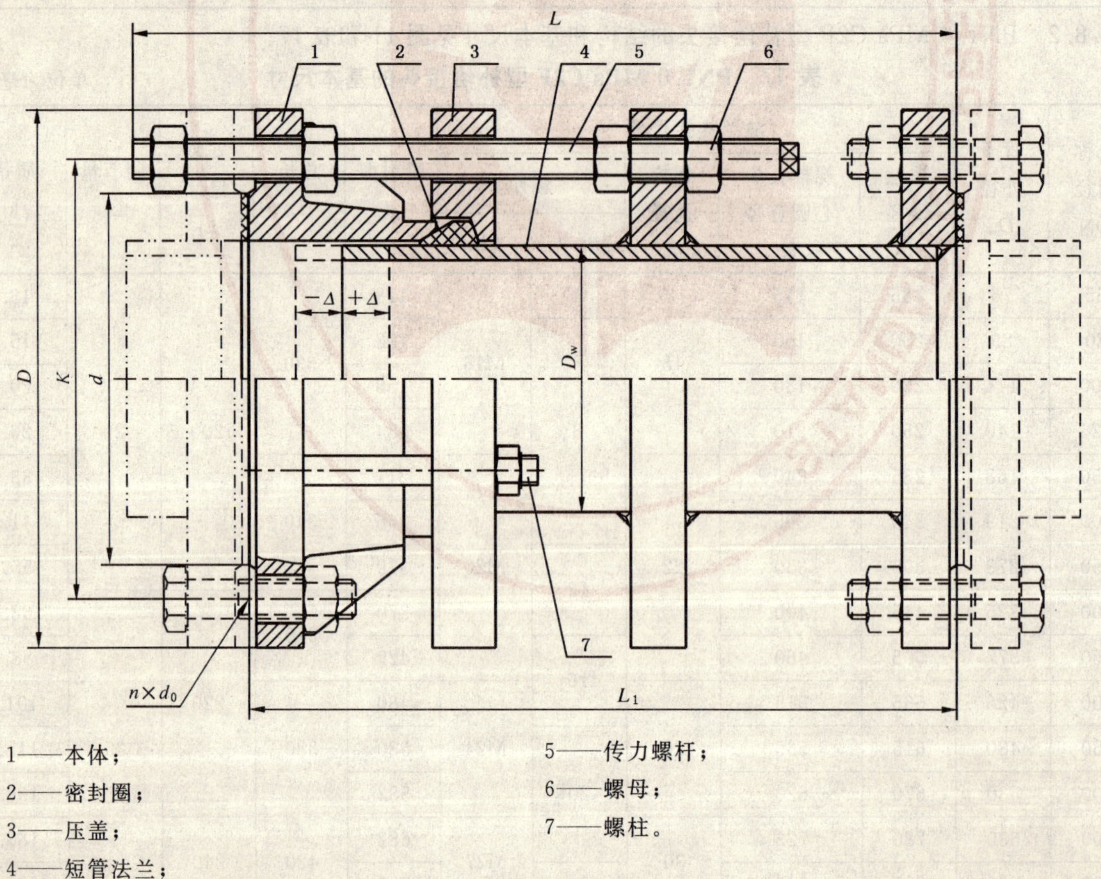

1——本体；
2——密封圈；
3——压盖；
4——短管法兰；
5——传力螺杆；
6——螺母；
7——螺柱。

图 12 CC2F 型补偿接头

表 18　PN0.6 MPa CC2F 型补偿接头的基本尺寸　　单位为毫米

<table>
<tr><th rowspan="3">公称通径
DN</th><th rowspan="3">管子外径
D_w</th><th colspan="5">法兰连接尺寸</th><th rowspan="3">密封面
d</th><th rowspan="3">总长
L</th><th rowspan="3">安装尺寸
L_1</th><th rowspan="3">调节量
Δ</th><th rowspan="3">质量/
kg</th></tr>
<tr><th rowspan="2">法兰外径
D</th><th rowspan="2">螺栓孔中心圆直径
K</th><th rowspan="2">螺栓孔径
d_0</th><th colspan="2">螺栓</th></tr>
<tr><th>n/个</th><th>Th.</th></tr>
<tr><td>65</td><td>76</td><td>160</td><td>130</td><td>14</td><td rowspan="3">4</td><td>M12</td><td>108</td><td>450</td><td rowspan="7">400</td><td rowspan="7">20</td><td>17.9</td></tr>
<tr><td>80</td><td>89</td><td>190</td><td>150</td><td rowspan="6">18</td><td rowspan="6">M16</td><td>124</td><td rowspan="6">460</td><td>20.6</td></tr>
<tr><td>100</td><td>114</td><td>210</td><td>170</td><td>144</td><td>28.4</td></tr>
<tr><td>125</td><td>140</td><td>240</td><td>200</td><td rowspan="3">8</td><td>174</td><td>37.1</td></tr>
<tr><td>150</td><td>168</td><td>265</td><td>225</td><td>199</td><td>46.2</td></tr>
<tr><td>200</td><td>219</td><td>320</td><td>280</td><td>254</td><td>57.4</td></tr>
<tr><td>250</td><td>273</td><td>375</td><td>335</td><td rowspan="3">12</td><td>309</td><td>76.3</td></tr>
<tr><td>300</td><td>325</td><td>440</td><td>395</td><td rowspan="5">22</td><td rowspan="5">M20</td><td>363</td><td rowspan="5">485</td><td rowspan="5">420</td><td rowspan="7">25</td><td>94.6</td></tr>
<tr><td>350</td><td>377</td><td>490</td><td>445</td><td>413</td><td>122.7</td></tr>
<tr><td>400</td><td>426</td><td>540</td><td>495</td><td rowspan="2">16</td><td>463</td><td>141.2</td></tr>
<tr><td>450</td><td>480</td><td>595</td><td>550</td><td>518</td><td>158.1</td></tr>
<tr><td>500</td><td>530</td><td>645</td><td>600</td><td rowspan="2">20</td><td>568</td><td>186.2</td></tr>
<tr><td>600</td><td>630</td><td>755</td><td>705</td><td rowspan="2">26</td><td rowspan="2">M24</td><td>667</td><td rowspan="2">500</td><td rowspan="2">440</td><td>261.9</td></tr>
<tr><td>700</td><td>720</td><td>860</td><td>810</td><td rowspan="3">24</td><td>772</td><td>324.5</td></tr>
<tr><td>800</td><td>820</td><td>975</td><td>920</td><td rowspan="3">30</td><td rowspan="3">M27</td><td>878</td><td rowspan="3">680</td><td rowspan="3">600</td><td rowspan="10">30</td><td>516.7</td></tr>
<tr><td>900</td><td>920</td><td>1 075</td><td>1 020</td><td>978</td><td>570.3</td></tr>
<tr><td>1 000</td><td>1 020</td><td>1 175</td><td>1 120</td><td>28</td><td>1 078</td><td>658.8</td></tr>
<tr><td>1 200</td><td>1 220</td><td>1 405</td><td>1 340</td><td>33</td><td>32</td><td>M30</td><td>1 295</td><td rowspan="2">750</td><td rowspan="2">650</td><td>984.4</td></tr>
<tr><td>1 400</td><td>1 420</td><td>1 630</td><td>1 560</td><td rowspan="2">36</td><td>36</td><td rowspan="2">M33</td><td>1 510</td><td>1 273.1</td></tr>
<tr><td>1 600</td><td>1 620</td><td>1 830</td><td>1 760</td><td>40</td><td>1 710</td><td rowspan="2">770</td><td rowspan="2">670</td><td>1 767.2</td></tr>
<tr><td>1 800</td><td>1 820</td><td>2 045</td><td>1 970</td><td>39</td><td>44</td><td>M36</td><td>1 918</td><td>1 981.7</td></tr>
<tr><td>2 000</td><td>2 020</td><td>2 265</td><td>2 180</td><td rowspan="3">42</td><td>48</td><td rowspan="3">M39</td><td>2 125</td><td>830</td><td>700</td><td>2 483.4</td></tr>
<tr><td>2 200</td><td>2 220</td><td>2 475</td><td>2 390</td><td>52</td><td>2 335</td><td rowspan="2">860</td><td rowspan="2">730</td><td>3 086.3</td></tr>
<tr><td>2 400</td><td>2 420</td><td>2 685</td><td>2 600</td><td>56</td><td>2 545</td><td>3 456.4</td></tr>
<tr><td>2 600</td><td>2 620</td><td>2 905</td><td>2 810</td><td rowspan="4">48</td><td>60</td><td rowspan="4">M45</td><td>2 750</td><td rowspan="4">1 000</td><td rowspan="4">840</td><td rowspan="4">40</td><td>3 844.3</td></tr>
<tr><td>2 800</td><td>2 820</td><td>3 115</td><td>3 020</td><td>64</td><td>2 960</td><td>4 307.8</td></tr>
<tr><td>3 000</td><td>3 020</td><td>3 315</td><td>3 220</td><td>68</td><td>3 160</td><td>4 738.1</td></tr>
<tr><td>3 200</td><td>3 220</td><td>3 525</td><td>3 430</td><td>72</td><td>3 370</td><td>5 134.7</td></tr>
</table>

4.3.9.2 PN1.0MPa CC2F 型补偿接头的结构和基本尺寸见图 12 和表 19。

表 19 PN1.0 MPa CC2F 型补偿接头的基本尺寸

单位为毫米

<table>
<tr><th rowspan="3">公称通径
DN</th><th rowspan="3">管子外径
D_w</th><th colspan="5">法兰连接尺寸</th><th rowspan="3">密封面
d</th><th rowspan="3">总长
L</th><th rowspan="3">安装尺寸
L_1</th><th rowspan="3">调节量
Δ</th><th rowspan="3">质量/
kg</th></tr>
<tr><th rowspan="2">法兰外径
D</th><th rowspan="2">螺栓孔中心圆直径
K</th><th rowspan="2">螺栓孔径
d_0</th><th colspan="2">螺栓</th></tr>
<tr><th>n/个</th><th>Th.</th></tr>
<tr><td>65</td><td>76</td><td>185</td><td>145</td><td rowspan="4">18</td><td>4</td><td rowspan="4">M16</td><td>118</td><td rowspan="7">460</td><td rowspan="7">400</td><td rowspan="7">20</td><td>19.9</td></tr>
<tr><td>80</td><td>89</td><td>200</td><td>160</td><td rowspan="5">8</td><td>132</td><td>22.9</td></tr>
<tr><td>100</td><td>114</td><td>220</td><td>180</td><td>156</td><td>31.6</td></tr>
<tr><td>125</td><td>140</td><td>250</td><td>210</td><td>184</td><td>41.2</td></tr>
<tr><td>150</td><td>168</td><td>285</td><td>240</td><td rowspan="5">22</td><td rowspan="5">M20</td><td>211</td><td>51.2</td></tr>
<tr><td>200</td><td>219</td><td>340</td><td>295</td><td>266</td><td>63.8</td></tr>
<tr><td>250</td><td>273</td><td>395</td><td>350</td><td rowspan="2">12</td><td>319</td><td>84.8</td></tr>
<tr><td>300</td><td>325</td><td>445</td><td>400</td><td>370</td><td rowspan="2">485</td><td rowspan="2">420</td><td rowspan="7">25</td><td>105.1</td></tr>
<tr><td>350</td><td>377</td><td>505</td><td>460</td><td rowspan="2">16</td><td>429</td><td>136.3</td></tr>
<tr><td>400</td><td>426</td><td>565</td><td>515</td><td rowspan="3">26</td><td rowspan="3">M24</td><td>480</td><td rowspan="3">495</td><td rowspan="3">420</td><td>157.3</td></tr>
<tr><td>450</td><td>480</td><td>615</td><td>565</td><td rowspan="3">20</td><td>530</td><td>175.7</td></tr>
<tr><td>500</td><td>530</td><td>670</td><td>620</td><td>582</td><td>206.9</td></tr>
<tr><td>600</td><td>630</td><td>780</td><td>725</td><td rowspan="2">30</td><td rowspan="2">M27</td><td>682</td><td rowspan="2">510</td><td rowspan="2">440</td><td>291.1</td></tr>
<tr><td>700</td><td>720</td><td>895</td><td>840</td><td rowspan="2">24</td><td>794</td><td>361.1</td></tr>
<tr><td>800</td><td>820</td><td>1 015</td><td>950</td><td rowspan="2">33</td><td rowspan="2">M30</td><td>901</td><td rowspan="3">690</td><td rowspan="3">600</td><td rowspan="10">30</td><td>574.2</td></tr>
<tr><td>900</td><td>920</td><td>1 115</td><td>1 050</td><td rowspan="2">28</td><td>1 001</td><td>633.7</td></tr>
<tr><td>1 000</td><td>1 020</td><td>1 230</td><td>1 160</td><td>36</td><td>M33</td><td>1 112</td><td>732.2</td></tr>
<tr><td>1 200</td><td>1 220</td><td>1 455</td><td>1 380</td><td>39</td><td>32</td><td>M36</td><td>1 328</td><td rowspan="2">740</td><td rowspan="2">650</td><td>1 036.2</td></tr>
<tr><td>1 400</td><td>1 420</td><td>1 675</td><td>1 590</td><td>42</td><td>36</td><td>M39</td><td>1 530</td><td>1 340.9</td></tr>
<tr><td>1 600</td><td>1 620</td><td>1 915</td><td>1 820</td><td rowspan="3">48</td><td>40</td><td rowspan="3">M45</td><td>1 750</td><td rowspan="2">800</td><td rowspan="2">670</td><td>1 860.0</td></tr>
<tr><td>1 800</td><td>1 820</td><td>2 115</td><td>2 020</td><td>44</td><td>1 950</td><td>2 086.1</td></tr>
<tr><td>2 000</td><td>2 020</td><td>2 325</td><td>2 230</td><td>48</td><td>2 150</td><td>840</td><td>700</td><td>2 614.3</td></tr>
<tr><td>2 200</td><td>2 220</td><td>2 550</td><td>2 440</td><td rowspan="4">56</td><td>52</td><td rowspan="4">M52</td><td>2 370</td><td rowspan="2">880</td><td rowspan="2">730</td><td>3 249.2</td></tr>
<tr><td>2 400</td><td>2 420</td><td>2 760</td><td>2 650</td><td>56</td><td>2 570</td><td>3 638.3</td></tr>
<tr><td>2 600</td><td>2 620</td><td>2 960</td><td>2 850</td><td>60</td><td>2 780</td><td rowspan="3">1 030</td><td rowspan="3">840</td><td rowspan="3">40</td><td>4 046.7</td></tr>
<tr><td>2 800</td><td>2 820</td><td>3 180</td><td>3 070</td><td>64</td><td>3 000</td><td>4 534.6</td></tr>
<tr><td>3 000</td><td>3 020</td><td>3 405</td><td>3 290</td><td>60</td><td>68</td><td>M56</td><td>3 210</td><td>4 987.4</td></tr>
</table>

4.3.10 **D 型补偿接头**

4.3.10.1 PN0.6 MPa D 型补偿接头的结构和基本尺寸见图 13 和表 20。

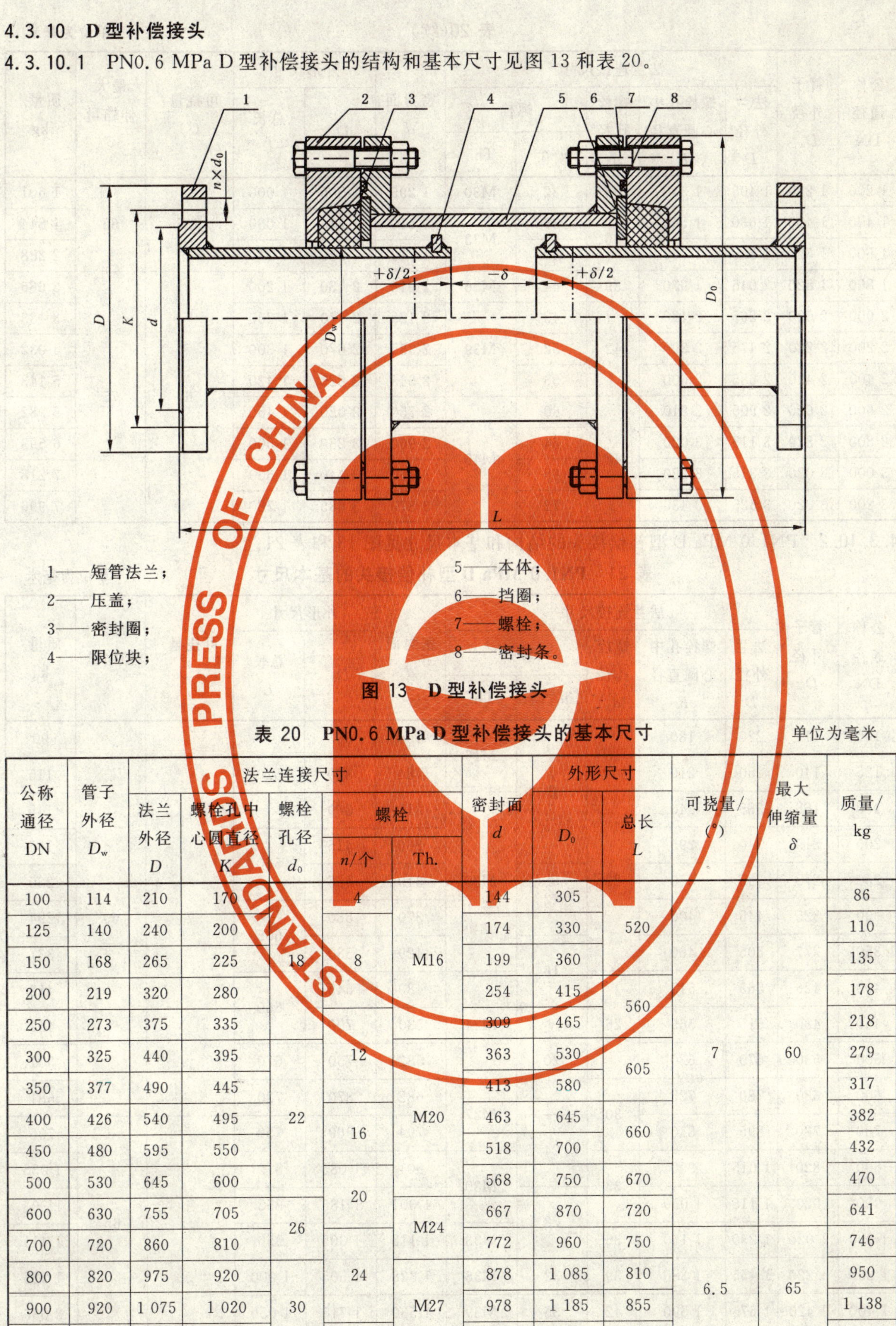

图 13 D 型补偿接头

表 20 PN0.6 MPa D 型补偿接头的基本尺寸

单位为毫米

公称通径 DN	管子外径 D_w	法兰连接尺寸					外形尺寸			可挠量/(°)	最大伸缩量 δ	质量/kg
		法兰外径 D	螺栓孔中心圆直径 K	螺栓孔径 d_0	螺栓 n/个	螺栓 Th.	密封面 d	D_0	总长 L			
100	114	210	170	18	4	M16	144	305	520	7	60	86
125	140	240	200		8		174	330				110
150	168	265	225				199	360				135
200	219	320	280				254	415	560			178
250	273	375	335		12		309	465				218
300	325	440	395	22		M20	363	530	605			279
350	377	490	445				413	580				317
400	426	540	495		16		463	645	660			382
450	480	595	550				518	700				432
500	530	645	600		20		568	750	670			470
600	630	755	705	26		M24	667	870	720			641
700	720	860	810		24		772	960	750	6.5	65	746
800	820	975	920	30		M27	878	1 085	810			950
900	920	1 075	1 020				978	1 185	855			1 138
1 000	1 020	1 175	1 120		28		1 078	1 305	950			1 386

表 20（续） 单位为毫米

公称通径 DN	管子外径 D_w	法兰连接尺寸					密封面 d	外形尺寸		可挠量/(°)	最大伸缩量 δ	质量/kg
		法兰外径 D	螺栓孔中心圆直径 K	螺栓孔径 d_0	螺栓 n/个	螺栓 Th.		D_0	总长 L			
1 200	1 220	1 405	1 340	33	32	M30	1 295	1 505	1 000	6.5	65	1 601
1 400	1 420	1 630	1 560	36	36	M33	1 510	1 715	1 050			1 844
1 600	1 620	1 830	1 760		40		1 710	1 930	1 140			2 288
1 800	1 820	2 045	1 970	39	44	M36	1 918	2 150	1 200	6	75	2 666
2 000	2 020	2 265	2 180	42	48	M39	2 125	2 370	1 250			3 483
2 200	2 220	2 475	2 390		52		2 335	2 570	1 300			4 032
2 400	2 420	2 685	2 600		56		2 545	2 820	1 420			5 143
2 600	2 620	2 905	2 810	48	60	M45	2 750	3 020	1 450			5 982
2 800	2 820	3 115	3 020		64		2 960	3 230	1 500			6 593
3 000	3 020	3 315	3 220		68		3 160	3 440	1 600			7 218
3 200	3 220	3 525	3 430		72		3 370	3 685	1 780			7 996

4.3.10.2 PN1.0 MPa D 型补偿接头的结构和基本尺寸见图 13 和表 21。

表 21 PN1.0 MPa D 型补偿接头的基本尺寸 单位为毫米

公称通径 DN	管子外径 D_w	法兰连接尺寸					密封面 d	外形尺寸		可挠量/(°)	最大伸缩量 δ	质量/kg
		法兰外径 D	螺栓孔中心圆直径 K	螺栓孔径 d_0	螺栓 n/个	螺栓 Th.		D_0	总长 L			
100	114	220	180	18	8	M16	156	305	520	7	60	90
125	140	250	210				184	330				115
150	168	285	240	22		M20	211	360				145
200	219	340	295				266	415	560			185
250	273	395	350		12		319	465				230
300	325	445	400				370	530	605			294
350	377	505	460		16		429	580				337
400	426	565	515	26		M24	480	645	660			412
450	480	615	565		20		530	700				452
500	530	670	620				582	750	670			501
600	630	780	725	30		M27	682	870	720			681
700	720	895	840		24		794	960	750	6.5	65	796
800	820	1 015	950	33		M30	901	1 085	810			1 055
900	920	1 115	1 050		28		1 001	1 185	855			1 203
1 000	1 020	1 230	1 160	36		M33	1 112	1 305	950			1 411
1 200	1 220	1 455	1 380	39	32	M36	1 328	1 505	1 000			1 725
1 400	1 420	1 675	1 590	42	36	M39	1 530	1 715	1 050			2 036

表 21(续) 单位为毫米

<table>
<tr><th rowspan="3">公称通径 DN</th><th rowspan="3">管子外径 D_w</th><th colspan="5">法兰连接尺寸</th><th rowspan="3">密封面 d</th><th colspan="2">外形尺寸</th><th rowspan="3">可挠量/(°)</th><th rowspan="3">最大伸缩量 δ</th><th rowspan="3">质量/kg</th></tr>
<tr><th rowspan="2">法兰外径 D</th><th rowspan="2">螺栓孔中心圆直径 K</th><th rowspan="2">螺栓孔径 d_0</th><th colspan="2">螺栓</th><th rowspan="2">D_0</th><th rowspan="2">总长 L</th></tr>
<tr><th>n/个</th><th>Th.</th></tr>
<tr><td>1 600</td><td>1 620</td><td>1 915</td><td>1 820</td><td rowspan="3">48</td><td>40</td><td rowspan="3">M45</td><td>1 750</td><td>1 930</td><td>1 140</td><td>6.5</td><td>65</td><td>2 560</td></tr>
<tr><td>1 800</td><td>1 820</td><td>2 115</td><td>2 020</td><td>44</td><td>1 950</td><td>2 150</td><td>1 200</td><td rowspan="7">6</td><td rowspan="7">75</td><td>3 015</td></tr>
<tr><td>2 000</td><td>2 020</td><td>2 325</td><td>2 230</td><td>48</td><td>2 150</td><td>2 370</td><td>1 250</td><td>3 897</td></tr>
<tr><td>2 200</td><td>2 220</td><td>2 550</td><td>2 440</td><td rowspan="4">56</td><td>52</td><td rowspan="4">M52</td><td>2 370</td><td>2 570</td><td>1 300</td><td>4 563</td></tr>
<tr><td>2 400</td><td>2 420</td><td>2 760</td><td>2 650</td><td>56</td><td>2 570</td><td>2 820</td><td>1 420</td><td>5 921</td></tr>
<tr><td>2 600</td><td>2 620</td><td>2 960</td><td>2 850</td><td>60</td><td>2 780</td><td>3 020</td><td>1 450</td><td>6 916</td></tr>
<tr><td>2 800</td><td>2 820</td><td>3 180</td><td>3 070</td><td>64</td><td>3 000</td><td>3 230</td><td>1 500</td><td>7 799</td></tr>
<tr><td>3 000</td><td>3 020</td><td>3 405</td><td>3 290</td><td>60</td><td>68</td><td>M56</td><td>3 210</td><td>3 440</td><td>1 600</td><td>8 556</td></tr>
</table>

4.3.10.3 PN1.6 MPa D 型补偿接头的结构和基本尺寸见图 13 和表 22。

表 22 PN1.6 MPa D 型补偿接头的基本尺寸 单位为毫米

<table>
<tr><th rowspan="3">公称通径 DN</th><th rowspan="3">管子外径 D_w</th><th colspan="5">法兰连接尺寸</th><th rowspan="3">密封面 d</th><th colspan="2">外形尺寸</th><th rowspan="3">可挠量/(°)</th><th rowspan="3">最大伸缩量 δ</th><th rowspan="3">质量/kg</th></tr>
<tr><th rowspan="2">法兰外径 D</th><th rowspan="2">螺栓孔中心圆直径 K</th><th rowspan="2">螺栓孔径 d_0</th><th colspan="2">螺栓</th><th rowspan="2">D_0</th><th rowspan="2">总长 L</th></tr>
<tr><th>n/个</th><th>Th.</th></tr>
<tr><td>100</td><td>114</td><td>220</td><td>180</td><td rowspan="2">18</td><td rowspan="3">8</td><td rowspan="2">M16</td><td>156</td><td>305</td><td rowspan="3">520</td><td rowspan="11">7</td><td rowspan="11">60</td><td>90</td></tr>
<tr><td>125</td><td>140</td><td>250</td><td>210</td><td>184</td><td>330</td><td>115</td></tr>
<tr><td>150</td><td>168</td><td>285</td><td>240</td><td rowspan="2">22</td><td rowspan="2">M20</td><td>211</td><td>360</td><td>145</td></tr>
<tr><td>200</td><td>219</td><td>340</td><td>295</td><td rowspan="3">12</td><td>266</td><td>415</td><td rowspan="2">560</td><td>200</td></tr>
<tr><td>250</td><td>273</td><td>405</td><td>355</td><td rowspan="3">26</td><td rowspan="3">M24</td><td>319</td><td>465</td><td>235</td></tr>
<tr><td>300</td><td>325</td><td>460</td><td>410</td><td>370</td><td>530</td><td rowspan="2">605</td><td>310</td></tr>
<tr><td>350</td><td>377</td><td>520</td><td>470</td><td rowspan="2">16</td><td>429</td><td>580</td><td>352</td></tr>
<tr><td>400</td><td>426</td><td>580</td><td>525</td><td rowspan="2">30</td><td rowspan="2">M27</td><td>480</td><td>645</td><td rowspan="2">660</td><td>430</td></tr>
<tr><td>450</td><td>480</td><td>640</td><td>585</td><td rowspan="3">20</td><td>548</td><td>700</td><td>482</td></tr>
<tr><td>500</td><td>530</td><td>715</td><td>650</td><td>33</td><td>M30</td><td>609</td><td>750</td><td>670</td><td>641</td></tr>
<tr><td>600</td><td>630</td><td>840</td><td>770</td><td rowspan="2">36</td><td rowspan="2">M33</td><td>720</td><td>870</td><td>720</td><td>841</td></tr>
<tr><td>700</td><td>720</td><td>910</td><td>840</td><td rowspan="2">24</td><td>794</td><td>960</td><td>750</td><td rowspan="7">6.5</td><td rowspan="7">65</td><td>1 175</td></tr>
<tr><td>800</td><td>820</td><td>1 025</td><td>950</td><td rowspan="2">39</td><td rowspan="2">M36</td><td>901</td><td>1 085</td><td>810</td><td>1 353</td></tr>
<tr><td>900</td><td>920</td><td>1 125</td><td>1 050</td><td rowspan="2">28</td><td>1 001</td><td>1 185</td><td>855</td><td>1 614</td></tr>
<tr><td>1 000</td><td>1 020</td><td>1 255</td><td>1 170</td><td>42</td><td>M39</td><td>1 112</td><td>1 305</td><td>950</td><td>1 853</td></tr>
<tr><td>1 200</td><td>1 220</td><td>1 485</td><td>1 390</td><td rowspan="2">48</td><td>32</td><td rowspan="2">M45</td><td>1 328</td><td>1 505</td><td>1 000</td><td>1 905</td></tr>
<tr><td>1 400</td><td>1 420</td><td>1 685</td><td>1 590</td><td>36</td><td>1 530</td><td>1 715</td><td>1 050</td><td>2 268</td></tr>
<tr><td>1 600</td><td>1 620</td><td>1 930</td><td>1 820</td><td rowspan="2">56</td><td>40</td><td rowspan="2">M52</td><td>1 750</td><td>1 930</td><td>1 140</td><td>2 852</td></tr>
<tr><td>1 800</td><td>1 820</td><td>2 130</td><td>2 020</td><td>44</td><td>1 950</td><td>2 150</td><td>1 250</td><td rowspan="2">6</td><td rowspan="2">75</td><td>3 425</td></tr>
<tr><td>2 000</td><td>2 020</td><td>2 345</td><td>2 230</td><td>60</td><td>48</td><td>M56</td><td>2 150</td><td>2 370</td><td>1 300</td><td>4 371</td></tr>
</table>

4.3.11 E 型补偿接头

4.3.11.1 PN0.6 MPa E 型补偿接头的结构和基本尺寸见图 14 和表 23。

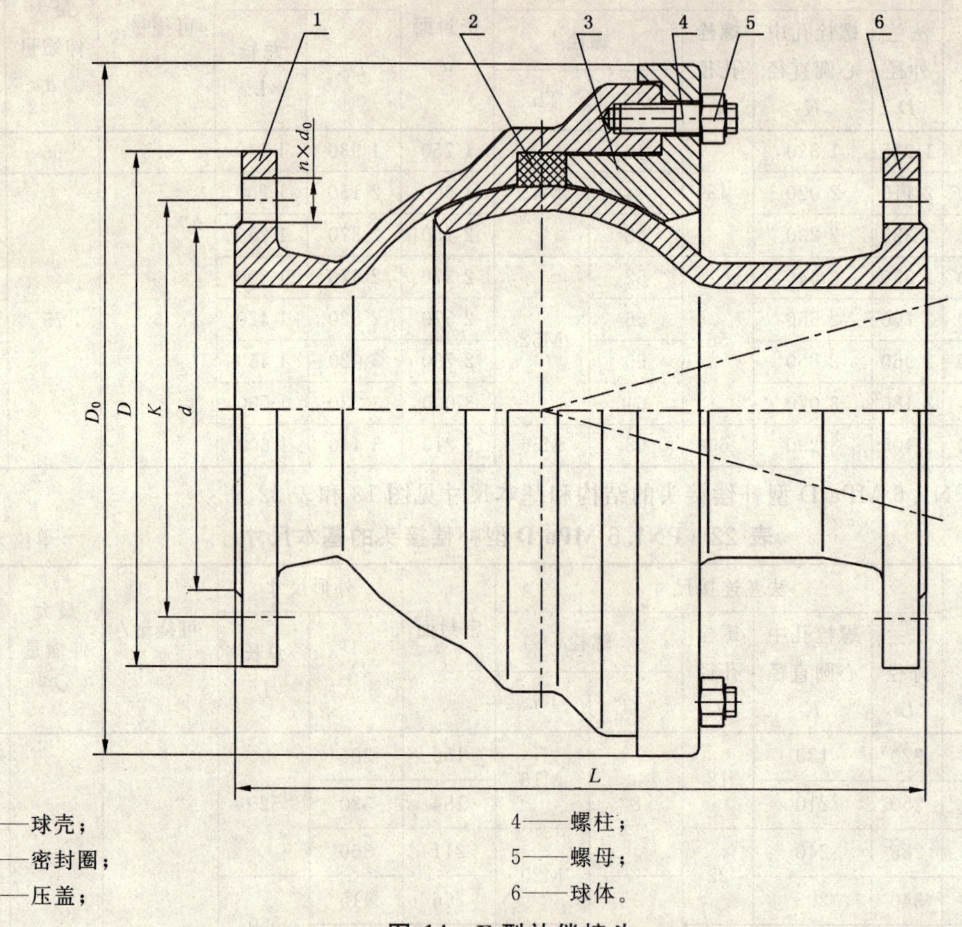

1——球壳；
2——密封圈；
3——压盖；
4——螺柱；
5——螺母；
6——球体。

图 14 E 型补偿接头

表 23 PN0.6 MPa E 型补偿接头的基本尺寸

单位为毫米

公称通径 DN	法兰连接尺寸					密封面 d	外形尺寸		可挠量/(°)	质量/kg
	法兰外径 D	螺栓孔中心圆直径 K	螺栓孔径 d_0	螺栓			压盖外径 D_0	总长 L		
				n/个	Th.					
100	210	170		4		144	282	290		42
150	265	225	18	8	M16	199	346	320		69
200	320	280				254	410	382		95
250	375	335				309	464	410		130
300	440	395		12		363	535	430		175
350	490	445				413	607	470		237
400	540	495	22		M20	463	668	550		297
450	595	550		16		518	728	600	15	348
500	645	600				568	798	689		410
600	755	705	26	20		667	918	725		615
700	860	810			M24	772	1 056	800		770
800	975	920		24		878	1 160	893		936
900	1 075	1 020	30		M27	978	1 310	920		1 345
1 000	1 175	1 120		28		1 078	1 443	975		1 713

表 23(续) 单位为毫米

公称通径 DN	法兰连接尺寸					外形尺寸			可挠量/(°)	质量/kg
	法兰外径 D	螺栓孔中心圆直径 K	螺栓孔径 d_0	螺栓		密封面 d	压盖外径 D_0	总长 L		
				n/个	Th.					
1 200	1 405	1 340	33	32	M30	1 295	1 693	1 125		2 218
1 400	1 630	1 560	36	36	M33	1 510	1 942	1 290	13	3 463
1 600	1 830	1 760		40		1 710	2 164	1 385		3 603
1 800	2 045	1 970	39	44	M36	1 918	2 400	1 580		4 473
2 000	2 265	2 180		48		2 125	2 730	1 870	10	5 578
2 200	2 475	2 390	42	52	M39	2 335	2 910	1 950		6 612
2 400	2 685	2 600		56		2 545	3 135	2 080		7 623

4.3.11.2 PN1.0 MPa E 型补偿接头结构和基本尺寸见图 14 和表 24。

表 24 PN1.0 MPa E 型补偿接头的基本尺寸 单位为毫米

公称通径 DN	法兰连接尺寸					外形尺寸			可挠量/(°)	质量/kg
	法兰外径 D	螺栓孔中心圆直径 K	螺栓孔径 d_0	螺栓		密封面 d	压盖外径 D_0	总长 L		
				n/个	Th.					
100	220	180	18		M16	156	282	290		45
150	285	240		8		211	346	320		72
200	340	295				266	410	382		98
250	395	350	22	12	M20	319	464	410		135
300	445	400				370	535	430		183
350	505	460		16		429	607	470		244
400	565	515				480	668	550		307
450	615	565	26		M24	530	728	600	15	358
500	670	620		20		582	798	689		422
600	780	725	30		M27	682	918	725		628
700	895	840		24		794	1 056	800		792
800	1 015	950	33		M30	901	1 160	893		956
900	1 115	1 050		28		1 001	1 310	920		1 367
1 000	1 230	1 160	36		M33	1 112	1 443	975		1 778
1 200	1 455	1 380	39	32	M36	1 328	1 693	1 125		2 296
1 400	1 675	1 590	42	36	M39	1 530	1 942	1 290	13	3 555
1 600	1 915	1 820		40		1 750	2 164	1 385		3 785
1 800	2 115	2 020	48	44	M45	1 950	2 400	1 580		4 683
2 000	2 325	2 230		48		2 150	2 730	1 870		5 785
2 200	2 550	2 440	56	52	M52	2 370	2 910	1 950	10	6 890
2 400	2 760	2 650		56		2 570	3 135	2 080		8 250

4.3.11.3 PN1.6 MPa E 型补偿接头结构和基本尺寸见图 14 和表 25。

表 25 PN1.6 MPa E 型补偿接头的基本尺寸

单位为毫米

公称通径 DN	法兰连接尺寸					密封面 *d*	外形尺寸		可挠量/(°)	质量/kg
	法兰外径 *D*	螺栓孔中心圆直径 *K*	螺栓孔径 d_0	螺栓 *n*/个	螺栓 Th.		压盖外径 D_0	总长 *L*		
100	220	180	18	8	M16	156	282	290	15	48
150	285	240	22		M20	211	346	320		74
200	340	295		12		266	410	382		101
250	405	355	26		M24	319	464	410		140
300	460	410				370	535	430		189
350	520	470		16		429	607	470		251
400	580	525	30		M27	480	668	550		320
450	640	585		20		548	728	600		381
500	715	650	33		M30	609	798	689		460
600	840	770	36		M33	720	918	725		667
700	910	840		24		794	1 056	800		836
800	1 025	950	39		M36	901	1 160	893		1 004
900	1 125	1 050		28		1 001	1 310	920		1 429
1 000	1 255	1 170	42		M39	1 112	1 443	975		1 883
1 200	1 485	1 390	48	32	M45	1 328	1 693	1 125	13	2 385

4.3.12 **F 型补偿接头**

4.3.12.1 PN0.6 MPa FY 型补偿接头的结构和基本尺寸见图 15 和表 26。

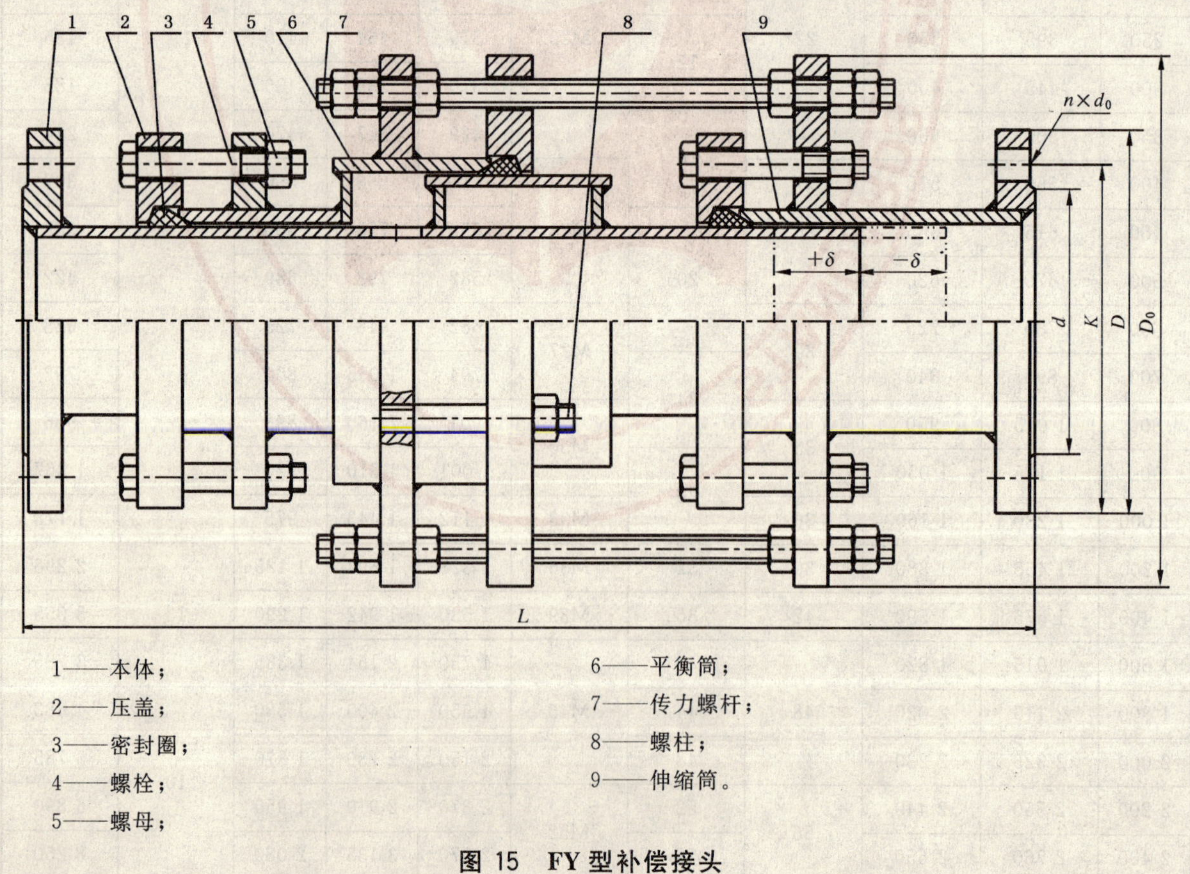

1——本体；
2——压盖；
3——密封圈；
4——螺栓；
5——螺母；
6——平衡筒；
7——传力螺杆；
8——螺柱；
9——伸缩筒。

图 15 FY 型补偿接头

表 26 PN0.6 MPa FY 型补偿接头的基本尺寸 单位为毫米

公称通径 DN	法兰连接尺寸					密封面 d	外形尺寸		最大伸缩量 δ	质量/kg
	法兰外径 D	螺栓孔中心圆直径 K	螺栓孔径 d_0	螺栓			外径 D_0	总长 L		
				n/个	Th.					
100	210	170		4		144	350	1 050		105.3
150	265	225				199	400			140.4
200	320	280	18	8	M16	254	475	1 200		230.6
250	375	335				309	540		70	270.4
300	440	395		12		363	620	1 350		398.4
350	490	445				413	680	1 400		469.3
400	540	495	22	16	M20	463	770	1 450		596.4
450	595	550				518	860	1 500		750.3
500	645	600		20		568	920			876
600	755	705	26		M24	667	1 050	1 550		1 079.5
700	860	810				772	1 200	1 600		1 377.5
800	975	920		24		878	1 360	1 800	80	1 961.4
900	1 075	1 020	30		M27	978	1 520	1 900		2 325
1 000	1 175	1 120		28		1 078	1 640	2 000		2 285
1 200	1 405	1 340	33	32	M30	1 295	1 950	2 200		4 062

4.3.12.2 PN1.0 MPa FY 型补偿接头的结构和基本尺寸见图 15 和表 27。

表 27 PN1.0 MPa FY 型补偿接头的基本尺寸 单位为毫米

公称通径 DN	法兰连接尺寸					密封面 d	外形尺寸		最大伸缩量 δ	质量/kg
	法兰外径 D	螺栓孔中心圆直径 K	螺栓孔径 d_0	螺栓			外径 D_0	总长 L		
				n/个	Th.					
100	220	180	18		M16	156	350	1 050		105.3
150	285	240		8		211	400			140.4
200	340	295				266	475	1 200		236.6
250	395	350	22	12	M20	319	540		70	278.4
300	445	400				370	620	1 350		406.4
350	505	460		16		429	680	1 400		481.3
400	565	515				480	770	1 450		620.4
450	615	565	26		M24	530	860	1 500		770.3
500	670	620		20		582	920			901.2
600	780	725	30		M27	682	1 050	1 550		1 114.5
700	895	840		24		794	1 200	1 600	80	1 412.5
800	1 015	950	33		M30	901	1 360	1 800		2 006.4
900	1 115	1 050		28		1 001	1 520	1 900		2 395.6
1 000	1 230	1 160	36		M33	1 112	1 640	2 000		2 935.0
1 200	1 455	1 380	39	32	M36	1 328	1 950	2 200		4 202.0

4.3.12.3 PN1.6 MPa FY 型补偿接头的结构和基本尺寸见图 15 和表 28。

表 28 PN1.6 MPa FY 型补偿接头的基本尺寸

单位为毫米

公称通径 DN	法兰连接尺寸					密封面 d	外形尺寸		最大伸缩量 δ	质量/kg
	法兰外径 D	螺栓孔中心圆直径 K	螺栓孔径 d_0	螺栓			外径 D_0	总长 L		
				n/个	Th.					
100	220	180	18	8	M6	156	350	1 050	70	105.3
150	285	240	22		M20	211	400			140.4
200	340	295		12		266	475	1 200		238.6
250	405	355	26		M24	319	540			285.4
300	460	410				370	620	1 350		418.4
350	520	470		16		429	680	1 400		496.3
400	580	525	30		M27	480	770	1 450		640.4
450	640	585		20		548	860	1 500	80	805.3
500	715	650	33		M30	609	920			956.2
600	840	770	36		M33	720	1 050	1 550		1 204.5
700	910	840		24		794	1 200	1 600		1 515.5
800	1 025	950	39		M36	901	1 360	1 800		2 136.4
900	1 125	1 050		28		1 001	1 520	1 900		2 545.6
1 000	1 255	1 170	42		M39	1 112	1 640	2 000		3 135
1 200	1 485	1 390	48	32	M45	1 328	1 950	2 200		4 452

4.3.12.4 PN0.6 MPa FT 型补偿接头的结构和基本尺寸见图 16 和表 29。

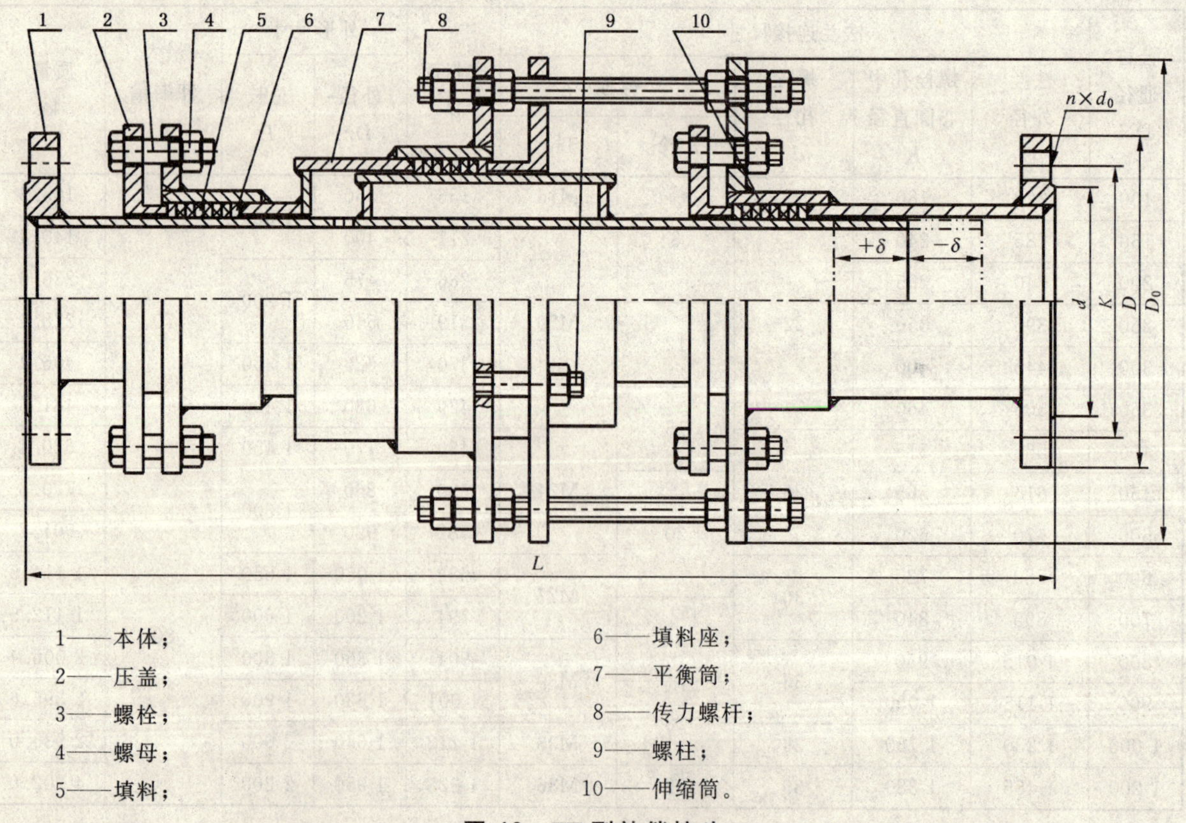

1——本体；
2——压盖；
3——螺栓；
4——螺母；
5——填料；
6——填料座；
7——平衡筒；
8——传力螺杆；
9——螺柱；
10——伸缩筒。

图 16 FT 型补偿接头

表 29　PN0.6 MPa FT 型补偿接头的基本尺寸　　　　单位为毫米

公称通径 DN	法兰连接尺寸					密封面 d	外形尺寸		最大伸缩量 δ	质量/kg
	法兰外径 D	螺栓孔中心圆直径 K	螺栓孔径 d_0	螺栓			外径 D_0	总长 L		
				n/个	Th.					
100	210	170	18	4	M16	144	350	1 100	70	121.1
150	265	225		8		199	400			161.5
200	320	280				254	475	1 200		265.2
250	375	335		12		309	540			311.0
300	440	395	22		M20	363	620	1 350		458.2
350	490	445				413	680	1 400		539.7
400	540	495		16		463	770	1 450		685.9
450	595	550				518	860	1 500	80	862.8
500	645	600		20		568	920			1 007.4

4.3.12.5　PN1.0 MPa FT 型补偿接头的结构和基本尺寸见图 16 和表 30。

表 30　PN1.0MPa FT 型补偿接头的基本尺寸　　　　单位为毫米

公称通径 DN	法兰连接尺寸					密封面 d	外形尺寸		最大伸缩量 δ	质量/kg
	法兰外径 D	螺栓孔中心圆直径 K	螺栓孔径 d_0	螺栓			外径 D_0	总长 L		
				n/个	Th.					
100	220	180	18	8	M16	156	350	1 100	70	121.1
150	285	240	22		M20	211	400			161.5
200	340	295				266	475	1 200		272.1
250	395	350		12		319	540			320.2
300	445	400				370	620	1 350		467.4
350	505	460		16		429	680	1 400		553.5
400	565	515	26		M24	480	770	1 450		713.5
450	615	565		20		530	860	1 500	80	885.8
500	670	620				582	920			1 036.4

4.3.12.6　PN1.6 MPa FT 型补偿接头的结构和基本尺寸见图 14 和表 31。

表 31　PN1.6 MPa FT 型补偿接头的基本尺寸　　　　单位为毫米

公称通径 DN	法兰连接尺寸					密封面 d	外形尺寸		最大伸缩量 δ	质量/kg
	法兰外径 D	螺栓孔中心圆直径 K	螺栓孔径 d_0	螺栓			外径 D_0	总长 L		
				n/个	Th.					
100	220	180	18	8	M16	156	350	1 100	70	121.1
150	285	240	22		M20	211	400			161.5
200	340	295		12		266	475	1 200		274.4
250	405	355	26		M24	319	540			328.2
300	460	410				370	620	1 350		481.2
350	520	470		16		429	680	1 400		570.7
400	580	525	30		M27	480	770	1 450	80	736.5
450	640	585		20		548	860	1 500		926.1
500	715	650	33		M30	609	920			1 099.6

4.4 产品标记

4.4.1 型号表示方法

产品标记由产品型号、压力、规格、材料代号和涂层代号组成。

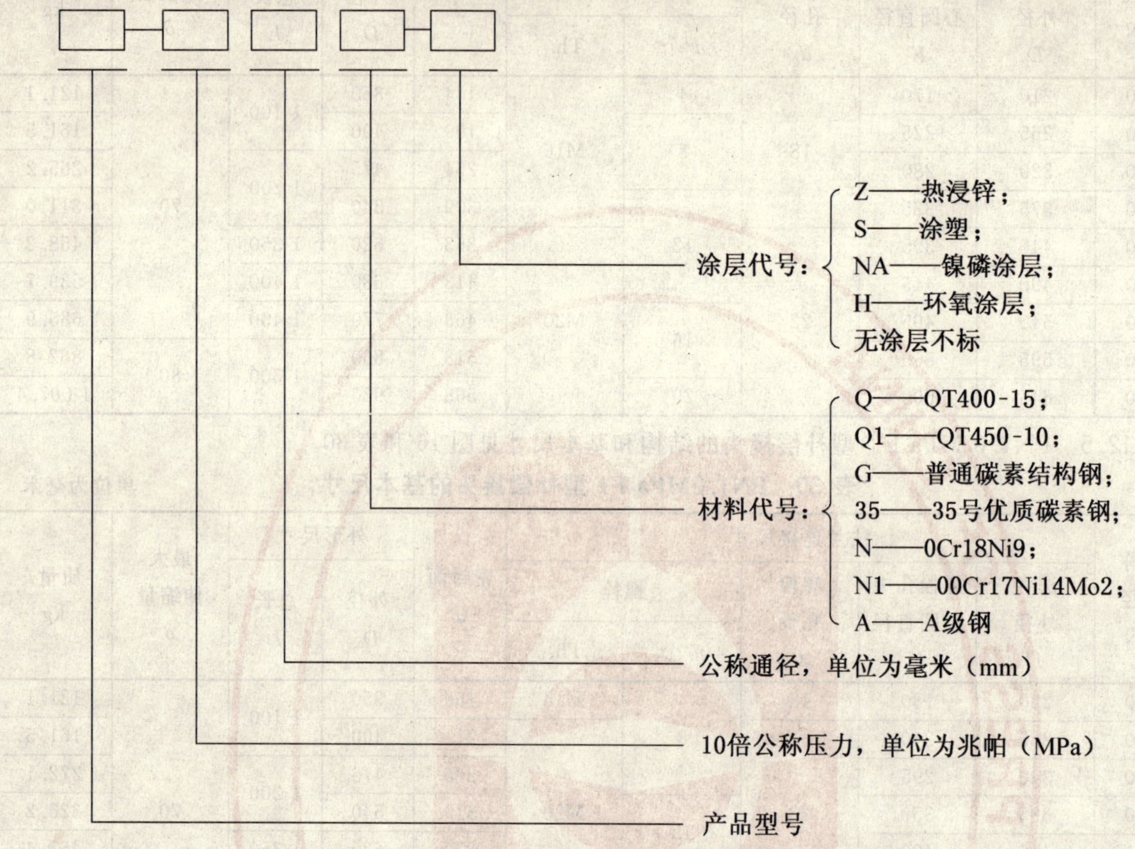

4.4.2 标记示例

公称压力为 0.6 MPa，公称通径为 900 mm，本体材料为普通碳素结构钢，表面需热浸锌的双法兰松套限位补偿接头标记为：

补偿接头 GB/T 12465—2007 B2F-6900G-Z

5 要求

5.1 材料

5.1.1 补偿接头主要零件材料见表 32。

表 32 补偿接头的主要零件材料

零件名称	材料		
	名称	牌号	标准编号
本体、压盖 限位伸缩管 短管法兰 伸缩筒	碳素结构钢	Q235-A	GB/T 700—2006
	优质碳素结构钢	25、35	GB/T 699—1999
		A 级钢	GB 712—2000
	球墨铸铁件	QT400-15、QT450-10	GB/T 1348—1988
	不锈钢	0Cr18Ni9、00Cr17Ni14Mo2	GB/T 3280—1992、GB/T 4237—1992
		0Cr18Ni9	GB/T 14976—2002

表 32(续)

零件名称		材料		
		名称	牌号	标准编号
锁紧环		锻钢	65Mn	GB/T 699—1999
填料座		铸铜	ZCuSn5Pb5Zn5	GB/T 1176—1987
填料		碳化纤维	—	—
平衡筒		优质碳素结构钢	25、35	GB/T 699—1999
螺栓、螺柱、限位螺杆、传力螺杆	≤M39	碳素结构钢	4.8、6.8 级	GB/T 3098.1—2000
	>M39		Q235-A	GB/T 700—2006
螺母	≤M39	优质碳素结构钢	6.8、8.8 级	GB/T 3098.2—2000
	>M39		35	GB/T 699—1999
螺栓、螺柱、限位螺杆、传力螺杆	≤M39	不锈耐酸钢	A1-50	GB/T 3098.6—2000
	>M39		0Cr18Ni9	GB/T 1220—1992
螺母	≤M39		A2-50	GB/T 3098.15—2000
	>M39		0Cr19Ni9N	GB/T 1220—1992
注 1:用于海水、蒸汽介质的不锈钢应选用 00Cr17Ni14Mo2。 注 2:用于船用产品时宜选用 A 级钢。				

5.1.2　补偿接头密封圈用橡胶材料见表 33。

表 33　密封圈用橡胶材料

名称	胶料代号	标准编号	适用介质
橡胶	WA	HG/T 3091—2000	50℃以下冷饮用水
	WC		海水、淡水、生活污水、空气
	SL70	HG/T 3093—1988	原油、滑油、成品油
	G70	HG/T 3092—1988	燃气、热气体
	FN70	HG/T 3089—2001	燃油
	WB	HG/T 3097—2006	110℃以下饮用热水
	WD		110℃以下非饮用热水(热水)
	F70	AMS 7276G—2001	200℃以下蒸汽

5.2　外观

补偿接头的表面不应有裂纹、结疤、折叠、分层、擦伤、沟槽或碰撞形成的明显凹陷。

5.3　表面防护

用于海水等腐蚀介质的碳钢、球墨铸铁补偿接头,其内外表面应进行热浸锌或镍磷涂层或涂塑等特涂处理,其要求应分别符合 GB/T 13912、GB/T 13913、CJ/T 120 的规定;用于滑油等介质的碳钢、球墨铸铁补偿接头,其外表面应涂防锈漆或环氧涂层;碳钢紧固件应进行电镀锌,其要求应符合 GB/T 5267.1 的规定。

5.4　尺寸公差和形位公差

5.4.1　补偿接头长度公差为±5 mm,垂直度公差为 1%公称通径且不大于 4 mm,同轴度公差为 1%公称通径且不大于 5 mm。

5.4.2　补偿接头未注尺寸的线性公差应按 GB/T 1804—2000 m 级的规定,螺纹公差应符合 GB/T 197

的规定。

5.5 强度

补偿接头本体的强度应能承受 1.5 倍的公称压力，持压 5 min，不应有渗漏和塑性变形。

5.6 内压自平衡

F 类补偿接头在公称压力下，理论值和实测值的差应不大于 1.5%。

5.7 密封性

补偿接头密封副应能承受 1.25 倍的公称压力，持压 5 min，不应有渗漏。

5.8 可挠量和偏心量

表 34 规定了 A、D、E 类补偿接头的可挠量、偏心量。

表 34 A、D、E 类补偿接头的可挠量和偏心量

单位为毫米

型式	公称通径 DN	可挠量/(°)	偏心量
AL	10～50	2	2
AY	65～700	3	3
	800～2 000		4
	2 200～3 200		5
AF	65～700	2	2
	800～2 000		3
	2 200～3 200		4
	3 400～4 000		5
D	100～600	7	18
	700～1 200	6.5	23
	1 400～1 600		26
	1 800～2 600	6	30
	2 800～3 200		35
E	100～1 000	15	—
	1 200～1 600	13	
	1 800～2 400	10	

5.9 卫生

用于输送生活饮用水的补偿接头的材质卫生要求应符合 GB/T 17219 的规定。

5.10 防火

船用消防管路的补偿接头应符合《消防规范》规定的耐高温防火要求。

6 试验方法

6.1 材料

检查补偿接头所用材料及其材质报告，结果应符合 5.1 的要求。

6.2 外观

在日光或灯光照明下目测检验补偿接头外观，结果应符合5.2和5.3的要求。

6.3 表面防护

涂层厚度用测厚仪检验，结果应符合5.3的要求。

6.4 尺寸公差和形位公差

用精度符合极限偏差要求的通用量具检查补偿接头的尺寸公差和形位公差，结果应符合5.4.1和5.4.2的要求。

6.5 强度

将补偿接头安装在试验台上，试验压力为1.5倍公称压力，持压5 min，试验介质为自来水，试验用压力表的精度应不低于1.5级，表的最大量程为1.5倍～2.0倍的试验压力，结果应符合5.5的要求。

6.6 密封性

将补偿接头安装在试验台上，试验压力为1.25倍公称压力，持压5 min，试验介质为自来水，试验用压力表的精度应不低于1.5级，表的最大量程为1.5倍～2.0倍的试验压力，结果应符合5.7的要求。

6.7 内压自平衡

F类补偿接头内压自平衡试验可在常温下进行，试验压力为公称压力，分3次测量推力，其平均值应符合5.6的要求。

6.8 可挠量

将A、D、E类补偿接头分别安装在挠曲试验台上，两端连接管调至同一轴线上，将一端连接管强迫偏心压至表34规定的可挠量处，试验压力为1.25倍公称压力，持压5 min，结果应符合5.8的要求。

6.9 偏心量

将A、D、E类补偿接头分别安装在偏心试验台上，两端连接管调至同一轴线上，将一端连接管压至表34规定的偏心量处，试验压力为1.25倍公称压力，持压5 min，结果应符合5.8的要求。

6.10 卫生

补偿接头卫生要求的试验按GB/T 17219的规定进行，不应有渗漏。

6.11 防火

将补偿接头安装在试验容器内，在补偿接头内通入自来水，加压至工作压力并保证试验介质循环。将补偿接头外表面加温至800℃，保温30 min，循环水出口温度为80℃±5℃。待补偿接头自然冷却后，按6.5和6.6规定进行强度、密封性试验，结果应符合5.10的要求。

7 检验规则

7.1 检验分类

补偿接头的检验分为型式检验和出厂检验。

7.2 检验时机

7.2.1 有下列情况之一时，应进行型式检验：

a) 首次生产或转厂生产；

b) 正式生产后，如工艺有较大改变，可能影响产品性能；

c) 长期停产后恢复生产；

d) 国家质量监督机构提出要求。

7.2.2 补偿接头的型式检验项目和顺序见表35。

表 35　补偿接头的检验项目

序号	检验项目	型式检验	出厂检验	要求章条号	试验方法章条号
1	材料	●	●	5.1	6.1
2	外观	●	●	5.2,5.3	6.2
3	尺寸	●	●	5.4.1,5.4.2	6.4
4	强度	●	●	5.5	6.5
5	密封性	●	●	5.7	6.6
6	内压自平衡	●	—	5.6	6.7
7	可挠量	●	—	5.8	6.8
8	偏心量	●	—	5.8	6.9
9	卫生	●	—	5.9	6.10
10	防火	●	—	5.10	6.11
注：●为样品必检项目；—为不检项目。					

7.2.3　**检验样品数量**

同一型号的补偿接头取两只不同规格的检验样品。

7.2.4　**判定规则**

补偿接头所有样品全部检验项目符合要求，判定型式检验合格。若有不符合要求的项目，应加倍取样复验。若复验符合要求，则仍判定补偿接头型式检验合格；若复验时仍有不符合要求的项目，则判定补偿接头型式检验不合格。材料检验不符合要求，则判定型式检验不合格。

7.3　出厂检验

7.3.1　**检验项目和顺序**

补偿接头出厂检验项目和顺序见表 35。

7.3.2　**检验样品数量**

同类型、同规格补偿接头 20 只为批，按批检验。表 35 中第 1～3 项补偿接头的出厂检验为逐个产品检验。表 35 中第 4～5 项补偿接头出厂检验样品数量为同一型号规格的一批补偿接头中任取 20%(不少于 3 只)。

7.3.3　**判定规则**

7.3.3.1　材料检验应按表 32 进行检验。有一项不符合要求，则判定补偿接头出厂检验不合格。

7.3.3.2　第 2～3 项应逐个进行检验。全部检验项目符合要求，判定补偿接头出厂检验合格。检验不符合要求的补偿接头判为出厂检验不合格。

7.3.3.3　第 4～5 项应在同一型号的一批补偿接头中任取 20%(不少于 3 只)进行出厂检验，若其中 1 只不符合要求时，应加倍抽检，若仍有 1 只不符合要求时，则判为该批补偿接头为出厂检验不合格。

8　标志

补偿接头应有铭牌，铭牌应注明：制造厂名、产品名称、型号、标准编号、产品编号、出厂日期等。D、F 类接头还应有介质流向标志。

9　包装、运输和贮存

9.1　补偿接头的包装标志应符合 GB/T 191 和 GB/T 6388 的规定。

9.2　补偿接头包装时应缠绕包装纸，并采取固定螺杆等方法进行固定。

9.3　包装时补偿接头应清洁干净，法兰密封面应采取加保护罩等保护措施，用木制包装箱包装。

9.4 包装箱内应有产品合格证、安装使用说明书和装箱清单。装箱清单应包括下列内容：

a) 产品名称；

b) 型号；

c) 产品规格；

d) 公称压力；

e) 每箱数量；

f) 产品合格证；

g) 合格证书号码。

9.5 补偿接头的运输应符合 JB 2536 中的要求。在不直接雨淋的条件下可采用任何方式运输。

9.6 补偿接头应在不施加外负载状态下贮存,并贮存在无腐蚀性气体的干燥环境里,避免杂乱堆放。

ICS 29.260.20
K 35

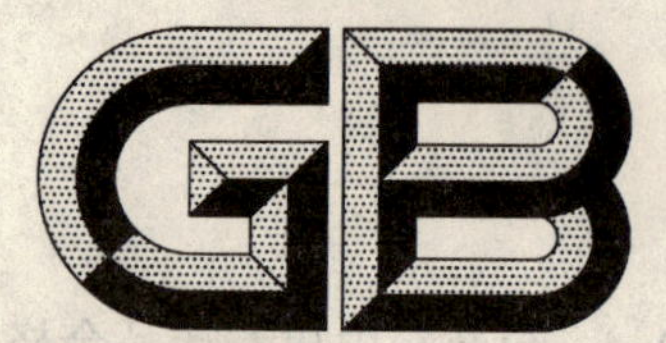

中华人民共和国国家标准

GB 12476.3—2007/IEC 61241-10:2004

可燃性粉尘环境用电气设备 第3部分:存在或可能存在可燃性粉尘的场所分类

Electrical apparatus for use in the presence of combustible dust—Part 3:Classification of areas where combustible dusts are or may be present

(IEC 61241-10:2004,IDT)

2007-01-23 发布

2007-09-01 实施

中华人民共和国国家质量监督检验检疫总局
中国国家标准化管理委员会 发布

前　言

本部分的全部技术内容为强制性。

GB 12476《可燃性粉尘环境用电气设备》分为若干部分：

——第1部分：用外壳和限制表面温度保护的电气设备　第1节：电气设备的技术要求；

——第1部分：用外壳和限制表面温度保护的电气设备　第2节：电气设备的选择、安装和维护；

——第3部分：存在或可能存在可燃性粉尘的场所分类；

……

本部分为GB 12476的第3部分，等同采用IEC 61241-10:2004《可燃性粉尘环境用电气设备　第10部分：存在或可能存在可燃性粉尘的场所分类》(英文版)。

本部分的附录A、附录B和附录C为资料性附录。

本部分由中国电器工业协会提出。

本部分由全国防爆电气设备标准化技术委员会(SAC/TC 9)归口。

本部分起草单位：南阳防爆电气研究所、国家防爆电气产品质量监督检验中心、沈阳电气传动研究所、煤炭科学研究总院重庆分院、国家粮食储备局郑州科学研究设计院、上海宝钢工业检测公司、上海ABB电机有限公司、博山中美防爆电机电器有限公司。

本部分主要起草人：王军、项云林、郑绮、邓永林、李堑、黎万超、刘志晟、仄继刚、宋荣敏。

引　言

GB 12476.1《爆炸性粉尘环境用防爆电气设备　粉尘防爆电气设备》于 1990 年首次制定。当时，由于 IEC 没有相关标准的正式出版物，所以该标准主要是参照日本工厂电气防爆指南（粉尘防爆）制定的，它规定了粉尘危险场所的分类、设备选型、设计、制造和检验的要求。1992 年，GB 50058《爆炸和火灾危险环境电力设计规范》发布实施，该标准规定了粉尘危险场所的分类、电气设备的选型和安装要求。这两个标准在推动我国粉尘防爆电气设备的发展和使用起到重要的指导作用。

1999 年以来，IEC 发布了 IEC 61241-1-1，IEC 61241-1-2 和 IEC 61241-10 标准，随后还将发布其他相关标准，形成一个系列标准体系。为了与 IEC 标准体系相协调，促进贸易和交流，有必要调整 GB 12476.1—1990 的结构，建立与 IEC 标准体系相对应的新的国家标准体系。

本部分是 GB 12476 标准的结构调整后制定的第 3 部分。第 1 部分 GB 12476.1 已于 2000 年 12 月批准发布，2001 年 7 月 1 日实施。GB 12476.2 已于 2004 年发布。其他部分将在今后陆续制定和修订。

可燃性粉尘是危险的。当它们以任何方式弥散在空气中时，会形成潜在的爆炸性环境。此外，可燃性粉尘层可以点燃并成为爆炸性环境的点燃源。

因此，安装在粉尘云环境中的设备应防止点燃粉尘云，并且其表面温度限值应低于粉尘云或粉尘层的点燃温度。

GB 12476 的本部分是对可燃性粉尘产生的危险场所进行鉴定的指南，其目的是选择合适的设备允许用于这类场所。对于鉴定场所采用的程序，通过一些示例给出了一般的和特殊的判据。

通过合理地布置设备，尽可能把大多数设备安装在危险性低的或非危险场所中，以减少所需特殊设备的数量。

可燃性粉尘环境用电气设备
第3部分:存在或可能存在可燃性
粉尘的场所分类

1 范围

GB 12476 的本部分涉及存在爆炸性粉尘/空气混合物及可燃性粉尘层的场所分类,以便选用合适的设备用于这类场所。

在本部分中,对爆炸性粉尘环境和可燃性粉尘层分别进行讨论。在第4章中,描述了爆炸性粉尘云的场所分类,而粉尘层则作为可能的释放源之一。在第7章中,对粉尘层的点燃危险进行了描述。

本部分采取以工厂清理系统为基础的有效现场清理。

对可燃性纤维或飞扬物可能引起危险的场所,也可以遵守本部分的规定。

本部分适用于在正常大气条件下由于爆炸性粉尘/空气混合物或可燃性粉尘层的存在而可能引起危险的场所。

本部分不适用于:

——地下采矿场所;

——由于杂混物存在可能产生危险的场所;

——不需大气中的氧能燃烧的炸药粉尘或自燃物质;

——超出本部分涉及的不正常的灾难性事故(见注1);

——随粉尘喷出的可燃性气体或有毒气体引起的任何危险;

——本部分未考虑继火灾或爆炸之后而引起的损害的影响。

注1:上文所述的“灾难性事故”适用于例如:储仓或气体运输设备的破裂。

注2:在任一加工厂中,不考虑规模大小,除与设备相关的点燃源外,都可能有大量的点燃源。在这个方面,必须采取适当的预防措施确保安全,但是这些不在本部分范围内。

2 规范性引用文件

下列文件中的条款通过 GB 12476 的本部分的引用而成为本部分的条款。凡是注日期的引用文件,其随后所有的修改单(不包括勘误的内容)或修订版均不适用于本部分,然而,鼓励根据本部分达成协议的各方研究是否可使用这些文件的最新版本。凡是不注日期的引用文件,其最新版本适用于本部分。

IEC 61241-0:2004 可燃性粉尘环境用电气设备 第0部分:通用要求

IEC 61241-14:2004 可燃性粉尘环境用电气设备 第14部分:选择和安装

3 术语和定义

本部分使用下列术语和定义。

3.1

场所 area

三维的区域或空间。

3.2

大气条件 atmospheric conditions

周围条件 surrounding conditions

对可燃性粉尘爆炸性能的影响是可以忽略不计的,包括高于和低于标准气压 101.3 kPa (1 013 mbar)、气温 20℃(293 K)的压力及温度变化的条件。

3.3

杂混合物 hybrid mixture

不同物理状态下的可燃性物质与空气的混合物。

注：甲烷、煤粉和空气的混合物就是杂混合物的一个实例。

3.4

粉尘 dust

在大气中依其自身重量可沉淀下来，但也可持续悬浮在空气中一段时间的固体微小颗粒，包括纤维和飞絮(包括 ISO 4225 中定义的粉尘和细颗粒)。

3.5

爆炸性粉尘环境 explosive dust atmosphere

大气条件下，粉尘、纤维或飞絮的可燃性物质与空气的混合物。该混合物引燃后，燃烧将传遍整个未燃混合物。[IEV 426-02-04，修改]

3.6

可燃性粉尘 combustible dust

在空气中能燃烧或无焰燃烧并在大气压和正常温度下能与空气形成爆炸性混合物的粉尘、纤维或飞絮。

3.7

危险场所(粉尘) hazardous area (dust)

可燃性粉尘以粉尘云的形式大量存在或可预计大量存在的场所，因此在这种场所中为防止点燃爆炸性粉尘/空气混合物而需对设备的结构和使用采取特殊措施。

注：根据爆炸性粉尘/空气混合物出现的频率和持续时间对危险场所进行分区(见 6.1 和 6.2)。

3.8

非危险场所(粉尘) non-hazardous area (dust)

其中存在的可燃性粉尘不会达到允许形成有效的爆炸性粉尘/空气混合物程度的场所。

3.9

粉尘容器 dust containment

工艺设备中能防止粉尘泄露到周围环境的，用于处理、加工、输送或存储物料的部件。

3.10

粉尘释放源 source of dust release

能向大气环境中释放可燃性粉尘的地点或部位。

注 1：可能来自粉尘容器或粉尘层。

注 2：释放源可依据严重程度的递减顺序分为下列级别：

a) 粉尘云的连续生成：粉尘云持续存在或预计长期或短期经常出现的场所。

b) 1 级释放：在正常运行时，预计可能偶尔释放可燃性粉尘的释放源。

c) 2 级释放：在正常运行时，预计不可能释放可燃性粉尘，如果释放，也仅是不经常地并且是短期释放的释放源。

3.11

区的范围 extent of zone

从释放源的边缘到不再存在与释放相关危险的地点之间任一方向的距离。

3.12

正常运行 normal operation

指工艺设备在其设计参数范围内的运行状况。

注：可以形成粉云尘或粉尘层的一些少量的粉尘释放(如过滤器的释放)可属于正常运行。

3.13

异常运行 abnormal operation

与加工相关但不经常发生的一些可预料的故障运行状况。

3.14

设备 equipment

单独或组合起来用于产生、传送、储存、检测、控制、变换能量或加工材料，并能通过自身的潜在点燃源引起爆炸的机械、电气设备，固定或移动式装置，控制元件以及测量、检测或预防系统。

4 可燃性粉尘场所的分类

4.1 通则

本部分采用了与可燃性气体和蒸气相似的场所分类原理对粉尘云引起的着火和/或爆炸危险进行评定。分别在3.7和3.8中对危险和非危险场所进行定义。只有当可燃性粉尘浓度在爆炸范围内时才构成爆炸性环境。

虽然高浓度粉尘云可能是不爆炸的，但是危险仍然存在，如果浓度下降，就可能进入爆炸范围。根据环境，不是每个释放源一定会产生爆炸性粉尘/空气混合物。

不能由抽气式机械通风方法移除的粉尘，根据其特性，如颗粒的大小，会以一定的速率沉积而形成粉尘层或堆积物。应考虑微小的或小的连续释放源最后能产生潜在的危险粉尘层。

由于可燃性粉尘存在会导致如下危险：

——任何释放源产生的粉尘云，包括粉尘层或粉尘堆积物产生的粉尘云将形成爆炸性环境(见第5章)；

——不可能形成粉尘云的粉尘层，可能由于自加热或热表面而点燃并引起火灾危险或设备过热。

对爆炸性环境来说，点燃的粉尘层也可能作为点燃源(见第7章)。

爆炸性粉尘云和可燃性粉尘层可能存在，因此应该避免点燃源的出现。

如果不能做到这一点，则应采取措施减少可燃性粉尘和/或点燃源出现的可能性，以便两者共同存在的可能性小到可以接受的水平。在某些情况下，必须使用一些防爆方法，例如泄爆或抑爆。

在本部分中，对爆炸性粉尘环境和可点燃的粉尘层将分别处理。

在本章中，描述了爆炸性粉尘云的场所分类，同时把粉尘层作为可能的释放源之一。在第7章中，描述了粉尘层的点燃危险。

4.2 爆炸性粉尘环境场所分类目的

在许多实际场所中存在可燃性粉尘，要保证爆炸性粉尘/空气混合物不出现是很困难的。保证设备不会产生一个点燃源也是很困难的。因此，在爆炸性粉尘/空气混合物出现可能性高的场所，就依靠使用那些被设计成产生点燃源的可能性极低的设备。反之，在出现爆炸性粉尘/空气混合物的可能性较低的场所，可使用较低技术要求的设备。

4.3 爆炸性粉尘环境场所分类程序

场所分类是以所报告的多个粉尘释放源的释放量为依据的。并根据粉尘是否可燃对场所进行分类。粉尘的可燃性可通过实验室试验来确定。需要了解用于加工中的材料特性，这些特性可从加工专业人员处获得。必须考虑设备的操作和维护方式包括现场清理。为了提供设备实际作业的释放性质方面的信息，专业技术知识也很有必要。安全和设备方面的专家必须密切合作。危险区域的定义仅涉及到粉尘云的危险。

确定危险区域的程序如下：

a) 第一步是确定材料特性，材料是否具有可燃性，并且为了选择设备，确定颗粒尺寸、含水量、粉尘云和粉尘层、最低点燃温度和电阻率。

b) 第二步是确定可能存在粉尘容器或粉尘释放源的位置，如5.2所述。必须查阅工艺流程图和设备布局图。这个步骤应包括确认如第7章所述的可能形成的粉尘层。

c) 第三步是确定粉尘从上述释放源释放的可能性，这样就确定了5.2中给出的不同安装部位爆炸性粉尘/空气混合物出现的可能性。

只有在这些步骤进行后才可确定区域和其规定的范围。关于区域类型和范围及粉尘层存在的判定应记载在场所分类图上(其后该图将用作设备选型的依据)。

作出判定的理由应记载在场所分类研究的记录中，使得将来场所分类评定时易于了解。对场所分类的评定将按照工艺的变化或加工材料的变化或如果由于设备的损坏使粉尘的释放变得更普遍的情况来进行。进行定期评定是合适的。

因本部分涉及各种情况，因此不可能对各个单独情况所需的措施逐一给出准确的确认。重要的是，本程序应由了解场所分类原则、所用加工材料、涉及的设备以及设备功能的人员来进行。

5 爆炸性粉尘环境的释放源

5.1 通则

爆炸性粉尘环境是由粉尘释放源而形成的。粉尘释放源是指能释放或产生可燃性粉尘的点或部位，从而形成爆炸性粉尘环境。该定义包括能够扩散形成粉尘云的可燃性粉尘层。依据情况，不是每个释放源一定会产生爆炸性粉尘/空气混合物。另一方面，一个微小的或小的连续释放源最后能产生一个潜在的危险粉尘层。

在3.10注2的a)、b)和c)中定义了释放源的类型。

5.2 释放源的确认

需要确认一些条件，工艺设备、加工步骤或预料在一些设备中发生的其他作用在这些条件中能形成爆炸性粉尘/空气混合物或者产生可燃性粉尘层。粉尘容器内部和外部必须分别考虑。

5.2.1 粉尘容器

在粉尘容器内部，粉尘不能释放到环境中，但作为工艺的一部分可能形成连续的粉尘云。这些情况可能持续存在或者预计可能长期连续存在或短期存在。它们出现的频率取决于加工周期。对于正常运行、异常运行和停工情况的设备应进行研究，以便识别粉尘云和粉尘层的存在发生率。如果形成厚层，则应注明(见第7章)。

5.2.2 释放源

在粉尘容器外部，许多因素可能影响场所的分类。如果在粉尘容器(例如：正压气动传送装置)内采用高于大气压的压力，粉尘就可能容易从泄漏设备中喷出。粉尘容器内为负压情况下，在设备外部形成粉尘危险场所的可能性就非常低。粉尘颗粒大小、湿度、应用场合、传送速度、排尘速度和下落高度都可能影响可能的释放速度。一旦了解可能有释放的加工过程，就应该鉴别每一释放源并且确定其释放等级。

释放等级如下：

——1级释放，例如：毗邻敞口袋灌包或倒包的位置周围；

——2级释放，例如：需要偶尔打开并且打开时间非常短的人孔，或者是存在粉尘沉淀地方的粉尘处理设备。

下列各项不应该被视为正常和异常运行的释放源：

——压力容器外壳主体结构，包括它的关闭的喷嘴和人孔；

——管道、导管和无接合面的通风道；

——阀压盖和法兰接合面，只要在设计和结构方面对防粉尘泄露进行了适当的考虑。

根据形成潜在爆炸性粉尘/空气混合物的可能性，场所可按表1选择。

表1 区域代号取决于可燃性粉尘存在情况

可燃性粉尘存在情况	粉尘云场所的区域分类
粉尘云连续存在	20
1级释放	21
2级释放	22
注1：一些筒仓可能只是很少装料或出料，其内部可划分为21区。 筒仓内的设备只是在筒仓装料或出料时才使用。设备的选择应考虑在设备运行时有可能出现粉尘云。 注2：在极少发生的大型粉尘容器破裂的情况下，可能会成形很厚的粉尘层。如果这种情况形成的厚粉尘层被很快消除或将其设备隔离，则无必要将该场所分类为22区。 注3：许多产品像谷物和糖含有少量的粉尘与大量的粒状材料相混合。即使在该场所没有粉尘爆炸的可能，设备的选择也应该考虑粗粒物质可能过热而发生燃烧的危险。燃烧的粒状材料可能通过工艺流程传输到另一地方，在那里产生爆炸危险。	

6 爆炸性粉尘环境的区域

6.1 通则

按照爆炸性粉尘环境出现的频率和持续时间，爆炸性粉尘环境被分类的场所划分为几个区。

6.2 粉尘区域

可燃性粉尘的粉尘层、沉淀和堆积应被视为可能形成爆炸性环境的“任何其他释放源”。

20区：以空气中可燃性粉尘云持续地或长期地或频繁地短时存在于爆炸性环境中的场所。

21区：正常运行时，很可能偶然地以空气中可燃性粉尘云形式存在于爆炸性环境中的场所。

22区：正常运行时不太可能以空气中可燃性粉尘云形式存在于爆炸性环境中的场所，如果存在仅是短暂的。

6.3 爆炸性粉尘环境的区域示例

6.3.1 20区

可能产生20区的场所示例：

——粉尘容器内部场所；

——贮料槽、筒仓等，旋风集尘器和过滤器；

——除皮带和链式运输机的某些部分外的粉尘传送系统等；

——搅拌器、粉碎机、干燥机、装料设备等。

6.3.2 21区

可能产生21区的场所示例：

——当粉尘容器内部出现爆炸性粉尘/空气混合物时，为了操作而频繁移动或打开最邻近进出门的粉尘容器外部场所；

——当未采取防止爆炸性粉尘/空气混合物形成的措施时，在最接近装料和卸料点、送料皮带、取样点、卡车卸载站、皮带卸载点等的粉尘容器外部场所；

——如果粉尘堆积且由于工艺操作，粉尘层可能被扰动而形成爆炸性粉尘/空气混合物时，粉尘容器外部场所；

——可能出现爆炸性粉尘云(但是既不持续，也不长时间，又不经常)的粉尘容器内部场所，例如自清扫时间间隔较长的筒仓内部(如果仅偶尔装料和/或出料)和过滤器的积淀侧。

6.3.3 22区

可能产生22区的场所示例：

——来自集尘袋式过滤器通风孔的排气口,如果一旦出现故障,可能逸出爆炸性粉尘/空气混合物。

——很少时间打开的设备附近场所,或根据经验由于高于环境压力粉尘喷出而易形成泄露的设备附近场所;气动设备,挠性连接可能会损坏等的附近场所。

——装有很多粉状产品的存储袋。在操作期间,存储袋可能出现故障,引起粉尘扩散。

——当采取措施防止爆炸性粉尘/空气混合物形成时,一般划分为21区的场所可以降为22区场所。这类措施包括排气通风。在(收尘袋)装料和出料点、送料皮带、取样点、卡车卸载站、皮带卸载点等场所附近应采取措施。

——形成的可控制(清理)的粉尘层有可能被扰动而产生爆炸性粉尘/空气混合物的场所。只有在危险粉尘/空气混合物形成前,通过清理的方式清除了该粉尘层,它才为非危险场所。

6.4 爆炸性粉尘环境的区域范围

爆炸性粉尘环境的区域范围定义为粉尘释放源的边缘到被认为与该区域有关的危险不再存在的任何方向上的距离。应考虑细粉尘因建筑物内空气流动而从释放源出来向上扩散的实际情况。当对已分类场所之间的小范围未分类场所进行分类时,该类别应该延至整个场所。

6.4.1 20区

20区范围包括爆炸性粉尘/空气混合物长期持续地或者经常在管道、生产和处理设备内存在的区域。

如果粉尘容器外部持续存在爆炸性粉尘/空气混合物,则要求划分为20区。但在工作场所产生20区的情况是被禁止的。

6.4.2 21区

在大多数情况下,21区范围可通过与形成爆炸性粉尘/空气混合物环境有关的释放源的评价来规定。

21区的范围如下:

——可能出现爆炸性粉尘/空气混合物的一些粉尘处理设备内部。

——由释放源形成的设备外部场所,它取决于粉尘的一些参数,如粉尘量、流量、颗粒大小和物料的湿度。通常,释放源周围1 m的距离就已足够(垂直向下延至地面或者楼板水平面)。对于建筑外部场所(露天),21区范围会由于气候的影响:例如风、雨等而改变。

——如果粉尘的扩散受到实体结构(墙壁等等)的限制,它们的表面可作为该区域的边界。

一些实际情况的考虑可能是使考虑中的整个场所被分类为21区是适合要求的。

6.4.3 22区

在大多数情况下,22区范围可通过与形成爆炸性粉尘/空气混合物环境有关的释放源的评审来规定。

由释放源形成的场所范围也取决于粉尘的一些参数,如粉尘量、流量、颗粒大小和物料的湿度:

——通常,21区周围或释放源周围1 m的距离就已足够。对于建筑外部场所(露天),由于气候的影响,如风、雨等原因,22区的范围可以减小。

——如果粉尘的扩散受到实体结构(墙壁等等)的限制,它们的表面可作为该区域的边界。

一些实际情况的考虑可能是使考虑中的整个场所被分类为22区是适合要求的。

一个位于内部未被限制的21区(不受实体结构限制,例如一个有敞开人孔的容器)将始终被22区包围。

注:如果在场所分类评定期间,发现粉尘层已经堆积在原22区外面,那么需要更细的分类,应考虑该粉尘层范围和该粉尘层受扰动产生粉尘云的可能性。

7 粉尘层危险

在加工和处理粉末的容器内部,经常不能防止非可控(清理)的粉尘层,因为它们是该工艺的整体部分。

原则上，设备外部的粉尘层厚度可以通过现场清理进行控制。当考虑到释放源时，重要的是对工厂现场清理安排的性质要与工厂的管理相适应。现场清理对粉尘层的影响在附录C中讨论。例如：如果负责选择设备的人员预计这种装置不会出现粉尘层，则装置表面上可能出现最大的允许粉尘层厚度为5 mm是可接受的（必须考虑清理周期的任何短期中断）。

附录B给出了热表面点燃粉尘层造成的火灾危险以及讨论为了避免点燃怎样选择设备的最大允许表面温度。

8 文件

8.1 通则

场所分类用这样一种方法，对产生最后场所分类的各个阶段应适当地用文件记载下来。

应参阅所有的相关资料。这些资料的一些示例或所采用的方法包括：

a) 相关规范和标准的规定；

b) 所有释放源粉尘扩散的评定；

c) 影响粉尘/空气混合物和粉尘层形成的工艺参数。

应列出与场所分类有关的涉及该装置所用的所有加工材料的性能。该内容应包括粉尘云和粉尘层的点燃温度、爆炸极限、电阻率、湿度及颗粒尺寸。

8.2 图纸、数据表和记录表

场所分类文件应该包括平面图和竖面图，视情况而定，表示区域的类型和范围、粉尘层范围、粉尘最低点燃温度，并由此选择设备允许的最高表面温度以免发生点燃。

文件还应包括其他的有关资料，例如：

a) 释放源的位置和标志。对于大型和综合型装置或加工场所来说，释放源进行分项列记或编号是有帮助的，以便场所分类数据表和图纸之间相互参照。

b) 为得到所作出的分类，有关现场清理工作及其他预防措施方面的资料。

c) 保持分类和定期评定方法，以及当加工材料、方法和设备变更时的评定方法。

d) 分类分布表。

e) 确定区域范围和粉尘层范围的原因。

图1所示的场所分类标记是规定使用的符号，如果使用其他符号，必须在文件中明确规定。

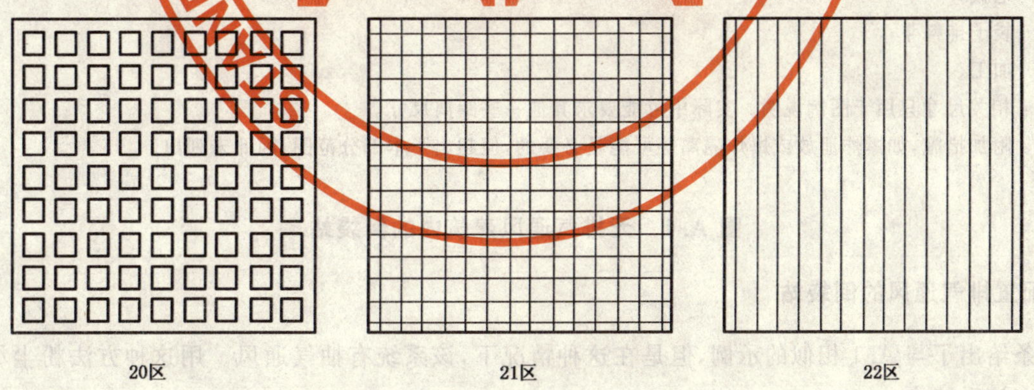

图1 场所分类图中的区域标识

附 录 A
（资料性附录）
场所分类的应用

A.1 无排气通风建筑物内的倒袋站

在本示例中，袋子经常用手工排空到料斗中，从该料斗靠气动把排出的物质输送到装置的其他部分。料斗部分总是装满物料。

20 区：料斗内部，因为爆炸性粉尘/空气混合物经常存在乃至持续存在。

21 区：敞开的人孔是 1 级释放源。因此，在人孔周围规定为 21 区，从人孔边缘延伸 1 m 远并且向下延伸到地板上。

注：如果粉尘层堆积，那么考虑了粉尘层的范围以及扰动该粉尘层产生粉尘云的情况后，可以要求更进一步的细分类（见附录 C）。如果在粉尘袋子排放期间因空气的流动可能偶尔携带粉尘云超出了 21 区范围，那么需要一个附加的 22 区。

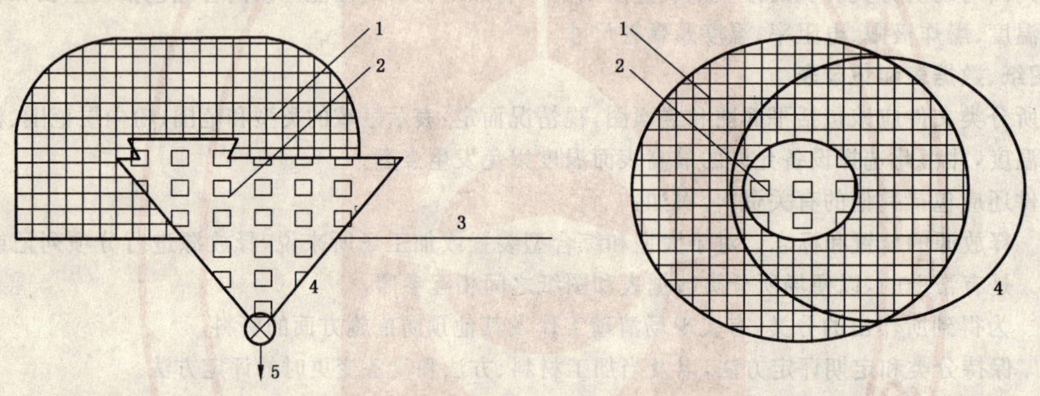

1——21 区，通常为 1 m 半径；
2——20 区；
3——地板；
4——袋子排料斗；
5——加工。

注 1：相关尺寸只用于图例说明。实际中可能要求其他一些距离尺寸。

注 2：附加措施，如爆炸泄放或爆炸隔离等可能是必要的，但超出了本部分范围，因此未列出。

图 A.1 无排气通风建筑内的倒袋站

A.2 配置排气通风的倒袋站

本条给出了与 A.1 相似的示例，但是在这种情况下，该系统有抽气通风。用这种方法粉尘尽可能被限制在该系统内。

20 区：料斗内，因为爆炸性粉尘/空气混合物经常存在乃至持续存在。

22 区：敞口人孔是 2 级释放源。在正常情况下，因为吸尘系统的作用没有粉尘泄露。在设计良好的抽吸系统中，释放的任何粉尘将被吸入内部。因此，在该人孔周围仅规定为 22 区，从人孔的边缘延伸 1 m 远并且延伸到地板上。

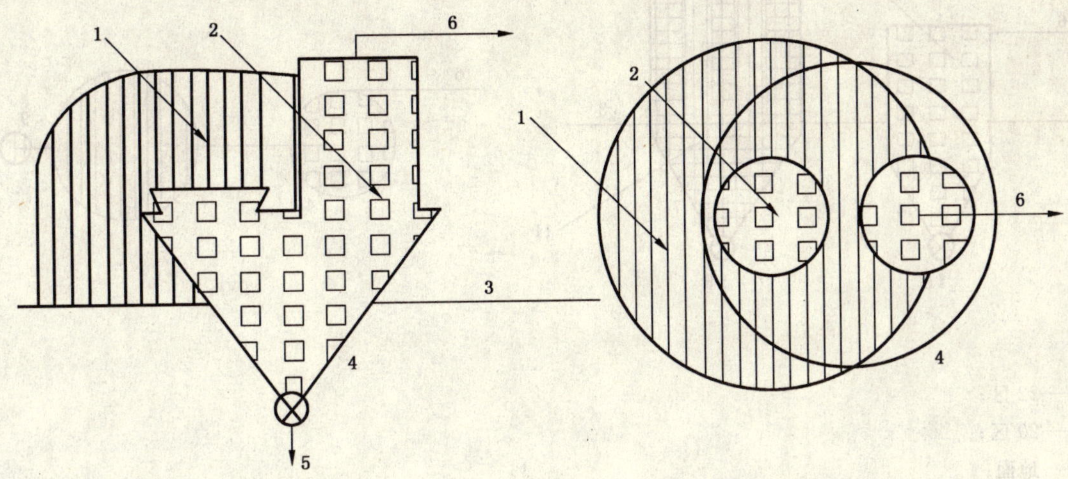

1——22 区,通常为 1 m 半径;

2——20 区;

3——地板;

4——袋子排料斗;

5——加工;

6——在容器内抽吸。

注 1:相关尺寸只用于图例说明。实际中可能要求其他一些距离尺寸。

注 2:附加措施,如爆炸泄放或爆炸隔离等可能是必要的,但超出了本部分范围,因此未列出。

图 A.2 配置排气通风的倒袋站

A.3 建筑物外面配有光滑出口的集尘器和过滤器

本例中的集尘器和过滤器是抽吸系统的一部分,被抽吸的产物通过连续运行的旋转阀门并落入密封料箱内,粉料量很小,因此,自清理的时间间隔很长。鉴于这个理由,在正常运行时,内部仅偶尔有一些可燃性粉尘云。位于过滤器单元上的抽风机将抽吸的空气吹到外面。

20 区:集尘器内部,因爆炸性粉尘/空气混合物频繁出现。

21 区:如果只有少量粉尘在集尘器正常工作时未被收集起来时,在过滤器的积淀侧为 21 区,否则为 20 区。

22 区:如果过滤器元件出现故障,过滤器的清洁侧可能含有可燃性粉尘云,这适用于过滤器、抽吸管的内部及抽吸管出口周围。22 区的范围延伸至出口周围 1 m 远并向下延伸至地面(示意图中未表示)。

注:如果粉尘聚集在设备外面,在考虑了粉尘层的范围和粉尘层受扰产生粉尘云的情况后,可要求进一步的分类。此外,还要考虑外部条件的影响,如风、雨或潮湿可能阻止可燃性粉尘层的堆积。

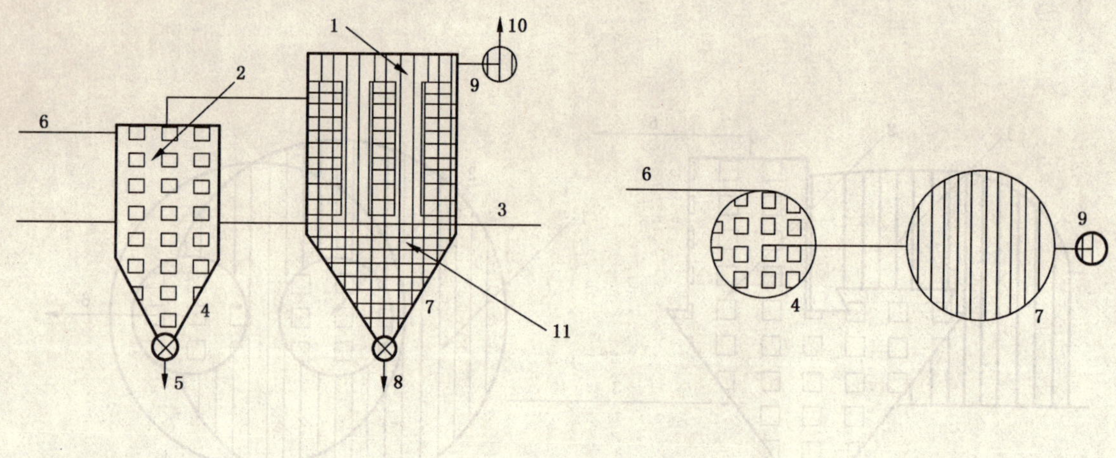

1——22 区；

2——20 区；

3——地面；

4——集尘器；

5——筒仓；

6——入口；

7——过滤器；

8——至粉料箱；

9——排风扇；

10——至出口；

11——21 区。

注 1：相关尺寸仅用于图例说明。实际中可能要求其他一些距离尺寸。

注 2：附加措施，如爆炸泄放或爆炸隔离等可能是必要的，但已超出了本部分范围，因此未列出。

图 A.3 建筑物外面配有光滑出口的集尘器和过滤器

A.4 无排风建筑物内的圆筒翻转装置

在本例中，200 L 圆筒内粉末被倒入料斗并通过螺旋输送机运至相邻车间。一个装满粉体的圆筒被置于平台上，筒盖被移开，并用液压气缸将圆筒与一个关闭的隔膜阀夹紧。漏斗盖被打开，圆筒搬运器将圆筒翻转使隔膜阀位于料斗顶部。然后打开隔膜阀，经过一段时间后，螺旋输送机将粉体运走直至圆筒排空。

当操作另一个圆筒时，关闭隔膜阀，圆筒搬运器将其翻转至原来位置，关闭料斗盖，液压气缸放松该圆筒，更换圆筒盖后移走圆筒。

20 区：圆筒内部，料斗和螺旋形传送装置经常有粉尘云，并且时间很长，因此划为 20 区。

21 区：当筒盖和料斗盖被移走，并且当隔膜阀在料斗顶部或从料斗顶部移开时，将发生以粉尘云的形式释放粉尘。因此，该圆筒顶部，料斗和隔膜阀等周围 1 m 的区域被定为 21 区。这些 21 区延伸至地面。

22 区：因可能偶尔泄露和扰动大量粉尘，整个房间的其余部分划为 22 区。

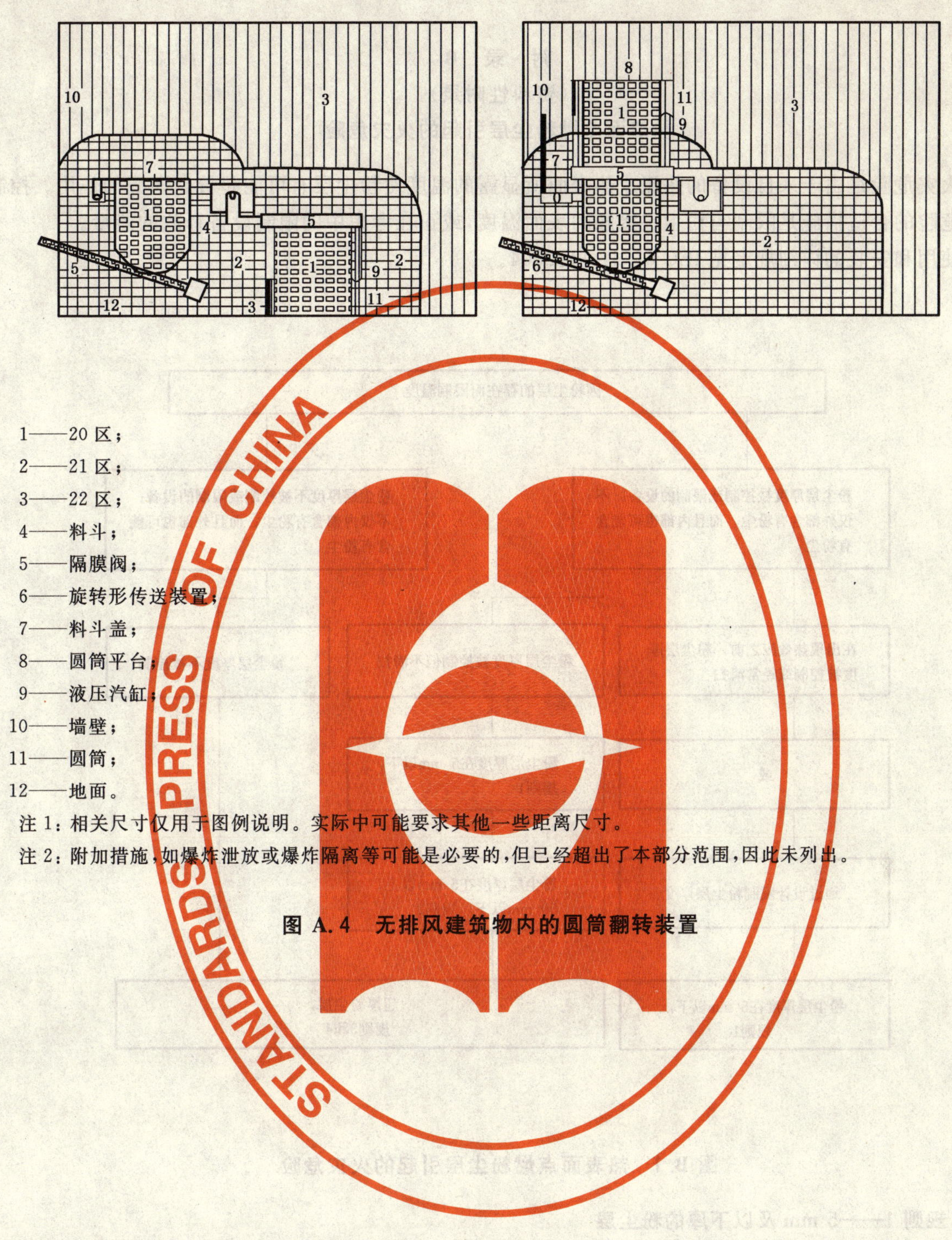

1——20区；
2——21区；
3——22区；
4——料斗；
5——隔膜阀；
6——旋转形传送装置；
7——料斗盖；
8——圆筒平台；
9——液压汽缸；
10——墙壁；
11——圆筒；
12——地面。

注1：相关尺寸仅用于图例说明。实际中可能要求其他一些距离尺寸。

注2：附加措施，如爆炸泄放或爆炸隔离等可能是必要的，但已经超出了本部分范围，因此未列出。

图 A.4　无排风建筑物内的圆筒翻转装置

附 录 B
（资料性附录）
热表面点燃粉尘层引起的火灾危险

火灾危险是由于来自设备的热流或热表面所显露的温度使粉尘层有可能起着点燃源的作用。控制这种危险的合适措施是限制与粉尘层接触的表面温度，或正在考虑中的限制设备释放的能量。

使用和安装的详细规定见 IEC 61241-14:2004。

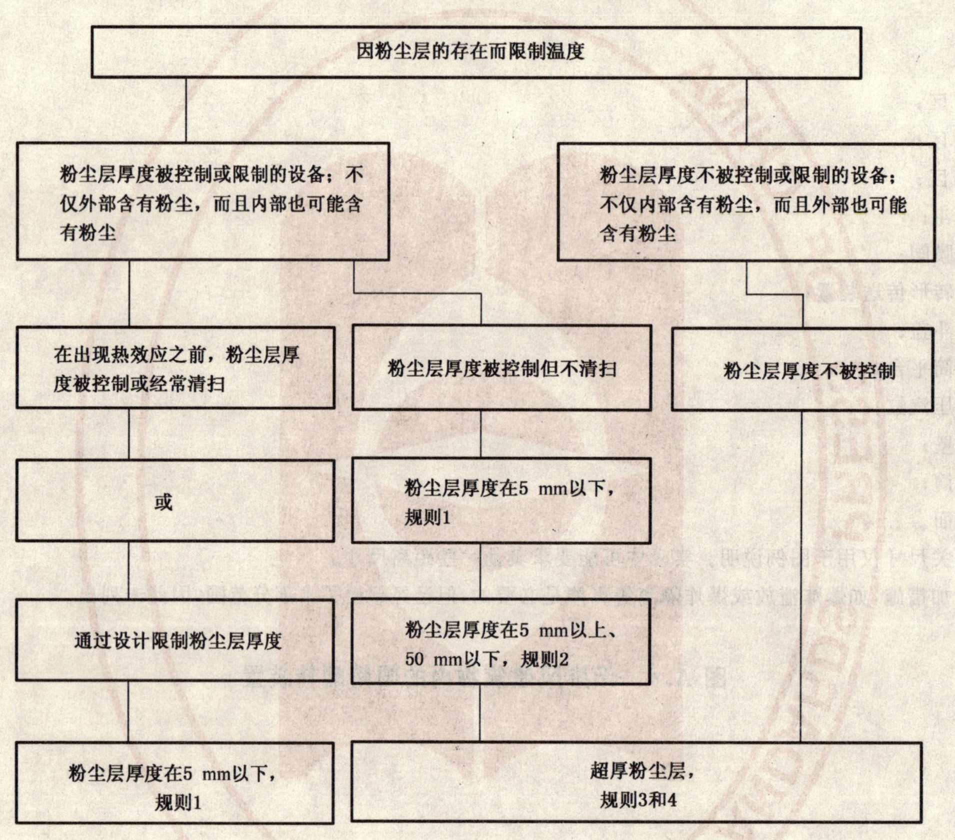

图 B.1 热表面点燃粉尘层引起的火灾危险

B.1 规则 1——5 mm 及以下厚的粉尘层

当按 IEC 61241-0:2004 中 23.3.3 规定的无尘试验方法试验时，设备的最高表面温度应不大于相关的 5 mm 厚度粉尘层最低点燃温度减 75℃。

$$T_{\max} = T_{5\ \mathrm{mm}} - 75℃$$

式中：

$T_{5\ \mathrm{mm}}$——5 mm 厚粉尘层的最低点燃温度。

应用 IEC 61241-14:2004 中的 6.3.3.3.1 和 6.3.3.3.2。

B.2 规则2——大于5 mm至50 mm厚的粉尘层

设备上可能形成超过5 mm至50 mm厚的粉尘层，最高表面允许温度应适当降低。

作为指南，图B.2中给出了对于5 mm厚粉尘层时最低点燃温度等于或高于250℃的粉尘，设备最高允许表面温度随着粉尘层厚的增加而减少的示例。

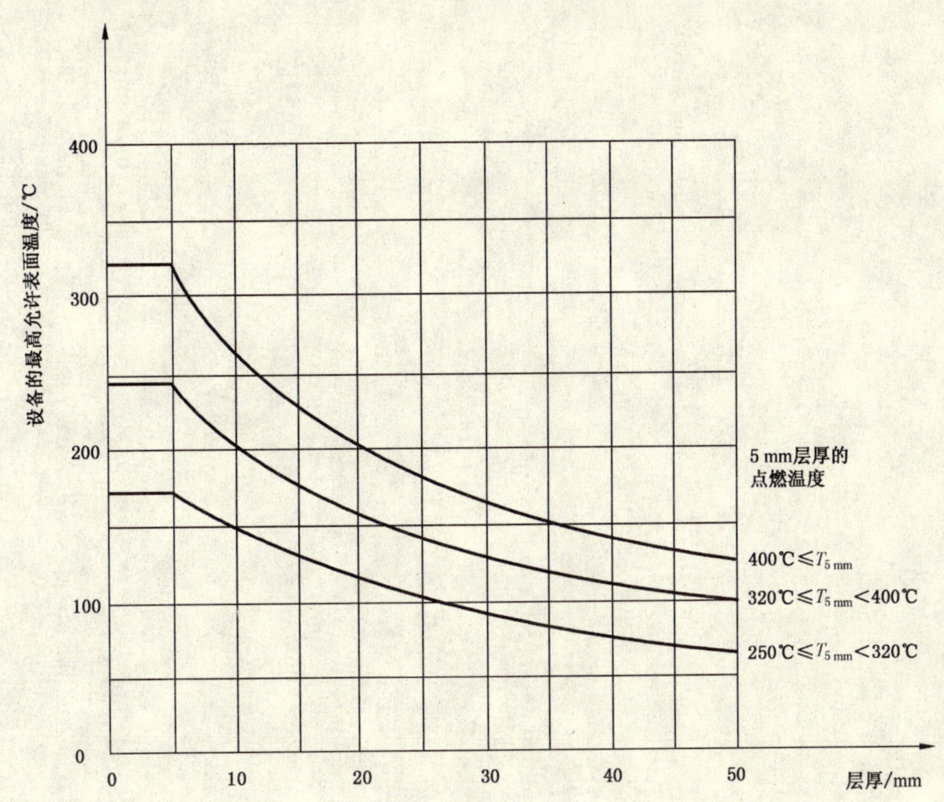

图 B.2 粉尘层厚度增加时标记在设备上的允许最高表面温度的降低

应进行试验研究，找出最低点燃温度与粉尘层厚度的关系，图B.2可作为半定量指南。

应用IEC 61241-14:2004中的6.3.3.3.1和6.3.3.3.2。

B.3 规则3——超厚粉尘层

当在设备的顶部或侧面周围不可避免形成超厚粉尘时，或当设备整个埋入粉尘中时，因绝热的作用，根据层的厚度将采用较低的表面温度限值。可通过限制系统的功率来满足这一特殊要求。其功率限值可在类似的工作条件下通过试验，或采用认可的计算方法来确定。

测量和控制设备(如仪器、传感器、控制器)等弱电设备是在超厚粉尘层下的典型用例，强电设备(如电动机、灯具、插头插座)尽可能避免在该条件下使用，如果确实需要使用，应进行专门的研究。

应用IEC 61241-14:2004中的6.3.3.3.1和6.3.3.3.2。

B.4 规则4——实验室研究

对设备和/或粉尘应进行实验室试验：

——当5 mm厚度粉尘层的最低点燃温度低于250℃时，或对使用规则2中的曲线图有怀疑时；

——当顶部被超过50 mm厚的粉尘层覆盖时；

——设备侧面周围形成 5 mm 以上粉尘层的包覆时；

——完全埋入粉尘中时。

实验室研究可包括试验和/或认可的计算图表。

应用 IEC 61241-14:2004 中的 6.3.3.3.1 和 6.3.3.3.2。

附 录 C
（资料性附录）
现 场 清 理

C.1 引言

本部分的场所分类是以区的定义为基础的，并没有明确地包括粉尘层的意义。由粉尘层引起的任何危险应与粉尘云分开考虑。

由粉尘层引起的危险有三个方面：

a) 在建筑物内的一次爆炸可使粉尘层上升成粉尘云，并产生较一次爆炸破坏性更大的二次爆炸。因此，始终对粉尘层进行控制，以降低这种危险。

b) 设备产生的热量可能将保持其上的粉尘层点燃，这个危险是火灾而不是爆炸，并且是个缓慢的过程。

c) 粉尘层可形成粉尘云，被热表面点燃产生爆炸。实际上，粉尘云的点燃温度通常比粉尘层的点燃温度高出许多。例如，褐煤粉尘的粉尘层点燃温度为 230℃～250℃，但粉尘云的点燃温度可高达 410℃～450℃。除燃烧装置外，很少有设备的表面温度能达到如此高温，在容器外，也很少有粉尘层形成粉尘云后引起爆炸的事例。这些危险取决于粉尘的特性及其厚度，它们又受现场清理状况的影响。对粉尘层可能引起的火灾，可通过选择合适的电气设备和有效的现场清理得到控制。

C.2 现场清理的水平

仅依靠清理的频率不足以判断粉尘层是否含有足量的粉尘并控制这些危险。粉尘的沉淀速率各不相同，造成的影响也不同。例如，一个高沉淀速率的二级释放产生一个危险粉尘层要远比一个低沉淀速率的一级释放大得多。因此，清理的效果要比清理的频率更重要。

粉尘层的出现及持续时间取决于以下因素：

——粉尘源的释放等级；

——粉尘沉淀的速率；

——现场清理的有效性。

现场清理水平可分为：

良好：粉尘层的厚度可忽略不计，或不存在，不考虑释放等级。在这种情况下，由粉尘层出现爆炸性粉尘云的危险和发生火灾的危险已被排除。

一般：粉尘层虽不能忽略不计，但留存的时间很短（少于一个工作班），根据粉尘的热稳定性和电气设备的表面温度，在可能发生火灾之前可将粉尘清除。在这种情况下，根据附录 B 中规则 1 选择电气设备多半是合适的。

较差：粉尘层不能忽略，且存在的时间超过一个工作班，发生火灾的危险性很大，这时，根据附录 B 给出的建议选择电气设备来控制。

应防止较差的现场清理与正常运行时粉尘层能产生粉尘云的条件组合在一起。较差的现场清理与异常运行时能产生粉尘云的条件组合在一起时可以形成一个 22 区。

注 1：没有保持计划的现场清理水平，仍可出现火灾和爆炸危险，某些设备可能不再合适。

注 2：改变粉尘的状况，如吸潮比，就可能使粉尘层不会形成粉尘云。在这种情况下，虽不会发生二次爆炸危险，但火灾危险依然存在。

ICS 59.080.01
W 04

中华人民共和国国家标准

GB/T 12490—2007
代替 GB/T 12490—1990

纺织品　色牢度试验 耐家庭和商业洗涤色牢度

Textiles—Tests for colour fastness—Colour fastness to domestic and commercial laundering

(ISO 105-C06:1994,MOD)

2007-11-12 发布　　2008-07-01 实施

中华人民共和国国家质量监督检验检疫总局
中国国家标准化管理委员会　发布

前　言

本标准修改采用 ISO 105-C06:1994《纺织品　色牢度试验　C06 部分:耐家庭和商业洗涤色牢度》(英文版)及其技术勘误 1:2002 和技术勘误 2:2002。

本标准根据 ISO 105-C06:1994 及其技术勘误重新起草,与 ISO 105-C06 的主要差异如下:

1. 规范性引用文件中的国际标准替换为修改或等效采用该国际标准的我国国家标准,并将整体引用 ISO 105-F 的贴衬织物改为分种类引用。

2. 引用的 GB 11403 是参照采用 ISO 105-F03:1984《纺织品　色牢度试验　聚酰胺标准贴衬织物规格》制定的;引用的 GB 11404 是参照采用 ISO/DIS 105-F10:1988《纺织品　色牢度试验　多纤维标准贴衬织物规格》制定的。

3. 表 1 中增加了麻贴衬织物和选用的注释,相应地增加引用了 GB/T 13765。

4. 洗涤后组合试样的清洗方法增加了“然后在流动水中冲洗至干净”,并删除水温 40℃的规定。

5. 增加了溶液 pH 值测定的说明和 pH 计的要求。

6. 取消了关于洗涤剂销售地的注释。

本标准代替 GB/T 12490—1990《纺织品耐家庭和商业洗涤色牢度试验方法》。

本标准对 GB/T 12490—1990 作了以下技术修改:

1. 对范围的描述进行了补充和细化。

2. 规范性引用文件增加了 GB/T 13765。

3. 蒸馏水改为三级水。

4. 增加注释,对麻纤维标准贴衬织物的选用加以说明。

5. 取消了熨斗及采用熨斗干燥试样的条款。

6. 有关的尺寸单位由厘米(cm)改为毫米(mm)。

7. 表 2 试验条件中的 D3S 和 D3M 的有效氯浓度的表示由原 0.15(g/L)改为 0.015(%)。

8. 增加了 pH 值测定溶液的说明和相应 pH 计的要求。

9. 增加了使用 AATCC 标准洗涤剂 WOB 的规定。

10. 原附录 A 的标准合成洗涤剂组成“ECE 标准洗涤剂”列入正文。

11. 原附录 A 的有效氯含量计算公式作了修改,并列入正文。

12. 取消了原附录 B“试验设备”。

本标准由中国纺织工业协会提出。

本标准由全国纺织品标准化技术委员会基础分会(SAC/TC 209/SC 1)归口。

本标准由上海出入境检验检疫局、纺织工业标准化研究所、广州市纤维产品检测院负责起草。

本标准主要起草人:梁国斌、潘伟、陆维民、童金柱、张其平。

本标准于 1990 年首次发布,本次为第一次修订。

纺织品　色牢度试验
耐家庭和商业洗涤色牢度

1　范围

1.1　本标准规定了测定各种类型的常规家庭用纺织品耐家庭和商业洗涤色牢度的方法。工业及医院用纺织品可能需要(在某方面)洗涤条件更为剧烈的特定洗涤程序。

1.2　由于试验过程中解吸和(或)摩擦作用，经一次单个(S)试验，试样所造成的褪色和沾色非常接近于一次家庭和商业洗涤，而经一次复合(M)试验，则接近五次以上温度不超过70℃的家庭和商业洗涤的效果。

1.3　本标准不适用于在洗涤操作某些方面要求更严的工业及医用纺织品。

1.4　本标准的方法并不反映在商业洗涤程序中的荧光增白剂的效应。

1.5　本标准的试验方法根据给定的洗涤剂和氯漂方法制定，使用其他的洗涤剂和氯漂方法可能需要不同的试验条件。

2　规范性引用文件

下列文件中的条款通过本标准的引用而成为本标准的条款。凡是注日期的引用文件，其随后所有的修改单(不包括勘误的内容)或修订版均不适用于本标准，然而，鼓励根据本标准达成协议的各方研究是否可使用这些文件的最新版本。凡是不注日期的引用文件，其最新版本适用于本标准。

GB 250　评定变色用灰色样卡(GB 250—1995，idt ISO 105-A02：1993)

GB 251　评定沾色用灰色样卡(GB 251—1995，idt ISO 105-A03：1993)

GB/T 6151　纺织品　色牢度试验通则(GB/T 6151—1997，idt ISO 105-A01：1994)

GB/T 7565　纺织品　色牢度试验　棉和粘纤标准贴衬织物规格(GB/T 7565—1987，idt ISO 105-F02：1982)

GB/T 7568.1　纺织品　色牢度试验　毛标准贴衬织物规格(GB/T 7568.1—2002，ISO 105-F01：2001，MOD)

GB/T 7568.4　纺织品　色牢度试验　聚酯标准贴衬织物规格(GB/T 7568.4—2002，ISO 105-F04：2001，MOD)

GB/T 7568.5　纺织品　色牢度试验　聚丙烯腈标准贴衬织物规格(GB/T 7568.5—2002，ISO 105-F05：2001，MOD)

GB/T 7568.6　纺织品　色牢度试验　丝标准贴衬织物规格(GB/T 7568.6—2002，ISO 105-F06：2001，MOD)

GB 11403　纺织品　色牢度试验　聚酰胺标准贴衬织物规格

GB 11404　纺织品　色牢度试验　多纤维标准贴衬织物规格

GB/T 13765　纺织品　色牢度试验　亚麻和苎麻标准贴衬织物规格

3　原理

试样与规定的标准贴衬织物或其他织物缝合在一起，经洗涤、清洗与干燥，在合适的温度、碱度、漂白和摩擦等条件下进行洗涤，通过低浴比和适当数量的不锈钢珠产生摩擦作用，使在较短时间内获得结果。用灰色样卡评定试样的变色和标准贴衬织物的沾色。

4 设备和试剂

4.1 合适的机械装置，由装有一根旋转轴的水浴锅构成，旋转轴呈放射形支承着多只容量为550 mL±50 mL不锈钢容器(其直径为75 mm±5 mm，高为125 mm±10 mm)，从轴中心到容器底部的距离为45 mm±10 mm。轴及容器的转速为40 r/min±2 r/min。水浴锅温度由恒温器控制，使试验溶液保持在规定温度±2℃内。

注：能获得同样结果的其他机械装置也可用于本试验。

4.2 耐腐蚀的不锈钢珠，直径约为6 mm。

4.3 标准贴衬织物(见GB/T 6151—1997,8.2)。

以下的多纤维标准贴衬织物和单纤维标准贴衬织物均可选用。

4.3.1 多纤维标准贴衬织物(见GB 11404)按试验温度选用。

——含有羊毛的多纤维标准贴衬织物，用于40℃、50℃的试验，在某些情况下需在试验报告中注明，也可用于60℃的试验。

——不含有羊毛的多纤维标准贴衬织物，用于某些60℃的试验和所有70℃、95℃的试验。

4.3.2 两块单纤维标准贴衬织物(见GB/T 7565、GB/T 7568.1、GB/T 7568.4、GB/T 7568.5、GB/T 7568.6、GB 11403)。第一块用与试样同类纤维制成，第二块用由表1规定的纤维制成。如试样为混纺或交织品，则第一块用主要含量的纤维制成，第二块用次要含量的纤维制成。或另作规定。

表1 单纤维标准贴衬织物

第一块	第二块	
	试验方法A、B	试验方法C、D和E
棉	羊毛	粘纤
毛	棉	—
丝	棉	—
麻[a]	羊毛	粘纤
粘纤	羊毛	棉
二醋纤和三醋纤	粘纤	粘纤
聚酯	羊毛或棉	棉
聚酰胺	羊毛或棉	棉
聚丙烯腈	羊毛或棉	棉

a 根据试样含麻纤维的种类，选用亚麻或苎麻标准贴衬。

4.3.3 一块标准的染不上色的织物(例如聚丙烯)，需要时用。

4.4 洗涤剂，不含荧光增白剂，由于洗涤剂粉末可能不均匀，至少应制备1 L洗涤剂溶液。以下两种洗涤剂可选用。

a) AATCC标准洗涤剂WOB特性和组成：

洗涤剂是低泡沫的，成分中的表面活性剂是阴离子型，另有少量非离子型，可生物降解。其组成如下。

组　　成	质量分数(%)
直链烷基苯磺酸钠(LAS)	14.00±0.02
聚氧乙烯醚	2.30±0.02
肥皂-高分子质量	2.50±0.02
三聚磷酸钠	48.00±0.02

硅酸钠($SiO_2/Na_2O=2/1$)	9.70±0.02
硫酸钠	15.40±0.02
羧甲基纤维素(CMC)	0.25±0.02
水	7.85±0.02
	100.00

b) 不含荧光增白剂的ECE标准洗涤剂,可用于色牢度试验。其组成如下:

组　成	质量分数(%)
直链烷基苯磺酸钠(链烷碳链的平均链长 $C_{11.5}$)	8.00±0.02
聚乙烯酯(环氧乙烷数14)	2.90±0.02
钠皂(链长 C_{12}～C_{16}:13%～26%;C_{18}～C_{22}:74%～87%)	3.50±0.02
三聚磷酸钠	43.70±0.02
硅酸钠($SiO_2/Na_2O=3.3/1$)	7.50±0.02
硅酸镁	1.90±0.02
羧甲基纤维素(CMC)	1.20±0.02
乙二胺四乙酸二钠(EDTA)	0.20±0.02
硫酸钠	21.20±0.02
水	9.90±0.02
	100.00

4.5　无水碳酸钠(Na_2CO_3),需要时用。

4.6　次氯酸钠或次氯酸锂。

大部分市售次氯酸钠溶液pH值为9.8～12.8,有效氯含量为40 g/L～160 g/L。实际的有效氯含量应在使用前确定,建议采用下列方法。

将1.00 mL次氯酸钠原液,移入三角烧瓶中,用水(4.8)稀释至100 mL,加入294 g/L的硫酸(H_2SO_4)溶液20 mL和120 g/L碘化钾(KI)溶液6 mL。然后,用标准滴定液硫代硫酸钠[$c(Na_2S_2O_3\cdot 5H_2O)=0.1\ mol/L$]滴定。

有效氯(Cl_2)含量 ω 按下式计算,以质量分数(%)表示:

$$\omega=\frac{V\times c\times 0.0355}{V_0\times\rho_0}\times 100$$

式中:

V_0——次氯酸钠溶液的体积,单位为毫升(mL);

V——耗用的硫代硫酸钠体积,单位为毫升(mL);

ρ_0——次氯酸钠溶液的密度,单位为克每毫升(g/mL);

c——硫代硫酸钠溶液浓度,单位为摩尔每升(mol/L)。

4.7　过硼酸钠四水合物($NaBO_3\cdot 4H_2O$),需要时用。

4.8　三级水。

4.9　pH计:读数精度0.05,带有适宜的电极系统。

4.10　评定变色用灰色样卡,符合GB 250;评定沾色用灰色样卡,符合GB 251。

4.11　如需酸洗处理,用0.2 g/L冰乙酸的溶液。

5　试样

5.1　织物样品按下述方法之一制作试样:

a)　取40 mm×100 mm试样一块,正面与一块40 mm×100 mm多纤维标准贴衬织物(4.3.1)相接触，沿一短边缝合，形成一个组合试样。

b) 取 40 mm×100 mm 试样一块，夹于两块 40 mm×100 mm 单纤维标准贴衬织物(4.3.2)之间，沿一短边缝合，形成一个组合试样。

5.2 对纱线或散纤维样品，取纱线或散纤维约等于贴衬织物总质量之半，按下述方法之一制作试样：

a) 夹于一块 40 mm×100 mm 多纤维标准贴衬织物(4.3.1)及一块 40 mm×100 mm 染不上色的织物(4.3.3)之间，沿四边缝合(见 GB/T 6151—1997，9.3.3.4)，形成一个组合试样。

b) 夹于两块 40 mm×100 mm 单纤维贴衬织物(4.3.2)之间，沿四边缝合，形成一个组合试样。

6 操作程序

6.1 每升水(4.8)中加入 4 g 洗涤剂制备成洗涤溶液，用 C、D、E 试验方法时，每升溶液中加入约 1 g 碳酸钠调节 pH 值至表 2 规定的值。溶液温度冷却到 20℃后，用已校正的 pH 计(4.9)测 pH 值。用 A、B 试验方法时不需调节 pH 值。

表 2 试验条件

试验编号	温度/℃	溶液体积/mL	有效氯含量/%	过硼酸钠质量浓度/(g/L)	时间/min	钢珠数量	调节 pH
A1S	40	150	—	—	30	10[a]	不调
A1M	40	150	—	—	45	10	不调
A2S	40	150	—	1	30	10[a]	不调
B1S	50	150	—	—	30	25[a]	不调
B1M	50	150	—	—	45	50	不调
B2S	50	150	—	1	30	25[a]	不调
C1S	60	50	—	—	30	25	10.5±0.1
C1M	60	50	—	—	45	50	10.5±0.1
C2S	60	50	—	1	30	25	10.5±0.1
D1S	70	50	—	—	30	25	10.5±0.1
D1M	70	50	—	—	45	100	10.5±0.1
D2S	70	50	—	1	30	25	10.5±0.1
D3S	70	50	0.015	—	30	25	10.5±0.1
D3M	70	50	0.015	—	45	100	10.5±0.1
E1S	95	50	—	—	30	25	10.5±0.1
E2S	95	50	—	1	30	25	10.5±0.1

a 毛、蚕丝及其混纺的高级织物，试验时不用钢珠。在试验报告中说明钢珠的使用。

6.2 在需使用过硼酸钠(4.7)试验中，需制备含有过硼酸钠的溶液，将溶液加热到最高 60℃不超过 30 min。

6.3 对于试验 D3S 和 D3M，应在洗涤溶液中加入次氯酸钠或次氯酸锂(4.6)，有效氯含量按表 2 规定。

6.4 根据表 2 在每个容器(4.1)中加入规定量的洗涤溶液，除试验 D2S、E2S 外，将溶液调节至规定温度的±2℃，然后放入试样和钢珠，关闭容器，按表 2 的温度和时间运转仪器。

6.5 对于试验 D2S 和 E2S，将试样放入温度近 60℃的容器中，关闭容器，在 10 min 内将溶液温度升到规定温度的±2℃，按表 2 规定的条件试验。

6.6 对所有试验，洗涤结束后取出组合试样，分别在 100 mL 的三级水(4.8)中清洗两次，每次 1 min。

然后在流动水中冲洗至干净。

6.7 某些情况下，洗涤后需经酸洗，可进行下列附加操作：

在 30℃、100 mL 的乙酸溶液(4.11)中处理 1 min，然后在 30℃、100 mL 水中冲洗每个组合试样 1 min。

6.8 对所有方法，挤去组合试样上多余水分。

6.9 对所有方法，试样与贴衬仅由一条缝线连接(如需要，断开所有缝线)，悬挂在不超过 60℃的空气中干燥。

6.10 用灰色样卡评定试样的变色和贴衬织物的沾色。

7 试验报告

试验报告应包括以下内容：

a) 本标准的编号，即 GB/T 12490—2007；

b) 对试样的完整描述；

c) 试样变色级数；

d) 如用单纤维贴衬织物，每种所用贴衬织物的沾色级数；

e) 如用多纤维贴衬织物，其类型和每种纤维的沾色级数；

f) 所用试验方法的编号(如表 2 所列)；

g) 在 A、B 试验中是否使用钢珠；

h) 是否按 6.7 进行酸处理；

i) 是否使用 AATCC 标准洗涤剂 WOB 或 ECE 无荧光增白剂的标准洗涤剂。

ICS 43.020
T 04

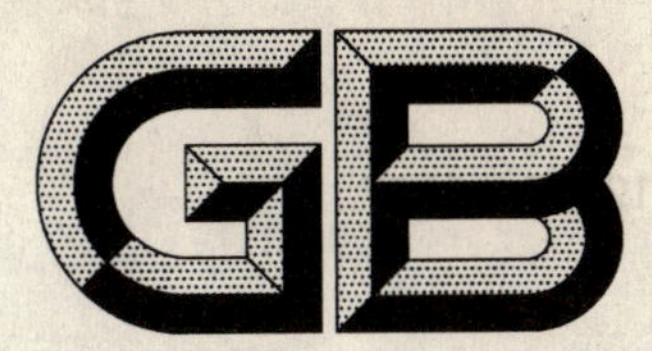

中华人民共和国国家标准

GB/T 12535—2007
代替 GB/T 12535—1990

汽车起动性能试验方法

Motor vehicle—Starting performance—Test method

2007-04-30 发布　　　　2007-12-01 实施

中华人民共和国国家质量监督检验检疫总局
中国国家标准化管理委员会　发布

前　言

本标准代替 GB/T 12535—1990《汽车起动性能试验方法》。

考虑到试验的可操作性，本标准对落后的技术内容、实验室环境温度条件以及标准行文格式有较大的修改：

——增加了环境温度，明确给出范围：(−10±2)℃，(−35±2)℃；

——明确了尽可能在实验室内进行，大型车辆在符合 5.5 规定的室外试验；

——试验条件中明确规定试验样车为空载；

——增加规定拖动时间："一般起动试验 15 s，低温起动试验 30 s"。

本标准附录 A 为资料性附录。

本标准由国家发展和改革委员会提出。

本标准由全国汽车标准化技术委员会归口。

本标准起草单位：国家汽车质量监督检验中心(襄樊)。

本标准主要起草人：朱鑫。

本标准所替代标准的历次版本发布情况为：

——GB 1334—1977；

——GB/T 12535—1990。

汽车起动性能试验方法

1 范围

本标准规定了汽车发动机起动、暖机和汽车起步性能的试验方法。

本标准适用于各类汽车。

2 规范性引用文件

下列文件中的条款通过本标准的引用而成为本标准的条款。凡是注日期的引用文件，其随后所有的修改单(不包括勘误的内容)或修订版均不适用于本标准，然而，鼓励根据本标准达成协议的各方研究是否可使用这些文件的最新版本。凡是不注日期的引用文件，其最新版本适用于本标准。

GB/T 12534—1990 汽车道路试验方法通则

3 术语和定义

下列术语和定义适用于本标准。

拖动时间 starting time

自起动机接通电源后至发动机起动自动运转的时间。

4 试验仪器及精度要求

a) 记录仪(可自动记录起动时的电流、电压、转速和时间)。

b) 电流表(0～1 000 A,2.5 级精度)。

c) 电压表(0～30 V,1.0 级精度)。

d) 发动机转速表(1 级精度)。

e) 温度计(－50℃～100℃,±1.5℃或 1.5 级精度)。

f) 热电阻(测风冷发动机气缸盖和排气温度)(2.5 级精度)。

g) 电液密度计(密度±0.005)。

h) 气压、湿度和风速计(2.5 级精度)。

i) 计时器(0～24 h,±1 s 及 0～60 s,±0.2 s)。

5 试验条件

5.1 一般试验条件和试验车辆的准备按照 GB/T 12534—1990 中 3.1、3.2、3.5、4.1 及 4.2 的规定。样车空载。

5.2 在不同的环境温度下，按汽车的使用说明书或有关技术资料的规定，选用相应牌号的燃油、机油和冷却液，并记录。

5.3 汽车在不同环境温度下起动，可按汽车制造商规定，装上专用起动附件，如辅助起动装置(燃油蒸发器、加注起动液装置、预热塞及加热器等)和保温装置(发动机保温罩，散热器保温装置及蓄电池保温箱等)。

5.4 应使用制造商规定的蓄电池，起动电缆和搭铁电缆。各线路连接可靠，蓄电池工作良好。

5.5 试验环境温度见表 1。

表 1

试验类别	环境温度/℃
一般起动	−10±2
低温起动	−35±2

6 试验方法

6.1 发动机起动性能试验

6.1.1 按试验类别要求，选定试验环境温度和试验地点。

6.1.2 将试验车放置在实验室内(大型车辆可在符合5.5规定的室外试验)，在试验温度下冷却发动机机油和冷却液温度与环境温度一致即可。

6.1.3 试验前测量并记录：试验地点环境条件，燃油、机油、冷却液和发动机缸盖(风冷发动机)的温度，蓄电池的电压。

6.1.4 每次起动，起动机拖动发动机的时间不得超过表2规定。

表 2

试验类别	拖动时间/s
一般起动试验	15
低温起动试验	30

起动机接通后，在规定的拖动时间内，发动机能起动自行运转，即为起动成功；若在规定的拖动时间内，无断续起动声，未能自行运转，即为起动失败；若期间有断续起动声，可延长拖动时间(但延长时间不得超过15 s)，若能自行运转，亦为起动成功。

起动试验允许连续进行3次，间隔不小于2 min。

试验时应测量和记录：起动次数、拖动时间、发动机起动转速(拖动转速)、蓄电池电压、起动机的电压和电流。

6.1.5 装有低温辅助起动装置时，试验前记录辅助装置的名称、型式(号)、编号和该装置使用说明书规定的数据，还应测量和记录与6.1.3相同的项目。

试验操作步骤同6.1.4，辅助起动装置按该使用说明书操作。

起动时应测量和记录的项目同6.1.4，并记录辅助起动装置的操作状况及该装置各参数的实测值。

6.1.6 采用加热器进行汽车发动机低温起动时，应按6.1.4测定不用加热器时的起动性能。

6.2 发动机暖机试验

发动机起动后，在30%～50%额定转速下，空载运转10 min～20 min。记录发动机空载转速、运转时间及冷却液或缸盖(风冷发动机)温度。

6.3 汽车起步试验

6.3.1 发动机起动和暖机后，用最低档起步，若一次不能起步，可再进行两次，若仍不能起步，应终止试验。

6.3.2 用最低档起步行驶一定距离(0.3 km～0.5 km)后，若在15 min内逐级变换至高速档，汽车能平稳加速和发动机无熄火情况时，即认为汽车起步试验成功。不能换成高速档或不能保持高速档稳定的车速,应终止试验。

6.3.3 记录从准备起动发动机(转动发动机曲轴或预热发动机)开始,经起动试验和暖机至汽车起步的总时间。

6.3.4 汽车起步试验的环境温度应尽量与发动机起动性能试验的环境温度相同或相近。如汽车起步试验的环境温度与发动机起动性能试验的环境温度相差较大,应测定汽车起步行驶时间和室外的实际温度,并记录在起动性能试验记录表中。

7 试验结果

汽车起动性能试验结果按附录A记录表填写。

附 录 A
（资料性附录）
起动性能试验记录表

汽车型号__________ VIN __________ 发动机型号__________

发动机编号__________ 整车整备质量__________ kg

辅助起动装置名称、型式__________ 蓄电池型号__________

燃油牌号__________ 发动机机油牌号__________

润滑油牌号____________________

里程表读数__________ km 环境温度__________ ℃

大气压力__________ kPa 湿度__________ %RH 风速__________ m/s

风向__________ 试验日期__________ 试验地点__________ 驾驶员__________

<table>
<tr><th rowspan="3">编号</th><th rowspan="3">测定时间 h/min</th><th colspan="4">起动前</th><th colspan="7">起动时</th><th colspan="3">起动后</th><th colspan="2">汽车起步</th></tr>
<tr><th colspan="4">发动机各处温度 ℃</th><th rowspan="2">起动操作次数</th><th rowspan="2">拖动时间 s</th><th rowspan="2">起动转速 r/min</th><th rowspan="2">蓄电池电压 V</th><th colspan="2">起动机</th><th rowspan="2">辅助起动装置操作</th><th colspan="3">暖机</th><th rowspan="2">从起动到起步经历的总时间 s</th><th rowspan="2">汽车起步情况（起步试验次数）</th></tr>
<tr><th>燃油</th><th>机油</th><th>冷却液</th><th>缸盖</th><th>电压 V</th><th>电流 A</th><th>发动机空载转速 r/min</th><th>运转时间 s</th><th>冷却液或缸盖温度 ℃</th></tr>
<tr><td></td><td></td><td></td><td></td><td></td><td></td><td></td><td></td><td></td><td></td><td></td><td></td><td></td><td></td><td></td><td></td><td></td><td></td></tr>
<tr><td></td><td></td><td></td><td></td><td></td><td></td><td></td><td></td><td></td><td></td><td></td><td></td><td></td><td></td><td></td><td></td><td></td><td></td></tr>
<tr><td></td><td></td><td></td><td></td><td></td><td></td><td></td><td></td><td></td><td></td><td></td><td></td><td></td><td></td><td></td><td></td><td></td><td></td></tr>
<tr><td></td><td></td><td></td><td></td><td></td><td></td><td></td><td></td><td></td><td></td><td></td><td></td><td></td><td></td><td></td><td></td><td></td><td></td></tr>
<tr><td></td><td></td><td></td><td></td><td></td><td></td><td></td><td></td><td></td><td></td><td></td><td></td><td></td><td></td><td></td><td></td><td></td><td></td></tr>
</table>

观察并记录（起动状况、排气烟度、起动辅助装置的操作状况及试验中异常现象）____________________

____

ICS 43.020
T 04

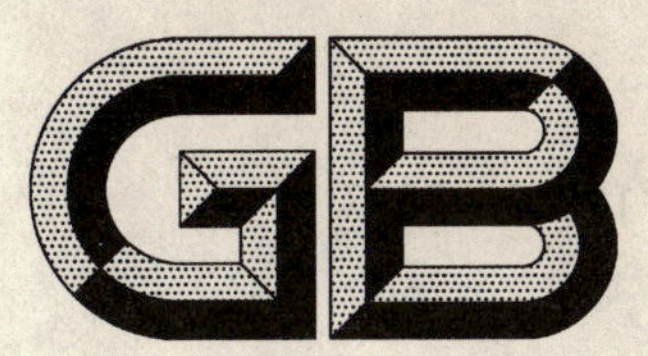

中华人民共和国国家标准

GB/T 12546—2007
代替 GB/T 12546—1990

汽车隔热通风试验方法

Motor vehicle—Ventilation and heat insulation—Test method

2007-04-30 发布　　2007-12-01 实施

中华人民共和国国家质量监督检验检疫总局
中国国家标准化管理委员会　发布

前　言

本标准代替 GB/T 12546—1990《汽车隔热通风试验方法》。主要修订差异为：

——删除前版第 5.2 条中有关风速测量的内容；

——删除前版第 6.2 条中采用负荷拖车试验的有关内容；

——增加关于“评价人员”要求的内容；

——增加关闭车窗时开空调风机试验的内容；

——增加了温度测点位置的内容；

——增加“10 分制”评价试验结果的内容；

——修改前版第 6 条中的试验车速；

——修改前版“附录 A 汽车隔热通风试验记录表”。

本标准附录 A 为资料性附录。

本标准由国家发展和改革委员会提出。

本标准由全国汽车标准化技术委员会归口。

本标准起草单位：国家汽车质量监督检验中心(襄樊)。

本标准主要起草人：康润程。

本标准所替代标准的历次版本发布情况为：

——GB/T 12546—1990。

汽车隔热通风试验方法

1 范围

本标准规定了汽车在炎热气候条件下使用时，汽车驾驶室、乘员室的隔热通风道路试验方法。

本标准适用于各类汽车。

2 规范性引用文件

下列文件中的条款通过本标准的引用而成为本标准的条款。凡是注日期的引用文件，其随后所有的修改单(不包括勘误的内容)或修订版均不适用于本标准，然而，鼓励根据本标准达成协议的各方研究是否可使用这些文件的最新版本。凡是不注日期的引用文件，其最新版本适用于本标准。

GB/T 12534 汽车道路试验方法通则

3 术语和定义

下列术语和定义适用于本标准：

评价人员 estimator

对车辆的隔热通风性能进行主观评价的人员。

4 试验条件

4.1 车辆状况

4.1.1 驾驶室或乘员室的密封和隔热层、车身油漆、通风装置和门窗状况应符合车辆出厂条件。

4.1.2 温度测量的线路应整齐，不影响驾驶和试验的操作。

4.1.3 试验前应做好车内的清洁吸尘工作。

4.1.4 其余试验车辆的准备要求按 GB/T 12534 的规定。

4.2 气象条件

a) 天气：晴；

b) 气温：环境温度在35℃以上，指汽车试验行驶时周围环境阴影下通风处的空气温度，测量点的温度计离地面的高度为1.5 m；

c) 湿度：相对湿度在30%～95%；

d) 风速：不大于3 m/s。

4.3 试验仪器

a) 远程温度计，精度为0.5℃；

b) 多点温度计，精度为0.5℃；

c) 风速计。

4.4 试验道路

平整硬实的沥青或水泥路面，坡度不大于5%。

4.5 评价人员

a) 根据测点的多少确定评价人员的数量为3～7人。

b) 评价人员应尽可能由不同性别、年龄、身高的人员组成。

c) 评价时，评价人员的身体状况应良好。

d) 评价人员应是熟悉车辆且经过相关培训的人员。

e) 驾驶人员要有熟练的驾驶技能。

5 试验方法

5.1 测量点位置的确定

5.1.1 温度测量点如图 1：

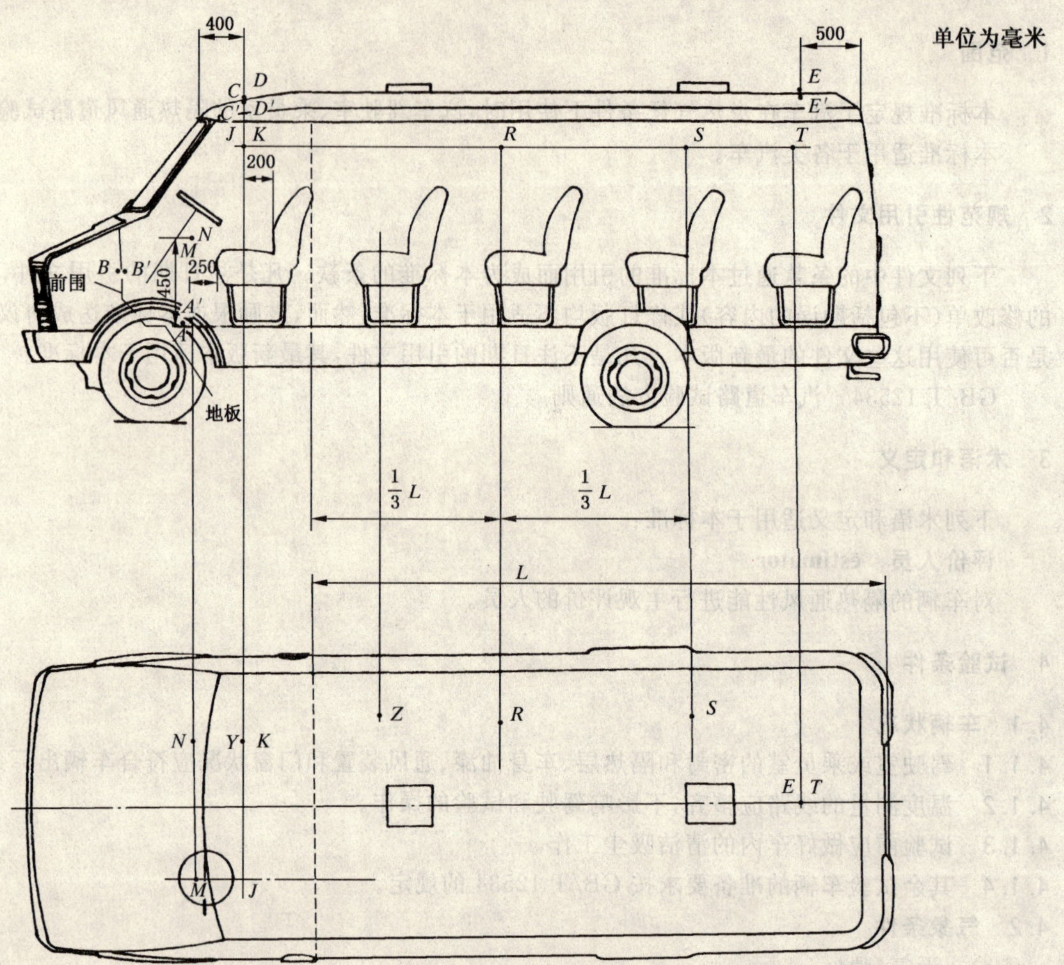

A——驾驶室或乘员室与发动机舱之间地板外表面上，接近发动机热源，温度最高的一点。

A′——驾驶室或乘员室地板内表面上，对应于点 A 位置的一点。

B——驾驶室前围下部外表面上，接近发动机热源，温度最高的一点。

B′——驾驶室前围下部内表面上，对应于点 B 位置的一点。

C——驾驶室驾驶员一侧顶盖外表面上的一点。

C′——驾驶室顶盖内表面上对应于点 C 位置的一点。

D——驾驶室副驾驶员一侧顶盖外表面上的一点。

D′——驾驶室顶盖内表面上对应于点 D 位置的一点。

E——乘员室后端中央顶盖外表面上的一点。

E′——乘员室后端中央顶盖内表面上对应于点 E 位置的一点。

J——驾驶员位置。

K——副驾驶员位置。

R——厢式车通道内，乘员室 1/3 处靠窗乘员位置。

S——厢式车通道内，乘员室 2/3 处靠窗乘员位置。

T——厢式车后座中部，乘坐人员位置。

图 1

5.1.2 根据车辆的用途和内部布置情况，如多排座后座、客车的售票员位置、发动机罩在驾驶室内部、后置发动机等不同情况，可增减部分测量点。测量点选定后，试验过程中不能随意变动。

5.1.3 J、K、R、S、T 测点位于评价人员头部正侧面 20 cm 处，见测点布置图。

5.1.4 各温度测量点热电偶的安装：应把热电偶牢固地固定在被测点车身内外的表面上；不固定的热电偶在汽车行驶时不允许移动或不稳。

5.2 试验程序

5.2.1 车辆先以最高速度的 40%（超过 60 km/h 时，按 60 km/h）行驶，监测汽车顶盖外表面测点 C、D 的直射温度，在该温度达到稳定后，试验即可开始。

5.2.2 打开全部车窗（前风窗除外），分别使所有通风装置处于全开/半开/自动（最高档位/最低档位）位置，温度达到稳定后，按测量点顺序测定记录各点温度值，分别记录评价人员对脚部周围的地板、前围、顶部的隔热情况和面部、脖颈、肩部、腹部、膝部感受到的风量和风速的主观评价结果。试验往返各进行一次，记录每次主观评价结果。

5.2.3 评价人员可交换位置，重复 5.2.1、5.2.2 的试验。

5.2.4 要做打开前风窗的试验时，可选用 15 km/h 的速度，试验方法同 5.2.2、5.2.3。

5.2.5 车辆以 80 km/h 以上的速度（车辆最高车速低于 100 km/h 时，可不做此项试验）行驶，关闭所有车窗，打开空调，空调置于外循环位置，空调所有出风口全开，正面送风，调节制冷强度，待 J、K、R、S、T 测点平均温度稳定于 23±1℃后，试验即可开始（若温度达不到，可取最低稳定温度）。分别使空调风机处于全开/半开/自动（最高档位/最低档位）位置，10 min 后，分别记录评价人员对车辆通风性能的主观评价结果。试验往返各进行一次，记录每次主观评价结果。

5.2.6 评价人员可交换位置，重复 5.2.5 的试验。

6 试验结果

对车辆隔热通风好坏的评价结果按：1. 舒适（10～9 分）；2. 良好（8～6 分）；3. 较闷热（5～3 分）；4. 闷热（2～1 分）。将分值记入附录 A 表中。

附　录　A
（资料性附录）
汽车隔热通风试验记录表

汽车型号＿＿＿＿＿＿＿＿　出厂日期＿＿＿＿＿＿＿＿

VIN＿＿＿＿＿＿＿＿　里程表读数＿＿＿＿＿＿＿＿

试验地点＿＿＿＿＿＿＿＿　试验日期＿＿＿＿＿＿＿＿

天　气＿＿＿＿＿＿＿＿　路面状况＿＿＿＿＿＿＿＿

环境温度＿＿＿＿＿＿＿＿℃　湿　度＿＿＿＿＿＿＿＿%RH

气　压＿＿＿＿＿＿＿＿kPa　评价人员＿＿＿＿＿＿＿＿

驾驶员＿＿＿＿＿＿＿＿　负责人＿＿＿＿＿＿＿＿

隔热通风测量评价表

项目	测点		结　果		车速/km/h	备注
			往（全开/半开/自动）	返（全开/半开/自动）		
隔热测量		*A*	℃	℃		
		A′	℃	℃		
		A-*A*′	℃	℃		
		B	℃	℃		
		B′	℃	℃		
		B-*B*′	℃	℃		
		C	℃	℃		
		C′	℃	℃		
		C-*C*′	℃	℃		
		D	℃	℃		
		D′	℃	℃		
		D-*D*′	℃	℃		
		E	℃	℃		
		E′	℃	℃		
		E-*E*′	℃	℃		
隔热评价	评价人员 1					
	评价人员 2					
	评价人员 3					
车窗通风评价	评价人员 1					
	评价人员 2					
	评价人员 3					
空调通风评价	评价人员 1					
	评价人员 2					
	评价人员 3					

ICS 71.040.30
G 63

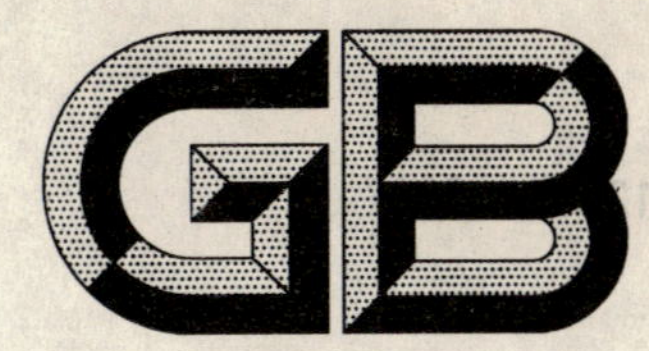

中华人民共和国国家标准

GB/T 12589—2007
代替 GB/T 12589—1990

化学试剂 乙酸乙酯

Chemical reagent—Ethyl acetate

(ISO 6353-3:1987,Reagents for chemical analysis—
Part 3:Specifications—Second series,NEQ)

2007-09-26 发布　　　　2008-04-01 实施

中华人民共和国国家质量监督检验检疫总局
中国国家标准化管理委员会　发布

前言

本标准与 ISO 6353-3:1987《化学分析试剂 第 3 部分:规格 第 2 系列》中 R62“乙酸乙酯”的一致性程度为非等效。

本标准代替 GB/T 12589—1990《化学试剂 乙酸乙酯》,与 GB/T 12589—1990 相比主要变化如下:

——乙醇含量分析纯规格由 0.2%提高到 0.1%(1990 年版的 3.4,本版的第 4 章);

——密度、色度、蒸发残渣改用化学试剂通用方法测定(1990 年版的 4.2、4.3、4.4.1,本版的 5.3、5.4、5.5)。

本标准由中国石油和化学工业协会提出。

本标准由全国化学标准化技术委员会化学试剂分会(SAC/TC 63/SC 3)归口。

本标准起草单位:汕头市西陇化工厂有限公司。

本标准主要起草人:佘甭娇 、袁爱国 、牛佳。

本标准于 1979 年首次发布,于 1990 年第一次修订。

化学试剂　乙酸乙酯

警告：本标准规定的一些试验过程可能导致危险情况，使用者有责任采取适当的安全和健康措施。

示性式：$CH_3COOC_2H_5$

相对分子质量：88.11(根据2003年国际相对原子质量)

1　范围

本标准规定了化学试剂——乙酸乙酯的性状、规格、试验、检验规则和包装及标志。

本标准适用于化学试剂——乙酸乙酯的检验。

2　规范性引用文件

下列文件中的条款通过本标准的引用而成为本标准的条款。凡是注日期的引用文件，其随后所有的修改单(不包括勘误的内容)或修订版均不适用于本标准，然而，鼓励根据本标准达成协议的各方研究是否可使用这些文件的最新版本。凡是不注日期的引用文件，其最新版本适用于本标准。

GB/T 601　化学试剂　标准滴定溶液的制备

GB/T 602　化学试剂　杂质测定用标准溶液的制备(GB/T 602—2002,ISO 6353-1:1982,NEQ)

GB/T 603　化学试剂　试验方法中所用制剂及制品的制备(GB/T 603—2002,ISO 6353-1:1982,NEQ)

GB/T 605　化学试剂　色度测定通用方法(GB/T 605—2006,ISO 6353-1:1982,NEQ)

GB/T 611—2006　化学试剂　密度测定通用方法(ISO 6353-1:1982,NEQ)

GB/T 6682　分析试验室用水规格和试验方法(GB/T 6682—1992,neq ISO 3696:1987)

GB/T 9722—2006　化学试剂　气相色谱法通则

GB/T 9736—1988　化学试剂　酸度和碱度测定通用方法(eqv ISO 6353-1:1982)

GB/T 9737　化学试剂　易碳化物质测定通则(GB/T 9737—1988,eqv ISO 6353-1:1982)

GB/T 9740　化学试剂　蒸发残渣测定通用方法(GB/T 9740—1988,eqv ISO 6353-1:1982)

GB 15258　化学品安全标签编写规定

GB 15346　化学试剂　包装及标志

HG/T 3921　化学试剂　采样及验收规则

3　性状

本试剂为无色透明体，具有挥发性，易燃，有水果香味，水分能使其缓慢分解而呈酸性反应，能与三氯甲烷、醇、丙酮及醚混合，能溶于水。

4　规格

乙酸乙酯的规格见表1。

表 1　乙酸乙酯的规格

名　　称	分　析　纯	化　学　纯
含量($CH_3COOC_2H_5$),w/%	≥99.5	≥98.5
密度(20℃)/(g/mL)	0.899～0.901	0.897～0.901
色度,黑曾单位	≤10	≤20
蒸发残渣,w/%	≤0.000 5	≤0.002
水分(H_2O),w/%	≤0.1	≤0.4
酸度(以 H^+ 计)/(m mol/g)	≤0.000 8	≤0.000 8
甲醇(CH_3OH),w/%	≤0.1	≤0.2
乙醇(CH_3CH_2OH),w/%	≤0.1	≤0.5
乙酸甲酯(CH_3COOCH_3),w/%	≤0.1	≤0.3
易炭化物质	合格	合格

5　试验

5.1　一般规定

本章中除另有规定外,所用标准滴定溶液、标准溶液、制剂及制品,均按 GB/T 601、GB/T 602、GB/T 603的规定制备,实验用水应符合 GB/T 6682 中三级水规格,样品均按精确至 0.1 mL 量取,所用溶液以“%”表示的均为质量分数。

5.2　含量

按 GB/T 9722—2006 的规定测定。

5.2.1　试验条件

检测器:热传导检测器;

载气及流量:氢气,60 mL/min;

柱长:2 m;

固定相:10%聚乙二醇己二酸酯涂于经石油醚浸泡、丙酮洗涤过的 401 有机担体[0.18mm～0.28 mm(60 目～80 目)],于 150℃老化 4 h;

柱温度:120℃;

汽化室温度:170℃;

检测器温度:150℃;

进样量:8 μL;

色谱柱有效板高:H_{eff}≤20 mm;

乙酸乙酯不对称因子:f≤2.3。

各组分相对主体的相对保留值:

$r_{水,乙酸乙酯}=0.18$;$r_{甲醇,乙酸乙酯}=0.27$;

$r_{乙醇,乙酸乙酯}=0.42$;$r_{乙酸甲酯,乙酸乙酯}=0.72$。

5.2.2　定量方法

按 GB/T 9722—2006 中 9.2 的规定计算。其中:$f_{水/乙酸乙酯}=0.55$;$f_{甲醇/乙酸乙酯}=0.65$;$f_{乙醇/乙酸乙酯}=0.74$。

5.3　密度测定

按 GB/T 611—2006 中 4.1 的规定测定。

5.4 色度测定

量取 50 mL 样品，注入 100 mL 比色管中，按 GB/T 605 的规定测定。

5.5 蒸发残渣

量取 222.2 mL(200 g)[化学纯量取 55.5 mL(50 g)]样品，按 GB/T 9740 的规定测定。

5.6 水分

同 5.2。

5.7 酸度

按 GB/T 9736—1988 中 6.1 的规定测定。其中：

量取 10 mL“乙醇(95%)”，加 2 滴酚酞指示液(10 g/L)，摇匀，用氢氧化钠标准滴定溶液[c(NaOH)=0.02 mol/L]滴定至溶液呈粉红色，并保持 30 s。加 11 mL(10 g)样品，摇匀，用氢氧化钠标准滴定溶液[c(NaOH)=0.02 mol/L]滴定至溶液呈粉红色，并保持 30 s。酸度数值以毫摩尔每克(mmol/g)计，结果按 GB/T 9736—1988 中第 7 章“水溶性样品”的规定计算。

5.8 甲醇

同 5.2。

5.9 乙醇

同 5.2。

5.10 乙酸甲酯

同 5.2。

5.11 易炭化物质

按 GB/T 9737 的规定。其中：

量取 5 mL 硫酸(优级纯，95%±0.5%)，置于比色管中，冷却至 10℃，在振摇下逐滴加入 5 mL 样品(此时温度不得高于 20℃)，5 min 内溶液所呈颜色不得深于 GB/T 9737 规定的下列标准色：

分析纯 …………………………………………………… $\frac{A}{10}$或$\frac{Q}{10}$；

化学纯 …………………………………………………… $\frac{A}{4}$或$\frac{Q}{4}$。

6 检验规则

按 HG/T 3921 的规定进行采样及验收。

7 包装及标志

按 GB 15346 的规定进行包装、贮存与运输，并给出标志，其中：

包装单位：第 4、5 类；

内包装形式：NBY-20、NBY-21、NBY-23、NBY-24、NBY-26、NBY-27、NBY-28、NBY-29；

隔离材料：GC-3、GC-4、GC-5；

外包装形式：WB-1；

标签：符 GB 15258 规定，注明“易燃品”。

ICS 71.040.30
G 61

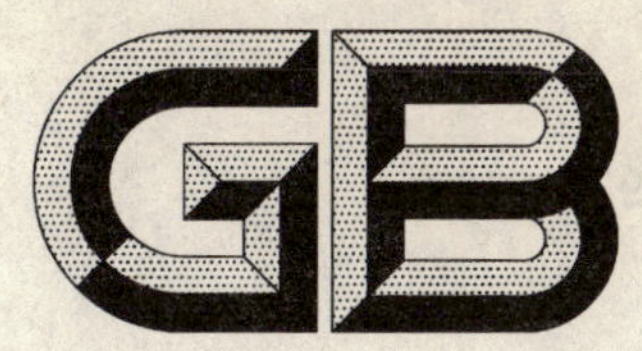

中华人民共和国国家标准

GB 12593—2007
代替 GB 12593—1990

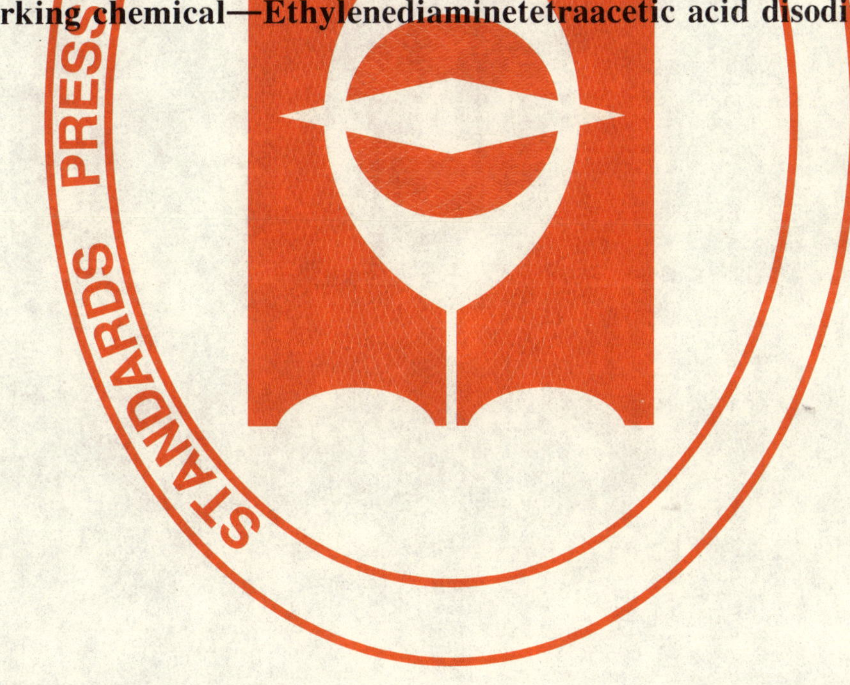

工作基准试剂　乙二胺四乙酸二钠

Working chemical—Ethylenediaminetetraacetic acid disodium salt

2007-10-25 发布　　2008-04-01 实施

中华人民共和国国家质量监督检验检疫总局
中国国家标准化管理委员会　发布

前言

本标准第 4 章、5.3.1、5.3.2 为强制性的，其他条文为推荐性的。

本标准代替 GB 12593—1990《工作基准试剂（容量） 乙二胺四乙酸二钠》，与 GB 12593—1990 相比主要变化如下：

——标准名称改为《工作基准试剂 乙二胺四乙酸二钠》；

——修改了含量的测定方法（前版的 4.1，本版的 5.3）。

本标准由中国石油和化学工业协会提出。

本标准由全国化学标准化技术委员会化学试剂分会（SAC/TC 63/SC 3）归口。

本标准负责起草单位：北京化学试剂研究所。

本标准参加起草单位：广东光华化学厂有限公司。

本标准主要起草人：韩宝英、强京林、王玉华、陈汉昭。

本标准于 1977 年首次发布，于 1990 年第一次修订。

工作基准试剂　乙二胺四乙酸二钠

分子式：$C_{10}H_{14}N_2O_8Na_2 \cdot 2H_2O$

结构式：

```
        O                                  O
        ‖                                  ‖
NaO—C—CH₂                        CH₂—C—OH
          \                      /
           N—CH₂—CH₂—N                         ·2H₂O
          /                      \
HO—C—CH₂                         CH₂—C—ONa
        ‖                                  ‖
        O                                  O
```

相对分子质量：372.24（根据2003年国际相对原子质量）

1　范围

本标准规定了工作基准试剂——乙二胺四乙酸二钠的性状、规格、试验、检验规则和包装及标志。

本标准适用于滴定分析用工作基准试剂——乙二胺四乙酸二钠的检验。

2　规范性引用文件

下列文件中的条款通过本标准的引用而成为本标准的条款。凡是注日期的引用文件，其随后所有的修改单（不包括勘误的内容）或修订版均不适用于本标准，然而，鼓励根据本标准达成协议的各方研究是否可使用这些文件的最新版本。凡是不注日期的引用文件，其最新版本适用于本标准。

GB/T 601　化学试剂　标准滴定溶液的制备

GB/T 602　化学试剂　杂质测定用标准溶液的制备（GB/T 602—2002，ISO 6353-1：1982，NEQ）

GB/T 603　化学试剂　试验方法中所用制剂及制品的制备（GB/T 603—2002，ISO 6353-1：1982，NEQ）

GB/T 6682　分析实验室用水规格和试验方法（GB/T 6682—1992，neq ISO 3696：1987）

GB/T 9724　化学试剂　pH值测定通则（GB/T 9724—2007，ISO 6353-1：1982，NEQ）

GB/T 9728　化学试剂　硫酸盐测定通用方法（GB/T 9728—2007，ISO 6353-1：1982，NEQ）

GB/T 9729　化学试剂　氯化物测定通用方法（GB/T 9729—2007，ISO 6353-1：1982，NEQ）

GB/T 9735　化学试剂　重金属测定通用方法（GB/T 9735—1988，eqv ISO 6353-1：1982）

GB/T 9739　化学试剂　铁测定通用方法（GB/T 9739—2006，ISO 6353-1：1982，NEQ）

GB 10738　工作基准试剂　含量测定通则　称量滴定法

GB 15346　化学试剂　包装及标志

HG/T 3484　化学试剂　标准玻璃乳浊液和澄清度标准

HG/T 3921　化学试剂　采样及验收规则

3　性状

本试剂为白色结晶粉末，溶于水，几乎不溶于乙醇。

4　规格

乙二胺四乙酸二钠的规格见表1。

表 1　乙二胺四乙酸二钠的规格

名　　称	工作基准
含量($C_{10}H_{14}N_2O_8Na_2 \cdot 2H_2O$),$w$/%	99.95～100.05
pH 值(50 g/L,25℃)	4.0～5.0
络合力试验	合格
澄清度试验,号	≤3
氯化物(Cl),w/%	≤0.004
硫酸盐(SO_4),w/%	≤0.01
氨基三乙酸($C_6H_9NO_6$),w/%	≤0.05
铁(Fe),w/%	≤0.000 5
铜(Cu),w/%	≤0.000 25
重金属(以 Pb 计),w/%	≤0.001

5　试验

5.1　警告

本试验方法中使用的部分试剂具有毒性或腐蚀性,一些试验过程可能导致危险情况,操作者应采取适当的安全和健康措施。

5.2　一般规定

本章中除另有规定外,所用标准滴定溶液、标准溶液、制剂及制品,均按 GB/T 601、GB/T 602、GB/T 603 的规定制备,实验用水应符合 GB/T 6682 中三级水规格,样品均按精确至 0.01 g 称量,所用溶液以"%"表示的均为质量分数。

5.3　含量

按 GB 10738 的规定测定。

5.3.1　氯化锌标准滴定溶液滴定标准物质乙二胺四乙酸二钠

称取 0.5 g 于硝酸镁饱和溶液(有过剩的硝酸镁晶体)恒湿器中放置 7 d 后的标准物质乙二胺四乙酸二钠,精确至 0.000 01 g。置于反应瓶中,加 100 mL 热水溶解,冷却,加 10 mL 氨-氯化铵缓冲溶液甲(pH 值为 10),用氯化锌标准滴定溶液[$c(ZnCl_2)=0.05$ mol/L]滴定,近终点时加 3 滴铬黑 T 指示液(5 g/L),继续滴定至溶液由蓝色变为红紫色。称量乙二胺四乙酸二钠标准滴定溶液,应精确至 0.000 1 g。

5.3.2　含量的测定

含量的测定同 5.3.1,用样品代替标准物质。

乙二胺四乙酸二钠的质量分数 w,数值以"%"表示,按式(1)计算:

$$w=\frac{m_1 \cdot m_4 \cdot w_b}{m_2 \cdot m_3} \qquad (1)$$

式中:

m_1——标准物质乙二胺四乙酸二钠质量的数值,单位为克(g);

m_4——滴定样品时,氯化锌标准滴定溶液质量的数值,单位为克(g);

w_b——标准物质乙二胺四乙酸二钠的含量(质量分数),数值以"%"表示;

m_2——滴定标准物质乙二胺四乙酸二钠时,氯化锌标准滴定溶液质量的数值,单位为克(g);

m_3——样品质量的数值,单位为克(g)。

5.4　pH 值

按 GB/T 9724 的规定测定。

5.5 络合力试验

5.5.1 试验溶液及制剂的制备

5.5.1.1 样品溶液

称取0.327 g样品，溶于热水，冷却，移入100 mL容量瓶中，稀释至刻度，摇匀。

5.5.1.2 碳酸钙溶液

称取0.100 g预先于200℃干燥2 h的碳酸钙，置于100 mL容量瓶中，加10 mL水及0.4 mL盐酸溶液(20%)，溶解，用氨水溶液(10%)中和，稀释至刻度，摇匀。

5.5.1.3 硫酸铜溶液

称取0.250 g硫酸铜($CuSO_4 \cdot 5H_2O$)，置于100 mL容量瓶中，溶于水，稀释至刻度，摇匀。

5.5.2 测定方法

量取5.00 mL样品溶液，加3滴氨水溶液(10%)及2.5 mL草酸铵溶液(40 g/L)，在不断摇动下，加5.00 mL碳酸钙溶液，溶液应透明。如果在摇动1 min后，溶液仍有混浊，再加0.2 mL样品溶液，摇动1 min后，溶液应变为透明。

量取5.00 mL样品溶液，加0.5 mL氨水溶液(1%)及0.5 mL六氰合铁(Ⅱ)酸钾溶液(100 g/L)，在不断摇动下加4.8 mL硫酸铜溶液，溶液应为淡蓝绿色，不得有红色。

5.6 澄清度试验

称取5 g样品，溶于100 mL水中。其浊度不得大于HG/T 3484中规定的澄清度标准3号。

5.7 氯化物

称取0.5 g样品，溶于10 mL热水中，加2 mL硝酸溶液(25%)，振摇至沉淀完全析出，过滤，以水洗涤三次，合并滤液及洗液，稀释至20 mL，按GB/T 9729的规定测定。溶液所呈浊度不得大于标准比浊溶液。

标准比浊溶液的制备是取含0.02 mg的氯化物(Cl)标准溶液，稀释至20 mL，与同体积试液同时同样处理。

5.8 硫酸盐

5.8.1 试验溶液Ⅰ的制备

称取3 g样品，置于铂皿中，缓缓加热炭化，于600℃灼烧至白。必要时加5 mL水，蒸干，再于600℃灼烧，反复处理至残渣完全变白。加20 mL水，滴加6 mL硝酸溶液(25%)，在水浴上蒸干。残渣溶于热水中，冷却，稀释至30 mL(必要时过滤)。

5.8.2 测定方法

量取5 mL试验溶液Ⅰ(5.8.1)，稀释至20 mL，按GB/T 9728的规定测定。溶液所呈浊度不得大于标准比浊溶液。

标准比浊溶液的制备是取含0.05 mg的硫酸盐(SO_4)标准溶液，稀释至20 mL，与同体积试液同时同样处理。

5.9 氨基三乙酸

5.9.1 仪器

脉冲或示波极谱仪。

5.9.2 试验条件

工作电极：滴汞电极；

参比电极：银-氯化银或饱和甘汞电极；

对电极：铂电极；

灵敏度：适当选择；

除氧方式：通氮气5 min以上；

扫描电位范围：−0.6 V～−1.1 V。

5.9.3 测定方法

称取 1 g 样品，加 30 mL 热水溶解，冷却，用氢氧化钠溶液（100 g/L）调节溶液 pH 值为 10.5～10.7（用酸度计控制）。滴加氯化镉溶液（50 g/L）至溶液有微量沉淀[滴加过程中应保持溶液 pH 值为 10.5～10.7。必要时用氢氧化钠溶液（100 g/L）调节]，用氢氧化钠溶液（0.02 g/L）稀释至 50 mL。用极谱仪测定，其极谱波高不得大于标准波高的一半。

标准是取含 0.5 mg 的氨基三乙酸（$C_6H_9NO_6$）标准溶液及 1 g 样品，加 30 mL 热水溶解，冷却，与同体积样品溶液同时同样处理。

5.10 铁

5.10.1 试验溶液Ⅱ的制备

称取 3 g 样品，置于铂皿中，缓缓加热炭化，于 600℃ 灼烧至白。必要时加 5 mL 水，蒸干，再于 600℃ 灼烧，反复处理至残渣完全变白。加 10 mL 水溶解残渣，滴加盐酸溶液（20%）中和，过量 1 mL，在水浴上保温 10 min，稀释至 30 mL。

5.10.2 测定方法

量取 10 mL 试验溶液Ⅱ（5.10.1），用氨水溶液（10%）将溶液的 pH 值调至 2 后，按 GB/T 9739 的规定测定。溶液所呈红色不得深于标准比色溶液。

标准比色溶液的制备是取含 0.005 mg 的铁（Fe）标准溶液，加 0.2 mL 盐酸溶液（20%），稀释至 10 mL，与同体积试液同时同样处理。

5.11 铜

量取 10 mL 试验溶液Ⅱ（5.10.1），加 5 mL 柠檬酸铵溶液（200 g/L），用氨水将溶液的 pH 值调至 9，并过量 1 mL，稀释至 25 mL。加 1 mL 二乙基二硫代氨基甲酸钠溶液（1 g/L），摇匀，加 5 mL 异戊醇萃取，振摇 1 min，有机相所呈黄色不得深于标准比色溶液。

标准比色溶液的制备是取含 0.002 5 mg 的铜（Cu）标准溶液，稀释至 10 mL，与同体积试液同时同样处理。

5.12 重金属

量取 20 mL 试验溶液Ⅰ（5.8.1），用氨水溶液（10%）将溶液的 pH 值调至 4 后，按 GB/T 9735 的规定测定。溶液所呈暗色不得深于标准比色溶液。

标准比色溶液的制备是取含 0.02 mg 的铅（Pb）标准溶液，加 0.2 mL 盐酸溶液（20%），稀释至 20 mL，与同体积试液同时同样处理。

6 检验规则

按 HG/T 3921 的规定进行采样及验收。

7 包装及标志

按 GB 15346 的规定进行包装、贮存与运输，并给出标志，其中：

包装单位：第 3 类；

内包装形式：NB-4、NB-5、NB-6；

外包装形式：用规格为 600 g/m^2 的盒板纸制盒，外层裱紫色电光纸。

ICS 97.020
L 09

中华人民共和国国家标准

GB 12641—2007
代替 GB 12641—1990

教学视听设备及系统
维护与操作的安全要求

Safety requirements for handling and operation of audiovisual teaching equipment and systems

(IEC 60574-7:1987,Audiovisual,video and television equipment and systems—Part 7:Safe handling and operation of audiovisual equipment,MOD)

2007-06-05 发布 2007-09-01 实施

中华人民共和国国家质量监督检验检疫总局
中国国家标准化管理委员会 发布

前 言

本标准的全部技术内容为强制性。

本标准修改采用 IEC 60574-7:1987《视听、视频和电视设备及系统 第 7 部分:视听设备的安全维护与操作 》(英文版)。

为了便于使用,对于 IEC 60574-7:1987 本标准做了下列修改,其主要差异如下:

——按照汉语习惯对编排格式进行了修改;

——将国际标准的表述改为适用于我国标准的表述;

——增加了第 2 章"规范性引用文件"和第 3 章"术语和定义";

——根据 IEC 原文的适用范围,将标准名称"视听、视频和电视设备及系统维护与操作的安全要求"改为"教学视听设备及系统维护与操作的安全要求";

——将附录 A 中的 IEC 标准替换为相应的最新国家标准。

本标准在修改采用 IEC 60574-7 的同时,做了一些技术性差异的修改,并在已修改条款、新增加条款后面的页边空白处,用垂直单线标识。

本标准代替 GB 12641—1990《视听、视频和电视设备及系统维护与操作的安全要求》。

本标准与 GB 12641—1990 相比,其主要差异如下:

——增加了"前言"和"引言";

——扩大了本标准的"适用范围"(本版的第 1 章);

——增加了"按产品使用说明书维护与操作"的重要性(本版的 5.9、6.12、7.19、8.8、9.18、10.4)。

本标准的附录 A 为规范性附录。

本标准由全国音频、视频及多媒体系统与设备标准化技术委员会提出并归口。

本标准主要起草单位:中国电子科技集团公司第三研究所、北京鸿合世纪科技有限责任公司、北京中教仪科技有限公司、安徽国风教育技术装备有限公司。

本标准主要起草人:王丽艳、王春玉、谢静生、景维华。

引　言

近十几年，教学视听设备及系统发展迅速、品种增加。另外，许多教学视听设备及系统已由原来的电教馆、电教室专人负责、专人使用，发展为进入每个教室；随之而来的是其使用者和接触者也发生了变化，他们可能是没有任何用电常识的中、小学师生，因此，系统的维护与操作的安全要求就变得尤为重要。

GB 12641—1990 等同采用 IEC 60574-7:1987。该 IEC 标准颁布距今 15 年，已远远跟不上现阶段电化教学设备及系统的实际需要。本标准为 GB 12641—1990 的第一次修订，主要的修订内容如前言所述。

本标准是国内目前唯一规范整个视听系统安全性的标准。

教学视听设备及系统
维护与操作的安全要求

1 范围

本标准规定了教学视听设备及系统维护与操作的安全要求。

本标准适用于教学视听领域中广泛使用的视听、视频和电视设备及系统的安全维护和操作。其目的是为了使接触和操作视听设备者,在教育或训练的场合下能有所遵循,以便采取适当的防护措施确保安全。

2 规范性引用文件

下列文件中的条款通过本标准的引用而成为本标准的条款。凡是注日期的引用文件,其随后所有的修改单(不包括勘误的内容)或修订版均不适用于本标准,然而,鼓励根据本标准达成协议的各方研究是否可使用这些文件的最新版本。凡是不注日期的引用文件,其最新版本适用于本标准。

GB 2893—2001 安全色(neq ISO 3864:1984)

GB 2894—1996 安全标志(neq ISO 3864:1984)

GB 4943—2001 信息技术设备的安全(idt IEC 60950:1999)

GB 5296.1—1997 消费品使用说明 总则

GB 5296.2—1999 消费品使用说明 家用和类似用途电器的使用说明

GB/T 7450—1987 电子设备雷击保护导则

GB 7947—1997 导体的颜色或数字标识(idt IEC 60446:1989)

GB 8898—2001 音频、视频及类似电子设备安全要求(eqv IEC 60065:1998)

GB 9969.1—1998 工业产品使用说明书 总则

GB/T 50311—2000 建筑与建筑群综合布线系统工程设计规范

GB/T 5465.2—1996 电气设备用图形符号(idt IEC 60417:1994)

GB/T 9002—1996 音频、视频和视听设备及系统词汇(neq IEC 60574-2:1992)

GB/T 13433—1992 产品标准中有关儿童安全的要求

JY/T 0363—2002 视频展示台

ISO/IEC 11801:1995 信息技术 用户通用布线系统

3 术语和定义

下列术语和定义适用于本标准。

3.1

视听、视频和电视设备及系统 audiovisual、video and television equipment and systems

用于声音或图像的摄取、接收、记录、处理、传输、放大及多媒体重放的设备和系统,包括它们的辅助件。

这些设备的具体定义应符合 GB/T 9002。

3.2

冷凝 condensation

由于温度突然变化,在物体表面所产生的结露现象。

3.3

指定人 assigner

指经过专门训练、执行某项任务、具有相应安全资历和经验的人员。

3.4

视频展示台 video presenter

由控制系统操作，可以将实物、资料、胶片、底片等经过摄像、处理并能通过视频显示设备显示出来的装置。

见 JY/T 0363—2002 中 3.1 定义。

3.5

多媒体中央控制器 multimedia center controler

在多功能厅及多种音视频设备使用的场合，能够控制各种视听设备的多媒体信号切换、特别是能控制它们的主要功能及电源通断的设备。

4 设备的安全设计和生产

设计和生产出的一切设备，在任何时间均应符合国家或国际认可的安全标准，不同产品应符合附录 A 中标准的相关要求。

5 设备存放与运送

5.1 设备应贮存在温度为(0～40)℃之间通风、无腐蚀源的干燥地方，特殊设备除外。

5.2 在炎热或寒冷的天气里，设备不应存放在密封车辆等运输工具内。

5.3 设备在运送中，应有措施防雨雪和其他任何形式的潮气侵袭。

5.4 当不可避免地要在高低极限温度间运送时，应当注意避免冷凝引起的电击危险。受到这种冷凝影响的设备，在接通电源之前应彻底地加以干燥。

5.5 设备运送装置(手推车或各种运输车)应有足够的强度和稳定性，以保证设备的安全运送。运送装置应能自由灵活地使用，对其固定件、轮子和轮胎应定期检查。装载物承受面的周边应有凸起的保护挡边或有将装载物固定的某些措施。

5.6 当装载物的高度挡住运输人员前方视线时，应平稳而缓慢地操纵运送装置。在地面高度变化时，应施加适当的辅助措施。

5.7 搬运提手必须牢固完好。

5.8 搬运重设备和大体积设备时应有相应的措施。

5.9 其他特殊注意事项应按包装箱及产品使用说明书的要求，应遵照 GB 5296.1、GB 5296.2、GB 9969.1、GB/T 13433 的有关规定。

6 设备使用前的注意事项

6.1 设置的工作电源电压、频率及其波动范围应与符合国家标准的电网电源相适应。其多用电源电压选择器应调整到与当地电网电源相适应的位置上。

6.2 从新设备上拆除所有运输用的螺钉和其他夹持装置并妥善保存，以备再次运输时使用。

6.3 所用设备的盖和把手应牢固而无损伤，外壳应无损伤、裂纹或孔洞，所有旋钮、键和其他操作控制器应齐全而无损伤。

6.4 各通风排气孔应无阻塞现象，所有保护栅应无损伤。

6.5 设备无任何可伤人的锐边锐角或凸起部位。

6.6 所有电网电源线的绝缘(要求双重绝缘)呈完好状态。

6.7 电网电源线的所有插头和插座呈完好状态，无裂纹、不缺件、不变形，所有固定螺钉都应牢靠。

6.8 电缆固定装置或应力消除装置应采用绝缘材料卡紧电网电源线的外护层，但不能损伤外护层。

6.9 系统使用的电网电源线的任一股不应对任何插头或插座的外部构成电的通路。

6.10 系统连接的可拆插头内部连线要用钩焊或端接螺钉拧紧，并且无未接或松脱的线股现象。

6.11 具有内接熔断器的插头和配电板应安装具有正确额定值(比如：电压、电流预飞弧时间/电流特性、分断能力)的熔断器。

6.12 其他特殊注意事项应按产品使用说明书的要求。

7 设备的安装

7.1 用电网电源供电的设备应避免在室外或任何潮湿的地方使用，专门为之设计的设备除外。

7.2 对要求组装或拆卸的设备，应有相应措施。应小心组装或拆卸投影屏幕及折叠架，以防止辅助设备部件伤人。

7.3 设备台架或支座应有足够的强度和稳定性。对需要独立支撑的设备，应保证它能承受强气流或风的作用。

台架或支座应架设在平地上，并予以定位，使意外翻倒的危险减至最小。为了最大限度地确保安全，在支撑较重设备的台架或支座附近应该是非观众区。

7.4 支承在墙上或安装在天花板上的设备(如投影机等)使用的支臂应牢固可靠，并定期用拉力计进行检查。拉力计所施加的拉力应大于使用的投影机的总重量。建议采用安全保护链。

7.5 安装在墙上的投影屏、标志板等悬挂安装的设备，应定期进行检查，检查螺钉是否松动、失落或固定装置是否损伤，以保证升降机构正常工作。

7.6 带有活动臂的设备(如视频展示台)应安放平稳，使得不管其处于任何设计角度，在使用中都不应倾倒。

7.7 应仔细地固定好所有电缆，特别是电网电源电缆。横跨门道的电缆是个潜在的危险。电缆不应与金属边框接触，应采取各种措施保证电缆不会把人绊倒或致使设备从台架支座上掉下来，有关安全标志应按 GB 2894 的有关规定。

7.8 电缆应采用鲜明的色彩以减少绊倒危险，橙色电缆就比暗淡色的电缆更易看清。颜色的选择应按 GB 2893 的有关规定。

7.9 在用长距离传输视听信号的较大系统工程中，应遵循有关的特殊技术规范，如防雷、接地、综合布线测试安装等，见 GB/T 50311、ISO/IEC 11801、GB 7450。

7.10 悬挂投影机等较长的保护地线应就近单独接地。

7.11 外接电源线应安全地安装，其电流额定值应符合设备要求。由于盘绕会发热而造成电缆熔化或起火。因此绝不可采用把电源线盘绕的方式。

7.12 外接电源线一般不应从一个房间或走廊引到另一房间或走廊。以避免在某些情况下，由于不同相位的组合而在设备上可能产生的危险高压。

7.13 当电网电源插座采用多路转接器时，应注意保证插座不会过载。较好的办法是使用专业制造的配线板、正确地安装熔断器并有电源的指示灯。

7.14 对依靠保护地线而达到安全工作的设备，其三极插座转换器绝不可用两极插头，绝不可扳倒三极插头中的保护接地后，强行插入两极插座。当教室里没有安装保护地线而墙上只有两极插座时，应使用Ⅱ类设备。

注：Ⅱ类设备的定义见 GB 8898。

7.15 不应使用开裂或缺损的电源插座。各插座的安装应当可靠。任何开关或指示灯应正确地发挥其作用。

7.16 不应使用会造成过热或引起电源接触不良的插座、插头及转换器，遇有此类问题应向指定人报告。

7.17 所有电源开关,包括设备上的开关,在连接电网电源之前均应处于断位状态。

7.18 各种主控制台应配有专用锁。

7.19 其他特殊注意事项应按产品使用说明书的要求。

8 设备连接电源时应注意的事项

8.1 不允许用湿手或站在湿地上触摸设备!否则均有电击危险。特殊设计的设备除外。

8.2 若电源线是可取下来的,则用户应保证使用符合该设备的电源线且在插入电源之前,先将电源线接到设备上。

8.3 设计为需要保护接地的设备(一般称为Ⅰ类设备),必须可靠地接地。具备Ⅱ类绝缘结构的设备,无需用保护接地措施。这种Ⅱ类设备应使用图1所示的“双重绝缘”符号。

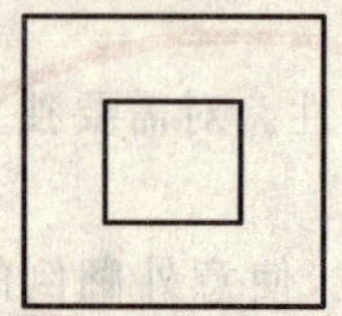

图1 双重绝缘符号

8.4 Ⅱ类设备上的电源插座只许连接其他Ⅱ类设备。Ⅰ类设备上的电源插座可连接Ⅱ类设备或备有保护接地的设备。而设备上的保护接地点要可靠地连接到插座的保护接地端子上。

8.5 如果用配电盘联接各设备的电源线,或者需要连接单独的保护接地线,其颜色应按GB 7947的有关规定。

8.6 控制总电网电源通断的设备(如多媒体中央控制器)应先开启总电源,然后再依次开启各个设备的电源,防止因开机时浪涌电流的冲击而损坏设备及转接器。

8.7 设备上不能放置装有液体的物品。

8.8 其他特殊注意事项应按产品使用说明书的要求。

9 设备工作时应注意的事项

9.1 所有可拆卸的安全保护板和面板均应处于正常位置上。通电前,设备的门、盖均要可靠地关闭。

9.2 在接通电源开关前,应先将所有音量控制器调至较小位置,以避免开机时音量有伤害人耳的可能性,这对听觉灵敏的小孩耳朵特别重要。语言学习系统及教学中使用的耳机应限制其最大音量,并最好设计成音量由小渐大。

9.3 某些良好设备的耳机插座内部,采用了一定程度的防止音量过大损伤人耳的功能,这时可参照说明书,将普通耳机直接连接。而扬声器的输出插座上,除某些类型的耳机,按指定人的意见可以安全地直接连接外,其他耳机一律不准连接。

9.4 用具有内接音量控制器的耳机时,应保证在收听前,调低音量控制器。

9.5 工作时应避免用眼直视强光源或激光源。

9.6 不应故意让设备的任何运动部件停止或锁住。应注意避免手指、头发、衣服、珠宝手饰等与运动部件接触。

9.7 当投影机或投影器等设备接通电源时,绝不允许直视它们的镜片或打开灯泡的检修门。

9.8 应保证投影机或投影器通风排气孔不会受堵,使空气流通。应当防止飘动的纸片等小物品可能被吸来贴住进气栅格,特别是处在设备下面的所有进气口。

9.9 应避免人和物品与灯罩栅格和邻近地方接触,应拿开诸如报纸、桌布和窗帘等物品,当触及时间过长,就可能发热而引起燃烧。

9.10 更换有故障灯泡时,首先应按程序关掉设备的开关,待设备自然停止工作后,再从电源插座中拔出电源插头。在装新灯泡前,应先让有故障的灯泡和邻近地方冷却。在装上以前,应查询灯泡的额定标记或制造厂的技术手册，以保证换上正确类型和符合电气额定值的灯泡。绝不应当选用比推荐的电压、电流额定值更高的灯泡，因为这样做会有危险。

9.11 各种气体放电灯及其他高压灯泡处于大压力下工作，甚至冷却时也如此。当灯泡发热时压力增加很大，此类灯泡应由指定人带上护目镜和手套进行维护和更换，以防高温碎片伤人。

9.12 系统长期停止工作时，应关断总电源。

9.13 更换熔断器必须采用规定的电压、电流预飞弧时间/电流特性、分断能力的熔断器。不许采用比设备的电源所要求的额定电流更大的熔断器，更不能用导线代替。

9.14 若更换的熔断器再次损坏，则应断开设备的开关，并报告指定人。

9.15 设备及系统所使用的灯具，如果直接用电网电源供电，则使用时禁止用手触碰灯管及灯座的金属部分。灯管损坏时，应由指定人更换。

9.16 除非专门认可为无人值守的设备外，设备工作时应有人管理。

9.17 设备在运回存贮地之前，应可靠地做好重新包装、把电源线盘绕好等工作。

9.18 其他特殊注意事项应按产品使用说明书的要求。

10 设备的故障

10.1 设备发生故障，应按程序关断设备的电源开关。待设备自然停止工作后，再从电源插座中拔出插头。

10.2 已知有故障的设备应清楚地予以标记，以便警告要使用该设备的任何人。

10.3 若不采用分立的电源电缆，断电维护时，一定要挂上警示标志和指派专人监视电闸。

10.4 其他特殊注意事项应按产品使用说明书的要求。

11 定期安全检查

11.1 所有设备的电网电源部分应按指定人确定的期限进行安全检查。这个期限不应超过二年。这种检查应由指定人进行，或委托制造厂及专业部门。

11.2 保修期外安全检查的程序和所用仪器应由指定人与有关设备制造厂或代理机构之间商定。

11.3 所发现的任何安全故障应由指定人排除。

11.4 定期安全检查设备时应采用相应的安全标准（见附录A中的相关标准），但应降低试验方法中的原严酷度，否则会引起设备累积损伤，例如绝缘失效等。

11.5 其他特殊注意事项应按产品使用说明书的要求。

12 电击和着火

通过示范宣传画和训练课程，广泛地宣传他人遭电击或设备着火时，应怎样给予正确的人员抢救和灭火指导。

附 录 A
（规范性附录）
有关的安全标准

GB 4208—1993 外壳防护等级(IP 代码)(eqv IEC 60529:1989)

GB 4793.1—1995 测量、控制和试验室用电气设备的安全 第1部分:通用要求(idt IEC 61010-1:1990)

GB 4943—2001 信息技术设备的安全

GB 7000.1—2002 灯具一般安全要求与试验(IEC 60598-1:1999,IDT)

GB 7000.10—1999 固定式通用灯具安全要求(idt IEC 60598-2-1:1979)

GB 7000.11—1999 可移式通用灯具安全要求(idt IEC 60598-2-4:1997)

GB 7000.12—1999 嵌入式灯具安全要求(idt IEC 60598-2-2:1997)

GB 7247.1—2001 激光产品的安全 第1部分:设备分类、要求和用户指南(idt IEC 60825-1:1993)

GB 8898—2001 音频、视频及类似电子设备安全要求(eqv IEC 60065:1998)

GB 9378—1988 广播电视演播系统的视音频和脉冲设备安全要求

GB/T 12501—1990 电工电子设备防触电保护分类(neq IEC 60536:1976)

JB 8617—1991 电影放映机、幻灯机、投影器的安全要求

IEC 60414—1973 指示和记录电气测量仪及其附件的安全要求

IEC 60447—1974 控制电气设备工作执行机构运动的标准导则

IEC 61149—1995 移动式无线电设备的安全搬运和操作导则

ICS 85.080
X 89

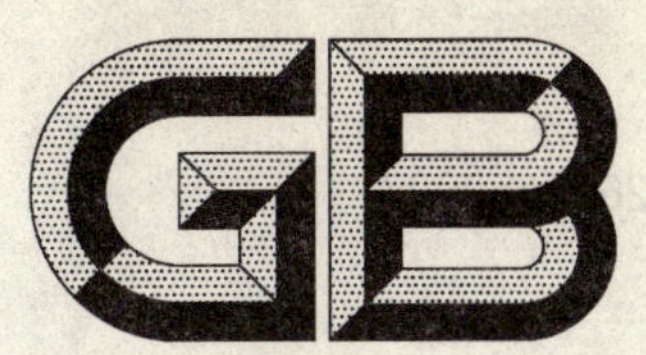

中华人民共和国国家标准

GB/T 12655—2007
代替 GB/T 12655—1998

卷烟纸

Cigarette paper

2007-10-16 发布　　2008-01-01 实施

中华人民共和国国家质量监督检验检疫总局
中国国家标准化管理委员会　发布

前言

本标准代替 GB/T 12655—1998《卷烟纸》。

本标准与 GB/T 12655—1998 相比主要变化如下：

——增加了纵向抗张能量吸收、阴燃速率定义；

——规定了产品品名的表示方法；

——修改了产品等级分类，将原来的 A1 和 A2 等品合并成 A 等品；

——透气度指标分为≤45 CU 和>45 CU 两个范围，采用平均值和变异系数双向控制；

——用纵向抗张能量吸收替代原来的纵向抗张强度和纵向伸长率；

——增加荧光白度指标；

——以阴燃速率替代阴燃性能；

——修订灰分、交货水分、尘埃度指标；

——对定量、透气度、抗张能量吸收、不透明度、白度及荧光白度的测试方法进行补充、说明；

——取消附录 A、附录 B、附录 C，以相应的国家或行业标准替代；

——检验规则采用交收检验、型式检验和监督检验三种。

本标准由国家烟草专卖局提出。

本标准由全国烟草标准化技术委员会(TC 144)归口。

本标准起草单位：国家烟草专卖局科教司、国家烟草质量监督检验中心、中国烟草标准化研究中心、中国烟草物资公司、浙江嘉兴民丰特种纸业有限公司。

本标准主要起草人：雷樟泉、邢军、韩云辉、张建华、刘锋、冯茜、鲁俭。

本标准所代替标准的历次版本发布情况为：

——GB 12655—1990；

——GB/T 12655—1998。

卷　烟　纸

1　范围

本标准规定了卷烟纸的术语和定义、产品分类、技术要求、试验方法、检验规则、标志、包装、贮存和运输。

本标准适用于机制卷烟用纸，不适用于机制雪茄烟纸、平板卷烟纸。

2　规范性引用文件

下列文件中的条款通过本标准的引用而成为本标准的条款。凡是注日期的引用文件，其随后所有的修改单（不包括勘误的内容）或修订版均不适用于本标准，然而，鼓励根据本标准达成协议的各方研究是否可使用这些文件的最新版本。凡是不注日期的引用文件，其最新版本适用于本标准。

GB/T 451.2　纸和纸板定量的测定(GB/T 451.2—2002,eqv ISO 536:1995)

GB/T 462　纸和纸板　水分的测定(GB/T 462—2003,ISO 287:1985,MOD)

GB/T 742　纸、纸板和纸浆　残余物（灰分）的测定（900℃）(GB/T 742—2003,ISO 2144:1997,MOD)

GB/T 1541　纸和纸板尘埃度的测定法

GB/T 1543　纸和纸板不透明度（纸背衬）的测定（漫反射法）(GB/T 1543—2005,ISO 2471:1998,MOD)

GB/T 2828.1　计数抽样检验程序　第1部分：按接收质量限(AQL)检索的逐批检验抽样计划(GB/T 2828.1—2003,ISO 2859-1:1999,IDT)

GB/T 4687　纸、纸板、纸浆的术语　第一部分(GB/T 4687—1984,neq ISO 4046:1978)

GB/T 7974　纸、纸板和纸浆亮度（白度）的测定　漫射/垂直法(GB/T 7974—2002,neq ISO 2470:1999)

GB/T 10342　纸张的包装和标志

GB/T 10739　纸、纸板和纸浆试样处理和试验的标准大气条件(GB/T 10739—2002,eqv ISO 187:1990)

GB/T 12914　纸和纸板抗张强度的测定法（恒速拉伸法）(GB/T 12914—1991,eqv ISO 1924-2:1985)

YC/T 172　卷烟纸、成形纸、接装纸及具有定向透气带的材料　透气度的测定(YC/T 172—2002,ISO 2965:1997,IDT)

YC/T 197　卷烟纸阴燃速率的测定

3　术语和定义

GB/T 4687中确立的以及下列术语和定义适用于本标准。

3.1

抗张能量吸收　tensile energy absorption

将单位面积的卷烟纸拉伸至断裂时所做总功，以 J/m^2 表示。

3.2

阴燃速率　static combustibility rate

点燃后的卷烟纸连续阴燃一定长度所需的时间，以 s/150 mm 表示。

4 产品分类

4.1 卷烟纸按产品质量分为A、B、C三等。

4.2 卷烟纸名称按燃烧性能分为普通卷烟纸、快燃卷烟纸两类。

4.3 卷烟纸按罗纹方式分为横罗纹、竖罗纹、无罗纹三种。

4.4 卷烟纸按原料组成分为木浆(W)、麻浆(F)、混合浆(M)三种。

4.5 卷烟纸产品品名应包含下列信息:标称定量、产品等级、标称透气度、原料组成、产品名称和罗纹方式。应与合格证和内商标的表示一致。示例:26.5 A 50 W 普通卷烟纸(竖),释义见表1。

表1 产品品名释义

产品品名	26.5	A	50	W	普通卷烟纸	竖
释义	定量	等级	透气度	原料组成	产品名称	罗纹方式

5 技术要求

5.1 卷烟纸不应使用对人体有害的助燃剂及其他助剂。

5.2 卷烟纸的性能指标应符合表2规定。

表2 卷烟纸的性能指标

指标名称		单位	要求		
			A	B	C
定量		g/m²	设计值±1.0		
透气度	≤45	CU	设计值±5	设计值±6	设计值±7
	>45		设计值±6		
透气度变异系数		%	≤8	≤10	≤12
纵向抗张能量吸收		J/m²	≥5.00		
白 度		%	≥87		
荧光白度		%	≤0.6		
不透明度		%	≥73		
灰分		%	≥13		
交货水分		%	4.5±1.5		
阴燃速率		s/150 mm	设计值±15		
宽度		mm	设计值±0.25		
尘埃度	0.3 mm²~1.5 mm²	个/m²	≤12	≤16	≤24
	1.0 mm²~1.5 mm² 的黑色尘埃		0	≤4	≤4
	>1.5 mm²		0	0	0

5.3 外观

5.3.1 卷烟纸图案和罗纹应清晰,同一批卷烟纸色调不应有明显差别。

5.3.2 卷烟纸组织应均匀、柔软细腻,卷烟后不应有露底现象。

5.3.3 卷烟纸不应有异味,纸面不应有折子、裂口、皱纹、污点、浆块、硬质块、孔眼及其他影响使用的缺陷。

5.3.4 卷烟纸卷盘应紧密,盘面平整洁净,不应有机械损伤。卷烟纸上机后运行状态应平稳,不应有明显跳动、摆动现象。

5.3.5 卷烟纸的卷芯应牢固，不易变形。卷芯宽度应与卷烟纸宽度相符，卷芯内径为(120±0.5)mm。A、B级每盘接头个数不应多于一个，C级每盘接头个数不应多于两个。接头应牢固，粘接处不应透层并应有色泽标记，接头质量不应影响卷烟卷制。

5.4 卷烟纸燃烧时应具有良好的包灰效果，不应有影响卷烟抽吸质量的异味和熄火现象。

5.5 卷烟纸长度和宽度应符合供需双方合同要求。

6 试验方法

除灰分、交货水分、尘埃度、外观、长度、宽度外，其他项目应按照GB/T 10739规定的标准环境大气条件对试样进行调节和测试。

6.1 定量：按照GB/T 451.2的规定进行测定，沿盘纸全宽切取长300 mm的试样，10张为一组，共测试五组。

6.2 透气度：按照YC/T 172的规定进行测定，最终结果及变异系数修约至整数。

6.3 纵向抗张能量吸收：按照GB/T 12914的规定进行测定。试样宽度15.0 mm、长250 mm，试验夹距(180.0±0.1)mm，拉伸速度(20±5)mm/min。

6.4 白度：按照GB/T 7974的规定进行测定，仅测正面。试样为长度100 mm的一叠盘纸，数量不少于30张，测试仪器的测试孔径不大于20 mm。

6.5 荧光白度：按照GB/T 7974的规定进行测定，仅测正面。试样为长度100 mm的一叠盘纸，数量不少于30张，测试仪器的测试孔径不大于20 mm。

6.6 不透明度：按照GB/T 1543中的纸背衬法进行测定，仅测正面。试样为长度100 mm的一叠盘纸，数量不少于30张，测试仪器的测试孔径不大于20 mm。

6.7 灰分：按照GB/T 742的规定进行测定。

6.8 交货水分：按照GB/T 462的规定进行测定。

6.9 阴燃速率：按YC/T 197的规定进行测定。

6.10 尘埃度：按照GB/T 1541的规定进行测定，仅测正面，共测四组，每组面积应累计达到250 mm×250 mm。

6.11 外观及其他：采用感官目测方式按5.3～5.4进行检验。

6.12 长度：采用复卷的方式进行检验，其中纸张运行速度应介于5 m/s～7 m/s之间。

6.13 宽度：用精确度为0.02 mm的游标卡尺进行检验。分别将卡尺的两个钳口放在盘纸卷盘的两个侧面上，卡钳应尽可能接触盘面，但又不应使盘面受损，读取数值，精确至百分位。每个盘面至少应等距离测定四次，宽度以四次测定的平均值表示，精确到0.01 mm。

7 检验规则

7.1 产品检验分交收检验、型式检验和监督检验三种。

7.2 交收检验

交收检验的项目为透气度、透气度变异系数、纵向抗张能量吸收、白度、定量、宽度、阴燃速率、外观及5.4的内容等。若供需双方有特殊要求，可按协议进行检验。

7.2.1 以一次交货的同一规格、同一品名的产品为一个检查批，但不应多于30 t。

7.2.2 交收检验按GB/T 2828.1的二次正常抽样方案，特殊检查水平S-3进行，样本单位为盘。

7.2.3 抽取样本时，应从批量中等间隔随机抽取所要求的样品量，使样本具有代表性。

7.2.4 交收检验的抽样方案、合格质量水平AQL(按不合格品计)及批质量判定按表3规定进行。

表 3 卷烟纸逐批检查抽样表

批量/盘	正常二次抽样 检查水平 S-3					不合格的分类	
	样本大小	B类不合格品 AQL=4.0		C类不合格品 AQL=10.0		B类不合格	C类不合格
		Ac	Re	Ac	Re		
2～15	2	0	1	0	1	纵向抗张能量吸收、透气度、透气度变异系数、荧光白度、不透明度、阴燃速率、宽度、异味、熄火及严重影响使用的外观缺陷。	定量、长度、白度、灰分、交货水分、尘埃度、包灰效果及其他外观缺陷。
16～50	2	0	1	0	2		
	4			1	2		
51～150	3	0	1	0	2		
	6			1	2		
151～500	5	0	2	0	3		
	10	1	2	3	4		
501～3 200	8	0	2	1	3		
	16	1	2	4	5		
3 201～35 000	13	0	3	2	5		
	26	3	4	6	7		

7.2.5 若阴燃速率测定出现熄火或测试结果超标，则判定该指标为不合格。

7.2.6 用户有权检查该产品的质量是否符合本标准要求，若用户对产品质量有异议，应在到货后一个月内，通知生产企业共同取样，如复验不符合本标准要求则判定该批产品为不合格。若双方对复验结果产生异议，可申请上级质检机构进行仲裁。

7.3 型式检验

7.3.1 型式检验的项目为 5.2～5.5 规定的内容。有下列情况之一，应进行型式检验：

a) 新产品或老产品转产生产的试制定型鉴定；

b) 正式生产后，如配方、工艺有较大改变，可能影响产品性能时；

c) 正常生产时，定期或积累一定产量后，应周期性进行一次检验；

d) 产品长期停产后，恢复生产时；

e) 出厂检验结果与上次型式检验有较大差异时；

f) 国家或行业质量监督机构提出进行型式检验要求时；

g) 合同规定时。

7.3.2 以同一规格、同一品名、同一时间内生产的产品为一个检查批，但不应多于 30 t。

7.3.3 检验规则按 7.2.2～7.2.5 的规定进行。

7.4 监督检验

7.4.1 监督检验的项目为 5.2 规定的除定量、宽度、交货水分外的所有指标。监督检验性能指标分为Ⅰ、Ⅱ两类(见表 4)。

7.4.2 以同一批次、同一规格、同一品名的产品为一个检查批。从检查批中等间隔随机抽取四盘卷烟纸。

表 4 监督检验性能指标分类表

分类	Ⅰ	Ⅱ
技术指标	纵向抗张能量吸收、透气度、透气度变异系数、不透明度、荧光白度、阴燃速率。	灰分、白度、尘埃度。

7.4.3 分别从每盘卷烟纸中剪取长度不少于 400 mm，厚度不少于 30 mm 的纸叠，作为试样，共四个，其中三个为测试样品，一个为备份样品。

7.4.4 若阴燃速率测定出现熄火或测试结果超标，则判定该指标为不合格。

7.4.5 分别对三个测试样品进行检验。若任一试样中存在一个或一个以上的Ⅰ类指标不符合标准规定，则应在该试样中重新取样对不符合项进行复验。若复验结果仍不合格，则判该试样为不合格；若复验结果合格，则应对不符合项进行第二次复验，最终结果以第二次复验结果为准。

7.4.6 若任一试样中存在任何两个或两个以上的Ⅱ类指标不符合标准规定，则判该试样为不合格。

7.4.7 若测试样品中只有一个试样不合格，应对备份样品进行检验，质量判定按7.4.4～7.4.6要求进行。

7.4.8 若所有样品中有一个以上的样品不合格，则判该批样品为不合格。

8 标志、包装、贮存和运输

8.1 卷芯内壁或卷盘外层应贴上标签，其内容包括：

a) 产品品名；

b) 企业名称；

c) 规格(宽度×长度)；

d) 可进行质量追溯的标记或合同规定的其他标记。

8.2 每件端面应贴上合格证，其内容按GB/T 10342的规定进行，并注明生产日期。

8.3 卷烟纸的包装和运输按双方合同规定执行。

8.4 卷烟纸应妥善保管，以防受雨、雪和地面潮气的影响。

8.5 卷烟纸不应与有毒、有异味、易燃等物品一起贮存或运输。

ICS 71.080.70
G 15

中华人民共和国国家标准

GB/T 12717—2007
代替 GB/T 12717—1991

工业用乙酸酯类试验方法

Test method of acetates for industrial use

2007-08-13 发布 2008-02-01 实施

中华人民共和国国家质量监督检验检疫总局
中国国家标准化管理委员会 发布

前　言

本标准代替 GB/T 12717—1991《工业乙酸酯类试验方法》。

本标准与 GB/T 12717—1991 相比主要变化如下：

——增加了警示的内容(见 3.1)；

——增加了外观的试验方法(见 3.3)；

——增加了气味的试验方法，技术内容与美国材料与试验协会标准 ASTM D 1296：2001《挥发性溶剂和稀释剂气味的试验方法》相同(见 3.5)；

——密度的试验方法由韦氏天平法修改为密度计法(1991 年版的 3.2，本版的 3.6)；

——酸度的试验方法中醇溶剂用量及取样量均由 10 mL 修改为 20 mL(1991 年版的 3.6.2，本版的 3.9.4)；

——取消了酯含量试验方法中的皂化法(1991 年版的 3.5)；

——乙酸酯含量、醇含量的试验方法中增加了毛细管柱气相色谱法(见 3.10.1)，增加了毛细管柱气相色谱法的典型色谱图(见附录 A.1)；

——水分的试验方法增加了卡尔·费休库仑法(见 3.11.1)。

本标准的附录 A、附录 B 为资料性附录。

本标准由中国石油和化学工业协会提出。

本标准由全国化学标准化技术委员会有机分会(SAC/TC63/SC2)归口。

本标准起草单位：山东金沂蒙集团有限公司、无锡百川化工股份有限公司。

本标准主要起草人：张思武、郑铁江、吴天华、谢登龙、薛建军、马晓丽、吕坚、王箐、张云。

本标准于 1991 年首次发布。

工业用乙酸酯类试验方法

1 范围

本标准规定了工业用乙酸酯类的试验方法。

本标准适用于常见的工业用乙酸酯类产品，包括乙酸甲酯、乙酸乙酯、乙酸正丙酯、乙酸异丙酯、乙酸正丁酯和乙酸异丁酯等的检验。

2 规范性引用文件

下列文件中的条款通过本标准的引用而成为本标准的条款。凡是注日期的引用文件，其随后所有的修改单(不包括勘误的内容)或修订版均不适用于本标准，然而，鼓励根据本标准达成协议的各方研究是否可使用这些文件的最新版本。凡是不注日期的引用文件，其最新版本适用于本标准。

GB/T 601—2002　化学试剂　标准滴定溶液的制备

GB/T 603—2002　化学试剂　试验方法中所用制剂及制品的制备(ISO 6353-1:1982,NEQ)

GB/T 3143—1982　液体化学产品颜色测定法(Hazen单位——铂-钴色号)

GB/T 4472—1984　化工产品密度、相对密度测定通则

GB/T 6283—1986　化工产品中水分含量的测定　卡尔·费休法(通用方法)(eqv ISO 760:1978)

GB/T 6324.2—2004　有机化工产品试验方法　第2部分:挥发性有机液体水浴上蒸发后干残渣的测定(ISO 759:1981,Volatile organic liquids for industrial use—Determination of dry residue after evaporation on a water bath—General method,MOD)

GB/T 6682—1992　分析实验室用水规格和试验方法(neq ISO 3696:1987)

GB/T 7534—2004　工业用挥发性有机液体　沸程的测定(ISO 4626:1980，Volatile organic liquids—Determination of boiling range of organic solvents used as raw materials,MOD)

GB/T 9722—2006　化学试剂　气相色谱法通则

3 试验方法

3.1 警示

试验方法规定的一些试验过程可能导致危险情况，操作者应采取适当的安全和健康措施。

3.2 一般规定

除非另有说明，在分析中仅使用确认为分析纯的试剂和GB/T 6682—1992规定的三级水。

分析中所用标准滴定溶液、制剂及制品，在没有注明其他要求时，均按GB/T 601—2002、GB/T 603—2002之规定制备。

3.3 外观的测定

于具塞比色管中，加入实验室样品，在日光灯或日光下目测。

3.4 色度的测定

按GB/T 3143—1982中规定的方法进行测定。

3.5 气味的测定

3.5.1 试剂和材料

3.5.1.1　参考样品:供需双方确认;

3.5.1.2　快速定性滤纸:无异味;

3.5.1.3　评香纸(市售):无异味。

3.5.2 分析步骤

3.5.2.1 特征气味的判定

取两只清洁的烧杯，分别放入适量的被测样品和参考样品，各用一张约 25 mm×75 mm 的快速定性滤纸或评香纸分别插入被测样品和参考样品中，插入深度约 50 mm，蘸取溶液，取出后分别放在烧杯或其他合适的容器中，用嗅觉对蘸在快速定性滤纸上的物质立即作快速的气味比较，判断样品特征气味是否与参考样品相符。

3.5.2.2 残留气味的判定

将上述两张试纸条在室温下空气中挥发至干，闻其是否有残留气味。在此过程中，每间隔一段合适的时间，判断一下它们的气味是否不同。

注：如果某种液体在室温下挥发至干的时间超过 30 min 或有关方商定的时间，建议不采用本方法来判断该液体的残留气味。

3.6 密度的测定

按 GB/T 4472—1984 中 2.3.3 密度计法进行测定。

3.7 蒸发残渣的测定

按 GB/T 6324.2—2004 中规定的方法进行测定。

3.8 沸程的测定

按 GB/T 7534—2004 中规定的方法进行测定。

3.9 酸度的测定

3.9.1 方法提要

样品用乙醇稀释，以酚酞为指示剂，用氢氧化钠标准滴定溶液滴定，根据消耗氢氧化钠标准滴定溶液的体积计算出实验室样品的酸度。

3.9.2 试剂

3.9.2.1 乙醇(95%)；

3.9.2.2 氢氧化钠标准滴定溶液：$c(NaOH)=0.02$ mol/L；

3.9.2.3 酚酞指示液：10 g/L。

3.9.3 仪器

滴定管：10 mL，分刻度为 0.05 mL。

3.9.4 试验步骤

量取 20 mL 乙醇于锥形瓶中，加 2 滴酚酞指示液摇匀，用氢氧化钠标准滴定溶液滴定至溶液呈粉红色。用移液管加入 20 mL 实验室样品，摇匀，再用氢氧化钠标准滴定溶液滴定至溶液呈粉红色，并保持 15 s 不褪色即为终点。

3.9.5 结果计算

酸度以乙酸(CH_3COOH)的质量分数 w_1 计，数值以%表示，按式(1)计算：

$$w_1=\frac{(V/1\,000)c\,M}{V_1\rho_t}\times 100 \qquad \cdots\cdots(1)$$

式中：

V——试料消耗氢氧化钠标准滴定溶液(3.9.2.2)的体积的数值，单位为毫升(mL)；

c——氢氧化钠标准滴定溶液浓度的准确数值，单位为摩尔每升(mol/L)；

M——乙酸的摩尔质量的数值，单位为克每摩尔(g/mol)($M=60.1$)；

V_1——试料的体积的数值，单位为毫升(mL)；

ρ_t——测定温度 t 时实验室样品的密度的数值，单位为克每立方厘米(g/cm³)。

3.10 乙酸酯含量和醇含量的测定 气相色谱法

3.10.1 毛细管柱法

3.10.1.1 方法提要

用气相色谱法，在选定的工作条件下，样品经气化通过毛细管色谱柱，使其中各组分得到分离，用氢火焰离子化检测器检测。测定定量校正因子，根据校正面积归一化法测定出乙酸酯和醇的含量，用卡尔·费休库仑法等方法测得的水分进行校正，得出乙酸酯和醇的含量。

3.10.1.2 **试剂**

3.10.1.2.1 氢气：体积分数不低于99.9%，经硅胶与分子筛干燥、净化；

3.10.1.2.2 氮气：体积分数不低于99.95%，经硅胶与分子筛干燥、净化；

3.10.1.2.3 空气：经硅胶与分子筛干燥、净化。

3.10.1.3 **仪器**

3.10.1.3.1 气相色谱仪：配有火焰离子化检测器，整机灵敏度和稳定性符合GB/T 9722—2006中的有关规定；

3.10.1.3.2 记录仪：色谱数据处理机或色谱工作站；

3.10.1.3.3 进样器：微量进样器，0.5 μL或1 μL。

3.10.1.4 **色谱柱及典型色谱操作条件**

推荐的毛细管色谱柱和典型色谱操作条件见表1。典型的毛细管柱色谱图见附录A中图A.1～图A.6，一些主要组分的相对保留值见附录A中表A.1。其他能达到同等分离程度的色谱柱和色谱操作条件也可使用。

表1 推荐的毛细管色谱柱和典型色谱操作条件

样　品	乙酸甲酯	乙酸乙酯	乙酸正丙酯	乙酸异丙酯	乙酸正丁酯	乙酸异丁酯
色谱柱	固定相为5%二苯基-95%二甲基硅氧烷共聚物的熔融石英毛细管柱					
柱长/柱内径/液膜厚度	30 m×0.32 mm×0.25 μm					
柱温/℃	40～80	40～80	40～80		70～100	70～100
气化室温度/℃	210	210	240			
检测器温度/℃	160～200					
载气(N_2)平均线速/(cm/s)	50					
空气流量/(mL/min)	300					
氢气流量/(mL/min)	30					
分流比	50：1或80：1					
进样量/μL	0.2～1.0					

3.10.1.5 **分析步骤**

启动气相色谱仪，参照表1所列色谱操作条件调试仪器，稳定后准备进样分析。

用进样器进样分析，用色谱数据处理机或积分仪处理计算结果。

3.10.1.6 **定量方法**

校正面积归一化法。相对校正因子的测定方法参见附录B。

3.10.1.7 **结果计算**

乙酸酯或醇的质量分数w_i，数值以%表示，分别按式(2)计算：

$$w_i = \frac{f_i A_i}{\sum f_i A_i} \times [100 - w(H_2O)] \quad \cdots\cdots(2)$$

式中：

f_i——被测组分i的校正因子；

A_i——被测组分i的峰面积；

$w(H_2O)$——样品中水的质量分数的数值；

$\sum f_i A_i$——各组分的校正峰面积之和。

3.10.2 **填充柱法**

3.10.2.1 **方法提要**

用气相色谱法，在选定的工作条件下，试料经气化通过填充色谱柱，使其中各组分得到分离，用热导检测器检测。根据校正面积归一化法，得出乙酸酯和醇的含量，同时可测定出水分。

3.10.2.2 **试剂**

3.10.2.2.1 聚己二酸乙二醇酯（固定液）；

3.10.2.2.2 401 有机担体：0.25 mm～0.18 mm；

3.10.2.2.3 载气：氢气，体积分数大于 99.9%。

3.10.2.3 **仪器**

3.10.2.3.1 气相色谱仪：配有热导检测器，整机灵敏度和稳定性符合 GB/T 9722—2006 中的有关规定。对于含量为 0.003% 的组分所产生的峰信号要大于仪器噪声的二倍。

3.10.2.3.2 记录仪：色谱数据处理机或色谱数据工作站。

3.10.2.3.3 进样器：微量注射器，10 μL。预先经过干燥，置于干燥器中保存，备用。

3.10.2.4 色谱柱及典型色谱操作条件

推荐的填充色谱柱及典型色谱操作条件见表 2，典型填充柱色谱图参见附录 A 中图 A.7～图 A.12，一些主要组分的相对保留值见附录 A 中表 A.2。其他能达到同等分离程度的色谱柱及操作条件也可使用。色谱柱在首次使用前应进行老化处理。老化方法为在 180℃下通氮气老化 24 h。

表 2 推荐的填充色谱柱及典型色谱操作条件

样　　品	乙酸甲酯	乙酸乙酯	乙酸正丙酯	乙酸异丙酯	乙酸正丁酯	乙酸异丁酯
色谱柱材质	不锈钢					
柱长/m	2～3					
柱内径/mm	3～4					
载体与固定液质量比	100∶10					
色谱柱填装量/(g/m)	2.0					
载气	氦气或氢气					
载气流量/(mL/min)	30					
柱温/℃	115	130	145		165	
气化室温度/℃	180～240					
检测器温度/℃	115	130	145		165	
桥流/mA	120～180					
进样量/μL	1～5					

3.10.2.5 **分析步骤**

启动气相色谱仪，按表 2 所列色谱操作条件调试仪器，稳定后准备进样分析。

用进样器进样分析，用色谱数据处理机或积分仪处理计算结果。

3.10.2.6 **定量方法**

校正面积归一化法。当样品的杂质中只有水和醇存在的情况下，也可采用外标法。相对校正因子的测定方法参见附录 B。

3.10.2.7 **结果计算**

3.10.2.7.1 **校正面积归一化法的计算**

乙酸酯、醇或水的质量分数 w_i，数值以%表示，分别按式(3)计算：

$$w_i = \frac{f_i A_i}{\sum f_i A_i} \times 100 \quad \cdots\cdots(3)$$

式中：

f_i——被测组分 i 的校正因子；

A_i——被测组分 i 的峰面积；

$\sum f_i A_i$——各组分的校正峰面积之和。

3.10.2.7.2 外标法的计算

乙酸酯、醇或水的质量分数 w_i，数值以%表示，分别按式(4)计算：

$$w_i = \frac{E_i A_i}{A_E} \quad \cdots\cdots(4)$$

式中：

E_i——标准样品中组分 i 以%表示的质量分数；

A_i——试样中组分 i 的峰面积；

A_E——标准样品中组分 i 的峰面积。

3.11 水分的测定

3.11.1 卡尔·费休库仑法

3.11.1.1 方法提要

试料中的水分与电解液中的碘和二氧化硫发生定量反应，反应式为：

$$I_2 + SO_2 + H_2O \longrightarrow 2HI + SO_3$$

$$2I^- - 2e \longrightarrow I_2$$

参加反应的碘分子数等于水的分子数，而电解生成的碘与所消耗的电量成正比，依据法拉第定律，用测量消耗的电量得出水的量。

3.11.1.2 试剂

电解液：卡尔·费休试剂或与卡尔·费休库仑法水分测定仪配套使用的电解液(市售试剂)。

3.11.1.3 仪器

3.11.1.3.1 卡尔·费休库仑法水分测定仪：配有电解电极和检测电极等。示值误差：10 μg～1 000 μg 水，≤3 μg 水；大于 1 000 μg 水，≤0.3%。其他能满足分析要求的库仑法微量水分测定仪也可使用。

3.11.1.3.2 微量进样器：适宜容量的进样器。

3.11.1.4 分析步骤

加入电解液，按仪器说明书调节仪器，当仪器进入工作状态后，按仪器说明书要求进行标定。

取 50 μL 或适量样品，注入水分测定仪中，待反应完毕后在显示屏上读取水的质量或直接读取质量分数值。

3.11.1.5 结果计算

若读取的是水的质量，则水的质量分数 w_1，数值以%表示，按式(5)计算：

$$w_1 = \frac{m_1}{\rho_t V \times 10} \quad \cdots\cdots(5)$$

式中：

m_1——水分测定仪显示屏上读取的水的质量的数值，单位为微克(μg)；

ρ_t——测定温度下的试样密度的数值，单位为克每毫升(g/mL)；

V——试料体积的数值，单位为微升(μL)。

3.11.2 气相色谱法

按 3.10.2 规定的方法进行测定。

3.11.3 卡尔·费休直接电量滴定法

按 GB/T 6283—1986 中规定的方法进行测定。

附 录 A
（资料性附录）
乙酸酯含量和醇含量测定的典型色谱图及相对保留值

A.1 毛细管柱法典型色谱图(见图 A.1～图 A.6)

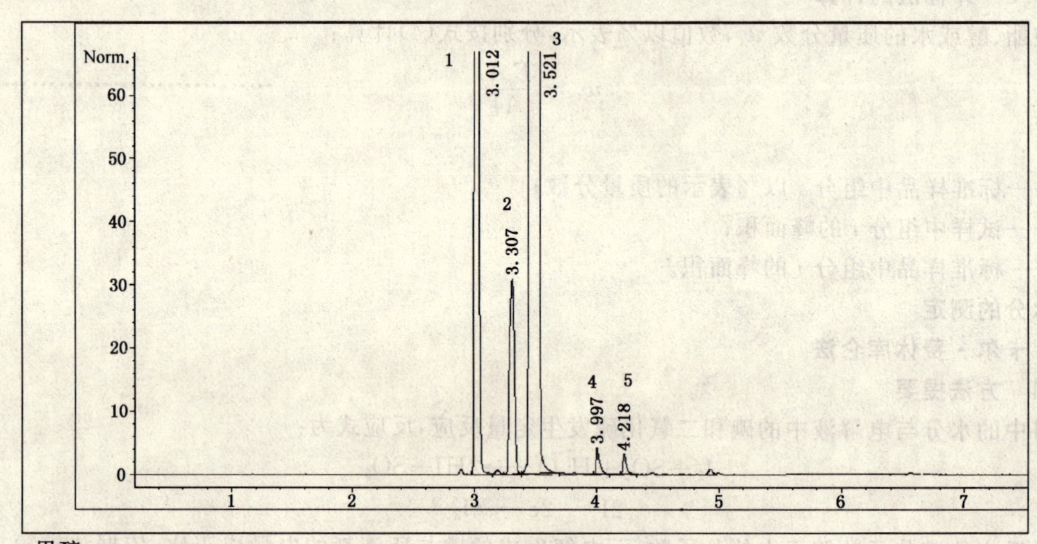

1——甲醇；
2——未知；
3——乙酸甲酯；
4——未知；
5——未知。

图 A.1 乙酸甲酯的典型色谱图(柱温 40℃)

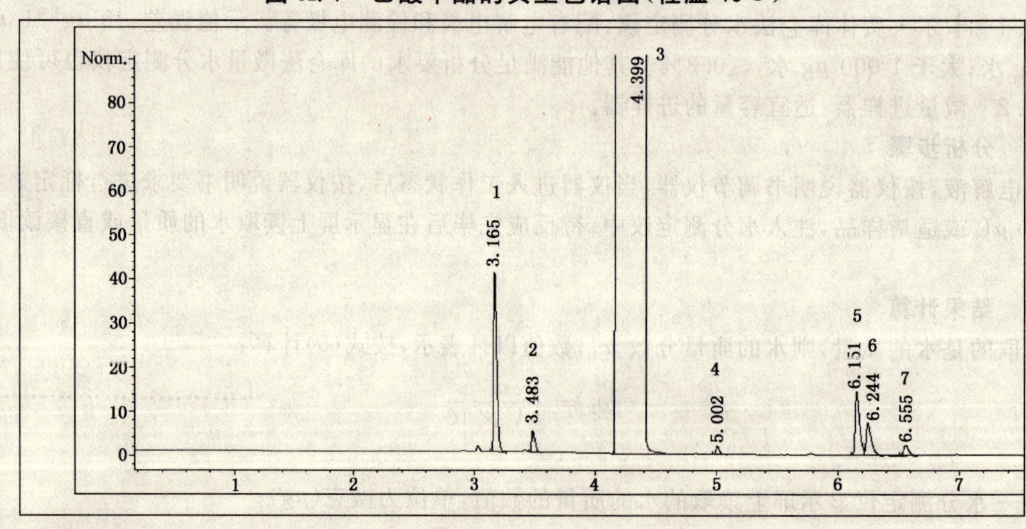

1——乙醇；
2——乙酸甲酯；
3——乙酸乙酯；
4——乙酸异丙酯；
5——丙酸乙酯；
6——乙酸正丙酯；
7——未知。

图 A.2 乙酸乙酯的典型色谱图(柱温 40℃)

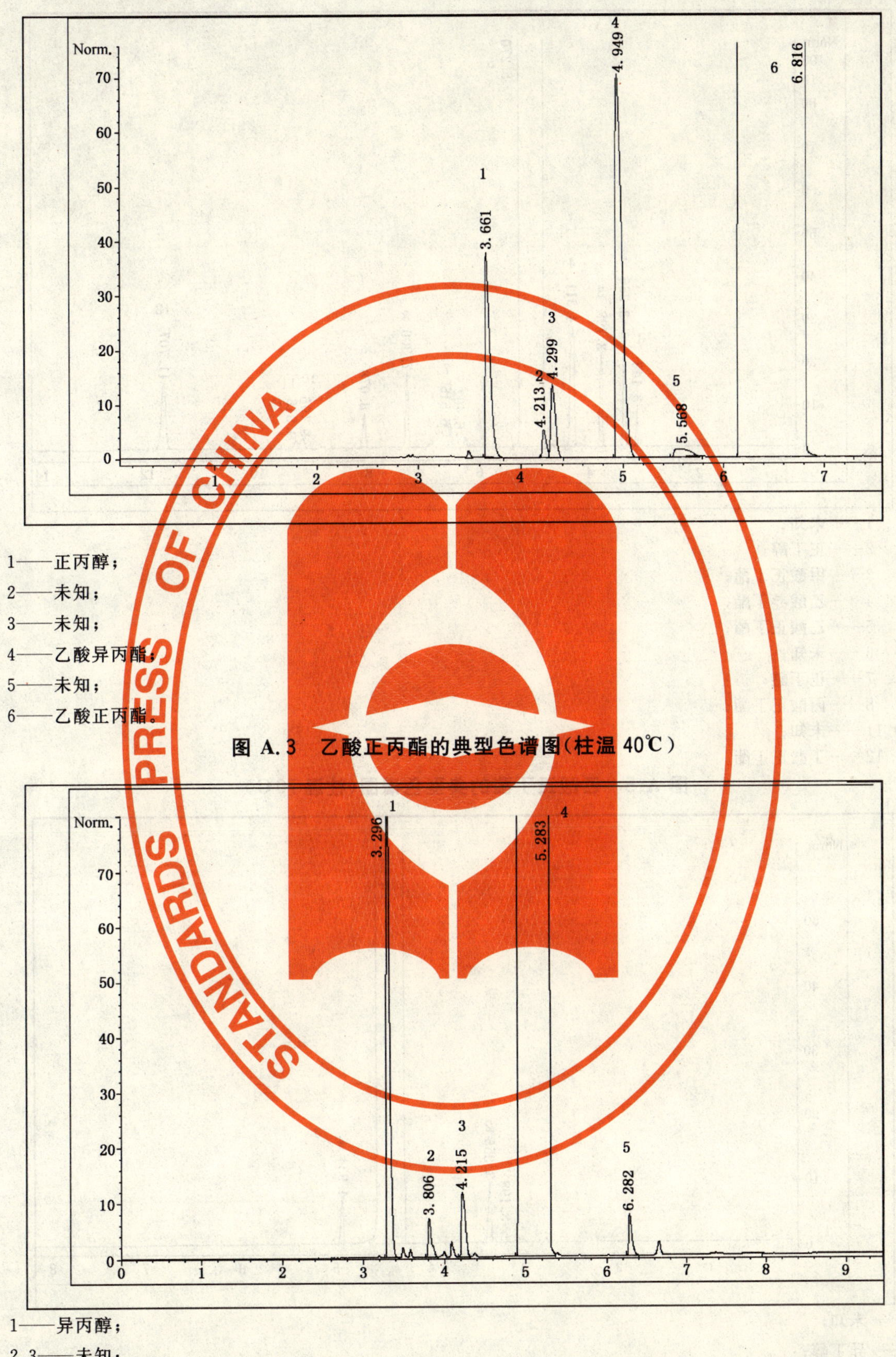

1——正丙醇；
2——未知；
3——未知；
4——乙酸异丙酯；
5——未知；
6——乙酸正丙酯。

图 A.3　乙酸正丙酯的典型色谱图(柱温 40℃)

1——异丙醇；
2,3——未知；
4——乙酸异丙酯；
5——乙酸正丙酯。

图 A.4　乙酸异丙酯的典型色谱图(柱温 40℃)

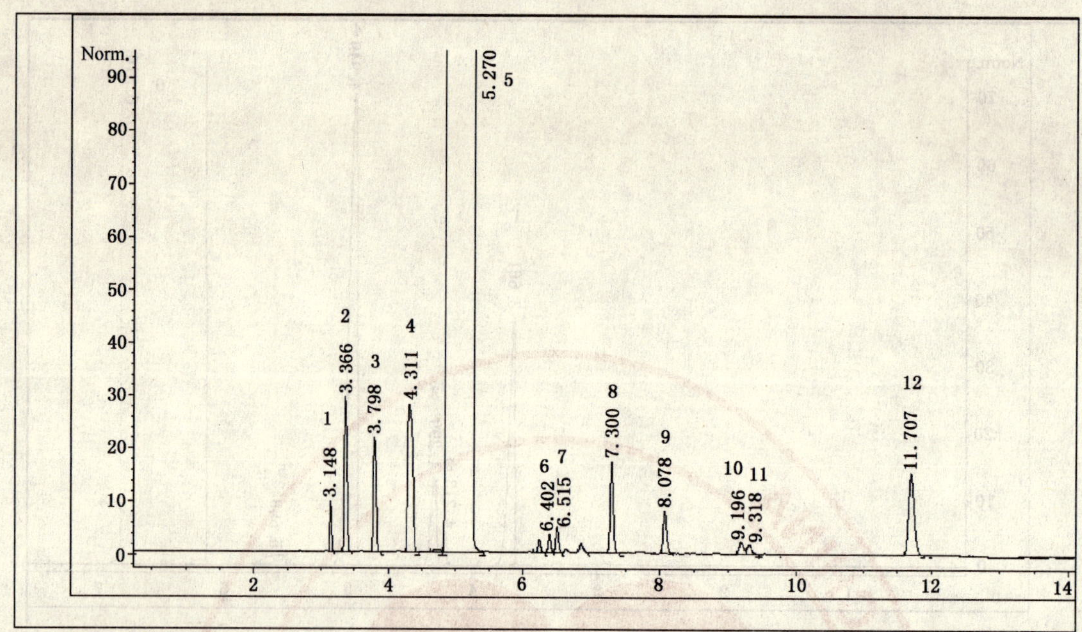

1——未知；

2——正丁醇；

3——甲酸正丁酯；

4——乙酸异丁酯；

5——乙酸正丁酯；

6——未知；

7——正丁醚；

8——丙酸正丁酯；

9,10,11——未知；

12——丁酸正丁酯。

图 A.5　乙酸正丁酯的典型色谱图(柱温 70℃)

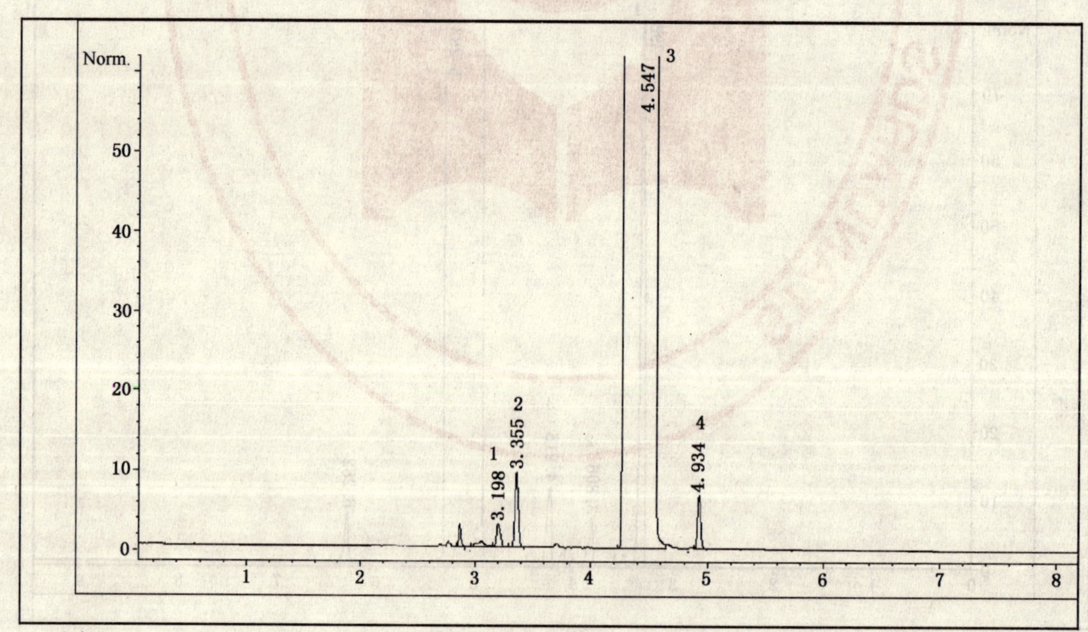

1——未知；

2——异丁醇；

3——乙酸异丁酯；

4——未知。

图 A.6　乙酸异丁酯的典型色谱图(柱温 70℃)

A.2 毛细管柱法相对保留值

用毛细管柱气相色谱法测定乙酸酯类产品，一些主要组分的相对保留值见表A.1。

表A.1 毛细管柱法测定乙酸酯类产品的相对保留值

组　分	乙酸甲酯	乙酸乙酯	乙酸正丙酯	乙酸异丙酯	乙酸正丁酯	乙酸异丁酯
母体醇	0.855	0.719	0.537	0.624	0.639	0.738
甲酸正丁酯	—	—	—	—	0.721	—
乙酸甲酯	1.0	0.792	—	—	—	—
乙酸乙酯	—	1.0	—	—	—	—
乙酸正丙酯	—	1.419	1.0	1.189	—	—
乙酸异丙酯	—	1.137	0.726	1.0	—	—
乙酸正丁酯	—	—	—	—	1.0	—
乙酸异丁酯	—	—	—	—	0.818	1.0
丙酸乙酯	—	1.398	—	—	—	—
正丁醚	—	—	—	—	1.236	—
丙酸正丁酯	—	—	—	—	1.385	—
丁酸正丁酯	—	—	—	—	2.221	—
未知物1	0.939	1.490	0.618	0.720	0.597	0.703
未知物2	1.135	—	0.631	0.798	1.215	1.085
未知物3	1.198	—	0.817	—	1.533	—
未知物4	—	—	—	—	1.746	—
未知物5	—	—	—	—	1.768	—

A.3 填充柱法典型色谱图(见图A.7～图A.12)

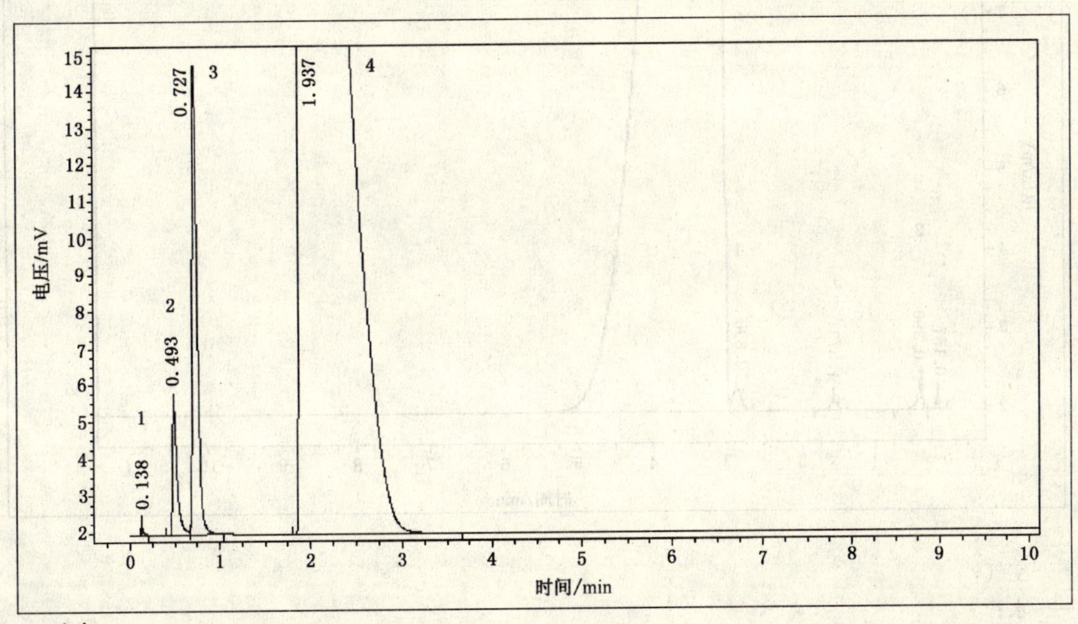

1——空气；
2——水；
3——甲醇；
4——乙酸甲酯。

图A.7 乙酸甲酯的典型色谱图

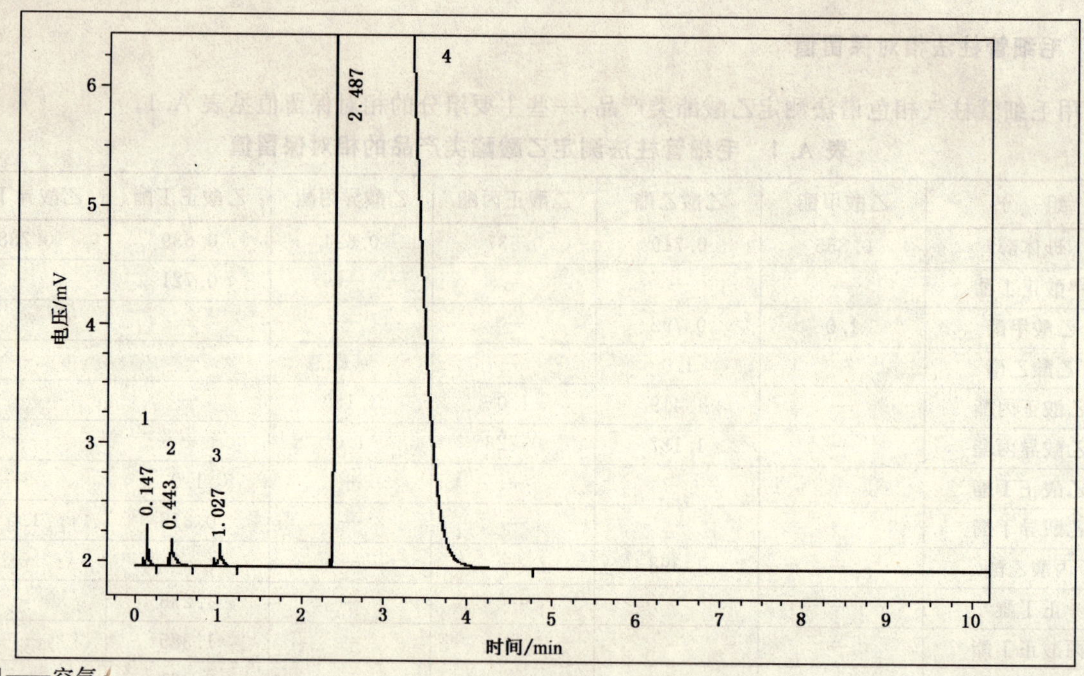

1——空气；

2——水；

3——乙醇；

4——乙酸乙酯。

图 A.8 乙酸乙酯的典型色谱图

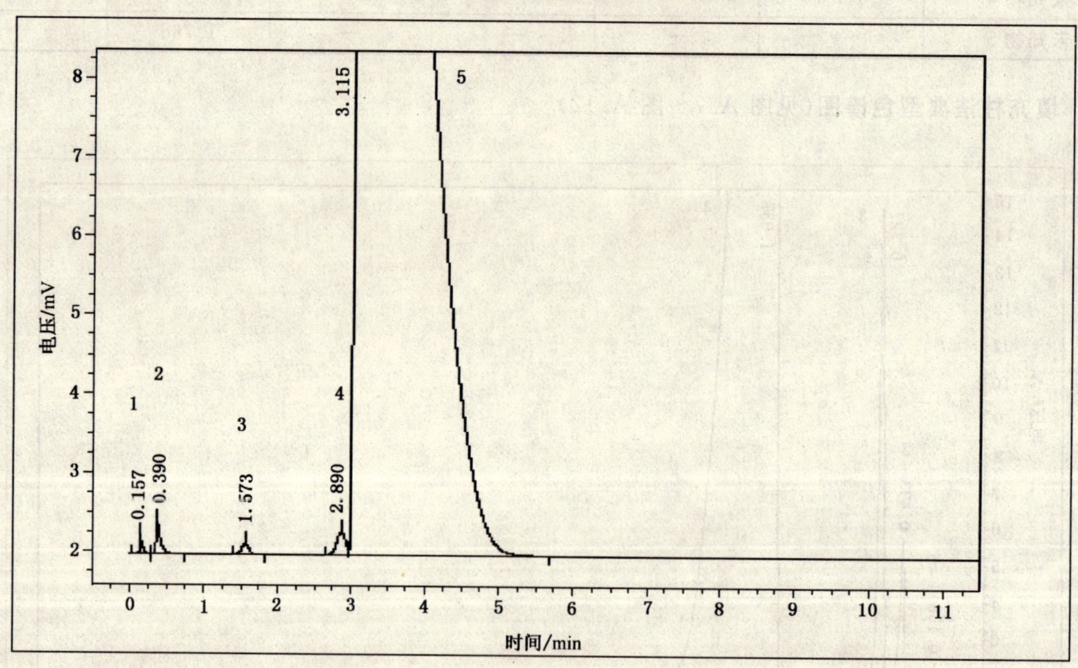

1——空气；

2——水；

3——正丙醇；

4——未知；

5——乙酸正丙酯。

图 A.9 乙酸正丙酯的典型色谱图

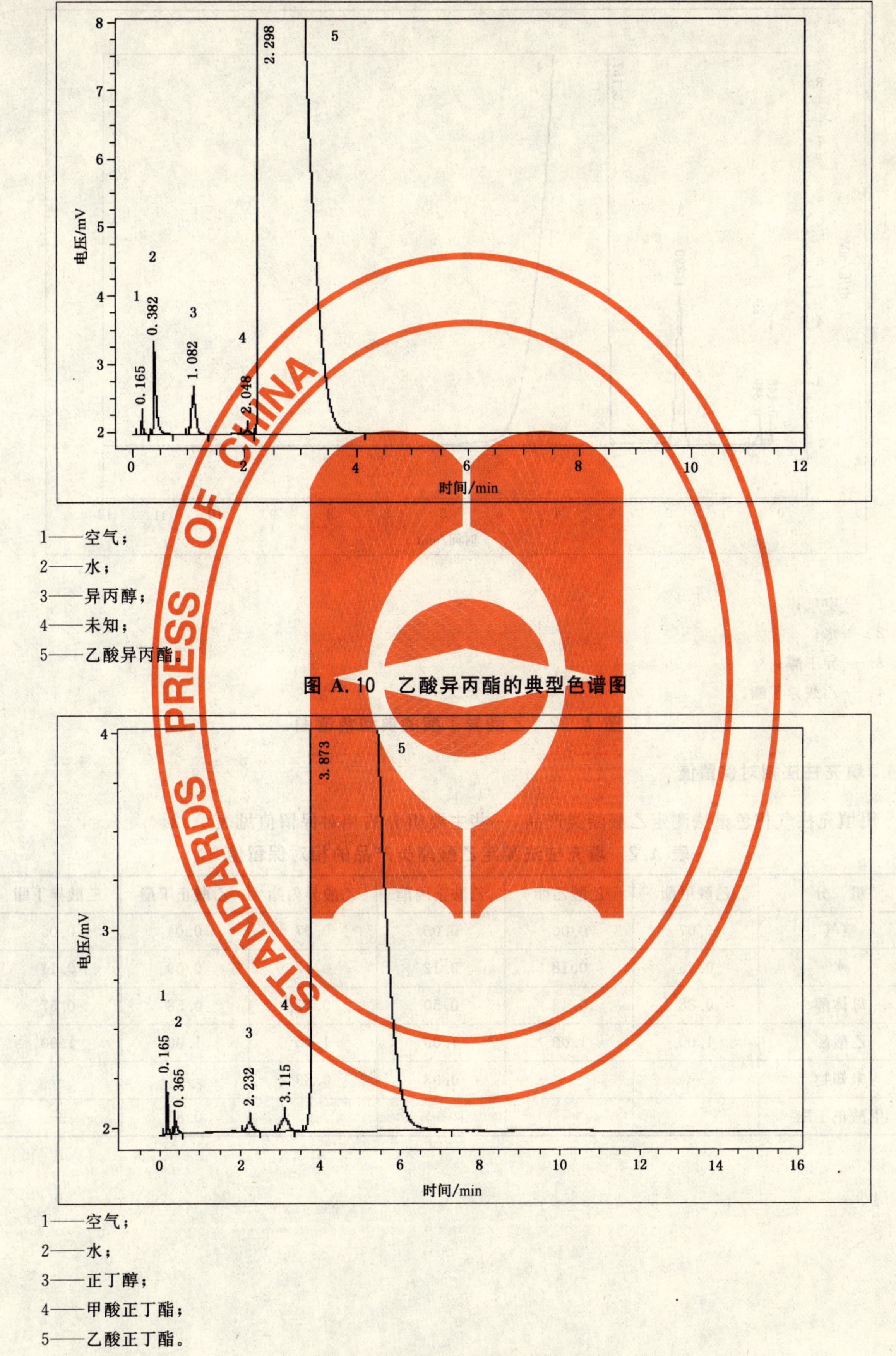

1——空气；

2——水；

3——异丙醇；

4——未知；

5——乙酸异丙酯。

图 A.10 乙酸异丙酯的典型色谱图

1——空气；

2——水；

3——正丁醇；

4——甲酸正丁酯；

5——乙酸正丁酯。

图 A.11 乙酸正丁酯的典型色谱图

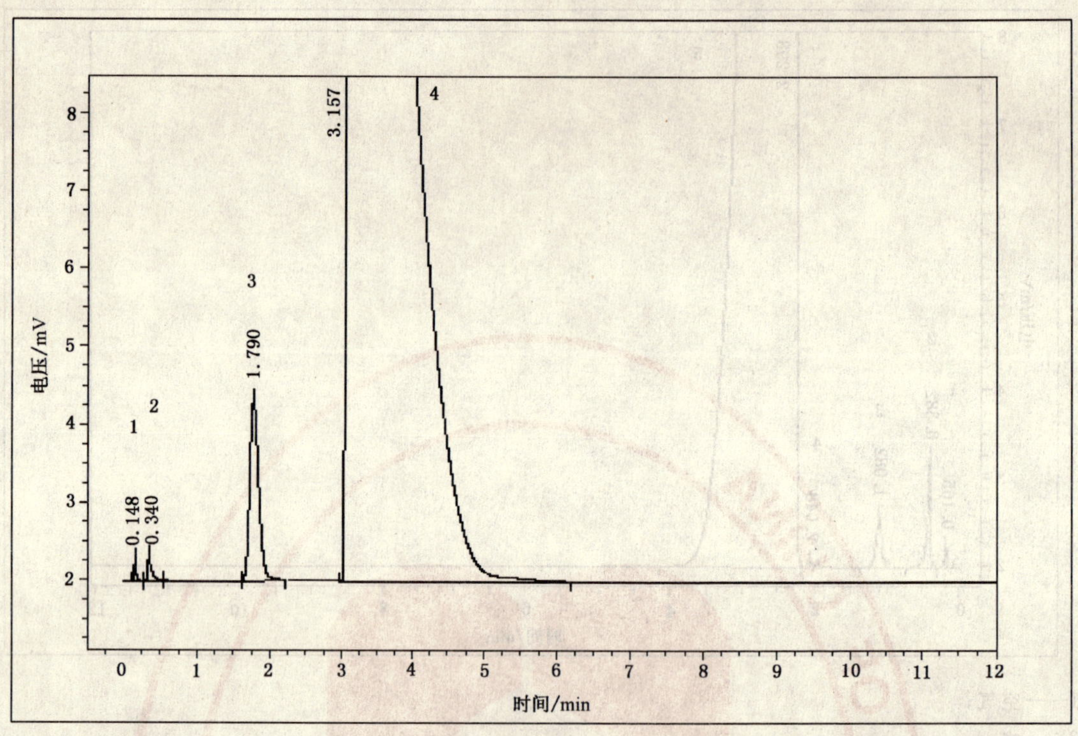

1——空气；

2——水；

3——异丁醇；

4——乙酸异丁酯。

图 A.12 乙酸异丁酯的典型色谱图

A.4 填充柱法相对保留值

用填充柱气相色谱法测定乙酸酯类产品，一些主要组分的相对保留值见表 A.2。

表 A.2 填充柱法测定乙酸酯类产品的相对保留值

组　分	乙酸甲酯	乙酸乙酯	乙酸正丙酯	乙酸异丙酯	乙酸正丁酯	乙酸异丁酯
空气	0.07	0.06	0.05	0.07	0.04	0.05
水	0.25	0.18	0.12	0.17	0.09	0.11
母体醇	0.38	0.42	0.50	0.47	0.58	0.57
乙酸酯	1.00	1.00	1.00	1.00	1.00	1.00
未知物	—	—	0.93	0.89	—	—
甲酸正丁酯	—	—	—	—	0.80	—

附 录 B
（资料性附录）
校正因子的测定

B.1 方法提要

通过测定已知质量比的乙酸酯和母体醇等组分组成的标准混合物，母体醇或其他杂质组分与乙酸酯的响应值之比即为其相对质量校正因子。

B.2 校正因子的测定

B.2.1 分析步骤

使用清洁、干燥、可以密封的磨口瓶，用准确称量的方法加入一定量的乙酸酯样品（纯度大于99.5%）及被测组分的色谱标准试剂，配制与样品中各组分含量相近的校准用标准样品，按与测定样品相同的试验条件进行测定。

B.2.2 相对校正因子的计算

各组分相对乙酸酯的校正因子 f_i 按式(B.1)计算：

$$f_i = \frac{A_s m_i}{A_i m_s} \qquad \text{(B.1)}$$

式中：

A_s——乙酸酯的峰面积；

m_i——组分 i 的质量；

A_i——组分 i 的峰面积；

m_s——乙酸酯的质量。

B.2.3 相对校正因子的定期测定

相对校正因子应实际测定，并应定期进行校验。

ICS 23.040.70
G 42

中华人民共和国国家标准

GB/T 12721—2007/ISO 6945:1991
代替 GB/T 12721—1991

橡胶软管　外覆层耐磨耗性能的测定

Rubber hoses—Determination of abrasion resistance of the outer cover

(ISO 6945:1991,IDT)

2007-11-28 发布　　2008-06-01 实施

中华人民共和国国家质量监督检验检疫总局
中国国家标准化管理委员会　发布

前　言

本标准等同采用 ISO 6945:1991《橡胶软管　外覆层耐磨耗性能的测定》(英文版),包括了 ISO 6945:1991/Amd 1:1998 的内容。

本标准代替 GB/T 12721—1991《橡胶软管　外胶层耐磨耗性能的测定》。

本标准等同翻译 ISO 6945:1991,并纳入了 ISO 6945:1991/Amd 1:1998 的内容。在规范性引用文件中,GB/T 2941 等同采用 ISO 23529:2004,其同时代替 ISO 471:1995、ISO 3383:1985、ISO 4648:1991、ISO 4661-1:1993,在技术内容上完全一致。

为便于使用,本标准还做了下列编辑性修改:

a) “本国际标准”一词改为“本标准”;

b) 用小数点“.”代替作为小数点的逗号“,”;

c) 删除国际标准前言。

本标准与 GB/T 12721—1991 相比主要变化如下:

——在前版标准中对施加的垂直力 F 给出了具体数值,即 50 N±0.5 N,但在本标准中对施加的垂直力 F 的大小没有明确具体的数值,并指明此垂直力在产品标准中有所规定(见 3.4)。

——进一步细化了试验的操作程序(1991 年版第 5 章;本版第 6 章)。本标准在操作程序章节对产品标准中没有规定施加垂直力 F 的大小时的情况给出了具体的数值;对试验在进行过程中试样增强层有外露现象时的情况作出了规定。

——试验报告的内容增加了一项,即“f)施加的垂直力 F”(1991 年版第 7 章;本版第 8 章)。

本标准由中国石油和化学工业协会提出。

本标准由全国橡胶与橡胶制品标准化技术委员会软管分技术委员会(SAC/TC 35/SC 1)归口。

本标准起草单位:中橡集团沈阳橡胶研究设计院。

本标准主要起草人:赵博丹。

本标准所代替标准的历次版本发布情况为:

——GB/T 12721—1991。

橡胶软管　外覆层耐磨耗性能的测定

1　范围

本标准规定了橡胶软管外覆层耐磨耗性能的测定方法。

本标准主要用于带有织物或钢丝增强层，并具有表面光滑和平整程度的外覆层的液压软管及其他相似类型的软管。

本标准不予用于预定产品的耐磨耗寿命，但适用于比较产品的质量水平。

本标准未规定每一试验应完成的循环次数，此循环次数在相应的产品标准中规定。

2　规范性引用文件

下列文件中的条款通过本标准的引用而成为本标准的条款。凡是注日期的引用文件，其随后所有的修改单（不包括勘误的内容）或修订版均不适用于本标准，然而，鼓励根据本标准达成协议的各方研究是否可使用这些文件的最新版本。凡是不注日期的引用文件，其最新版本适用于本标准。

GB/T 2941　橡胶物理试验方法用试样制备和调节通用程序（GB/T 2941—2006，ISO 23529：2004，IDT）

ISO 4957　工具钢

3　仪器

3.1　转轮和曲柄装置

能使磨具沿试样作 100 mm 长的正弦波往复运动，频率为 1.25 Hz（每一循环行程等于 200 mm）。此装置见图 1。

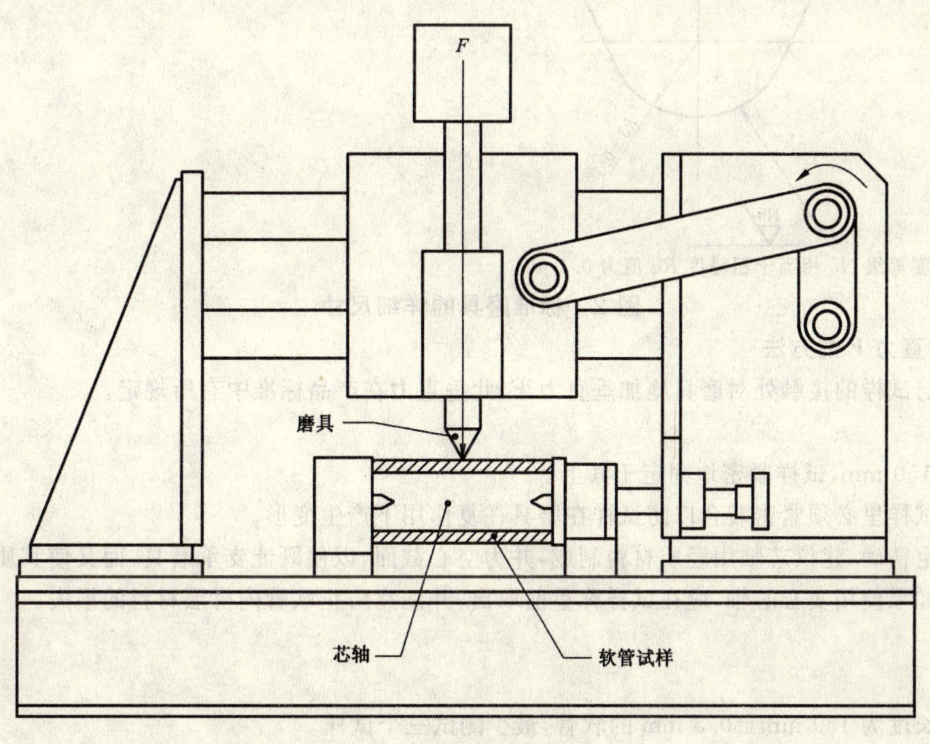

图 1　典型的试验装置

该移动装置应按下列要求设计：

a） 移动长度的中点与装配好的软管和芯轴的中点相重合；

b） 磨具和软管的轴线应在中点处互相垂直；

c） 移动平面应与试样的纵向轴线相平行。

3.2 记录装置

用以记录所完成的循环次数，并可预先调整至完成所规定的循环次数。

3.3 磨具

按 ISO 4957 中规定的 S9 工具钢制作，热处理后的最小硬度应为 HV 890。

磨具的主要尺寸见图 2，必须保持规定的外形及表面粗糙度，并且在试验前必须清理磨具表面的杂质。

单位为毫米

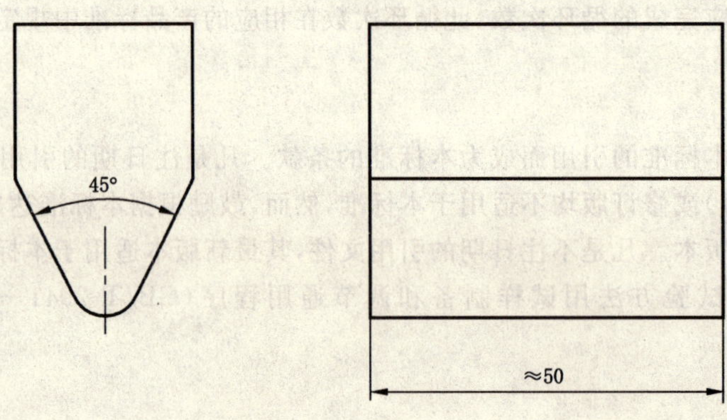

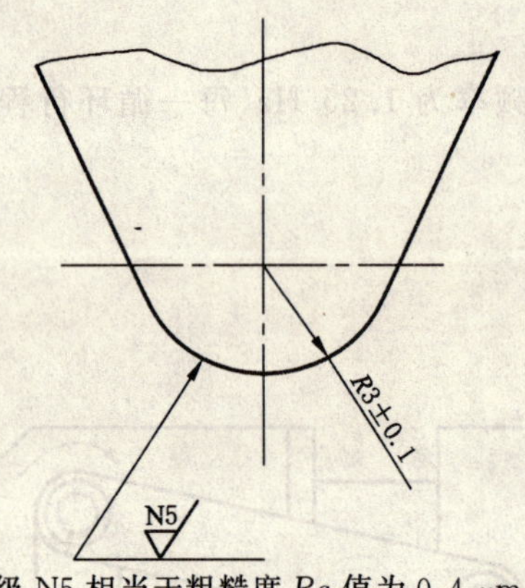

注：粗糙度等级 N5 相当于粗糙度 Ra 值为 0.4 μm。

图 2 标准磨具的详细尺寸

3.4 施加垂直力 *F* 的方法

在磨具与试样的接触处对磨具施加垂直力 F，此垂直力在产品标准中有所规定。

3.5 芯轴

芯轴长 150 mm，试样紧密地固定于其上。

芯轴在试样里必须紧密装合以防试样在磨具往复作用下产生变形。

为使测定精确，建议芯轴用轻质材料制成，并为空心截面，以便既能支承磨具，而又使其质量保持在最低限度。如果使用实心芯轴，应在试样称重前取出，并注意防止软管内衬层材料的损失。

4 试样

试样是长度为 150 mm±0.5 mm 的软管，最少测试三个试样。

注：试样表面不允许有大于 0.5 mm 的凹凸不平之处及表面杂质。

5 试样调节

试样制成后 24 h 以内不应进行试验。

做对比试验时,试验应尽可能在试样制成后,经同样的时间间隔进行。

试验之前,试样应按 GB/T 2941 中规定的标准温度(23℃±2℃)、相对湿度(50±5)%或标准温度(27℃±2℃)、相对湿度(65±5)%下,至少停放 3 h。此 3 h 可为试样制成后 24 h 间隔时间的一部分。

6 程序

对有芯轴或无芯轴的试样进行称量,并记录其质量 m_1。

在试验装置上安装组装好的试样和芯轴,并应确保试样无轴向移动和(或)转动。

放置磨具使之与试样接触,施加在产品标准中规定的垂直静压力 F,并启动机器。如果产品标准中没有规定力 F,施加的垂直静压力应为 50 N±0.5 N。试验一直进行到完成规定的循环次数为止,然后从试验装置上取下试样组件,如初始称量那样,对有芯轴或无芯轴的试样再进行称量。重要的是在称量前要除去外覆层上附着的任何颗粒。记录其质量 m_2 和所完成的循环次数。

注:作为指南,产品标准中确定要求垂直力为 50 N 或 100 N,在外覆层的耐磨性比较好的情况下宜选择施加 100 N 的力。

如果在试验过程中试样增强层有外露现象时,停止试验,从试验装置上取下试样组件并称量。记录其质量和所完成的循环次数。

所有称量应精确到±0.01 g。

7 结果表示

质量损失 Δm 按式(1)计算:

$$\Delta m = m_1 - m_2 \qquad (1)$$

式中:

m_1——试验前试样的质量,单位为克(g);

m_2——试验后试样的质量,单位为克(g)。

8 试验报告

试验报告应包括以下内容:

a) 本标准的编号;
b) 试验用软管的详细说明;
c) 试验温度;
d) 规定的循环次数;
e) 每一试样完成的循环次数;
f) 施加的垂直力 F;
g) 试验前每一试样的质量;
h) 完成规定的循环次数或中途停止试验后,每一试样的质量;
i) 每一试样的质量损失;
j) 三个(或更多)试样的平均质量损失;
k) 磨损性质的观察情况,特别是增强层外露现象的观察情况;
l) 试验日期。

ICS 07.060
P 10

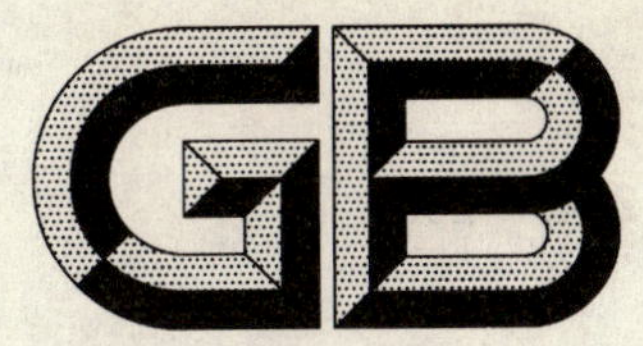

中华人民共和国国家标准

GB/T 12745—2007
代替 GB/T 12745—1991

土工试验仪器　触探仪

Geotechnical engineering instrument for test—Cone static or dynamic penetrometer

2007-06-11 发布　　2007-09-01 实施

中华人民共和国国家质量监督检验检疫总局
中国国家标准化管理委员会　发布

前　言

本标准是对 GB/T 12745—1991《静力触探仪》的修订。

本标准与 GB/T 12745—1991《静力触探仪》相比，主要差异如下：

——增加了动力触探仪的相关内容；

——增加了触探仪的相关术语及定义；

——增加了静力触探仪探头的结构示意图以及动力触探仪探头的规格示意图；

——增加了工作环境要求和材料要求；

——补充了对检验规则及标志、包装、运输、贮存的要求；

——在附录中给出了关于便携式触探仪的一些技术参数资料。

本标准的附录 A 为资料性附录。

本标准由中华人民共和国水利部提出。

本标准由水利部国际合作与科技司归口。

本标准主要起草单位：水利部水文仪器及岩土工程仪器质量监督检验测试中心、国家电力公司南京电力自动化设备总厂、南京水利水文自动化研究所。

本标准参加起草单位：南京水利科学研究院、南京土壤仪器厂有限公司。

本标准主要起草人：姚永熙、张玉成、徐晓乐、夏康。

本标准参加起草人：鲍良钝、关秉洪、王长生、郭功泽、朱爱华。

本标准所替代标准的历次版本发布情况为：

——GB/T 12745—1991。

土工试验仪器　触探仪

1　范围

本标准规定了土工试验仪器中触探仪的分类及型式、组成和规格、技术要求、试验方法、检验规则以及标志、使用说明书、传感器率定表、包装、运输、贮存等要求。

本标准适用于土工试验仪器中各种类型的触探仪。

2　规范性引用文件

下列文件中的条款通过本标准的引用而成为本标准的条款。凡是注日期的引用文件，其随后所有的修改单(不包括勘误的内容)或修订版均不适用于本标准，然而，鼓励根据本标准达成协议的各方研究是否可使用这些文件的最新版本。凡是不注日期的引用文件，其最新版本适用于本标准。

GB/T 9359—2001　水文仪器基本环境试验条件及方法

GB 9969.1　工业产品使用说明书　总则

GB/T 15478—1995　压力传感器性能试验方法

GB/T 18459—2001　传感器主要静态性能指标计算方法

GB/T 50279　岩土工程基本术语标准

3　术语和定义

GB/T 18459—2001、GB/T 50279 确立的以及下列术语和定义适用于本标准。

3.1

静力触探仪　cone static penetrometer

能够以静压力将一定规格的锥形探头匀速地垂直压入土层，按其受到的抗阻力的大小测定评价土层力学性能并间接估计土层各深度处的承载力、变形模量和进行土层划分的土工原位试验仪器。本标准主要指电阻应变式仪器。

3.2

动力触探仪　cone dynamic penetrometer

能够以一定质量、自由落距的击锤将一定规格的探头击入土层，根据探头沉入土层一定深度所需锤击数来确定土层承载力和评定其性状的土工原位试验仪器。

3.3

便携式触探仪　portable penetrometer

能够进行单参数或多参数测定，结构相对简单、便于单人携带及操作的土工试验用触探仪。

注：便携式触探仪的主要技术参数参见附录 A。

3.4

探头　probe

直接与土层接触、具有规定形状、尺寸、质量和硬度的金属锥形体。

3.4.1

单用探头　probe for single - purpose

仅可用于测量比贯入阻力的探头。

3.4.2

多用探头　probe for multiple-purpose

可分别用于测量锥头阻力、侧壁摩阻力或孔隙水压力等参数的探头。

3.5

探杆　penetration rod

与探头相连接的刚性金属圆柱杆。

3.6

量测仪器　measuring and recording instrument

在地面上进行间断测记或自动连续记录并存贮贯入阻力等参数的测量记录装置。

3.7

触探主机　mainframe of penetrometer

以恒定速率来推进触探仪探头，使之贯入土层的加荷装置。

3.8

反力装置　counterforce device

能承受与静力触探主机相匹配的反力的装置。

3.9

额定贯入力　rated resistance for penetration

设计规定探头贯入土层时所受到的允许总阻力。

3.10

额定起拔力　rated resistance for lifting

设计规定探头拔出土层时所受到的允许总阻力。

4　分类及型式、组成和规格

4.1　分类及型式

触探仪一般分为：静力触探仪和动力触探仪。

静力触探仪按触探仪触探主机的传动方式分为机械式和液压式等。

动力触探仪按触探仪击锤能量大小分为轻型、重型和超重型三种。

4.2　组成和规格

4.2.1　组成

4.2.1.1　静力触探仪由探头、探杆、量测仪器[1]、触探主机、反力装置[2]等组成。

4.2.1.2　动力触探仪由探头、探杆(包括锤座和导向杆)、击锤等组成。

4.2.2　规格

4.2.2.1　探头的主要规格

4.2.2.1.1　静力触探仪的探头按其结构和功能可分为单用探头和多用探头，单用探头可测量比贯入阻力，其示意图见图1；多用探头可分别测量锥头阻力和侧壁摩阻力以及孔隙水压力等参数，其示意图见图2和图3。

---

1)　采用何种型式的量测仪器本标准不作具体规定。

2)　反力装置本标准不作具体规定，但应与触探仪主机的额定贯入力相适应。

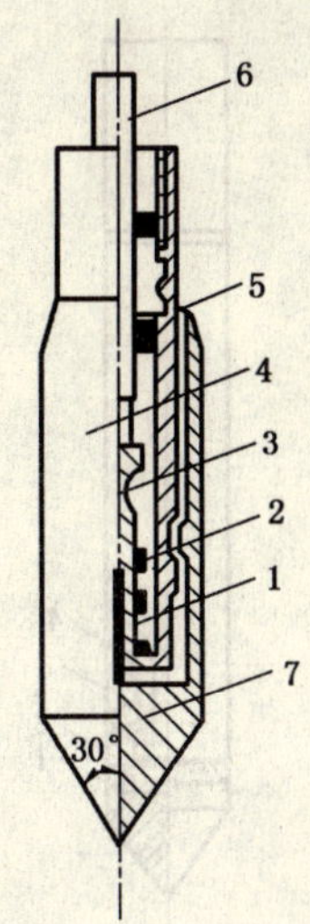

1——顶柱；
2——应变片；
3——变形柱；
4——探头筒；
5——密封圈；
6——电缆；
7——锥头。

图 1 单用探头

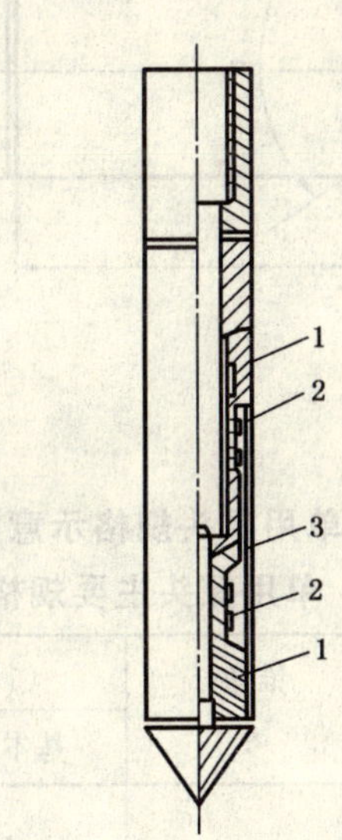

1——变形柱；
2——应变片；
3——摩擦筒。

图 2 多用探头

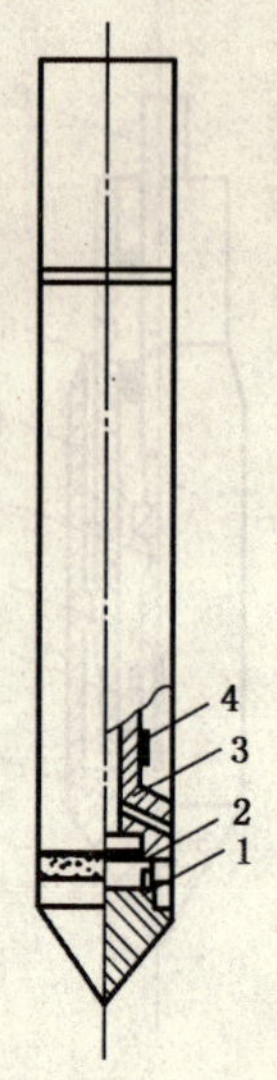

1——透水石；
2——孔压传感器；
3——变形柱；
4——应变片。

图 3　多用探头(带孔压静力探头)

单用探头的主要规格见图 4,并应符合表 1 的规定。

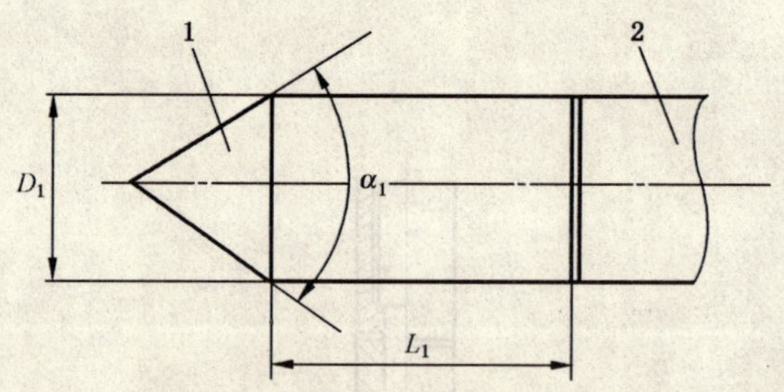

1——锥头；
2——探杆。

图 4　单用探头规格示意图

表 1　单用探头主要规格

投影面积 A/cm²	直径 D_1/mm		锥角 α_1	侧壁长度 L_1/mm		额定负荷/kN
	基本尺寸	公差		基本尺寸	公差	
10	35.7	$^{+0.18}_{0}$	60°±1°	57	±0.28	10、20、30、40
15	43.7	$^{+0.22}_{0}$		70	±0.35	15、30、45、60
20	50.4	$^{+0.25}_{0}$		81	±0.40	20、40、60、80

多用探头的主要规格见图 5,并应符合表 2 的规定。

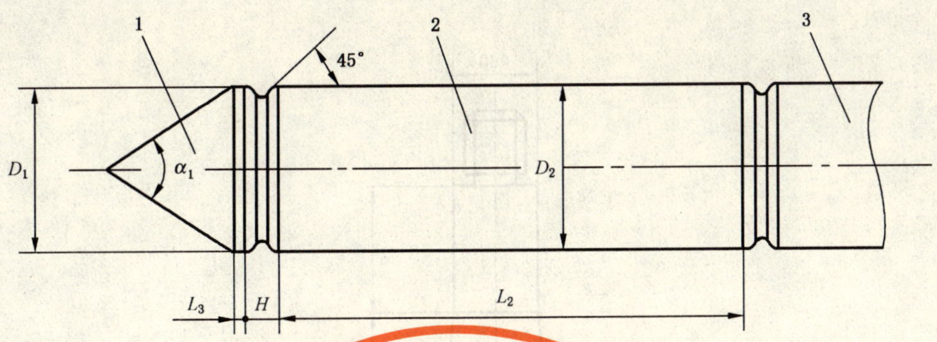

1——锥头；

2——摩擦筒；

3——探杆。

图 5　多用探头规格示意图

表 2　多用探头主要规格

投影面积 A/cm^2	锥头					摩擦筒				表面积 S/cm^2	额定负荷/kN（锥头/侧壁）
	直径 D_1		圆柱部分长度 L_3/mm	锥头与摩擦筒间距 H[a]/mm	锥角 α_1	直径 D_2[b]		长度 L_2			
	基本尺寸/mm	公差/mm				基本尺寸/mm	公差/mm	基本尺寸/mm	公差/mm		
10	35.7	$^{+0.18}_{0}$	4～5	≤8	60°±1°	35.7	$^{+0.18}_{0}$	134	±0.70	150[c]	10/1.5、20/3.0、30/4.5、40/6.0
								179	±0.90	200	10/2、20/4、30/6、40/8
15	43.7	$^{+0.22}_{0}$	2～3			43.7	$^{+0.22}_{0}$	219	±1.10	300	15/3、30/6、45/8、60/12
20	50.4	$^{+0.25}_{0}$				50.4	$^{+0.25}_{0}$	189	±0.95		20/3、40/6、60/8、80/12

a　指在工作状态下的间距。

b　同一个探头中 $D_2 \geq D_1$。

c　150 cm^2 为优先采用规格。

4.2.2.1.2　动力触探仪的探头的主要规格见图 6 和图 7，并应符合表 3 的规定。

单位为毫米

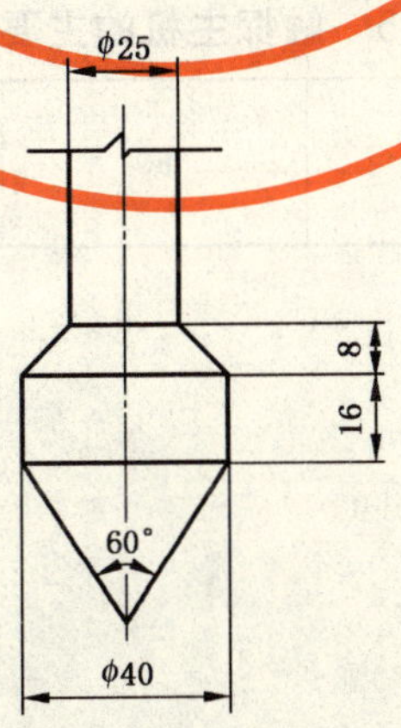

图 6　轻型动力触探探头规格示意图

单位为毫米

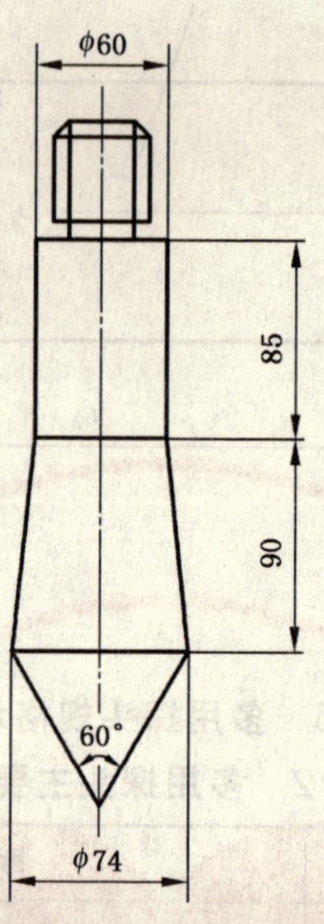

图 7 重型、超重型动力触探探头规格示意图

表 3 动力触探仪探头主要规格

型式	锥端直径/mm	投影面积/cm^2	圆柱部分长度/mm	渐变段长度/mm	后部直径/mm	后部长度/mm	锥角
轻型	40	12.6	16	8	25	—	60°
重型	74	43	—	90	60	85	
超重型							

4.2.2.2 **动力触探仪探杆直径的主要规格**

动力触探仪探杆直径的主要规格应符合表 4 的规定。

表 4 动力触探仪探杆直径的主要规格

直径/mm	轻型动力触探仪	重型动力触探仪	超重型动力触探仪
	25	42,50	50～63

4.2.2.3 **静力触探仪触探主机的主要规格**

静力触探仪触探主机的主要规格应符合表 5 规定。

表 5 触探主机的主要规格

额定贯入力/kN	20	30	60	100	160	200

5 技术要求

5.1 一般要求

5.1.1 工作环境

温度：－10℃～＋45℃。

相对湿度：≤95％（＋45℃时）。

5.1.2 材料

探头、探杆和击锤等均应采用耐磨损的钢质材料制造。

5.1.3 外观

仪器表面的漆层、镀层应平整、光滑、均匀,无斑点、气泡、脱皮、碰痕、划伤及锈蚀等。

5.2 静力触探仪

5.2.1 探头

5.2.1.1 绝缘电阻应大于 50 MΩ。

5.2.1.2 线性度应不大于满量程的 1.0%。

5.2.1.3 重复性应不大于满量程的 0.8%。

5.2.1.4 滞后应不大于满量程的 1.0%。

5.2.1.5 安全过负荷率应为 120%。

5.2.1.6 零点温度影响在 0℃～40℃的温度范围内应每 10℃不大于满量程的 0.5%。

5.2.1.7 密封性能要求,在 500 kPa 的水压下,恒压 2 h 后,其绝缘电阻应大于 50 MΩ。

5.2.1.8 尺寸和角度应符合表 1、表 2 中的规定。

5.2.1.9 锥头和摩擦筒的硬度应大于 HRC45。

5.2.1.10 锥头和摩擦筒的工作表面粗糙度应不大于 3.2 μm。

5.2.1.11 多用探头的传感器间相互干扰应小于各传感器自身额定输出值满量程的 0.3%。

5.2.2 探杆

5.2.2.1 制造材料的抗拉强度应大于 600 MPa。

5.2.2.2 探杆轴线的直线度误差应小于 1 mm/m。

5.2.2.3 探杆两端连接螺纹的同轴度误差应不大于 1 mm/m。

5.2.2.4 探头联接端的探杆直径,对于单用探头,长度在 8 倍锥头直径(D_1)范围内应不大于锥头直径(D_1);对于多用探头,长度在 6 倍锥头直径(D_1)范围内应不大于锥头直径(D_1)。

5.2.3 量测仪器

静力触探仪的量测仪器的误差应不大于满量程的±0.5%。

5.2.4 触探主机

5.2.4.1 额定贯入力应符合表 5 规定。

5.2.4.2 额定起拔力应大于等于额定贯入力的 120%。

5.2.4.3 贯入速率应能保证在 1.2 m/min±0.3 m/min 范围内。

5.2.4.4 应能匀速地将探头垂直压入土中,贯入轴线的垂直度误差应小于 30′。

5.3 动力触探仪

5.3.1 探头

动力触探仪探头的尺寸和角度应符合表 3 的规定。

5.3.2 探杆

5.3.2.1 动力触探仪探杆的直径应符合表 3 的规定。

5.3.2.2 重型触探仪探杆每米质量应大于 4.5 kg 且小于 8 kg;超重型触探仪探杆每米质量应小于 12 kg。

5.3.2.3 重型和超重型动力触探仪的锤座直径应小于 100 mm,并且同时小于等于锤底面直径的一半。

5.3.2.4 动力触探仪的探杆与接头的同轴度误差应不大于 0.2 mm。

5.3.2.5 锤座和导向杆的总质量不应超过 30 kg 。

5.3.2.6 探杆的其他要求应符合 5.2.2.1～5.2.2.3。

5.3.3 击锤

5.3.3.1 动力触探仪的击锤的主要性能指标见表 6。

表 6　击锤的主要性能指标

型　　式	锤重/ kg	落高/ cm
轻型	10±0.2	50±2
重型	50±0.5	50±2
	63.5±0.5	76±2
超重型	120±1	100±2

5.3.3.2　重型和超重型动力触探仪应备有自动落锤装置及相应的安全防护装置。

6　试验方法

6.1　静力触探仪

6.1.1　探头

6.1.1.1　用 100 V～250 V 的兆欧表分别接探头的电路与本体，测量二者之间的绝缘电阻，测量结果应符合 5.2.1.1 的要求。

6.1.1.2　线性度、重复性、滞后、安全过负荷率和零点温度影响等试验方法，参照 GB/T 15478—1995 有关规定进行，试验结果应分别符合 5.2.1.2、5.2.1.3、5.2.1.4、5.2.1.5 和 5.2.1.6 的要求。

6.1.1.3　将探头浸没在盛水密封容器中，加水压至 500 kPa，恒压 2 h，再按本标准 6.1.1.1 方法测量其绝缘电阻，测量结果应符合 5.2.1.7 的要求。

6.1.1.4　用外径千分尺、游标卡尺和万能角度尺分别测量锥头和摩擦筒的直径、长度、间距、锥角，测量结果应符合 5.2.1.8 的要求。

6.1.1.5　用洛氏硬度计分别测量锥头和摩擦筒的外径处，测量结果应符合 5.2.1.9 的要求。

6.1.1.6　用表面粗糙度标准样块目测比较锥头和摩擦筒的工作表面，目测结果应符合 5.2.1.10 的要求。

6.1.1.7　在与 6.1.1.2 相同的条件下，将多用探头置于加荷装置上，侧壁传感元件连接测量仪器，加荷至额定负荷，保持 5 s，读取输出值，其干扰误差(R_d)按式(1)计算，数值以满量程的百分比计，计算结果应符合 5.2.1.11 的要求。

$$R_d = \frac{Q_{og} - Q_o}{Q_n} \times 100 \qquad \cdots\cdots(1)$$

式中：

Q_{og}——在锥头传感器元件的额定负荷下，侧壁传感器元件的输出值；

Q_o——侧壁传感器元件的零点输出值；

Q_n——侧壁传感器元件的额定输出值。

6.1.2　探杆

6.1.2.1　探杆经抗拉强度试验，其抗拉强度应符合 5.2.2.1 的要求。

6.1.2.2　用平板和塞尺测量探杆轴线的直线度误差，测量结果应符合 5.2.2.2 的要求。

6.1.2.3　按图 8 方法测量探杆旋转一周时 A、B 两点上各自百分表读数差，测量结果应符合 5.2.2.3 的要求。

6.1.2.4　用游标卡尺和钢直尺测量该段探杆的直径和长度，测量结果应符合 5.2.2.4 的要求。

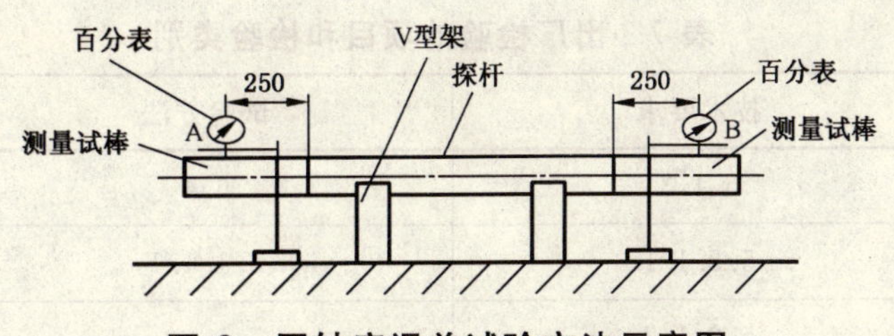

图 8　同轴度误差试验方法示意图

6.1.3　量测仪器

用标准信号发生器或类似标准量测仪器进行测量，测量结果应符合 5.2.3 的要求。

6.1.4　触探主机

6.1.4.1　在试验平台上将主机按工作要求安装好，使探杆顶压安装在平台上的测力计上，当该测力计上的力大于主机额定贯入力时，应符合 5.2.4.1 的要求。

6.1.4.2　在试验平台上将主机按工作要求安装好，空载时的贯入速率调到 1.2 m/min±0.3 m/min，然后在探杆下端装一模拟试验用的负载油缸，并使该油缸下行阻力符合该机额定贯入力，用秒表和钢直尺测出探杆在顶压该油缸时的下行速度，该速度应符合 5.2.4.2 的要求。

6.1.4.3　用框式水平仪调平触探主机并调正贯入轴线，目测水平装置，测量结果应符合 5.2.4.3 的要求。

6.2　动力触探仪

6.2.1　探头

用外径千分尺、游标卡尺和万能角度尺分别测量探头的直径、长度、锥角，测量结果应符合 5.3.1 的要求。

6.2.2　探杆

6.2.2.1　用外径千分尺、游标卡尺分别测量动力触探仪探杆及接头、锤座等的直径，测量结果应符合 5.3.2.1、5.3.2.3 和 5.3.2.4 的要求。

6.2.2.2　用 6.1.2.3 的试验方法检测探杆的同轴度误差，测量结果应符合 5.3.2.4 的要求。

6.2.2.3　用相应精度的衡器秤量锤座和导向杆的总质量，测量结果应符合 5.3.2.5 的要求。

6.2.2.4　其他要求的试验方法同 6.1.2.1～6.1.2.3。

6.2.3　击锤

用相应精度的衡器秤量动力触探仪击锤的质量，测量结果应符合 5.3.3.1 的要求。

6.3　工作环境

参照 GB/T 9359—2001 第 6 章和第 7 章的规定进行，测量结果应满足 5.1.1 的要求。

6.4　外观

用目测鉴别产品的表面和外观，目测结果应符合 5.1.3 的要求。

7　检验规则

7.1　出厂检验

7.1.1　批量生产的触探仪，应逐台进行出厂检验，出厂检验的项目和检验类别按表 7 的规定。

7.1.2　抽检按每批产品数量的 10%随机抽样进行检验，每批最少应不少于 3 台。若产品数量少于 3 台，则应全检。

表 7　出厂检验的项目和检验类别

检验项目	技术要求	试验方法	检验类别
外观	5.1.3	6.4	全检
探头	5.2.1.1	6.1.1.1	全检
	5.2.1.2	6.1.1.2	
	5.2.1.3		
	5.2.1.4		
	5.2.1.5		
	5.2.1.7～5.2.1.11	6.1.1.3～6.1.1.7	全检
	5.3.1	6.2.1	
探杆	5.2.2.1～5.2.2.4	6.1.2.1～6.1.2.4	抽检
	5.3.2.1～5.3.2.5	6.2.2.1～6.2.2.4	
击锤	5.3.3.1	6.2.3	抽检
量测仪器	5.2.3	6.1.3	全检
触探主机	5.2.4.1	6.1.4.1	抽检
	5.2.4.2	6.1.4.2	
	5.2.4.3	6.1.4.3	

7.1.3　抽检项目如不符合标准，应进行加倍抽检；若仍有不合格，则应全检。

7.1.4　静力触探仪应逐台进行出厂前的传感器率定，经过率定的传感器应附传感器率定表。

7.1.5　探头试验后半年如仍未能出厂，则按 6.1.1.1 重新试验，试验结果应符合 5.2.1.1 的要求。

7.1.6　每台触探仪检验合格后，应签发产品检验合格证后方可出厂。

7.2　型式检验

7.2.1　触探仪有下列情况之一时，应进行型式检验：

——新产品或老产品转厂生产的试制定型鉴定；

——正式生产后，如结构、材料、工艺有较大改变，可能影响产品性能时；

——正式生产时，定期或积累一定产量后，应周期性进行一次检验；

——产品长期停产后又恢复生产时；

——出厂检验结果与上次型式检验结果有较大差异时；

——国家质量监督机构提出进行型式检验要求时。

7.2.2　型式检验应按本标准规定的全部试验项目进行全性能检验。

7.2.3　型式检验的样品，应从经出厂检验合格的产品中随机抽取 3 台。若产品总数少于 3 台，则应全部检验。

7.2.4　试验结果评定：在型式检验中有两台以上(包括两台)不合格时，则判该批产品不合格。有一台不合格时，则应加倍抽取该产品进行扩大抽样检验。仍有不合格时，则判该批产品为不合格；若加倍抽样产品全部合格，则该批产品应判为合格。

7.2.5　经过型式检验的仪器样机，需要更换易损件，并经出厂检验合格后方能出厂。

8 标志、使用说明书、传感器率定表

8.1 标志

8.1.1 产品标志

8.1.1.1 触探仪探头应在其显著部位注明产品编号等内容。

8.1.1.2 触探仪探杆、击锤应在其显著部位注明产品编号及主要参数。

8.1.1.3 触探仪量测仪器、触探主机应在其显著部位注有铭牌，并清晰标明以下内容：

——产品名称、型号；

——生产厂家、详细地址及商标；

——出厂编号及日期；

——主要参数。

8.1.2 包装标志

触探仪的外包装箱的表面应标志以下内容：

——产品名称、型号、件数；

——箱体尺寸：长(mm)×高(mm)×宽(mm)；

——箱体净重或毛重(kg)；

——到站(港)及收货单位；

——发站(港)及发货单位；

——运输作业安全标志。

8.2 使用说明书

触探仪的使用说明书应满足 GB 9969.1 的规定。

8.3 传感器率定表

触探仪的传感器率定表应清晰注明以下内容：

——线性度；

——重复性；

——滞后；

——传感器系数；

——额定输出；

——分辨力。

9 包装、运输、贮存

9.1 包装

9.1.1 包装箱应坚实可靠。

9.1.2 触探仪应按照触探机主机、探杆、探头、击锤和量测仪器等的尺寸及形状的需要分别包装。

9.1.3 对易锈蚀的外部零部件应涂防锈油防护。

9.1.4 包装时，周围环境及包装箱内应清洁、干燥。

9.1.5 随同触探仪装箱的技术文件应有装箱单、产品合格证、传感器率定表、使用说明书等。

9.2 运输

包装好的触探仪应能适应各种运输方式。

9.3 贮存

9.3.1 触探仪应贮存在干燥、通风、防晒和无化学物质侵蚀的环境中。

9.3.2 触探仪应能在－40℃～60℃温度范围内贮存。

附 录 A
（资料性附录）
便携式触探仪的主要技术参数

A.1 组成

便携式触探仪可分为机械式和电子式两种。主要由探头、量测仪器、百分表（或刻度杆）、螺旋型弹簧等组成。

A.2 探头规格

便携式触探仪探头的常见规格见表 A.1。

表 A.1 便携式触探仪探头的常见规格

锥角	锥高/cm
30°	0.8、1.194、1.754、3.0 等
60°	1.299、3.0 等

A.3 探杆规格

便携式触探仪探杆长度的常见规格有 25 cm、30 cm，在实际触探中，可根据需要将探杆进行连接，一般最长可达 15 m。

注：便携式触探仪探头与探杆的规格，在实际应用中种类比较繁多，本标准只给出了其中的一些相对比较常见的规格数据。

A.4 主要技术参数

贯入阻力上、下限：0 N～100 N。

精度：小于等于满量程的 0.25%。

最大贯入深度：25 cm～1.5 m。

ICS 07.060
P 10

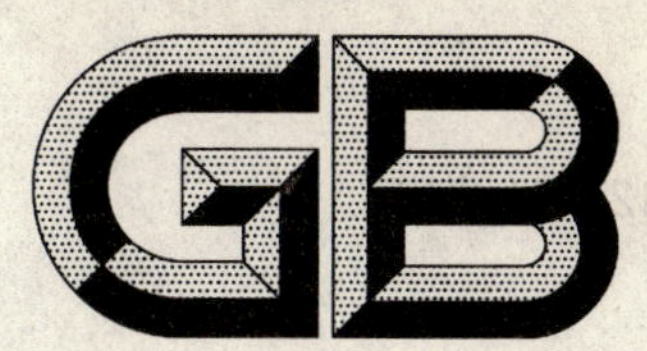

中华人民共和国国家标准

GB/T 12746—2007
代替 GB/T 12746—1991

土工试验仪器 贯入仪

Geotechnical engineering instrument for test—Penetration test apparatus

2007-06-11 发布 2007-09-01 实施

中华人民共和国国家质量监督检验检疫总局
中国国家标准化管理委员会 发布

前　言

本标准是对 GB/T 12746—1991《标准贯入仪》的修订。

本标准与 GB/T 12746—1991 相比主要差异如下：

——增加加重贯入仪及袖珍贯入仪技术内容；

——增加贯入仪使用环境、贮存环境要求；

——增加了工作环境要求和材料要求；

——补充了对检验规则及标志、包装、运输、贮存的要求；

——在条文上对原规定的有关内容作了适当的拓宽和调整，并加以明确；

——本标准规定的各项技术内容，主要提供给有关产品设计、制造、试验测试及相关产品标准、技术条件编制时选择应用。

本标准由中华人民共和国水利部提出。

本标准由水利部国际合作与科技司归口。

本标准主要起草单位：水利部水文仪器及岩土工程仪器质量监督检验测试中心、南京电力自动化设备总厂、南京水利水文自动化研究所。

本标准参加起草单位：南京水利科学研究院、南京土壤仪器厂有限责任公司。

本标准主要起草人：鲍良钝、赵越、徐晓乐、李刚。

本标准参加起草人：姚永熙、关秉洪、朱贵民、郭功泽、朱爱华。

本标准所代替标准的历次发布情况为：

——GB/T 12746—1991。

土工试验仪器　贯入仪

1　范围

本标准规定了土工试验仪器中贯入仪的分类及组成、技术要求、试验方法、检验规则及标志、使用说明书、包装、运输和贮存。

本标准适用于测定贯入阻抗的标准贯入仪。

本标准也适用于估测土的承载力的袖珍贯入仪和加重贯入仪。

2　规范性引用文件

下列文件中的条款通过本标准的引用而成为本标准的条款。凡是注日期的引用文件，其随后所有的修改单(不包括勘误的内容)或修订版均不适用于本标准，然而，鼓励根据本标准达成协议的各方研究是否可使用这些文件的最新版本。凡是不注日期的引用文件，其最新版本适用于本标准。

GB/T 191—2000　包装储运图示标志

GB/T 1958—2004　产品几何量技术规范(GPS)　形状和位置公差　检测规定

GB/T 9359—2001　水文仪器基本环境试验条件及方法

GB 9969.1　工业产品使用说明书　总则

GB/T 11884—2000　弹簧度盘秤

GB/T 15464　仪器仪表包装通用技术条件

GB/T 50279　岩土工程基本术语标准

3　术语和定义

GB/T 50279 确立的以及下列术语和定义适用于本标准。

3.1

标准贯入仪　standard penetrometer

以规定的锤击动能将标准规格的贯入器击入钻孔底部土中至预定深度，并测量和记录相应的标准贯入击数的土工原位试验仪器。

3.2

袖珍贯入仪　pocket penetrometer

由测头、测力装置、读数装置等部分组成，估测土的承载力，快速评价土层承载力的袖珍试验仪器。

3.3

加重贯入仪　heavy penetrometer

穿心锤的质量加重、落高加大、贯入器内外径加大的贯入仪。

3.4

贯入器　SPT sampler

标准贯入仪、加重贯入仪中由贯入器靴、对开式圆筒、贯入器头、排水孔等器件组装而成并以贯入方式与土层接触、承载其贯入阻力的刚性金属器具。

3.5

测头　probe

袖珍贯入仪中具有规定形状和尺寸并直接以触探方式与土样接触的刚性金属体。

3.6

贯入器靴 open shoe

贯入器最前端的具有规定形状和尺寸的刚性金属管状体。

4 分类及组成

4.1 分类

贯入仪分为标准贯入仪、加重贯入仪、袖珍贯入仪等类型。

4.2 组成

4.2.1 标准贯入仪、加重贯入仪主要由贯入器、触探杆、锤垫、穿心锤及自动落锤装置等组成。标准贯入仪结构见图1。

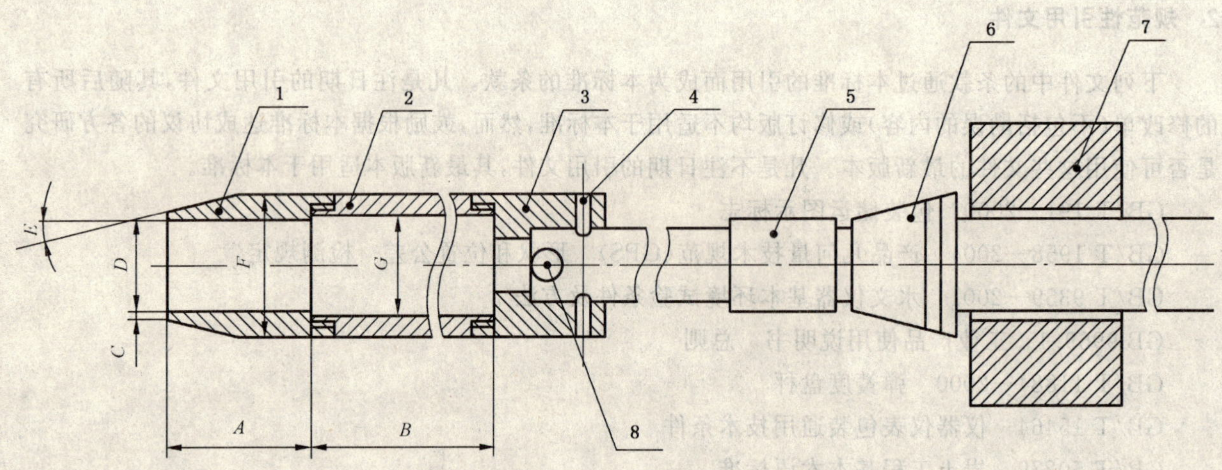

1——贯入器靴；

2——由两半圆形筒合成的贯入器身；

3——贯入器头；

4——排水孔；

5——触探杆；

6——锤垫；

7——穿心锤；

8——钢球阀。

图1 标准贯入仪结构示意图

4.2.2 袖珍贯入仪由测头、读数装置、测力装置等部分组成。袖珍贯入仪结构见图2。

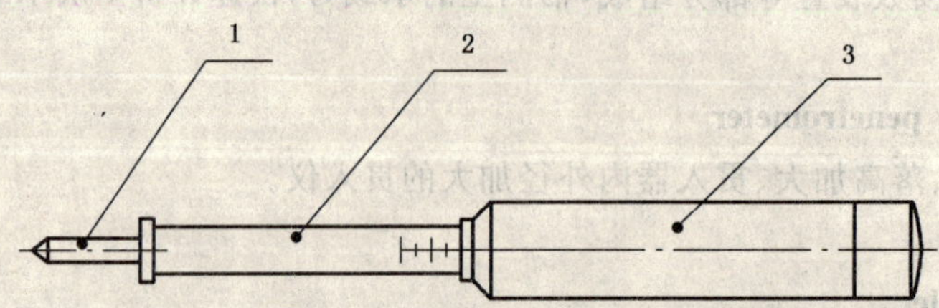

1——测头；

2——读数装置；

3——测力装置。

图2 袖珍贯入仪结构示意图

5 技术要求

5.1 标准贯入仪

5.1.1 标准贯入仪的规格尺寸应符合表1规定。

表1 标准贯入仪规格尺寸

器靴长 A/mm	器身长 B/mm	器靴尖端壁厚 C/mm	器靴内径 D/mm	器靴刃口角度 E/(°)	器身外径 F/mm	器身内径 G/mm
50	500～760	$2.5^{+0.2}_{0}$	$\phi35^{0}_{-0.2}$	18～20	$\phi51^{+0.2}_{0}$	$\phi38^{+0.2}_{0}$

5.1.2 贯入器头部可设一个钢球阀和4个排水孔;球阀孔和排水孔孔径应分别不小于 ϕ20 mm 和 ϕ10 mm。

5.1.3 贯入器内、外壁表面粗糙度应不大于6.3 μm,直线度应不大于0.04%;硬度不小于HRC40。

5.1.4 触探杆直径应为42 mm～50 mm,每米质量应不小于4.5 kg。

5.1.5 触探杆直线度不大于0.1%。

5.1.6 钢质锤垫直径应为100 mm～140 mm,附有导向杆,两者质量之和应不大于30 kg。

5.1.7 穿心锤质量应为63.5 kg,误差不超过0.5 kg;外径应不小于200 mm。

5.1.8 心锤应采用自动落锤装置,自由落距应为(760±20)mm。

5.2 袖珍贯入仪

5.2.1 测头应符合表2规定。

表2 测头规格尺寸

测头号	直径/mm	长度/mm	投影面积/cm^2	形 状
1	ϕ6.2	6.0	0.301 9	平头
2	ϕ13.8	6.0	1.495 7	平头
3	ϕ5.36	10.0	0.225 6	30°锥状头

5.2.2 袖珍贯入仪测力装置中弹簧应符合GB/T 11884—2000中5.10的规定。

5.3 加重贯入仪

加重贯入仪应符合表3规定。

表3 加重贯入仪规格尺寸

贯入器		主要性能参数		
外径/mm	内径/mm	锤质量/kg	落高/mm	贯入深度/mm
ϕ73	ϕ54	100	1 500	300

5.4 气候环境要求

温度:−10℃～+55℃。

相对湿度:≤98%(+40℃)。

5.5 外观要求

贯入仪外壳要求平整美观,无明显凹痕;连接部件牢固无松动。

6 试验方法

6.1 5.1.1、5.1.2、5.1.4、5.1.6、5.1.7、5.1.8、5.2.1条的试验方法:用相应量具、称具检测后应符合要求。

6.2 5.1.3条的试验方法:应用洛氏硬度计、表面粗糙度标准样块和常规量具检验。

6.3 5.1.5条的试验方法：应用常规量具，按GB/T 1958—2004附录A的规定。

6.4 5.2.2条的试验方法：袖珍贯入仪弹簧应按GB/T 11884—2000中6.4.2进行试验。

6.5 5.4条的试验方法：参照GB/T 9359—2001第6章、第7章规定进行试验。测量结果满足5.4的要求。

6.6 5.5条的试验方法：目测应满足要求。

7 检验规则

7.1 检验分类

产品检验分为出厂检验和型式检验。

7.2 出厂检验

7.2.1 产品应逐台进行出厂检验，出厂检验项目为5.1.1、5.1.2、5.1.4、5.1.6、5.1.7、5.1.8、5.2.1、5.5的内容。

7.2.2 出厂检验凡有一项不合格者，若返修则应在返修后对该产品重新进行出厂检验。

7.3 型式检验

7.3.1 凡遇下列情况之一，应进行型式检验：

a) 正常生产过程中，定期或积累一定产量时；
b) 正式生产后，因结构、材料、工艺有较大改变，可能影响产品性能时；
c) 长期停产后又恢复生产时；
d) 出厂检验结果与上次型式检验结果有较大差异时；
e) 国家质量技术监督机构提出进行型式检验要求时；
f) 产品转厂生产的首批产品；
g) 合同规定进行型式检验时。

7.3.2 型式检验的样品应从经出厂检验合格的产品中随机抽取，一般不少于3台，若产品总数不足3台，则应全检。

7.3.3 试验结果的评定：在型式检验中有两台或两台以上不合格时，则判定该批产品不合格；有一台不合格时，应加倍抽取该产品进行不合格项目复检，若仍有不合格时，则判该批产品为不合格；若全部检验合格，则除去第一批抽样不合格的产品，该批产品应判为合格。

对该批不合格产品，应分析原因并采取措施，返修后进行第二次型式检验，若全部检验合格，则该批产品应判为合格，若仍有不合格则判该批产品为不合格。

7.3.4 经过型式检验的产品，需要更换易损件，并经出厂检验合格后方能出厂。

8 标志、使用说明书

8.1 标志

8.1.1 产品标志

在产品的显著位置应具有完整的铭牌标志，内容包括：

a) 产品型号及名称；
b) 生产单位名称及商标；
c) 生产日期及出厂编号等。

8.1.2 包装标志

在产品的包装箱的适当位置，应标有显著、牢固的包装标志，内容包括：

a) 产品型号及名称；
b) 产品数量；
c) 箱体尺寸(mm)；

d) 净重或毛重(kg);

e) 运输作业安全标志;

f) 到站(港)及收货单位;

g) 发站(港)及发货单位。

8.1.3 **包装储运标志**

产品的包装储运标志应符合 GB/T 191—2000 的规定。

8.2 **使用说明书**

产品的使用说明书的内容应符合 GB 9969.1 的规定。

9 包装、运输、贮存

9.1 包装

9.1.1 包装箱应牢固、美观、大方、经济实用。

9.1.2 包装前应将贯入部分涂抹机油,标准贯入仪贯入器靴应涂抹黄油。

9.1.3 产品包装时,周围环境及包装箱内应清洁、干燥,无有害气体、无异物。

9.1.4 产品包装后,其包装件重心应尽量靠下且居中,产品装在箱内应予以支撑、垫平、卡紧,产品可移动的部分应移至使产品具有最小外型尺寸的位置,并加以固定。

9.1.5 产品的防震、防潮、防尘等防护包装按 GB/T 15464 中的有关规定执行。

9.1.6 随机文件应齐全,文件清单如下:

a) 装箱单;

b) 产品出厂合格证明书;

c) 产品使用说明书;

d) 出厂前的检验测试文件;

e) 产品技术条件规定的其他文件。

9.1.7 随机文件应装入塑料袋中,并放置在包装箱内,若产品分装数箱,则随机文件应放在主件箱内。

9.2 运输

按有关包装标准及本标准的规定进行包装的产品应能适应各种运输方式。

9.3 贮存

贮存场所应通风、干燥,附近应无腐蚀性物质。

产品应能在−40℃~60℃温度范围内贮存。

ICS 07.060
A 45

中华人民共和国国家标准

GB/T 12763.1—2007
代替 GB/T 12763.1—1991

海洋调查规范 第1部分:总则

Specifications for oceanographic survey—
Part 1:General

2007-08-13 发布　　2008-02-01 实施

中华人民共和国国家质量监督检验检疫总局
中国国家标准化管理委员会　发布

前　言

GB/T 12763《海洋调查规范》分为 11 个部分：

——第 1 部分：总则；

——第 2 部分：海洋水文观测；

——第 3 部分：海洋气象观测；

——第 4 部分：海水化学要素调查；

——第 5 部分：海洋声、光要素调查；

——第 6 部分：海洋生物调查；

——第 7 部分：海洋调查资料交换；

——第 8 部分：海洋地质　地球物理调查；

——第 9 部分：海洋生态调查指南；

——第 10 部分：海底地形地貌调查；

——第 11 部分：海洋工程地质调查。

其中第 9 部分、第 10 部分和第 11 部分对应于 GB/T 12763—1991 是新增部分。

本部分为 GB/T 12763 的第 1 部分，代替 GB/T 12763.1—1991《海洋调查规范　第 1 部分：总则》。

本部分与 GB/T 12763.1—1991 相比主要变化如下：

——删除了 1991 年版“术语”的内容；

——增加了“项目委托与合同签订”一章(见第 4 章)；

——“海洋调查质量控制”一章中增加了对质量计划的要求(见 5.1.2)；

——“海洋调查计划编制”一章中明确了调查计划的编制单位和技术依据(见 6.1 和 6.2)，增加了分包计划、人员组织和质量计划的内容(1991 年版 6.3；本版 6.4)；

——“海洋调查人员”一章修改了对调查人员的要求：强调具有上岗资质证书、法律知识和质量意识(1991 年版 11.2；本版 7.2)；

——修改了对海洋调查仪器设备的要求：增加了仪器检定、校准和自校(互校)的内容(1991 版 10.2 和 10.4；本版 8.1)，删除了对传感器的要求(1991 版 10.3)；

——增加了对船上和岸上实验室的要求(见 9.1)；

——对潜标和浮标的要求中增加了防雷击的要求(见 9.4.2)；

——修改了对导航定位的要求和准确度规定(1991 版第 9 章；本版第 10 章)；

——修改了对海上作业的要求：时间标准中明确了记时的误差(1991 版 7.1；本版 11.1.2)，增加了对海上作业的观测要求(见 11.2)，并调整和修改了原始资料和样品的验收(1991 版第 12 章；本版见 11.7)；

——增加了室内样品分析与测试的内容(见第 12 章)；

——调整并细化了资料处理的内容(1991 版 13.2；本版第 13 章)；

——海洋调查报告中增加了质量计划实施情况报告的要求(见 14.1.5)；

——海洋调查资料和成果归档中增加了对档案的质量要求(见 15.4)；

——增加了规范性附录“航次报告”(见附录 A)；

——增加了规范性附录“海洋调查人员登记表”(见附录 B)；

——修改了规范性附录“海洋调查仪器设备检查登记表”(1991 版附录 A；本版附录 C)；

——增加了规范性附录“标准物质及化学试剂检查登记表”(见附录 D)。

本部分与 GB/T 12763 的其他部分配套使用。

本部分的附录 A、附录 B、附录 C、附录 D 是规范性附录。

本部分由国家海洋局提出。

本部分由国家海洋标准计量中心归口。

本部分由国家海洋标准计量中心负责起草，国家海洋局第一海洋研究所、国家海洋局第二海洋研究所参加起草。

本部分主要起草人：秦嗣仁、康寿岭、路应贤、杨哲玲、姚勇、雷富、郭小勇、柯长志、叶盛林。

本标准所代替标准的历次发布情况为：

——GB/T 12763.1—1991。

海洋调查规范
第1部分:总则

1 范围

GB/T 12763 的本部分规定了海洋环境基本要素调查的基本程序、质量控制、计划编制、资源配置、调查作业、资料处理、报告编写、资料归档和成果鉴定与验收中的基本要求。

本部分适用于海洋环境基本要素调查的组织管理。

2 规范性引用文件

下列文件中的条款通过 GB/T 12763 的本部分的引用而成为本部分的条款。凡是注日期的引用文件,其随后所有的修改单(不包括勘误的内容)或修订版均不适用于本部分,然而,鼓励根据本部分达成协议的各方研究是否使用这些文件的最新版本。凡是不注日期的引用文件,其最新版本适用于本部分。

GB/T 12763.2 海洋调查规范 第2部分:海洋水文观测

GB/T 12763.3 海洋调查规范 第3部分:海洋气象观测

GB/T 12763.4 海洋调查规范 第4部分:海水化学要素调查

GB/T 12763.5 海洋调查规范 第5部分:海洋声、光要素调查

GB/T 12763.6 海洋调查规范 第6部分:海洋生物调查

GB/T 12763.7 海洋调查规范 第7部分:海洋调查资料交换

GB/T 12763.8 海洋调查规范 第8部分:海洋地质与地球物理调查

GB/T 12763.9 海洋调查规范 第9部分:海洋生态调查指南

GB/T 12763.10 海洋调查规范 第10部分:海底地形地貌调查

GB/T 12763.11 海洋调查规范 第11部分:海洋工程地质

GB/T 15481 检测和校准实验室能力的通用要求

GB/T 15527 船用全球定位系统(GPS)接收机通用技术条件

GB/T 17424 差分全球定位系统(DGPS)技术要求

HY/T 058 海洋调查观测监测档案业务规范

3 调查基本程序

3.1 项目委托与合同签订阶段

工作内容包括:

a) 委托项目;

b) 评审合同;

c) 签订合同。

3.2 调查准备阶段

工作内容包括:

a) 确定调查项目负责人;

b) 收集、分析调查海区与调查任务有关的文献、资料;

c) 确定首席科学家(或调查技术负责人);

d) 进行技术设计,编写调查计划,报项目委托单位审批;

e) 组织调查队伍,明确岗位责任;

f) 做好资源配置,申报航行计划,做好出海准备。

3.3 海上作业阶段

工作内容包括:

a) 获取现场资料和样品;

b) 编写航次报告,见附录A中的表A.1～表A.6;

c) 验收本航次原始资料和样品。

3.4 样品分析阶段

工作内容包括:

a) 验收、交接、预处理样品;

b) 分析、测试与鉴定样品;

c) 处理数据与样品处置。

3.5 资料处理与调查报告编写阶段

工作内容包括:

a) 验收原始资料;

b) 处理资料与编制资料报表;

c) 编绘成果图件;

d) 编写调查报告。

3.6 调查成果的鉴定与验收阶段

工作内容包括:

a) 调查资料和成果的归档;

b) 调查成果的鉴定和验收。

4 项目委托与合同签订

4.1 项目委托

4.1.1 项目委托应以合同委托方式或下达任务方式办理,委托书或任务书由项目委托单位提出。项目委托单位可以是各级政府相应主管部门,也可以是企、事业单位。

4.1.2 项目承担单位应是独立法人或由其授权的,并具有相应资质的海洋技术机构。该机构应按GB/T 15481的规定建立适宜本单位的质量管理体系并保持有效运行。承担向社会出具公正数据的调查任务的单位,应通过计量认证。

4.2 合同签订

项目承担单位应按《中华人民共和国合同法》及本标准的要求起草合同书,并组织评审,在与项目委托单位达成共识的基础上,签订合同。

4.3 合同修改

需要修改合同时,应重新进行评审,经双方协商达到一致,并保留记录。

5 调查质量控制

5.1 建立质量控制工作体系

5.1.1 项目承担单位应接受项目委托单位和技术监督机构的监督。

5.1.2 项目承担单位应将调查过程的质量控制纳入本单位的质量体系运行,并根据本单位的质量体系和调查项目要求制定质量计划。

5.1.3 项目负责人应指定质量负责人负责建立调查过程的质量管理工作体系。

5.2 实施全过程质量控制

5.2.1 项目承担单位应充分理解委托项目的质量目标。

5.2.2 对采用的已有文献、资料应就合法性、单位制、溯源性、准确度、时效性、可靠性、容量、密度及适用区域等有明确的质量要求,并进行具体质量分析、评估。

5.2.3 技术设计应进行测量准确度估算,保证调查项目诸要素实现调查技术指标。

5.2.4 在规定有效期内按规定的程序使用符合质量要求的仪器、设备、工具和材料。

5.2.5 对海上获取的样品、资料进行现场质量检查。

5.2.6 航次结束后,应对原始资料、样品进行全面质量验收。

5.2.7 对样品的分析、测试、鉴定结果和资料处理结果进行质量检查。

5.2.8 文件、资料成果归档应符合归档要求。

5.2.9 调查项目应通过验收,科技成果应通过鉴定。

5.3 调查人员质量控制

5.3.1 调查人员应符合7.2的要求,并经必要的岗前培训。

5.3.2 对调查人员应明确质量责任,并进行质量意识教育。

6 调查计划编制

6.1 编制单位

签订合同书或收到项目任务书后,项目承担单位应在技术设计的基础上编制调查计划。

6.2 技术设计

首席科学家负责技术设计,技术设计应按GB/T 12763.2~12763.6、GB/T 12763.8~12763.11中的有关规定进行,工作内容应满足项目任务书或合同的要求。

6.3 编制原则

调查计划编制应遵循下列原则:

a) 符合合同书的要求和GB/T 12763的规定;

b) 规定相应的资源配置;

c) 充分利用已有的具有溯源性的文献和资料;

d) 提高效益、减少损耗,充分利用资源,进行综合调查。

6.4 主要内容

调查计划的内容主要包括:

a) 任务描述及任务来源;

b) 技术设计;

c) 分包计划;

d) 人员组织;

e) 时间安排;

f) 条件保证;

g) 质量计划;

h) 安全措施;

i) 经费预算。

6.5 计划的报批

6.5.1 调查计划的报批

由项目承担单位按规定的时间将调查计划报项目委托单位。项目委托单位批复后即可实施。

6.5.2 航(飞)行计划的报批

按时向船舶(飞机)主管部门申报航(飞)行计划,待批复后实施。

6.6 调查计划的调整

6.6.1 海洋调查计划应严格执行，海洋调查计划确需改动时，应报项目委托单位批准。

6.6.2 进行海洋调查作业时，在遵循最佳效益和确保安全的原则下，首席科学家根据实际情况可对站位、观测对象及作业程序进行适当调整、补充；同时将调整情况报项目委托单位。

7 调查人员

7.1 调查人员组织

7.1.1 由项目承担单位确定调查项目负责人和首席科学家。

7.1.2 调查项目负责人根据调查项目的实际需要，组成结构合理的调查队，确定调查人员，填写《海洋调查人员登记表》，见附录 B 中的表 B.1，按规定渠道报海洋技术监督机构和项目委托单位核准备案。

7.1.3 首席科学家应对上船的调查人员，按专业和技术水平合理分工，明确岗位职责；必要时，首席科学家可以指定一名人员，负责本航次的质量保证工作。

7.2 调查人员条件和职责

7.2.1 调查项目负责人基本条件和职责如下：

a) 具有与调查项目相符的业绩和良好的组织领导能力；掌握本项目重点学科的基本理论、专业知识，正确解释调查结果中出现的现象；熟悉国家相关法律、法规，具有较强的质量意识；具备高级专业技术职称；

b) 全面负责本调查项目的组织领导工作与资源配置，保证调查项目按时完成和成果质量。

7.2.2 首席科学家基本条件和职责如下：

a) 应取得由合法资质机构颁发的且与调查项目相符的上岗资质证书，具备高级专业技术职称；应掌握本航次重点学科的基础理论、专业知识与主要专业操作技能，能正确处理调查作业中出现的问题；应熟悉国家相关法律、法规，具有较强的质量意识；

b) 负责本航次调查活动的技术领导，能保证完成本航次调查任务；

c) 负责质量计划的实施，保证海上调查数据、样品的完整和准确可靠，保证实现本航次质量目标。

7.2.3 在综合调查中设学科负责人，其基本条件和职责如下：

a) 应取得由合法资质机构颁发的且与调查项目相符的上岗资质证书，具备中级以上专业技术职称；应掌握本学科调查基础理论、专业知识与主要要素的操作技能，能正确处理调查作业中出现的问题；

b) 在首席科学家领导下，负责顺利完成本学科海上作业和返航后样品分析与数据处理等内业活动，负责向调查项目负责人提交该航次本学科的完整调查资料；

c) 负责实施质量计划相关条款，保证本学科样品、调查数据的完整和准确可靠，保证实现质量目标。

7.2.4 作业人员基本条件和职责如下：

a) 应取得由合法资质机构颁发的与调查项目相符的上岗资质证书，能胜任海上调查工作，坚守岗位，尽职尽责；

b) 应按 GB/T 12763 规定的方法和技术要求，按时完成本职调查工作，保证调查数据的准确可靠。

8 调查用计量器具要求

8.1 海洋调查仪器设备

8.1.1 技术设计时应进行测量准确度估算，保证调查用仪器设备的技术指标满足海洋调查项目的要求。

8.1.2 国产仪器设备的生产单位应取得由国家有关质量技术监督部门颁发的《制造计量器具许可证》

或型式批准证书;属研制、开发的科研样机的仪器设备应经授权的国家法定计量机构鉴定合格。

8.1.3 进口仪器设备应经国务院计量行政部门型式批准,或由我国或本国权威机构出具质量认定证书。

8.1.4 仪器设备应送授权的法定计量检定机构检定或校准;没有授权机构的,由持有单位按合法化的自校或互校方法进行自校或互校。为保证调查数据质量,仪器设备应在检定、校准证书有效期内使用。

8.1.5 无法在室内检定、校准的仪器设备,应与传统仪器进行现场比对,考察其有效性。

8.1.6 对测量中需定标的仪器,应按规定定标,并列入操作程序。

8.1.7 出海前应由使用者对出海仪器设备按上述条件逐一检查,调查项目负责人组织填写《海洋调查仪器设备检查登记表》,见附录C中的表C.1,报海洋技术监督机构和项目委托单位审核备案。

8.1.8 调查仪器设备的运输、安装、布放、操作、维护,应按其使用说明书的规定进行。

8.2 标准物质

8.2.1 调查中应使用具有《制造计量器具许可证》和定级证书的标准物质。标准物质应标明批号,且在使用有效期内使用。国内没有标准物质产品的项目,应经专门人员、以专用仪器和实验室,用具有出厂检验合格证且在有效使用期内化学试剂配置,并经互校或比对确认符合要求。

8.2.2 出海前由使用者对出海用标准物质和化学试剂按上述条件逐一检查,项目负责人组织填写《标准物质及化学试剂检查登记表》,见附录D中的表D.1,报海洋技术监督机构和项目委托单位审核备案。

9 实验室、船舶、飞机、浮标和潜标

9.1 实验室

9.1.1 无论移动的或固定的实验室(包括观测场及作业场),均应满足如下一般要求:

a) 实验室(包括观测场及作业场)应安排在方便工作、安全操作的地方;

b) 应配有满足调查要求的水、电、照明、排风、消防设施和相应实验、办公设备;

c) 实验室内的温度、湿度、空间、采光等环境参数应符合仪器设备使用与人员安全卫生的规定;

d) 测量、办公用仪器设备应摆放整齐、有序,固定牢固,便于操作;

e) 外界或内部的污染以及机械、噪声、热、光及电磁等干扰水平应对测量结果无显著影响。

9.1.2 实验室应制定周密、切实可行的规章制度,至少应满足如下管理要求:

a) 对仪器设备应实行标志管理:满足原技术指标的加贴绿色合格标志;虽因某项性能消失、某段范围超差或降级使用,但仍能满足使用要求的加贴黄色准用标志;发现故障或超检的加贴红色停用标志;

b) 样品、试剂应按规定包装、储存、分类摆放,稳固有序,标识应清楚,防止混淆、丢失、遗漏、变质及交叉污染;

c) 剧毒、贵重、易燃、易爆物品应以特定程序管理、特殊设施存放;

d) 应建立仪器设备的管理制度,应规定仪器设备交接班检查和定期通电检查、维护的要求;

e) 进出实验室(包括观测场及作业场)或交接班应认真检查水、电、热供应设施是否处于正常开关状态;

f) 应建立三废处理制度,应规定收集、处理、排放废弃物、废水、废气和过期试剂的有关要求;

g) 应建立并保持对有特殊要求(如恒温、恒湿、超净、无菌、电磁屏蔽等)实验室环境条件的测试记录;

h) 应保持实验室(包括观测场及作业场)洁净、整齐、有序。

9.2 调查船

9.2.1 调查船应满足如下一般要求:

a) 应具有适应海洋调查用的甲板及机械设备;

b） 应有满足现场调查作业和现场样品处理、测试、分析与资料整理所需的实验室；

c） 应有调查需要的电源；

d） 应有周密、可靠、有效的航海安全、消防和救生措施及设备；

e） 可在不同航速下连续航行；

f） 应有准确可靠的测深、导航定位系统和通讯系统；

g） 远洋调查船应有较大续航力和自持力，能在广泛的洋区调查作业，并配有全球导航定位系统；

h） 海洋生物调查船应有满足需要的拖网绞车，船尾适于拖网作业；

i） 海洋声、光调查船应噪声低，具有较好的防电磁干扰能力；

j） 极地考察船应具有相应的抗风暴和破冰、抗冰能力。

9.2.2 调查船至少应满足如下管理要求：

a） 应通过船舶和有关检验机构的检查，符合适航标准和安全检查条例；

b） 船长及船员应具有相应职位的资质证书，熟悉本职业务，明确调查任务对船舶的作业要求，并能积极主动地配合调查人员完成调查任务；

c） 应保证调查人员的必要工作条件和生活条件；

d） 应按计划完成备航和安全检查、教育工作，能按时出海作业；在不影响安全的前提下，船舶的行动应尊重首席科学家的意见；

e） 应按调查任务的需要准确地操纵船舶，保证航行安全；

f） 凡属船上的设备，均需经常保持良好状态。

9.3 飞机

9.3.1 飞机应满足如下一般要求：

a） 应具有稳定慢速、定高低空飞行能力，有准确可靠的导航定位系统和相应的续航力；

b） 有安装或吊放机载传感器和施放传感器的窗口。有与驾驶舱隔离而又能进行通话联系的调查工作用舱。

9.3.2 飞机至少应满足如下管理要求：

a） 每个机组需配备经过海上飞行训练并取得相应上岗资质证书、适应三种以上气象条件飞行的空勤人员及地勤人员。每次飞行前，应进行充分的地面准备，不能带故障与隐患起飞执行任务；

b） 应选用起降条件合适的机场。每次起降，应有良好、适宜的气象条件，预先获得准许，服从调度指挥；

c） 应制定严格的安全飞行措施。飞行中应随时保持与地面指挥部门的通讯联络，不准擅自飞离批准的调查飞行区域。

9.3.3 调查人员应遵守如下管理要求：

a） 各调查单位应按规定将调查计划和登机人员报飞行主管部门，办理有关登机手续；调查用的仪器设备、工具、材料和调查人员，上机前应由主管部门认真进行安全检查；

b） 调查人员应遵守机上工作的有关规定，不准进入驾驶舱；

c） 除地面指挥部门批准的调查项目的特殊需要外，在飞机起降过程中，应关闭调查仪器设备，如有需拖曳于机体以外的传感器，应于起飞后放出，降落前收回。

9.4 浮标和潜标

9.4.1 浮标和潜标应具备如下基本性能：

a） 应有牢固的浮体和系泊系统，应有可靠的应答、释放装置；

b） 应有在规定的布放时间内可靠地自动供电和自动采集、贮存和定时传输资料的能力；

c） 在布放海区极限海况条件下应能连续正常工作；

d） 应具有在规定时间内防生物附着能力和防腐蚀能力；

e) 应具有报告其工作状况和位置的能力；

f) 浮标应具有夜间灯光显示装置和雷达波反射装置。

9.4.2 浮标和潜标至少应满足如下管理要求：

a) 布放的位置(潜标还应固定在设计深度上)应使观测资料有良好的代表性，一般应避开航道和其他危险区，尽可能避免布放在渔船作业区；

b) 布放和回收浮标，应选择适宜的海况条件，由专人指挥，按规定程序实施；

c) 应经常监测浮标位置。当发现距岸不大于 300 km 的浮标移位超过 1.0 km，或距岸大于 300 km 的浮标移位超过 2.0 km 时，应立即记录移位后的实际位置，并将浮标重新拖回并系留到原位置上。移位超过以上规定距离后，观测到的资料，不能作为原位置资料使用；

d) 正常工作时应按期对浮标各部分进行检修或更换，出现故障应立即进行维修；

e) 浮标接收站应选建在有利于遥控指令发射和资料接收的位置上，应配备可靠的资料接收和处理设备，接收设备应配备有效的防雷击装置。

10 调查的导航定位

10.1 海洋环境基本要素调查的导航定位设备一般为全球定位系统(GPS)或差分全球定位系统(DGPS)，GPS应符合 GB/T 15527 的要求，DGPS应符合 GB/T 17424 的要求。

10.2 调查船、飞机应配备能胜任的导航定位操作人员；并备有相应的图件和技术资料。

10.3 导航定位设备应按规定定期进行校准和性能测试，标定其系统参数。

10.4 GPS 或 DGPS 的安装、操作应按其使用说明书进行。

10.5 在海上调查开始前，应由导航定位人员将设计好的调查测线和测点画在导航定位图上或输入导航定位计算机内。

10.6 航海部门人员应在航海日志中准确记录与海洋调查有关的时间、站号、站位、航向、航速、水深等信息，并及时向调查人员提供航行参数和测线、测点的编号。在利用调查船进行漂泊调查时，应在进入、离开调查站位时分别报告一次时间与船位。条件允许时，应按首席科学家要求，提供尽可能加密测定的船位和船舶漂移轨迹。

10.7 返航后应及时将完整的导航定位资料和不确定度评价结果，提供给首席科学家。

10.8 导航定位准确度应符合调查项目的要求，推荐海洋地质地球物理调查(除采样活动外)定位准确度为 10 m，其他各专业、各要素为 50 m。

11 海上作业

11.1 时间标准

11.1.1 在领海、专属经济区和大陆架进行的海洋调查，应采用北京时间；远洋调查可采用北京时间或格林威治时间，并在资料载体上标明所采用的时间标准。

11.1.2 注意每 24 h 校对一次计时器，计时绝对误差不应超过 ±5 s(或相对误差不应超过 $\pm5.9\times10^{-5}$)。

11.2 观测作业要求

11.2.1 按 GB/T 12763.2～12763.6 和 GB/T 12763.8～12763.11 中相应条款的要求进行海洋要素观测、样品采集等海上作业，并按质量计划进行质量控制。

11.2.2 按 GB/T 12763.2～12763.6 和 GB/T 12763.8～12763.11 中相应条款要求分割、处理、包装、保存样品；并应及时进行必要的预处理和现场描述，准确地记录其状态并标识，填写有关记录表、簿。

11.2.3 现场描述的项目及其内容应简单并表格化，其内容应主要包括要素名称、调查海区、调查时间、测线和站位(观测点)层次、编号及样品状态等。标识应有利于实验室对样品的检查确认。

11.2.4 需马上分析测试的样品，应立即送船上实验室，并按 12.2～12.6 条的规定进行分析测试。

11.2.5 值班人员应遵守值班和交接班制度，坚守岗位，认真负责。交接班时应将有关情况交接清楚。

11.2.6 应以学科为单位建立值班日志，值班日志应统一、规范，有确保填写记录内容真实的保障制度以及确保记录数据准确可靠的规定。值班日志由值班人填写，交接班时由接班人核验，学科负责人应定期检查，确保内容完整可靠。

11.2.7 值班日志内容主要包括：

a) 仪器安装调试及运行情况；

b) 站位作业情况，指时间、站位、人员、观测要素、作业深度、获取数据载体编号登记、采样登记、作业概况、质量偏离记录和处理措施(同时应及时将这些信息标注到样品和资料载体的标识上)；

c) 仪器设备故障、维修、更换记录；

d) 值班人员姓名；

e) 质量计划现场执行结果；

f) 事故与处理过程；

g) 调查中遇到的特殊海洋现象及处理情况等。

11.3 原始记录

11.3.1 按规定的期限记录、保存原始观测数据，以及调查现场状况、突发事件、异常现象、作业概况等信息。原始记录应以“共　页第　页”的形式标注页码，以空白表示无观测数据，以填划横杠表示漏测、缺测数据，以终结线表示其后无记录。观测、采样、测试的执行人员以及结果校核人员应签名。

11.3.2 记录应能长期保存。原始记录可以是磁载体、记录纸的自动记录，也可以是表簿的人工记录。人工记录除海上现场用黑色铅笔外，其他一律用蓝黑、黑色墨水笔填写；原始记录的数字或符号应填写在格的左下方，要求字迹清楚，字高约为表格高度的三分之二，不得伪造、涂擦；当记录出现错误时，应在原记录中间划一横线，在其右上方填写正确的数字或符号，并应有更正人员的签名或印章。

11.3.3 应考虑原始自动记录与人工记录间的一致性。

11.3.4 某项要素无法调查或因为仪器故障等影响调查结果质量时，应在相关的记录表的记录栏中注明，并在值班日志中详细说明；某项因故提前或延迟调查时，除注明原因外，应记录实际调查时间。

11.4 样品及观测记录的包装、存储和运输

样品、资料载体及采样记录应按有关的包装技术要求整理包装，标注清楚后应由负责人按规定的保管和运输要求进行保管、存储和运输。

11.5 安全措施

应制定具体明确的人身、仪器、资料的安全保障措施，建立安全岗位责任制和必要的奖惩制度。特别应注意规定在大风大浪、夜间、雷暴和雨雪等恶劣天气下工作及遇到特殊情况(如船舶碰撞、火灾、海啸等灾害)时采取的应急安全措施。

11.6 航次报告编写

航次结束后，各学科负责人负责整理本学科航次调查原始资料，审核签字后交首席科学家汇总；首席科学家在此基础上编写航次报告。

11.7 原始资料和样品的验收

11.7.1 在航次结束后十天内，由项目承担单位组织未参加本调查项目的三名以上同行专家，根据调查计划、GB/T 12763，组织对原始资料和样品的验收。

验收内容主要包括航次报告、记录到不同媒体上的调查数据和图件资料、导航定位资料、样品及其采集现场记录和描述、质量计划执行记录、调查值班日志和出海人员、仪器设备、标准物质的登记表。

11.7.2 数量不够、已变质、被污染、结构已破坏、标识不清、无状态描述的样品应作废；由不符合要求的调查人员、以不合格的仪器设备或标准物质、违反 GB/T 12763 或操作规程获取的资料为不合格资料；记录不清、观测不完整、数据丢失严重、载体破坏严重的资料及不具备溯源性的数据应为不合格资料；离散严重或观测准确度不能满足标准或质量计划对该要素要求的数据均为不合格数据。

11.7.3 验收不合格的样品和资料,不应计入有效工作量,不再进行样品分析鉴定和资料整理、计算。

11.7.4 不合格样品或资料超过三分之一的观测量为不合格观测量;主要观测量不合格或两个以上辅助观测量不合格为不合格要素;两个以上要素不合格的学科为不合格学科;主学科不合格或两个以上辅助学科不合格为不合格航次。

11.7.5 原始资料和样品的验收结果应作文字评语,由参加验收者签字、单位盖章,作为调查成果验收和资料归档内容之一。

11.7.6 航次报告及航次调查原始资料应提交调查项目负责人。

12 室内样品分析测试和鉴定

12.1 实验室资质

承担样品室内分析与测试的实验室应符合4.1.2的要求。

12.2 样品交接与记录

样品交接时应办理正式交接手续。实验人员在接收检验样品时,应记录其状态。包括是否异常或是否与相应的检验方法中所描述的标准状态有偏离。如果对样品是否适用于检验有任何疑问,或者样品与提供的说明不符,或者对要求的检验规定得不完全,实验人员应在工作开始之前要求送样者予以说明。样品交接时应办理正式交接手续。

12.3 样品的惟一性标识

实验室应建立对送检样品的惟一识别系统,以保证在任何时候对样品的识别不发生混淆。

12.4 样品的预处理和分析测试鉴定

实验室应按GB/T 12763.2~12763.6和GB/T 12763.8~12763.11中相关条款规定的方法和技术要求在规定的时间内完成样品的预处理、分析、测试和鉴定工作。

12.5 分析测试鉴定的质量检查

应在规定的时间内对分析、测试与鉴定结果按质量计划规定的要求进行质量检查。如发现误差超出规定范围,应重新分析、测试与鉴定。

质量检查措施为由质量保证人员安排的内控样、平行双样、盲样及实验室间互校等。

12.6 分析测试鉴定结果的发出

分析(测试、鉴定)结果应以规范的格式和内容表述,应由分析(测试、鉴定)者签名,经核验人核验、实验室负责人批准后及时发往送样单位。

12.7 剩余样品和标样的处置

剩余样品按相应专业的要求和项目质量计划的规定处置,并充分尊重委托方的意见。

13 资料处理

13.1 资料汇总

项目负责人负责将调查的现场作业与室内测试资料按船、航次汇总,并组织进行数据处理。

13.2 数据处理

13.2.1 按GB/T 12763.2~12763.6和GB/T 12763.8~12763.11中相关条款规定的方法和要求处理数据,发现并剔除坏值,修正系统误差,进行针对影响量的订正,整理、计算出各测量要素观测结果、导出量及内插值,推导测量要素分布函数。数据分析、计算应有责任制度,分析(计算)者、校核者应签字。

13.2.2 数据处理及导出量计算均应按《中华人民共和国法定计量单位使用方法》正确使用法定计量单位。

13.3 建立文档和图件绘制

13.3.1 根据调查获取的资料,按GB/T 12763.2~12763.6和GB/T 12763.8~12763.11中相关条款规定的格式建立数据文档。

13.3.2 调查资料汇编一般是调查获取资料最终提交的压缩文档，其压缩程度应按项目委托单位的要求确定。

13.3.3 根据海洋调查资料汇编，按 GB/T 12763.2～12763.6 和 GB/T 12763.8～12763.11 中相关条款的规定来编绘海洋要素时空分布变化图件和声像资料，其种类、内容、编绘方法应按合同要求和海洋调查资料状况而定。

13.3.4 调查资料汇编、图件及声像资料上的数字、线条、符号应准确、清楚、端正、规格统一、注记完整、颜色鲜明。在图件和报表规定的位置上，应有有关人员的签名。

13.3.5 绘制的图件、声像资料应由相应水平的科技人员进行检查，由不低于编制者水平的其他科技人员进行复核，并对不恰当的地方进行必要的修改并签字。

13.3.6 调查资料汇编应附数据转换(或反演)、发现并剔除坏值、系统误差修正、对影响量的订正、导出量及内插值计算、测量要素分布函数推导及相关量比较等方法的说明，附以对各要素的数据进行准确度及离散性检查的结果。

13.4 计算机处理资料的要求

13.4.1 用于数据处理工作的计算机，应具有满足工作要求的环境、配套设施、硬件配置和相应工作软件。应建立必要的规章制度，以保证其正常、安全地工作，不受无关人员、信号及自然现象的干扰。

13.4.2 计算机工作软件应是正版合法产品；委托或自行开发的工作软件则应经鉴定合格方可使用；全部工作软件应经调查项目承担单位批准。

13.4.3 由同岗人员定期地认真检查输入参数和软件系统；推导反演计算数据时，应首先由第二人对计算公式、方法、步骤和使用数据进行严格审查与核算，再用其他独立计算工具对计算结果抽查核验5%的数据；计算、审查和抽查核验均应有责任人签字。

13.4.4 输入计算机或录入报表上的数据，应经第二人校对，应保证误码率低于 1×10^{-4}。

13.4.5 记录调查资料的电子媒体原件应存档，用其复制品进行资料的整理。

14 调查报告编写

14.1 编写内容

14.1.1 前言

前言应至少包括如下内容：

a) 任务及其来源，重点论述应突出；
b) 调查海区的位置及地理坐标；
c) 调查船(飞机)及调查时间；
d) 调查方法；
e) 任务执行概况；
f) 项目组成员、调查队成员、质管人员及其分工。

14.1.2 调查海区

调查海区应至少包括如下内容：

a) 调查海区及周围地区的自然环境；
b) 以前对该海区的调查研究程度。

14.1.3 海上调查工作状况

海上调查工作状况应至少包括如下内容：

a) 测网、测线及测点的布设；
b) 导航定位系统及准确度评价；
c) 仪器设备的性能和运转情况；
d) 调查方法和现场资料描述。

14.1.4 样品分析和资料整理

样品分析和资料整理应至少包括如下内容：

a) 原始资料和样品的周转与审核；

b) 样品分析、测试、鉴定方法及概况；

c) 资料整理、处理、计算和图件编绘方法及概况；

d) 调查要素时空分布特征。

14.1.5 质量计划实施情况报告

质量计划实施情况报告应至少包括如下内容：

a) 资源配置的合理性、符合性和量值溯源的实现程度；

b) 调查数据处理中统计方法的说明；

c) 本单位及分包单位的质量控制措施实施情况与结论；

d) 参考资料的溯源性和合理性；

e) 样品、原始资料、资料汇编和图集的质量评价；

f) 调查结果的质量及应用价值评估；

g) 质量目标实现状况。

14.1.6 资料分析与结论

14.1.6.1 分析解释调查资料和图件时，应阐明调查资料时空分布特征、重要发现，并评价其海洋学意义及其与海洋管理、工程设计、开发利用的关系。

14.1.6.2 应将观测到的数据进行统计分析，并与历史资料、临近水域(站位)资料，相关学科等资料进行比较和综合分析，然后确立分布规律，发现演变规律及相关量间的经验公式，从中发现并解释异常值和异常规律。

14.1.6.3 根据14.1.6.2的统计分析结果，对调查海域的水文、气象、地质、化学、生物等环境特性进行评估，就委托方提出的调查目的给出客观、科学、公正的评估结论。

14.1.7 存在问题和建议

应总结调查发现的问题，并提出今后应开展工作的建议。

14.2 编写要求

14.2.1 应在对已有文献、资料和本次调查资料、图件进行深入分析、研究的基础上编写。

14.2.2 应按任务书或合同书、调查计划和GB/T 12763的有关规定编写。

14.2.3 应重点分析、研究本次调查获得的资料和图件，同时充分利用调查海区及周围地区内已有的资料和文献。

14.2.4 应重点论述样品的分析、测试和资料整理、计算，资料、图件的分析和解释。

14.2.5 力求内容全面、重点突出、论据充分、文字精练。

14.2.6 应有必要的附图和插图。

14.2.7 按调查计划规定的时限完成调查报告的编写。

15 调查资料和成果归档

15.1 归档范围

调查项目负责人应确保每一项调查归档文件材料的完整、准确和系统。归档范围主要包括：

a) 任务合同书(委托书、协议书)、有关的请示报告、批复、汇报及重要信函等；

b) 海洋调查计划、技术设计及其实施记录；

c) 各种载体的重要原始记录、原始资料、实验室分析测试报告、图纸；

d) 航次报告、阶段性调查成果及其验收记录；

e) 调查报告最终原稿及印刷稿；

f) 技术鉴定材料或验证资料；

g) 成果鉴定和验收证书和文件(待鉴定、验收后归档)；

h) 经费结算报告；

i) 符合 GB/T 12763.7 规定的调查元数据。

15.2 归档要求

15.2.1 从项目立项开始，由项目负责人负责组织对海洋调查研究过程中所形成的有关文件材料，按 HY/T 058 的规定系统整理立卷。归档资料由项目负责人审核签字，经调查项目承担单位档案管理部门审查，确认符合 HY/T 058 的相应规定后验收归档。

15.2.2 归档应按 HY/T 058 规定的程序和要求办理归档手续。归档的文件、制作材料应优良，应格式统一、字迹工整、图样清晰、装订牢固、签字手续完备。

15.2.3 调查资料应按保密规定划分密级，妥善保管。调查实施过程中所形成的重要管理文件、材料、海洋调查的调查计划、原始记录、原始资料、资料汇编、图集图件、调查报告、规范性作业文件、追溯性记录等均应永久保管；其他文件材料可定为长期或短期保管。

15.2.4 归档和移交的有关文件材料应是原件。

15.2.5 以磁带、磁盘等不能长期保存的载体归档的资料，应按载体特性及时转录为光盘或(另一种载体)，并在防磁、防潮和适宜温度条件下保存。

15.2.6 电子文件材料归档应注明技术环境条件、相关软件版本、数据类型格式、操作数据、检测数据及备份要求等。

15.2.7 分包单位和受委托承担样品实验室分析、测试单位的原始记录和数据处理记录一般由该单位归档，其分包调查报告和分析、测试报告作为项目承担单位的调查原始记录归档。

15.3 归档时间

持续时间为 2 年以内的调查项目，于验收或鉴定前、后两次完成归档；持续时间为 2 年以上的调查项目，还应在每个航次结束后六个月内归档一次。

15.4 档案质量要求

海洋调查档案质量应符合 HY/T 058 的有关规定，与 5.2 条规定相应的质量保证或证明文件齐备。归档不符合要求的项目，不应进行成果验收。

16 成果鉴定和验收

16.1 成果鉴定

16.1.1 调查成果鉴定对象应包括调查报告、成果图件(或图集)和资料报表(或资料汇编)等。

16.1.2 鉴定依据是项目合同书(委托书、协议书)、GB/T 12763 和调查计划。

16.1.3 鉴定应在档案管理部门出具调查成果完成归档的证明后，及时按《科学技术成果鉴定办法》进行。鉴定通过时，应按规定填写科技成果鉴定证书；鉴定不通过时，限期补充修改，再次报请重新鉴定。

16.2 成果验收

16.2.1 验收内容主要是对调查进行情况和调查成果进行验收。

16.2.2 应依据项目合同书(委托书、协议书)、调查计划、GB/T 12763、原始资料验收结论、归档证明和成果鉴定证书进行验收。电子媒体的海洋调查资料汇编在验收时应按 GB/T 12763.7 中的有关规定进行检验。

16.2.3 应由调查项目委托单位派人组织验收，确认合格后形成由验收人签字和验收双方单位盖章的书面验收结论，并由双方归档。与验收依据有明显差距的成果不予验收，责令限期修改、提高，并重新组织验收。

16.2.4 通过验收的调查成果各独立文本，应经调查项目负责人、调查项目承担单位授权的签字人签字，正本交项目委托单位，副本留承担单位归档。其他资料的移交内容和形式根据合同书或验收协议确定。

附 录 A
（规范性附录）
航次报告

A.1 航次报告由航次概况、主要调查人员岗位、、观测与取样概况、航线与站位图、海区地理特征、质量计划实施情况等部分构成。

A.2 航次概况格式见表 A.1。

A.3 主要调查人员指本航次负责各不同调查学科、要素的调查人员，其岗位表格式见表 A.2。

A.4 浮标潜标漂流浮标等观测系统布放/回收概况表格式见表 A.3。

A.5 观测与取样概况表格式见表 A.4。

A.6 填入航线与站位图，并附上测线、测点和站位的必要说明，格式如表 A.5。

A.7 海区地理和环境特征应填写本航次调查的洋区/海域名称，地理坐标，具体调查海域内对调查结果的准确度或代表性有影响的流场、水质、底质、地形、地貌，工程设施、航道、养殖区、排污口及沉船等人为设施。格式见表 A.6。

A.8 质量计划实施情况应填写质量计划规定的质量控制措施的执行情况，质量目标达标情况，及可能的调查资料质量验证情况，格式自定。

表 A.1 航次概况

<table>
<tr><td colspan="2" rowspan="2">航次报告</td><td colspan="4">承担单位资料室填写
保管部门________查阅号________</td></tr>
<tr><td rowspan="2">资料交换限制</td><td>可</td><td>否</td><td>部分</td></tr>
<tr><td>是否属出具社会公证数据</td><td></td><td></td><td></td><td></td></tr>
<tr><td colspan="6">填入获取资料的调查船(或观测平台)的名称及国际无线电呼号,并注明调查船(或平台)类型
调查船/观测平台名称________呼号________
调查船/观测平台类型________</td></tr>
<tr><td colspan="6">填入本航次编设的航次号、名称或缩写。(可能的话,注明测线)
航次号/名称________</td></tr>
<tr><td colspan="6">调查日期　从___年___月___日___至___年___月___日
始发港(填入国家和港口名称)________
抵达港(填入国家和港口名称)________</td></tr>
<tr><td colspan="6">承担单位
名称________资质证书号________
国家________地址________邮政编码________</td></tr>
<tr><td colspan="6">首席科学家
姓　名________职称________职务________
所在单位________</td></tr>
<tr><td colspan="6">航次目的概述:填入本航次有关调查目的和特征的信息
____
____
____
____
____
____
________</td></tr>
<tr><td colspan="6">项目委托单位________合同编号________
计划名称________计划编号________
协作机构________;________;________</td></tr>
</table>

表 A.2 主要调查人员岗位

<table>
<tr><th>姓　名</th><th>工　作　单　位</th><th>负责学科</th><th>负责要素</th><th>证书号码</th></tr>
<tr><td></td><td></td><td></td><td></td><td></td></tr>
<tr><td></td><td></td><td></td><td></td><td></td></tr>
<tr><td></td><td></td><td></td><td></td><td></td></tr>
<tr><td></td><td></td><td></td><td></td><td></td></tr>
<tr><td></td><td></td><td></td><td></td><td></td></tr>
<tr><td colspan="5">注：视主要人员数量调整表中的行数。</td></tr>
</table>

表 A.3 浮标、潜标、漂流浮标布放/回收概况

<table>
<tr><td rowspan="4">站位概况</td><td rowspan="3">站位号</td><td colspan="6">站　位</td><td rowspan="3">布放/回收
日期,时间</td><td rowspan="3">站位标识</td></tr>
<tr><td colspan="3">纬　度</td><td colspan="3">经　度</td></tr>
<tr><td>(°)</td><td>(′)</td><td>N/S</td><td>(°)</td><td>(′)</td><td>E/W</td></tr>
<tr><td></td><td></td><td></td><td></td><td></td><td></td><td></td><td></td><td></td></tr>
<tr><td rowspan="6">主要调查人员</td><td>姓　名</td><td colspan="2">职　责</td><td colspan="2">值班时间</td><td colspan="2">姓　名</td><td>职　责</td><td>值班时间</td></tr>
<tr><td></td><td colspan="2"></td><td colspan="2"></td><td colspan="2"></td><td></td><td></td></tr>
<tr><td></td><td colspan="2"></td><td colspan="2"></td><td colspan="2"></td><td></td><td></td></tr>
<tr><td></td><td colspan="2"></td><td colspan="2"></td><td colspan="2"></td><td></td><td></td></tr>
<tr><td></td><td colspan="2"></td><td colspan="2"></td><td colspan="2"></td><td></td><td></td></tr>
<tr><td></td><td colspan="2"></td><td colspan="2"></td><td colspan="2"></td><td></td><td></td></tr>
<tr><td rowspan="10">仪器设备传感器使用概况</td><td>名称</td><td colspan="2">型号</td><td colspan="2">出厂编号</td><td colspan="2">布放深度</td><td>设定值</td><td>工作状况</td></tr>
<tr><td></td><td colspan="2"></td><td colspan="2"></td><td colspan="2"></td><td></td><td></td></tr>
<tr><td></td><td colspan="2"></td><td colspan="2"></td><td colspan="2"></td><td></td><td></td></tr>
<tr><td></td><td colspan="2"></td><td colspan="2"></td><td colspan="2"></td><td></td><td></td></tr>
<tr><td></td><td colspan="2"></td><td colspan="2"></td><td colspan="2"></td><td></td><td></td></tr>
<tr><td></td><td colspan="2"></td><td colspan="2"></td><td colspan="2"></td><td></td><td></td></tr>
<tr><td></td><td colspan="2"></td><td colspan="2"></td><td colspan="2"></td><td></td><td></td></tr>
<tr><td></td><td colspan="2"></td><td colspan="2"></td><td colspan="2"></td><td></td><td></td></tr>
<tr><td></td><td colspan="2"></td><td colspan="2"></td><td colspan="2"></td><td></td><td></td></tr>
<tr><td></td><td colspan="2"></td><td colspan="2"></td><td colspan="2"></td><td></td><td></td></tr>
<tr><td rowspan="5">资料登记</td><td>资料名称</td><td colspan="2">载体编号</td><td colspan="2">位置</td><td colspan="2">数据量</td><td>记录者</td><td>核验者</td></tr>
<tr><td></td><td colspan="2"></td><td colspan="2"></td><td colspan="2"></td><td></td><td></td></tr>
<tr><td></td><td colspan="2"></td><td colspan="2"></td><td colspan="2"></td><td></td><td></td></tr>
<tr><td></td><td colspan="2"></td><td colspan="2"></td><td colspan="2"></td><td></td><td></td></tr>
<tr><td></td><td colspan="2"></td><td colspan="2"></td><td colspan="2"></td><td></td><td></td></tr>
<tr><td colspan="10">注：视各站的具体信息状况，调整该站该项信息的行数。</td></tr>
</table>

表 A.4 观测与取样概况

站位号	资料/样品概况				测量仪器/采样设备概况			调查人员	备注
	名称	数据量 数 量	载体编号 包装编号	样品有 效期	仪器设 备名称	型号	出厂 编号		

统计资料	光盘	软盘	磁带	自记纸	记录表	记录簿	照片	传真	胶片	其他

统计样品	盐度	溶解氧	营养盐	有机碳	叶绿素	pH	悬浮物	浮游生物	游泳生物	底栖生物	污损生物	沉积物	岩芯	其他

注：视各站的具体信息状况，调整该站该项信息的行数。

表 A.5 航线与站位图

航线与站位图：	如提供航行记录， 则在方框内划“√” □ 测线、测点和站位的必要说明：

表 A.6 海区地理和环境特征

调查海区名称：
调查海区地理和环境特征：

附 录 B
（规范性附录）
海洋调查人员登记表

海洋调查人员登记表的格式见表 B.1。

表 B.1 海洋调查人员登记表

序号	姓名	单 位	证书号码	持证项目	出海岗位	使用仪器设备	审核意见

填报单位： 填报人： 填报日期： 年 月 日

审核单位： 审核人： 审核日期： 年 月 日

附 录 C
（规范性附录）
海洋调查仪器设备检查登记表

海洋调查仪器设备检查登记表的格式见表 C.1。

表 C.1 海洋调查仪器设备检查登记表

序号	仪器名称	型号	出厂编号	检定（校准）证书编号	检定（校准）证书有效期限	检查调试情况	检查者签名	复核意见

填报单位： 填报人： 填报日期： 年 月 日

审核单位： 审核人： 审核日期： 年 月 日

附　录　D
（规范性附录）
标准物质及化学试剂检查登记表

标准物质及化学试剂检查登记表的格式见表 D.1。

表 D.1　标准物质及化学试剂检查登记表

序号	标准物质 （或化学试剂）名称	生产单位	生产许可 证编号	批号	有效期限	检查结果	检查者 签　名	复核意见

填报单位：　　　　填报人：　　　　填报日期：　　年　　月　　日

审核单位：　　　　审核人：　　　　审核日期：　　年　　月　　日

ICS 07.060
A 45

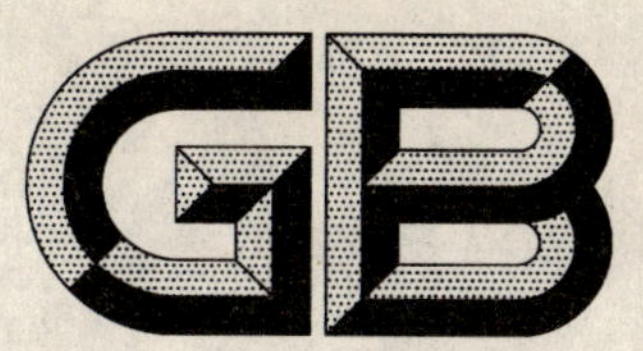

中华人民共和国国家标准

GB/T 12763.2—2007
代替 GB/T 12763.2—1991

海洋调查规范
第2部分：海洋水文观测

**Specifications for oceanographic survey—
Part 2: Marine hydrographic observation**

2007-08-13 发布　　2008-02-01 实施

中华人民共和国国家质量监督检验检疫总局
中国国家标准化管理委员会　发布

前　言

GB/T 12763《海洋调查规范》分为 11 个部分：

——第 1 部分：总则；

——第 2 部分：海洋水文观测；

——第 3 部分：海洋气象观测；

——第 4 部分：海洋化学要素调查；

——第 5 部分：海洋声、光要素调查；

——第 6 部分：海洋生物调查；

——第 7 部分：海洋调查资料交换；

——第 8 部分：海洋地质地球物理调查；

——第 9 部分：海洋生态调查指南；

——第 10 部分：海底地形地貌调查；

——第 11 部分：海洋工程地质调查。

其中第 9 部分、第 10 部分和第 11 部分对应于 GB/T 12763—1991 是新增部分。

本部分为 GB/T 12763 的第 2 部分，代替 GB/T 12763.2—1991《海洋调查规范　海洋水文观测》。

本部分与 GB/T 12763 的第 1 部分和 GB/T 12763 的第 7 部分配套使用。

本部分与 GB/T 12763.2—1991 相比主要变化如下：

——引用标准中增加了 GB/T 15920—1995《海洋学术语：物理海洋学》和 GB/T 14914—1994《海滨观测规范》(见第 2 章)；

——术语和定义全部归入第 3 章(见第 3 章)；

——在“一般规定”中，补充了“技术设计”的内容，并明确规定技术设计“应形成文件，并报主管部门审批”(1991 版第一篇中的 3；本版的 4.1)；增加了质量控制管理的规定，以适应新建立的质量管理体系(即 ISO 9000)的要求(本版的 4.6)；同时，将“观测资料记录、整理和验收的一般要求”改为“观测资料记录、整理和交换，以及调查成果的验收”(1991 版第一篇的 8；本版的 4.7)；

——删掉“深度测量”篇，水深测量仅在“一般规定”中简单提及(1991 版第二篇；本版 4.8)；

——对 1991 版的“水温观测”做了较重大的修改：

a) 通过引导语，对水温观测准确度做了更灵活、更符合实际的规定(1991 版的 14.1；本版的 5.1.1)；

b) 将连续测站水温观测时次由“一般每两小时观测一次”改为“一般每小时观测一次”(1991 版的 14.2；本版的 5.1.2)；

c) 将“水温观测的标准层次”的内容全部改用表格表示，并将表层改为“海面下 3 m 以内的水层”(1991 版的 14.3；本版的 5.1.3)；

d) 本版摒弃了 1991 版有关水温观测方法和观测记录整理的叙述方式，突出了已普遍使用的现代化温盐深仪(即 CTD)观测水温的方法和技术，以及资料处理方法(1991 版的 15 和 16；本版的 5.2.1 和 5.3.1)；同时，增加了走航测温的内容(本版的 5.2.2 和 5.3.2)；

e) 在“利用颠倒温度表观测水温”中，增加了“仪器设备和主要技术指标”内容；操作使用方法按“使用前检查”与“安装和测量”两部分重新做了规范(1991 版的附录 A；本版附录 B)；

——与“水温观测”相对应，“盐度测量”中重点规范了 CTD 仪测量盐度的方法(1991 版的 19.1；本版 6.2.1 和 6.3.1)；增加了走航测量盐度的内容(本版的 6.2.2 和 6.3.2)；同时，将 1991 版中

“利用实验室盐度计测量海水样品盐度”以及“实验记录的整理”的部分内容皆从正文移入附录（1991 版的 19.2、20.1.2 和 20.2；本版的附录 A）；

——大幅度地改写了“海流观测”一章：

a） 将海流“测量的准确度”的内容全部改用表格表示，并通过引导语对测量的准确度提出了更高的要求（1991 版的 22.2；本版的 7.1.2）；

a） 增加了海表面漂移浮标测流、锚定测流和走航测流的观测方法和观测记录整理（本版的 7.2.1，7.2.3，7.2.4 和 7.2.5）；

b） 按“漂流浮标测流”、“船只锚定测流”、“锚定潜标测流”、“锚定明标测流”和“走航测流”五大系列重新规定了海流观测方法和观测记录的整理（1991 版的 23 和 24；本版的 7.2 和 7.3）；

——“波浪观测”作了以下两方面的修改：

a） 对波高、周期和波向测量的准确度作了更具广泛性的规定（1991 版的 26.2；本版的 8.1.2）；

b） 本版摒弃了过去按观测要素撰写观测方法，而将观测方法按“目测”和“仪器观测”进行规范。同时，扩充了仪器观测方法内容，增加了“以船只为承载工具测波和锚定测波”的观测方法（1991 年版的 27；本版的 8.2）；

——水位观测从附录移入正文，并重写了水位观测方法（1991 年版附录 D；本版的第 9 章）；

——对“海冰观测”作了以下几方面的修改：

a） 在“技术指标”中增加了“观测要素的单位与准确度”（本版的 11.1.2）；

b） 对漂流方向和速度，以及海冰厚度的观测方法作了部分修改（1991 年版的 34.2.6，34.2.7；本版的 11.2.2.6，11.2.2.7）；

c） 增加了固定冰厚度观测的内容（本版的 11.2.3.2）；

——对“水文观测用表”作了以下的删补和修改：

a） 删掉了有关“深度测量”的有关用表（1991 年版附录 C 中的表 C1 和表 C2）；

b） “波级表”的内容做了补充，并增加了“十六个方位与度数换算表”（1991 年附录 B 中的表 B3；本版附录 C 中的表 C.1、表 C.2）；

c） “海冰用表”按新的格式做了调整（1991 年附录 B 中的表 B5～表 B8；本版附录 C 中的表 C.4～表 C.7）；

d） 与修改后的水温、海流观测方法相对应，在附录 D 中增加了表 D.8、表 D.9、表 D.10 和表 D.11。

本部分的附录 A、附录 B、附录 C 为规范性附录，附录 D 为资料性附录。

本部分由国家海洋局提出。

本部分由国家海洋标准计量中心归口。

本部分由国家海洋局第一海洋研究所负责起草，国家海洋局第二海洋研究所、北海分局参加起草。

本部分主要起草人：汤毓祥、孙洪亮、胡筱敏、矫玉田、熊学军、梁楚进、王炜阳。

本部分所代替标准的历次版本发布情况为：

——GB/T 12763.2—1991。

海洋调查规范
第2部分:海洋水文观测

1 范围

GB/T 12763 的本部分规定了海洋水文观测的基本要素、技术指标、观测方法和资料处理。

本部分适用于海洋环境基本要素调查中的海洋水文观测。

2 规范性引用文件

下列文件中的条款通过 GB/T 12763 本部分的引用而成为本部分的条款。凡是注日期的引用文件,其随后所有的修改单(不包括勘误的内容)或修订版均不适用于本部分。然而,鼓励根据本部分达成协议的各方研究是否可使用这些文件的最新版本。凡是不注日期的引用文件,其最新版本适用于本部分。

GB/T 12763.1　海洋调查规范　第1部分:总则

GB/T 12763.3　海洋调查规范　第3部分:海洋气象观测

GB/T 12763.7　海洋调查规范　第7部分:海洋调查资料交换

3 术语和定义

下列术语和定义适用于 GB/T 12763 的本部分。

3.1

现场水深　in site water depth

现场测得的自海面至海底的垂直距离。测量的目的主要用于确定测站的深度。

3.2

仪器沉放深度　deployed depth of instrument

自海面至水下观测仪器的垂直距离。用于确定所测得的水文要素值所在深度。

3.3

水温　water temperature

现场条件下测得的海水温度。

注:单位为℃。

3.4

盐度　salinity

海水中含盐量的一个标度。

注:绝对盐度和实用盐度的定义见 GB/T 15920—1995:海洋学术语 物理海洋学。实用盐度的计算式见附录 A。

3.5

海流　ocean current

海水的宏观流动,以流速和流向表征。

注1:流速单位为 cm/s。

注2:流向指海水流去的方向。单位为度(°),正北为零,顺时针计量。

3.6

海浪　ocean wave

海洋中由风产生的波浪。包括风浪及其演变而成的涌浪。

注1:风浪和涌浪的定义见 GB/T 15920—1995。

注2:海浪的基本要素包括波高、波向和周期等,其定义见 GB/T 15920—1995。

3.7

海况　sea condition

在风力作用下的海面特征。

3.8

波型　wave pattern

海浪的外貌特征。

3.9

水位　water level

观测点处海面相对于某参照面的垂直距离。

注：计量单位为 m。

3.10

海水透明度　sea water transparency

表征海洋水体透明程度的物理量，表征光在海水中的衰减程度。

注：计量单位为 m。

3.11

水色　water colour

位于透明度值一半的深度处，白色透明度盘上所显示的海水颜色。

注：用水色计的色级号码表示。

3.12

海发光　luminescence of the sea

夜间海面上出现的生物发光现象。

3.13

海冰 sea ice

在海上所见到的由海水冻结而成的冰。广义的是指海洋上一切冰的总称。

注：浮冰、固定冰和冰山的定义见 GB/T 15920—1995。

3.14

海洋观测　sea observation

在海上观察和测量海洋环境要素的过程。

3.15

大面观测　extensive observation

在调查海区布设的若干观测点上，船到站即测即走的观测。

3.16

断面观测　sectional observation

在调查海区一水平直线上设计多个观测点，由这些观测点的垂线所构成的面称为断面。在此断面之站点上进行的海洋观测称为断面观测。

3.17

连续观测　continuosly observation

在调查海区有代表性的测点上，连续进行 25 h 以上的海洋观测。

3.18

同步观测　synchronous survey

在调查海区若干站点上，同时进行相同海洋环境要素的观测。

3.19

走航观测　running　observation

根据预先设计的航线，使用单船或多船携带走航式传感器采集观测要素数据。

3.20

CTD conductivity-temperature-depth

温盐深仪,用于测量深度以及温度和盐度垂直连续变化的自记仪器。

3.21

XBT expendable bathythermography

抛弃式温深仪,一种在船只以规定船速航行下投放,用于测量温度、深度的仪器。

3.22

XCTD expendable conductivity-temperature-depth

抛弃式温盐深仪,一种在船只以规定船速航行下投放,用于测量温度、盐度和深度的仪器。

3.23

ADCP acoustic doppler current profiler

声学多普勒海流剖面仪,以声波在流动液体中的多普勒频移来测量流速的仪器。

4 一般规定

4.1 技术设计

4.1.1 技术设计的内容

接收调查项目后,承担单位应根据任务书或合同书的要求进行技术设计,内容主要包括:

a) 调查海区范围与测站布设;

b) 观测要素与观测层次;

c) 观测方式与时次;

d) 调查船及其主要设备的要求;

e) 主要观测仪器的名称、型号及数量;

f) 人员的组织和分工;

g) 观测资料的分析方法;

h) 质量要求与质量控制要点;

i) 应提交的调查成果、完成时间及验收方式;

j) 其他。

4.1.2 技术设计的形成

技术设计由项目负责人组织编制,应形成文件,并报主管部门审批。

4.2 观测要素、方式及顺序

4.2.1 观测要素

海洋水文观测要素一般包括:水温、盐度、海流、海浪、透明度、水色、海发光和海冰等。如有需要,还要观测水位。每次调查的具体观测要素,据任务书或合同书的要求而定,并应在技术设计文件中明确规定。

4.2.2 观测方式

依据调查任务的要求与客观条件的允许程度,水文观测方式可选择下列中的一种或多种:

a) 大面观测;

b) 断面观测;

c) 连续观测;

d) 同步观测;

e) 走航观测。

4.2.3 观测顺序

水文观测一般按下列顺序进行:

a) 观测前准备和检查仪器；

b) 对于大面(或断面)观测，到站后首先测量水深；对于连续观测应在正点前测量水深；

c) 观测水温、盐度，并采水；

d) 观测海流，对于连续观测站，海流观测应尽可能在正点完成；

e) 观测海浪、透明度、水色和海发光；

f) 观测海冰。

4.3 测站布设原则及观测间隔选取

测站的布设和观测间隔的选取应符合以下原则：

a) 布设的测站在观测海区应具有代表性，使所测得的水文要素数据能够反映该要素的分布特征和变化规律。

b) 每一水文断面应不少于三个测站。同一断面上各测站的观测工作应在尽可能短的时间内完成。

c) 相邻两测站的站距，应不大于所研究海洋过程空间尺度的一半；在所研究海洋过程的时间尺度内，每一测站的观测次数应不少于两次。如条件允许，应尽量缩小时、空观测间隔。

4.4 测站定位和观测时间标准

测站的定位和观测的时间标准按 GB/T 12763.1 的有关规定执行。

4.5 水文观测仪器和设备的基本要求

水文观测仪器和设备应符合 GB/T 12763.1 的有关规定。同时，还应满足以下要求：

a) 仪器的适用水深范围和测量范围应满足观测水深和所测要素的变化范围，同时还须满足对观测要素及其计算参数的准确度及时空连续性的要求。

b) 选用的仪器应适于所采用的承载工具和观测方式。

c) 调查设备安装位置的基本要求是：工作方便，各项工作互不妨碍，防止建筑物、辐射热和船只排出污水等对观测结果的影响。

d) 每航次观测结束后，调查设备和观测仪器应认真维护保养。凡入水的仪器均须用淡水洗净晾干后保存。绞车和钢丝绳等应仔细擦拭，并进行保养。

4.6 质量控制管理

海洋水文观测质量控制管理的详细内容见 GB/T 12763.1 的有关规定。

4.7 观测资料记录、整理和交换，以及调查成果的验收

按以下有关规定实施：

a) 对原始观测资料记录和验收按 GB/T 12763.1 的有关规定实施。

b) 观测资料的记录格式和交换内容按 GB/T 12763.7 的有关规定执行。

c) 海洋调查报告的编写按 GB/T 12763.1 的有关规定实施。

d) 调查成果的鉴定和验收按 GB/T 12763.1 的有关规定实施。

4.8 水深测量

包括现场水深和仪器沉放深度的测量：

a) 水深以米(m)为单位。记录取一位小数，准确度为$\pm 2\%$。

b) 大面或断面测站，船到站测量一次；连续测站，每小时测量一次。

c) 现场水深测量采用回声测深仪。如条件不具备或水深较浅，可采用钢丝绳测深法。

d) 钢丝绳测深时若钢丝绳倾斜，应用偏角器量取钢丝绳倾角。倾角超过 10°时，应进行钢丝绳的倾角订正。倾角较大时，应加大铅锤重量或利用其他方法使倾角尽量控制在 30°以内。

e) 仪器沉放深度，通常由仪器本身所配压力传感器测得。但当仪器本身未装配压力传感器时，可参照钢丝绳测现场水深的方法进行测量。

5 水温观测

5.1 技术指标

5.1.1 水温观测的准确度

主要根据项目的要求和研究目的，同时兼顾观测海区和观测方法的不同以及仪器的类型，按表1确定水温观测的准确度。

表1 水温观测的准确度和分辨率

准确度等级	准确度/℃	分辨率/℃
1	±0.02	0.005
2	±0.05	0.01
3	±0.2	0.05

5.1.2 观测时次

大面或断面测站，船到站观测一次；连续测站，一般每小时观测一次。

5.1.3 水温观测的标准层次

标准观测层次如表2所示。

表2 标准观测层次

单位为米

水深范围	标准观测水层	底层与相邻标准层的最小距离
<50	表层，5，10，15，20，25，30，底层	2
50～100	表层，5，10，15，20，25，30，50，75，底层	5
100～200	表层，5，10，15，20，25，30，50，75，100，125，150，底层	10
>200	表层，10，20，30，50，75，100，125，150，200，250，300，400，500，600，700，800，1 000，1 200，1 500，2 000，2 500，3 000(水深大于3 000 m时，每千米加一层)，底层	25

注1：表层指海面下3 m以内的水层。

注2：底层的规定如下：水深不足50 m时，底层为离底2 m的水层；水深在50 m～200 m范围内时，底层离底的距离为水深的4%；水深超过200 m时，底层离底的距离，根据水深测量误差、海浪状况、船只漂移情况和海底地形特征综合考虑，在保证仪器不触底的原则下尽量靠近海底。

注3：底层与相邻标准层的距离小于规定的最小距离时，可免测接近底层的标准层。

5.2 观测方法

5.2.1 温盐深仪(CTD)定点测温

5.2.1.1 仪器设备

CTD仪分实时显示和自容式两大类。

5.2.1.2 观测步骤和要求

CTD仪操作主要包括室内和室外操作两大部分。前者主要是控制作业进程，后者则是收放水下单元，但两者应密切配合、协调进行。具体观测步骤和要求如下：

a) 观测期间首先应按表D.8的格式记录有关信息；并在计算机中输入观测日期、文件名、站位(经度、纬度)和其他有关的工作参数。

b) 投放仪器前应确认机械连接牢固可靠,水下单元和采水器水密情况良好。待整机调试至正常工作状态后开始投放仪器。

c) 将水下单元吊放至海面以下,使传感器浸入水中感温 3 min～5 min。对于实时显示 CTD,观测前应记下探头在水面时的深度(或压强值);对自容式 CTD,应根据取样间隔确认在水面已记录了至少三组数据后方可下降进行观测。

d) 根据现场水深和所使用的仪器型号确定探头的下放速度。一般应控制在 1.0 m/s 左右。在深海季节温跃层以下下降速度可稍快些,但以不超过 1.5 m/s 为宜。在一次观测中,仪器下放速度应保持稳定。若船只摇摆剧烈,可适当增加下放速度,以避免在观测数据中出现较多的深度(或压强)逆变。

e) 为保证测量数据的质量,取仪器下放时获取的数据为正式测量值,仪器上升时获取的数据作为水温数据处理时的参考值。

f) 获取的记录,如磁盘、记录板和存储器等,应立即读取或查看。如发现缺测数据、异常数据、记录曲线间断或不清晰时,应立即补测。如确认测温数据失真,应检查探头的测温系统,找出原因,排除故障。

g) CTD 仪测温注意事项:

1) 释放仪器应在迎风舷,避免仪器压入船底。观测位置应避开机舱排污口及其他污染源。

2) 探头出入水时应特别注意防止和船体碰撞。在浅水站作业时,还应防止仪器触底。

3) 利用 CTD 测水温时,每天至少应选择一个比较均匀的水层与颠倒温度表的测量结果比对一次。如发现 CTD 的测量结果达不到所要求的准确度,应及时检查仪器,必要时更换仪器传感器,并应将比对和现场标定的详细情况记入观测值班日志。

4) CTD 的传感器应保持清洁。每次观测完毕,须冲洗干净,不能残留盐粒和污物。探头应放置在阴凉处,切忌曝晒。

5.2.2 走航测温

5.2.2.1 仪器设备

抛弃式温深仪(XBT)、抛弃式温盐深仪(XCTD)和走航式 CTD(MVP300)等皆可按观测要求,在船只以规定船速航行下投放。

5.2.2.2 观测步骤和要求

使用 XBT、XCTD 和 MVP300 等仪器走航测温的基本步骤和要求如下:

a) XBT 和 XCTD 观测:

1) 仪器探头投放前,输入探头编号、型号、时间、站号、经纬度,并进入投放准备状态。

2) 应用手持发射枪或固定发射架(要求良好接地),将探头投入水中。带有仪器控制器的专用计算机便开始显示采集数据或绘制曲线。

3) 探头的投放,最好选在船体后部进行,以免导线与船舷磨擦。

b) 走航式 CTD(MVP300)观测:

1) 绞车系统自检、数据采集及通讯软件自检、GPS 数据检测。

2) 按观测要求,船只以规定船速航行。

3) 投放 CTD 拖鱼,并储存数据。

4) 回收 CTD 拖鱼。

5.2.3 颠倒温度表测温方法见附录 B。

5.2.4 标准层水温的观测

标准层的水温,可利用 CTD、XBT、XCTD 和走航式 CTD(MVP300)等仪器测得的标准层上、下相邻的观测值通过内插求得;也可利用颠倒温度表测得。

5.3 资料处理

5.3.1 CTD仪观测记录的整理

CTD资料的处理原则上按照仪器制造公司提供的数据处理软件或通过鉴定的软件实施。其基本规则和步骤如下：

a) 将仪器采集的原始数据转换成压力、温度及电导率数据；

b) 对资料进行编辑；

c) 对资料进行质量控制，主要包括剔除坏值、校正压强零点以及对逆压数据进行处理等；

d) 进行各传感器之间的延时滞后处理；

e) 取下放仪器时观测的数据计算温度，并按规定的标准层深度记存数据。

5.3.2 现场 XBT、XCTD 和走航式 CTD(MVP300)资料处理

走航测温资料处理的规则如下：

a) XBT、XCTD 和走航式 CTD(MVP300)探头测量的原始数据，通过厂家提供的数据处理软件或通过鉴定的软件进行转换和处理。

b) XBT 的资料信息也可通过发射机向有关卫星发射。

c) XCTD 应通过它的校准系数计算出温度等要素。

5.3.3 颠倒温度表观测记录的整理方法见附录 B。

6 盐度测量

6.1 技术指标

6.1.1 盐度测量的准确度

主要根据项目的要求和研究目的，同时兼顾观测海区和观测方法的不同以及仪器的类型，按表 3 确定盐度测量的准确度。

表 3 盐度测量的准确度和分辨率

准确度等级	准确度	分辨率
1	±0.02	0.005
2	±0.05	0.01
3	±0.2	0.05

6.1.2 观测时次

盐度与水温同时观测。大面或断面测站，船到站观测一次；连续测站，每小时观测一次。

6.1.3 盐度测量的标准层次

盐度测量的标准层次与温度相同，见表 2。

6.2 观测方法

6.2.1 温盐深仪(即 CTD)定点测量盐度

基本步骤和要求如下：

a) 利用 CTD 测量盐度与测量温度是在同一仪器上实施，其观测步骤和要求基本相同，见 5.2.1.2。

b) 利用 CTD 测盐度时，每天至少应选择一个比较均匀的水层，与利用实验室盐度计对海水样品的测量结果比对一次。深水区测量盐度时，每天还应采集水样，以便进行现场标定。如发现 CTD 的测量结果达不到所要求的准确度，应及时检查仪器，必要时更换仪器传感器，并应将比对和现场标定的详细情况记入观测值班日志。

c) CTD 的电导率传感器应保持清洁。每次观测完毕，都须用蒸馏水(或去离子水)冲洗干净，不能残留盐粒或污物。

6.2.2 走航测量盐度

利用 XCTD 和走航式 CTD(MVP300)测盐度与利用这些仪器测温度的观测步骤和要求相同,见 5.2.2.2。

6.2.3 实验室盐度计测量海水样品盐度见附录 A。

6.3 资料处理

6.3.1 CTD 仪测盐度资料的处理

CTD 测得的盐度记录,可照 5.3.1 进行整理。测量的电导率值换算成盐度后,如在跃层中有明显的"异常尖锋"存在时,应将电导率或温度测量值进行时间滞后订正,然后再重新计算盐度。

6.3.2 XCTD 和走航式 CTD(MVP300)资料处理

XCTD 和走航式 CTD(MVP300)资料处理见 5.3.2。

6.3.3 实验室盐度计测量海水样品盐度资料处理见附录 A。

7 海流观测

7.1 技术指标

7.1.1 观测要素

主要观测要素为流速和流向。辅助观测要素为风速和风向,辅助要素的观测应符合 GB/T 12763.3 的有关规定。

7.1.2 测量的准确度

海流观测方式多种,有定点测流、漂流浮标和走航测流。对于定点测流,应达到表 4 中规定的准确度。

表 4 海流观测的准确度

流速/(cm/s)	水深/m	准确度	
		流速	流向
<100	≤200	±5 cm/s	±5°
	>200	±3 cm/s	
≥100	≤200	±5%	
	>200	±3%	

7.1.3 观测层次

参照表 2,根据需要选定。

7.1.4 海流观测的取样时段

流向一般为瞬时值;流速值通常使用 3 min 的平均流速。否则,应在观测记录上说明取样时段。

7.1.5 连续观测的时间长度与时次

海流连续观测的时间长度应不少于 25 h,至少每小时观测一次。预报潮流的测站,一般应不少于三次符合良好天文条件的周日连续观测。

7.2 观测方法

7.2.1 海表面漂移浮标测流

7.2.1.1 仪器设备

目前使用较为普遍的仪器设备是卫星跟踪海表面漂流浮标。

7.2.1.2 观测步骤和要求

漂流浮标按以下步骤和要求投放:

a) 布放前,应提前租用有关卫星的接收通道。

b) 投放前，应用信号感应器测试发射机工作情况。发射机工作正常，能连续工作，方可投放。

c) 漂流浮标最好在停船前或开船后 1 kn 的航速下，在船尾部的左侧或右侧投放。投放时先放漂流袋，后放漂流体。

d) 投放结束后，应及时填写漂流浮标观测记录表(见表 D.9)。

7.2.2 船只锚碇测流

7.2.2.1 仪器设备

在锚碇船上，用以测流的仪器大致可分为直读和自记两大类。目前常用的主要有直读海流计(非自记)和安德拉海流计(自记)等。

7.2.2.2 观测步骤和要求

以锚碇船为承载工具，观测海流的基本步骤和要求如下：

a) 观测期间首先应按表 D.10 的格式记录观测日期、站位(经度、纬度)等有关信息。

b) 利用直读等类型非自记海流计测海流时，待海流计沉放至预定水层后，即可进行流速和流向的测量。室内终端设备直接显示观测数据，可采用手工记录，也可采用记录仪记录。

c) 安德拉等类型自记海流计观测海流时，可根据绞车和钢丝绳的负载，以及观测任务的具体要求，串挂多台海流计同时测多层海流。测流时应记录观测开始时间和结束时间。观测结束后，取出内存记录板，使用厂家配带的交换器与计算机通讯口相连，在计算机上读取观测数据。

d) 当施放海流计的钢丝绳或电缆的倾角超过 10°时，应对仪器沉放深度进行倾角订正。

e) 在锚碇船上进行海流连续观测时，应每三小时观测一次船位。如发现船只严重走锚(超过定位准确度要求)，应移至原位，重新开始观测。

f) 周日连续观测一般不得缺测。凡中断观测两小时以上者，应重新开始观测。

7.2.3 锚碇潜标测流

7.2.3.1 潜标的组成

潜标系统的组成参见图 1 和图 2 实例，常用的海流计有 ADCP 和安德拉海流计等。

7.2.3.2 观测步骤和要求

锚碇潜标测流按以下步骤和要求实施：

a) 任务的准备

——根据研究目的和任务要求，同时参考收集到的观测海区风场、流场、水深、地形和海底底质及船只设备状况，确定锚碇系统的系留方式(见图 1 和图 2 实例)，并拟定详细的布放方案。

——出海前进行仪器的实验检查，使海流仪和声学释放器处于正常工作状态。

——按锚碇系统设计、计算，准备好全部器材。

b) 锚碇系统的投放

——船只到达锚碇投放点前，进行海流仪的采样设置，再次检查海流仪和声学释放器的工作状态，尤其是无线电发射机的状态。

——在甲板上连接各部件。

——船只到达测点后，最好抛锚并用 GPS 进行准确定位；如果水深太大，船只无法抛锚，则应随时定位，确保锚碇仪器的准确位置。同时，注意调整船向，使作业一舷迎风向。

——布放步骤：在浅水海区(水深小于 200 m)，一般应按"先锚后标"的顺序，首先放沉块，然后顺次下放声学释放器、海流计、浮力球；在深水海区，则应按"先标后锚"的顺序，首先顺次下放浮力球、海流计、声学释放器，然后释放沉块，沉块拉着锚定系统直沉海底。

——以上各步骤都应详细记录，内容包括海流仪采样设置，开始工作时间，下水时间，沉块着落海底的时间，锚碇的精确位置及有否异常情况等。

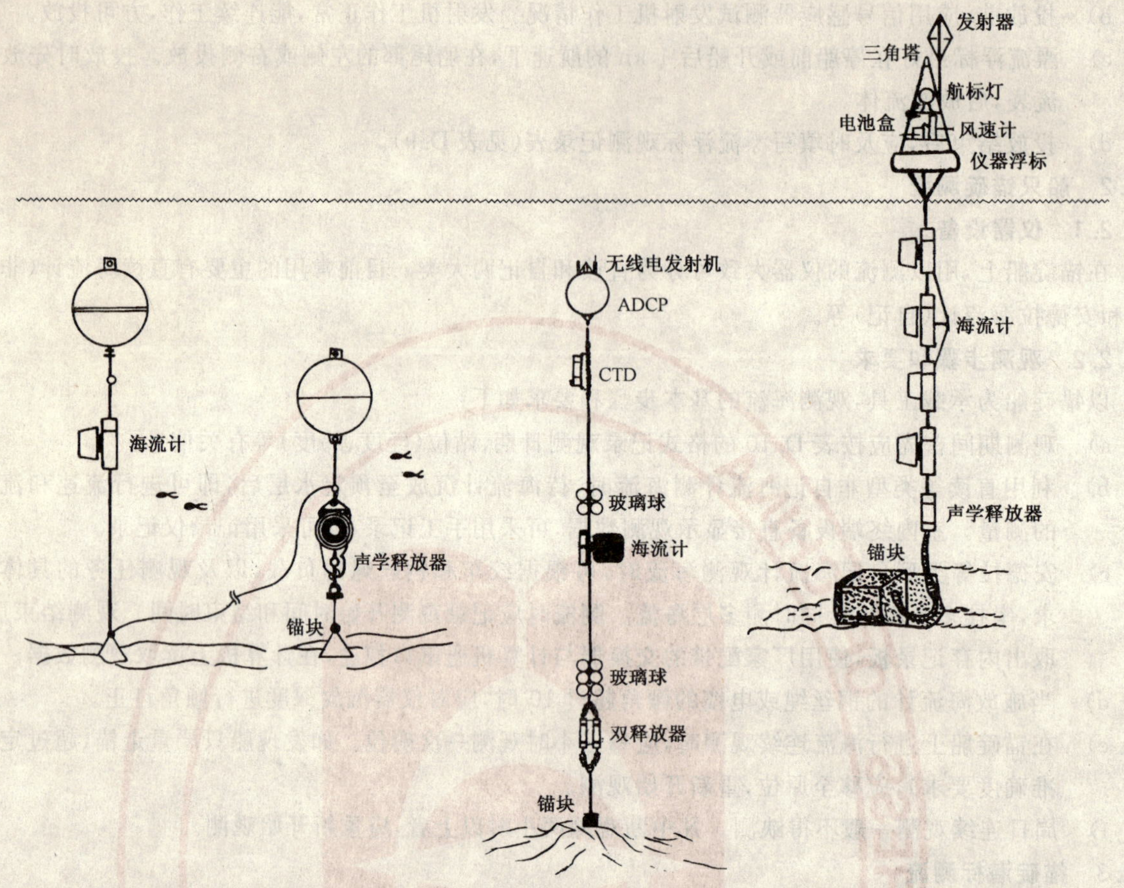

图 1　锚碇浅水应用型潜标　　图 2　锚碇深水应用型潜标　　图 3　锚碇明标系统的组成

c)　锚碇系统的回收

——回收船只应有 GPS 或其他定位设备,并应备有工作艇。

——回收应尽量在良好海况下的日间进行。

——当船只到达锚碇站后,把声学应答器放至海面下 5 m～10 m 处,发射指令信号,同时注意搜索上浮的浮标。

——浮标上浮后,用抛钩钩住系统的尼龙绳,利用船上的吊车和绞缆机收回锚碇系统;必要时,亦可放下工作艇,把缆绳系到浮标上收回锚碇系统。

7.2.4　锚碇明标测流

7.2.4.1　明标系统的组成

与潜标系统相比,主要增加了水上浮筒部分(内装有电池盒和闪光装置)(见图 3 实例)。

7.2.4.2　观测步骤和要求

a)　锚碇系统的投放

——明标投放前,应根据有关规定发布航行通告。

——明标投放方法与潜标的投放基本相同(见 7.2.3.2.a)、b))。

——明标上的闪光装置应切实水密,保证正常连续闪光。

b)　锚碇系统的回收

明标目标清晰,当船只到达锚碇站后,即可利用船只上的吊车和绞缆机收回锚碇系统。

7.2.5　走航测流

7.2.5.1　仪器设备

走航测流主要使用船载 ADCP 进行海流观测。

7.2.5.2 观测步骤和要求

使用船载 ADCP 进行海流观测应按以下步骤和要求实施：

a) 出海前应进行 ADCP、ADCP 换能器舱、罗经及 GPS 等有关设备的检查，使其皆处于正常工作状态。

b) 运行 ADCP 自检程序，记录测试程序的运行结果。

c) 检查计算机，并清理硬盘，留出足够的空间，以便存储 ADCP 观测数据。

d) 准确校准电罗经，设置 ADCP 的罗经初始角。同时校准时间，将计算机和 ADCP 的时钟与 GPS 时钟校准，校准误差应小于 1.0 s。

e) 按照技术设计书的要求，设置 ADCP 的测层间隔、数据平均方式和航次识别符等参数，建立设置文件。

f) 对新安装的 ADCP，应根据底跟踪资料，计算出 ADCP 换能器的方向修正角，并输入设置文件。

g) 启动数据采集程序，调入配置文件，检查基本参数，当一切正常后开始采集数据。采集过程中，应记录原始数据文件、平均数据文件、导航数据文件等。更改 ADCP 设置后，要及时存储新的设置文件。

h) 观测过程中，应确保值班人员在位。值班人员应随时观测 ADCP 系统的工作状态，详细填写值班日记，如发现异常，应及时处理，并将处理过程和处理结果详细记录在值班日记中。

i) 在航测中，调查船应尽可能保证匀速直线航行，并保证航速不超过 ADCP 观测的临界速度。

j) 结束 ADCP 观测后，要及时备份硬盘上的观测数据。在条件许可情况下，不使用压缩方式备份数据，以避免解压失败。

k) 结束 ADCP 观测后，要重新校准计算机和 ADCP 的时钟与 GPS 时钟，并在值班日记中详细记录时钟的差值。同时，应详细填写 ADCP 观测记录表(见表 D.11)。

7.3 资料处理

7.3.1 海表面漂移浮标测流资料处理

绘制浮标漂流轨迹时间序列图，并从原始数据中剔除明显错误的数据(一般认为，在位置资料中加速度大于 0.003 4 cm/s^2 的数据为不合理数据)；然后，获取流速和流向。

7.3.2 ADCP 测流仪的资料处理

ADCP 观测数据的处理应使用通过鉴定的软件进行，其基本规则和步骤如下：

a) 首先应对原始采集数据进行以下几方面的质量控制：

——剔除良好率较低的数据；

——剔除由于船速过快，或仪器发生故障等原因产生的坏数据；

——标识受干扰层，剔除来自鱼群等物体的干扰。

b) 剔除 ADCP 观测资料中的船速，计算得到真实流速。

c) 插值计算出各标准层的流速，并将处理结果按规定格式存入数据文件。

d) 绘制流的时间序列矢量图和垂直分布图。

7.3.3 其他类型海流计测流资料的整理

按以下规则和步骤实施：

a) 利用以数字显示、记录纸带或直读等记录方式的海流计测流时，应按仪器的技术性能所要求的方法和程序对所测数据进行整理，求得实际流速和真流向。

b) 利用内存记录板的自容式海流计测流时，记录板可通过厂家配带的交接器与计算机通讯口相连，在计算机上读取观测值或直接打印出流速和流向值。

8 海浪观测

8.1 技术指标

8.1.1 观测要素

主要观测要素为波高、周期、波向、波型和海况。辅助要素为风速和风向，辅助要素的观测应符合

GB/T 12763.3 的有关规定。

8.1.2 测量的单位和准确度

a) 波高测量单位为米(m),记录取一位小数。准确度规定为两级:一级为±10%,二级为±15%。

b) 周期测量单位为秒(s),准确度为±0.5 s。

c) 波向测量单位为度(°),准确度为±5°。

8.1.3 观测时次

大面或断面测站,船到站观测一次;连续测站每三小时观测一次,观测时间为北京标准时 02,05,08,11,14,17,20,23 时。目测只在白天进行。

8.1.4 波面记录的时间长度和采样时间间隔

自记测波仪的采样时间间隔应小于或等于 0.5 s,连续记录的波数不少于 100 个波;记录的时间长度视平均周期的大小而定,一般取 17 min~20 min。

8.2 观测方法

8.2.1 目测方法

8.2.1.1 观测点和观测海域的选择

目测海浪时,观测员应站在船只迎风面,以离船身 30 m(或船长之半)以外的海面作为观测区域(同时还应环视广阔海面)来估计波浪尺寸和判断海浪外貌特征。

8.2.1.2 海况的观测

以目力观测海面征象,根据海面上波峰的形状、峰顶的破碎程度和浪花出现的多少,按表 5 判断海况所属等级,并填入记录表中。

表 5 海况等级表

海况(级)	海面征状
0	海面光滑如镜
1	波纹
2	风浪很小,波峰开始破碎,但浪花不显白色
3	风浪不大,但很触目,波峰破裂,其中有些地方形成白色浪花——白浪
4	风浪具有明显的形状,到处形成白浪
5	出现高大的波峰,浪花占了波峰上很大的面积,风开始削去波峰上的浪花
6	波峰上被风削去的浪花开始沿海浪斜面伸长成带状
7	风削去的浪花带布满了海浪斜面,有些地方到达波谷,波峰上布满了浪花层
8	稠密的浪花布满了海浪斜面,海面变成白色,只在波谷某些地方没有浪花
9	整个海面布满了稠密的浪花层,空气中充满了水滴和飞沫,能见度显著降低

8.2.1.3 波型的观测

观测时,按表 6 判定所属波型,并记录其符号。海面无浪,波型栏空白。

表 6 波型分类表

波型	符号	海浪外貌特征
风浪	F	受风力的直接作用,波形极不规则,波峰较尖,波峰线较短,背风面比迎风面陡,波峰上常有浪花和飞沫
涌浪	U	受惯性力作用传播,外形较规则,波峰线较长,波向明显,波陡较小
混合浪	FU	风浪和涌浪同时存在,风浪波高和涌浪波高相差不大
	F/U	风浪和涌浪同时存在,风浪波高明显大于涌浪波高
	U/F	风浪和涌浪同时存在,风浪波高明显小于涌浪波高

8.2.1.4 **波向的观测**

a) 观测波向时，观测员应站在船只较高位置，利用罗经方位仪，使其瞄准线平行于离船舷较远的波峰线，转动90°后使其对着波浪的来向，读取罗经刻度盘上的度数即为波向(用磁罗经测波向须进行磁差校正)。

b) 当海上无浪或浪向不明时，波向记C；风浪和涌浪同时存在时，波向分别观测，并填入记录表中。

8.2.1.5 **波高和周期的观测**

a) 目测波高和周期时，应先环视整个海面，注意波高的分布状况，然后目测10个显著波(在观测的波系中，较大的、发展完好的波浪)的波高及其周期，取其平均值，即为有效波高(H_s)及其对应的有效波周期。从10个波高记录中选取一个最大值作为最大波高 H_{max}。将 H_s、H_{max} 填入记录表中。

b) 当波长小于船长时，可将甲板与吃水线间的距离作为参考标尺来测定波高；而以相邻两个显著波峰经过海面浮动的某一标志物的时间间隔，作为这个波的周期。

c) 当波长大于船长时，应在船只下沉到波谷后，估计前后两个波峰相对于船高的几分之几(或几倍)来确定波高；而以船身为标志物，相邻两个显著波峰经过此物的时间间隔，作为这个波的周期。

8.2.2 **仪器观测方法**

8.2.2.1 **以船只为承载工具观测波浪**

8.2.2.1.1 **仪器设备**

目前一般采用浮球式加速度型测波仪。

8.2.2.1.2 **观测步骤和要求**

在船上采用测波仪观测海浪的主要步骤和要求如下：

a) 当船只进入作业区后，应根据风向和海流确定船只的工作方式(漂移或抛锚)和测头的施放位置。

b) 依观测点水深和海况确定仪器记录量程，按8.1.4的要求，选定采样时间间隔，在采样的时间长度(17 min～20 min)测定不少于100个波的波高和周期，取其中100个连续波求得各特征值或记录波面模拟曲线。

c) 观测位置应避开影响海浪的障碍物，如暗礁、浅滩、岛屿和人工建筑物等。测点附近有障碍物时，应记录影响海浪的情况。

d) 在强流区测波时，不宜采用海流会导致海浪记录漂零等误差的测波仪；测点附近有强电干扰时，不宜采用遥测波浪仪。

8.2.2.2 **锚碇测波**

8.2.2.2.1 **仪器设备**

锚碇测波常使用声学测波仪和重力测波仪。

8.2.2.2.2 **观测步骤和要求**

锚碇测波的主要步骤和要求如下：

a) 应根据项目要求以及观测现场的海洋环境，选用测波仪类型，并确定浮标系留方式。

b) 锚碇系统连接前，应对仪器各项性能进行测试，确认仪器良好方可使用。

c) 锚系的投放与回收步骤，可参见7.2.3.2和7.2.4.2。

8.3 **资料处理**

8.3.1 **仪测海浪记录的整理**

按以下规则实施：

a) 仪测海浪记录以模拟曲线形式给出时，自海浪连续记录中量取相邻两上跨(或下跨)零点(图4

中的 A_1、A_2）间一个显著波峰与一个显著波谷间的铅直距离作为一个波的波高；量取相邻两个显著波峰（图 4 中的 C_2、C_3）或两个上跨零点的时间间隔作为一个波的周期。然后依有效波高和有效波周期定义，计算有效波高和有效波周期。选取所有波高中的最大值为最大波高，其所对应的周期为最大波周期。根据有效波高查波级表（见表 C.1）得波级。

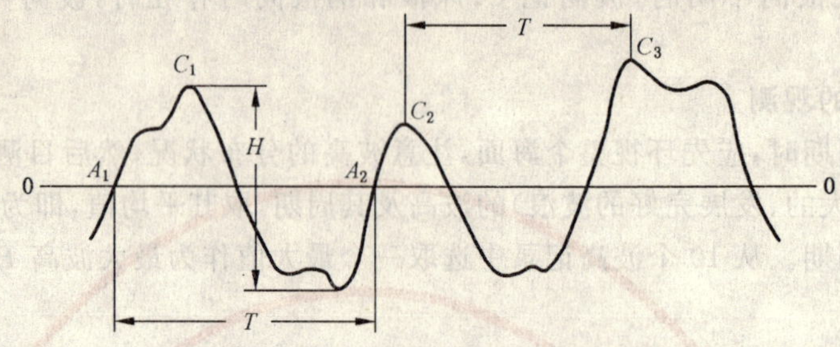

图 4　波面随时间的变化曲线

b) 海浪以存储器记录时，可利用仪器公司或有关商家提供的专用软件进行处理，并可直接打印出有效波高、有效波周期，最大波高和最大波周期。根据有效波高查波级表（见表 C.1）得波级。

8.3.2　目测海浪记录的整理

从目测的 10 个显著波的波高和周期分别取平均值，得有效波高和有效波周期。10 个波高中的最大值为最大波高，其所对应的周期为最大波周期。根据有效波高查波级表得波级。目测海浪记录表格参见表 D.1。

9　水位观测

9.1　技术指标

9.1.1　需测的量

水位观测需测的量如下：

a) 总压强，它是气压与水压的总和。由水位计的压力传感器测得，单位为 kPa。

b) 现场水温，由水位计的温度传感器测得，单位为℃。

c) 现场气压，由自记气压表测得，单位为 kPa。

9.1.2　水位测量的准确度

水位测量的准确度规定为三级：一级为±0.01 m；二级为±0.05 m；三级为±0.10 m。

9.1.3　取样时间间隔

连续观测在 30 d 以内时，取样时间间隔为 5 min；连续观测超过 30 d 时，取样时间间隔定为 10 min。

9.2　观测方法

9.2.1　仪器设备

可采用压力式和声学式等水位计进行观测。

9.2.2　观测步骤和要求

水位测量一般按以下步骤和要求实施：

a) 观测水位通常采用锚定系留方式（见图 1～图 3 实例）；

b) 测量水位锚碇系统的投放和回收步骤见 7.2.3.2 和 7.2.4.2；

c) 观测前应检查水位计的取样间隔开关是否在正确位置上，上好内存记录板，打开主机开关，记下第一次取样时间；

d) 水位观测应防止仪器下陷，确保仪器在垂直方向没有变动；

e) 观测结束收回仪器后应先用淡水冲洗,然后打开仪器。如仪器工作正常,待仪器再工作一次并记录完毕,记下结束时间,关上主开关,取出记录板,并应放入盒中妥善保存。

9.3 资料处理

水位测量资料按以下要求和方法处理:

a) 记录板可通过厂家配带的交接器与计算机通讯口相连,在计算机上读取观测值或直接打印出原始数据。

b) 根据打印的数据、记录的起止日期和时间,检查数据的总数是否正确,有无误码以及资料是否正常。

c) 经审查确认数据无误后,可用原始软盘上机,并同时输入现场气压值、海水密度值和重力加速度值进行计算,求得水位的变化值和逐时值,水位的计算公式见式(1)。

$$H = 10^3(p - p_a)\frac{1}{\rho g} \quad \cdots\cdots(1)$$

式中:

H——水位,单位为米(m);

p——总压强,单位为千帕斯卡(kPa);

p_a——现场气压,单位为千帕斯卡(kPa);

ρ——海水密度,由海水盐度与温度的关系曲线查得,或根据历史温、盐资料算得。单位为千克每立方米(kg/m^3)。

G——重力加速度,根据测站所在纬度算得。单位为米每二次方秒(m/s^2)。

10 海水透明度、水色和海发光观测

10.1 技术指标

10.1.1 海水透明度

透明度观测只在白天进行,大面或断面测站,船到站观测一次;连续测站,每两小时观测一次。计量单位为 m,观测时读数取一位小数。

10.1.2 水色

水色观测与透明度观测同时进行,准确度为±1 级。

10.1.3 海发光

10.1.3.1 观测要素

发光类型和发光强度(等级)。

10.1.3.2 观测时次

海发光观测只在夜间进行。大面或断面测站,船到站观测一次,并在两站的航行中观测一次;连续测站,在当地时间 20,23 和 02 时观测。发光类型依发光特征分三类,每类又依发光强弱分五级(见表 C.3)。

10.2 观测方法

10.2.1 海水透明度观测

按以下步骤和要求实施:

a) 海水透明度应用透明度盘进行观测。透明度盘为直径 30 cm,底部系有重锤,上部系有绳索的木质或金属质白色圆盘。绳索上有以米为单位的长度标记。

b) 透明度盘的绳索标记使用前应进行校正。标记必须清晰、完整。新绳索须事先进行缩水处理。

c) 透明度盘应保持洁白。当油漆脱落或脏污时应重新油漆。

d) 观测应在主甲板的背阳光处进行。观测时将透明度盘铅直放入水中,沉到刚好看不见的深度后，再慢慢提升到白色圆盘隐约可见时读取绳索在水面的标记数值，即为该次观测的透明度值。有波浪时，应分别读取绳索在波峰和波谷处的数值标记，读到一位小数，重复2～3次，取其平均值作为该次观测的透明度值。观测结果记入表D.2。

e) 若倾角超过10°，则应进行深度订正。当绳索倾角过大时，盘下的铅锤应适当加重。

10.2.2 水色观测

按以下步骤和要求实施：

a) 水色依水色计目测确定。观测完透明度后，将透明度盘提升到透明度值一半的水层，根据透明度盘上方海水呈现的颜色，在水色计中找出与之相似的色级号码，即为该次观测的水色。观测时观测者的视线必须与水色计玻璃管垂直。观测结果记入表D.2。

b) 水色计应保存在阴凉干燥处，切忌日光照射，以免褪色。发现褪色现象，应立即更换。

c) 水色计在六个月内至少应与标准水色计校准一次。作为校准用的标准水色计(在同批出厂的水色计中保留一盒)平时应始终装在里红外黑的布套中，保存在阴凉处。

10.2.3 海发光观测

按以下步骤和要求实施：

a) 观测点应选在船上灯光照不到的黑暗处。当观测员从亮处到暗处观测时，待适应环境后再进行观测。

b) 观测时依表C.3所述发光特征目视判定发光类型，以符号记录。并依发光强弱程度及征象目视判定发光强度等级，按五级记录。当两种或两种以上海发光类型同时出现时，应分别记录。因月光强，无法观测时记“X”，无海发光时记“O”。观测结果记入表D.2。

c) 海面平静观测不到海发光时，可用杆子搅动海水，然后进行观测。

11 海冰观测

11.1 技术指标

11.1.1 观测要素

包括主要观测要素和辅助观测要素：

a) 浮冰观测的要素为：冰量、密集度、冰型、表面特征、冰状、漂流方向和速度、冰厚及冰区边缘线。

b) 固定冰观测的要素为：冰型、冰厚和冰界。

c) 冰山观测的要素为：位置、大小、形状及漂流方向和速度。

d) 海冰的辅助观测要素为：海面能见度、气温、风速、风向及天气现象。辅助观测项目应符合GB/T 12763.3的有关规定。

11.1.2 观测要素的单位与准确度

各观测要素测量的单位和准确度见表7。

表7 海冰观测要素的单位和准确度

观测要素	单位	准确度
海冰冰量、密集度	成	±1
漂流方向	(°)	±5
漂流速度	m/s	±0.1
冰厚	cm	±1

11.1.3 观测时次

大面或断面测站，船到站即观测；连续测站，每两小时观测一次。

11.2 观测方法

11.2.1 观测点的位置

海冰通常在调查船或飞机上进行观测。船上观测海冰的位置，应尽可能选在高处。观测对象应以二倍于船长以外的海冰为主，以避免船只对海冰观测的影响。

11.2.2 浮冰观测

11.2.2.1 冰量观测

按以下步骤和要求实施：

a) 浮冰量为浮冰覆盖整个能见海面的成数。用 0～10 和 10⁻，共 12 个数字和符号表示。记录时取整数。

b) 观测时环视整个海面，估计浮冰分布面积占整个能见海域面积的成数。海面无冰时，记录栏空白；浮冰分布面积占整个能见海域面积不足半成时，冰量记"0"；占半成以上，不足一成半时，冰量记"1"，余类推。整个能见海面布满浮冰时，冰量记"10"，有缝隙时记"10⁻"。

c) 海面能见度小于或等于 1 km 时，不进行冰量观测，记录栏记横杠"—"。

11.2.2.2 密集度观测

按以下步骤和要求实施：

a) 密集度为浮冰覆盖面积与浮冰分布面积的比值。密集度观测和记录方法与冰量相同。海面无冰时，密集度栏空白；冰量为"0"时，密集度记"0"。

b) 当浮冰分布的海域内有超过其面积一成以上的完整无冰水域时，此水域不能算作浮冰分布海域。当海面上有两个或两个以上浮冰分布区域时，应分别进行观测，取平均值作为密集度。

11.2.2.3 冰型观测

按以下步骤和要求实施：

a) 冰型是根据海冰的生成原因和发展过程而划分的海冰类型。观测时环视整个能见海面，根据表 C.4 判断其所属类型，用符号记录。

b) 当海面上同时存在多种冰型时，按量多少依次记录；量相同时，按厚度大小的顺序记录。每次观测最多记五种。

c) 当海冰距离观测点很远，无法判定冰型时，冰型栏记横杠"—"。

11.2.2.4 冰表面特征观测

按以下步骤和要求实施：

a) 冰表面特征是指浮冰在动力或热力作用下所呈现的外貌。观测时环视整个能见海面，按表 D.3判断其所属种类，用符号记录。

b) 当同时存在两种或两种以上冰表面特征时，按其数量多少依次记录；量相同时，按表 C.5 所列顺序记录。每次观测最多记三种。

11.2.2.5 冰状观测

a) 冰状是浮冰冰块最大水平尺度的表征。观测时环视整个能见海面，按表 C.6 判定其所属冰状，以符号记录。

b) 当几种冰状同时存在时，按其数量多少依次记录。数量相同时，按表 C.6 所列顺序记录。每次观测最多记三种。

11.2.2.6 漂流方向和速度的观测

按以下步骤和要求实施：

a) 漂流方向指浮冰漂流的去向，以度(°)表示；漂流速度为单位时间内浮冰移动的距离，以 m/s 为单位，取一位小数。

b) 漂流方向和速度应在锚定船只上利用雷达或罗经和测距仪进行观测。观测时，首先在雷达荧光屏或海面上两倍于船长距离以外选择具有明显特征的浮冰块，测定其方向和至船的距离(起点位置)，同时启动秒表记时。当所测冰块移动距离超过原离船距离的二分之一或其方向改变20°时，读取时间间隔，同时测定其方向和距离(终点位置)。然后，根据起点位置和终点位置的方向和距离，用矢量法计算或用计算圆盘求得浮冰的漂流方向和移动距离。再用移动距离除以间隔时间，便得漂流速度。

c) 无仪器时，可根据浮冰块的移动特征，按表8估测漂流速度(v)，以等级记录。

表8 浮冰漂流速度的目测估计

冰块移动特征	相当速度/(m/s)	速度等级
很慢	$v<0.3$	1
明显	$0.3\leqslant v<0.5$	2
快	$0.5\leqslant v<1.0$	3
很快	$v\geqslant1.0$	4

d) 海面无浮冰或仅有初生冰时，流向、流速栏空白；漂流速度小于0.05 m/s时，流向记“C”，流速记“O”；海面有浮冰，但无法观测漂流速度和方向时，应在备注栏说明。

11.2.2.7 冰厚观测

冰厚为从冰面至冰底的垂直距离，单位为厘米(cm)，记录时只取整数。

观测时可用绞车或网具捞取冰块(最好取三个以上)，分别测量冰块厚度，最后取其平均值作为冰厚观测值。或选择有代表性的冰块，用冰钻钻孔，用冰尺测量其厚度。

11.2.2.8 冰区边缘线观测

冰区边缘线指海冰分布区域的廓线，也即冰水分界线。当冰区与开阔水域存在明显分界线时进行此项观测。观测时环视整个能见海域，在冰水分界线上选定几个特征点(一般不少于三个，远离冰区的少量冰块不能选作特征点)，用雷达或罗经和测距仪测出各点相对测站的方向和距离。将各特征点标注在调查研究海区空白图上，用圆滑曲线连接各特征点，即为冰区边缘线。观测不到冰区边缘线时，应在备注栏说明。

11.2.2.9 浮冰观测结果的记录

浮冰各观测项目的观测结果，记入浮冰观测记录表。记录表格式见表D.3。

11.2.3 固定冰观测

11.2.3.1 冰型观测

按以下步骤和要求实施：

a) 固定冰冰型是依冰的生成和形态等划分的固定冰类型。观测时环视整个能见海面，按表C.7判定其所属类型，用符号记录。

b) 当海面上同时存在多种冰型时，按表C.7的顺序记录。

c) 当海冰距离观测点很远，无法判定冰型时，冰型栏记横杠“—”。

11.2.3.2 冰厚观测

冰厚观测通常用冰钻和冰尺进行。

测点选好后，用冰钻钻孔。钻孔过程中，冰钻应保持垂直状况，直至钻透为止，然后将冰尺插入冰孔测量其厚度。

11.2.3.3 冰界观测

固定冰冰界为固定冰和浮冰或固定冰和无冰水域的分界。观测方法与浮冰冰区边缘线的观测方法相同。

11.2.3.4 固定冰观测结果的记录

固定冰各观测项目的观测结果记入固定冰观测记录表。记录表格式见表D.4。

11.2.4 **冰山观测**

11.2.4.1 **冰山位置观测**

用雷达或GPS观测确定出冰山实际位置。

11.2.4.2 **冰山大小的观测**

根据冰山露出水面部分的高度和水平尺度，将其分为四级（见表C.8）。观测时以高度为主，按表C.8确定其等级，并以符号记录。

11.2.4.3 **冰山形状观测**

冰山形状分平顶（桌状）、圆顶、尖顶和斜顶四种。观测时按表C.9目视判定，以符号记录。

11.2.4.4 **冰山漂流方向和速度观测**

观测与记录方法与浮冰相同。

11.2.4.5 **冰山观测结果的记录**

冰山观测项目的观测结果，记入冰山观测记录表。记录表格式见表D.5。

11.3 **资料处理**

资料处理按以下要求进行：

a） 根据海冰观测记录，在观测海区空白图上绘制冰情图。冰情图的内容包括：冰区边缘线、冰区内各测点的观测结果及航线附近冰山的分布和漂流情况。

b） 如视野范围内全部被海冰覆盖，不绘冰区边缘线，只绘最大视程线。

附 录 A
（规范性附录）
实验室盐度计测量海水样品盐度和计算盐度的有关公式

A.1 利用实验室盐度计测量海水样品盐度

操作使用方法如下：

a) 利用电极式或感应式实验室盐度计测定水样盐度时，须先行定标，求得温度 T(℃)时标准海水电导比的定标值，然后将定标调节在 R_T 读数各档上。重复调节定位校准各档，使得两次读数在最后一位相差在 3 以内定标结束。测量海水样品时，定位校准各旋钮不再变动。

b) 测量海水样品时，先将海水样品注入电导池中，待启动搅拌器搅拌 1 min～2 min 后测量海水样品的温度。调节 R_T 各档旋钮，使表头指针趋于零，读取 R_T 值。若发现读数可疑，必须重测，直至认为数据合理为止。将测量的海水样品温度及 R_T 值记入盐度分析记录表中。记录表格式见附录 D 的表 D.7。

c) 连续观测时，每天至少应用标准海水定标一次。定标和测量时，不得在未搅拌的情形下进行，且电导池内不允许存在气泡和其他漂浮物。

d) 被测海水样品的温度与标准海水的温度相近时方可进行测量。感应式盐度计要求两者相差在 2℃以内；电极式盐度计要求在搅拌器启动 1 min～2 min，待两者温度基本趋于相等。

e) 工作结束后，电导池应用蒸馏水清洗干净。电极式盐度计应在电导池内注满蒸馏水，以保护电极。

A.2 实用盐度的确定

实用盐度由 K_{15} 通过式(A.1)确定。

$$S = a_0 + a_1 K_{15}^{1/2} + a_2 K_{15} + a_3 K_{15}^{3/2} + a_4 K_{15}^2 + a_5 K_{15}^{5/2} \qquad \text{(A.1)}$$

式中：

K_{15} 为温度在 15℃时，一个标准大气压下海水样品的电导率，与相同温度和压强下质量比为 32.435 6×10^{-3} 的氯化钾溶液的电导率的比值；

a_0 =0.008 0；

a_1 =−0.169 2；

a_2 =25.385 1；

a_3 =14.094 1；

a_4 =−7.026 1；

a_5 =2.708 1。

当 K_{15} 精确地等于 1 时，海水样品的实用盐度恰好等于 35，即 $\sum a_i = 35.0000$。式(A.1)的适用盐度范围为：$2 \leqslant S \leqslant 42$。

A.3 电导率换算为盐度

根据测得的电导率、温度和压强数据，经过处理后，可借助以下实用盐度计算公式(A.2)，将电导率换算为盐度。

$$S = a_0 + a_1 R_T^{1/2} + a_2 R_T + a_3 R_T^{3/2} + a_4 R_T^2 + a_5 R_T^{5/2} + \frac{T-15}{1+K(T-15)}\left[b_0 + b_1 R_T^{1/2} + b_2 R_T + b_3 R_T^{3/2} + b_4 R_T^2 + b_5 R_T^{5/2}\right] \qquad \text{(A.2)}$$

式中：

R_T——被测海水样品与实用盐度为35的标准海水样品，在相同温度和一个标准大气压下电导率的比值；

T——被测海水样品的温度，单位为摄氏度（℃）。

$b_0=0.000\ 5$；

$b_1=-0.005\ 6$；

$b_2=-0.006\ 6$；

$b_3=-0.037\ 5$；

$b_4=0.063\ 6$；

$b_5=-0.014\ 4$；

$K=0.016\ 2$。

a_0,a_1,a_2,a_3,a_4 和 a_5 的值同式（A.1）。

电导比 R_T，可根据现场测得的电导率、温度和压强值，通过式（A.3）计算。

$$R_T=\frac{R}{R_p\cdot r_T} \qquad \cdots\cdots(A.3)$$

式中：

R——现场测得的电导率与 $S=35$，$T=15$℃，$p=0$ 时标准海水电导率的比值；

R_p——现场测得的电导率与同一样品在相同温度和 $p=0$ 条件下电导率的比值；

r_T——实用盐度为35的参考海水在温度为 T（℃）时与其在15℃时电导率的比值。

R_p 可通过式（A.4）计算。

$$R_p=1+\frac{(A_1+A_2p+A_3p^2)p}{1+B_1T+B_2T^2+(B_3+B_4T)R} \qquad \cdots\cdots(A.4)$$

式中：

p——现场测得的压强，单位为千帕斯卡（kPa）；

T——现场测得的海水温度，单位为摄氏度（℃）；

R——现场测得的电导率与 $S=35$，$T=15$℃，$p=0$ 的标准海水电导率的比值；

$A_1=2.070\times10^{-6}$；

$A_2=-6.370\times10^{-12}$；

$A_3=3.989\times10^{-18}$；

$B_1=3.426\times10^{-2}$；

$B_2=4.464\times10^{-4}$；

$B_3=4.215\times10^{-1}$；

$B_4=-3.107\times10^{-3}$。

r_T 的计算公式见式（A.5）。

$$r_T=C_0+C_1T+C_2T^2+C_3T^3+C_4T^4 \qquad \cdots\cdots(A.5)$$

式中：

T——现场测得的海水温度，单位为摄氏度（℃）；

$C_0=0.676\ 609\ 7$；

$C_1=2.005\ 64\times10^{-2}$；

$C_2=1.104\ 259\times10^{-4}$；

$C_3=-6.969\ 8\times10^{-7}$；

$C_4=1.003\ 1\times10^{-9}$。

上述式（A.2）、式（A.3）和式（A.5），在温度为 -2℃～35℃，压强为0 kPa～10^5 kPa，实用盐度为

2～42 范围内均有效。

A.4 利用实验室盐度计测量海水样品盐度记录的整理

利用实验室盐度计测量海水样品的盐度时，可根据测得的电导比 R_T 值和海水样品的温度 T 值，通过(A.2)式计算盐度 S 值；也可利用测得的电导比和海水样品的温度查国际海洋学常用表得 S_0(未修正值)和 ΔS 值，然后将两者相加便得盐度值，$S=S_0+\Delta S$。

附　录　B
（规范性附录）
利用颠倒温度表观测海水温度

B.1　仪器设备和主要技术指标

B.1.1　仪器设备

标准层水温通常用颠倒温度表和颠倒采水器配合进行观测。颠倒温度表分为闭端颠倒温度表和开端颠倒温度表。闭端颠倒温度表用以测量海水温度；开端颠倒温度表与闭端颠倒温度表配合使用，测量颠倒处的深度。

B.1.2　主要技术指标

颠倒温度表系列主要技术指标见表 B.1。

表 B.1　颠倒温度表系列主要技术指标

型　式	型　号	最大使用深度/m	主温度表/℃		副温度表/℃	
			分度值	示值范围	分度值	示值范围
闭端颠倒温度表	SWC$_1$-1	2 500	0.1	−1～+32	0.5	−20～+50
	SWC$_1$-2	6 000	0.05	−2～+15		
	SWC$_1$-4	1 000	0.1	“0”，+15～+40		
开端颠倒温度表	SWC$_2$-1	250	0.1	−2～+32	0.5	−20～+50
	SWC$_2$-2	6 000	0.2	−2～+60		
	SWC$_2$-3	6 000	0.1	“0”，+30～+60		

B.2　操作使用方法

B.2.1　使用前的检查

使用前应进行以下各项的检查：

a)　检查颠倒温度表的检定证书，内容应完整，在有效期内。

b)　检查所用颠倒温度表是否合格。

c)　经检查确认合格的颠倒温度表，在同一采水器上放两支闭端颠倒温度表的情况下，要做配对工作。挑选 V_0 值接近、外形尺寸相近的两支配对使用。

B.2.2　安装和测量

使用颠倒温度表测量海水温度按以下步骤和要求实施：

a)　将选好的颠倒温度表安装到采水器上，观测 100 m 以浅（含 100 m）各标准层的水温时，使用双管式温度表套管，安装两支 V_0 值相近的闭端颠倒温度表；观测 100 m 以深各标准层的水温时，使用三管式温度表套管，安装两支 V_0 值相近的闭端颠倒温度表和一支开端颠倒温度表。

b)　将装好温度表的采水器从表层至深层依次安放在采水器架上。根据测站水深确定观测层次，将各层采水器编号、颠倒温度表器号和 V_0 值记入表 D.6.1（水深小于或等于 100 m）或表 D.6.2（水深大于 100 m）。

c)　观测时，将绳端系有重锤的绞车钢丝绳移至舷外，将底层采水器挂在重锤以上 1 m 处的钢丝绳上。然后根据各观测水层之间的间距下放钢丝绳，并将采水器依次挂在钢丝绳上。若存在温跃层时，在跃层内应适当增加测层。

d) 当水深在 100 m 以浅时，在悬挂表层采水器之前，应先测量钢丝绳倾角。倾角大于 10°时，应求得倾角订正值。若订正值大于 5 m，应每隔 5 m 增挂一个采水器，直到底层采水器离预定的底层在 5 m 以内再挂表层采水器，最后将其下放到表层水中。

e) 颠倒温度表的感温时间自最上层（表层）采水器沉入水中后开始计时，感温 7 min～10 min 后，测量钢丝绳倾角，投下“使锤”（连续观测时正点打锤），记下钢丝绳倾角和打锤时间。并用手轻触钢丝绳，凭感觉到的振动次数（每个采水器振动两次）来判断最下层采水器是否已经颠倒。待各层采水器全部颠倒后，依次提取采水器，并将其放回采水器架原来的位置上，立即读取各层温度表的主、副温值，记入颠倒温度表测温记录表的第一次读数栏内。

f) 如需取水样，待取完水样后，第二次读取温度表的主、副温值，并记入观测记录表的第二次读数栏内。第二次读数应换人复核，若同一支温度表的主温读数相差超过 0.02℃时，应重新复核，以确认读数无误。

g) 如某预定水层的采水层未颠倒或某层水温读数有疑，应立即补测；如某水层的测量值经计算整理后，两支温度表之间的水温差值多次出现超过 0.06℃，应考虑更换其中可疑的温度表。

h) 颠倒温度表不宜长期倒置，每次观测结束后必须正置采水器。

i) 如因某种原因，不能一次完成全部标准层的水温观测时，可分两次进行。但两次观测的时间间隔应尽量缩短。

B.3 资料处理

资料处理按以下步骤和要求实施：

a) 利用颠倒温度表测标准层水温时，温度表读数须作器差订正。订正时先根据主、副温度表的第二次读数，从温度表检定书中分别查得相应的订正值，再计算闭端颠倒温度表的 t（副温＋副温器差）和 T（主温＋主温器差）及开端颠倒温度表的 t'（副温＋副温器差）和 T'（主温＋主温器差）。

b) 颠倒温度表读数经器差订正后，还应作还原订正。

1) 闭端颠倒温度表还原订正值 K 的计算公式（B.1）为：

$$K=\frac{(T-t)(T+V_0)}{n_1}\left[1+\frac{T+V_0}{n_1}\right] \quad \cdots\cdots(B.1)$$

式中：

T——经器差订正后的主温表读数，单位为摄氏度（℃）；

t——经器差订正后的副温表读数，单位为摄氏度（℃）；

V_0——闭端颠倒温度表的主温表自接受泡至刻度 0℃处的水银容积（以摄氏度表示），单位为摄氏度（℃）；

$1/n_1$——水银与温度表玻璃的相对体膨胀系数，通常 $n_1=6\ 300$ 或 6 100。

闭端颠倒温度表的主温表读数经器差和还原订正后，即为实测水温 $T_W=T+K$。

2) 开端颠倒温度表还原订正值 k 的计算公式（B.2）为：

$$k=\frac{(T_W-t')(T'+V'_0)}{n_2}\left[1+\frac{(T_W-t')}{2n_2}\right] \quad \cdots\cdots(B.2)$$

式中：

T_W——闭端颠倒温度表经器差和还原订正后的主温表读数，单位为摄氏度（℃）；

t'——开端颠倒温度表的副温表经器差订正后的读数，单位为摄氏度（℃）；

V'_0——开端颠倒温度表的主温表自接受泡至刻度 0℃处的水银容积，单位为摄氏度（℃）；

T'——开端颠倒温度表的主温表经器差订正后的读数，单位为摄氏度（℃）；

$1/n_2$——水银与开端颠倒温度表玻璃的相对体膨胀系数，通常 $n_2=6\ 300$ 或 6 100。

开端颠倒温度表经器差和还原订正后的主温表读数为 $T_u=T+K$。

c) 确定观测水温时，若某观测层两支颠倒温度表实测水温的差小于 0.06℃时，取两支温度表实测水温的平均值作为该层的水温；当两支颠倒温度表实测水温的差值大于 0.06℃时，可根据相邻两层的水温或前后两次观测的水温（连续观测时）的比较，取两者中合理的一个温度值，并加括号。若无法判断时，可将两个水温值都记入记录表的 T_W 档内。

d) 确定温度表测温的实际深度时，对于 100 m 以浅的水层（含 100 m），当钢丝绳倾角在 10°以内时，放出绳长即可作为温度表测温的实际深度；钢丝绳倾角超过 10°时，应作钢丝绳的倾角订正，求得温度表测温的实际深度。对于 100 m 以深的水层，可根据开、闭端颠倒温度表的 T_u 和 T_W 值，求得各温度表的计算深度，即为温度表测温的实际深度。温度表的计算深度公式(B.3)为：

$$D=\frac{10^6(T_u-T_W)}{\rho_m gQ} \qquad \text{(B.3)}$$

式中：

T_u——开端颠倒温度表经器差和还原订正后的主温表读数，单位为摄氏度(℃)；

Q——颠倒温度表的压缩系数（由温度表检定证给出），单位为摄氏度每千帕斯卡(℃/kPa)；

ρ_m——从海面至开端颠倒温度表所在深度之整个水柱的平均密度，单位为千克每立方米(kg/m³)；

g——重力加速度，单位为米每二次方秒(m/s²)。

附 录 C
（规范性附录）
海洋水文观测用表

C.1 波级观测用表

波级观测用表见表C.1和表C.2。

表C.1 波级表

波级	波高/m		名称
	H_s为有效波高	$H_{1/10}$为十分之一大波波高	
0	0	0	无浪
1	$H_s<0.1$	$H_{1/10}<0.1$	微浪
2	$0.1\leqslant H_s<0.5$	$0.1\leqslant H_{1/10}<0.5$	小浪
3	$0.5\leqslant H_s<1.25$	$0.5\leqslant H_{1/10}<1.5$	轻浪
4	$1.25\leqslant H_s<2.5$	$1.5\leqslant H_{1/10}<3.0$	中浪
5	$2.5\leqslant H_s<4.0$	$3.0\leqslant H_{1/10}<5.0$	大浪
6	$4.0\leqslant H_s<6.0$	$5.0\leqslant H_{1/10}<7.5$	巨浪
7	$6.0\leqslant H_s<9.0$	$7.5\leqslant H_{1/10}<11.5$	狂浪
8	$9.0\leqslant H_s<14.0$	$11.5\leqslant H_{1/10}<18.0$	狂涛
9	$14.0\leqslant H_s$	$18.0\leqslant H_{1/10}$	怒涛

表C.2 十六个方位与度数换算表

方位	度数	方位	度数
N	348.9°～11.3°	S	168.9°～191.3°
NNE	11.4°～33.8°	SSE	191.4°～213.8°
NE	33.9°～56.3°	SW	213.9°～236.3°
ENE	56.4°～78.8°	WSW	236.4°～258.8°
E	78.9°～101.3°	W	258.9°～281.3°
ESE	101.4°～123.8°	WNW	281.4°～303.8°
SE	123.9°～146.3°	NW	303.9°～326.3°
SSE	146.4°～168.8°	NNW	326.4°～348.8°

C.2 海发光观测用表

海发光观测用表见表C.3。

表 C.3 海发光类型及强度等级表

发光类型	发光特征	发光强度等级	强度描述
火花型(H)	发光形态与萤火虫相似，当海面受机械扰动或生物受某些化学物质刺激时，此类发光显著，通常情况下发光微弱。它主要由0.02 mm～5 mm的发光浮游生物引起，是常见的海发光类型	0	无发光现象
		1	在机械作用下发光勉强可见
		2	在水面或风浪的波峰处发光明晰可见
		3	在风浪和涌浪波面上发光著目可见。漆黑夜晚可借此见到水面物体轮廓
		4	发光特别明亮，波纹上也能见到发光
弥漫性(M)	海面呈现一片弥漫的光辉，它主要由发光细菌引起，只要有大量细菌存在，任何情况下都会发光	0	无发光现象
		1	发光可见
		2	发光明晰可见
		3	发光著目可见
		4	强烈发光
闪光性(S)	发光常呈阵性，在机械作用或某些物质刺激下，发光较醒目。它由大型发光动物产生，这种发光动物通常孤立地出现。当其成群出现时，这种发光更显著	0	无发光现象
		1	在视野内有几个发光体
		2	在视野内有十几个发光体
		3	在视野内有几十个发光体
		4	视野内有大量的发光体

C.3 海冰观测用表

海冰观测用表见表C.4～表C.9。

表 C.4 浮冰冰型表

浮冰冰型	符号	特征
初生冰 (new ice)	N	海水直接冻结或雪降至低温海面未被融化而成。多呈针状、薄层状、油脂状或海绵状。它比较松散，且只有当它聚集漂浮在海面上时才具有一定的形状。有初生冰存在时，海面反光微弱，无光泽，遇风不起波纹
冰皮 (ice rind)	R	由初生冰冻结或在平静海面上直接冻结而成的冰壳层。表面光滑、湿润而有光泽，厚度5 cm左右，能随风起伏，易被风浪折碎
尼罗冰 (nilas)	Ni	厚度小于10 cm的有弹性的薄冰壳层。表面无光泽，在波浪和外力作用下易于弯曲和破碎，并能产生"指状"重叠现象
莲叶冰 (pancake ice)	P	直径30 cm～300 cm、厚度10 cm以内的圆形冰块。由于彼此互相碰撞而具有隆起的边缘。它可由初生冰冻结而成，也可由冰皮或尼罗冰破碎而成
灰冰 (grey)	G	厚度为10 cm～15 cm的冰盖层，由尼罗冰发展而成。表面平坦湿润，多呈灰色，比尼罗冰的弹性小，易被涌浪折断，受到挤压时多发生重叠
灰白冰 (grey-white ice)	Gw	厚度为15 cm～30 cm的冰层，由灰冰发展而成。表面比较粗糙，呈灰白色，受到挤压时大多形成冰脊
白冰 (white ice)	W	厚度为30 cm～70 cm的冰层，由灰白冰发展而成。表面粗糙，多呈白色

表 C.5 浮冰表面特征分类表

冰面种类	符号	特 征
平整冰 (level ice)	L	未受变形作用影响的海冰。冰面平整或冰块边缘仅有少量冰瘤及其他挤压冻结的痕迹
重叠冰 (rafted ice)	Ra	在动力作用下，一层冰叠到另一层冰上形成，有时甚至三、四层冰相互重叠而成，但其重叠面的倾斜角不大，冰面仍较平坦
冰脊 (ridge)	Ri	碎冰在挤压作用下形成的一排具有一定长度的山脊状的堆积冰
冰丘 (hummock ice)	H	在动力作用下，冰块杂乱无章地堆积在一起所形成的山丘状的堆积冰
覆雪冰 (snow-covered)	S	表面有积雪的冰

表 C.6 浮冰冰状表

冰状类别	符 号	水平尺度/ m
巨冰盘 (giant floe)	Gf	$L \geqslant 2\,000$
大冰盘 (big floe)	Bf	$500 \leqslant L < 2\,000$
中冰盘 (medium floe)	Mf	$100 \leqslant L < 500$
小冰盘 (small floe)	Sf	$20 \leqslant L < 100$
冰块 (ice cake)	Ic	$2 \leqslant L < 20$
碎冰 (brash ice)	Bi	$L < 2$

表 C.7 固定冰冰型表

固定冰冰型	符号	特 征
冰川舌 (glacier tongue)	Gf	陆地冰川向一边的舌状伸展。在南极，冰川可以向海延伸数十公里以上
冰架 (ice shelf)	Ls	与海岸相连的、高出海面 2 m～50 m 或更高的漂浮或搁浅的冰原。其表面平滑或略起伏，向海一边比较陡峭
沿岸冰 (coastal ice)	Ci	沿着海岸、浅滩或冰架形成，并与其牢固地冻结在一起的海冰。沿岸冰可以随海面的升降作垂直运动
冰脚 (ice foot)	If	固着在海岸上的狭窄沿岸冰带，是沿岸冰流走后的残留部分，它不随潮汐变化而升降
搁浅冰 (stranded ice)	Si	退潮时留在潮间带或在浅水中搁浅的海冰

表 C.8 冰山等级表

等级	名 称	符 号	高度/m	水平尺度/m
1	小冰山	△	5～15	15～60
2	中冰山	△	16～45	61～122
3	大冰山	△	46～75	123～213
4	巨冰山	△	＞75	＞213

表 C.9 冰山形状分类表

冰山形状	符 号
平顶(桌状)冰山	⏢
圆顶冰山	◠
尖顶冰山	△
斜顶冰山	◢

附 录 D
（资料性附录）
海洋水文观测记录表格式

海洋水文观测记录表格式见表 D.1～表 D.11。

表 D.1 目测海浪记录表

调查海区　　　　　　　　断面号　　　　　　　　观测日期

调查船　　　　　　　　　航次号　　　　　　　　年　月　日至　年　月　日

序号	站号	站位						观测时间		水深 m	风向 (°)	风速 m/s	海况 (级)	波型	波向 (°)	
		纬度 N/S			经度 E/W										风浪	涌浪
		(°)	(′)	(″)	(°)	(′)	(″)	时	分							

序号	站号	波要素	波序数										有效波高 m	有效波周期 s	最大波高 m	最大波周期 s	波级
			1	2	3	4	5	6	7	8	9	10					
		波高															
		周期															
		波高															
		周期															
备注																	

观测者　　　　计算者　　　　校对者

表 D.2 海水透明度、水色和海发光观测记录表

调查海区　　　　　　　　断面号　　　　　　　　观测日期

调查船　　　　　　　　　航次号　　　　　　　　年　月　日至　年　月　日

序号	站号	站位						观测时间		水深 m	透明度 m	水色 (级)	发光类型	发光等级 (级)	海况 (级)	有无星月或降水
		纬度 N/S			经度 E/W											
		(°)	(′)	(″)	(°)	(′)	(″)	时	分							
备注																

观测者　　　　计算者　　　　校对者

表 D.3 浮冰观测记录表

调查海区								断面号						观测日期					
调查船								航次号						年 月 日至 年 月 日					
站号	站位						观测时间		海面能见度 km	气温 ℃	风速 m/s	风向 (°)	天气现象	冰量 1/10	密集度 1/10	冰型	表面特征	冰状	冰厚 cm
	纬度 N/S			经度 E/W			时	分											
	(°)	(′)	(″)	(°)	(′)	(″)													

漂流速度和方向								冰区边缘线特征点							
起点		终点		移动距离 m	时间间隔 s	速度 m/s	方向 (°)	1		2		3		4	
方向 (°)	距离 m	方向 (°)	距离 m					方向 (°)	距离 m	方向 (°)	距离 m	方向 (°)	距离 m	方向 (°)	距离 m
备注															

观测者　　计算者　　校对者

表 D.4 固定冰观测记录表

调查海区								断面号							观测日期								
调查船								航次号							年 月 日至 年 月 日								
站号	站位						观测时间		海面能见度 km	气温 ℃	风速 m/s	风向 (°)	天气现象	冰型	冰厚 cm	冰界特征点							
	纬度 N/S			经度 E/W												1		2		3		4	
	(°)	(′)	(″)	(°)	(′)	(″)	时	分								方向 (°)	距离 m	方向 (°)	距离 m	方向 (°)	距离 m	方向 (°)	距离 m
备注																							

观测者　　计算者　　校对者

表 D.5 冰山观测记录表

调查海区　　　　　　　　　　断面号　　　　　　　　　　观测日期
调查船　　　　　　　　　　　航次号　　　　　　　　　　年　月　日至　年　月　日

船位						观测时间		冰山位置						冰山高度 m	冰山形状	漂流方向和速度							
纬度 N/S			经度 E/W					方向	距离	纬度		经度				起点		终点		移动距离 m	时间间隔 s	方向 (°)	速度 m/s
																方向 (°)	距离 m	方向 (°)	距离 m				
(°)	(′)	(″)	(°)	(′)	(″)	时	分	(°)	m	(°)	(′)	(°)	(′)										
备注																							

观测者　　　　计算者　　　　校对者

表 D.6.1 颠倒温度表测温记录表（Ⅰ）

调查海区　　　　　　调查船　　　　　　站　号　　　　　　站　纬度
调查机构　　　　　　航次号　　　　　　准确度等级　　　　位：经度
观测日期　　　年　　月　　日　　　　　颠倒时间

采水器号	温度表号	V_0 ℃	读数Ⅰ		读数Ⅱ										水温 T_W ℃	深度订正值 m	实际深度 m
			副温 ℃	主温 ℃	副温 ℃	器差 ℃	t ℃	主温 ℃	器差 ℃	T ℃	$T+V_0$ ℃	$T-t$ ℃	K ℃	$T+K$ ℃			
备注																	

观测者　　　　计算者　　　　校对者

表 D.6.2 颠倒温度表测温记录表(Ⅱ)

调查海区　　　　　调查船　　　　　站　号　　　　　站　纬度
调查机构　　　　　航次号　　　　　准确度等级　　　位：经度
观测日期　　　年　　月　　日　　　颠倒时间

采水器号	温度表号	V_0 (V'_0) ℃	读数Ⅰ 副温 ℃	读数Ⅰ 主温 ℃	读数Ⅱ 副温 ℃	读数Ⅱ 器差 ℃	读数Ⅱ t (t') ℃	读数Ⅱ 主温 ℃	读数Ⅱ 器差 ℃	读数Ⅱ T (T') ℃	读数Ⅱ $T+V_0$ ($T'+V'_0$) ℃	读数Ⅱ $T-t$ (T_W-t') ℃	读数Ⅱ K (k) ℃	读数Ⅱ $T+K$ ($T'+K$) ℃	T_W (T_u) ℃	T_u-T_W / ρ_m / Q	计算深度 m
备　注																	

观测者　　　　计算者　　　　校对者

表 D.7 盐度分析记录表

调查海区　　　　　调查船　　　　　站　号　　　　　站　纬度(N/S)　°　′　″
调查机构　　　　　航次号　　　　　准确度等级　　　位：经度(E/W)　°　′　″
采水日期　　　年　　月　　日　　　分析日期　　年　　月　　日

实测水层	采水时间 时	采水时间 分	瓶号	水浴温度 ℃	电导比 (R_T)	盐度未修正值 (S_0)	盐度修正值 (ΔS)	实用盐度 ($S=S_0+\Delta S$)	定标	备注
									时间 $S=$　　　$\times10^{-3}$ $R_{15}=$ 水温 $T=$　　℃ 定标值	

观测者　　　　计算者　　　　校对者

表 D.8 CTD 观测记录表

调查船____________ 海区____________ 航次号____________

水深____________ 仪器型号__________ 探头号____________

观测日期		现场工作情况
站　号		
纬　度		
经　度		
取样间隔		
入水时间		
出水时间		
下放速度		
电池电压		
海　况		

CTD 采水记录

采水器号	层次	压力 MPa	温度 ℃	电导率	盐度	采水瓶号	盐度计值	备　注

观测者　　　　计算者　　　　校对者

表 D.9 漂流浮标记录表

海区____________ 调查船____________

航次号____________ 水　深____________ 漂流浮标器号____________

			现场情况记录
开机时间	日　期		
	北京时间		
	GMT		
投放时间	日　期		
	北京时间		
	GMT		
投放位置	经　度		
	纬　度		
海面温度			
海　况			
风　速			
风　向			

观测者　　　　计算者　　　　校对者

表 D.10　船只锚碇测流记录表

调查船________ 海区________ 磁偏差________ 仪器型号________

站　号________ 经度________ 纬　度________ 水　深________

观测日期			仪器工作情况
投放位置	经　度		
	纬　度		
直读/自记			
入水时间			
出水时间			
海　况			
风　速			
风　向			

观测者　　　　计算者　　　　校对者

表 D.11　声学多普勒测流记录表

调查船________ 海区________ 磁偏差________ 仪器型号________

站　号________ 经度________ 纬　度________ 水　深________

文件名		仪器工作情况
层数		
层厚 m		
平均间隔		
输入盐度		
输入温度		
开始 Ping 日期		
开始 Ping 时间		
直读/自记		
入水时间		
出水时间		

观测者　　　　计算者　　　　校对者